国际著名力学图书 —— 翻译版系列

Computational Fluid Dynamics

The Basics with Applications

计算流体力学入门

〔美〕 John D. Anderson, JR. 著

姚朝晖 周强 编译

清华大学出版社

北 京

内容简介

本书从基本概念出发，结合实际应用，系统介绍了计算流体力学的基本原理、控制方程、数值分析、计算方法、网格生成等内容。内容组织循序渐进，语言表达通俗易懂，便于自学。本书是原版的编译版，在翻译原版的基础上补充了一些新的内容。本书适合于计算流体力学的初学者，可作为力学、数学、工科相关专业的本科生或研究生教材，也可供相关领域科研、工程技术人员参考。

John D. Anderson, JR.
Computational Fluid Dynamics: the Basics with Applications
ISBN: 0-07-001685-2

北京市版权局著作权合同登记号　图字:01-2006-7229

图书在版编目(CIP)数据

计算流体力学入门/(美)安德森(Anderson, J. D.)著；姚朝晖，周强编译. --北京：清华大学出版社，2010.12(2025.3 重印)
ISBN 978-7-302-23487-6

Ⅰ.①计… Ⅱ.①安… ②姚… ③周… Ⅲ.①计算流体力学 Ⅳ.①O35

中国版本图书馆 CIP 数据核字(2010)第 155694 号

责任编辑：石 磊 李 嫚
责任校对：王淑云
责任印制：杨 艳

出版发行：清华大学出版社
网　址：https://www.tup.com.cn，https://www.wqxuetang.com
地　址：北京清华大学学研大厦 A 座　邮　编：100084
社 总 机：010-83470000　邮　购：010-62786544
投稿与读者服务：010-62776969，c-service@tup.tsinghua.edu.cn
质 量 反 馈：010-62772015，zhiliang@tup.tsinghua.edu.cn
印 装 者：涿州市般润文化传播有限公司
经　销：全国新华书店
开　本：175mm×245mm　**印　张**：26.75　**字　数**：523 千字
版　次：2010 年 12 月第 1 版　**印　次**：2025 年 3 月第16次印刷
定　价：79.00 元

产品编号：022819-06

编译者的话

Anderson是著名的计算流体力学家，具有丰富的计算流体力学教学经验，他的《计算流体力学入门》系统介绍了计算流体力学的基本原理、控制方程、数值分析、计算方法、网格生成及其在工程中的应用，对计算流体力学的现状和发展前景也作了概要综述。该书的最大特色是作者将知识面很宽、专业知识很深、数学要求很高的计算流体力学用通俗易懂的语言深入浅出地表达出来。作者从基本概念和术语出发，一步步地引导读者深入到计算流体力学的整个领域，再配以相应的应用和实践，增强了读者的学习兴趣和信心。因此，它非常适合作为力学、计算数学及工科相关专业的本科生、研究生以及有关领域的科研、工程技术人员学习计算流体力学的第一本书。译者希望在展现原书特色的同时，能稍微增加一些计算流体力学的近期发展，因此在原书的基础上，对目前不可压缩流动常用的SIMPLE算法，增添了其改进型SIMPLER和PISO算法，在专题介绍中增添了NND格式和目前高精度格式的研究热点紧致格式的基本概念。鉴于原书应用部分介绍的喷管流动和Prandtl-Meyer流均是双曲线方程的应用，在计算上均采用MacCormack格式，所以译者在译著中去掉了Prandtl-Meyer流的计算。希望这样的编排可以使本书结构更紧凑，内容更丰富，并且具有一些新意。本书由姚朝晖和周强编译，本组的研究生宋昱硕士和崔新光硕士参与了部分翻译工作，在此表示衷心的感谢！此外还要感谢清华大学流体力学所的任玉新教授，他对本书进行了仔细的审阅，提出了很多宝贵的修改意见。由于编译者水平有限，时间紧张，书中难免有不足之处，请读者多提宝贵意见。

姚朝晖　周　强

2010年10月于清华大学

前　　言

这本计算流体力学(CFD)教材是真正为CFD初学者提供的。如果读者在此之前从来没有学习过CFD,或者从未在CFD领域工作过,甚至对CFD这一学科没有基本的认识,那么本书将是非常适合的。学习本书绝对不需要CFD的任何知识,只需要有想了解CFD这一学科的愿望就可以了。

作者希望用一种简单、有趣的方式向初次学习CFD的读者展示这一学科。在数学上,今天的CFD是非常复杂的学科。在大学里,CFD一般被认为是研究生阶段的课程,现有的教科书和大多数的专业短期培训课程都将其定位于研究生阶段的学习内容。本书的目的就是为读者在阅读CFD领域现有的教科书和文献之前,在参加短期CFD培训课程之前提供坚实的基础。本书的特点是简单和目标明确,本书旨在给读者提供一个基本的体系和概念,这对读者将来接触更复杂的CFD是非常有意义的。本书所用的数学和流体力学知识相当于工程和物理学专业高年级本科生的水平。实际上,本书主要面对本科高年级一个学期CFD课程的学生,同时也适用于研究生先期阶段的CFD课程教学。

本科生CFD方面的书尚没有固定的模式,可谓仁者见仁,智者见智。本书以这样一种形式呈现给读者,尽管可能不够完美,却是基于作者多年的教学经验和思考。为了实现本书的编写目标,作者在内容的组织方面进行了艰难的抉择。本书在介绍最近的、复杂的CFD时没有引入"专门"的处理方式,作者深知毫无经验的读者往往被这些高深的"专门"处理弄得一头雾水。经常发生这样的现象:一些想了解CFD的学生,因为这些先进复杂的处理方法半途而废,失去了继续学习CFD的信心和动力。因此,本书的目的就是为读者以后学习和应用先进的CFD处理方法做准备。本书给出了CFD的发展前景,使得读者有兴趣转向CFD的研究。作者从直观和物理角度来组织相关的CFD的材料。当一个CFD专家阅读本书时,也许其第一印象是本书有点"过时",因为本书的一些内容是20世纪80年代的材料,然而正是这些"过时"但是被证明是可靠的思想对初学者来说是非常宝贵的经验。通过本书的学习,读者将在研究生阶段和工作阶段,在复杂的CFD方面不断取得进步。然而,为了扩展读者的视野,第11章将讨论CFD的一些"专门"的处理方法,一些比较超前且有用的CFD算例将在第12章展示。因此,当读者完成了本书最后几页的学习时,就已经在CFD学科上上了一个台阶。

本书的部分内容来自作者十年来在比利时冯·卡门流体力学研究所(VKI)的一

周短期培训课程"计算流体力学引论"和近年来在英国 Rolls-Royce 公司的培训课程。通过多年的教学经验,作者探索出了一种易被初学者接受的、具有学习成就感和吸引力的教学方法,本书便直接反映了作者在此方面的经验。作者特别感谢 VKI 的主任 John Wendt 博士,他首先意识到需要这种导论性的 CFD 课程,且早在十年前就让作者在 VKI 准备这样的课程。在后来的年份,这种对"计算流体力学引论"的需求已远远超出了我们当初最大胆的想象。最近由 John F. Wendt 博士主编的,Springer-Verlag 出版社 1992 年出版的《计算流体力学:引论》一书即是 VKI 课程笔记。本书是这一 VKI 版的极大扩充,适用于一学期的 CFD 课程教学,但是仍保持了简洁和激励的基本精髓。

本书由 4 部分组成。第Ⅰ部分介绍了与 CFD 相关的基本思想和体系和与之相联系的对流体力学的控制方程的广泛讨论,这对学生充分认识 CFD 和感知其相关物理方程是非常重要的,它们是 CFD 的生命线。作者强烈感受到对控制方程的充分认识和理解的必要性,因此第 2 章着力于方程的获取和深入讨论,在某种意义上,第 2 章是相对独立的,可看成是控制方程的"小型课程"。经验表明,学习 CFD 的学生往往来自不同的背景,因此他们对流体力学控制方程的认识程度也相当不同,从几乎一无所知到相当了解的均有。不同背景的学生已经对本章学到的内容表达了感激之情,那些对流体力学控制方程一无所知的学生,非常高兴有机会对这些方程产生亲切感;那些对流体力学控制方程有一定了解的学生很高兴本书剥去各种形式控制方程的神秘外衣,给出其完整的描述和深入的阐述。第 2 章重点强调的哲学思想是一名优秀的计算流体力学家首先必须是一名优秀的流体力学家。

第Ⅱ部分展示了控制方程数值离散的基本方面,详细介绍了偏微分方程的离散(有限差分方程),引入了基本数值问题,给出了几种求解流动问题的常用数值方法,最后通过几个家庭作业来简单介绍了积分形式方程的有限体积离散。

第Ⅲ部分包含了 4 个经典动力学问题的 CFD 应用,众所周知,这些问题是涉及精确解析解的问题,可以作为 CFD 数值结果的比较基础。很明显,CFD 将要求解的真实世界的问题是没有已知的解析解的。事实上,CFD 是求解那些不能用其他方法求解的问题的工具。然而,本书的目的是为读者介绍 CFD 方面的基础知识,选择那些难以验证的应用范例对此毫无益处,因此作者宁愿选择那些简单的具有精确解的问题,这样读者可以根据已知的精确解来判别某一给定的计算方法的优缺点。书中对这 4 种应用进行了详细的介绍,读者可以清晰地看到在第Ⅰ和第Ⅱ部分所提到的 CFD 基础知识的直接应用。本书也鼓励读者自己编写计算机程序来求解这些问题,并用第 7～10 章中给出的结果来进行校核。从某种意义上讲,尽管本书是计算流体力学教程,但事实上也是读者获取更全面的流体力学知识的载体,作者有意识地强调各种流体问题的物理背景,目的就是加强读者的全面理解。有这样一种说法:当学生学习了第 $N+1$ 门课,才能真正掌握第 N 门课的内容。在流体力学的某些方面本书是这一说法的一个佐证，本书就是第 $N+1$ 门课。

本书的前几部分是 CFD 算法和应用方面的基础知识，而第Ⅳ部分介绍了比本书前几章讨论的方法更先进的反映当代专门算法的一些专题。对这些高层次专题，本书没有详细讨论，因为这将超出本书的范围。这些专题等待读者在以后的学习中多多关注。因此只是在第 11 章中对这些专题进行了简单介绍，以使读者提前对未来的学习产生兴趣。第 11 章的目的就是让读者对当今的 CFD 技术有一些基本思想和概念。第 12 章阐述了 CFD 的未来，给出了一些近期的应用。第 12 章通过在一定程度上扩展第 1 章中具有激励性的讨论来结束本书。

事实上，在计算程序的编排上作者面临着艰难的选择，是否应该将计算程序详细地列在书中，以帮助读者进行计算机编程，认识计算效率的重要性以及 CFD 的模块式计算程序？最后作者决定不采用这种形式。本书除了在附录 A 中给出了在求解库埃特流所用到的 Thomas 算法的计算程序外，没有再给出其他计算程序。虽然给出好的和差的计算方法的相应程序有助于读者熟习和理解计算效率，但这并不是本书的目的。当读者尝试自己动手编写计算程序而不是抄写作者预先列出的程序，来求解第Ⅲ部分中的应用题并得到合适的结果时，这将是莫大的鼓励。这一点被看成是学习过程的一部分。自己编写 CFD 程序是 CFD 学习阶段认知过程的重要组成部分。另一方面，第Ⅲ部分所讨论的应用，其详细计算程序全部列在为本书服务的求解手册中，该手册是为讲课教师服务的。教师可以自由地将所列的计算程序根据需要部分或全部提供给学生。

关于计算图形需要说明一下，一位审稿者建议本书中应该涉及一些计算图形，这是一个好建议，因此第 6 章用了一整节的篇幅解释和说明 CFD 经常用到的各种计算图形技术，而且标准的计算图形样式遍布书中。

另外，对于像本书这种导论性的本科高年级 CFD 课程，家庭作业问题需要说明一下。关于本书中的家庭作业问题，作者是经过深思熟虑的。CFD 的实际应用，即使是列在本书中的最简单技术，在读者能够确实做出合理的计算之前也需要一个扎实的学习过程。因此在本书的前几章，读者没有较多的机会通过家庭作业来练习计算。这不同于更典型的本科生工程课题，可以通过立即布置的家庭作业，使学生沉浸于边做边学的过程中。本书的读者在学习前期未接触到第Ⅲ部分的应用之前，完全沉浸于 CFD 的基本词汇、体系、思想和概念中，事实上读者在这些应用中应当做一些计算以使自己得到一些 CFD 的经验，即使在这些部分，这些应用实质上也大多数属于小计算项目，而不是家庭作业。本书的审稿者在家庭作业的问题上也分两派，一半审稿者认为需要留家庭作业，而另一半的审稿者则认为家庭作业没有必要。对此作者采用了折衷的立场，本书中有一些家庭作业，但不是很多。有几章有家庭作业，以帮助读者对文中讨论的概念进行深入的思考。由于本科生阶段关于 CFD 的书尚未建立相应的模式，因此本书无规可循，作者宁愿将何为适当的家庭作业的问题留给读者和授课者来思考，让他们在此方面发挥自己的想象力。

本书保持了作者以前著作的特点，即尽力用读者容易理解的书写方式来论述。本书以对话的方式和读者交流，使得读者能够很容易地理解那些原本不容易理解的内容。

如上所述，本书的一个特色是主要针对工科和理科的本科生。自从 17 世纪以来，科学和工程沿着两条平行的轨道发展着，一个用纯实验方法处理问题，一个用纯理论方法处理问题。事实上现在的本科生工程和科学课程反映了这一传统，他们给学生提供了坚实的实验和理论基础，然而在技术发达的今天，随同实验方法和理论方法，计算力学作为新的第三种方法已经出现。在未来，每位毕业生都会以某种方式接触计算力学，因此为了让学生对当今的三种研究方法有全面了解，在流体力学方面将 CFD 课程加入本科生课程中是非常必要的。本书旨在本科生中开设 CFD 课程，希望尽可能使学生和教师体会其中的快乐。

说到本书的"偏好"，由于作者是位空气动力学家，因此讨论与航空相关的课题有种自然趋势，然而 CFD 是多学科的，除去航空航天领域，在机械、土木、化工，甚至电子工程以及在物理学和化学中都有 CFD 的应用。在写本书时，作者考虑了所有这些领域读者的要求。事实上在作者教授的 CFD 短期课程中，学生就来自上述领域，作者很高兴有此经历。因此本书所包含的材料不仅与航天航空工程有关，还与其他学科有关。机械和土木工程师在第 1 章将会看到许多熟悉的应用，也将对第 6 章中讨论的 ADI 方法和压力修正技术特别感兴趣。事实上，第 9 章中的黏性不可压缩流动的压力修正技术的求解就是针对机械和土木工程师的。然而不管应用的对象是谁，请记住本书中提供的材料是最基础的，它面向各领域的读者。

本书中所提供的素材是如何安排的？读者如果没有时间综观全书，他（她）能否跳过某些章节呢？答案基本上是肯定的。尽管作者编写本书使得按顺序连贯阅读本书的读者对基础 CFD 有一广泛的了解，但是我也认识到很多时候读者是没有这么多时间的。因此作者从战略高度来综观全书，特别是通过醒目的路标来指导读者如何阅读本书，如何根据自己的特殊需要来查找所需的内容，这些路标也出现在目录表中，随时供读者参考。

作者特别感谢美国空军学会的航空学教授 Col. Wayne Halgren。Colonel Halgren 教授花时间阅读了本书的手稿，在学会的一期高级讲座上还用到了本书，使本书在 1993 年的春天在课堂上得以接受检验。随后他不惜花时间拜访 Park 学院的作者来分享他教学实践中的经验。这些来自不同地方的信息是相当珍贵的，本书中的一些特色即出自这些相互交流。事实上，为了加强这样的交流，Wayne 几年前曾来做作者的博士生，作者很自豪能有这样高水平的学生。

我还要感谢我在 CFD 领域的所有同事，他们在 CFD 基本结构上给出了很有价值的意见，特别是书稿的评阅人，他们是 Clarkson University 的 Ahmed Busnaina，

Alabama-Huntsville University 的 Chien-Pin Chen，Pennsylania State University 的 George S. Dulikravich，University of Virginia 的 Ira Jacobson，Old Dominion University 的 Osama A. Kandil，University of Kentucky 的 James McDonough，University of Notre Dame 的 Thomas J. Mueller，Iowa State University 的 Richard Pletcher，Florida Institute of Technology 的 Paavo Repri，University of Michigan-Ann Arbor 的 Roe P. L.，University of Wisconsin 的 Christopher Rutland，Mississippi State University 的 Joe F. Thompson 和 Florida State University 的 Susan Ying，本书的部分内容是与他们讨论的结果。同时还要特别感谢 Susan Cunningham 女士，她是作者的特别助理，她为本书进行了细致的准备工作，包括公式的录入，在本书编排过程中她得到了很大的乐趣。当然，特别的感谢还要送给作者生命中最重要的两个组成部分——为本书的编写提供了必需的人文环境的 University of Maryland（马里兰大学）和我的妻子 Sarah-Allen，作者在家里花费难以计数的时间写作本书时，她给予了充分的理解和支持。对以上各位，我谨表示衷心的感谢！

现在让我们开始学习吧！希望在快乐阅读和计算时，读者将有丰富的收获和乐趣。学海无涯，乐在其中。

作　者

目　　录

第Ⅰ部分　基本思想和方程

第Ⅲ部分 应用实例

第Ⅳ部分 其他专题

第Ⅰ部分

基本思想和方程

作为本书其他部分的踏板，我们将在第Ⅰ部分中引进计算流体力学的一些基本定律和思想。此外，我们还将推导和讨论流体力学的基本方程，这些基本方程是计算流体力学的物理基础，在我们能够认识和应用任一方面的计算流体力学之前，我们必须充分理解这些基本方程，包括其数学形式和它们所描述的物理本质。这就是第Ⅰ部分的精髓。

第1章 计算流体力学的基本定律

所有的数学科学均是建立在物理规律和数字规律的关系上的,因此科学的目的就是把自然问题归结为确定由数字操作得到的量。

James Clerk Maxwell, 1856

20世纪70年代末期,使用超级计算机求解空气动力学问题。早期的一个成功案例是NASA的实验飞行器HIMAT(高操纵性飞行器技术),它是为下一代高操纵性战斗机所进行的概念设计。然而初期的HIMAT的风洞实验却显示其在声速附近具有不可接受的阻力,如果飞机采用这种方式,实验将得不到任何有价值的数据,重新设计它并再次进行风洞实验将花费大约150 000美元,并且项目将无限推延,而由计算机进行翼型的重新设计只需花费6 000美元。

Paul E. Ceruzzi,国家航空航天博物馆馆长,《超越极限》,MIT出版社,1989

1.1 计算流体力学:为什么?

时间:21世纪初。地点:世界各地的大机场。事件:一架光滑、漂亮的飞行器离开跑道,起飞、快速爬升、飞离视线。几分钟内它已加速到高超声速,但此时它仍在大气层内,它的强有力的超声速燃烧冲压式喷气发动机可以继续将其推进到接近26 000 ft/s的速度、轨道速度、飞行器直接进入低地球轨道的速度。这是梦想的素材吗?不完全是,事实上这是跨大气层飞行器的概念。从20世纪80~90年代开始,已有几个国家开始对此进行研究,值得一提的是图1.1所示的设计图,它是一位艺术家给国家太空计划(NASP)提供的概念设计，国家太空计划是美国自20世纪80年代中叶开始的重点研究课题。回顾航空发展史，大推力使得飞行越快、越高，因此可以想象上述飞行器将会在未来的某一天出现。但是，只有当计算流体力学发展到能对飞行器外流和发动机内流实现完全三维流场的快速、精确可靠的数值模拟的时候，这一天才会成为现实。不幸的是，地面试验设备、风洞不存在这种高超声速飞行器所涉及的所有流态。我们没有可以同时模拟跨大气层飞行器所经历的高马赫数和高温流场的风洞，这样风洞的前景即使在21世纪也不被看好。因此跨大气层飞行器的主要设计手段将是计算流体力学，基于这一原因，以及其他许多理由，作为本书的主题计算流体力学，在流体力学现代应用中是非常重要的。

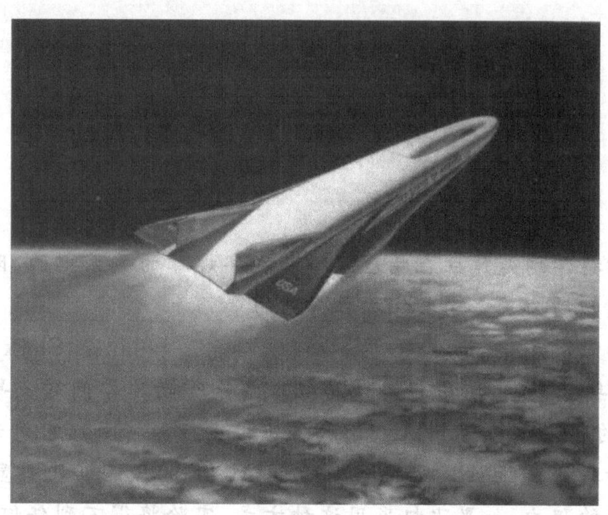

图1.1　艺术家的航天飞机概念

计算流体力学在流体力学的整个学科体系和发展中构成了一种新的方法，在17世纪，法国和英国奠定了实验流体力学的基础，在18和19世纪，理论流体力学在欧洲逐渐发展起来(见参考文献[3～5]，其展示了流体力学和航空学的历史发展过程)。在20世纪的大部分时间，流体力学的研究和应用(包括所有物理科学和工程)一方面涉及纯理论，一方面涉及纯实验。如果你正在学习近代流体力学，如1960年的流体力学，你将会一直在理论和实验这两种方法的世界中努力。然而随着高速计算机的出现，伴随着使用计算机精确求解物理问题数值算法的发展，流体力学的研究和应用方法发生了变革，一种新的重要的第三种方法——计算流体力学诞生了。如图1.2所示，今天的计算流体力学在分析和求解流体力学问题时，与纯理论和纯实验研究方法同等重要。这不只是暂时现象，只要人类的先进文明存在，计算流体力学将一直会起到这种作用。因此通过今天对计算流体力学的学习，你正参与了令人敬畏的历史演化，这是对本书的主题重要性的真实度量。

然而,客观地讲,计算流体力学提供了一种新的方法,仅此而已。它是纯理论和纯实验方法很好的促进和补充,但它永远也不能替代这两种方法(像有人建议的那样),理论和实验研究总是需要的,未来流体力学的发展将建立在这三者适当的平衡之上,计算流体力学有助于解释和理解理论和实验的结果,反之亦然。

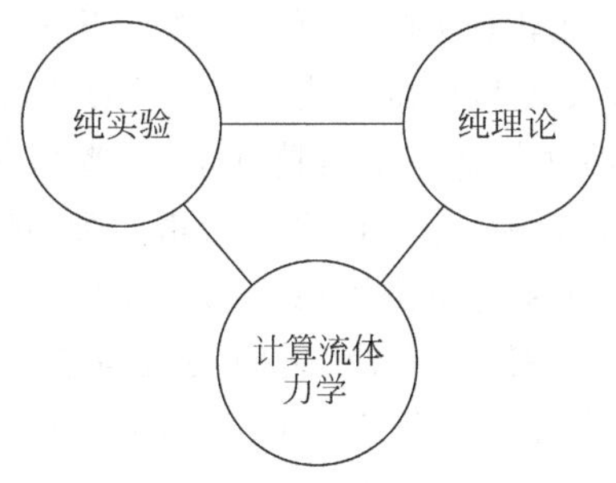

图 1.2 流体力学的三个维度

最后需要指出的是,在当代计算流体力学(computational fluid dynamics,CFD)已很常见,其缩写 CFD 已被普遍接受,在本书的后续章节,我们将统一使用其首字母 CFD。

1.2 计算流体力学:研究工具

计算流体力学的结果与在风洞中得到的实验结果非常类似,它们都提供了在不同马赫数和不同雷诺数等工况下的流场特性,但是 CFD 不像风洞那样沉重、笨拙,计算程序可以存储于软盘等介质中而便携。更重要的是,你可以在千里之外远程登录访问存于计算机内存中的源程序,因此计算程序是一易于运输的工具,一个"便于运输的风洞"。

依此类推,计算程序是一个能够进行数值实验的工具,例如一个可计算绕翼型的黏性亚声速可压缩流动的程序,如图 1.3 所示。上述程序由 Kothari 和 Anderson 开发[6],这一程序对 Navier-Stokes 方程(纳维-斯托克斯方程,简称 N-S 方程)采用差分技术,可以求解完整的二维黏性流动。纳维-斯托克斯方程以及其他有关流体流动物理问题的控制方程将在第 2 章中逐步呈现,Kothari 和 Anderson 在文献[6]中采用的计算技术是一些标准算法,其包含于本书的后面各章中。因此当学完本书后,你将拥有所有必备的知识,以建立求解如参考文献[6]所描述的包含绕翼型的流动等许多算例的可压缩纳维-斯托克斯方程问题。现在假设你已经拥有一个这样的程序,利用它你可以完成一些有趣的实验,这些实验除了是在计算程序上进行的数值实验外,其在各方面均可类比于在风洞中进行的实验(从原理上)。为了更深入地理解这一理念,让我们进行一个数值实验测试,它来源于参考文献[6]。

这一数值实验可以揭示一个真实实验室实验所不能揭示的流动，例如如图 1.3 所示的绕 Wortmann 翼型的亚声速可压缩流动。问题：对于 $Re=100\ 000$ 的绕该翼型的层流和湍流流动有什么不同？对于计算机程序而言这是一个简单的问题：一次关闭湍流模式进行层流运算，另一次启动湍流模式进行湍流计算，比较这两次计算的结果即可。这样说来，只要简单地切换计算程序中的开关就可以改变涉及自然的力量，而在风洞中却不可能如此容易地做到这一点。例如图 1.3(a)中的流动是完全层流的，注意观察计算结果，即使是在零攻角情况下，在翼型的上下表面均发生了流动分离，这种分离流动是文献[6]和[7]中讨论的低雷诺数（$Re=100\ 000$）流动特性，此外 CFD 计算显示这种层流分离流动是不稳定的。计算这类流动的数值方法是时间推进方法，采用非定常纳维-斯托克斯方程的时间项高精度的有限差分求解（涉及时间推进的理论和数值方法详见后面章节）。图 1.3(a)中的流线仅是此非定常流动中一给定瞬时的"快照"。图 1.3(b)显示了在计算程序中启动湍流模式后的计算流线，注意到湍流计算结果是附体流动，而且流动是稳定的。比较图 1.3(a)和图 1.3(b)，可以看出层流流动和湍流流动是非常不同的。此 CFD 数值实验允许我们在其他参数完全相同的情况下，对层流和湍流之间的物理差别进行详细研究，而在真实的实验室实验中这是不可能做到的。

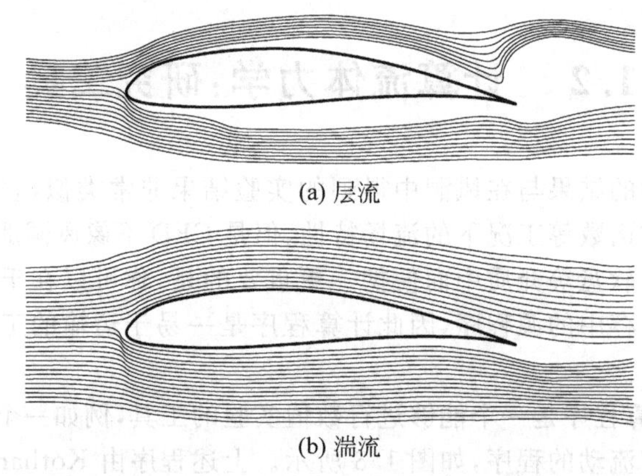

(a) 层流

(b) 湍流

图 1.3　CFD 数值实验举例

(a) 绕 Wortmann 翼型(FX63—137)层流工况下的瞬时流线 $Re=100\ 000$；$Ma_\infty=0.5$，$\alpha=0°$，层流是不稳定的，此图对应某时间瞬时；(b) 绕上述翼型的流线，除流动是湍流外其他工况相同

数值实验与实验室中的物理实验平行进行，有时有助于解释物理实验，当实验数据不太直观时数值实验甚至可以确定实验的基本现象，图 1.3(a)和图 1.3(b)中层流与湍流的比较就反映了这种情况，这一比较甚至包含了上面显示的更多含意。图 1.4 中的空心符号为风洞实验数据中对同一 Wortmann 翼型在不同攻角下的升力系数 c_l，实验数据是 Mueller 和他在 Notre Dame 大学的同事得到的[7]，图 1.4 中的实心符号

为零攻角工况的 CFD 计算结果,详见文献[6]。图 1.4 中显示了两个明显不同的 CFD 结果,实心圆点代表层流的平均结果,实心圆点上下的两条短横线代表由于不稳定的流动分离(见图 1.3(a))而产生的 c_l 的脉动幅值。值得注意的是,即使在攻角 $\alpha=0$ 的情况下层流的 c_l 值也与实验层流值不相吻合,但是相应于图 1.3(b),稳定的湍流流动的实心方块计算结果与实验数据却相当吻合。图 1.5 给出了不同攻角下的翼型阻力系数图以加强这一比较,空心符号是 Mueller 的实验数据,实心符号是攻角 $\alpha=0$的情况下的 CFD 结果,脉动的层流计算阻力系数 c_d 由实心圆点和表示幅值的短横线给出,其与实验数据相当吻合。实心方块代表了稳定湍流的结果,其与该工况下的实验数据非常吻合。这一结果的重要性远远超过了实验和计算结果的简单比较。风洞实验过程中存在着一些不确定性,根据实验自身的观察很难确定流动是层

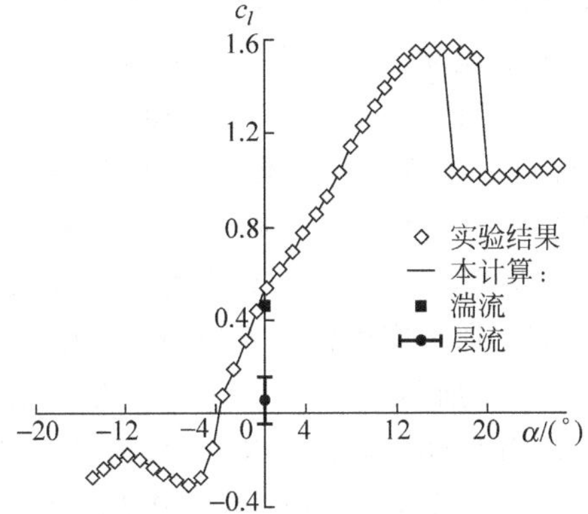

图 1.4 升力系数随攻角的变化曲线

Wortmann 翼型 $Re=100\,000$; $Ma_\infty=0.5$

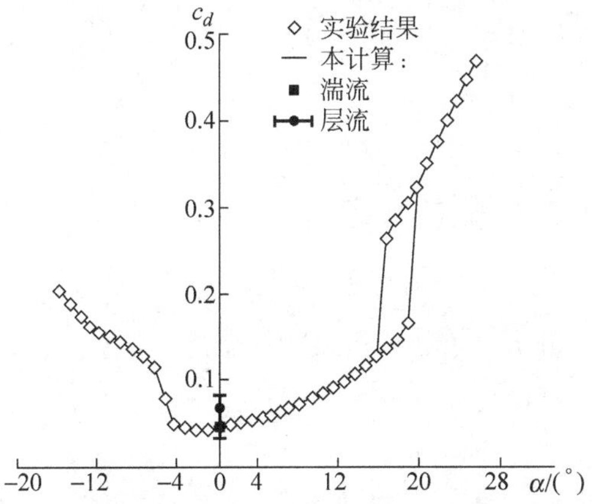

图 1.5 阻力系数随攻角的变化曲线

Wortmann 翼型 $Re=100\,000$; $Ma_\infty=0.5$

流还是湍流，然而通过与图 1.4 和图 1.5 中的 CFD 结果比较，我们可以确定风洞实验中的绕翼型的流动实际上是湍流，因为湍流的 CFD 结果与实验吻合得很好，而层流 CFD 的结果却远远偏离实验数据，这是 CFD 与实验相得益彰的典型算例，它不仅提供了定量比较，而且提供了在相同实验条件下对实验的基本现象进行解释的一种方法，这是在 CFD 框架下实现数值实验价值的图解示例。

1.3　计算流体力学：设计工具

在 1950 年还没有我们今天所说的 CFD，到了 1970 年，CFD 出现了。但由于那时计算机和算法的局限，CFD 的实际求解仅限于二维流动，而流体动力机械如压缩机、透平、流管和飞机等的真实流动世界主要是三维的。1970 年，数字计算机的存储和运算能力均不允许 CFD 处理任何实际的三维流动，到了 1990 年，情况才有了明显的变化。今天的 CFD 已经可以大量求解三维流场，对于成功求解绕过整架飞机这样的流动，虽然仍需要大量的人力和计算机资源，但是这种求解方法在工业和政府设备中已得到广泛使用，事实上，求解三维流动的计算程序已经成为工业标准，作为设计工具而被使用，在本节，我们将通过实例检验来强调这一点。

现代高速飞行器，如图 1.6 所示的 Northrop 公司生产的 F—20，具有复杂的跨声速气动流态，能够激发出 CFD 作为设计工具的无限潜能。图 1.6 展示了在自由来流接近声速马赫数 $Ma_\infty=0.95$、攻角 $\alpha=8^\circ$ 的 F—20 表面上细致的压力系数变化，这

(a)

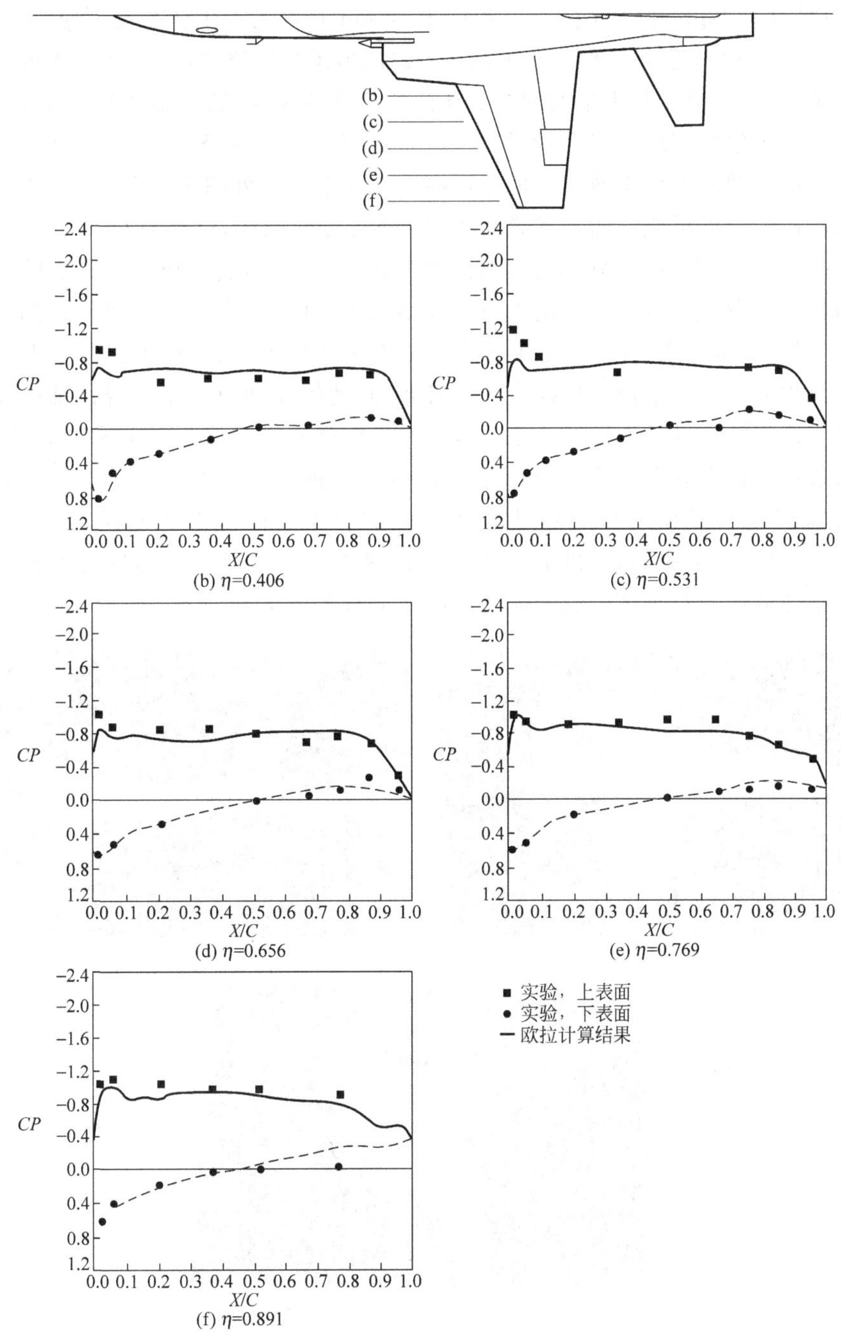

图 1.6 一完整飞机(Northrop F—20 战斗机)外形流场的气动计算算例

(a) 飞机整个上表面的压力系数云图；(b)～(f) 机翼上下表面，不同的展向位置上的压力系数变化曲线，翼展位置由 η 表示，相对于机翼的半展宽(来自参考文献[9])

些 CFD 结果是 Jager 和 Bergman[9] 利用 Jameson 开发的有限体积显示格式[10] 计算得到的。图 1.6(a)显示了 F—20 俯视面上的压力系数等值线，等值线代表该线上压强为常值，因此等值线越聚集的地方其压强的梯度越大，特别是在机翼的后缘下游存在着浓密的等值线束段，它包围着机身，这意味着那儿存在跨音速激波，其他涉及局部激波和膨胀波的区域也被清楚地显示在图 1.6 上。此外图 1.6(b)～(f)给出了翼展五个不同位置沿翼舷方向上下表面的压力系数变化曲线，这里的 CFD 计算结果涉及 Euler(欧拉)方程的求解(见第 2 章)，由实线给出，并与实方块和实圆点的实验结果进行比较。我们注意到计算结果与实验结果相当吻合，由图 1.6 我们得到的主要结论是：CFD 提供了绕整架飞机外形的详细流场计算的工具，包括三维面上的压力分布。压力分布对于结构工程师是非常必要的，他需要知道整个机身详细的气动负载以进行适当的飞机结构设计。压力分布对于空气动力学家也是非常必要的，通过对飞机表面的压力分布积分得到升力和压差阻力(积分细节详见参考文献[8])，同时 CFD 结果还提供了在机身底部结合处和机翼前缘等位置形成的涡结构信息，见图 1.7[9]，在该算例中 Ma_{∞} 和 α 分别是 0.26 和 25°，了解这些涡的发展和它们对飞机其他部位的影响对于飞机的整体气动设计是非常必要的。

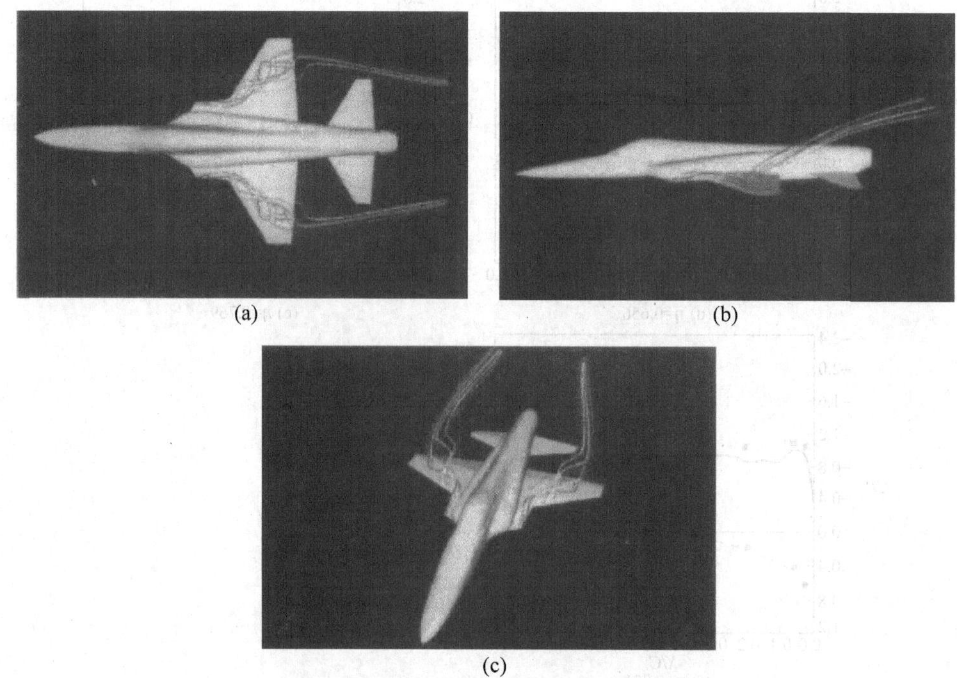

图 1.7 由 CFD 计算得到的 F—20 的翼涡

(a)俯视图；(b)侧视图；(c)正视图(来自参考文献[9])

简而言之,作为设计工具,CFD 正扮演着强有力的角色,加上 1.2 节中描述的它作为研究工具的角色,CFD 对流体力学家和空气动力学家的工作方式有着非常大的影响。当然,本书的一个目的就是引导读者了解 CFD 的发展,学会使用这一强有力的工具。

1.4 计算流体力学的影响:一些应用举例

纵观历史,在 20 世纪 60～70 年代,CFD 的发展是由航空航天领域的需求所驱动的,事实上,1.1～1.3 节中的 CFD 应用算例就来自这一领域,然而现代 CFD 已覆盖了所有流体流动的重要领域,本节的目的在于强调那些非航空航天领域的 CFD 应用。

1.4.1 在汽车和发动机中的应用

为了改进现代汽车和卡车的性能(环境质量和节能等),汽车工业加速了高技术研究和设计工具的使用,其中一种工具就是 CFD。无论是研究汽车车身的外部流动,还是发动机的内部流动,CFD 有助于汽车工程师更好地认识流动的物理过程,进而改进车辆的性能,让我们考察以下几个算例。

绕轿车的外流计算由空气粒子的迹线给出,见图 1.8。轿车的左侧轮廓由它表面上的网格分布来显示,白色条带是绕轿车的空气粒子从左到右的运动轨迹,这些迹线是由有限体积 CFD 算法得到的,计算是在绕轿车的三维离散空间上进行的。轿车中心对称面上的网格大小见图 1.9,注意到其中的网格线是贴着物体表面的,即所谓的贴体网格系统(这种网格系统将在 5.7 节讨论)。图 1.8 和图 1.9 取自美洲豹汽车有限公司 C. T. Show 的研究工作[58],另外一绕轿车外流的计算算例来自 Matsunaga 等人的工作[59],图 1.10 显示了绕轿车流动的等涡量线图,由有限差分计算得到,详见文献[59]*(关于有限差分方法的讨论从第 4 章开始,遍及全书),本计算是在三维矩形网格上进行的,网格大小见图 1.11,网格生成基础作为 CFD 的重要组成部分,将在第 5 章讨论,关于绕复杂三维物体的笛卡儿或矩形网格生成见 5.10 节。

---

* 在流体力学中涡量的定义是 $\nabla\times\boldsymbol{V}$,是一矢量,它等于流体微团瞬时旋转角速度的 2 倍,涡量的 x 方向分量(流动方向)的等值线图见图 1.10。

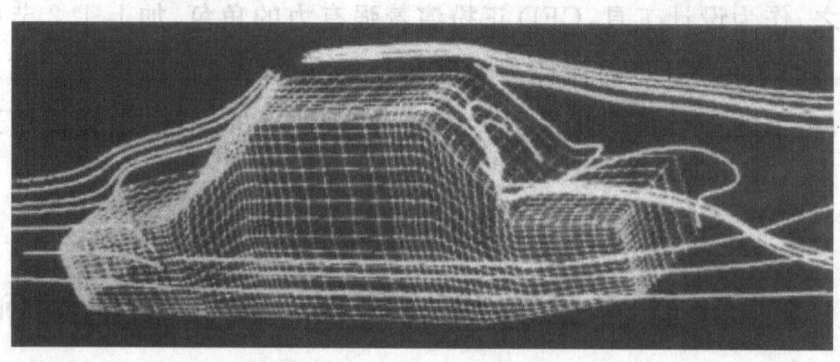

图1.8　计算的绕汽车气流迹线，流动从左到右（来自 C. T. Show，参考文献[58]，得到 SAE SP—747 的再版许可，1988，汽车工程师协会公司）

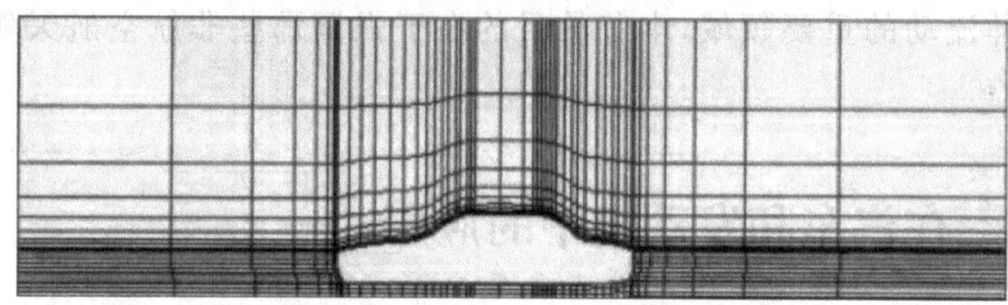

图1.9　用于图1.8计算的中心对称面上的计算网格分布（来自参考文献[58]，得到 SAE SP—747 的再版许可，1988，汽车工程师协会公司）

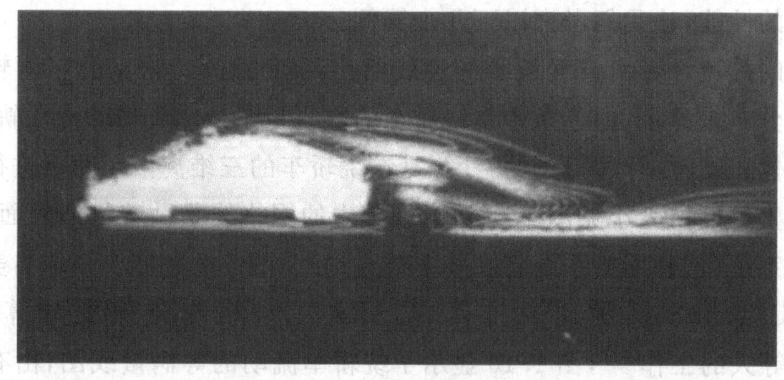

图1.10　计算所得的气流绕汽车的 x 方向等涡量图，流动从左向右，显示了距中心平面40%车宽的垂直平面上的计算结果（来自 Matsunaga 等人的工作，参考文献[59]，得到 SAE SP—908 的再版许可，1992，汽车工程师协会公司）

内流计算以 Griffin 等人所进行的汽车发动机内部的流动[60]为例，这里四冲程循环内燃机缸内非定常流动的计算由时间推进的有限差分方法得到（时间推进方法在本书的各章中均有讨论）。缸内的有限差分网格部分见图1.12，在图1.12的底部，由阴影线表示的活塞在吸气、压缩、做功和排气四个冲程中上下运动，进气阀门近似为开和闭,从而建立了缸内的往复流动。图 1.13 显示了在吸气冲程中当活塞达到它行程的底部(下死点)时阀门平面上的计算速度图。这些早期计算是第一次应用 CFD 进行内燃机内部流动研究的结果。今天大量强有力的现代 CFD 被汽车工程师用于发动机内部流动研究的各个方面,包括燃烧、湍流以及与集流腔和排气管的耦合。

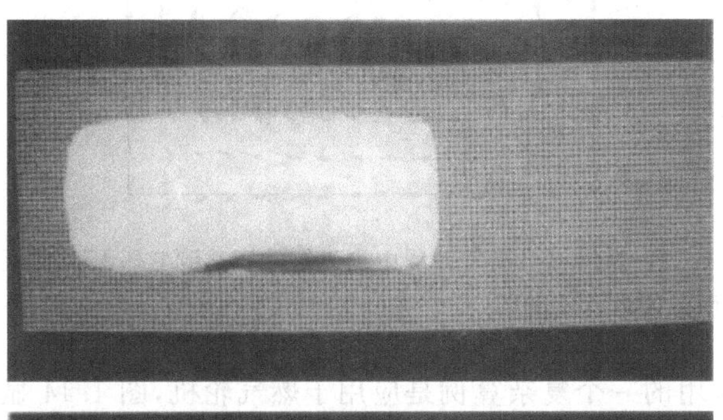

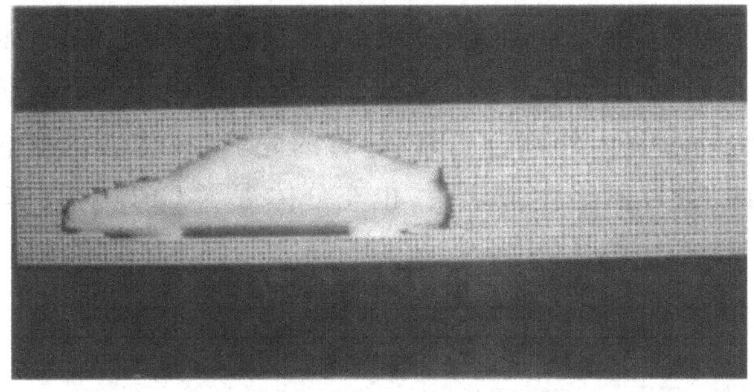

图 1.11 用于图 1.10 计算的环绕轿车的矩形(笛卡儿)网格分布(来自参考文献[59],得到 SAE SP—908 的再版许可,1992,汽车工程师协会公司)

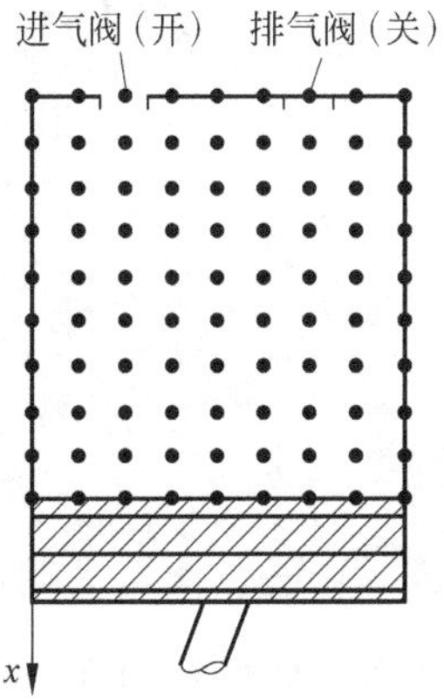

图 1.12 参考文献[60]中为研究活塞缸配置在柱坐标系中阀门平面上的网格分布,为了清楚起见仅显示了阀门平面上的一半网格

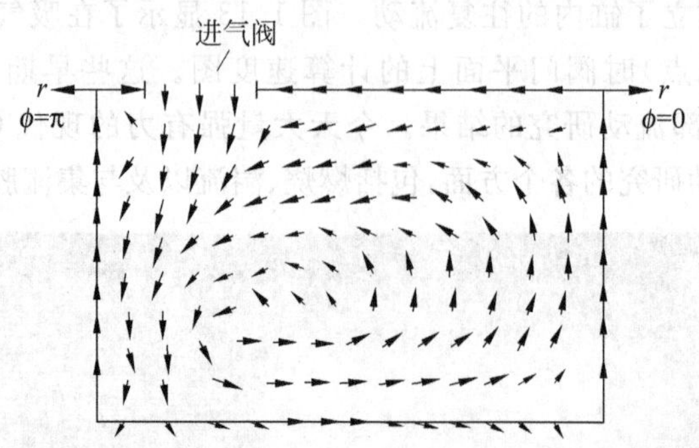

图 1.13 在内燃机吸气冲程中当汽缸活塞达到它下死点时阀门平面上的计算速度图

现代 CFD 应用的一个复杂算例是应用于燃气轮机，图 1.14 显示了包围引擎的外部区域和通过压缩机、燃烧室和透平等的内部通道的有限体积网格(网格和单元在 5.10 节讨论)，它是由密西西比州立大学流场计算模拟中心的研究人员生成的，是有关燃气轮机复杂流动过程内外耦合 CFD 计算的先驱，在作者的概念里，这是迄今为止最复杂和有趣的 CFD 网格生成之一，也充分体现了 CFD 对汽车和燃气轮机工业的重要性。

图 1.14 同时包含了喷气发动机外部区域和发动机内部通道的区域网格(得到密西西比州立大学流场计算模拟中心的许可)

1.4.2 在制造工业中的应用

本小节给出了 CFD 在制造工业中应用的两个算例。

图 1.15 显示了铸铁液态模料填充一个铸模的过程,在计算中液态铸铁流场是时间的函数,液态铸铁通过右侧的两个侧门进入腔室,一个门在中间,一个门在铸模的底部。图 1.15 显示的 CFD 结果是由有限体积算法计算的速度场,它给出了填充过程中三个不同时刻的流动:在填充过程的早期,两个侧门先打开(图(a)),稍后两股流体进入腔室(图(b)),最后两股流体撞在一起(图(c)),这些计算是由比利时的 WTCM 基金会研究中心的 Mampaey 和 Xu 计算得到的[61],这样的 CFD 计算可以给出铸模填充过程液态金属详细而真实的流动行为,有助于设计完善的铸造技术。

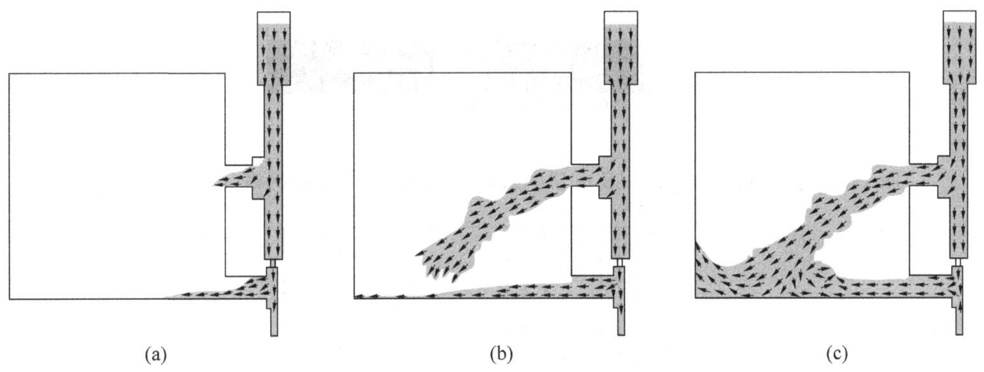

图 1.15 液态铸铁通过铸模右侧的两个门进入铸模过程中三个不同时刻的速度场的计算结果

CFD 在制造过程中的第二个应用算例是关于陶瓷复合材料制造的。陶瓷复合材料的一个制作方法涉及化学气相渗透技术,气相材料流经多孔基底,沉积材料附着于基底纤维上,最终形成了复合材料的连续阵列,其中特别有趣的是环绕纤维的复合碳化硅(SiC)的沉积速率和方式。最近 Steijsiger 等人[62]采用 CFD 模拟了化学气相沉积反应器中的 SiC 沉积过程,反应器中的计算网格分布见图 1.16,反应器内部的计算流型见图 1.17。其中 CH_3SiCl_3 和 H_2 的气相混合物从底部管道流入反应器,确保化学反应产生 SiC,然后 SiC 沉积在反应器壁面上。图 1.17 显示的计算结果来自于控制方程的有限体积求解,它们代表了 CFD 作为研究工具的一个应用,有助于提供能直接应用于制造的信息。

1.4.3 在土木工程中的应用

涉及江河、湖泊和河口等的流变学问题也可以利用 CFD 来研究,其中一个例子

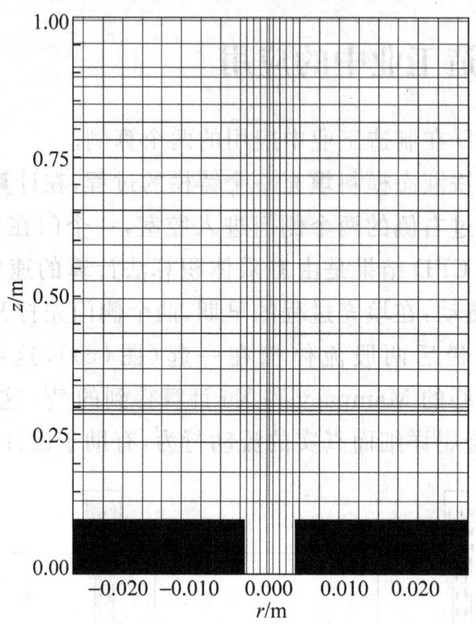

图 1.16 用于化学气相沉积反应器中的流动计算的有限体积网格(参考文献[62])

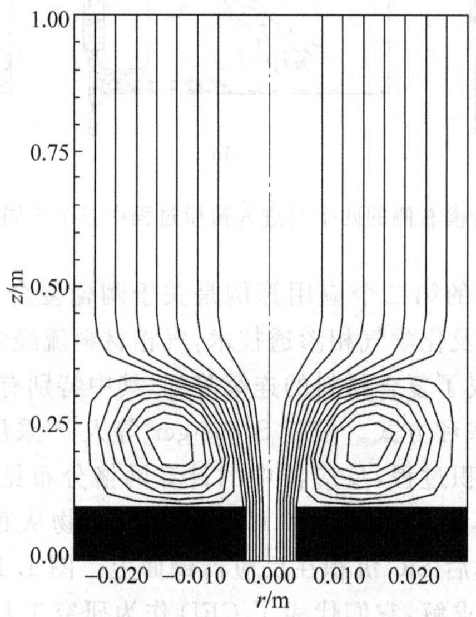

图 1.17 CH_3SiCl_3和 H_2流入化学气相沉积反应器中的计算流型(参考文献[62])

是从水底沉泥井中将污泥抽吸上来,见图 1.18。水层位于泥层的上部,沉泥井中部分污泥从底部左侧吸入。此图只有半幅,可以通过镜像的方法形成另一半,从而构成完整对称的沉泥井,垂直对称线是位于图 1.18 中的左侧垂直线。当污泥从底部左侧被吸走时,泥层中形成了一个充满水的坑,正是坑的填充过程引起了水的运动,图 1.19给出了某一瞬时水和泥沙的计算速度场,这里速度矢量的大小由代表 1cm/s 的箭头衡量,这些结果来自文献[63]中 Toorman 和 Berlamont 给出的计算,这些结果有助于水下挖泥设备的设计,如大型海岸疏浚和在 20 世纪 90 年代初马里兰州大洋城进行的围垦工程。

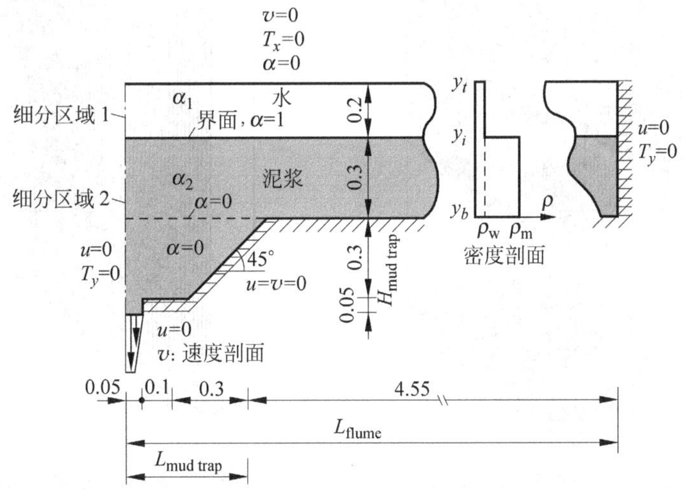

图 1.18 沉泥井模型中的泥浆层和水层,泥浆从底部左侧被吸走(参考文献[63])

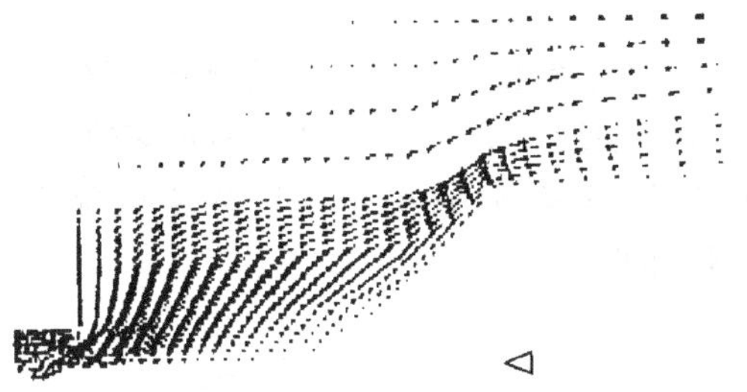

图 1.19 图 1.18 中泥浆层和水层模型中计算的速度场,抽吸 240 s 后的结果(参考文献[63])

1.4.4 在环境工程中的应用

CFD 广泛应用于建筑物的供暖、空调和一般空气循环系统等学科,例如图 1.20 所示的取自文献[64]的丙烷燃烧炉。流经燃烧炉的计算速度场见图 1.21,该图显示了炉内一个竖直平面上各节点上的速度矢量,这些结果来自于 Bai 和 Fuchs 的有限差分计算结果[64],这样的 CFD 应用对于设计高热效率、低环境污染的燃烧炉提供了有用的信息。

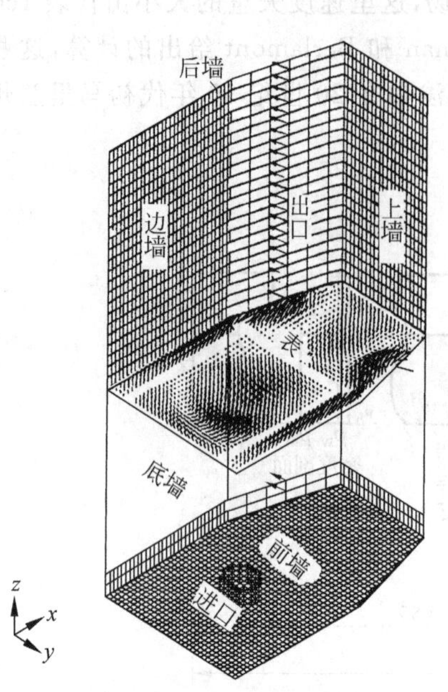

图 1.20　高效丙烷燃烧炉模型(参考文献[64])

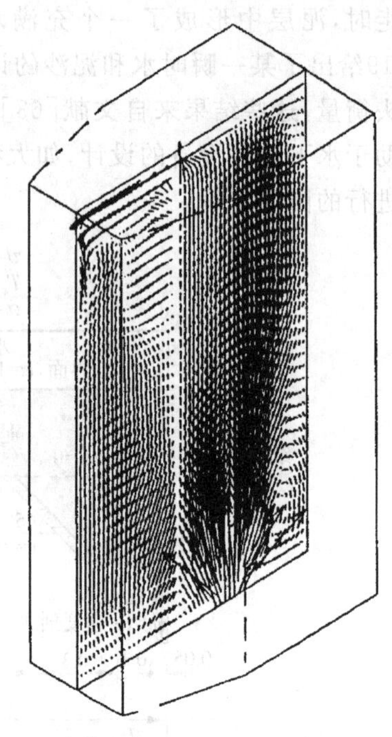

图 1.21　流经图 1.20 所示的燃烧炉的计算速度场,该图显示了炉内与铅垂面垂直的一平面上各节点上的速度矢量

图 1.22 和图 1.23 给出了空调器的流动计算结果。图 1.22 给出了室内模型示意图,空气通过天花板中部的缝隙供给,由天花板两角落的排气管排出,图 1.23 给出了由有限差分计算得到的速度场,它揭示房间内空气循环模式,这些计算是由 McGuirk 和 Whittle 得到的[65]。

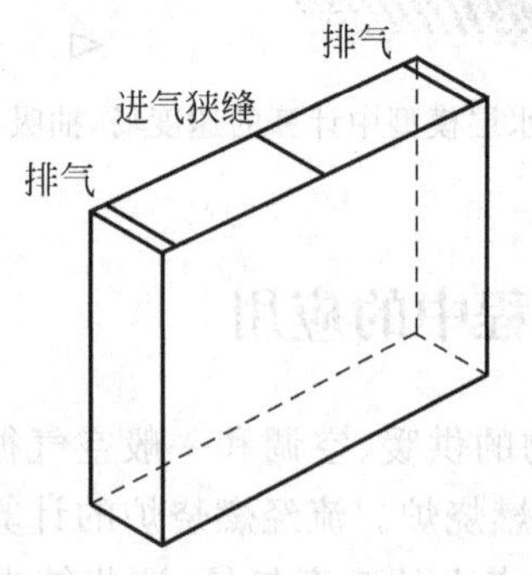

图 1.22　天花板上带有进气和排气道的室内模型

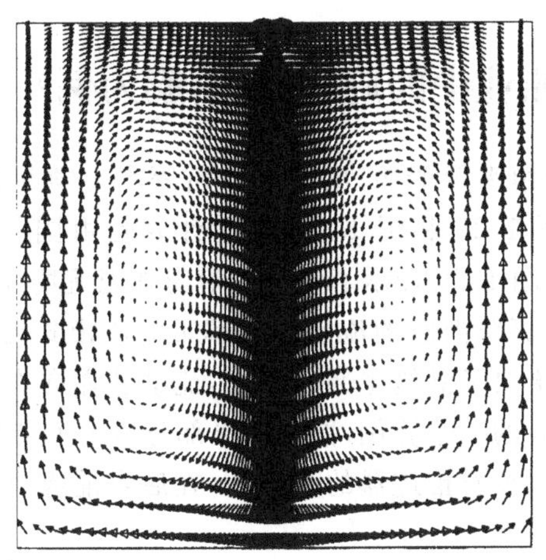

图 1.23 图 1.22 中所示的室内气流速度矢量图(得到机械工程师协会理事会的许可[65],由英国机械工程师协会授权)

CFD 的一个有趣应用是 Alamdari 等人进行的绕建筑物的空气环流计算[66],图 1.24 显示了办公楼的横截面,办公楼由对称的两部分组成,中间由过道连接,每一部分都有一个大玻璃门廊,门廊是一种时尚流行的建筑设计,这些门廊均在适当的位置开设进气通道和排气通道,形成了低成本、高效的自然通风系统。图 1.25 给出了冬季典型的门厅进口横截面上的速度场模拟,计算采用有限体积的 CFD 算法。

图 1.24 建筑物示意图(得到机械工程师协会理事会的许可[66],由英国机械工程师协会授权)

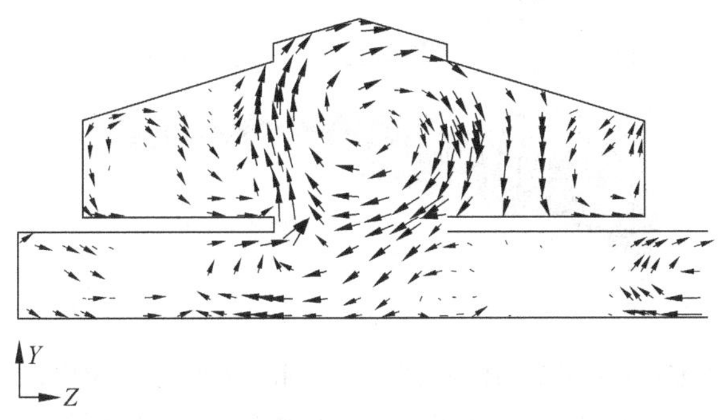

图 1.25 图 1.24 所示办公楼在冬季气流速度场的模拟(得到机械工程师协会理事会的许可[66],由英国机械工程师协会授权)

1.4.5 在造船业中的应用(以潜艇为例)

计算流体力学是求解涉及船舰、潜艇和鱼雷等水力学问题的主要工具,CFD在潜艇中的一个应用见图1.26和图1.27,这些计算是由国际科学应用公司的Nils Salvesen博士提供的。图1.26显示了绕整个潜艇外壳流场计算的分区网格(分区网格将在5.9节讨论),计算绕潜艇的流动是求解带湍流模式的三维不可压缩纳维-斯托克斯方程。图1.27给出了潜艇尾部的流谱,流动从左向右,沿着前面1.2节的体系,我们看到了计算实验的一个算例,图的上半部分显示了带推进器(螺旋桨)的流线图,图的下半部分显示了没有推进器的流线图,在后者前缘有流动分离出现,而带推进器时,没有流动分离发生。

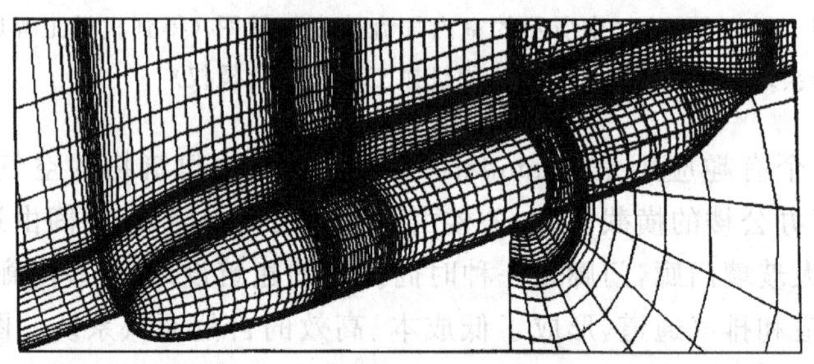

图1.26 绕整个潜艇外壳流场计算的分区网格(得到了国际科学应用公司和Nils Salvesen博士的许可)

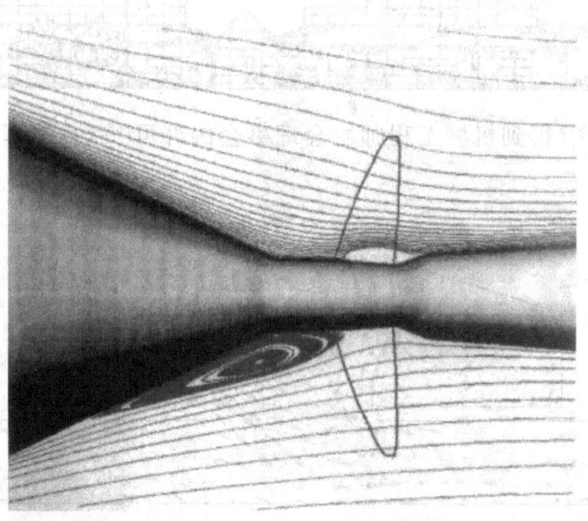

图1.27 潜艇尾部的流谱,图的上半部分显示了带推进器(螺旋桨)的流线图,在图的下半部分显示了没有推进器的流线图(得到了国际科学应用公司和Nils Salvesen博士的许可)

1.5 计算流体力学到底是什么？

问题：什么是计算流体力学？为了回答这个问题，我们注意到，从物理的角度来分析，任何流体的流动均遵守三大基本定律：① 质量守恒；② 牛顿第二定律(力=质量×加速度)；③ 能量守恒。这三大基本定律能够用数学方程的形式表达，最基本的形式可以是积分方程，也可以是偏微分方程，这些方程和它们的导出过程是第 2 章的主题。计算流体力学是将这些积分型方程或偏微分型方程(根据具体情况而定)转换成离散代数形式，然后求解这些代数方程以得到离散的空间和(或)时间点上的流场数值。CFD 的最终产品实际上是数字的集合体，而不是封闭形式的解析解，然而大多数封闭型或者其他形式的工程分析，其最终目标是对问题的定量描述，即数字，在这种情况下回顾在本章开始的 Maxwell 的名言将是非常适当的。

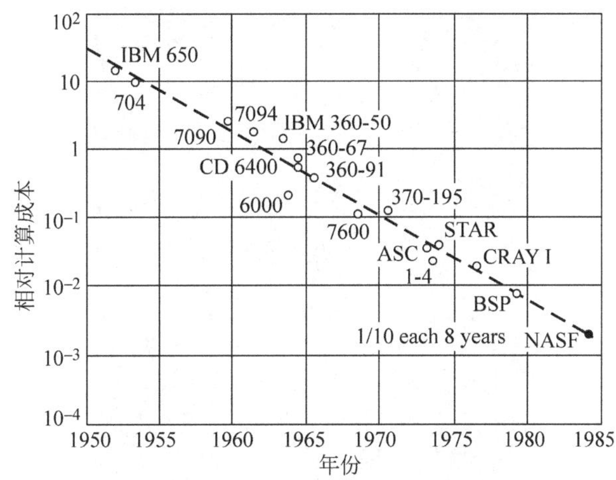

图 1.28 计算相对成本随时间的变化[11]，反映了计算机硬件随年代的发展(参考文献[11])

当然，高速计算机是允许 CFD 实用发展的必备设备，CFD 求解一般需要成千上万甚至上百万的数字重复操作，若没有计算机，这样的任务人类是不可能完成的。因此 CFD 的快速发展，以及它在处理越来越精细、复杂的问题中的应用，与计算机硬件特别是计算机存储和运行速度的迅猛发展是密不可分的，这就是为什么推动新型超级计算机发展的最强大动力来自 CFD 领域。事实上在过去的 30 年，大型计算机已成为发展趋势，关于这一点可由计算相对成本(对一给定计算)随年份的变化关系显著表示出来，见图 1.28。该图来自于 Chapman 的权威调查[11]，图中的这些点对应特定的计算机，从 1953 年古老的 IBM 650 开始，经历了 1976 年的超级计算机先驱 CRAY I，直到 80 年代后期安装在 NASA Ames 研究实验室的国家空气动力学模拟器(NASF)。今天最引人注目的发展是超级计算机的结构设计,例如超级计算机CRAY Y-MP,见图1.29,这台机器拥有3 200万字节的直接可编程中央存储器,在配有SSD(固化安装设备驱动程序)时还具有51 200万字节的扩展内存,运行速度接近1×10^3M(每秒10^9个浮点运算),这相当于20世纪70年代的1×10^6个计算机。而且在计算机设计体系上新的概念开始展现出来,早期的高速数字计算机是串行机,一次完成一个计算,因此所有的计算必须排队等待处理,而电子的速度是有限的,接近光速,因此这种串行机在最终的操作速度上具有固有的缺陷,为了绕过这个缺陷,现在有两种计算机设计体系被采用:

(1) 矢量处理器:该结构允许一串相同的操作同时在一个数字队列中,因此既节省了时间又节省了内存。

(2) 并行处理器:该结构真正是两个或更多个全功能中央处理单元(CPU),每个CPU可以处理不同的命令流和数据流,可以同时处理程序的不同部分,既可以独立工作又可以和同台机器中的其他CPU联合工作。

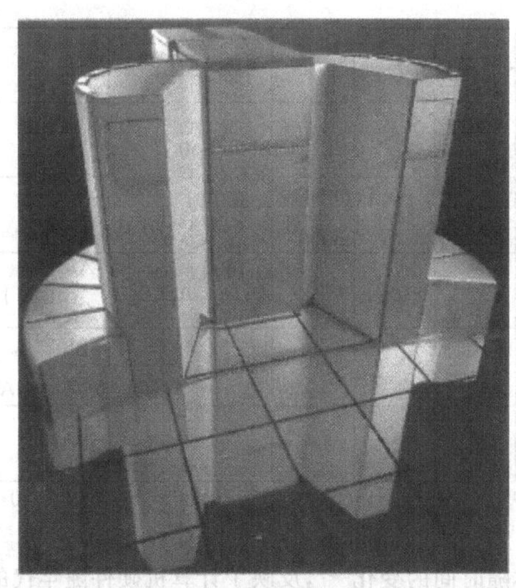

图1.29 现代超级计算机实例,CRAY Y-MP (Cray研究公司)

今天矢量处理器已经被广泛应用,并行处理器正在快速涌现,例如新型Connection Machines,它属于大规模并行处理机,被许多代理商所采用。你是否会选择使用CFD来求解你未来工作中任何混合的复杂问题?如果你选择CFD,那么你使用矢量处理器和并行处理器的可能性就会很高。

为什么CFD在现代流体力学问题的研究和求解中如此重要?为什么你应该被激励去学习一些CFD知识?虽然1.1~1.4节大体上给出了关于这个问题的部分答案,但是为了给出这个问题的明确答案,在此给出一个在现代流体力学中利用CFD创新的例子,这个例子将作为下面几章中所讨论问题的聚焦点。

考虑超声速气流或高超声速气流流经钝头体的这一特定流场,如图1.30所示。

与尖头体相比,绕钝头体流动气动热被大大降低,这一事实激发了人类对这类物体的研究兴趣,这就是为什么墨丘利号和阿波罗号飞船太空舱是钝头的,航天飞机是钝头的,其机翼前缘也是钝头的原因之一。如图 1.30 所示,在钝头体的前方有一个强的弯曲的弓形激波,其与鼻头的距离为 δ,被称为激波脱体距离,此流场的计算包括激波的形状和位置,是 20 世纪 50 和 60 年代最让人困惑的气动问题之一,大量的研究经费用于此超声速钝头体问题的求解,却没有什么收获。

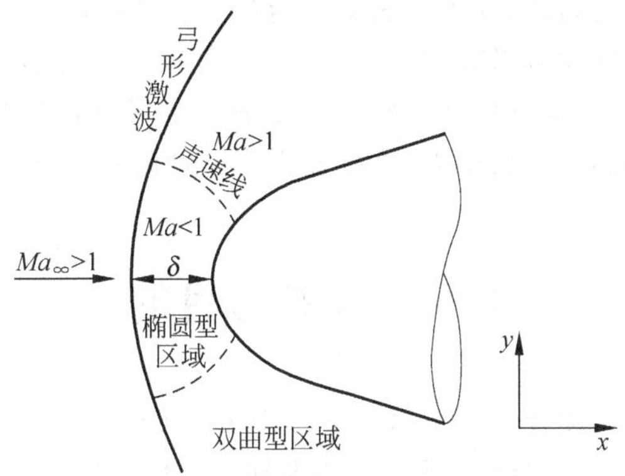

图 1.30 超声速气流流经钝头体的流场示意图

为什么超声速气流和高超声速气流流经钝头体的流场计算如此困难?答案在图 1.30中基本可见。在接近正激波的波后流动区域,即在中心线附近,其流动为亚声速,而在下游远处,弓形激波变弱,更加倾斜,流动局部是超声速的。在亚声速和超声速区域之间有一条分界线,被称为声速线,见图 1.30。如果流动被假设是无黏的,也即忽略运输过程的黏性耗散和热传导,流动的控制方程是欧拉方程(将在第 2 章获得),不管流动是超声速还是亚声速,这些控制方程都是相同的,但它们的数学特性在两个区域中却是不同的。在稳定的亚声速区域,欧拉方程展现出椭圆型偏微分方程的特性,而在稳定的超声速区域,欧拉方程具有完全不同的数学特性,也即双曲型偏微分方程的特性,这些数学特性、椭圆型方程和双曲型方程的定义以及相关的流场结果分析将在第 3 章讨论。控制方程的数学特性从亚声速区域的椭圆型到超声速区域的双曲型的变化,使得对这两个区域采用统一的数学分析是不可能的。对亚声速区域适用的数值技术在超声速区域行不通,对超声速区域适用的数值技术在亚声速区域将一无用处。开发的技术一些适用于亚声速区域,另一些技术(如标准的特征线方法)适用于超声速区域,不幸的是,对声速线附近的跨声速区域,这些不同技术的适当衔接却是非常困难的,因此直到 20 世纪 60 年代中期,仍没有统一有效的空气动力学方法来处理绕超声速钝头体整个流场的流动。

然而到了 1966 年,钝头体问题中的僵局被打破。采用那个时代发展的 CFD 技术同时利用时间相关方法这一概念来处理稳态问题,Moretti 和 Abbett[12] 在 Brooklyn 工业学院(现在的工业大学)对超声速钝头体问题进行研究,得到了一个数值有限差分解，这是对这类流动的首次实际、直接的工程求解。1966年以后，钝头体问题不再是"问题"，工业界和政府实验室很快都采用这种计算方法来进行钝头体分析。最惊人的对比是：超声速钝头体问题，这个在20世纪50和60年代被认为是最严肃、最困难和最广为研究的理论空气动力学问题，如今已成为Maryland大学CFD研究生课程的家庭作业。

这个适当考虑流动的控制方程的数学特性的算法成为CFD能力的一个范例，这也回答了前面所提出的问题，即为什么CFD在现代流体力学研究中是如此重要。我们已经看到，随着CFD和适当算法的发展，对给定流动问题的处理发生了革命性的变化，例如上述算例。原来不可能求解的问题成为了只是扩展的家庭作业性质的标准的日常分析，这正是CFD的能力，这种能力将激励读者去学习这门课程。

1.6 本书的目的

前面的讨论试图在读者的脑海里建立一个关于CFD整体特性的框架，以激励读者对后面章节的学习。正如读者所发现的那样，本书的结构像三明治，是CFD的非常基础、基本和指导性的展示，它强调基础，概括了一些求解技术，并且包含了从低速不可压缩流动到高速可压缩流动的各种应用。本书是真正的CFD引论，它的目标是那些完全未启蒙的读者，即那些对CFD几乎没有任何了解的读者。目前关于CFD研究生阶段的教学有以下几本好的教材，如由Anderson，Tannehill和Pletcher编写的标准教材[13]，更近些时期的有Fletcher的著作[14,15]及Hirsch的著作[16,17]，此外Hoffmann也提供了简洁、可读性强的展示[18]。本书我们假设读者对流体力学有总体的物理认识，水平与机械和航空航天工程的大多数低年级学生相当，对数学知识的要求是基本的微积分和微分方程。本书可作为CFD学习时的第一本书，它有四点目的，即为读者提供以下四个方面的知识和能力：

(1) 对CFD能力和基本定律的一些理解。

(2) 对适用于CFD的流体力学控制方程的理解。

(3) 熟悉一些求解技术。

(4) 本学科的常用词汇。

当完成本书的学习时，作者希望读者能有充分的准备进行更深教材(如文献[13～17])的学习，可以开始CFD文献的阅读，可以明白更复杂的发展现状的展示，可以将CFD直接应用于你关心的特殊领域，如果上面一点或更多点是你想要的，那么我们具有共同的目标即继续阅读第2章。

本书中材料的组织参见结构示意图1.31，结构示意图的目的是帮助我们图形化思考过程，看清楚材料流的某种逻辑关系。根据作者的经验，当学生开始学习一门新课程时，容易陷入细节中，从而迷失了主线，图1.31是我们讨论CFD的主线，在后续的章节中我们将经常提到这一结构示意图，以便直接触及基础，提醒我们各细节在CFD整个框架中的位置。在任何阶段，如果你对你正在从事的工作有些迷茫，请求助于图1.31中的结构示意图。另外正如图1.31对整书提供指南一样，在大多数章节中均有局部结构示意图以便于引导每章的概念学习。图1.31中需要特别提及的是A区～C区，它们涉及了一些基本理念和方程，这是对所有CFD均适用的。事实上本章的材料由A区表示，当理解和掌握这些基本方面后，我们将讨论基本方程离散的标准方法，以便于对方程进行数值求解（D区～F区），同时坐标变换也是非常重要的方面（G区），在描述了一些对方程进行数值求解的常用技术（H区）之后，我们将详细地介绍一些具体应用，使得读者能够更透彻地理解这些技术（I区～M区），最后我们将讨论CFD的发展现状和趋势（N区）。现在让我们沿着这条结构示意图开始前进，来到B区，这是下一章的主题。

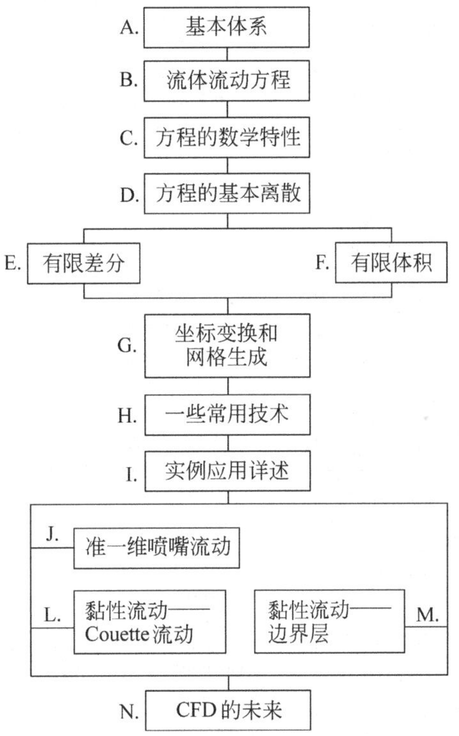

图1.31 本书的结构示意图

最后图1.32(a)～(e)包含的图表阐明了来自第Ⅰ部分和第Ⅱ部分的概念以及第Ⅲ部分中的应用，在此我们只是提及这些图表的存在，在讨论中我们将在适当的时候求助于它们。同时，为方便起见将它们陈列在此，以便暗示来自第Ⅰ部分和第Ⅱ部分的基本概念以及第Ⅲ部分中的应用这其间存在着内在的逻辑关联。

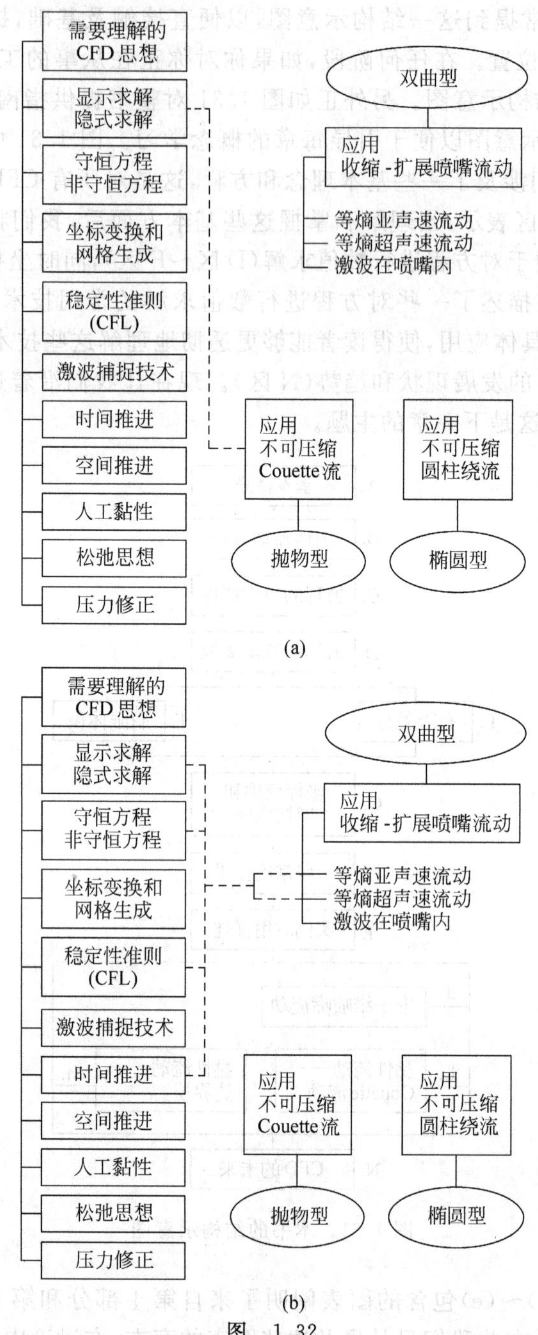

图　1.32

(a) 不可压缩 Couette 流动的应用(隐式求解)的概念流；(b) 喷嘴流动应用(等熵流)的概念流；(c) 喷嘴流动应用(带激波)的概念流；(d) Couette 流动的应用(压力修正方法)的概念流；(e) 不可压缩圆柱绕流的应用(松弛求解)的概念流

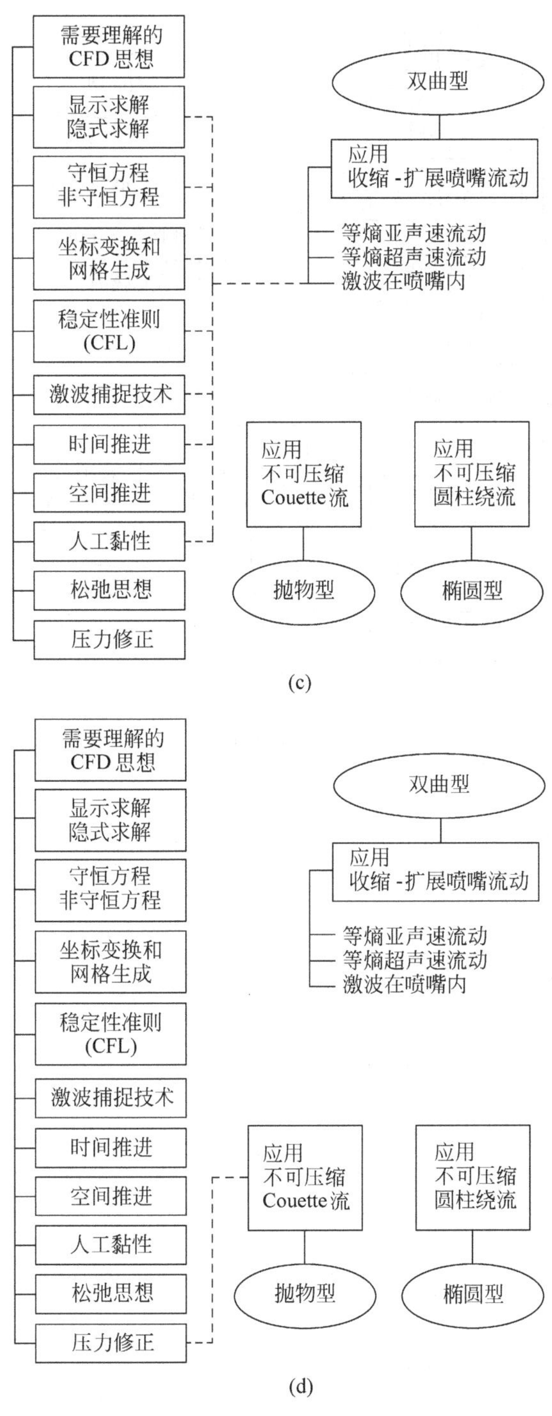
需要理解的
CFD思想
显示求解
隐式求解
守恒方程
非守恒方程
坐标变换和
网格生成
稳定性准则
(CFL)
激波捕捉技术
时间推进
空间推进
人工黏性
松弛思想
压力修正
双曲型
应用
收缩-扩展喷嘴流动
等熵亚声速流动
等熵超声速流动
激波在喷嘴内
应用
不可压缩
Couette流
应用
不可压缩
圆柱绕流
抛物型
椭圆型
(c)
需要理解的
CFD思想
显示求解
隐式求解
守恒方程
非守恒方程
坐标变换和
网格生成
稳定性准则
(CFL)
激波捕捉技术
时间推进
空间推进
人工黏性
松弛思想
压力修正
双曲型
应用
收缩-扩展喷嘴流动
等熵亚声速流动
等熵超声速流动
激波在喷嘴内
应用
不可压缩
Couette流
应用
不可压缩
圆柱绕流
抛物型
椭圆型
(d)

图 1.32(续)

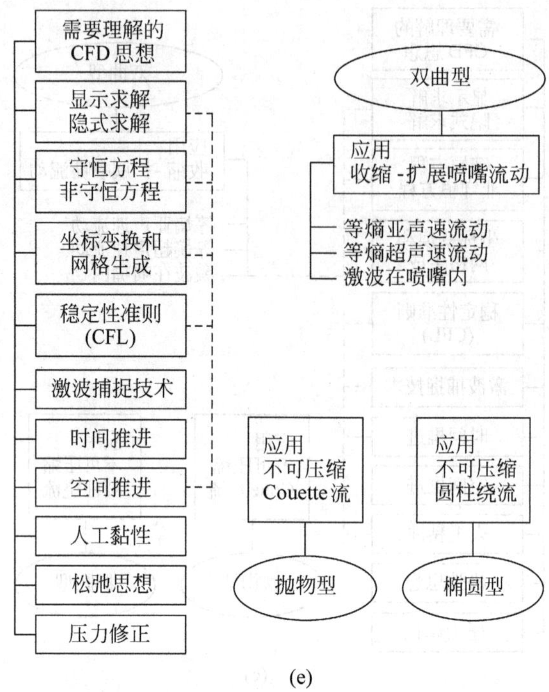
需要理解的
CFD思想
显示求解
隐式求解
守恒方程
非守恒方程
坐标变换和
网格生成
稳定性准则
(CFL)
激波捕捉技术
时间推进
空间推进
人工黏性
松弛思想
压力修正
双曲型
应用
收缩-扩展喷嘴流动
等熵亚声速流动
等熵超声速流动
激波在喷嘴内
应用
不可压缩
Couette流
抛物型
应用
不可压缩
圆柱绕流
椭圆型

(e)

图 1.32(续)

第 2 章

流体力学控制方程：推导、物理含义和适用于 CFD 计算的表达形式

流体是任何力作用其上均会发生屈服（变形），由于变形从而容易运动的物体。

Isaac Newton，1687 年《自然哲学的数学原理》第 2 卷，第 5 节

我们必须承认对自然之物，除了真实且充分的对其现象的解释，无须更多的原因。……对于这一目的，哲学家说，“自然界从不做徒劳的事情，当较少即可时，较多就是徒劳”，因此自然界喜欢简单，不会受过多理由的影响。

Isaac Newton，1687 年《自然哲学的数学原理》第 2 卷，准则 1

2.1 简　　介

不管是什么形式的 CFD，都是基于流体力学基本控制方程：连续方程、动量和能量方程，这些方程表述的是物理原理，它们是所有流体力学都必须遵循的三大基本物理定律的数学表述，现将其所列如下：

(1) 质量守恒

(2) 牛顿第二定律，$\boldsymbol{F}=m\boldsymbol{a}$

(3) 能量守恒

本章的目的是推导和讨论这些方程。作者在本书中花时间和篇幅来推导流体力学的控制方程，理由有三：

(1) 因为所有的CFD都基于这些方程,对每个学生来讲,在进一步继续他(她)的学习,特别是着手将CFD应用到一个具体问题之前,熟悉和感知这些方程是非常重要的。

(2) 作者假设本书的读者来自不同的领域,具有不同的经历,尽管可能有的人天天使用这些方程,但也有一些人对这些方程还不是非常熟悉。对于前者,阅读本书将是一个有意义的回顾,对于后者而言,本书能传授给他们知识。

(3) 控制方程有不同的表达形式,方程的特定形式对大多数空气动力学理论几乎没有什么不同,然而,对于CFD中的某一算法,使用某种形式的控制方程可以得到成功的结果,而使用另一形式的控制方程就有可能导致数值结果的振荡、得到不正确的结果,甚至数值失稳。因此在CFD世界中,方程的形式是至关重要的,所以推导这些方程非常重要,以便于指出它们的相同和不同之处,以及将它们应用于CFD时可能隐含的问题。

通过阅读上面的文字,读者可能认为本章好像是从一个令人头疼的公式到另一个令人头疼的公式,这是一种误导,本章是本书中最重要的部分之一。本章受这样一个问题的驱动:如果你对每个方程中每一项的物理含义和重要性没有本质的了解,那么你怎能准确地解释通过数值方法求解这些方程而得到的CFD结果呢?本章的目的是充分地陈述这个问题。在这里,我们希望展示这些方程的推导过程,详细地讨论它们的意义,使得读者逐步理解并熟知流体流动的各种形式的方程。经验表明,初学者有时感觉这些方程非常复杂和神秘,本章将为读者剥去这些方程的神秘外衣,帮助读者深刻地理解它们。

本章的结构示意图见图2.1,注意本图中描绘的思想流程,所有的流体力学均基于图2.1左上方所列的三个基本物理原理。这三个物理原理被应用于流动模型,其应用结果即连续方程、动量方程和能量方程,它们是具体物理原理的数学表述。不同的流动模型(见图2.1左下侧)直接产生了这些控制方程的不同数学表达,有的是守恒形式的,有的是非守恒形式的(在本章末,将明确地给出这两种形式的控制方程的区别)。在得到连续方程、动量方程和能量方程之后(见图2.1右下方的大方框),适用于CFD公式求解的具体形式将被描绘(见图2.1右下方的小方框),最后展示物理边界条件和适当它们的数学表述。控制方程的求解必须满足这些边界条件,这些边界条件的物理方面基本上与控制方程的形式无关,因此代表边界条件的方框独自位于图2.1的下部,与结构示意图中的其他方框没有关联(然而,物理边界条件的适当的数学形式依赖于控制方程特定的数学形式以及用于求解这些方程的特定算法)。这些事项将在全书中自然出现而被讨论,图2.1中的结构示意图将有助于我们领会本章的中心思想,并且当你完成本章的学习时,返回图2.1,这将有助于你在进入下一章学习之前巩固你的认识。

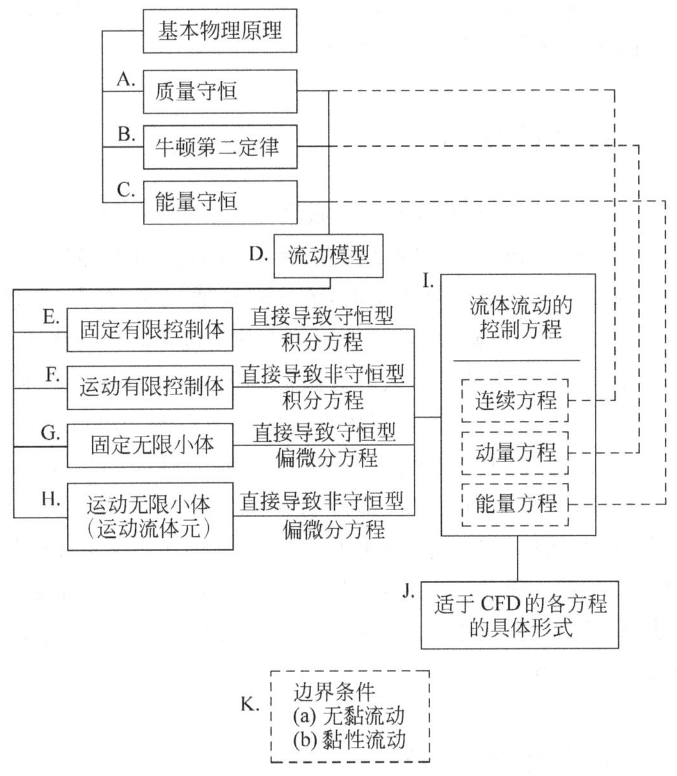

图 2.1 第 2 章结构示意图

2.2 流动模型

在得到流体运动的基本方程的过程中，要遵循下列基本原理。

(1) 从物理定律中选择适当的基本物理原理，例如：

① 质量守恒。

② $\boldsymbol{F}=m\boldsymbol{a}$（牛顿第二定律）。

③ 能量守恒。

(2) 将这些物理原理应用于合适的流动模型。

(3) 由此提炼出包含物理原理的数学方程。

本节涉及上面第(2)项，即定义合适的流动模型，这是一个非常值得商榷的问题，固体相当容易被了解和定义，而流体却是“湿软”的东西，很难把握。如果固体做平动，其上面每部分的速度都是相同的，然而运动中的流体，不同的位置可以有不同的速度。我们如何将运动的流体可视化,以将基本的物理原理应用于其中呢?对于连续流体,答案是构造下述的四个模型之一。

2.2.1 有限控制体

考虑由图2.2(a)中流线所描述的普通流场,假设从有限的流动区域中取出一个封闭的体积。这个体积被定义为控制体 V,控制体的表面 S 被定义为限制该体积的封闭表面。控制体在空间可以是固定的,流体运动通过它,如图2.2(a)左侧所示,此外控制体也可以随流体一起运动,这样控制体中总是包含同样的流体质点,见图2.2(a)右侧。另一种情况,控制体是相当大的有限流动区域,控制体中的流体可以应用基本物理原理,穿过控制面的流体(若控制体在空间是固定的)也可以应用,因此不是我们观察整个流场,而是由控制体模型关注有限控制体区域中的流体。将基本物理原理应用于有限控制体,可以直接得到流体流动方程,它们是积分型的。巧妙处理这些积分型控制方程,从而间接得到偏微分方程。由空间固定的有限控制体(图2.2(a)左侧)得到的方程,不管是积分型的还是偏微分型的,都是守恒型控制方程,由随流体运动的有限控制体(图2.2(a)右侧)得到的方程,不管是积分型的还是偏微分型的,都被称为非守恒型控制方程。

2.2.2 无穷小流体元

考虑由图2.2(b)中流线所描述的普通流场,假设在流动区域中取一个微元体积为 dV 的无穷小流体元。该流体元在微分计算的意义上是无穷小,然而它包含了足够多的分子,因此可以被看成连续介质。流体元可以是在空间固定不变,流体通过它,如图2.2(b)左侧所示,此外流体元也可以沿流线运动,其上各点的速度矢量 $\mathbf{V}$ 与流动的速度相同。我们将基本物理原理仅仅应用于无穷小流体元本身,这一应用将直接导致偏微分方程形式的基本方程,此外由空间固定的流体元(图2.2(b)左侧)直接得到的偏微分方程是守恒型方程,由运动流体元(图2.2(b)右侧)直接得到的偏微分方程依然是非守恒型方程。

2.2.3 一些注释

在上面的讨论中,我们引出了控制方程表达的两种统一形式:守恒型和非守恒型,但定义它们没有实际含义。在我们讨论的现阶段,还没有足够的能力来理解这两个不同术语的含义,只有等到我们实实在在地推导出不同形式的方程,才能定义和理解它们,因此先把它们置之一旁,现阶段只要意识到存在两种不同形式的方程就足够了。

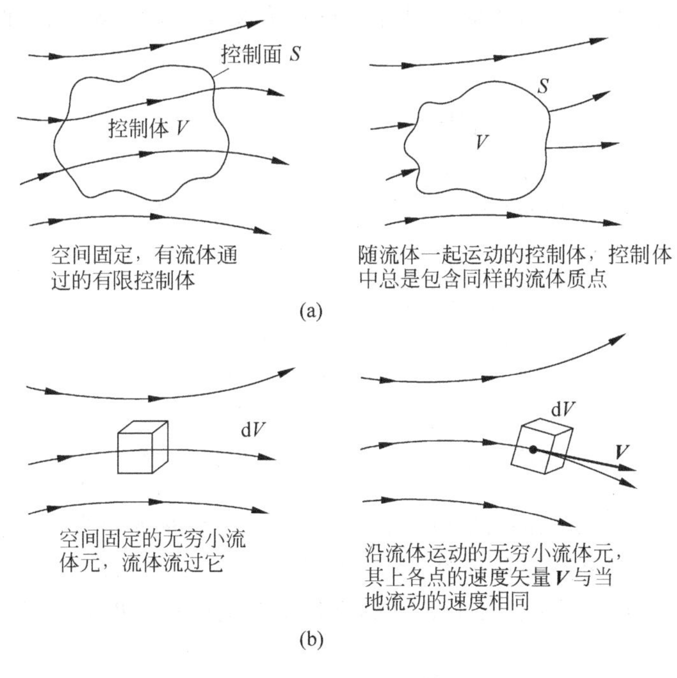

图 2.2 流动模型

(a) 有限控制体方法；(b) 无限小流体元方法

在一般的空气动力学理论中，方程是守恒的还是非守恒的并无很大区别，事实上通过简单的处理，一种形式可以从另一种形式中得到。但是，在 CFD 中我们使用什么形式的方程却是非常重要的，事实上这个用于区分方程形式(守恒型和非守恒型)的术语是首先出现在 CFD 文献中的。

等我们实实在在地得到控制方程之后，本节的注释将变得更加清楚，因此当你学完本章之后，很有必要再读读本节。

作为最后的注释，由于流体运动是流体分子和原子平均运动的衍生物，因此流动的第三种模型可以采用微观方法。在微观方法中将自然界基本定律直接用于原子和分子，通过适当的统计平均来定义相应的流体特性，这种方法是纯粹的理论方法，具有很多优点，是一种非常优美的方法，但它超出了本书的范围。

2.3 物质导数(随运动流体元的时间变化率)

在推导控制方程之前，我们需要建立一个在空气动力学中通用的符号，即物质导数。物质导数具有非常重要的物理意义，有时候空气动力学的学生不能完全理解它，本节的主要目的是强调它的物理意义，本节中的讨论参考了文献[8]。因此更多的细节可参阅文献[8]。

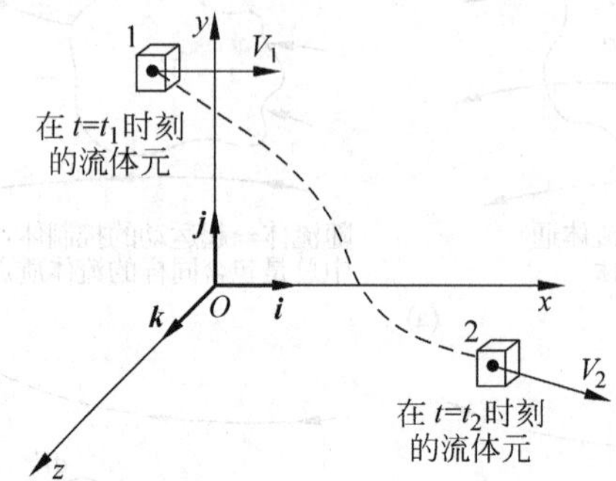

图 2.3　随流体运动的流体元——物质导数的示意图

采用图 2.2(b)右侧显示的随流体一起运动的无穷小流体元作为物理模型，这一流体元的运动在图 2.3 中有更详细的表示。在图 2.3 中，流体元在笛卡儿空间中运动，沿 x,y,z 轴的单位矢量分别是 $\boldsymbol{i},\boldsymbol{j}$ 和 $\boldsymbol{k}$，在笛卡儿空间的速度矢量场可表示为：$\boldsymbol{V}=u\boldsymbol{i}+v\boldsymbol{j}+w\boldsymbol{k}$。

其中 u、v 和 w 分别是速度在 x、y 和 z 方向的分量，可表示为：

$$u=u(x,y,z,t)$$

$$v=v(x,y,z,t)$$

$$w=w(x,y,z,t)$$

注意，这里仅考虑一般的非定常流动，u、v 和 w 均是空间和时间 t 的函数，此外标量密度场为：$\rho=\rho(x,y,z,t)$。

在 t_1时刻流体元位于 1 点，见图 2.3，在此点此时刻，流体元的密度为：$\rho_1=\rho_1(x_1,y_1,z_1,t_1)$。

在 t_2时刻流体元位于 2 点，见图 2.3，因此在 t_2时刻，该流体元的密度为：$\rho_2=\rho_2(x_2,y_2,z_2,t_2)$。

因此对于函数 $\rho=\rho(x,y,z,t)$，我们可以在 1 点进行如下的 Taylor 级数展开：

$$\rho_2=\rho_1+\left(\frac{\partial\rho}{\partial x}\right)_1(x_2-x_1)+\left(\frac{\partial\rho}{\partial y}\right)_1(y_2-y_1)+\left(\frac{\partial\rho}{\partial z}\right)_1(z_2-z_1)$$

$$+\left(\frac{\partial\rho}{\partial t}\right)_1(t_2-t_1)\quad+(\text{高阶项})$$

两边同时除以 t_2-t_1，忽略高阶小量，得到：

$$\frac{\rho_2-\rho_1}{t_2-t_1}=\left(\frac{\partial\rho}{\partial x}\right)_1\frac{x_2-x_1}{t_2-t_1}+\left(\frac{\partial\rho}{\partial y}\right)_1\frac{y_2-y_1}{t_2-t_1}+\left(\frac{\partial\rho}{\partial z}\right)_1\frac{z_2-z_1}{t_2-t_1}+\left(\frac{\partial\rho}{\partial t}\right)_1 \tag{2.1}$$

检查方程(2.1)的左端，其物理意义是流体元从 1 点运动到 2 点，其密度随时间的平均变化率，在极限运算中，当 t_2 接近 t_1，这一项变成：

$$\lim_{t_2 \to t_1} \frac{\rho_2 - \rho_1}{t_2 - t_1} \equiv \frac{\mathrm{D}\rho}{\mathrm{D}t}$$

$\mathrm{D}\rho/\mathrm{D}t$ 代表当流体元经过 1 点时密度随时间的瞬时变化率，这个符号被定义为物质导数。注意到 $\mathrm{D}\rho/\mathrm{D}t$ 是给定流体元在空间运动时，密度随时间的变化率，我们的眼睛锁定在流体元上，随它一起运动，我们关注的是流体元在经过 1 点时的密度改变，它与 $(\partial\rho/\partial t)_1$ 不同。$(\partial\rho/\partial t)_1$ 的物理意义是固定在 1 点的流体元密度随时间的变化率，对于 $(\partial\rho/\partial t)_1$，我们的眼睛固定在静止的 1 点上，关注的是流场中由于瞬时脉动而引起的密度变化，因此 $\mathrm{D}\rho/\mathrm{D}t$ 和 $\partial\rho/\partial t$ 在物理上和数值上均是不同量。

回到方程(2.1)，注意到：

$$\lim_{t_2 \to t_1} \frac{x_2 - x_1}{t_2 - t_1} \equiv u$$

$$\lim_{t_2 \to t_1} \frac{y_2 - y_1}{t_2 - t_1} \equiv v$$

$$\lim_{t_2 \to t_1} \frac{z_2 - z_1}{t_2 - t_1} \equiv w$$

因此当 $t_2 \to t_1$ 时方程(2.1)取极限有：

$$\frac{\mathrm{D}\rho}{\mathrm{D}t} = u\frac{\partial\rho}{\partial x} + v\frac{\partial\rho}{\partial y} + w\frac{\partial\rho}{\partial z} + \frac{\partial\rho}{\partial t} \tag{2.2}$$

仔细检查方程(2.2)，由它可以得到物质导数在笛卡儿坐标系中的表达式：

$$\frac{\mathrm{D}}{\mathrm{D}t} \equiv \frac{\partial}{\partial t} + u\frac{\partial}{\partial x} + v\frac{\partial}{\partial y} + w\frac{\partial}{\partial z} \tag{2.3}$$

此外在笛卡儿坐标系中矢量算子 $\boldsymbol{\nabla}$ 被定义为：

$$\boldsymbol{\nabla} \equiv \boldsymbol{i}\frac{\partial}{\partial x} + \boldsymbol{j}\frac{\partial}{\partial y} + \boldsymbol{k}\frac{\partial}{\partial z} \tag{2.4}$$

因此方程(2.3)可以写成：

$$\frac{\mathrm{D}}{\mathrm{D}t} \equiv \frac{\partial}{\partial t} + (\boldsymbol{V} \cdot \boldsymbol{\nabla}) \tag{2.5}$$

方程(2.5)代表了物质导数的矢量符号定义，因此它在任意坐标系中均适用。

聚焦方程(2.5)，作者再次强调：$\mathrm{D}/\mathrm{D}t$ 是物质导数，它的物理意义是运动流体元上的物理量随时间的变化率；$\partial/\partial t$ 是局部导数，它的物理意义是固定点上的物理量随时间的变化率；$\boldsymbol{V} \cdot \boldsymbol{\nabla}$ 是迁移导数，它的物理意义是由于不同的空间位置具有不同的流动特性，流体元在流场中从一个位置运动到另一个位置而产生的随时间的变化率。物质导数适用于流场中的任意变量，例如 $\mathrm{D}p/\mathrm{D}t$，$\mathrm{D}T/\mathrm{D}t$ 和 $\mathrm{D}u/\mathrm{D}t$ 等，这里 p 和 T 分别是静压和温度，例如：

$$\frac{\mathrm{D}T}{\mathrm{D}t} \equiv \underbrace{\frac{\partial T}{\partial t}}_{\text{局部导数}} + \underbrace{(\boldsymbol{V} \cdot \boldsymbol{\nabla})T}_{\text{迁移导数}} \equiv \frac{\partial T}{\partial t} + u\frac{\partial T}{\partial x} + v\frac{\partial T}{\partial y} + w\frac{\partial T}{\partial z} \tag{2.6}$$

方程(2.6)的物理意义是当流体元扫过流场中的某一点时，它的温度是变化的。因为流场的温度在该点可以随时间脉动(局部导数)，此外流体元在流场中沿着它的路线运动到另一点，该处具有不同的温度(迁移导数)。

下面这个例子将有助于加强对物质导数物理意义的理解，假如你在山里远足，你正打算进入一个洞穴，洞里比洞外凉爽一些，因此当你通过洞口时你感觉到温度下降，这就类似方程(2.6)中的迁移导数。然而假设与此同时，一位朋友向你扔一个雪球，在你通过洞口的瞬间雪球恰好击中了你，你将感到雪球击中瞬间的另外一次温度降低，这就类似方程(2.6)中的局部导数。当你通过洞口时你感觉到的净温度下降就是这两种行为的共同作用，进入洞穴并在同一瞬间被雪球击中，这个净温度下降类似方程(2.6)中的物质导数。

上述推导的目的是给出一个关于物质导数的物理感觉，如果认识到物质导数从本质上就是微积分学中的全微分，我们可以绕开上面的大多数讨论。如果 $\rho=\rho(x,y,z,t)$，那么根据微分计算的链式法则，有：

$$\mathrm{d}\rho=\frac{\partial\rho}{\partial x}\mathrm{d}x+\frac{\partial\rho}{\partial y}\mathrm{d}y+\frac{\partial\rho}{\partial z}\mathrm{d}z+\frac{\partial\rho}{\partial t}\mathrm{d}t \tag{2.7}$$

根据方程(2.7)，有：

$$\frac{\mathrm{d}\rho}{\mathrm{d}t}=\frac{\partial\rho}{\partial t}+\frac{\partial\rho}{\partial x}\frac{\mathrm{d}x}{\mathrm{d}t}+\frac{\partial\rho}{\partial y}\frac{\mathrm{d}y}{\mathrm{d}t}+\frac{\partial\rho}{\partial z}\frac{\mathrm{d}z}{\mathrm{d}t} \tag{2.8}$$

因为 $\mathrm{d}x/\mathrm{d}t=u$，$\mathrm{d}y/\mathrm{d}t=v$，$\mathrm{d}z/\mathrm{d}t=w$，方程(2.8)变成：

$$\frac{\mathrm{d}\rho}{\mathrm{d}t}=\frac{\partial\rho}{\partial t}+u\frac{\partial\rho}{\partial x}+v\frac{\partial\rho}{\partial y}+w\frac{\partial\rho}{\partial z} \tag{2.9}$$

比较方程(2.9)和(2.2)，我们看到 $\mathrm{d}\rho/\mathrm{d}t$ 和 $\mathrm{D}\rho/\mathrm{D}t$ 是一致的，因此物质导数不过是对时间的全微分，然而方程(2.2)的推导重点强调的是物质导数的物理意义，而方程(2.9)的推导在数学上更正规。*

2.4 速度的散度及其物理意义

在2.3节中，我们分析了物质导数的定义和物理意义，因为流动的控制方程经常表示成物质导数项，所以这一项的物理理解非常重要。同样的原因，在获得控制方程

* Mississippi 州立大学的 Joe Thompson 博士指出，在某种意义上物质导数和全微分这些术语，尽管在流体力学中非常流行却带来了不必要的困惑，我们在这里也是沿用这个标准术语。基于本节的物理讨论，Thompson 博士建议用符号 $(\partial/\partial t)_{流体元}$ 代替 $\mathrm{D}/\mathrm{D}t$，这样可以清楚地强调一个运动的流体元上的物理量随时间的变化率这一含义。

之前，我们考虑的最后一点是速度的散度 $\nabla \cdot \mathbf{V}$，这一项经常出现在流体力学方程中，很有必要考虑它的物理含义。

考虑控制体随流体一起运动，如图 2.2(a)的右侧所示。控制体总是由随流动一起运动的相同流体质点组成，因此它的质量是固定的，不随时间变化。然而它的体积 $\mathscr{V}$ 和控制面 S 是随时间变化的，因为它运动到不同的流动区域时，其存在不同的密度 ρ 值。因此这种运动的控制体质量是常数，它的体积或增大或减少，它的形状因流动特性不同而发生变化，某一瞬时控制体如图 2.4 所示。考虑一无限小微元面积 dS 以当地速度运动，如图 2.4 所示，由于 dS 在一个时间间隔 Δt 的运动，控制体的体积变化了 $\Delta\mathscr{V}$，$\Delta\mathscr{V}$ 等于以 dS 为底面以 $(\mathbf{V}\Delta t)\cdot\boldsymbol{n}$ 为高的一个细长圆柱体的体积，这里 $\boldsymbol{n}$ 是垂直于 dS 面的单位矢量，为：

$$\Delta\mathscr{V} = [(\mathbf{V}\Delta t)\cdot\boldsymbol{n}]dS = (\mathbf{V}\Delta t)\cdot\mathbf{dS} \tag{2.10}$$

这里矢量 $\mathbf{dS}$ 简单定义为 $\mathbf{dS}=\boldsymbol{n}\,dS$，在一个时间间隔 Δt 过程中，整个控制体的总体积变化等于方程(2.10)在整个控制面上之和，在极限 $dS\to 0$，求和变成面积积分：

$$\iint_S (\mathbf{V}\Delta t)\cdot\mathbf{dS}$$

如果这个积分除以 Δt，其结果的物理含义是控制体随时间的变化率，由 $D\mathscr{V}/Dt$ 表示，即：

$$\frac{D\mathscr{V}}{Dt} = \frac{1}{\Delta t}\iint_S (\mathbf{V}\cdot\Delta t)\cdot\mathbf{dS} = \iint_S \mathbf{V}\cdot\mathbf{dS} \tag{2.11}$$

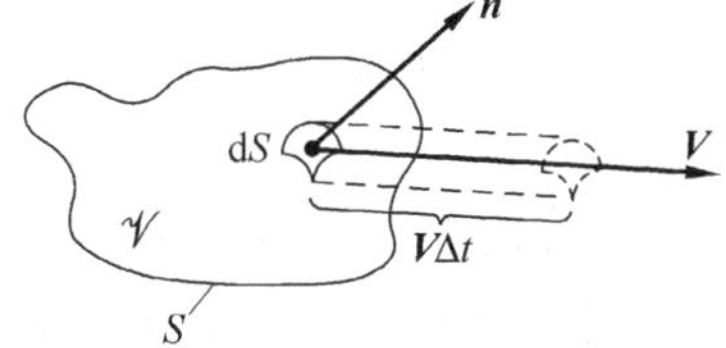

图 2.4 用于速度散度物理解释的运动控制体

注意到方程(2.11)的左端是 $\mathscr{V}$ 的物质导数的形式，因为我们正在处理的是控制体体积随时间的变化率，而控制体是随流动一起运动的(图 2.2(a)的右侧)，这是物质导数的含义，将矢量计算中的散度定理应用于方程(2.11)的右侧，我们得到：

$$\frac{D\mathscr{V}}{Dt} = \iiint_{\mathscr{V}} (\nabla\cdot\mathbf{V})d\mathscr{V} \tag{2.12}$$

假设 $\delta\mathscr{V}$ 足够小以至于 $\nabla\cdot\mathbf{V}$ 在整个 $\delta\mathscr{V}$ 区域中基本上是相同的值，那么当 $\delta\mathscr{V}$ 取极限 0 时，方程(2.13)的积分可以写成$(\nabla\cdot\mathbf{V})\delta\mathscr{V}$，由方程(2.13)，我们有：

$$\frac{D(\delta\mathscr{V})}{Dt} = (\nabla\cdot\mathbf{V})\delta\mathscr{V} \tag{2.13}$$

也即：

$$\nabla\cdot \boldsymbol{V} = \frac{1}{\delta \mathscr{V}}\frac{\mathrm{D}(\delta \mathscr{V})}{\mathrm{D}t} \tag{2.14}$$

仔细检查方程（2.14），其左侧是散度，右侧是其物理意义。即 $\nabla\cdot\boldsymbol{V}$ 的物理意义是随流体元一起运动的控制体体积随时间的相对变化率。

在处理流动控制方程时，牢记速度散度的物理意义是非常重要的，它也是下面作者积极鼓励你信奉的基本哲学思想中的一个例子。假设笛卡儿空间(x,y,z)中的一个速度矢量 $\boldsymbol{V}$，纯数学家看到符号 $\nabla\cdot\boldsymbol{V}$ 时，他(她)脑海里最有可能联想到的概念是 $\nabla\cdot\boldsymbol{V}=\partial u/\partial x+\partial v/\partial y+\partial w/\partial z$，然而当流体力学家看到符号 $\nabla\cdot\boldsymbol{V}$ 时，他(她)脑海里最先出现的应该是其物理意义：随流体元一起运动的控制体体积随时间的相对变化率。这种哲学思想将被扩展到与物理问题相关的所有数学方程和运算之中。即将要处理方程中的每一项的物理意义记在脑海中。在这种思路下，注意到“计算流体力学”这个短语中的“计算”仅仅是“流体力学”的一个形容词，当你提到 CFD 这一学科，在脑海中将对流体力学的物理理解放在至关重要的位置是非常必要的，从某种意义上来说，这就是本章的目的。

2.5　连续方程

现在让我们应用在 2.2 节中讨论的哲学体系，即 ①写出一基本物理原理；②将其应用于合适的流动模型；③得到表达基本物理原理的方程。本节将处理以下物理原理：质量守恒。

将这一原理应用于图 2.2(a)和图 2.2(b)中四种流动模型中的任意一种而得到的流动控制方程称为连续方程。本节将详细推导出这一原理在图 2.2(a)和图 2.2(b)中所示的四种流动模型中的应用，借此揭开控制方程推导中的神秘面纱。也即我们将用四种不同的方法推导连续方程，从直观上得到四种不同形式的方程。它们实际上是同样的方程，我们将借助守恒的思想得到与之相对应的非守恒形式，阐明这些术语的含义。

2.5.1　空间固定的有限控制体模型

考虑图 2.2(a)左侧所示的流动模型，即任意形状和有限大小的控制体，其体积在空间是固定的。限制控制体的表面称为控制面，如图 2.2(a)所示，流体流过控制体，穿过控制面，流动模型详见图 2.5。在图 2.5 中控制面上的一点，其流动速度为

$\boldsymbol{V}$,矢量面积元(见 2.4 节定义)是 $\mathbf{dS}$。$d\mathcal{V}$是有限控制体内部的体积元,将基本物理原理质量守恒应用于该控制体上,可以得到:

通过控制体控制面 S 的净质量流出 = 控制体内质量随时间的减少量 (2.15a)

即

$$B = C \tag{2.15b}$$

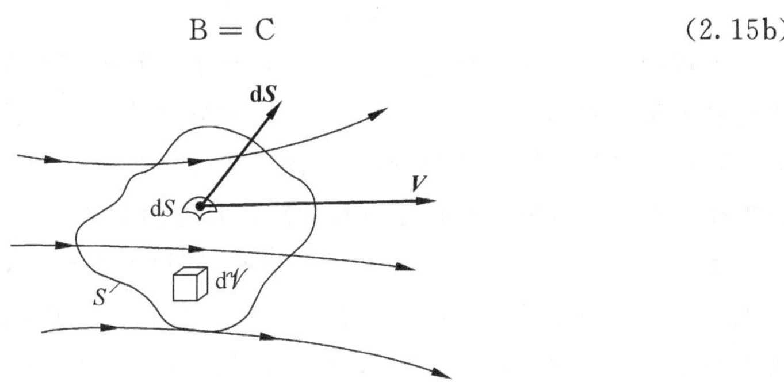

图 2.5 空间固定的控制体

B 和 C 分别是方程(2.15a)左、右两端的简便表示。图 2.5 中 B 的定量表示为运动的流体通过任意固定面的质量流量(kg/s 或每秒多少斯勒格),等于密度×表面积×垂直表面的速度分量,因此流经 dS 面的质量元为:

$$\rho V_n \mathrm{d}S = \rho \boldsymbol{V} \cdot \mathbf{dS} \tag{2.16}$$

观察图 2.5,注意到由于对流,$\mathbf{dS}$ 总是指向控制面的外侧,因此当 $\boldsymbol{V}$ 也指向控制体的外侧时,乘积 $\rho\boldsymbol{V}\cdot\mathbf{dS}$ 是正的,质量流量是离开控制体,也即它是出流的,因此一个正的 $\rho\boldsymbol{V}\cdot\mathbf{dS}$ 表示出流,反过来,当 $\boldsymbol{V}$ 指向控制体的内侧时,$\rho\boldsymbol{V}\cdot\mathbf{dS}$ 是负的。当 $\boldsymbol{V}$ 指向控制体的内侧时,质量流量是进入控制体,也即是入流的,因此负的 $\rho\boldsymbol{V}\cdot\mathbf{dS}$ 表示入流。通过控制面流出整个控制体的净质量流量是方程(2.16)表示的质量流量元在整个 S 上的总和,在极限运算中它变成表面积分,其物理意义是方程(2.15a)和(2.15b)的左端,即:

$$B = \iint_S \rho \boldsymbol{V} \cdot \mathbf{dS} \tag{2.17}$$

现在考虑方程(2.15a)和(2.15b)的右端,体积元 $d\mathcal{V}$中包含的质量是$\rho d\mathcal{V}$,因此整个控制体上的总质量是$\iiint_{\mathcal{V}} \rho d\mathcal{V}$,那么 $\mathcal{V}$ 中质量随时间的增长率为$\frac{\partial}{\partial t}\iiint_{\mathcal{V}} \rho d\mathcal{V}$。

反过来 $\mathcal{V}$ 中质量随时间的减少率为上式的负值,即:

$$-\frac{\partial}{\partial t}\iiint_{\mathcal{V}} \rho d\mathcal{V} = C \tag{2.18}$$

将方程(2.17)和(2.18)代入方程(2.15b)，可以得到：

$$\iint_S \rho \boldsymbol{V} \cdot \mathrm{d}\boldsymbol{S} = -\frac{\partial}{\partial t}\iiint_{\mathscr{V}} \rho \mathrm{d}\mathscr{V}$$

或者，

$$\frac{\partial}{\partial t}\iiint_{\mathscr{V}} \rho \, \mathrm{d}\mathscr{V} + \iint_S \rho \boldsymbol{V} \cdot \mathrm{d}\boldsymbol{S} = 0 \tag{2.19}$$

方程(2.19)是积分型连续方程，它是基于空间固定的有限控制体得到的，正是由于控制体是有限的，得到的方程直接就是积分型的。由于控制体相对于空间固定，所以方程(2.19)具有特定的积分形式，此形式称为守恒型。根据定义，从空间固定的流动模型中直接得到的流动控制方程的形式是守恒型的。

图2.6展示了与图2.2(a)和(b)相同的四种流动模型，但是在图2.6中，每个流动模型下方给出了其特定形式的连续方程。在本小节中我们已经完成了采用空间固定的有限控制体模型推导方程(2.19)，因此方程(2.19)被标在图2.6中该流动模型下方的方框Ⅰ中。在下面的小节中，我们将继续推导图2.6中Ⅱ～Ⅳ中的三个方程，然后我们将展示这四个方框中的方程仅仅是同一方程的不同表达形式而已，即通过图2.6中所示的通道A～D将这四个方程联系起来。

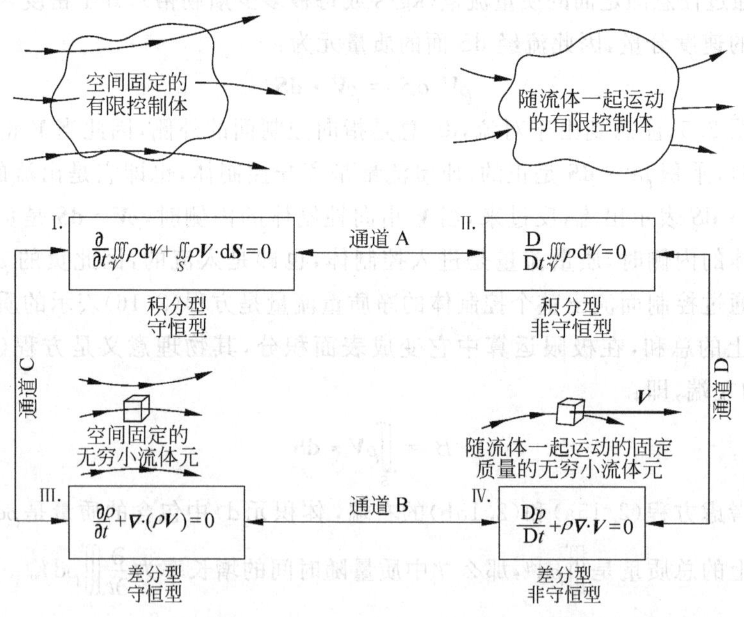

图2.6　不同形式的连续方程不同流动模型之间的相互关系

2.5.2 随流体一起运动的有限控制体模型

考虑图 2.2(a)右侧所示的流动模型，有限大小的控制体随流体一起运动。由于这种控制体随流体一起运动，因此它总是包含确定不变的质量，即运动的控制体具有固定的质量。另一方面，由于固定质量的控制体向下游运动，其形状和体积一般来说是变化的。考虑这种有限控制体内的无限小体积元 $\mathrm{d}\mathscr{V}$，其内质量元为 $\rho\,\mathrm{d}\mathscr{V}$，$\rho$ 是当地密度，那么有限控制体的总质量可由下式给出：

$$\text{质量} = \iiint_{\mathscr{V}} \rho\,\mathrm{d}\mathscr{V} \tag{2.20}$$

方程(2.20)中体积积分是在整个运动的控制体 $\mathscr{V}$ 上进行的，然而 $\mathscr{V}$ 随着控制体向下游运动时是变化的，将物理原理质量守恒应用于该流动模型，可得到如下表述：随流动一起运动的控制体由方程(2.20)所描述的质量不随时间变化。现在让我们回忆 2.3 节中所讨论的物质导数的物理意义，它表述了随流动一起运动的流体元上任意物理特性随时间的变化率。因为有限控制体是由无限多个无限小的固定质量的流体元组成的，所以各自质量的物质导数等于零，利用方程(2.20)，对整个控制体可以得出：

$$\frac{\mathrm{D}}{\mathrm{D}t}\iiint_{\mathscr{V}} \rho\,\mathrm{d}\mathscr{V} = 0 \tag{2.21}$$

方程(2.21)是积分形式的连续方程，与方程(2.19)的表达形式不同。它是基于随流体一起运动的有限控制体得到的，正是由于控制体是有限的，得到的方程直接就是积分型的。由于控制体随流体一起运动，所以方程(2.21)具有特定的积分形式，此形式称为非守恒型。根据定义，由随流体一起运动的流动模型中直接得到的流动控制方程的形式是非守恒型的。

方程(2.21)被标在图 2.6 中的Ⅱ中，尽管Ⅰ和Ⅱ中积分形式的方程不同，但是通过间接处理(通道 A)它们可以变为同一方程，这将在 2.5.5 节中讨论。

2.5.3 空间固定的无穷小体积元模型

考虑图 2.2(b)左侧所示的空间固定的无穷小体积元模型，图 2.7 中详细描绘了这一流动模型。为方便起见，采用笛卡儿坐标系，其速度和密度分别是空间坐标(x，y，z)和时间 t 的函数。在(x，y，z)空间固定的无限小体积元其边长为 $\mathrm{d}x$，$\mathrm{d}y$ 和 $\mathrm{d}z$(图 2.7(a))，通过这固定体积元的质量流量如图 2.7(b)所示。体积元有与 x 轴垂直的左右两个侧面，这两个侧面的面积为 $\mathrm{d}y\mathrm{d}z$，通过左侧面的质量流量是$(\rho u)\mathrm{d}y\mathrm{d}z$。

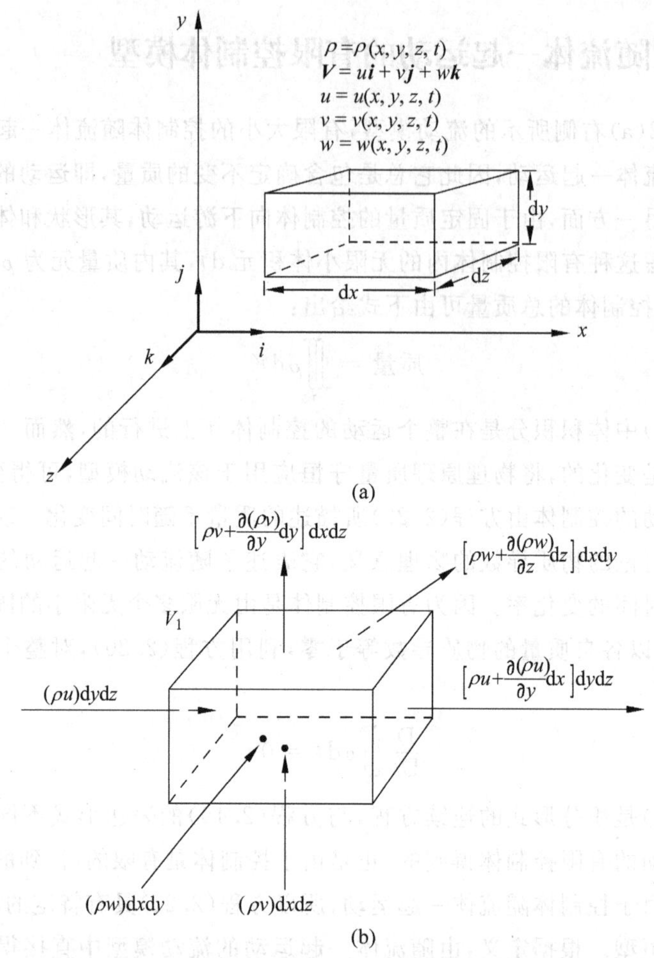

图 2.7　空间固定的无限小体积元模型，用于连续方程推导的通过体积元各侧面的质量通量示意图

由于速度和密度是空间位置的函数，所以通过右侧面的质量通量将不同于左侧面，实际上两个侧面上的质量通量差可以简单地表示为$[\partial(\rho u)/\partial x]\mathrm{d}x$，因此通过右侧面上的质量流量可以表示为$\{\rho u+[\partial(\rho u)/\partial x]\mathrm{d}x\}\mathrm{d}y\mathrm{d}z$。通过左、右两侧面的质量流量见图 2.7(b)。类似的，通过垂直于 y 轴的底部、顶部两个侧面的质量流量分别是$(\rho v)\mathrm{d}x\mathrm{d}z$和$\{\rho v+[\partial(\rho v)/\partial y]\mathrm{d}y\}\mathrm{d}x\mathrm{d}z$；通过垂直于 z 轴的前、后两个侧面的质量流量分别是$(\rho w)\mathrm{d}x\mathrm{d}y$ 和$\{\rho w+[\partial(\rho w)/\partial z]\mathrm{d}z\}\mathrm{d}x\mathrm{d}y$。注意到 u，v 和 w 是正值，根据惯例，它们分别沿 x，y 和 z 轴的正方向，因此图 2.7 中的箭头显示了固定体积元各侧面的质量流进和流出。如果定义质量的净流出为正，那么由图 2.7 可以得到如下内容。

x 方向的净流出为：

$$\left[\rho u+\frac{\partial(\rho u)}{\partial x}\mathrm{d}x\right]\mathrm{d}y\mathrm{d}z-(\rho u)\mathrm{d}y\mathrm{d}z=\frac{\partial(\rho u)}{\partial x}\mathrm{d}x\mathrm{d}y\mathrm{d}z$$

y 方向的净流出为

$$\left[\rho v+\frac{\partial(\rho v)}{\partial y}\mathrm{d}y\right]\mathrm{d}x\mathrm{d}z-(\rho v)\mathrm{d}x\mathrm{d}z=\frac{\partial(\rho v)}{\partial y}\mathrm{d}x\mathrm{d}y\mathrm{d}z$$

z 方向的净流出为

$$\left[\rho w+\frac{\partial(\rho w)}{\partial z}\mathrm{d}z\right]\mathrm{d}x\mathrm{d}y-(\rho w)\mathrm{d}x\mathrm{d}y=\frac{\partial(\rho w)}{\partial z}\mathrm{d}x\mathrm{d}y\mathrm{d}z$$

因此通过体积元的净质量流出为：

$$\text{净质量流出}=\left[\frac{\partial(\rho u)}{\partial x}+\frac{\partial(\rho v)}{\partial y}+\frac{\partial(\rho w)}{\partial z}\right]\mathrm{d}x\mathrm{d}y\mathrm{d}z \tag{2.22}$$

无限小体积元的总质量为 $\rho(\mathrm{d}x\mathrm{d}y\mathrm{d}z)$，因此体积元内部的质量随时间的增长率为：

$$\text{质量随时间的增长率}=\frac{\partial\rho}{\partial t}(\mathrm{d}x\mathrm{d}y\mathrm{d}z) \tag{2.23}$$

将质量守恒这一物理原理应用于图 2.7 所示的固定体积元，可得到如下表述：通过体积元的净质量流出等于体积元中质量随时间的减少量。将质量减少量用负值表示，则上述表述可用方程(2.22)和(2.23)中的项来表示：

$$\left[\frac{\partial(\rho u)}{\partial x}+\frac{\partial(\rho v)}{\partial y}+\frac{\partial(\rho w)}{\partial z}\right]\mathrm{d}x\mathrm{d}y\mathrm{d}z=-\frac{\partial\rho}{\partial t}(\mathrm{d}x\mathrm{d}y\mathrm{d}z)$$

或者，

$$\frac{\partial\rho}{\partial t}+\left[\frac{\partial(\rho u)}{\partial x}+\frac{\partial(\rho v)}{\partial y}+\frac{\partial(\rho w)}{\partial z}\right]=0 \tag{2.24}$$

在方程(2.24) 中，括号里的项即是 $\nabla\cdot(\rho\boldsymbol{V})$，因此方程(2.24)变成：

$$\frac{\partial\rho}{\partial t}+\nabla\cdot(\rho\boldsymbol{V})=0 \tag{2.25}$$

方程(2.25)是连续方程的偏微分方程形式，它是基于空间固定的无穷小体积元得到的，正是因为体积元是无穷小的，得到的方程直接就是偏微分方程形式。由于体积元是空间固定的，所以方程(2.25)具有特定的微分形式，称为守恒型。根据定义，从空间固定的流动模型中直接得到的流动控制方程的形式是守恒型的。

方程(2.25)被标在图 2.6 的Ⅲ中，它是由空间固定的无穷小体积元流动模型直接得到的形式，另一方面它也可以由Ⅰ和Ⅱ中所展示的积分型方程间接处理得到，这将在 2.5.5 节给出。

2.5.4 随流体运动的无穷小流体元模型

考虑图 2.2(b)右侧所示的流动模型，即随流动一起运动的无穷小流体元模型。

这个流体元是固定质量的，其形状和体积一般说来将随其向下游运动而变化，对于这个运动的流体元，其固定的质量和可变的体积分别由 δm 和 $\delta \mathscr{V}$ 表示，则：

$$\delta m = \rho \delta \mathscr{V} \tag{2.26}$$

因为质量是守恒的，所以当流体元随流动一起运动时其质量随时间的变化率为零，调用2.3节所讨论的物质导数的物理意义，有：

$$\frac{\mathrm{D}(\delta m)}{\mathrm{D}t} = 0 \tag{2.27}$$

综合方程(2.26)和(2.27)，有：

$$\frac{\mathrm{D}(\rho\delta \mathscr{V})}{\mathrm{D}t} = \delta \mathscr{V}\frac{\mathrm{D}\rho}{\mathrm{D}t} + \rho\frac{\mathrm{D}(\delta \mathscr{V})}{\mathrm{D}t} = 0$$

或者，

$$\frac{\mathrm{D}\rho}{\mathrm{D}t} + \rho\left[\frac{1}{\delta \mathscr{V}}\frac{\mathrm{D}(\delta \mathscr{V})}{\mathrm{D}t}\right] = 0 \tag{2.28}$$

方程(2.28)括号中的项，其物理意义是 $\nabla \cdot \boldsymbol{V}$，这在2.4节中已讨论过，并由方程(2.14)给出，因此综合方程(2.14)和(2.28)可以得到：

$$\frac{\mathrm{D}\rho}{\mathrm{D}t} + \rho\, \nabla \cdot \boldsymbol{V} = 0 \tag{2.29}$$

方程(2.29)是连续方程的偏微分方程形式，与方程(2.25)的表达形式不同，它是基于随流动一起运动的无穷小流体元而得到的。再次重申，正是由于流体元是无穷小的，得到的方程直接就是偏微分型的。由于流体元随流动一起运动，所以方程(2.29)具有特定的微分形式，称为非守恒型。根据定义，由随流动一起运动的流动模型直接得到的流动控制方程的形式是非守恒型的。

方程(2.29)被标在图2.6的方框Ⅳ中，它是由随流体运动的无穷小流体元模型直接得到的形式，另一方面它也可以由图2.6中其他方框所展示的任一方程间接处理得到，下面将讨论这些间接处理方法。

2.5.5　各方程的统一性及操作

观察图2.6，可以看到四种不同形式的连续方程，每种形式均是用特定的流动模型推导的直接产物。其中两种是积分型的，另两种是偏微分方程型的；两种形式是守恒型的，另两种是非守恒型的，然而这四个方程在本质上是一样的，它们是同一方程(连续方程)的不同表达形式。它们中的任意一个都可以由其他形式推导得到，这由图2.6中的通道符号A～D表示，为了更好地理解流动控制方程的物理意义，我们需要研究这些不同通道的细节，这就是本小节的目的。

首先研究如何从积分型得到偏微分方程形式，即研究图2.6中的通道C，将方程(2.19)重复一遍：

$$\frac{\partial}{\partial t}\iiint_{\mathscr{V}}\rho\,\mathrm{d}\mathscr{V}+\iint_{S}\rho\boldsymbol{V}\cdot\mathrm{d}\boldsymbol{S}=0 \tag{2.19}$$

用于方程(2.19)推导的控制体是空间固定的，所以方程(2.19)中的积分区域是常值，因此时间导数 $\partial/\partial t$ 可以放入积分内，即

$$\iiint_{\mathscr{V}}\frac{\partial\rho}{\partial t}\mathrm{d}\mathscr{V}+\iint_{S}\rho\boldsymbol{V}\cdot\mathrm{d}\boldsymbol{S}=0 \tag{2.30}$$

应用矢量计算中的散度定理，方程(2.30)中的面积分能够表达成体积积分：

$$\iint_{S}(\rho\boldsymbol{V})\cdot\mathrm{d}\boldsymbol{S}=\iiint_{\mathscr{V}}\boldsymbol{\nabla}\cdot(\rho\boldsymbol{V})\mathrm{d}\mathscr{V} \tag{2.31}$$

将方程(2.31)代入方程(2.30)中，得到：

$$\iiint_{\mathscr{V}}\frac{\partial\rho}{\partial t}\mathrm{d}\mathscr{V}+\iiint_{\mathscr{V}}\boldsymbol{\nabla}\cdot(\rho\boldsymbol{V})\mathrm{d}\mathscr{V}=0$$

或者，

$$\iiint_{\mathscr{V}}\left[\frac{\partial\rho}{\partial t}+\boldsymbol{\nabla}\cdot\rho(\boldsymbol{V})\right]\mathrm{d}\mathscr{V}=0 \tag{2.32}$$

由于有限控制体是在空间任意取的，要使方程(2.32)中的积分为零，唯一的方法是让控制体内各点的被积函数为零，因此由方程(2.32)有

$$\frac{\partial\rho}{\partial t}+\boldsymbol{\nabla}\cdot(\rho\boldsymbol{V})=0 \tag{2.33}$$

方程(2.33)正好是图 2.6 中方框Ⅲ中所展现的偏微分方程形式的连续方程。上面已经展示了如何将方框Ⅰ中积分形式方程通过某些处理，转换成方框Ⅲ中微分形式的方程，由于方框Ⅰ和Ⅲ中方程均是守恒型的，上述处理并没有改变这种情形。

下面研究从守恒型向非守恒型转变，即将方框Ⅲ中的微分方程转换成方框Ⅳ中的微分方程。考虑到矢量等式涉及标量与矢量乘积的散度，如：

$$\boldsymbol{\nabla}\cdot(\rho\boldsymbol{V})\equiv(\rho\,\boldsymbol{\nabla}\cdot\boldsymbol{V})+(\boldsymbol{V}\cdot\boldsymbol{\nabla}\rho) \tag{2.34}$$

换句话说，一个标量与一个矢量乘积的散度等于标量乘以矢量的散度加上矢量与标量梯度的点积（见任一本矢量分析教材关于这一等式的陈述，如参考文献[19]）。

将方程(2.34)代入方程(2.33)，得到：

$$\frac{\partial\rho}{\partial t}+(\boldsymbol{V}\cdot\boldsymbol{\nabla}\rho)+(\rho\,\boldsymbol{\nabla}\cdot\boldsymbol{V})=0 \tag{2.35}$$

方程(2.35)左端的前两项是密度的物质导数，因此方程(2.35)变成：

$$\frac{\mathrm{D}\rho}{\mathrm{D}t}+\rho\,\boldsymbol{\nabla}\cdot\boldsymbol{V}=0 \tag{2.36}$$

方程(2.36)正好是图 2.6 中方框Ⅳ中的方程，通过对方框Ⅲ中守恒型偏微分方程的简单处理，就得到了方框Ⅳ中的非守恒型的偏微分方程。

同样的变化可以在守恒型方程中进行吗？即方框Ⅱ中的方程通过处理可以得到

方框Ⅰ中的方程吗？如图2.6中的通道A所示，答案是肯定的，下面让我们看看是如何处理的。方框Ⅱ中的方程是方程(2.21)，重复一遍：

$$\frac{\mathrm{D}}{\mathrm{D}t}\iiint_{\mathscr{V}}\rho\,\mathrm{d}\mathscr{V}=0 \tag{2.21}$$

方程(2.21)是在整个运动的控制体 $\mathscr{V}$ 进行的体积积分，当控制体向下游流动时，其体积发生变化，事实上运动的有限控制体包含无限多个质量固定的无穷小控制体，每个无穷小控制体其体积为 $\mathrm{d}\mathscr{V}$，当控制体向下游运动时 $\mathrm{d}\mathscr{V}$ 也是变化的。因此，物质导数本身就代表了与运动流体元相关的随时间的变化率，方程(2.21)的体积积分的积分域由这些相同的运动流体元确定，那么物质导数可以放到积分内，因此方程(2.21)可以写成：

$$\frac{\mathrm{D}}{\mathrm{D}t}\iiint_{\mathscr{V}}\rho\,\mathrm{d}\mathscr{V}=\iiint_{\mathscr{V}}\frac{\mathrm{D}(\rho\,\mathrm{d}\mathscr{V})}{\mathrm{D}t}=0 \tag{2.37}$$

注意到控制体 $\mathrm{d}\mathscr{V}$ 表示了无穷小控制体，它是可变的，方程(2.37)积分符号内的物质导数是对两个变量乘积的微分，即 ρ 和 $\mathrm{d}\mathscr{V}$，因此微分可以展开，方程(2.37)变成：

$$\iiint_{\mathscr{V}}\frac{\mathrm{D}\rho}{\mathrm{D}t}\mathrm{d}\mathscr{V}+\iiint_{\mathscr{V}}\rho\frac{\mathrm{D}(\mathrm{d}\mathscr{V})}{\mathrm{D}t}=0$$

将第2项除以 $\mathrm{d}\mathscr{V}$ 再乘以 $\mathrm{d}\mathscr{V}$，得到：

$$\iiint_{\mathscr{V}}\frac{\mathrm{D}\rho}{\mathrm{D}t}\mathrm{d}\mathscr{V}+\iiint_{\mathscr{V}}\rho\left[\frac{1}{\mathrm{d}\mathscr{V}}\frac{\mathrm{D}(\mathrm{d}\mathscr{V})}{\mathrm{D}t}\right]\mathrm{d}\mathscr{V}=0 \tag{2.38}$$

方括号内项的物理意义是单位体积无穷小流体元的体积随时间的变化率，回忆2.4节和方程(2.14)，可知该项是速度的散度，因此方程(2.38)变成：

$$\iiint_{\mathscr{V}}\frac{\mathrm{D}\rho}{\mathrm{D}t}\mathrm{d}\mathscr{V}+\iiint_{\mathscr{V}}\rho\,\nabla\cdot\boldsymbol{V}\mathrm{d}\mathscr{V}=0 \tag{2.39}$$

根据方程(2.5)物质导数的定义，方程(2.39)中的第1项可以表达成：

$$\iiint_{\mathscr{V}}\frac{\mathrm{D}\rho}{\mathrm{D}t}\mathrm{d}\mathscr{V}=\iiint_{\mathscr{V}}\left[\frac{\partial\rho}{\partial t}+\boldsymbol{V}\cdot\nabla\rho\right]\mathrm{d}\mathscr{V} \tag{2.40}$$

将方程(2.40)代入方程(2.39)，将所有的项都写入统一的体积积分中，得到：

$$\iiint_{\mathscr{V}}\left[\frac{\partial\rho}{\partial t}+\boldsymbol{V}\cdot\nabla\rho+\rho\,\nabla\cdot\boldsymbol{V}\right]\mathrm{d}\mathscr{V}=0 \tag{2.41}$$

根据方程(2.34)的矢量等式，方程(2.41)中的最后两项可以写成：

$$\boldsymbol{V}\cdot\nabla\rho+\rho\,\nabla\cdot\boldsymbol{V}=\nabla\cdot(\rho\boldsymbol{V})$$

根据它，方程(2.41)变成：

$$\iiint_{\mathscr{V}}\frac{\partial\rho}{\partial t}\mathrm{d}\mathscr{V}+\iiint_{\mathscr{V}}\nabla\cdot(\rho\boldsymbol{V})\mathrm{d}\mathscr{V}=0 \tag{2.42}$$

最后应用矢量分析中的散度定理，即面积积分和体积积分的关系：

$$\iiint_{\mathscr{V}} \nabla \cdot (\rho \boldsymbol{V}) \mathrm{d}\mathscr{V} \equiv \iint_{S} \rho \boldsymbol{V} \cdot \mathrm{d}\boldsymbol{S}$$

（参见有关的矢量分析教材，如参考文献[19]），方程(2.42)变为：

$$\iiint_{\mathscr{V}} \frac{\partial \rho}{\partial t} \mathrm{d}\mathscr{V} + \iint_{S} \rho \boldsymbol{V} \cdot \mathrm{d}\boldsymbol{S} = 0 \tag{2.43}$$

方程(2.43)基本上是图2.6中方框Ⅰ中的方程形式。

为防止重复操作，不再继续推导。注意到图2.6方框中所示的四种方程并不是完全不同的方程，而是连续方程的不同表达形式，但是图2.6中所示的不同形式是由相应的流动模型直接得到的，因此方程中各项的物理意义稍有不同。此外，与这些不同形式方程相应的哲学体系以及推导方式并不局限于连续方程，同样的方法可以应用于下面的动量方程和能量方程的推导。

2.5.6 方程的积分与微分形式：一个明显的差异

流动的控制方程，其积分形式和微分形式存在微妙的差别。上面已经提到，积分形式的方程允许在固定控制体（空间固定）的内部存在不连续，此外也不需要数学上的假设，但是微分形式的控制方程流动特性是可微的，因此是连续的。利用散度定理从积分形式得到微分形式的方程时，差别非常明显，因为在数学上假设散度定理是连续的，所以与微分形式方程相比积分形式方程更基础更重要，当计算具有真实间断的流动如激波时，需特别考虑这一点。

2.6 动量方程

在本节中，我们将另一个基本物理定理 $\boldsymbol{F}=m\boldsymbol{a}$（牛顿第二定律）应用于流动模型，所得到的方程称为动量方程。2.5节中推导连续方程时，我们阐述了四种流动模型的使用，并强调由此所得到的不同形式的方程。本节只选用一种流动模型，具体地说，将利用图2.2(b)中右侧所示的运动流体元模型，因为该模型特别适合于运动方程和能量方程（将在2.7节讨论）的推导。图2.8中给出更详细的运动流体元模型，但是动量方程和能量方程也可以由图2.2(a)和2.2(b)中其他三个模型中的任意一个推导得到，正如2.5节所展现的连续方程那样，每种流动模型直接导致了不同形式的动量和能量方程，类似于图2.6所示的那些连续方程。

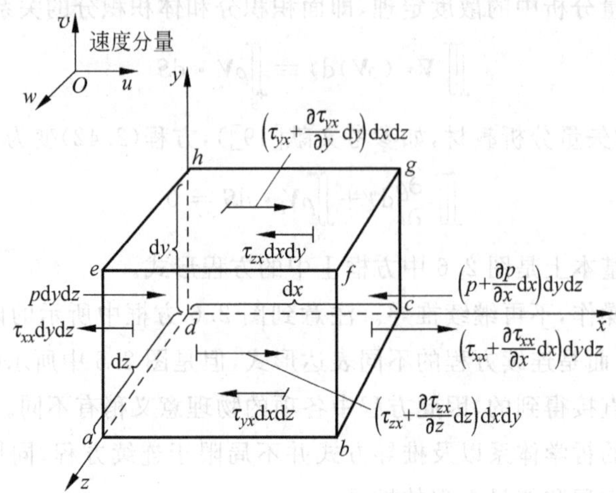

图 2.8 无穷小运动流体元，仅显示 x 方向作用力，模型用于 x 方向动量方程推导

将上述的牛顿第二定律应用于图 2.8 中的运动流体元，得到作用在流体元上的合力等于流体元的质量乘以流体元的加速度，这是一个矢量关系，因此可以分成沿 x，y 和 z 轴方向的三个标量关系，让我们仅考虑 x 方向分量的牛顿第二定律：

$$F_x = ma_x \tag{2.44}$$

其中 F_x 和 a_x 分别是力和加速度在 x 方向的分量。

首先考虑方程(2.44)的左端，这是运动流体元在 x 方向承受的作用力，这个力有两个来源：

(1) 体积力，它直接作用在流体元的容积质量上，这些力作用有一定的距离，例如重力、电场力和磁场力。

(2) 表面力，它直接作用在流体元的表面上，仅有两个来源：①作用在表面上的压强分布；②作用在表面上的切向和法向应力分布，也即由外部流体通过摩擦的方式作用在表面上的拉力和推力。

用 f 表示作用在流体元上单位质量的体积力，用 f_x 作为其在 x 方向的分量，流体元的体积是($\mathrm{d}x\mathrm{d}y\mathrm{d}z$)，因此：

$$\text{作用在流体元 } x \text{ 方向上的体积力} = \rho f_x(\mathrm{d}x\mathrm{d}y\mathrm{d}z) \tag{2.45}$$

作用在流体上的切应力和正应力，与流体元的变形随时间的变化率有关，图 2.9 所示为 xy 平面上的切应力和正应力。图 2.9(a)中切应力用 τ_{xy} 表示，它与流体元的剪切变形随时间的变化率有关，图 2.9(b)中正应力用 τ_{xx} 表示，它与流体元的体积随时间的变化率有关，因此切应力和正应力都取决于速度的梯度，这将在后面阐明。在大多数黏性流动情况下，正应力比切应力要小得多，因此常常被忽略，当法向速度梯度(如 $\partial u/\partial x$)很大时，如内部有激波，正应力(如 x 方向的 τ_{xx})将变得非常重要。

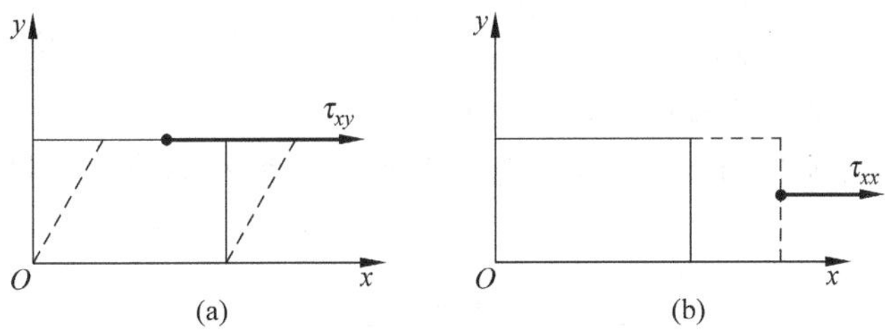

图 2.9 (a) 剪切应力(与剪切变形随时间的变化率有关)和 (b) 正应力(与体积随时间的变化率有关)的图示

作用在流体元 x 方向上的表面力如图 2.8 所示，按照惯例用 τ_{ij} 表示作用在与 i 轴垂直的面上 j 方向的应力。$abcd$ 面上作用在 x 方向的力仅来自于切应力 $\tau_{yz}\mathrm{d}x\mathrm{d}z$，$efgh$ 面比 $abcd$ 面高 $\mathrm{d}y$，因此作用在 $efgh$ 面上 x 方向的剪切力是$[\tau_{yx}+(\partial\tau_{yx}/\partial y)\mathrm{d}y]\mathrm{d}x\mathrm{d}z$。注意 $abcd$ 和 $efgh$ 面上剪切力的方向，作用在下表面的 τ_{yx} 是向左(负 x 方向)的，而作用在上表面的 $\tau_{yz}+(\partial\tau_{yx}/\partial y)\mathrm{d}y$ 是向右(正 x 方向)的，这些方向与沿着坐标轴正方向的三个速度分量增加相吻合。例如，在图 2.8 中 u 沿着正 y 方向增加，注意 $efgh$ 面，紧贴该面的上侧面上 u 值要大些，因此产生了牵引的作用，把流体元向 x 正方向拉(向右)；紧贴 $abcd$ 面的下侧面上的 u 值要小些，因此产生了阻碍或拖曳的作用，把流体元向 x 反方向拖(向左)。其他黏性应力的方向也显示在图 2.8 上，例如 τ_{xx} 也可以用此方式来表达。具体地，在 $dcgh$ 面上 τ_{zx} 作用在 x 的负方向，而在 $abfe$ 面上 $\tau_{zx}+(\partial\tau_{zx}/\partial z)$ 作用在 x 的正方向，在垂直 x 轴的 $adhe$ 面上，x 方向的作用力仅是压力，$p\mathrm{d}y\mathrm{d}z$ 和 $\tau_{xx}\mathrm{d}y\mathrm{d}z$，$p\mathrm{d}y\mathrm{d}z$ 的作用方向总是指向流体元内部，$\tau_{xx}\mathrm{d}y\mathrm{d}z$ 指向 x 的负方向。图 2.8 中 $adhe$ 面上的 τ_{xx} 是向左的，这与前面提到的速度增加方向的惯性规定有关，依照惯性规定沿 x 正方向速度增加，因此紧贴该面左侧面上的 u 值要小于该面上的值，所以作用在 $adhe$ 面上的黏性正应力是“吸”的感觉，即存在着向左的阻力作用，阻碍流体元的运动；相反地，在 $bcgf$ 面上压力$[p+(\partial p/\partial x)\mathrm{d}x]\mathrm{d}y\mathrm{d}z$ 是压在流体元面内的(在 x 的负方向)，因为紧贴在 $bcgf$ 面右侧面上的 u 值大于该面上的值，所以存在一个来自黏性正应力的吸力，它试图将流体元向右拉(x 的正方向)，该力等于$[\tau_{xx}+(\partial\tau_{xx}/\partial x)\mathrm{d}x]\mathrm{d}y\mathrm{d}z$。

考虑到上述分析，对于运动的流体元，能够得出：

$$x\text{ 方向的净表面力}=\left[p-\left(p+\frac{\partial p}{\partial x}\mathrm{d}x\right)\right]\mathrm{d}y\mathrm{d}z+\left[\left(\tau_{xx}+\frac{\partial\tau_{xx}}{\partial x}\mathrm{d}x\right)-\tau_{xx}\right]\mathrm{d}y\mathrm{d}z$$
$$+\left[\left(\tau_{yx}+\frac{\partial\tau_{yx}}{\partial y}\mathrm{d}y\right)-\tau_{yx}\right]\mathrm{d}x\mathrm{d}z+\left[\left(\tau_{zx}+\frac{\partial\tau_{zx}}{\partial z}\mathrm{d}z\right)-\tau_{zx}\right]\mathrm{d}x\mathrm{d}y \tag{2.46}$$

x 方向上的合力 F_x 由方程(2.45)和(2.46)相加得到，通过加减各项，得到：

$$F_x=\left[-\frac{\partial p}{\partial x}+\frac{\partial \tau_{xx}}{\partial x}+\frac{\partial \tau_{yx}}{\partial y}+\frac{\partial \tau_{zx}}{\partial z}\right]\mathrm{d}x\mathrm{d}y\mathrm{d}z+\rho f_x\mathrm{d}x\mathrm{d}y\mathrm{d}z \tag{2.47}$$

方程(2.47)代表了方程(2.44)的左侧。

为了总结并强调作用在运动流体元上力的物理含义，可将牛顿第二定律展示成下面的形式：

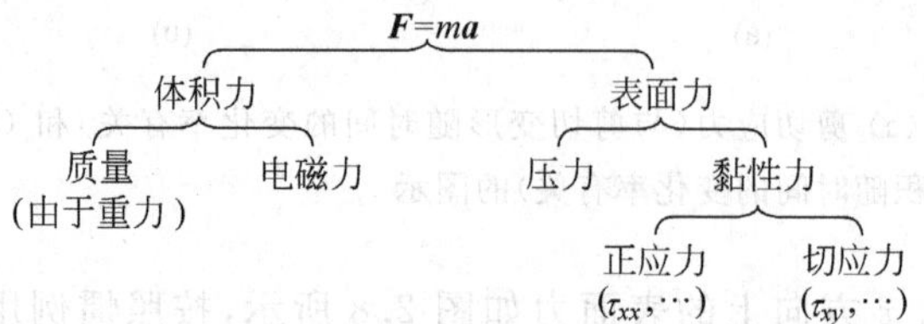

考虑方程(2.44)的右侧，由于流体元的质量是固定的可表示为：

$$m=\rho\,\mathrm{d}x\mathrm{d}y\mathrm{d}z \tag{2.48}$$

同样由于流体元的加速度是它的速度随时间的变化率，因此 x 方向上的加速度分量定义为 a_x，是 u 随时间的变化率，运动流体元随时间的变化率由物质导数给出，因此：

$$a_x=\frac{\mathrm{D}u}{\mathrm{D}t} \tag{2.49}$$

结合方程(2.44)和(2.47)～(2.49)，我们得到：

$$\rho\frac{\mathrm{D}u}{\mathrm{D}t}=-\frac{\partial p}{\partial x}+\frac{\partial \tau_{xx}}{\partial x}+\frac{\partial \tau_{yx}}{\partial y}+\frac{\partial \tau_{zx}}{\partial z}+\rho f_x \tag{2.50a}$$

这是黏性流体在 x 方向上的运动方程，类似地，可以得到 y 和 z 方向的运动方程：

$$\rho\frac{\mathrm{D}v}{\mathrm{D}t}=-\frac{\partial p}{\partial y}+\frac{\partial \tau_{xy}}{\partial x}+\frac{\partial \tau_{yy}}{\partial y}+\frac{\partial \tau_{zy}}{\partial z}+\rho f_y \tag{2.50b}$$

和

$$\rho\frac{\mathrm{D}w}{\mathrm{D}t}=-\frac{\partial p}{\partial z}+\frac{\partial \tau_{xz}}{\partial x}+\frac{\partial \tau_{yz}}{\partial y}+\frac{\partial \tau_{zz}}{\partial z}+\rho f_z \tag{2.50c}$$

方程(2.50a)～(2.50c)分别是运动方程在 x，y 和 z 方向上的分量形式，它们是将基本物理原理直接应用到无穷小流体元而得到的偏微分方程。此外因为流体元是随流体运动的，所以方程(2.50a)～(2.50c)是非守恒型的，是标量方程。因为法国人 M. Navier 和英国人 G. Stokes 各自在19世纪上半叶得到了这些方程，为纪念两位大师故将上述方程称为纳维-斯托克斯方程。

由纳维-斯托克斯方程可以得到下面的守恒形式。由物质导数的定义方程(2.50a)的左端有：

$$\rho\frac{\mathrm{D}u}{\mathrm{D}t}=\rho\frac{\partial u}{\partial t}+\rho\boldsymbol{V}\cdot\nabla u \tag{2.51}$$

将下面的导数展开，得到：

$$\frac{\partial(\rho u)}{\partial t}=\rho\frac{\partial u}{\partial t}+u\frac{\partial\rho}{\partial t}$$

经变换得到：

$$\rho\frac{\partial u}{\partial t}=\frac{\partial(\rho u)}{\partial t}-u\frac{\partial\rho}{\partial t} \tag{2.52}$$

考虑一个标量与一个矢量乘积的散度的矢量运算法则，得到：

$$\nabla\cdot(\rho u\mathbf{V})=u\,\nabla\cdot(\rho\mathbf{V})+(\rho\mathbf{V})\cdot\nabla u$$

或者，

$$\rho\mathbf{V}\cdot\nabla u=\nabla\cdot(\rho u\mathbf{V})-u\,\nabla\cdot(\rho\mathbf{V}) \tag{2.53}$$

将方程(2.52)和(2.53)代入方程(2.51)中，得到：

$$\begin{aligned}\rho\frac{\mathrm{D}u}{\mathrm{D}t}&=\frac{\partial(\rho u)}{\partial t}-u\frac{\partial\rho}{\partial t}-u\,\nabla\cdot(\rho\mathbf{V})+\nabla\cdot(\rho u\mathbf{V})\\&=\frac{\partial(\rho u)}{\partial t}-u\left[\frac{\partial\rho}{\partial t}+\nabla\cdot(\rho\mathbf{V})\right]+\nabla\cdot(\rho u\mathbf{V})\end{aligned} \tag{2.54}$$

方程(2.54)中方括号中的项即是连续方程(2.25)的左端，因此方括号内的项为零，所以方程(2.54)简化为：

$$\rho\frac{\mathrm{D}u}{\mathrm{D}t}=\frac{\partial(\rho u)}{\partial t}+\nabla\cdot(\rho u\mathbf{V}) \tag{2.55}$$

将方程(2.55)代入方程(2.50a)有：

$$\frac{\partial(\rho u)}{\partial t}+\nabla\cdot(\rho u\mathbf{V})=-\frac{\partial p}{\partial x}+\frac{\partial\tau_{xx}}{\partial x}+\frac{\partial\tau_{yx}}{\partial y}+\frac{\partial\tau_{zx}}{\partial z}+\rho f_x \tag{2.56a}$$

类似地，方程(2.50b)和(2.50c)可以表示成

$$\frac{\partial(\rho v)}{\partial t}+\nabla\cdot(\rho v\mathbf{V})=-\frac{\partial p}{\partial y}+\frac{\partial\tau_{xy}}{\partial x}+\frac{\partial\tau_{yy}}{\partial y}+\frac{\partial\tau_{zy}}{\partial z}+\rho f_y \tag{2.56b}$$

和

$$\frac{\partial(\rho w)}{\partial t}+\nabla\cdot(\rho w\mathbf{V})=-\frac{\partial p}{\partial z}+\frac{\partial\tau_{xz}}{\partial x}+\frac{\partial\tau_{yz}}{\partial y}+\frac{\partial\tau_{zz}}{\partial z}+\rho f_z \tag{2.56c}$$

方程(2.50a)～(2.50c)是守恒型纳维-斯托克斯方程。

17 世纪后期，Isaac Newton 指出，若流体中的切应力正比于应变随时间的变化率(速度梯度)，则称这种流体为牛顿流体(若 τ 不正比于速度梯度，则称为非牛顿流体，例如血液流动)。事实上所有的实际空气动力学问题中，都可以被假定为牛顿流体，对于这种流体，Stokes 于 1845 年得到：

$$\tau_{xx}=\lambda(\nabla\cdot\mathbf{V})+2\mu\frac{\partial u}{\partial x} \tag{2.57a}$$

$$\tau_{yy}=\lambda(\nabla\cdot\mathbf{V})+2\mu\frac{\partial v}{\partial y} \tag{2.57b}$$

$$\tau_{zz}=\lambda(\nabla\cdot\mathbf{V})+2\mu\frac{\partial w}{\partial z} \tag{2.57c}$$

$$\tau_{xy} = \tau_{yx} = \mu\left[\frac{\partial v}{\partial x} + \frac{\partial u}{\partial y}\right] \tag{2.57d}$$

$$\tau_{xz} = \tau_{zx} = \mu\left(\frac{\partial u}{\partial z} + \frac{\partial w}{\partial x}\right) \tag{2.57e}$$

$$\tau_{yz} = \tau_{zy} = \mu\left(\frac{\partial w}{\partial y} + \frac{\partial v}{\partial z}\right) \tag{2.57f}$$

这里 μ 是分子黏性系数，λ 是第二黏性系数，Stokes 假设：

$$\lambda = -\frac{2}{3}\mu$$

此公式经常使用，但是其至今仍未得到明确证明。

将方程组(2.57)代入方程(2.56)，可得到完整的守恒型纳维-斯托克斯方程：

$$\frac{\partial(\rho u)}{\partial t} + \frac{\partial(\rho u^2)}{\partial x} + \frac{\partial(\rho uv)}{\partial y} + \frac{\partial(\rho uw)}{\partial z} = -\frac{\partial p}{\partial x} + \frac{\partial}{\partial x}\left(\lambda\,\nabla\cdot\boldsymbol{V} + 2\mu\frac{\partial u}{\partial x}\right)$$
$$+ \frac{\partial}{\partial y}\left[\mu\left(\frac{\partial v}{\partial x} + \frac{\partial u}{\partial y}\right)\right] + \frac{\partial}{\partial z}\left[\mu\left(\frac{\partial u}{\partial z} + \frac{\partial w}{\partial x}\right)\right] + \rho f_x \tag{2.58a}$$

$$\frac{\partial(\rho v)}{\partial t} + \frac{\partial(\rho uv)}{\partial x} + \frac{\partial(\rho v^2)}{\partial y} + \frac{\partial(\rho vw)}{\partial z} = -\frac{\partial p}{\partial y} + \frac{\partial}{\partial x}\left[\mu\left(\frac{\partial v}{\partial x} + \frac{\partial u}{\partial y}\right)\right]$$
$$+ \frac{\partial}{\partial y}\left(\lambda\,\nabla\cdot\boldsymbol{V} + 2\mu\frac{\partial v}{\partial y}\right) + \frac{\partial}{\partial z}\left[\mu\left(\frac{\partial w}{\partial y} + \frac{\partial v}{\partial z}\right)\right] + \rho f_y \tag{2.58b}$$

$$\frac{\partial(\rho w)}{\partial t} + \frac{\partial(\rho uw)}{\partial x} + \frac{\partial(\rho vw)}{\partial y} + \frac{\partial(\rho w^2)}{\partial z} = -\frac{\partial p}{\partial z} + \frac{\partial}{\partial x}\left[\mu\left(\frac{\partial u}{\partial z} + \frac{\partial w}{\partial x}\right)\right]$$
$$+ \frac{\partial}{\partial y}\left[\mu\left(\frac{\partial w}{\partial y} + \frac{\partial v}{\partial z}\right)\right] + \frac{\partial}{\partial z}\left(\lambda\,\nabla\cdot\boldsymbol{V} + 2\mu\frac{\partial w}{\partial z}\right) + \rho f_z \tag{2.58c}$$

2.7 能量方程

在本节，我们将应用2.1节所列的第3个物理原理，即能量守恒。

与2.6节中纳维-斯托克斯方程(动量方程)的推导一致，我们再次使用随流体一起运动的无穷小流体元流动模型(见图2.2(b)的右侧)。上述物理原理也即热力学第1定律，将其应用于随流体一起运动的流体元模型时，第1定律表述为：

流体元内的能量随时间的变化率＝净流入流体元内的热量＋体积力和表面力对流体元所做功的功率

或者，

$$A = B + C \tag{2.59}$$

这里 A，B 和 C 分别代表上述各项。

首先分析 C，即体积力和表面力对运动流体元做功的功率，可以看出一个力作用在运动物体上的功率等于力与沿力方向速度分量的乘积（推导过程见参考文献[1]和[8]），因此作用在以速度 $\mathbf{V}$ 运动的流体元上的体积力功率为：

$$\rho \boldsymbol{f} \cdot \mathbf{V}(\mathrm{d}x\mathrm{d}y\mathrm{d}z)$$

关于表面力（压力加上切应力和正应力），考虑 x 方向的作用力。x 方向的压强和切应力作用在运动流体元上的功率见图 2.8，是速度在 x 方向的分量 u 乘以力，也即在 $abcd$ 面上 $\tau_{yx}\mathrm{d}x\mathrm{d}z$ 做的功率为 $u\tau_{yx}\mathrm{d}x\mathrm{d}z$，其他面上表达类似。为强调能量项，将运动流体元重现于图 2.10，x 方向的表面力所做的功率被清晰地展示在图中，为了得到表面力作用在流体元上的净功率，图中标注了正 x 方向上的力所做的正功和负 x 方向上的力所做的负功，因此比较图 2.10 中 $adhe$ 面和 $bcgf$ 面上压力，x 方向的压强所做的净功为：

$$\left[up-\left(up+\frac{\partial(up)}{\partial x}\mathrm{d}x\right)\right]\mathrm{d}y\mathrm{d}z=-\frac{\partial(up)}{\partial x}\mathrm{d}x\mathrm{d}y\mathrm{d}z$$

类似地，x 方向的切应力作用在 $abcd$ 面和 $efgh$ 面上的净功率为：

$$\left[\left(u\tau_{yx}+\frac{\partial(u\tau_{yx})}{\partial y}\mathrm{d}y\right)-u\tau_{yx}\right]\mathrm{d}x\mathrm{d}z=\frac{\partial(u\tau_{yx})}{\partial y}\mathrm{d}x\mathrm{d}y\mathrm{d}z$$

考虑图 2.10 中所示的所有表面力，这些力作用在运动流体元上的净功率可简化为：

$$\left[-\frac{\partial(up)}{\partial x}+\frac{\partial(u\tau_{xx})}{\partial x}+\frac{\partial(u\tau_{yx})}{\partial y}+\frac{\partial(u\tau_{zx})}{\partial z}\right]\mathrm{d}x\mathrm{d}y\mathrm{d}z$$

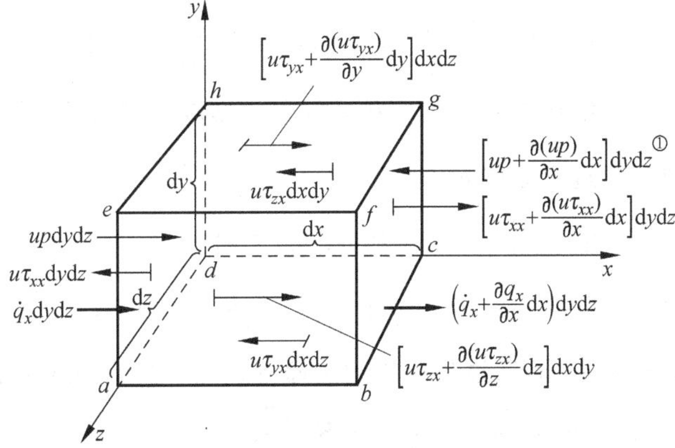

图 2.10 与无穷小运动流体元相关的能量通量，为简单起见只显示了 x 方向的通量，模型用于能量方程的推导

---

① 译者注，此处原书为 $\left[up\ \frac{-\partial(up)}{\partial x}\mathrm{d}x\right]\mathrm{d}y\mathrm{d}z$ 有误，应为 $\left[up+\frac{\partial(up)}{\partial x}\mathrm{d}x\right]\mathrm{d}y\mathrm{d}z$。

上述表达式仅考虑了 x 方向的表面力，考虑 y 和 z 方向的表面力后，可以得到类似的表达式。运动流体元的净功率是 x,y 和 z 方向的表面力和体积力的功率之和，即方程(2.59)中的C，可表示为：

$$\mathrm{C}=-\left[\left(\frac{\partial(up)}{\partial x}+\frac{\partial(vp)}{\partial y}+\frac{\partial(wp)}{\partial z}\right)+\frac{\partial(u\tau_{xx})}{\partial x}+\frac{\partial(u\tau_{yx})}{\partial y}\right.$$
$$+\frac{\partial(u\tau_{zx})}{\partial z}+\frac{\partial(v\tau_{xy})}{\partial x}+\frac{\partial(v\tau_{yy})}{\partial y}+\frac{\partial(v\tau_{zy})}{\partial z}+\frac{\partial(w\tau_{xz})}{\partial x}$$
$$\left.+\frac{\partial(w\tau_{yz})}{\partial y}+\frac{\partial(w\tau_{zz})}{\partial z}\right]\mathrm{d}x\mathrm{d}y\mathrm{d}z+\rho\boldsymbol{f}\cdot\boldsymbol{V}\mathrm{d}x\mathrm{d}y\mathrm{d}z \tag{2.60}$$

注意到方程(2.60)右端的前三项即是 $\nabla\cdot(p\boldsymbol{V})$。

现在考虑方程(2.59)中的B项，也即进入流体元的净热通量。热通量有如下两个来源：①体加热如辐射热的吸收或散发；②由于温度梯度通过表面的热传递即热传导。单位质量体积热的增长率用 $\dot{q}$ 表示，注意到图 2.10 中的运动流体元的质量是 $\rho\,\mathrm{d}x\mathrm{d}y\mathrm{d}z$，我们得到：

$$\text{流体元的体积热}=\rho\dot{q}\ \mathrm{d}x\mathrm{d}y\mathrm{d}z \tag{2.61}$$

在图 2.10 中，在 $adhe$ 面上通过热传导进入运动流体元的传递热为 $\dot{q}_x\mathrm{d}y\mathrm{d}z$，其中 $\dot{q}_x$ 是单位时间单位面积由于热传导在 x 方向传递的热(对给定方向的热传递，与此方向垂直面上单位时间单位面积上的能量量纲被称为该方向的热通量，这里 $\dot{q}_x$ 是 x 方向的热通量)，通过 $bcgf$ 面传出流体元的热量为 $[\dot{q}_x+(\partial\dot{q}_x/\partial x)\mathrm{d}x]\mathrm{d}y\mathrm{d}z$，因此通过热传导在 x 方向的净传递进入流体元的热量是：

$$\left[\dot{q}_x-\left(\dot{q}_x+\frac{\partial\dot{q}_x}{\partial x}\mathrm{d}x\right)\right]\mathrm{d}y\mathrm{d}z=-\frac{\partial\dot{q}_x}{\partial x}\mathrm{d}x\mathrm{d}y\mathrm{d}z$$

考虑通过图 2.10 中其他各面在 y 和 z 方向的热传导，我们得到：

$$\text{通过热传导进入流体元的热量}=-\left(\frac{\partial\dot{q}_x}{\partial x}+\frac{\partial\dot{q}_y}{\partial y}+\frac{\partial\dot{q}_z}{\partial z}\right)\mathrm{d}x\mathrm{d}y\mathrm{d}z \tag{2.62}$$

方程(2.59)中B项是方程(2.61) 和(2.62)之和：

$$\mathrm{B}=\left[\rho\dot{q}-\left(\frac{\partial\dot{q}_x}{\partial x}+\frac{\partial\dot{q}_y}{\partial y}+\frac{\partial\dot{q}_z}{\partial z}\right)\right]\mathrm{d}x\mathrm{d}y\mathrm{d}z \tag{2.63}$$

由 Fourier 热传导定律，通过热传导的热通量正比于当地温度梯度，得到

$$\dot{q}_x=-K\frac{\partial T}{\partial x};\quad \dot{q}_y=-K\frac{\partial T}{\partial y};\quad \dot{q}_z=-K\frac{\partial T}{\partial z}$$

K 是热传导率，因此方程(2.63)能够写成：

$$\mathrm{B}=\left[\rho\dot{q}+\frac{\partial}{\partial x}\left(K\frac{\partial T}{\partial x}\right)+\frac{\partial}{\partial y}\left(K\frac{\partial T}{\partial y}\right)+\frac{\partial}{\partial z}\left(K\frac{\partial T}{\partial z}\right)\right]\mathrm{d}x\mathrm{d}y\mathrm{d}z \tag{2.64}$$

方程(2.59)中A项表示流体元的能量随时间的变化率，考虑一下：哪种能量随时间的变化率？在经典热力学中提到的系统一般是固定的，因此，热力学第1定律中

的能量指内能。仔细检查这个内能的来源，如果是气体原子和分子在系统内做纯随机的平动，即每个原子或分子都具有平动动能，这个能量与粒子的纯随机运动有关。此外，当它们在空间平动时，分子(不是原子)能够旋转和振动，因此分子还有转动能和振动能。最后，电子绕着原子或分子核的运动给粒子附加了电子能。对于一个给定的分子，其总能量是平动、转动、振动和电子能之和(见参考文献[2]关于分子和原子能量的扩展讨论)，气体系统的内能即系统中所有分子和原子能量之和，此即出现在热力学第1定律中内能的物理意义。

现在回到方程(2.59)，检查A项，考虑处于运动状态的气体介质，即标为A的能量项涉及运动流体元的能量，流体元对它的能量有两个贡献：

(1) 对应于分子随机运动的内能 e(每单位质量)，此即上面描述的能量。

(2) 由于流体元平动产生的动能，每单位质量动能即是 $V^2/2$。

因此运动的流体元具有内能和动能，它们之和是“总”能量，在方程(2.59)中A项是总能量，也即内能和动能之和，总能量是 $e+V^2/2$。对于运动的流体元，每单位质量的总能量随时间的变化率由物质导数给出，由于流体元的质量是 $\rho\,\mathrm{d}x\mathrm{d}y\mathrm{d}z$，因此有：

$$\mathrm{A}=\rho\frac{\mathrm{D}}{\mathrm{D}t}\left(e+\frac{V^2}{2}\right)\mathrm{d}x\mathrm{d}y\mathrm{d}z \tag{2.65}$$

将方程(2.60)、(2.64)和(2.65)代入方程(2.59)得到能量方程的最后形式：

$$\begin{aligned}\rho\frac{\mathrm{D}}{\mathrm{D}t}\left(e+\frac{V^2}{2}\right)=&\rho\dot{q}+\frac{\partial}{\partial x}\left(K\frac{\partial T}{\partial x}\right)+\frac{\partial}{\partial y}\left(K\frac{\partial T}{\partial y}\right)+\frac{\partial}{\partial z}\left(K\frac{\partial T}{\partial z}\right)-\frac{\partial(up)}{\partial x}-\frac{\partial(vp)}{\partial y}\\&-\frac{\partial(wp)}{\partial z}+\frac{\partial(u\tau_{xx})}{\partial x}+\frac{\partial(u\tau_{yx})}{\partial y}+\frac{\partial(u\tau_{zx})}{\partial z}+\frac{\partial(v\tau_{xy})}{\partial x}+\frac{\partial(v\tau_{yy})}{\partial y}\\&+\frac{\partial(v\tau_{zy})}{\partial z}+\frac{\partial(w\tau_{xz})}{\partial x}+\frac{\partial(w\tau_{yz})}{\partial y}+\frac{\partial(w\tau_{zz})}{\partial z}+\rho\boldsymbol{f}\cdot\boldsymbol{V}\end{aligned} \tag{2.66}$$

这是非守恒型能量方程，另外注意到它是在总能量 $e+V^2/2$ 项中，再次重申，非守恒型是将基本原理应用于运动的流体元所得到的结果。

方程(2.66)的左端涉及总能量的物质导数 $\mathrm{D}(e+V^2/2)/\mathrm{D}t$，它只是能量方程众多表达形式中的一种，它是将能量守恒原理直接应用于运动的流体元而得到的，这一方程可以在以下两方面进行改写：

(1) 左端可以表示成单独内能 e，单独静焓 h 或者单独总焓 $h_0=h+V^2/2$ 的形式，在每种情况中相关方程的右端也要改变(例如，在下一节，我们将研究将方程(2.66)变换成涉及 $\mathrm{D}e/\mathrm{D}t$ 的形式所需的必要操作)。

(2) 上面提到的各种微分形式的能量方程，既有非守恒形式的也有守恒形式的，从一种形式向另一种形式的转换也将在下面讨论。

先从方程(2.66)开始。首先将它转换成仅有 e 的形式，为了实现这一点，分别将方程(2.50a)，(2.50b)和(2.50c)乘以u，v和w，有：

$$\rho \frac{\mathrm{D}(u^2/2)}{\mathrm{D}t} = -u\frac{\partial p}{\partial x} + u\frac{\partial \tau_{xx}}{\partial x} + u\frac{\partial \tau_{yx}}{\partial y} + u\frac{\partial \tau_{zx}}{\partial z} + \rho u f_x \tag{2.67}$$

$$\rho \frac{\mathrm{D}(v^2/2)}{\mathrm{D}t} = -v\frac{\partial p}{\partial y} + v\frac{\partial \tau_{xy}}{\partial x} + v\frac{\partial \tau_{yy}}{\partial y} + v\frac{\partial \tau_{zy}}{\partial z} + \rho v f_y \tag{2.68}$$

$$\rho \frac{\mathrm{D}(w^2/2)}{\mathrm{D}t} = -w\frac{\partial p}{\partial z} + w\frac{\partial \tau_{xz}}{\partial x} + w\frac{\partial \tau_{yz}}{\partial y} + w\frac{\partial \tau_{zz}}{\partial z} + \rho w f_z \tag{2.69}$$

将方程(2.67)～(2.69)加起来，注意到$u^2+v^2+w^2=V^2$，得到：

$$\begin{aligned}\rho \frac{\mathrm{D}V^2}{\mathrm{D}t} = & -u\frac{\partial p}{\partial x} - v\frac{\partial p}{\partial y} - w\frac{\partial p}{\partial z} + u\left(\frac{\partial \tau_{xx}}{\partial x} + \frac{\partial \tau_{yx}}{\partial y} + \frac{\partial \tau_{zx}}{\partial z}\right) \\ & + v\left(\frac{\partial \tau_{xy}}{\partial x} + \frac{\partial \tau_{yy}}{\partial y} + \frac{\partial \tau_{yz}}{\partial z}\right) + w\left(\frac{\partial \tau_{xz}}{\partial x} + \frac{\partial \tau_{yz}}{\partial y} + \frac{\partial \tau_{zz}}{\partial z}\right) \\ & + \rho(u f_x + v f_y + w f_z)\end{aligned} \tag{2.70}$$

将方程(2.70)从方程(2.66)中减去，并注意到$\rho \boldsymbol{f}\cdot\boldsymbol{V}=\rho(uf_x+vf_y+wf_z)$，得到：

$$\begin{aligned}\rho \frac{\mathrm{D}e}{\mathrm{D}t} = & \rho\dot{q} + \frac{\partial}{\partial x}\left(K\frac{\partial T}{\partial x}\right) + \frac{\partial}{\partial y}\left(K\frac{\partial T}{\partial y}\right) + \frac{\partial}{\partial z}\left(K\frac{\partial T}{\partial z}\right) \\ & - p\left(\frac{\partial u}{\partial x} + \frac{\partial v}{\partial y} + \frac{\partial w}{\partial z}\right) + \tau_{xx}\frac{\partial u}{\partial x} + \tau_{yx}\frac{\partial u}{\partial y} + \tau_{zx}\frac{\partial u}{\partial z} \\ & + \tau_{xy}\frac{\partial v}{\partial x} + \tau_{yy}\frac{\partial v}{\partial y} + \tau_{zy}\frac{\partial v}{\partial z} + \tau_{xz}\frac{\partial w}{\partial x} + \tau_{yz}\frac{\partial w}{\partial y} + \tau_{zz}\frac{\partial w}{\partial z}\end{aligned} \tag{2.71}$$

方程(2.71)是方程左端的物质导数仅限于内能项的一种能量方程形式，动能和体积力项已经消去。事实上，强调此能量方程仅有e项而不包含体积力项是很重要的，同时注意比较此方程与方程(2.66)，在方程(2.66)中，切应力和正应力乘以速度后出现在对x，y和z的导数项中，而在方程(2.71)中黏性应力表现为本身乘以速度梯度。因为方程(2.71)是非守恒型的，从方程(2.66)到方程(2.71)的转换并未改变方程的性质，通过类似的方法，能量方程可以表述成h和$h+V^2/2$的形式，留给读者推导。

继续研究方程(2.71)，回忆方程(2.57a)～(2.57f)，即$\tau_{xy}=\tau_{yx}$，$\tau_{xz}=\tau_{zx}$和$\tau_{yz}=\tau_{zy}$(这种切应力之间的对称性是必需的，它能够保证当流体元缩小到一个点时，其上的角速度趋于无穷小，这与作用在流体元上的力矩有关，详见Schlichting[20])，因此方程(2.71)中的一些项可因式分解，得到：

$$\begin{aligned}\rho \frac{\mathrm{D}e}{\mathrm{D}t} = & \rho\dot{q} + \frac{\partial}{\partial x}\left(K\frac{\partial T}{\partial x}\right) + \frac{\partial}{\partial y}\left(K\frac{\partial T}{\partial y}\right) + \frac{\partial}{\partial z}\left(K\frac{\partial T}{\partial z}\right) \\ & - p\left(\frac{\partial u}{\partial x} + \frac{\partial v}{\partial y} + \frac{\partial w}{\partial z}\right) + \tau_{xx}\frac{\partial u}{\partial x} + \tau_{yy}\frac{\partial v}{\partial y} + \tau_{zz}\frac{\partial w}{\partial z} \\ & + \tau_{yx}\left(\frac{\partial u}{\partial y} + \frac{\partial v}{\partial x}\right) + \tau_{zx}\left(\frac{\partial u}{\partial z} + \frac{\partial w}{\partial x}\right) + \tau_{zy}\left(\frac{\partial v}{\partial z} + \frac{\partial w}{\partial y}\right)\end{aligned} \tag{2.72}$$

再次借助于方程(2.57a)～(2.57f)，将黏性项表示成速度梯度的形式，方程(2.72)可以写成：

$$\rho\frac{\mathrm{D}e}{\mathrm{D}t}=\rho\dot{q}+\frac{\partial}{\partial x}\left(K\frac{\partial T}{\partial x}\right)+\frac{\partial}{\partial y}\left(K\frac{\partial T}{\partial y}\right)+\frac{\partial}{\partial z}\left(K\frac{\partial T}{\partial z}\right)$$
$$-p\left(\frac{\partial u}{\partial x}+\frac{\partial v}{\partial y}+\frac{\partial w}{\partial z}\right)+\lambda\left(\frac{\partial u}{\partial x}+\frac{\partial v}{\partial y}+\frac{\partial w}{\partial z}\right)^2$$
$$+\mu\left[2\left(\frac{\partial u}{\partial x}\right)^2+2\left(\frac{\partial v}{\partial y}\right)^2+2\left(\frac{\partial w}{\partial z}\right)^2+\left(\frac{\partial u}{\partial y}+\frac{\partial v}{\partial x}\right)^2\right.$$
$$\left.+\left(\frac{\partial u}{\partial z}+\frac{\partial w}{\partial x}\right)^2+\left(\frac{\partial v}{\partial z}+\frac{\partial w}{\partial y}\right)^2\right] \tag{2.73}$$

方程(2.73)是完全用流场变量表示的能量方程形式。类似地，可以将方程(2.57a)～(2.57f)代到方程(2.66)中，由此得到的用流场变量表示的能量方程过于冗长，为了节约时间和篇幅，这里不再给出。

再次强调，在方程(2.73)的左端仅出现内能项，方程(2.73)的推导是能量方程左端进行不同形式变换的一个例子，例如在方程(2.66)中是总能量形式，在方程(2.73)中则是内能形式。如前所述，以静焓 h 和总焓 $h+V^2/2$ 表示的形式可以通过类似的处理得到(其他形式参见文献[2])。这是前面提到的能量方程的一个方面，对于每种不同形式，能量方程的右端也有不同的形式。下面研究的是能量方程的另一方面，也是连续方程和运动方程共有的方面，即能量方程可以表示成守恒形式。由方程(2.66)，(2.71)和(2.73)可以看出，各形式的能量方程其左端均表示成物质导数的形式，因此它们均是非守恒型，它们是直接从运动流体元模型得到的，然而通过某种处理所有的方程均可以表示成守恒型的。考察方程(2.73)，考虑方程(2.73)的左端，根据物质导数的定义，有：

$$\rho\frac{\mathrm{D}e}{\mathrm{D}t}=\rho\frac{\partial e}{\partial t}+\rho\boldsymbol{V}\cdot\nabla e \tag{2.74}$$

然而，

$$\frac{\partial(\rho e)}{\partial t}=\rho\frac{\partial e}{\partial t}+e\frac{\partial\rho}{\partial t}$$

或者，

$$\rho\frac{\partial e}{\partial t}=\frac{\partial(\rho e)}{\partial t}-e\frac{\partial\rho}{\partial t} \tag{2.75}$$

考虑一个标量与一矢量的乘积散度，有：

$$\nabla\cdot(\rho e\boldsymbol{V})=e\nabla\cdot(\rho\boldsymbol{V})+\rho\boldsymbol{V}\cdot\nabla e$$

或者，

$$\rho\boldsymbol{V}\cdot\nabla e=\nabla\cdot(\rho e\boldsymbol{V})-e\nabla\cdot(\rho\boldsymbol{V}) \tag{2.76}$$

将方程(2.75)和(2.76)代入方程(2.74)，得到：

$$\rho\frac{\mathrm{D}e}{\mathrm{D}t}=\frac{\partial(\rho e)}{\partial t}-e\left[\frac{\partial\rho}{\partial t}+\nabla\cdot(\rho\boldsymbol{V})\right]+\nabla\cdot(\rho e\boldsymbol{V}) \tag{2.77}$$

根据连续方程(2.33)，方程(2.77)中方括号内项为零，因此方程(2.77)变成：

$$\rho\frac{\mathrm{D}e}{\mathrm{D}t}=\frac{\partial(\rho e)}{\partial t}+\nabla\cdot(\rho e\boldsymbol{V}) \tag{2.78}$$

将方程(2.78)代入方程(2.73)，得到：

$$\begin{aligned}\frac{\partial(\rho e)}{\partial t}+\nabla\cdot(\rho e\boldsymbol{V})=&\rho\dot{q}+\frac{\partial}{\partial x}\left(K\frac{\partial T}{\partial x}\right)+\frac{\partial}{\partial y}\left(K\frac{\partial T}{\partial y}\right)+\frac{\partial}{\partial z}\left(K\frac{\partial T}{\partial z}\right)\\&-p\left(\frac{\partial u}{\partial x}+\frac{\partial v}{\partial y}+\frac{\partial w}{\partial z}\right)+\lambda\left(\frac{\partial u}{\partial x}+\frac{\partial v}{\partial y}+\frac{\partial w}{\partial z}\right)^2\\&+\mu\left[2\left(\frac{\partial u}{\partial x}\right)^2+2\left(\frac{\partial v}{\partial y}\right)^2+2\left(\frac{\partial w}{\partial z}\right)^2+\left(\frac{\partial u}{\partial y}+\frac{\partial v}{\partial x}\right)^2\right.\\&\left.+\left(\frac{\partial u}{\partial z}+\frac{\partial w}{\partial x}\right)^2+\left(\frac{\partial v}{\partial z}+\frac{\partial w}{\partial y}\right)^2\right]\end{aligned} \tag{2.79}$$

方程(2.79)是以内能形式表示的守恒型能量方程。

重复方程(2.74)～(2.78)的推导步骤，采用总能量 $e+V^2/2$ 而不是内能 e，可以得到：

$$\rho\frac{\mathrm{D}(e+V^2/2)}{\mathrm{D}t}=\frac{\partial}{\partial t}\left[\rho\left(e+\frac{V^2}{2}\right)\right]+\nabla\cdot\left[\rho\left(e+\frac{V^2}{2}\right)\boldsymbol{V}\right] \tag{2.80}$$

将方程(2.80)代入方程(2.66)的左端，可以得到：

$$\begin{aligned}\frac{\partial}{\partial t}\left[\rho\left(e+\frac{V^2}{2}\right)\right]+\nabla\cdot\left[\rho\left(e+\frac{V^2}{2}\right)\boldsymbol{V}\right]=&\rho\dot{q}+\frac{\partial}{\partial x}\left(K\frac{\partial T}{\partial x}\right)+\frac{\partial}{\partial y}\left(K\frac{\partial T}{\partial y}\right)+\frac{\partial}{\partial z}\left(K\frac{\partial T}{\partial z}\right)\\&-\frac{\partial(up)}{\partial x}-\frac{\partial(vp)}{\partial y}-\frac{\partial(wp)}{\partial z}+\frac{\partial(u\tau_{xx})}{\partial x}\\&+\frac{\partial(u\tau_{yx})}{\partial y}+\frac{\partial(u\tau_{zx})}{\partial z}+\frac{\partial(v\tau_{xy})}{\partial x}+\frac{\partial(v\tau_{yy})}{\partial y}\\&+\frac{\partial(v\tau_{zy})}{\partial z}+\frac{\partial(w\tau_{xz})}{\partial x}+\frac{\partial(w\tau_{yz})}{\partial y}\\&+\frac{\partial(w\tau_{zz})}{\partial z}+\rho\boldsymbol{f}\cdot\boldsymbol{V}\end{aligned} \tag{2.81}$$

方程(2.81)是以总能量 $e+V^2/2$ 形式表示的守恒型能量方程。

注意到将非守恒型转换成守恒型仅需要处理方程的左端，方程的右端保持不变。例如：比较方程(2.73)和(2.79)，两者均是内能形式，虽然方程左端具有不同的形式，但方程的右端是相同的，比较方程(2.66)和(2.81)也可得到同样的结果。

2.8　对流体力学控制方程的总结及评论

讨论到此，我们已经认识了大量的方程，它们看起来也许很相像，并且方程本身可能令人生厌。本章看起来可能是从一个方程到另一个方程，然而这些方程是所有理论和计算流体力学的基础，因此熟习并理解它们的物理意义绝对是必需的，这就是我们花如此多的时间和精力去推导这些控制方程的原因。

考虑所花的时间和精力，现在总结这些方程，坐下来好好消化它们是非常重要的。首先，现在是回味本章路线图 2.1 的最好时机，我们已经沿着结构示意图走了大约 80%。从图 2.1 的顶部开始，我们已经获取了所有流体力学的基础——三大基本原理(方框 A～C)，并将其应用于各种流动模型(方框 D～H)，我们已经知道如何从每种流动模型直接得到特定形式的控制方程(见图 2.1 底部中心从左到右的路线，从方框 E～H 到方框 I)。我们也知道了这些特殊形式是如何通过适当的处理而变成其他形式的方程(见图 2.6 所示的连续方程)，所有路线都汇集到了图 2.1 右侧的方框 I，它代表了各种形式的基本连续方程、运动方程和能量方程，在目前的讨论中，这是我们现在所处的位置。为了强调和清楚起见，在本节我们通过方框 I 来概括这些方程。

2.8.1 黏性流动方程(纳维-斯托克斯方程)

黏性流动包括摩擦、热传导和(或者)质量扩散等运输现象的流动，这些运输现象是耗散的，它们总是增加流动的熵。将本章到目前为止已经得到和讨论的方程应用于这种黏性流动，当流动中存在不同化学组分的浓度梯度时将产生质量扩散，不均匀的非反应气体的混合物就是一个例子，例如在伴有氦气的流场中，从小孔或狭缝中喷入主流空气；另一个例子是化学反应气体，例如当高温流体流过高超声速飞行器时会发生空气电离，在这样的流动中，由于流场中各处压强和温度不同，从而导致不同的流动区域有着不同形式的反应和不同的反应率，参考文献[2]详细讨论了化学反应流和不均匀流，为简单起见，本书中不研究这些流动。我们的目的是讨论 CFD 基础方面，不讨论由于伴随着化学反应流而使问题复杂从而模糊计算的问题，基于此，本书不包含质量扩散方程，参考文献[2]对化学反应流进行了详细的讨论，特别是质量扩散的物理和数值影响方面的讨论。

考虑上述各方面的限制，对于非定常、三维可压缩黏性流动，其控制方程是：

连续方程

非守恒型

$$\frac{\mathrm{D}\rho}{\mathrm{D}t}+\rho\,\boldsymbol{\nabla}\cdot\boldsymbol{V}=0 \tag{2.29}$$

守恒型

$$\frac{\partial\rho}{\partial t}+\boldsymbol{\nabla}\cdot(\rho\boldsymbol{V})=0 \tag{2.30}$$

动量方程

非守恒型

x 方向表达式: $$\rho\frac{\mathrm{D}u}{\mathrm{D}t}=-\frac{\partial p}{\partial x}+\frac{\partial \tau_{xx}}{\partial x}+\frac{\partial \tau_{yx}}{\partial y}+\frac{\partial \tau_{zx}}{\partial z}+\rho f_x \tag{2.50a}$$

y 方向表达式: $$\rho\frac{\mathrm{D}v}{\mathrm{D}t}=-\frac{\partial p}{\partial y}+\frac{\partial \tau_{xy}}{\partial x}+\frac{\partial \tau_{yy}}{\partial y}+\frac{\partial \tau_{zy}}{\partial z}+\rho f_y \tag{2.50b}$$

z 方向表达式: $$\rho\frac{\mathrm{D}w}{\mathrm{D}t}=-\frac{\partial p}{\partial z}+\frac{\partial \tau_{xz}}{\partial x}+\frac{\partial \tau_{yz}}{\partial y}+\frac{\partial \tau_{zz}}{\partial z}+\rho f_z \tag{2.50c}$$

守恒型

x 方向表达式: $$\frac{\partial(\rho u)}{\partial t}+\boldsymbol{\nabla}\cdot(\rho u\boldsymbol{V})=-\frac{\partial p}{\partial x}+\frac{\partial \tau_{xx}}{\partial x}+\frac{\partial \tau_{yx}}{\partial y}+\frac{\partial \tau_{zx}}{\partial z}+\rho f_x \tag{2.56a}$$

y 方向表达式: $$\frac{\partial(\rho v)}{\partial t}+\boldsymbol{\nabla}\cdot(\rho v\boldsymbol{V})=-\frac{\partial p}{\partial y}+\frac{\partial \tau_{xy}}{\partial x}+\frac{\partial \tau_{yy}}{\partial y}+\frac{\partial \tau_{zy}}{\partial z}+\rho f_y \tag{2.56b}$$

z 方向表达式: $$\frac{\partial(\rho w)}{\partial t}+\boldsymbol{\nabla}\cdot(\rho w\boldsymbol{V})=-\frac{\partial p}{\partial z}+\frac{\partial \tau_{xz}}{\partial x}+\frac{\partial \tau_{yz}}{\partial y}+\frac{\partial \tau_{zz}}{\partial z}+\rho f_z \tag{2.56c}$$

能量方程

非守恒型

$$\begin{aligned}\rho\frac{\mathrm{D}}{\mathrm{D}t}\left(e+\frac{V^2}{2}\right)=&\rho\dot{q}+\frac{\partial}{\partial x}\left(K\frac{\partial T}{\partial x}\right)+\frac{\partial}{\partial y}\left(K\frac{\partial T}{\partial y}\right)+\frac{\partial}{\partial z}\left(K\frac{\partial T}{\partial z}\right)\\&-\frac{\partial(up)}{\partial x}-\frac{\partial(vp)}{\partial y}-\frac{\partial(wp)}{\partial z}+\frac{\partial(u\tau_{xx})}{\partial x}\\&+\frac{\partial(u\tau_{yx})}{\partial y}+\frac{\partial(u\tau_{zx})}{\partial z}+\frac{\partial(v\tau_{xy})}{\partial x}+\frac{\partial(v\tau_{yy})}{\partial y}\\&+\frac{\partial(v\tau_{zy})}{\partial z}+\frac{\partial(w\tau_{xz})}{\partial x}+\frac{\partial(w\tau_{yz})}{\partial y}+\frac{\partial(w\tau_{zz})}{\partial z}+\rho\boldsymbol{f}\cdot\boldsymbol{V}\end{aligned} \tag{2.66}$$

守恒型

$$\begin{aligned}\frac{\partial}{\partial t}\left[\rho\left(e+\frac{V^2}{2}\right)\right]+\boldsymbol{\nabla}\cdot\left[\rho\left(e+\frac{V^2}{2}\right)\boldsymbol{V}\right]=&\rho\dot{q}+\frac{\partial}{\partial x}\left(K\frac{\partial T}{\partial x}\right)+\frac{\partial}{\partial y}\left(K\frac{\partial T}{\partial y}\right)\\&+\frac{\partial}{\partial z}\left(K\frac{\partial T}{\partial z}\right)-\frac{\partial(up)}{\partial x}-\frac{\partial(vp)}{\partial y}-\frac{\partial(wp)}{\partial z}\\&+\frac{\partial(u\tau_{xx})}{\partial x}+\frac{\partial(u\tau_{yx})}{\partial y}+\frac{\partial(u\tau_{zx})}{\partial z}+\frac{\partial(v\tau_{xy})}{\partial x}\\&+\frac{\partial(v\tau_{yy})}{\partial y}+\frac{\partial(v\tau_{zy})}{\partial z}+\frac{\partial(w\tau_{xz})}{\partial x}+\frac{\partial(w\tau_{yz})}{\partial y}\\&+\frac{\partial(w\tau_{zz})}{\partial z}+\rho\boldsymbol{f}\cdot\boldsymbol{V}\end{aligned} \tag{2.81}$$

2.8.2 无黏流动方程(欧拉方程)

无黏流动是指忽略流动中的黏性耗散和运输现象以及热传导的流动。取列在

2.8.1 节中的方程，简单地将涉及摩擦和热传导的项去掉，就可以得到无黏流动方程，下面列出针对非定常、三维可压缩无黏流动的方程：

连续方程

非守恒型

$$\frac{\mathrm{D}\rho}{\mathrm{D}t}+\rho\,\nabla\cdot\boldsymbol{V}=0 \tag{2.82a}$$

守恒型

$$\frac{\partial\rho}{\partial t}+\nabla\cdot(\rho\boldsymbol{V})=0 \tag{2.82b}$$

动量方程

非守恒型

x 方向表达式：$$\rho\frac{\mathrm{D}u}{\mathrm{D}t}=-\frac{\partial p}{\partial x}+\rho f_x \tag{2.83a}$$

y 方向表达式：$$\rho\frac{\mathrm{D}v}{\mathrm{D}t}=-\frac{\partial p}{\partial y}+\rho f_y \tag{2.83b}$$

z 方向表达式：$$\rho\frac{\mathrm{D}w}{\mathrm{D}t}=-\frac{\partial p}{\partial z}+\rho f_z \tag{2.83c}$$

守恒型

x 方向表达式：$$\frac{\partial(\rho u)}{\partial t}+\nabla\cdot(\rho u\boldsymbol{V})=-\frac{\partial p}{\partial x}+\rho f_x \tag{2.84a}$$

y 方向表达式：$$\frac{\partial(\rho v)}{\partial t}+\nabla\cdot(\rho v\boldsymbol{V})=-\frac{\partial p}{\partial y}+\rho f_y \tag{2.84b}$$

z 方向表达式：$$\frac{\partial(\rho w)}{\partial t}+\nabla\cdot(\rho w\boldsymbol{V})=-\frac{\partial p}{\partial z}+\rho f_z \tag{2.84c}$$

能量方程

非守恒型

$$\rho\frac{\mathrm{D}}{\mathrm{D}t}\left(e+\frac{V^2}{2}\right)=\rho\dot{q}-\frac{\partial(up)}{\partial x}-\frac{\partial(vp)}{\partial y}-\frac{\partial(wp)}{\partial z}+\rho\boldsymbol{f}\cdot\boldsymbol{V} \tag{2.85}$$

守恒型

$$\frac{\partial}{\partial t}\left[\rho\left(e+\frac{V^2}{2}\right)\right]+\nabla\cdot\left[\rho\left(e+\frac{V^2}{2}\right)\boldsymbol{V}\right]=\rho\dot{q}-\frac{\partial(up)}{\partial x}-\frac{\partial(vp)}{\partial y}-\frac{\partial(wp)}{\partial z}+\rho\boldsymbol{f}\cdot\boldsymbol{V} \tag{2.86}$$

2.8.3 控制方程评述

纵观 2.8.1 节和 2.8.2 节中的所有方程，有下面几点评述和观感：

1. 这些方程是耦合的非线性偏微分方程组，因此很难对其进行解析求解。至今为止还没有得到这些方程的通用闭合形式解的方法(这并不意味没有通解存在，我们只是还未发现它)。

2. 对于动量和能量方程，非守恒型和守恒型方程之间的差别仅在方程的左端，方程的右端是相同的。

3. 守恒形式的方程其左端包含某些量的散度，如 $\nabla\cdot(\rho\boldsymbol{V})$ 或 $\nabla\cdot(\rho u\boldsymbol{V})$，基于这种原因，守恒型的方程有时被称为散度型。

4. 方程中正应力和切应力项是速度梯度的函数，由方程(2.57a)和(2.57b)给出。

5. 仔细检查2.8.1节和2.8.2节中的方程，计算每节中未知的因变量的数目，每种情况均有5个方程和6个未知流场变量 ρ,p,u,v,w,e。在空气动力学中，一般来说，假设气体是完全气体是合理的(完全气体是假设忽略分子间的作用力[1,8,21])，对于完全气体，其状态方程为：

$$p=\rho RT$$

这里 R 是特定气体常数，方程有时候被定义为热力学状态方程，它提供了第6个方程，但它也引进了第7个未知数，即温度 T，因此用以封闭整个系统的第7个方程必须是状态量之间的热力学关系式，例如：

$$e=e(T,p)$$

对于常比热的完全气体，整个关系将变成：

$$e=c_vT$$

这里 c_v 是定容比热，该方程有时被称为热量状态方程。

6. 在2.6节中，关于黏性流动的动量方程被定义为纳维-斯托克斯方程，在流体力学历史上，这是一个精确定义，然而在现代的CFD文献中，这一术语被扩展到包括整个黏性流动求解的所有流动方程组，因此当CFD文献中讨论“完全纳维-斯托克斯方程”的数值求解时，它一般是指对整个方程组的数值求解，例如方程(2.33)、(2.56a)～(2.56c)和(2.81)的求解。在这种意义下，CFD文献中的“纳维-斯托克斯求解”就意味着采用完整的控制方程求解黏性流动问题，这就是为什么将概括整个方程组的2.8.1节命名为纳维-斯托克斯方程。作者猜测这一CFD惯用语将很快渗透到整个流体力学中，加之本书是CFD用书，故本书将沿用这一术语，也即当我们指纳维-斯托克斯方程时，将意味着整个方程组，例如概括在2.8.1节中的方程。

7. 类似地，2.8.2节中无黏流动方程被定义为欧拉方程。欧拉于1753年得到了连续方程和动量方程，他几乎没有处理能量方程，因为能量方程是19世纪热力学的产物，因此在流体力学历史上，只有连续方程和动量方程被称为欧拉方程，事实上在大多数的流体力学文献中，只是无黏流体的动量方程被称为欧拉方程，例如方程(2.83a)～(2.83c)被称为欧拉方程。然而在现代CFD文献中，求解完整的无黏流系统，例如将2.8.2节中概括的方程称为欧拉求解，整个方程组——连续方程、动量方程和能量方程被称为欧拉方程，本书将沿用这一术语。

2.9 物理边界条件

上面给出的流体流动的控制方程，不管流动状态如何，例如绕波音 747 的流动、通过亚声速风洞的流动或绕风车的流动，其控制方程都是相同的。然而，对于这些工况尽管控制方程是相同的，但是它们的流场却是非常地不同，这是为什么？这些不同是如何引进来的？答案是通过边界条件，对于上面的例子它们有着非常不同的边界条件。有时候边界条件加上初始条件决定了从控制方程得到相应的特解，当波音 747 的几何形状被处理，当某种边界条件被应用于特定的几何表面，以及当飞机前方无穷远处自由来流的适当边界条件被采用时，则可以由偏微分控制方程得到适合于绕波音 747 的流场解；当相应于风车的几何形状和来流条件被应用时，就可以得到风车的流场解，这两个工况的解是相当不同的。因此在有了前面几节描述的控制方程之后，真正导致各种特定形式解的是边界条件，这一点在 CFD 中具有特殊的意义，因为任何控制方程的数值解必须是由与适当边界条件非常吻合的数值表达得到的。

针对黏性流动首先回顾一下适当的边界条件，对于物面上的边界条件，我们假设物面与气体间相对速度为零，这被称为无滑移条件，如果物面是静止的，当流体流过它时，有：

$$u=v=w=0 \quad \text{在物面上} \quad \text{(对于黏性流动)} \tag{2.87}$$

此外，在物面上温度也有类似的"无滑移"条件，如果物面材料的温度被定义为 T_w（壁面温度），那么与物面紧贴着的流体层的温度也是 T_w，如果在给定的问题中壁面温度已知，那么气体温度 T 的适当边界条件是：

$$T=T_w \quad \text{(在壁面上)} \tag{2.88}$$

另外，如果壁面温度是未知的，例如由于气动热从表面传进或传出，使得壁面温度随时间发生变化，是时间的函数，那么傅里叶热传导定律可为物面提供边界条件，如果将 $\dot{q}_w$ 定义为瞬时壁面热通量，那么根据傅里叶定律有：

$$\dot{q}_w=-\left(K\frac{\partial T}{\partial n}\right)_w \quad \text{(在壁面上)} \tag{2.89}$$

其中 n 表示壁面的法向方向。物面材料对壁面的热传导 $\dot{q}_w$ 具有热响应，进而改变 T_w，T_w 反过来影响 $\dot{q}_w$，这种普遍的非定常的热传导问题必须将黏性流动和壁面材料的热响应同时联立求解，这种边界条件，就所考虑的流动而言是壁面温度梯度边界条件，它不同于规定壁面温度本身的边界条件，根据方程(2.89)，有：

$$\left(\frac{\partial T}{\partial n}\right)_w=-\frac{\dot{q}_w}{K} \quad \text{(在壁面上)} \tag{2.90}$$

如果没有热传导给物面，则壁面温度被定义为绝热壁面温度 T_{aw}，根据方程

(2.90)，对于绝热壁面的适当边界条件是$\dot{q}_w=0$，因此对于绝热壁面，边界条件是：

$$\left(\frac{\partial T}{\partial n}\right)_w=0 \quad (在壁面上) \tag{2.91}$$

我们再一次看到：壁面边界条件是规定壁面上的温度梯度，而实际的绝热壁面温度作为流场解的一部分而消失。

对于上面提到的所有的温度边界条件，固定壁面温度条件(方程(2.88))是最常用的，绝热边界条件(方程(2.91))次之，这两种不同的工况代表了一般问题的两种极端情况，一般问题涉及的边界条件由方程(2.90)给出，对此必须对流场和物面材料热响应进行耦合求解，这是目前为止最难建立的边界条件。基于这些原因，对于大部分的黏性流动的求解，或者假设常壁面温度，或者假设绝热壁面。总结起来，如果方程(2.88)为边界条件，那么壁面上的温度梯度条件$(\partial T/\partial w)_n$和相关的$\dot{q}_w$作为解的一部分而消失；如果方程(2.91)为边界条件，那么壁面上的温度T_{aw}作为解的一部分而消失；如果方程(2.90)为边界条件，伴随着对材料热响应的耦合求解，T_{aw}和$(\partial T/\partial w)_n$作为解的一部分而消失。

最后我们注意到，对于沿着壁面的连续的黏性流动，其物理边界条件是上面讨论的无滑移边界条件，这些边界条件涉及壁面的速度和温度，其他流动性质，例如壁面上的压强和密度作为解的一部分而消失。

对于无黏流动，由于不存在摩擦力迫使它黏附在物面上，因此在壁面上的流动速度是有限的非零值，而且对于非多孔介质壁面，没有质量流量从壁面流入或流出，这意味着与壁面紧贴的流体速度矢量必须与壁面相切，此壁面边界条件可以写成：

$$\boldsymbol{V}\cdot\boldsymbol{n}=0 \quad (在物面上) \tag{2.92}$$

方程(2.92)即是垂直壁面的速度分量为零的表述，也即在物面的流动与物面相切。对于无黏流动，这是仅有的物面边界条件，物面上流体速度的大小，以及流体温度、压强和密度作为解的一部分而消失。

对于身边的流动问题，无论是黏性流动还是无黏流动，除了物面边界条件，在流动中的其他地方还有各种边界条件。例如，通过固定形状管道的流动，在管道的进、出口有相关的入流和出流边界条件，如果问题涉及一流线型物体浸没在已知的自由来流中，那么距离物体上游、上面、下面和下游无穷远处的地方可以简单地应用已知的自由来流条件。

上面讨论的边界条件是本来就有的物理边界条件，在 CFD 中，尚有需要另外考虑的问题，即这些物理边界条件的适当数值实现，真实流场边界条件规定了真实流场，在同样的意义下，计算的流场由模拟这些边界条件所设计的数值表达式来驱动，在 CFD 中适当和准确的边界条件是非常重要的，这是目前许多 CFD 研究的课题，在适当的时候我们将回到这个问题上来。

2.10 特别适用于 CFD 的控制方程形式:关于守恒型、激波匹配和激波捕捉的论述

在本节,我们要通过与 CFD 应用面对面的分析来论述流动控制方程其守恒型相对于非守恒型的意义。在这些方程的发展历史中,不能说哪种形式优于哪种形式,事实上,理论流体力学在过去几个世纪的发展过程中,并没有过多在意控制方程的形式,这一点可见于 20 世纪 80 年代早期以前的所有一般流体力学和空气动力学教材中。在这些教材中,作者没有提及守恒型与非守恒型,尽管这些方程出现在教材中,但并没有定义这些术语。控制方程是守恒型还是非守恒型的,这一分类起源于现代 CFD,对于给定的 CFD 应用,应该使用哪种形式的控制方程,关于这一点我们将从两个方面论述。

第一方面即控制方程的守恒型提供了数值计算程序的便捷性,守恒型的连续、动量和能量方程均可以表示成统一的形式,这有助于简化和组织给定计算程序的逻辑结构,为了得到统一形式,我们注意到以前所有的守恒型方程的左端都有一个散度项,这些项涉及某些物理量的通量,例如:

由方程(2.23):$\rho\mathbf{V}$ 质量通量

由方程(2.56a):$\rho u\mathbf{V}$ x 方向的动量通量

由方程(2.56b):$\rho v\mathbf{V}$ y 方向的动量通量

由方程(2.56c):$\rho w\mathbf{V}$ z 方向的动量通量

由方程(2.79):$\rho e\mathbf{V}$ 内能通量

由方程(2.81):$\rho\left(e+\frac{V^2}{2}\right)\mathbf{V}$ 总能通量

由于守恒型方程是直接从空间固定的控制体而不是随流体运动的控制体得到的,当控制体是空间固定的时候,需要关注进出控制体的质量、动量和能量通量,在这种情况下,通量本身变成方程中比原始变量如 p,ρ,$\mathbf{V}$ 更重要的因变量。

顺着这一想法,检查所有守恒型控制方程——连续方程、动量方程和能量方程,回到 2.8.1 节和 2.8.2 节,这两节分别简洁而概括地给出了黏性流动和无黏流动的控制方程,看看守恒型方程,我们注意到它们可以表示成统一的形式,由下式给出:

$$\frac{\partial \boldsymbol{U}}{\partial t}+\frac{\partial \boldsymbol{F}}{\partial x}+\frac{\partial \boldsymbol{G}}{\partial y}+\frac{\partial \boldsymbol{H}}{\partial z}=\boldsymbol{J} \tag{2.93}$$

如果把 $\boldsymbol{U}$,$\boldsymbol{F}$,$\boldsymbol{G}$,$\boldsymbol{H}$ 和 $\boldsymbol{J}$ 看成列向量的话,方程(2.93)可以代表整个系统的守恒型控制方程,其中 $\boldsymbol{U}$,$\boldsymbol{F}$,$\boldsymbol{G}$,$\boldsymbol{H}$ 和 $\boldsymbol{J}$ 由下式给出:

$$\boldsymbol{U}=\begin{Bmatrix}\rho\\ \rho u\\ \rho v\\ \rho w\\ \rho\left(e+\dfrac{V^2}{2}\right)\end{Bmatrix}\tag{2.94}$$

$$\boldsymbol{F}=\begin{Bmatrix}\rho u\\ \rho u^2+p-\tau_{xx}\\ \rho vu-\tau_{xy}\\ \rho wu-\tau_{xz}\\ \rho\left(e+\dfrac{V^2}{2}\right)u+pu-K\dfrac{\partial T}{\partial x}-u\tau_{xx}-v\tau_{xy}-w\tau_{xz}\end{Bmatrix}\tag{2.95}$$

$$\boldsymbol{G}=\begin{Bmatrix}\rho v\\ \rho uv-\tau_{yx}\\ \rho v^2+p-\tau_{yy}\\ \rho wv-\tau_{yz}\\ \rho\left(e+\dfrac{V^2}{2}\right)w+pv-K\dfrac{\partial T}{\partial y}-u\tau_{yx}-v\tau_{yy}-w\tau_{yz}\end{Bmatrix}\tag{2.96}$$

$$\boldsymbol{H}=\begin{Bmatrix}\rho w\\ \rho uw-\tau_{zx}\\ \rho vw-\tau_{zy}\\ \rho w^2+p-\tau_{zz}\\ \rho\left(e+\dfrac{V^2}{2}\right)w+pw-K\dfrac{\partial T}{\partial z}-u\tau_{zx}-v\tau_{zy}-w\tau_{zz}\end{Bmatrix}\tag{2.97}$$

$$\boldsymbol{J}=\begin{Bmatrix}0\\ \rho f_x\\ \rho f_y\\ \rho f_z\\ \rho(uf_x+vf_y+wf_z)+\rho\dot{q}\end{Bmatrix}\tag{2.98}$$

方程(2.93)中的列向量 $\boldsymbol{F}$,$\boldsymbol{G}$ 和 $\boldsymbol{H}$ 称为通量项(或通量矢量),$\boldsymbol{J}$ 代表源项(体积力和体积热被忽略时,该项为零),为了表述简单,列向量 $\boldsymbol{U}$ 被称为解向量。为了使读者习惯这一用列向量表示的普遍形式的方程,将 $\boldsymbol{U}$,$\boldsymbol{F}$,$\boldsymbol{G}$,$\boldsymbol{H}$ 和 $\boldsymbol{J}$ 中的第一项根据方程(2.93)加起来就重构了连续方程,将 $\boldsymbol{U}$,$\boldsymbol{F}$,$\boldsymbol{G}$,$\boldsymbol{H}$ 和 $\boldsymbol{J}$ 中的第二项根据方程(2.93)加起来就重构了 x 方向的动量方程,依此类推,事实上,方程(2.93)即是代表整个控制方程组的列向量方程。

进一步探讨方程(2.93)的发展与演化,当把它写成时间的偏导数 $\partial \boldsymbol{U}/\partial t$ 的形式时，其可用于非定常流动。对于一个给定的问题，人们主要关注的是非定常流动的实际瞬态现象，在其他问题中，也许人们希望得到稳态解，但是求解稳态解的最好方法是求解非定常方程，经过大量的时间最终渐近地得到稳态解（这种方法有时被称为稳态流动的时间相关求解，在 1.5 节末讨论的超声速钝头体问题的求解就是这样一个例子），在本书涉及 CFD 应用的第Ⅲ部分我们将深入探讨这类问题，在这里我们只是顺带提到。对于一个本质上不是瞬态问题，并且采用时间相关求解得到稳态解，方程(2.93)的求解采取时间推进的求解形式，即流场相关变量沿时步被逐渐求解。对于时间推进求解，我们重新排列方程(2.93)，将 $\partial \boldsymbol{U}/\partial t$ 单独放在方程的左侧，即

$$\frac{\partial \boldsymbol{U}}{\partial t}=\boldsymbol{J}-\frac{\partial \boldsymbol{F}}{\partial x}-\frac{\partial \boldsymbol{G}}{\partial y}-\frac{\partial \boldsymbol{H}}{\partial z} \tag{2.99}$$

在方程(2.99)中，$\boldsymbol{U}$ 被称为解向量，这是因为 $\boldsymbol{U}$ 中的元素（$\rho,\rho u,\rho,v$ 等）是因变量，它们通常在时间步中被数值求解得到。方程(2.99)中的右边空间导数项由上一时步的某种已知形式得到，注意在这种形式上，$\boldsymbol{U}$ 中的元素是计算得到的，也即密度 ρ 和它的乘积 $\rho u,\rho v,\rho w$ 和 $\rho(e+V^2/2)$ 的数值被直接得到，这些量被称为通量变量。不同于原始变量 u,v,w，和 e 本身，在使用方程(2.99)对非定常流动进行计算求解时，因变量是展现在方程(2.94)中的 $\boldsymbol{U}$ 向量中的元素，即 $\rho,\rho u,\rho v,\rho w$ 和 $\rho(e+V^2/2)$，一旦这些因变量（包括 ρ 本身）的数值已知后，可以很容易地得到原始变量：

$$\rho=\rho \tag{2.100}$$

$$u=\frac{\rho u}{\rho} \tag{2.101}$$

$$v=\frac{\rho v}{\rho} \tag{2.102}$$

$$w=\frac{\rho w}{\rho} \tag{2.103}$$

$$e=\frac{\rho(e+V^2/2)}{\rho}-\frac{u^2+v^2+w^2}{2} \tag{2.104}$$

例如 $\boldsymbol{U}$ 向量中第一个元素是 ρ 本身，ρ 的数值通过求解方程(2.99)得到。$\boldsymbol{U}$ 中的第二个元素是 ρu，乘积 ρu 的数值通过求解方程(2.99)得到。依次，原始变量 u 的数值很容易通过方程(2.99)求解，即由得到的 ρu 值除以得到的 ρ 值，同样的方法由通量值来得到原始变量 v,w 和 e 的值，如方程(2.102)～(2.104)所示。

对于无黏流动，除了列向量中的元素更简单外，方程(2.93)和(2.99)仍然是相同的，考察概括在 2.8.2 节中的无黏流体的守恒型方程，可以发现：

$$\boldsymbol{U}=\begin{Bmatrix}\rho\\ \rho u\\ \rho v\\ \rho w\\ \rho\left(e+\dfrac{V^2}{2}\right)\end{Bmatrix} \tag{2.105}$$

$$F=\begin{Bmatrix}\rho u\\ \rho u^2+p\\ \rho uv\\ \rho uw\\ \rho u\left(e+\frac{V^2}{2}\right)+pu\end{Bmatrix} \tag{2.106}$$

$$G=\begin{Bmatrix}\rho v\\ \rho uv\\ \rho v^2+p\\ \rho wv\\ \rho v\left(e+\frac{V^2}{2}\right)+pv\end{Bmatrix} \tag{2.107}$$

$$H=\begin{Bmatrix}\rho w\\ \rho uw\\ \rho vw\\ \rho w^2+p\\ \rho w\left(e+\frac{V^2}{2}\right)+pw\end{Bmatrix} \tag{2.108}$$

$$J=\begin{Bmatrix}0\\ \rho f_x\\ \rho f_y\\ \rho f_z\\ \rho(uf_x+vf_y+wf_z)+\rho\dot{q}\end{Bmatrix} \tag{2.109}$$

对于数值求解非定常无黏流动,解向量也是$\boldsymbol{U}$,直接求解得到的是因变量ρ,ρu,ρv,ρw和$\rho(e+V^2/2)$。

在CFD中,推进求解并不局限于时间推进,在某种情况下,稳态流动可以在给定的空间方向上进行推进求解,可以使用空间推进求解的情况取决于控制方程的特性,此部分将从第3章的后面章节开始讲解。此刻我们正在处理稳态流动问题,在方程(2.93)中,$\partial \boldsymbol{U}/\partial t=0$,如果允许在$x$方向推进求解,那么方程(2.93)可重新整理成:

$$\frac{\partial F}{\partial x}=J-\frac{\partial G}{\partial y}-\frac{\partial H}{\partial z} \tag{2.110}$$

这里$\boldsymbol{F}$变成了解向量,可以想象方程(2.110)右端项是已知的,由上一步也即x位置的上游得到。$\boldsymbol{F}$向量的元素在下一步即x位置的下游是未知的,为了简化起见,假设我们正在处理的是无黏流动,在这种情况下,因变量是方程(2.106)中显示的$\boldsymbol{F}$元素,即ρu,ρu^2+p,ρuv,ρuw和$\rho u(e+V^2/2)+pu$,方程(2.110)数值求解得到的是这些因变量的值,称为通量变量。尽管代数式比我们前面讨论的非定常流动的情况复杂些，但是通过这些因变量能够得到原始变量，为了更清楚地明白这一点，我们来定义出现在方程(2.106)中作为 $\boldsymbol{F}$ 元素的通量变量：

$$\rho u = c_1 \tag{2.111a}$$

$$\rho u^2 + p = c_2 \tag{2.111b}$$

$$\rho uv = c_3 \tag{2.111c}$$

$$\rho uw = c_4 \tag{2.111d}$$

$$\rho u\left(e + \frac{u^2 + v^2 + w^2}{2}\right) + pu = c_5 \tag{2.111e}$$

对无黏流动的控制方程(2.110)进行数值求解，得到整个流动区域中各点的 c_1，c_2，c_3，c_4 和 c_5 的值。现在考虑其中的一个点，已通过数值求解得到了该点的方程(2.111a)～(2.111e)的右端的值，接下来同时求解方程(2.111a)～(2.111e)可以得到该点上的原始变量 ρ,u,v,w 和 e。注意到此处有 6 个未知量，必须补充一热力学状态关系式，对于热力学平衡系统，这个关系式可以用以下通用形式表示：

$$e = e(p,\rho) \tag{2.112a}$$

事实上，如果我们研究热力学上的完全气体，即气体具有常比热(参见文献[12])，这一状态关系式是 $e=c_vT$，其中 $c_v=R/(\gamma-1)$，R 是气体常数，同时考虑完全气体的状态方程 $p=\rho RT$，得到：

$$e = c_vT = \frac{RT}{\gamma - 1} = \frac{R}{\gamma - 1}\frac{p}{\rho R}$$

或者，

$$e = \frac{1}{\gamma - 1}\frac{p}{\rho} \tag{2.112b}$$

方程(2.111a)～(2.111e)和方程(2.112b)共 6 个方程，由这 6 个方程可以求解 6 个原始变量。当 c_1，c_2，c_3，c_4 和 c_5 已知时，求解这 6 个方程可以分别得到 ρ,u,v,w,p 和 e 的显示表达形式，该代数形式作为题 2.1 留给读者求解。最后，我们注意到，如果是黏性流动问题，求解方程(2.95)所示的 $\boldsymbol{F}$ 向量中各元素的代数关系式将变得更加复杂，因为还必须处理黏性应力，获得原始变量的过程将变得非常繁琐。

需要特别强调的是控制方程守恒型和非守恒型之间的区别。现在将守恒型的定义扩展成两类：强和弱，当把控制方程写成方程(2.93)的形式时，流动变量不在关于 x,y,z 和 t 的偏导数的外面，事实上方程(2.93)中的所有项均在偏导数内，这种形式的流动方程称为强守恒型；检查方程(2.56a)～(2.56c)和方程(2.81)，这些方程中有很多关于 x,y,z 的偏导数出现在方程右端，它们是弱守恒型方程。

在本节的开始，我们在 CFD 框架下论述控制方程守恒型和非守恒型相关事宜，并计划从以下两个方面进行讨论。第一方面的论证材料是守恒型的，方程(2.93)形式的统一性为数值计算提供了便捷性。现在让我们考虑第二个方面，这一点比第一点更有说服力,同样地,第二个方面与两种截然不同的计算带激波的流动的思想体系交织在一起。首先,我们定义处理激波的两种不同方法,在涉及激波的流场中,流场中的 p,ρ,u,T 等原始变量在穿过激波时存在不连续的陡峭变化。许多带激波的流动的计算被设计成其作为整个流场求解的直接结果而自然地出现在计算空间,即激波是一般算法的直接结果,而不需要对激波本身进行特殊的处理,这种方法称为激波捕捉方法。与之相对的另一种方法是激波被显式地引入流场解中,采用精确的Rankine-Hugoniot(兰金-于戈尼奥)关系来确定激波前后流场的变化,采用流动的控制来计算激波与其他边界条件之间的流场,例如空气动力绕流体的物面,这种方法称为激波匹配法(激波拟合法)。图 2.11 和图 2.12 阐明了这两种不同的方法。在图 2.11 中,计算超声速流过物体的计算区域被扩展到飞行器的上游和下游,作为一般流场算法的直接结果,激波将在计算区域中形成,而不需要引入任何特定的激波关系,在这种方法中,通过对偏微分方程的计算求解,激波在计算区域中被捕获,因此图 2.11 是激波捕捉方法的例子。相反,图 2.12 展示了同样的流动问题,只是此时的计算区域是激波和物体之间的流动,激波作为一个明显的间断被直接引进,采用标准的斜激波关系(Rankine-Hugoniot 关系[21])来匹配激波前超声速来流及激波下游的偏微分方程计算的流场,因此图 2.12 是激波匹配法的例子。两种方法各有其优缺点。例如,激波捕捉方法是涉及激波的复杂流动问题的求解思想,对于该流场,我们既不知道激波的位置也不知道激波的数目,激波是计算区域中自然存在的,不需要任何特殊的激波处理算法,因此能够简化计算程序;然而该方法也有不足之处,由于计算网格中网格的有限性,使得激波一般被摸平,因此由数值得到的激波厚度与实际激波的厚度没有可比性,激波间断的精确位置在几个网格大小中具有不确定性。激波匹配方法的优点是激波总是被处理成间断,它的位置在数值上被明确定义。然而对于给定的问题,事先须大概知道要把激波放置何处以及有几道激波,对于复杂的流动,这种方法的缺点是显而易见的,因此激波捕捉方法和激波匹配方法是辩证的、相辅相成的,两种方法在 CFD 中均被广泛应用。事实上我们通常将两种方法联合使

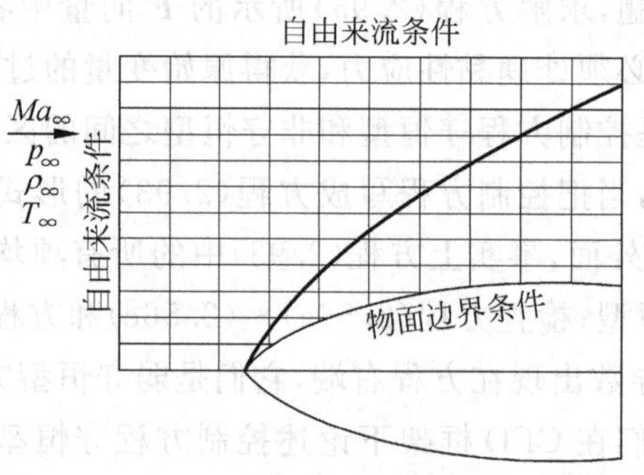

图 2.11 激波捕捉方法的网格

用，在求解过程中，先利用激波捕捉方法来预测激波的形成和大体位置，然后通过在求解中明确地引入间断来匹配这些激波。另外一种联合应用的方法是若事先知道流场会在某处出现激波，则采用激波匹配法来拟合它，同时利用激波捕捉方法得到你事先不能预测的流场中其他地方可能出现的激波。

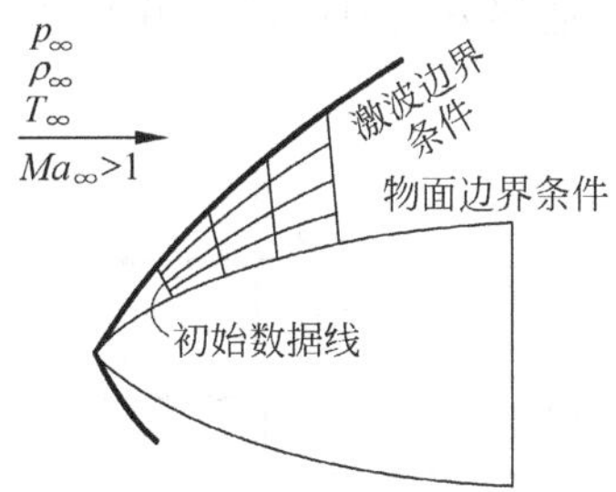

图 2.12 激波匹配法的网格

此外，所有这些讨论都必须根据方程(2.93)给出的守恒型控制方程来实施吗？简单说是这样。对于激波捕捉方法，经验表明必须采用守恒型的控制方程，当采用守恒型方程时，计算所得的流场一般是光滑和稳定的，然而如果采用非守恒型方程，计算所得的流场通常在激波的上下游呈现出令人不满意的空间振荡(波动)，激波位置计算错误，有时甚至会出现解不稳定。相反，对于激波匹配方法，两种形式的控制方程均能得到令人满意的结果。

为什么采用守恒型的控制方程对于激波捕捉方法如此重要呢？通过研究如图 2.13 所示的穿过正激波的流动就可以找到答案。分析过正激波的密度分布，由图 2.13(a)可以清楚地看到，过正激波密度 ρ 有突跃。如果采用非守恒型控制方程来计算此流动，其主要因变量是原始变量 ρ 和 p 等，可以看到方程中因变量 ρ 有很大的间断，因此伴随密度 ρ 的计算将产生混合数值误差。另外，对于过正激波，考虑其连续方程[8,21]，即

$$\rho_1 u_1 = \rho_2 u_2 \tag{2.113}$$

由方程(2.113)可知，过正激波质量通量 ρu 是常数。如图 2.13(b)所示，在守恒型控制方程中采用乘积 ρu 作为因变量，因此对于守恒型方程，过正激波法向方向的因变量不会出现间断，所以数值精度和求解稳定性将大大提高，为了强调这个讨论，考虑过正激波的动量方程[8,21]：

$$p_1 + \rho_1 u_1^2 = p_2 + \rho_2 u_2^2 \tag{2.114}$$

如图 2.13(c)所示，过正激波压强本身也是间断的，然而由方程(2.11)可知通量变量 $p+\rho u^2$ 是常数。如图 2.13(d)所示，检查由方程(2.93)给出的守恒型无黏流动方程，其通量矢量见方程 (2.105)～(2.109)，在方程(2.106)的 $\boldsymbol{F}$ 矢量中我们清楚地

看到 $p+\rho u^2$ 是因变量，因此在守恒型方程中过正激波在法向方向上看不到因变量的间断。尽管过正激波流动的例子有点简单，但其主要目的是解释为什么在激波捕捉方法中使用守恒型控制方程是如此重要。因为守恒型方程采用通量变量作为因变量，而过激波的这些通量变量的变化或者为零，或者非常小，而非守恒型方程采用原始变量作为因变量，所以激波捕捉方法中应用守恒型方程得到的数值品质将优于应用非守恒型方程。

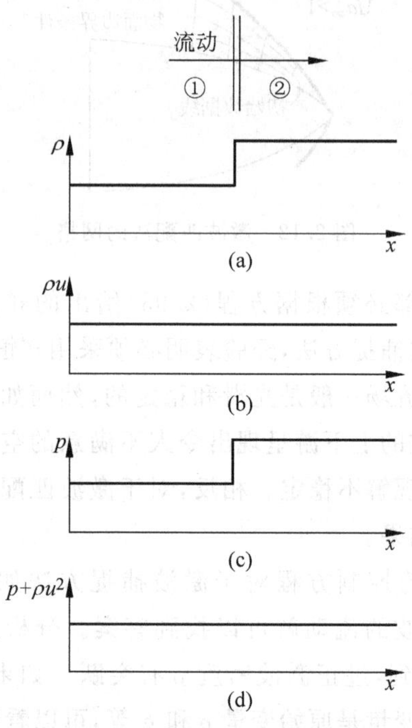

图 2.13　过正激波流动特性的改变

总之，上面讨论了采用不同形式(守恒型和非守恒型)的控制方程时 CFD 产生明显差别的主要原因，这也是本章花这么多篇幅来推导不同形式的方程，并且解释什么样的基本模型导致什么形式的方程，以及强调这两种形式之间差别的原因。再次强调，出现在守恒型和非守恒型方程中 CFD 的差别是数值求解这一现实的派生物，它只与 CFD 密切相关，在纯理论流体力学中，我们将不会在意它。

最后，回忆一下 2.5.6 节中关于积分型和微分型方程之间的基本差别的讨论。在数学上，积分型方程并不需要连续，而假设微分型方程连续，不管采用什么形式的微分方程求解激波问题时都强加了极端条件，相反直接采用积分型的表达式，如有限体积法，将更适用于激波类流动问题，正是由于这些原因，积分型的控制方程比微分型的控制方程更基础。

2.11 总　　结

本书是关于 CFD 的书，但是至今我们尚未论述任何计算技术，直观的理由是：在我们逐步展开计算求解各种问题之前，我们必须得到正确的控制方程，并且保证对这些方程的物理意义有一定程度的理解，这就是本章的目的。回到图 2.1 所示的结构示意图，仔细研究此图，思考图中每个方框的相关方面，特别关注一下方框 I 和 J 中的控制方程，它们分别被总结在 2.8 节和 2.10 节，这些方程是 CFD 中的“黄油面包”，需要学好它们。

本书第 I 部分研究的是基本思想和方程，这是 CFD 的基础(事实上它们是所有理论流体力学的基础)，事实上我们尚未完成这些基本思想的研究。流体流动中的连续方程、动量方程和能量方程(正如任何系统中的偏微分方程一样)均具有某种数学特性，例如不同的工况具有不同的特性，这取决于流动的当地马赫数，即同样的方程可能具有不同的数学行为。数学特性的不同取决于下述的 3 个方面：①当地的流动是亚声速的，还是超声速的(在很长时间内，1.5 节中描述的超声速钝头体问题就因局部亚声速、局部超声速区域具有不同的数学特性而陷入僵局)；②我们研究的是欧拉方程(对无黏流动)，还是纳维-斯托克斯方程(对完全黏性流动)；③流动是定常，还是非定常的。当然，正如你可能猜测的，这些方程在数学上的任何不同也反映了其物理特性的不同，这意味着什么？答案见下一章，请继续阅读。

习题

2.1 在无黏流动方程(2.110)的空间推进求解中，方程(2.111a)～(2.111e)给出了解矢量 $\boldsymbol{F}$ 中的元素，如 $\rho u=c_1$，$\rho u^2+p=c_2$，$\rho uv=c_3$，$\rho uw=c_4$ 和 $\rho u[e+(u^2+v^2+w^2)/2]+pu=c_5$，根据 c_1，c_2，c_3，c_4 和 c_5，推导原始变量 ρ，u，v，w 和 p，假设气体是常比定压热容的完全气体(具有常数 γ)。

答案：$\rho=\dfrac{-B\pm\sqrt{B^2-4AC}}{2A}$

其中：

$$A=\frac{1}{2}\left(\frac{c_3^2}{c_1}+\frac{c_4^2}{c_1}\right)-c_5$$

$$B=\frac{\gamma c_1 c_2}{\gamma-1}$$

$$C=-\frac{(\gamma+1)c_1^3}{2(\gamma-1)}$$

$$u=\frac{c_1}{\rho}$$

$$v=\frac{c_3}{c_1}$$

$$w=\frac{c_4}{c_1}$$

$$p=c_2-\rho u^2$$

2.2 推导黏性流动积分形式的动量方程和能量方程，看看三个守恒型方程——连续、动量和能量方程能否被表达成简单统一的积分形式。

第 3 章 偏微分方程的数学特性：对 CFD 的影响

某种认知如果不是以数学或者以基于数学科学的其他认知为基础，那么这一认知就是不确定的。

Leonardo da Vinci(列奥纳多·达·芬奇，1425—1519)

数学是科学的女王。

Carl Friedrich Gauss(卡尔·弗里德里奇·高斯，1856)

3.1 简　　介

正如 Gertrude Stein 所书："玫瑰是玫瑰是玫瑰……"，接下来，偏微分方程是偏微分方程是偏微分方程——或是什么？本章将强调答案并非如此。在探寻给定偏微分方程的解之前，我们必须意识到不同情况下解的数学特性也可能相当不同，对于同样的流动控制方程，甚至方程本身是同一的，却会在不同的流动区域展现出完全不同的解，这正是数学特性的不同。2.11 节暗示了微分方程的神秘性，本章的目的是解读其神秘性。

在第 2 章中得到的流体力学控制方程，有的是积分型的(如直接从有限控制体得到的方程(2.19))有的是微分型的(如直接从无穷小流体元得到的方程(2.25))。在研究这些方程的数值求解方法之前，非常有必要检查这些偏微分方程本身的一些数学特性，任何有效数值求解必须体现出其遵循了这些控制方程的一般数学特性。

研究第 2 章中所得到的流体力学偏微分控制方程，注意到在所有的工况下，最高阶偏导数均是线性的，即不存在最高阶偏导数的乘方或指数形式，只存在最高阶偏导数本身与一个系数的乘积，该系数是因变量本身的函数，这样的方程组被称为拟线性系统。例如对于无黏流动，考察2.8.2节的方程，发现最高阶偏导数是一阶的，它们看起来均是线性的。对于黏性流动，考察2.8.1节的方程，发现最高阶偏导数是二阶的，它们总是以线性形式出现，基于这一点，我们将在下一节研究拟线性偏微分方程的数学性质。在研究过程中，我们将建立三种偏微分方程，这三类方程在流体力学中均会遇到。

最后，图3.1给出了本章的结构示意图，此示意图相当直观。本章将讨论两种独立地确定偏微分方程类型的方法：一种是3.2节所描述的采用克莱姆法则的方法，另外一种是3.3节所描述的特征值方法，两种方法有同样的结果。通过以上方法，许多偏微分方程转化为双曲型、抛物型或椭圆型，3.2节将讨论这些定义和其他一些细节，另外一些方程属于混合型。本章将对比这些不同种类方程解的数学特性，并给出来自于流体流动的实例。

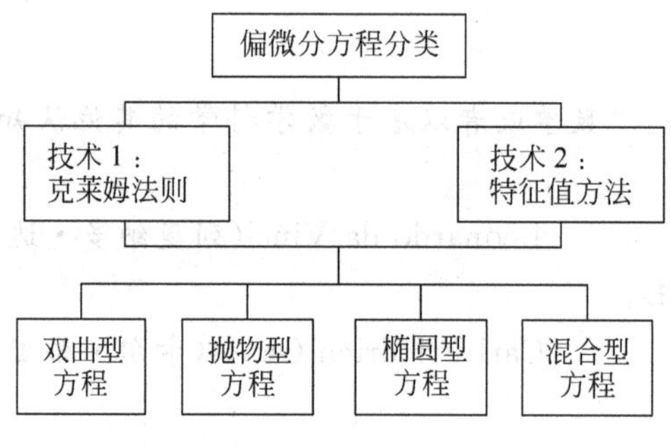

图3.1　第3章结构示意图

3.2　拟线性偏微分方程的分类

为方便起见，首先考虑较为简单的拟线性方程组。虽然它们不是流动方程，但是它们与流动方程在某些方面是类似的，因此本节将其作为简单范例。

考虑下面给出的拟线性方程组：

$$a_1 \frac{\partial u}{\partial x} + b_1 \frac{\partial u}{\partial y} + c_1 \frac{\partial v}{\partial x} + d_1 \frac{\partial v}{\partial y} = f_1 \tag{3.1a}$$

$$a_2 \frac{\partial u}{\partial x} + b_2 \frac{\partial u}{\partial y} + c_2 \frac{\partial v}{\partial x} + d_2 \frac{\partial v}{\partial y} = f_2 \tag{3.1b}$$

这里 u 和 v 是因变量，是 x 和 y 的函数，系数 $a_1,a_2,b_1,b_2,c_1,c_2,d_1,d_2,f_1$ 和 f_2

可能是 x、y、u 和 v 的函数，此外 u、v 是 x 和 y 的连续函数。可以想象，u 和 v 代表了遍及 xy 空间的连续速度场，在 xy 空间的任一给定点上，具有唯一的 u 值和 v 值，而且在给定点上 $\partial u/\partial x$，$\partial u/\partial y$，$\partial v/\partial x$，$\partial v/\partial y$ 是有限值。如果在实验室里建立这样的流场，我们必须走进该流场，测量任意给定点上的速度值和速度偏导数值。

下面的论述听起来会比较奇怪。考虑 xy 平面上的任意一点，例如图 3.2 中的点 P，寻找通过该点的一条线(或方向)，沿着这条线(如果存在的话)u 和 v 的导数可能不确定，穿过这条线 u 和 v 的导数可能不连续。这听起来与上一段的论述几乎是矛盾的，但事实并非如此，如果你现在有些困惑，那么我们暂时将其放到下面几段来讨论。我们寻找的这些特殊线称为特征线，为了找到这样的线，考虑到 u、v 是 x 和 y 的连续函数，它们的全微分形式为：

$$\mathrm{d}u=\frac{\partial u}{\partial x}\mathrm{d}x+\frac{\partial u}{\partial y}\mathrm{d}y \tag{3.2a}$$

$$\mathrm{d}v=\frac{\partial v}{\partial x}\mathrm{d}x+\frac{\partial v}{\partial y}\mathrm{d}y \tag{3.2b}$$

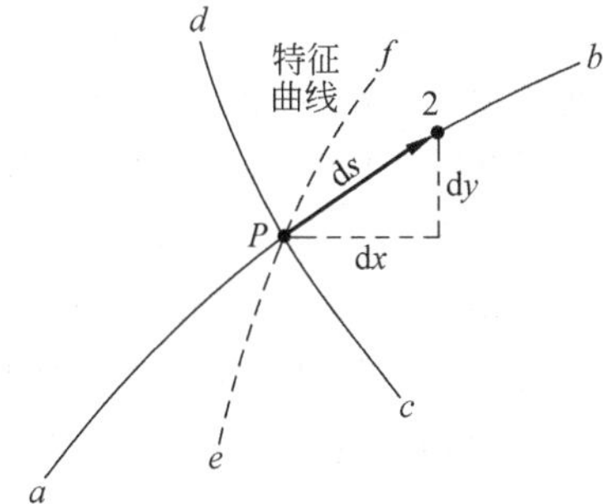

图 3.2 特征曲线示意图

方程(3.1a)、(3.1b)、(3.2a)和(3.2b)构成了 4 个线性方程，具有 4 个未知量($\partial u/\partial x$，$\partial u/\partial y$，$\partial v/\partial x$，$\partial v/\partial y$)，这些方程可以写成矩阵的形式：

$$\begin{bmatrix} a_1 & b_1 & c_1 & d_1 \\ a_2 & b_2 & c_2 & d_2 \\ \mathrm{d}x & \mathrm{d}y & 0 & 0 \\ 0 & 0 & \mathrm{d}x & \mathrm{d}y \end{bmatrix} \begin{bmatrix} \partial u/\partial x \\ \partial u/\partial y \\ \partial v/\partial x \\ \partial v/\partial y \end{bmatrix} = \begin{bmatrix} f_1 \\ f_2 \\ \mathrm{d}u \\ \mathrm{d}v \end{bmatrix} \tag{3.3}$$

用 $\mathbf{A}$ 表示系数矩阵，为：

$$\mathbf{A}=\begin{bmatrix} a_1 & b_1 & c_1 & d_1 \\ a_2 & b_2 & c_2 & d_2 \\ \mathrm{d}x & \mathrm{d}y & 0 & 0 \\ 0 & 0 & \mathrm{d}x & \mathrm{d}y \end{bmatrix} \tag{3.4}$$

求解方程(3.3)，对于未知数 $\partial u/\partial x$，采用克莱姆法则，为此，我们用方程(3.3)的

右端列矢量代替矩阵 $\boldsymbol{A}$ 的第一列，用矩阵 $\boldsymbol{B}$ 定义之，即

$$\boldsymbol{B}=\begin{bmatrix} f_1 & b_1 & c_1 & d_1 \\ f_2 & b_2 & c_2 & d_2 \\ \mathrm{d}u & \mathrm{d}y & 0 & 0 \\ \mathrm{d}v & 0 & \mathrm{d}x & \mathrm{d}y \end{bmatrix} \tag{3.5}$$

矩阵 $\boldsymbol{A}$ 和 $\boldsymbol{B}$ 的行列式分别由 $|\boldsymbol{A}|$ 和 $|\boldsymbol{B}|$ 表示，克莱姆法则给出了 $\partial u/\partial x$ 的解为：

$$\frac{\partial u}{\partial x}=\frac{|\boldsymbol{B}|}{|\boldsymbol{A}|} \tag{3.6}$$

为了从方程(3.6)中得到 $\partial u/\partial x$ 的确切值，必须确定出现在矩阵 $\boldsymbol{A}$ 和 $\boldsymbol{B}$ 中的 $\mathrm{d}u$，$\mathrm{d}v$，$\mathrm{d}x$ 和 $\mathrm{d}y$ 的值，但是 $\mathrm{d}x$，$\mathrm{d}y$，$\mathrm{d}u$ 和 $\mathrm{d}v$ 是什么呢？为了回答这一问题，考察图 3.2。假设过 P 点画任意方向的一条曲线 ab，沿曲线 ab，从 P 点运动一无穷小距离，即到 2 点，这段小距离在图 3.2 中被定义为 $\mathrm{d}s$，它是 P 点到 2 点的距离。从 P 点到 2 点，x 方向的改变量是 $\mathrm{d}x=x_2-x_p$，y 方向的改变量是 $\mathrm{d}y=y_2-y_p$，这正是方程(3.4)和(3.5)所描述的矩阵 $\boldsymbol{A}$ 和 $\boldsymbol{B}$ 中出现的 $\mathrm{d}x$ 和 $\mathrm{d}y$ 的值。此外，2 点的 u 和 v 值不同于在 P 点的 u 和 v 值，它们之间的变化量是 $\mathrm{d}u=u_2-u_p$ 和 $\mathrm{d}v=v_2-v_p$，这正是方程(3.5)所描述的矩阵 $\boldsymbol{B}$ 中出现的 $\mathrm{d}u$ 和 $\mathrm{d}v$ 的值。将 $\mathrm{d}x$，$\mathrm{d}y$，$\mathrm{d}u$ 和 $\mathrm{d}v$ 的值代入方程(3.4)和(3.5)，在 $\mathrm{d}x$ 和 $\mathrm{d}y$ 趋于 0 的极限情况下，通过方程(3.6)可以得到 $\partial u/\partial x$ 的解。过 P 点画另一条任意曲线，见图 3.2，设为 cd，重复同样的过程，即沿曲线 cd，从 P 点运动一无穷小距离 $\mathrm{d}s$，得到相应的 $\mathrm{d}x$，$\mathrm{d}y$，$\mathrm{d}u$ 和 $\mathrm{d}v$ 的值。当然，这些值不同于前面从 P 点沿其他方向运动得到的值，因为这次是沿曲线 cd 而不是沿曲线 ab。然而，将这些不同于前的 $\mathrm{d}x$，$\mathrm{d}y$，$\mathrm{d}u$ 和 $\mathrm{d}v$ 的值代入方程(3.4)和(3.5)，在 $\mathrm{d}x$ 和 $\mathrm{d}y$ 趋于 0 的极限情况下，通过方程(3.6)得到 $\partial u/\partial x$ 的解与前面得到的解是相同的。其实，结果必须一致，因为 P 点上的 $\partial u/\partial x$ 值是固定的，它与过 P 点的方向没有内在的关联。我们只是利用了过 P 点的方向这一思想，以便由方程(3.6)通过克莱姆法则求解 $\partial u/\partial x$，其方向选择是任意的，例如图 3.2 中的曲线 ab 和 cd。

然而这种形式有个很大的例外，如果选取的离开 P 点的运动方向恰巧使方程(3.6)中的 $|\boldsymbol{A}|$ 为零，会发生什么情况呢？在图 3.2 中假设 ef 代表这样的方向，那么方程(3.6)中行列式的值为零，过 P 点利用 ef 这一特定的方向就不可能计算 $\partial u/\partial x$，或者说当我们选择这个方向时 $\partial u/\partial x$ 是不确定的。根据定义，曲线 ef 称为过 P 点的特征曲线(或特征线)。用此可以解释前面看起来奇怪的陈述，即考虑 xy 平面上的任意一点 P，寻找通过该点的一条线(或方向)，沿着这条线(如果存在的话)u 和 v 的导数可能不确定，穿过这条线 u 和 v 的导数可能不连续，如果恰巧选择了过 P 点的这样一个方向，其 $\mathrm{d}x$ 和 $\mathrm{d}y$ 恰巧使得方程(3.6)中的 $|\boldsymbol{A}|=0$，那么这条线就是过 P 点的特征线。在这种情况下，特征线是确实存在的，可以通过下面的假设得到：

$$|\boldsymbol{A}|=0 \tag{3.7}$$

注意到特征线与利用方程(3.3)求解 $\partial u/\partial x$、$\partial u/\partial y$、$\partial v/\partial x$ 或 $\partial v/\partial y$ 无关，在这四种求解工况下，对于克莱姆法则，$|\boldsymbol{A}|$是相同的，方程(3.7)定义了相同的特征线。

对于给定的方程组，当存在特征线时，其在 xy 平面是可确定的曲线，如图 3.2 所示的曲线 ef。因此，我们应该能够计算这些曲线方程，特别是过 P 点曲线的斜率，由方程(3.7)可以很容易地进行这样的计算，回忆方程(3.4)中$|\boldsymbol{A}|$的元素，有：

$$\begin{bmatrix} a_1 & b_1 & c_1 & d_1 \\ a_2 & b_2 & c_2 & d_2 \\ \mathrm{d}x & \mathrm{d}y & 0 & 0 \\ 0 & 0 & \mathrm{d}x & \mathrm{d}y \end{bmatrix} = 0$$

展开行列式，得到：

$$(a_1c_2 - a_2c_1)(\mathrm{d}y)^2 - (a_1d_2 - a_2d_1 + b_1c_2 - b_2c_1)\mathrm{d}x\mathrm{d}y + (b_1d_2 - b_2d_1)(\mathrm{d}x)^2 = 0 \tag{3.8}$$

方程(3.8)除以$(\mathrm{d}x)^2$，有

$$(a_1c_2 - a_2c_1)\left(\frac{\mathrm{d}y}{\mathrm{d}x}\right)^2 - (a_1d_2 - a_2d_1 + b_1c_2 - b_2c_1)\frac{\mathrm{d}y}{\mathrm{d}x} + (b_1d_2 - b_2d_1) = 0 \tag{3.9}$$

方程(3.9)是关于 $\mathrm{d}y/\mathrm{d}x$ 的二次方程，对于 xy 平面上的任一点，方程(3.9)的解将给出此线的斜率。沿此线 u 和 v 的导数是不确定的，因为方程(3.9)是通过假设$|\boldsymbol{A}|=0$得到的，而行列式来自方程(3.3)的矩阵，方程(3.3)确保了导数 $\partial u/\partial x$，$\partial u/\partial y$，$\partial v/\partial x$，$\partial v/\partial y$ 的求解最多是不确定的，正如前面所提到的，在 xy 空间沿着这些线 u 和 v 的导数是不确定的，这些线称为由方程(3.1a)和(3.1b)给出的方程组中的特征线。

在方程(3.9)中，假设：

$$\begin{aligned} a &= (a_1c_2 - a_2c_1) \\ b &= -(a_1d_2 - a_2d_1 + b_1c_2 - b_2c_1) \\ c &= (b_1d_2 - b_2d_1) \end{aligned}$$

那么方程(3.9)可以写成：

$$a\left(\frac{\mathrm{d}y}{\mathrm{d}x}\right)^2 + b\frac{\mathrm{d}y}{\mathrm{d}x} + c = 0 \tag{3.10}$$

原则上可以对方程(3.10)进行积分运算从而得到 $y=y(x)$，它是 xy 平面上的特征曲线方程。然而，我们的目的是图 3.2 中过 P 点特征线的斜率，因此由二次方程公式可得：

$$\frac{\mathrm{d}y}{\mathrm{d}x} = \frac{-b \pm \sqrt{b^2 - 4ac}}{2a} \tag{3.11}$$

方程(3.11)给出了过 xy 平面一给定点上特征线的位置，如图 3.2 中的 P 点。这些线具有不同的属性，其取决于方程(3.11)中判别式的值，用 D 来表示判别式，即

$$D = b^2 - 4ac \tag{3.12}$$

由方程(3.1a)和(3.1b)给出的方程组的数学分类由 D 值确定，规定如下：

如果 $D>0$　xy 平面上过每个点有两条不同的实特征线存在，由方程(3.1a)和(3.1b)给出的方程组称为双曲型。

如果 $D=0$　由方程(3.1a)和方程(3.1b)给出的方程组称为抛物型。

如果 $D<0$　特征线是虚的，由方程(3.1a)和(3.1b)给出的方程组称为椭圆型。

拟线性偏微分方程的分类即椭圆型、抛物型或双曲型，在此类方程的分析中都将采用这种分类。

方程的分类是本节的重点，这三类方程具有完全不同的特性，这将在后面简单讨论。用“椭圆”、“抛物”或“双曲”这些词来标示这些方程，只是将其直接与二次曲线进行简单类比，从几何角度，二次曲线的一般方程是：

$$ax^2 + bxy + cy^2 + \mathrm{d}x + ey + f = 0$$

这里，如果：

$b^2-4ac>0$　　二次曲线是双曲线

$b^2-4ac=0$　　二次曲线是抛物线

$b^2-4ac<0$　　二次曲线是椭圆

就本书而言，因为本节的思想适合于一可压缩流动问题的经典方法——特征方法，所以不得不将其再向前扩展一大步。回到方程(3.6)，注意到如果只有 $|\boldsymbol{A}|$ 是零，那么 $\partial u/\partial x$ 将会是无穷大，然而特征线的定义表明，沿着特征线 $\partial u/\partial x$ 是不确定的，而不是无穷大，因此为了让 $\partial u/\partial x$ 不确定，方程(3.6)中 $|\boldsymbol{B}|$ 必须也为零，因此 $\partial u/\partial x$ 具有下面的形式：

$$\frac{\partial u}{\partial x} = \frac{|\boldsymbol{B}|}{|\boldsymbol{A}|} = \frac{0}{0} \tag{3.13}$$

也即一个不确定的有限值，因此由方程(3.5)可得到：

$$|\boldsymbol{B}| = \begin{bmatrix} f_1 & b_1 & c_1 & d_1 \\ f_2 & b_2 & c_2 & d_2 \\ \mathrm{d}u & \mathrm{d}y & 0 & 0 \\ \mathrm{d}v & 0 & \mathrm{d}x & \mathrm{d}y \end{bmatrix} = 0 \tag{3.14}$$

方程(3.14)中行列式的展开式是关于 $\mathrm{d}u$ 和 $\mathrm{d}v$ 的常微分方程，这里 $\mathrm{d}x$ 和 $\mathrm{d}y$ 需沿特征线(见习题 3.1。因为 $|\boldsymbol{B}|=0$ 是由方程(3.13) $|\boldsymbol{A}|=0$ 的直接结果，由 $|\boldsymbol{B}|=0$ 得到的关系式必须是沿特征线成立)。由方程(3.14)得到的因变量 u 和 v 的方程称为相容性方程，它是关于沿特征线未知因变量所满足的方程。与原始的偏微分方程

相比，相容性方程的优点是其降了一维。由于本节的模型方程（方程(3.1a)和(3.1b)）是二维偏微分方程，则其相容性方程是一维的，因此它是一维常微分方程即其沿特征线是"一维"的。一般说来，常微分方程比偏微分方程容易求解，因此相容性方程具备了某些优势，由此引出了对原始方程组（方程(3.1a)和(3.1b)）的求解技术。特征线构筑于 xy 空间，沿特征线较简单的相容性方程被求解，这种技术称为特征线方法。一般说来，当在 xy 平面上过任意一点至少有两个特征方向时，特征方法才能应用成功，此时每个不同的特征线上有不同的相容性方程，即特征线方法仅对双曲型偏微分方程适用。该方法在处理无黏的超声速流动时得到了长足的发展，因为此时的流动控制方程组是双曲型的。由于特征线方法实际应用时需使用高速数字计算机，因此它理应是 CFD 的一部分，然而又因为特征线方法是已知的求解无黏超声速流动的经典技术，因此本书将不再详细讨论此方法，详细内容见参考文献[21]。

3.3 确定偏微分方程类型的通用方法：特征值方法

在 3.2 节中，基于克莱姆法则，我们开发了分析拟线性方程组的方法以确定这些方程的类型。然而，还有一种更通用但稍有点复杂的方法，它是基于系统特征值来判断拟线性偏微分方程的类型。本节将逐步展开这种方法，在此过程中，我们将使用一些基本的矩阵符号和操作，我们假设大多数低年级或高年级工程和科学学生已经熟习这些矩阵符号和操作。为简单回顾矩阵代数，读者可参考文献[22]。

特征值方法是基于列向量形式描述的偏微分方程组，例如，假设方程(3.1a)和(3.1b)中的 f_1 和 f_2 为零，则方程变成：

$$a_1\frac{\partial u}{\partial x}+b_1\frac{\partial u}{\partial y}+c_1\frac{\partial v}{\partial x}+d_1\frac{\partial v}{\partial y}=0 \tag{3.15a}$$

$$a_2\frac{\partial u}{\partial x}+b_2\frac{\partial u}{\partial y}+c_2\frac{\partial v}{\partial x}+d_2\frac{\partial v}{\partial y}=0 \tag{3.15b}$$

定义列向量 $\boldsymbol{W}$：

$$\boldsymbol{W}=\begin{Bmatrix}u\\v\end{Bmatrix}$$

由方程(3.1a)和(3.1b)给出的方程组可以写成：

$$\begin{bmatrix}a_1 & c_1\\a_2 & c_2\end{bmatrix}\frac{\partial \boldsymbol{W}}{\partial x}+\begin{bmatrix}b_1 & d_1\\b_2 & d_2\end{bmatrix}\frac{\partial \boldsymbol{W}}{\partial y}=0 \tag{3.16}$$

或者

$$\boldsymbol{K}\frac{\partial \boldsymbol{W}}{\partial x}+\boldsymbol{M}\frac{\partial \boldsymbol{W}}{\partial y}=0 \tag{3.17}$$

这里$\boldsymbol{K}$和$\boldsymbol{M}$代表方程(3.16)中的2×2矩阵，方程(3.17)乘以$\boldsymbol{K}$的逆矩阵，得到：

$$\frac{\partial \boldsymbol{W}}{\partial x}+\boldsymbol{K}^{-1}\boldsymbol{M}\frac{\partial \boldsymbol{W}}{\partial y}=0 \tag{3.18}$$

或者，

$$\frac{\partial \boldsymbol{W}}{\partial x}+\boldsymbol{N}\frac{\partial \boldsymbol{W}}{\partial y}=0 \tag{3.19}$$

定义$\boldsymbol{N}=\boldsymbol{K}^{-1}\boldsymbol{M}$，当方程组写成方程(3.19)的形式时，$\boldsymbol{N}$的特征值决定了方程的类型。如果特征值都是实数，方程是双曲型的，如果特征值均是复数，方程是椭圆型的，这一论述没有证明，细节详见参考文献[23]。

下面将通过一实际流体力学方程组来举例说明此过程。

例 3.1 考虑可压缩气体的无旋、无黏、二维定常流动，如果流场只是在自由来流条件的基础上有一轻微扰动，例如绕小攻角薄物体的流动，如果自由来流的马赫数是亚声速或超声速(但不是跨声速或高超声速)，控制该流动的连续方程、动量方程和能量方程可以退化成系统：

$$(1-M_{\infty}^{2})\frac{\partial u'}{\partial x}+\frac{\partial v'}{\partial y}=0 \tag{3.20}$$

$$\frac{\partial u'}{\partial y}-\frac{\partial v'}{\partial x}=0 \tag{3.21}$$

其中u'和v'是相当于自由来流测量的小扰动速度，例如：

$$u=V_{\infty}=+u'$$

$$v=v'$$

此外方程(3.20)中Ma_{∞}是自由来流马赫数，它可以是亚声速，也可以是超声速，方程(3.21)表明流动是无旋的。方程(3.20)和(3.21)的推导和其在物理方面的主要讨论可参见参考文献[21]中的第9章或者参考文献[8]中的第11章，在此，我们只是利用这些方程作为拟线性方程组的一个例子。方程(3.20)和(3.21)是精确的线性方程，已有大量关于这些方程的线性空气动力学分析基础。

问题：如何对方程(3.20)和(3.21)进行分类？首先，让我们采用3.2节中讨论的方法，将方程(3.20)和(3.21)与标准形式方程(3.1a)和(3.1b)进行比较，得到(利用方程(3.1a)和(3.1b)的符号表达式)：

$$a_1=1-M_{\infty}^{2} \qquad a_2=0$$

$$b_1=0 \qquad b_2=1$$

$$c_1=0 \qquad c_2=-1$$

$$d_1=1 \qquad d_2=0$$

将方程(3.10)中a,b和c重新赋值，有：

$$a=-(1-M_\infty^2)$$
$$b=0$$
$$c=-1$$

因此方程(3.11)变成：

$$\frac{\mathrm{d}y}{\mathrm{d}x}=\frac{\pm\sqrt{-4(1-M_\infty^2)}}{-2(1-M_\infty^2)}=\frac{\pm\sqrt{4(M_\infty^2-1)}}{2(M_\infty^2-1)}=\pm\frac{1}{\sqrt{M_\infty^2-1}} \tag{3.22}$$

在超声速 $Ma_\infty>1$ 工况下考察方程(3.22)，注意到过每个点均有两个实特征方向，一条斜率为 $(M_\infty^2-1)^{-1/2}$，另一条斜率为 $-(M_\infty^2-1)^{-1/2}$，因此当 $Ma_\infty>1$ 时，由方程(3.20)和(3.21)给出的方程组是双曲型的。相反，如果 $Ma_\infty<1$，那么特征线是虚的，方程组是椭圆型的。

现在，采用特征值方法，将方程(3.20)和(3.21)写成方程(3.16)的形式，即：

$$\begin{bmatrix}1-M_\infty^2 & 0\\ 0 & -1\end{bmatrix}\frac{\partial \boldsymbol{W}}{\partial x}+\begin{bmatrix}0 & 1\\ 1 & 0\end{bmatrix}\frac{\partial \boldsymbol{W}}{\partial y}=0$$

或者，

$$\boldsymbol{K}\frac{\partial \boldsymbol{W}}{\partial x}+\boldsymbol{M}\frac{\partial \boldsymbol{W}}{\partial y}=0$$

其中，$\boldsymbol{W}=\begin{Bmatrix}u'\\ v'\end{Bmatrix}$。

为了找到 $\boldsymbol{K}^{-1}$，先将 $\boldsymbol{K}$ 中每个元素用其代数余子式代替，得到：

$$\begin{bmatrix}-1 & 0\\ 0 & 1-M_\infty^2\end{bmatrix}$$

上式的转置矩阵也是：

$$\begin{bmatrix}-1 & 0\\ 0 & 1-M_\infty^2\end{bmatrix}$$

$\boldsymbol{K}$ 的行列式值是 $-(1-M_\infty^2)$，因此：

$$\boldsymbol{K}^{-1}=-\frac{1}{1-M_\infty^2}\begin{bmatrix}-1 & 0\\ 0 & 1-M_\infty^2\end{bmatrix}$$

或者，

$$\boldsymbol{K}^{-1}=\begin{bmatrix}\frac{1}{1-M_\infty^2} & 0\\ 0 & -1\end{bmatrix}$$

因此：

$$\boldsymbol{N}=\boldsymbol{K}^{-1}\boldsymbol{M}=\begin{bmatrix}\frac{1}{1-M_\infty^2} & 0\\ 0 & -1\end{bmatrix}\begin{bmatrix}0 & 1\\ 1 & 0\end{bmatrix}=\begin{bmatrix}0 & \frac{1}{1-M_\infty^2}\\ -1 & 0\end{bmatrix}$$

在此,矩阵 $\boldsymbol{N}$ 以方程(3.19)中的形式给出,所以我们希望研究 $\boldsymbol{N}$ 的特征值,其用 λ 表示,可通过下面的假设得到:

$$|\boldsymbol{N}-\lambda\boldsymbol{I}|=0 \tag{3.23}$$

其中 $\boldsymbol{I}$ 是单位矩阵,因此:

$$\begin{vmatrix} -\lambda & \dfrac{1}{1-M_\infty^2} \\ -1 & -\lambda \end{vmatrix}=0$$

展开行列式,得到:

$$\lambda^2+\frac{1}{1-M_\infty^2}=0$$

或者,

$$\lambda=\pm\sqrt{\frac{1}{M_\infty^2-1}} \tag{3.24}$$

方程(3.24)得到的结果与方程(3.22)得到的结果完全一致,事实上,$\boldsymbol{N}$ 的特征值即是特征线斜率。而且从上面的规定可知,如果 $Ma_\infty>1$,那么从方程(2.24)得到的特征值是实特征值,由方程(3.20)和(3.21)给出的方程组是双曲型的;如果 $Ma_\infty<1$,那么从方程(2.24)得到的特征值均是虚数,方程组是椭圆型的。此例说明了如何采用特征值方法进行偏微分方程的分类。

本节最后需要提及的是,有些事情不能如此明确分类的。对于某些方程组,其特征值是实数和虚数的混合,此时系统既不是双曲型,也不是椭圆型,这种方程的数学行为表现出双曲-椭圆型的混合特性。因此我们必须记住,偏微分方程组并不总是可以方便地划分为双曲型、抛物型或椭圆型,有时方程具有上面提到的混合特性。

3.4 不同类型偏微分方程的一般特性:对流体力学物理和计算的影响

在前几节,我们讨论了偏微分方程的分类,引出了双曲型、抛物型和椭圆型方程的定义,为什么我们如此关心这种分类?不同形式的控制方程会对流体力学问题的分析产生什么样的区别?本节正是要回答这些问题。事实上,每种类型的方程具有不同的数学特性,反映在流场上即其具有不同的物理特性,这就意味着求解不同类型的方程应该采用不同的计算方法,这是 CFD 中无法更改的基本事实,这就是为什么在介绍特定的数值方法之前我们需要讨论这些问题。

偏微分方程的数学特性是一个冗长的课题,在许多高等数学教材中对其有详细介绍,如参考文献[19]和[24]。在本节,我们将简单地讨论双曲型、抛物型和椭圆型偏微分方程的基本特性，不作任何证明，而是将这些特性与流动的物理性质和对CFD的影响关联起来。

3.4.1 双曲型方程

首先考虑以 x 和 y 为自变量的双曲型方程。xy 平面如图 3.3 所示，考察平面上一给定点 P，因为我们处理的是双曲型方程，因此过 P 点有两条实特征曲线，它们被分别定义成左行特征线和右行特征线(左行和右行的命名来自于下面的思想，想象你置身于图 3.3 中的平面上，站在 P 点，面朝 x 方向，你需把头转向左边来观察一条特征曲线从你面前离开，这是左行特征线，类似地，你要把头转向右边来观察另一条特征曲线从你面前离开，这是右行特征线)。这些特征线的意义是 P 点的信息只影响两条特征线之间的区域，例如用一个大头针扎一下 P 点，在 P 点设置一个小扰动，那么区域Ⅰ中每个点上都会感受到这个扰动，也仅有这些区域感受到扰动，因此区域Ⅰ被定义成 P 点的影响域。将过 P 点的两条特征线向后沿展到 y 轴，y 轴被两条特征线截取的部分标注为 ab，对于双曲型方程，其对边界条件有必然影响。例如，假设在 y 轴($x=0$)上的边界条件，即沿着 y 轴因变量 u 和 v 已知，那么解通过 x 方向的向前推进，从给定边界出发可以得到。然而，在 P 点 u 和 v 的解仅取决于 a 和 b 之间的边界，如图 3.3 所示，在 ab 段之外 c 点的信息，沿过 c 点的两条特征线传播，仅影响图 3.3 所示的区域Ⅱ，P 点在区域Ⅱ之外，因此不能感受到来自 c 点的信息。P 点仅取决于部分边界，即由过 P 点的特征线向后沿展所截取和包括的部分，也即 ab 段内。基于这一理由，P 点左边的区域，即图 3.3 中的区域Ⅲ称为 P 点的影响域，也即 P 点的性质仅取决于区域Ⅲ中发生的事情。

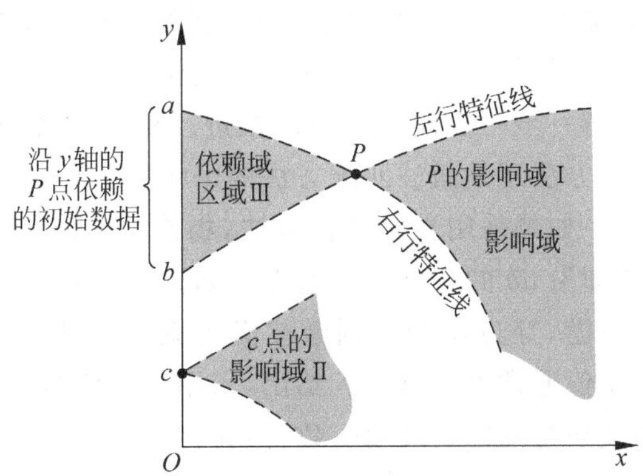

图 3.3 双曲型方程解的区域和边界，二维稳态问题

CFD 中建立了由双曲型方程支配的流场计算推进求解方法，这种算法是从给定初始条件，即图 3.3 中的 y 轴开始一步一步地沿 x 方向推进，从而计算整个流场。

在流体力学中，下面的流动形式由双曲型偏微分方程支配，因此展现出上面描述的特性。

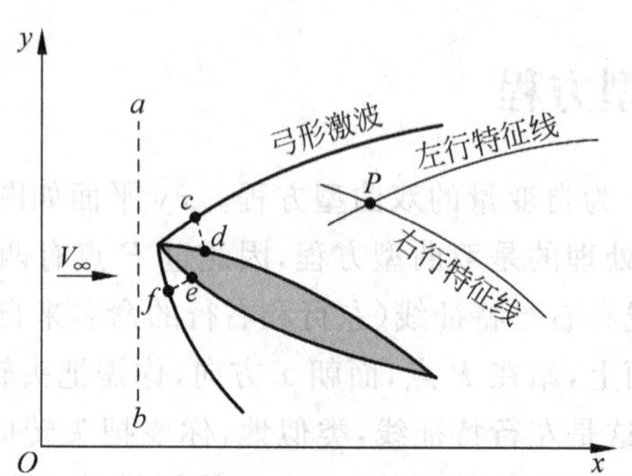

图 3.4　对于特征线方法的初始数据线示意图

稳态无黏超声速流动：如果流动是二维的，其特性正如 3.3 节中讨论的结果一样。假想一超声速流动流过二维圆弧翼型，如图 3.4 所示，翼型可以有一攻角 α，α 不能太大以防引起前缘激波脱体，从而出现大量的局部亚声速流动区（在稳态流动中，任一亚声速区流动均是由椭圆型方程支配的，而向下游推进过程是建立在双曲型方程的求解基础上的，在这种情况下将会出现数学上的病态，计算程序会崩溃）。为了详细说明，考虑 2.8.2 节给出的欧拉方程，即方程(2.82)～(2.86)。对于稳态流动，写出其守恒型或非守恒型方程，当局部马赫数是超声速时，这些方程均是双曲型的（见例 3.1）。（方程(3.20) 适用于此，它是由无旋、小扰动的欧拉方程导出的，3.3 节中证明了当 $Ma_\infty>1$ 时，此方程是双曲型的，对于稳态流动的一般欧拉方程采用更通用的特征值分析，可以证明当局部马赫数>1 时，在每一点方程组均是双曲型的。）因此在图 3.4 中，流动被处处假设为超声速，整个流场由双曲型方程支配，总体流动方向沿 x 方向，因此流场计算可以从流动某一位置给定的初始数据出发，数值求解控制方程，向初始值下游一步一步地沿 x 方向推进。初始值线的位置一定程度地受计算中是采用激波捕捉方法还是激波匹配方法的影响（回忆 2.10 节中激波捕捉方法和激波匹配法的讨论）。如果采用激波捕捉方法，物体上游的 ab 线就能够作为初始数据线，此上的初始值即沿 ab 的自由来流条件。如果采用激波匹配方法，cd 线和 ef 线正位于翼型前端的下游，穿过从物面到激波面的流场区域，可以被用作初始数据线，在这种情况下，初始值通常沿 cd 或 ef 给出，采用过尖楔经典斜激波解，相对于自由来流在前缘尖楔的攻角与物体的攻角一致，经典尖楔解参见文献[21]，这些经典解的结论被用于沿 cd 线设置一常特性，沿 ef 线设置另一常特性，接下来图 3.4 所示的流场从这些初始值线开始向下游推进。本书的第Ⅲ部分是关于实际应用的讨论，在此部分中将会更加清晰地讨论这一问题。

为了将上述讨论扩展到三维、稳态、超声速无黏流动，考虑图 3.5，在三维 xyz 空间,特征面如图 3.5 所示,考虑一给定位置$(xyz)P$点,P点的信息会影响包含在向前推进的特征面内的阴影体积。此外,如果 yx 平面是初始数据面,仅 yz 平面上阴影交叉面上的初始数据影响 P 点,该阴影交叉面是特征面向后沿展在 yz 平面截取而得。在图 3.5 中,从给定的 yz 面上的数据开始,向 x 方向推进,可以求出因变量,对于无黏超声速流动,一般流动方向也是 x 方向。

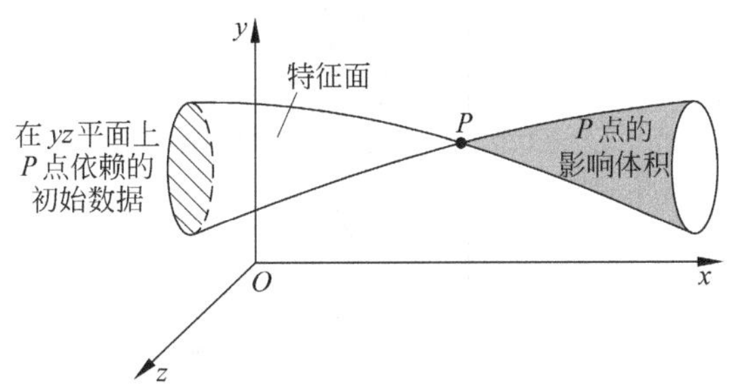

图 3.5 双曲型方程解的区域和边界,三维稳态流动

非定常无黏流动:再次考察 2.8.2 节总结的欧拉方程,如果这些方程中的时间偏导数是有限的,这将是非定常流工况,那么不管局部流动是亚声速的还是超声速的,其控制方程均是双曲型的。准确地说,这样的流动在时间方面是双曲型的(非定常欧拉方程的类型是时间双曲型,其推导见 11.2.1 节),这意味着对于非定常流动,不管空间是一维、二维还是三维,推进方向总是时间方向。下面更仔细地研究这一问题,对于一维非定常流动,考察 xt 平面的 P 点(见图 3.6),P 点的影响区域是过 P 的向前两特征线所夹的阴影面积,x 轴$(t=0)$是初始数据线,P 点解的依赖域仅是 x 轴上 ab 线段上的初始数据。将此思想扩展到二维非定常流动,考察图 3.7 所示的 xyt 空间中的 P 点,P 点影响的区域和 xy 平面上 P 点所依赖的边界部分如图 3.7 所示,从已知的

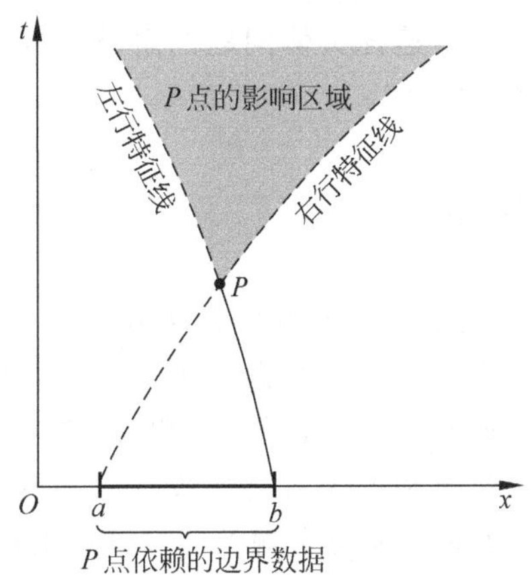

图 3.6 双曲型方程求解的区域和边界,一维非定常流动

xy 平面上的初始数据开始,沿时间方向推进。事实上,我们可以采用同样的方式将其推广到三维非定常流动,因为我们要处理 4 个自变量,因此很难将此工况图示出来,在这种情况下,采用 2.8.2 节总结的完整的三维欧拉方程,仍然沿时间方向推进求解。

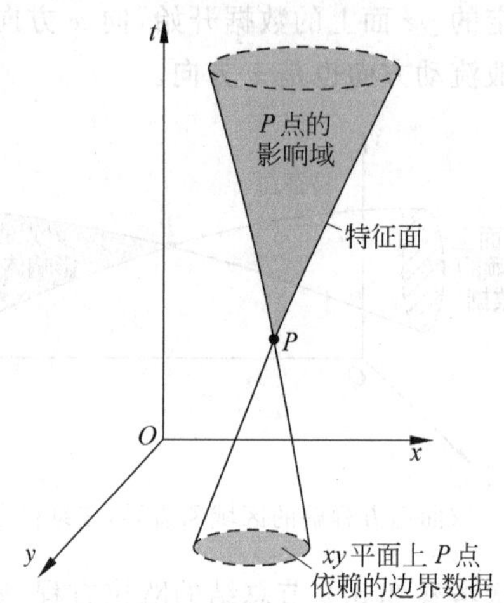

图 3.7 双曲型方程求解的区域和边界,二维非定常流动

什么样的流动是非定常无黏流动呢?在管道内一维波运动的经典工况就是一范例,因为我们真正感兴趣的是瞬态变化(例如参考文献[21]中的第 7 章),故绕俯仰或翻滚翼型的二维非定常流动是另外一个例子。然而,在 CFD 中最常使用非定常时间推进求解的是最终得到稳态流动结果,只要边界条件是时间无关的,经过足够长时间均可以得到稳态流动结果。因此时间推进即意味着到终点,即终点是稳态流场。乍一看,这样做似乎降低了工作效率,为什么计算稳态问题时要劳神地引入时间作为另一个自变量?因为,有时候这是正确提出问题的唯一途径,因此是计算得到稳态解的唯一方法。1.5 节所描述的超声速钝头体问题的解就是此类情况,我们在第Ⅲ部分将看到此方法的许多其他应用举例。

3.4.2 抛物型方程

下面考察具有两个独立变量 x 和 y 的抛物型方程,xy 平面如图 3.8 所示,考察该平面上给定的点 P,由于我们研究的是抛物型方程,过 P 点仅有一个特征方向。进一步假设沿 ac 线的初始条件给定,沿曲线 ab 和 cd 的边界条件已知,过 P 点特征方向是一垂线,那么 P 点的信息影响垂直特征线一边和两条边界内的整个区域,也即用一根针刺一下 P 点,则刺痛的感觉会遍及图 3.8 中的阴影区域。抛物型方程像 3.4.1 讨论的双曲型方程那样,也可以推进求解。从初始数据线 ac 开始,沿 x 方向推进,可以得到边界 cd 和 ab 之间的解,可直观地将其扩展到三维工况,如图 3.9 所示，此时抛物型方程具有 3 个自变量 x，y 和 z，考察该空间上的一点 P，假设在 yz 平面上面积 $abcd$ 上的初始条件已给定，同时假设沿 $abgh$，$cdef$，$ahed$ 和 $bgfc$ 四个面上的边界条件给定，该四个面是以初始数据面的周边向 x 方向沿展得到的，那么 P 点信息将影响 P 点右侧边界面包围的整个三维区域，如图 3.9 中的交叉阴影面所示。从初始值平面 $abcd$ 开始，向 x 方向推进，即可得到解，再次提醒注意，抛物型方程与双曲型方程类似，均是推进型求解。

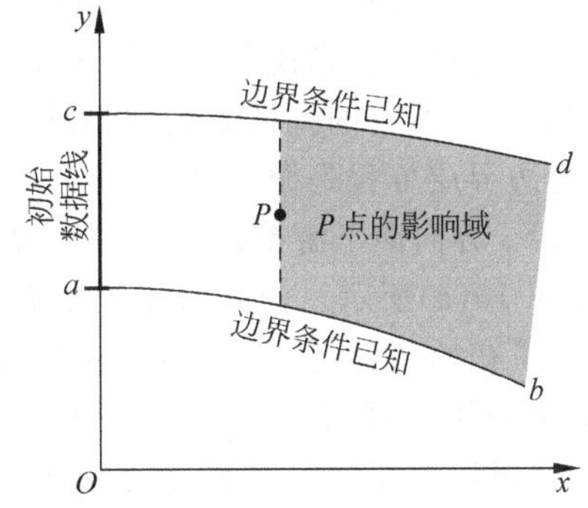

图 3.8 二维抛物型方程解的区域和边界

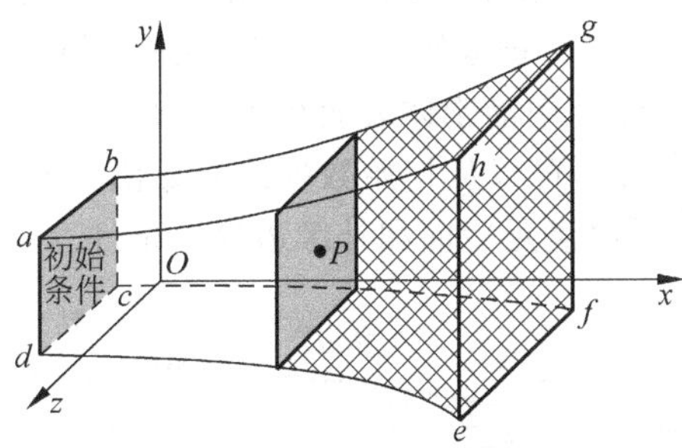

图 3.9 三维抛物型方程的求解区域和边界

什么样的流体力学流场是由抛物型方程支配的呢？在回答这个问题之前，回忆一下第 2 章中关于控制方程推导的所有分析。最通用的形式是纳维-斯托克斯方程，在经典流体力学的理论发展过程中，经常采用各种简化（通常是近似）的纳维-斯托克斯方程，其简化形式取决于有待于分析的特定流场。尽管纳维-斯托克斯方程本身呈现出混合的数学特性，但是许多从纳维-斯托克斯方程得到的近似形式是抛物型的，因此当我们回答什么类型的流体力学流场由抛物型方程支配时，实际上是回答什么样的近似流场模型是抛物型的（事实上，我们是含蓄地采用了类似 3.4.1 节处理双曲型方程的思想，因为在那两小节中给出的算例均涉及将纳维-斯托克斯方程应用于无黏流动所得到所得到的简化欧拉方程）。如果要研究纳维-斯托克斯方程的各种近似形式，下面的流场模型就是由抛物型方程控制的。

稳态边界层流动:边界层流动这一概念将一般的流场分成以下两个区域:①与固体面相邻的薄区域,这里必须包含黏性的影响;②薄黏性层以外的无黏流动。边界层流动的概念是流体力学中最有深远意义的研究进展之一,是 Ludwing Prandtl(路德维希·普朗特)1904 年在德国海德尔堡举行的第三届数学大会上提出来的。边界层的基本思想见参考文献[8]中第 17 章。图 3.10 给出了一般空气动力学物体的边界层示意图,在边界层很薄和基于物体长度 L 的雷诺数 $Re(Re=\rho_\infty V_\infty L/\mu_\infty)$很大这两个联合假设下,纳维-斯托克斯方程退化成边界层方程的近似方程,并有足够证据证明边界层方程是抛物型方程。这些方程描述了沿着图 3.10(a)的物面薄阴影区的近似(通常足够精确)流动形态,其中所有的黏性影响被假设仅包含在边界层内,边界层外部的流动是无黏的。因为边界层方程是抛物型的,所以可以采用推进技术求解,从物体前缘的初始数据开始,沿 s 方向向下游推进从而求解边界层方程,其中 s 是物体被测面到前缘的距离,如图 3.10(a)所示。前缘区细节如图 3.10(b)所示,在沿穿过边界层的 ab 和 ef 线上给出了初始条件,这些边界条件是由边界层方程以外的特定求解方法得到的。例如,对于平面楔面(如果图 3.10 中的物体是二维的)或者是一个尖锥(如果物体是轴对称的),可以由相似解得到,然后从这些初始条件开始,从线 ab 和 ef 向下游推进,从而求解边界层方程。曲线 ad 和 eh 代表一类边界,即沿着该面 2.9 节表述的无滑移边界条件被采用;曲线 bc 和 fg 代表另一类边界,即边界层外缘,在这里(通常)无黏流动条件被采用,一阶边界层理论的原则是沿着 bc 和 fg 的无黏流条件应该与纯粹无黏流动中沿物体表面得到的解一致。总的说来,考察图 3.10,由于边界层方程是抛物型的,可以从初始数据线开始沿 s 方向向下游推进来求得方程的解,在每个 s 位置要同时满足壁面和外缘边界层条件。

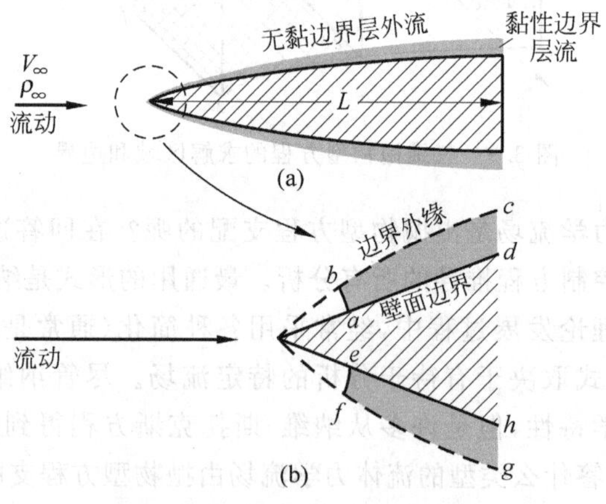

图 3.10　边界层流动示意图

“抛物化”黏性流动:当边界层不是很薄,并且整个流场均是黏性的,又会发生什么呢?一个算例如图 3.11 所示,图中超声速流过尖头体,如果雷诺数足够低,离物面很远处均有黏性的影响。事实上,激波和物面之间的流场可能完全是黏性流动,对这种工况,边界层解不再适当,因此流动边界层方程不再有效。另外,如果流场在流动方向不存在任何局部反流和流动分离现象,那么仍然可以得到简化的纳维-斯托克斯。例如,若可以假设方程(2.58a)~(2.58c)及方程(2.81)中所有涉及流线方向的黏性项(如$(\partial/\partial x)(\lambda\,\boldsymbol{\nabla}\cdot\boldsymbol{V}+2\mu\partial u/\partial x)$和$(\partial/\partial x)(K\partial T/\partial x)$项)非常小,并可以将其忽略,假设流动是稳定的,那么所得到的方程称为抛物线化纳维-斯托克斯方程(简称为PNS),这是因为简化后的纳维-斯托克斯方程展现出抛物型数学特性。文献[13]中给出了PNS方程的推导,文献[2]对其进行了描述和讨论。PNS有很多优点,现从众多的资料中引用两条:①与完整的纳维-斯托克斯方程相比,其更简单些,即少了一些项;②可以通过向下游推进的方法进行求解。另外,由于涉及流动方向偏导数的黏性已经被忽略,因此这些偏导数代表了在流动中由于黏性的作用,信息可以反馈到上游这样一种物理机制,这是某些应用时的严重局限。尽管有上述缺点,但PNS方程可以向下游推进,此突出优势使得该方法被广泛应用。图3.11是典型的可以用PNS求解的标准完全黏性流动示意图,通常这种求解的精度是相当能被接受的。

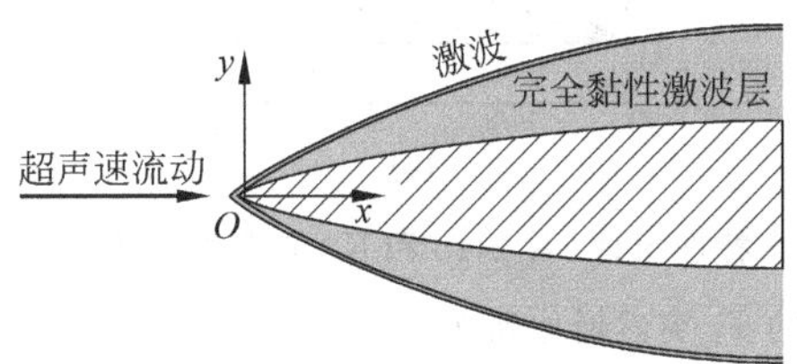

图3.11 完全黏性激波层示意图

非定常的热传导:考察静止的流体(液体或气体),由于热传导而产生热传递,并且假设流体中的温度梯度随时间改变。例如,可以想象这是由于壁面温度随时间变化而引起的,尽管这个算例在本质上并不是流动问题,热传递的控制方程可将$\boldsymbol{V}=0$应用于方程(2.73)而很容易地得到,在这种工况下,方程(2.73)变成:

$$\rho\frac{\partial e}{\partial t}=\rho\dot{q}+\frac{\partial}{\partial x}\left(K\frac{\partial T}{\partial x}\right)+\frac{\partial}{\partial y}\left(K\frac{\partial T}{\partial y}\right)+\frac{\partial}{\partial z}\left(K\frac{\partial T}{\partial z}\right)\tag{3.25}$$

如果没有体积热源($\dot{q}=0$),假设状态关系式$e=c_vT$,方程(3.25)变成:

$$\frac{\partial T}{\partial t}=\frac{1}{\rho c_v}\left[\frac{\partial}{\partial x}\left(K\frac{\partial T}{\partial x}\right)+\frac{\partial}{\partial y}\left(K\frac{\partial T}{\partial y}\right)+\frac{\partial}{\partial z}\left(K\frac{\partial T}{\partial z}\right)\right]\tag{3.26}$$

方程(3.26)是整个流体中温度T随时间和空间变化的控制方程,相对于时间它是抛物型的。由于热传导问题可以通过时间方向推进来求解,假设K是常数,那么方程(3.26)可以写成:

$$\frac{\partial T}{\partial t}=\alpha\,\nabla^2 T\tag{3.27}$$

这里 α 为热扩散率,$\alpha=K/\rho c_v$。从物理学的角度看,α 是流体微团通过热传导传递的能量相应于其保留能量的能力指标,即它体现了液体微团的热吸收能力。方程(3.27)是著名的热传导方程,再次重申,它是抛物型方程。

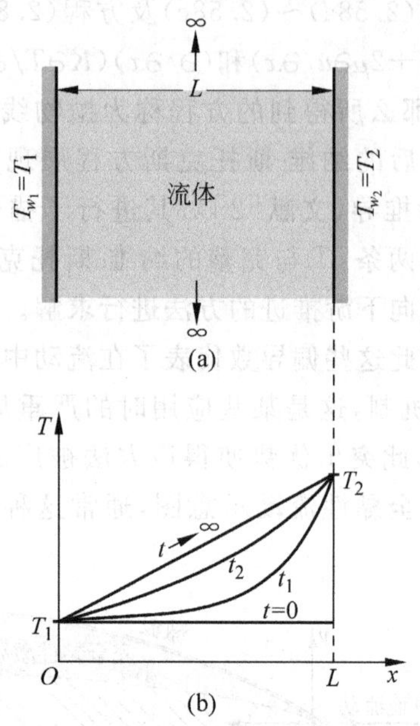

图 3.12 常特性流体(常 ρ, c_v 和 K)的典型瞬态温度分布,T_{w_2} 从 0 时刻的 T_1 突然增加到 T_2

图 3.12 定量描述了一个典型的热传导方程求解。热传导在两距离为 L 的平行平板间的半无限流体中进行,假设整个流体在初始时刻全场温度为 T_1,在初始时刻两壁面温度 $T_{w_1}=T_{w_2}=T_1$,现在假设在 $t=0$ 时刻右侧壁面的温度突然升高到 $T_{w_2}=T_2$,同时左侧壁面温度保持在 $T_{w_1}=T_1$,由于壁面温度的突然增加导致了流体温度的非定常变化,瞬态温度分布由方程(3.27)支配,写成一维形式即:

$$\frac{\partial T}{\partial t}=\alpha\frac{\partial^2 T}{\partial x^2} \tag{3.28}$$

图 3.12 给出了几组瞬态温度沿 x 的变化曲线,从 $t=0$ 初始常温开始,时间递增即 $t_2>t_1>0$,当时间趋于无限大时,可以得到温度呈线性分布的稳态结果。

3.4.3 椭圆型方程

下面考察一个具有 x 和 y 两个自变量的椭圆型方程。xy 平面如图 3.13 所示,3.2 节中已经讲过,在大多数情况下椭圆型方程的特征曲线是虚的,因此与特征线相关的数值方法是不适用于求解椭圆型方程的。由于椭圆型方程不受影响域和依赖域的限制,因此信息可以沿各个方向传播到任何地方。考察图 3.13 所示的 xy 平面上的 P 点,假设研究区域为矩形 $abcd$,P 点位于此封闭区域内的某一位置,这与用来考察双曲型和抛物型方程的图 3.3 和图 3.8 中的开放式区域不同。假设我们用针刺一下图 3.13 中的 P 点,也即在 P 点引入一个扰动,椭圆型方程的主要数学特性是区域

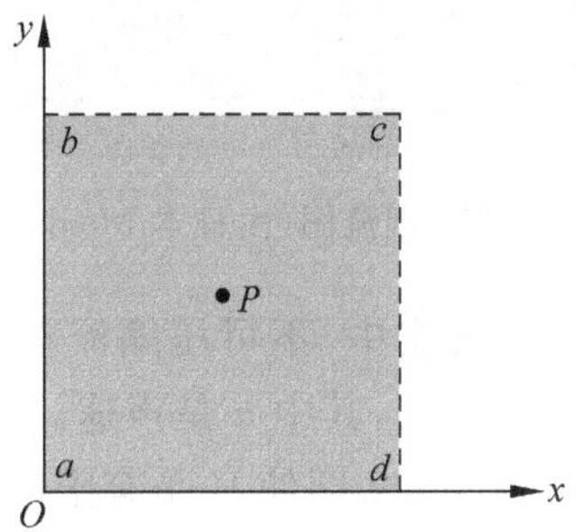

图 3.13 二维椭圆型方程的求解区域和边界

内每处均能感受到这一扰动,由于 P 点影响了区域中的每一个点,反过来说,整个封闭边界 $abcd$ 均会影响 P 点的解,所以 P 点的求解必须与区域中所有点的求解同时进行,这与抛物型和双曲型方程密切相关的推进求解完全不同。因此,涉及椭圆型方程的问题经常被称为 Jury(裘莱)问题,因为区域内的解依赖整个区域边界,必须在整个边界 $abcd$ 上应用边界条件,这些边界条件可以采用以下形式:

(1) 沿边界条件规定因变量 u 和 v 的值,这种边界条件类型被称为 Dirichlet(狄利克雷)条件。

(2) 沿边界规定因变量的偏导数值,这种边界条件类型被称为 Neumann(诺曼)条件。

(3) 狄利克雷条件和诺曼条件的混合型。

什么类型的流动是由椭圆型方程支配的?我们将考察如下两种流动。

(1) 稳态、亚声速无黏流动。这里的关键词是"亚声速",在亚声速流动中,扰动(以声速或更快的速度传播)本身可以向上游传播到任何地方。从理论上来说,在无黏的亚声速流动中(没有由于摩擦、热或质量扩散而产生的耗散),一个有限扰动将沿各个方向传到无穷远处。许多我们所熟习的亚声速绕翼型流谱,例如图 3.14 所示的照片,注意翼型前方的流线是如何向上偏转的,以及翼型后方的流线是如何向下偏转的。翼型的存在引入了扰动,因此在亚声速流动中,整个流场包括上游远方都会感受到该扰动。图 3.14 是物理图片,其与椭圆型方程的数学特性相当一致,无黏流动支配方程是欧拉方程(方程(2.82)~(2.86)),依次由 3.2 和 3.3 节的方法展示说明当局部马赫数小于 1 时稳态欧拉方程是椭圆型的(见例 3.1),因此在亚声速无黏流中,整个流动区域都会感受到翼型的存在,图 3.14 是这种特性的一个例子。

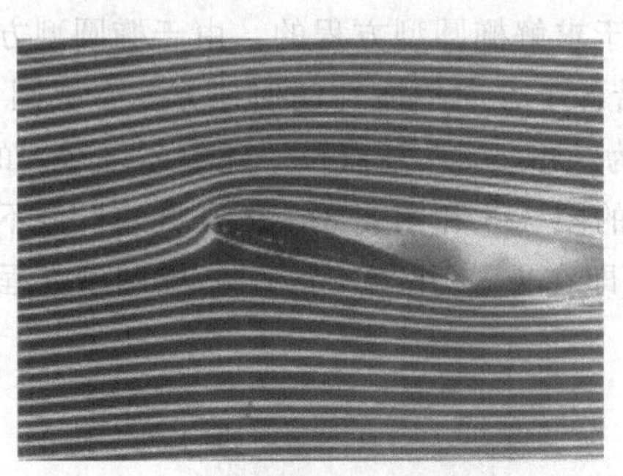

图 3.14　绕翼型的低亚声速烟流图(由日本 Meiji 大学 Hikaru Ito 授权)

(2) 不可压缩无黏流动。在现实中,不可压缩流动是当亚声速流动的马赫数为零时的极限情况(马赫数为 $Ma=V/a$,其中 a 是声速。在理论上,严格的不可压缩流动其压缩性是 0,如果 a 是无穷大,那么即使 V 是有限的,仍有 $Ma=0$)。因此毫无疑问,不可压缩无黏流动的支配方程是椭圆型的。事实上,这种流动是最具椭圆特性的流动,上面描述的所有稳态、亚声速无黏流动的所有特性均可转至不可压缩无黏流动工况,并且影响程序更显著。

3.4.4　一些评论:超声速钝头体问题回顾

在现代高速空气动力学中,最重要的问题是求解超声速或高超声速无黏流绕钝头体问题。1.5 节提供了有关这个问题的背景材料,强调了亚声速和超声速混合的稳态流动问题求解的难度,在进一步研究之前,很有必要重温 1.5 节后半部分的内容和图 1.30 及其相关文字,以上内容讨论了关于超声速钝头体流场混合特性。在这里局部亚声速流动区域被定义为椭圆型区域,局部超声速区域被定义为双曲型区域,求解这种定常无黏流场的最大困难是得到在两个区域均有效的计算技术。通过本章关于偏微分方程数学特性的讨论,我们已经能够完全认识和理解此困难的成因了。因为椭圆型方程和双曲型方程具有完全不同的数学特性,穿过声速线欧拉方程的特性发生突变,因此,任何采用统一方法处理亚声速区域和超声速区域的实用定常流动求解都是不可能的。然而 1.5 节提到,在 19 世纪 60 年代中期,对这一问题的求解发生了突破,站在能够理解此突破本质的高度,回忆图 3.7,对于非定常无黏流动,不管流动是局部亚声速的还是超声速的,其控制方程均是双曲型的,这就为求解提供了机会。从图 3.1 中 xy 平面的任意初始条件开始,求解非定常的二维无黏流方程,沿时间方向推进如图 3.7 所示,当时间足够长时,求解趋于稳态,这时流动变量对时间的偏导数趋于 0,这就是我们希望得到的稳态结果。一旦达到稳态,就得到了包括亚声速区域和超声速区域的整个流场的解,而且在求解过程中对整个流动采用了统一的计算方法。上面的讨论给出了流动问题求解的时间相关技术的基本思想体系,1966 年

Moretti 和 Abbett 对其进行了实用数值改进[12]，这是 1.5 节讨论的超声速钝头体问题得以求解的主要科学突破。乍看，额外使用了一个独立变量时间，但事实并非如此。如果不引入时间作为另一独立变量，问题将不能够被求解。通过引入时间作为独立变量，控制方程变成了关于时间的双曲型方程，因此可以在时间上直接向前推进，当时间足够大时，可得到合适的稳态流动结果。对于钝头体问题，在时间足够大时得到的稳态，正是我们所希望的结果，因为时间推进过程即意味着终点，这是对各种偏微分方程数学特性重要性认知的经典算例，在钝头体问题中，这一认知的巧妙应用最终使不可能的求解变成现实。

这里描述的时间推进方法，时间足够大时的最终稳态是其主要目标，这在现代 CFD 中得到广泛应用，绝不仅仅针对钝头体问题。例如，很难在一个范畴内对非定常的完整纳维-斯托克斯方程的数学行为进行阐述，因为纳维-斯托克斯方程具有抛物型和椭圆型两个特性。速度和内能对时间的偏导数体现了抛物型特性，与对时间 T 偏导的热传导方程 (3.27)具有一样的特性，部分椭圆型特性来自于黏性项，它提供了在流动中将信息反馈到上游的机制。尽管纳维-斯托克斯方程具有混合特性，但时间推进求解仍是适定的，对于完全可压缩纳维-斯托克斯方程，大部分已有的数值求解就采用的是时间推进方法。

3.5 适定问题

在偏微分方程的求解中，有时尝试采用不准确或不充分的边界条件和初始条件来求解问题是容易的，不管这种求解是试图采用解析的还是数值的方法。在好的情况下，这种不适定问题将导致错误虚假的结果，在差的情况下将得不到解。上面讨论的超声速钝头体问题就是一个典型示例，当从定常流动的观点考察具有亚声速和超声速混合的流动时，任何采用一种统一有效的方法求解两区域的企图均是不适定。

因此，我们如下定义一适定问题：如果偏微分方程的解存在且唯一，如果解连续地依赖初始和边界条件，那么这个问题就是适定的。在 CFD 中进行数值求解之前，确定问题的适定性是非常重要的。当采用非定常欧拉方程处理钝头体问题，从假设的 $t=0$ 时刻的任意初始条件开始，应用时间推进方法得到时间足够大时的稳态结果，此时问题就变成了适定问题。

3.6 总　　结

再次研究图 3.1 所示的结构示意图，通过此直观图可以讨论各种偏微分方程的数学特性。确定给定方程的数学特性有两种标准方法：3.2 节和 3.3 节所描述的克莱姆法则方法和特征方法。许多方程可被清晰地定义成双曲型、抛物型或椭圆型，另外如非定常的纳维-斯托克斯方程具有混合特性。双曲型和抛物型方程的主要数学特性是，它们可以借助自身从一个已知的初始平面或线出发推进求解，然而椭圆型方程却不能这样做，对于椭圆型方程，一个给定点上的流动变量必须同时与流场中其他所有点上的流动变量一起求解。当然，椭圆型方程与抛物型和双曲型方程的不同数学特性是这些方程所描述的不同物理特性的直接反映。

最后，注意到本章是本书第Ⅰ部分的结尾，在第Ⅰ部分中，我们已经研究和获得了认识和应用 CFD 的基本思想和方程，这就为我们学习第Ⅱ部分 CFD 的数值方面奠定了基础。

习题

3.1 通过对方程(3.14)进行行列式展开，得到沿特征线成立的相容性方程。

3.2 在 3.4.2 小节的非定常热传导方程的讨论中，论述了由方程(3.26)或方程(3.27)给出的热传导方程是抛物型的，但是却没有给出证明。为了简单起见，考察一维热传导方程：

$$\frac{\partial T}{\partial t}=\alpha\frac{\partial^2 T}{\partial x^2}$$

证明此方程是抛物型的。

3.3 考察 Laplace(拉普拉斯)方程，给定下式：

$$\frac{\partial^2 \phi}{\partial x^2}+\frac{\partial^2 \phi}{\partial y^2}=0$$

说明这是椭圆型方程。

3.4 说明二阶波动方程$\frac{\partial^2 u}{\partial t^2}=c^2\frac{\partial^2 u}{\partial x^2}$是双曲型方程。

3.5 说明一阶波动方程$\frac{\partial u}{\partial t}+c\frac{\partial u}{\partial x}=0$是双曲型方程。

第Ⅱ部分

数值学基础

在第Ⅰ部分，我们讨论了 CFD 的基本体系，推导并研究了流体力学控制方程，比较了各类偏微分方程的数学特性，这些背景知识是 CFD 的基础，但其中并未涉及数值技术。在第Ⅱ部分，我们将重点介绍 CFD 中的数值学基础，给出一些离散基本知识，例如如何将偏微分（或积分型）运动控制方程用离散数字替代。偏微分方程的离散化被称为有限差分，积分型方程的离散被称为有限体积。更进一步讲，数值解的许多应用中包含了复杂坐标系及与之相关的网格划分问题。有时使用这种坐标系需要对控制方程进行适当变换。因此将要讨论的另一问题——完全是出于处理 CFD 中这种有时看来非常奇特的坐标系统的需要——是坐标变换和网格生成。上面的所有问题均是 CFD 中数值学的基础内容——第Ⅱ部分的主题。

第4章 离散化基础

数值精度是科学的灵魂。

D'Arcy Wentworth Thompson 爵士 苏格兰生物和自然学家，1917

4.1 绪 论

“离散化”(discretization)一词需要作一些解释。显然，它源自“离散的”(discrete)。在《美国传统英语词典》中，其意义是“建立一个独立的个体；单独的；独特的；由不连续的独立的部分组成的”。但是，“离散化”这个词在这本字典中找不到；在《韦氏新世界词典》中也没有收录这个词。这意味着它是一个很新的词汇。事实上，它是数值分析学中特有的概念，它首先在1955年被W. R. Wasow在德语中引入，在1965年Ames的关于偏微分方程的经典著作[24]中继承了这一说法，最近被CFD组织使用[13,14,16]。事实上，离散化是这样的过程，它将一个封闭的数学表达式，例如一个函数或者带有函数的微分或积分方程(它们都被看作是由一定范围内的无穷多个连续的值所组成的)，用求解域内在有限离散点上或者控制体上取值的类似(但是不同的)表达式来近似。这也许听起来有些神秘，所以让我们来详细说明一下以便读者更清楚我们的意思。同样，我们挑选偏微分方程来讨论。因此，本绪论的余下部分都用来解释“离散化”的含义。

偏微分方程的解析解具有闭合形式的表达式，它随着自变量在定义域中的变化而改变。相反的，数值求解能够给出定义域中离散点上的值，这些离散点叫做网格点。例如，图 4.1 中表示了 xy 平面上的一个离散网格。为了方便，我们假设 x 方向的网格点是均匀分布的，它们的间隔是 Δx，y 方向的网格点也是均匀分布的，它们的间隔是 Δy。一般情况下，Δx 和 Δy 是不同的。事实上，它们完全没有必要均匀一致，因为我们甚至可以解决在两个方向上都是完全不等间距的网格的问题，即每两个相邻的网格点之间的 x 方向的距离 Δx 都不同，y 方向上也一样。但是，大多数 CFD 计算中采用在各个方向上均匀分布的网格给出的数值解，因为这样做可大大简化求解过程，节省存储空间，并且其精度通常也很高。这种均匀分布的网格不一定是在物理空间上，在 CFD 的计算中，数值求解通常是在计算空间中的均匀网格上进行的，而这样的网格转换到物理空间中通常是非均匀的。这些问题将在第 5 章中详细讨论。无论如何，在本章中我们假设空间划分在每个坐标上是均匀的，但是在不同方向的坐标上不一定是等间距的。例如，假设 Δx 和 Δy 都是常数，但是 Δx 和 Δy 不相等。(应该注意到，最近 CFD 的研究都集中在非结构网格上，即网格点是以非常规的方式分布在流场中的，这与反映某种几何一致规则的结构网格是不同的)。图 4.1 是一个关于结构网格的例子，非结构网格将在第 5 章中讨论。

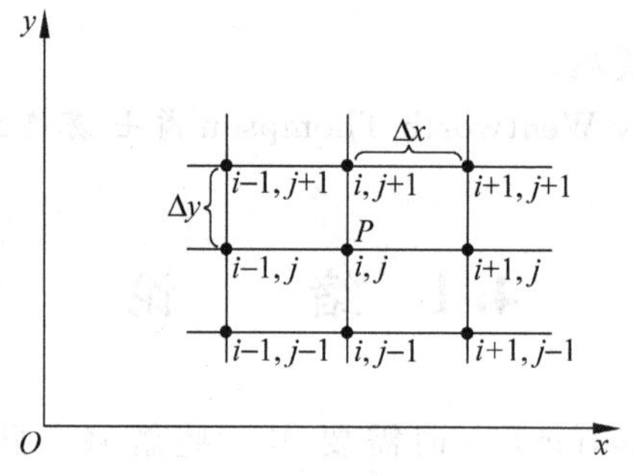

图 4.1 离散网格点

回到图 4.1，网格点通过 x 方向增长的坐标 i 及 y 方向增长的坐标 j 来定义。因此，若(i,j)是图 4.1 中点 P 的坐标，则点 P 右边相邻的一点记作$(i+1,j)$，左边相邻的一点记作$(i-1,j)$，上边相邻的一点记作$(i,j+1)$，下边相邻的一点记作$(i,j-1)$。

现在来解释“离散化”的含义。想象一个由纳维-斯托克斯方程或者欧拉方程控制的二维流场，如第 2 章所述，它们都是偏微分方程。这些方程的解析解原则上应该提供 u,v,p,ρ 等变量作为 x,y 的函数的一个闭合形式的表达式，可以用它来给出流场中任意一点处也即定义域中无穷多个(x,y)点处的物理量的值。另一方面，如果控制方程中的偏微分都用近似的代数差商(下一节中将介绍)来表示，其中代数的差分表达式由如图 4.1 所示的流场中两个或两个以上离散网格点上的物理量的值来严格表示，那么原来的偏微分方程组就完全被一套可以求出流场中离散网格点上各物理量的值的差分方程所取代。在这种情况下，原来的偏微分方程即被离散了。这种离散化的方法叫做有限差分方法。有限差分解在 CFD 中被广泛应用,因此本章大部分章节将讲述有限差分中的问题。

以上就是离散化的含义。CFD 中的所有数值方法都采用某种形式的离散。本章的目的就是提出并讨论现今正在使用的比较流行的应用于有限差分中的离散方法。有限差分是如图 4.2 所示的三种主要数值离散方法中的一种,图 4.2 表示了本章的脉络和思路。第二种和第三种方法分别是有限体积方法和有限单元法,在计算力学领域中他们都得到了长久而广泛的应用,但是限于篇幅,本书中不介绍这两种方法,本章末将通过习题 4.7 阐述有限体积方法中离散化的本质思想。如图 4.2 所示,CFD 可以用以上三种离散方法中的任意一种来进行。

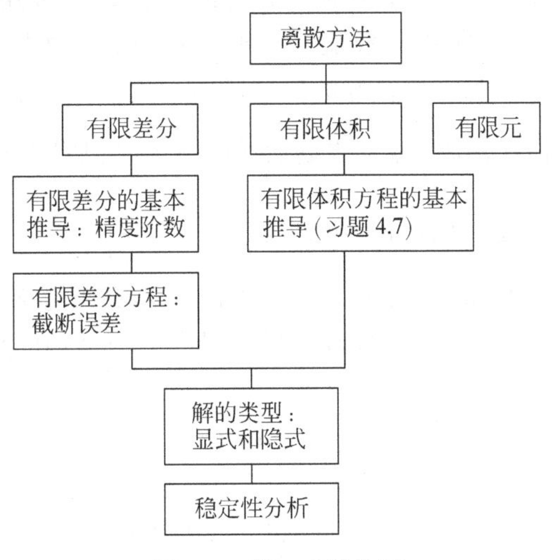

图 4.2 第 4 章结构图

由图 4.2 还可以进一步看出,本章的目的是要建立有限差分的基本离散化方程,同时论述这些表达式的精度问题。图 4.2 给出了本章的整体结构,下面将开始依次讲解。

4.2 有限差分简介

本节我们将一个偏微分方程用一个代数的差分表达式来代替,例如一个有限差分表达式。大多数用来替代偏微分的差分形式是基于 Taylor(泰勒)展开式得到的。例如,图 4.1 中,$u_{i,j}$ 表示(i,j)点上 x 方向的速度分量,则$(i+1,j)$点上的速度分量 $u_{i+1,j}$ 可以用关于(i,j)点的泰勒展开式表示为:

$$u_{i+1,j} = u_{i,j} + \left(\frac{\partial u}{\partial x}\right)_{i,j} \Delta x + \left(\frac{\partial^2 u}{\partial x^2}\right)_{i,j} \frac{(\Delta x)^2}{2} + \left(\frac{\partial^3 u}{\partial x^3}\right)_{i,j} \frac{(\Delta x)^3}{6} + \cdots \tag{4.1}$$

在同时满足以下两个条件的情况下，式(4.1)是 $u_{i+1,j}$ 的精确表达式：①表达式有无穷多项并且数列是收敛的；② $\Delta x \to 0$。

可能有些读者对 Taylor 展开式的定义并不熟悉，我们在本例中来复习一下。

例 4.1 首先，考虑一个关于 x 的连续函数 $f(x)$，所有的偏微分都是对 x 的微分。那么，在 $x+\Delta x$ 处的函数值可以由在 x 点展开的 Taylor 数列来表示，即：

$$f(x+\Delta x)=f(x)+\frac{\partial f}{\partial x}\Delta x+\frac{\partial^2 f}{\partial x^2}\frac{(\Delta x)^2}{2}+\cdots\frac{\partial^n f}{\partial x^n}\frac{(\Delta x)^n}{n!}+\cdots \tag{E.1}$$

(虽然在只有一个自变量的函数中，方程(E.1)中的偏微分实际上是对 x 的常微分，但是为了与式(4.1)保持一致仍采用偏微分的形式。)方程(E.1)的含义表示在图 E4.1 中。假设已知 x 点(图 E4.1 中的点 1)处的函数值，想要用方程(E.1)计算 $x+\Delta x$ 点(图 E4.1 中的点 2)处的函数值。考虑方程(E.1)的右边，可以看到第一项 $f(x)$ 并不是对 $f(x+\Delta x)$ 的一个很好的估计，除非在点 1、2 之间 $f(x)$ 的图像是一条水平线。一种改进的估计就是考虑 1 点处曲线的斜率，此即方程(E.1)中第二项 $\frac{\partial f}{\partial x}\Delta x$ 的贡献。为了得到一个更好的估计，我们加入第三项 $\frac{\partial^2 f}{\partial x^2}\frac{(\Delta x)^2}{2}$，它引入了 1、2 两点间曲线曲率的影响。总体来说，为了得到更高的精度，必须包括更高阶的导数项。事实上，方程(E.1)仅在右边取无穷多项的时候才是 $f(x+\Delta x)$ 的精确表达式。为了检验一些特定点的值，可以取：

$$f(x)=\sin 2\pi x \tag{E.2}$$

当 $x=0.2$ 时，有 $f(x)=0.9511$。

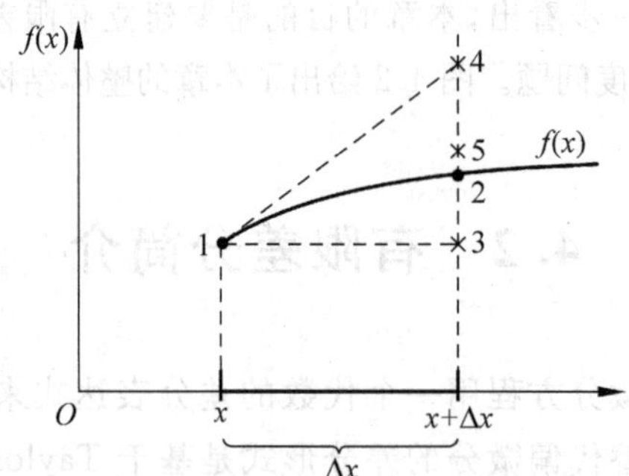

图 E4.1 泰勒级数中的前三项行为的图示

$f(0.2)$ 的精确值即表示图 E4.1 中的点 1。现在取 $\Delta x=0.02$，下面来估计 $f(x+\Delta x)=f(0.22)$ 的值，由式(E.2)有：

$$f(0.22) \approx f(0.2) = 0.9511$$

这在图 E4.1 中表示为点 3。这种估计中的误差为[(0.9823－0.9511)/0.9823]×100%=3.176%。取方程(E.1)中右端两项,得到:

$$f(x+\Delta x) \approx f(x) + \frac{\partial f}{\partial x}\Delta x$$

$$f(0.22) \approx f(0.2) + 2\pi\cos[2\pi(0.2)](0.02) \approx 0.9511 + 0.0388 = 0.9899$$

这一点在图 E4.1 中表示为点 4。这种估计中的误差为[(0.9899－0.9823)/0.9823]×100%=0.775%。这种估计比前一种更接近于真实值。最后,为了得到更精确的估计值,取方程(E.1)中右端三项得到:

$$f(x+\Delta x) \approx f(x) + \frac{\partial f}{\partial x}\Delta x + \frac{\partial^2 f}{\partial x^2}\frac{(\Delta x)^2}{2}$$

$$\begin{aligned} f(0.22) &\approx f(0.2) + 2\pi\cos[2\pi(0.2)](0.02) - 4\pi^2\sin[2\pi(0.2)]\frac{(0.02)^2}{2} \\ &\approx 0.9511 + 0.0388 - 0.0075 = 0.9824 \end{aligned}$$

这在图 E4.1 中表示为点 5。这种估计中的误差为[(0.9824－0.9823)÷0.9823]×100%=0.01%。由以上可见,在方程(E.1)的 Taylor 数列中取三项即可得到一个 $f(0.22)$非常准确的估计值。

现在回到方程(4.1),继续讨论替代偏微分的有限差分式。在方程(4.1)中解出$(\partial u/\partial x)_{i,j}$,得到:

$$\left(\frac{\partial u}{\partial x}\right)_{i,j} = \underbrace{\frac{u_{i+1,j}-u_{i,j}}{\Delta x}}_{\text{有限差分表示}} - \underbrace{\left(\frac{\partial^2 u}{\partial x^2}\right)_{i,j}\frac{\Delta x}{2} - \left(\frac{\partial^3 u}{\partial x^3}\right)_{i,j}\frac{(\Delta x)^2}{6} + \cdots}_{\text{截断误差}} \tag{4.2}$$

在方程(4.2)中,(i,j)点的实际一阶偏微分写在左边,右边的第一项$(u_{i+1,j}-u_{i,j})/\Delta x$ 即是左边一阶偏微分的有限差分表示,方程右侧其余各项叫做截断误差。也就是说,如果要用以上的代数有限差商:

$$\left(\frac{\partial u}{\partial x}\right)_{i,j} \approx \frac{u_{i+1,j}-u_{i,j}}{\Delta x} \tag{4.3}$$

来近似偏微分的话,方程(4.2)中的截断误差就是在这种近似中被忽略掉的一项。在方程(4.2)中,截断误差中的最低阶项是 Δx 量级的量,因此,方程(4.3)中的有限差分式为一阶精度。现在可以将方程(4.2)改写为:

$$\left(\frac{\partial u}{\partial x}\right)_{i,j} = \frac{u_{i+1,j}-u_{i,j}}{\Delta x} + o(\Delta x) \tag{4.4}$$

在方程(4.4)中,$o(\Delta x)$是一个数学符号,表示与 Δx 同量级,截断误差的大小用这个符号显式的表示出来。方程(4.4)比方程(4.3)更准确,因为方程(4.3)引入了近似相等的符号。在图 4.1 中可以看到,方程(4.4)中的有限差分式用到了点(i,j)右侧的信息,即用到了 $u_{i,j}$ 和 $u_{i+1,j}$,而点(i,j)左侧的信息却没有用到。因此,方程(4.4)中的有限差分式叫做前差。定义由方程(4.4)表示的偏微分$(\partial u/\partial x)_{i,j}$的一阶精度的差分近似为一阶前差，如下：

$$\left(\frac{\partial u}{\partial x}\right)_{i,j}=\frac{u_{i+1,j}-u_{i,j}}{\Delta x}+o(\Delta x)$$

现在写出 $u_{i-1,j}$ 关于 $u_{i,j}$ 的 Taylor 展开式：

$$u_{i-1,j}=u_{i,j}+\left(\frac{\partial u}{\partial x}\right)_{i,j}(-\Delta x)+\left(\frac{\partial^2 u}{\partial x^2}\right)_{i,j}\frac{(-\Delta x)^2}{2}+\left(\frac{\partial^3 u}{\partial x^3}\right)_{i,j}\frac{(-\Delta x)^3}{6}+\cdots$$

或者，

$$u_{i-1,j}=u_{i,j}-\left(\frac{\partial u}{\partial x}\right)_{i,j}\Delta x+\left(\frac{\partial^2 u}{\partial x^2}\right)_{i,j}\frac{(\Delta x)^2}{2}-\left(\frac{\partial^3 u}{\partial x^3}\right)_{i,j}\frac{(\Delta x)^3}{6}+\cdots \tag{4.5}$$

解出 $(\partial u/\partial x)_{i,j}$，得到：

$$\left(\frac{\partial u}{\partial x}\right)_{i,j}=\frac{u_{i,j}-u_{i-1,j}}{\Delta x}+o(\Delta x) \tag{4.6}$$

方程(4.6)中的有限差分式用到的信息来自 (i,j) 点左侧，即用到了 $u_{i,j}$ 和 $u_{i-1,j}$，(i,j) 点右侧的信息却没有用到。因此，方程(4.6)中的有限差分式称为后差。截断误差中最低阶项仍为 Δx 量级的量，因此，方程(4.6)中的有限差分式被称之为一阶精度后差。

在大多数 CFD 的应用中，一阶精度是不够的。为了构造二阶精度的有限差分式，用方程(4.1)减去方程(4.5)，得到：

$$u_{i+1,j}-u_{i-1,j}=2\left(\frac{\partial u}{\partial x}\right)_{i,j}\Delta x+2\left(\frac{\partial^3 u}{\partial x^3}\right)_{i,j}\frac{(\Delta x)^3}{6}+\cdots \tag{4.7}$$

方程(4.7)可以写成：

$$\left(\frac{\partial u}{\partial x}\right)_{i,j}=\frac{u_{i+1,j}-u_{i-1,j}}{2\Delta x}+o(\Delta x)^2 \tag{4.8}$$

方程(4.8)中的有限差分式用到的信息来自 (i,j) 点左右两侧，即用到了 $u_{i+1,j}$ 和 $u_{i-1,j}$，网格点 (i,j) 落在这两个相邻网格点之间。方程(4.7)中的截断误差最低阶项为 $(\Delta x)^2$ 项，它是二阶精度的。因此，方程(4.8)中的有限差分式叫做二阶精度中心差分。

对 y 的偏导数的差分近似可以用同样的方法得到(见习题 4.1 和 4.2)，类似于前面所述的对 x 的偏导数的近似，对 y 的偏导数的差分近似如下：

$$\left(\frac{\partial u}{\partial y}\right)_{i,j}=\begin{cases}\dfrac{u_{i,j+1}-u_{i,j}}{\Delta y}+o(\Delta y) & \text{前差} \quad (4.9)\\[2ex] \dfrac{u_{i,j}-u_{i,j-1}}{\Delta y}+o(\Delta y) & \text{后差} \quad (4.10)\\[2ex] \dfrac{u_{i,j+1}-u_{i,j-1}}{2\Delta y}+o(\Delta y)^2 & \text{中心差分} \quad (4.11)\end{cases}$$

方程(4.4)、(4.6)、(4.8)～(4.11)都是对一阶偏导数的有限差分近似的例子。

这在 CFD 中就足够了吗？现在暂时回到第 2 章，看一下运动控制方程。如果仅仅是要求解无黏流动的话，其控制方程为欧拉方程，其在 2.8.2 节中已用方程式(2.82)～(2.86)表示出来了，注意到欧拉方程中出现的最高阶的偏微分为一阶偏导数。因此，如方程(4.4)、(4.6)、(4.8)～(4.11)所述的对一阶偏导数的有限差分近似在无黏流动的求解中已经足够了。另一方面，如果我们要求解的是黏性流动的话，其控制方程为纳维-斯托克斯方程，其在 2.8.1 节中已用方程式(2.29)、(2.50)、(2.56)和(2.66)表示出来了。注意到，纳维-斯托克斯方程中出现的最高阶的偏微分为二阶偏导数，出现在方程(2.50b)中的黏性项如 $\partial\tau_{xy}/\partial x=\partial/\partial x[\mu(\partial v/\partial x+\partial u/\partial y)]$ 和方程(2.66)中的 $\partial/\partial x(K\partial T/\partial x)$ 项中。展开后这些项引入类似于 $\partial^2 u/\partial x\partial y$ 和 $\partial^2 T/\partial x^2$ 的二阶偏导数项。因此，在 CFD 中需要对二阶偏导数项进行离散。同样地，可以通过 Taylor 展开式来得到它们的有限差分近似。

将方程(4.1)同方程(4.5)相加，得到：

$$u_{i+1,j}+u_{i-1,j}=2u_{i,j}+\left(\frac{\partial^2 u}{\partial x^2}\right)_{i,j}(\Delta x)^2+\left(\frac{\partial^4 u}{\partial x^4}\right)_{i,j}\frac{(\Delta x)^4}{12}+\cdots$$

解出 $(\partial^2 u/\partial x^2)_{i,j}$，得到：

$$\left(\frac{\partial^2 u}{\partial x^2}\right)_{i,j}=\frac{u_{i+1,j}-2u_{i,j}+u_{i-1,j}}{(\Delta x)^2}+o(\Delta x)^2 \tag{4.12}$$

在方程(4.12)中，右端第一项是对 (i,j) 点处 x 方向的二阶偏导数的中心型有限差分近似，从其余项的量级来看，中心型有限差分近似的精度为二阶。y 方向的二阶偏导数的类似有限差分近似很容易得到：

$$\left(\frac{\partial^2 u}{\partial y^2}\right)_{i,j}=\frac{u_{i,j+1}-2u_{i,j}+u_{i,j-1}}{(\Delta y)^2}+o(\Delta y)^2 \tag{4.13}$$

方程(4.12)和(4.13)是二阶差分近似的例子。

对于混合偏微分如 $\partial^2 u/\partial x\partial y$，可以通过如下步骤得到近似有限差分式。将方程(4.1)对 y 求偏导，得到：

$$\left(\frac{\partial u}{\partial y}\right)_{i+1,j}=\left(\frac{\partial u}{\partial y}\right)_{i,j}+\left(\frac{\partial^2 u}{\partial x\partial y}\right)_{i,j}\Delta x+\left(\frac{\partial^3 u}{\partial x^2\partial y}\right)_{i,j}\frac{(\Delta x)^2}{2}+\left(\frac{\partial^4 u}{\partial x^3\partial y}\right)_{i,j}\frac{(\Delta x)^3}{6}+\cdots \tag{4.14}$$

将方程(4.5)对 y 求偏导，得到：

$$\left(\frac{\partial u}{\partial y}\right)_{i-1,j}=\left(\frac{\partial u}{\partial y}\right)_{i,j}-\left(\frac{\partial^2 u}{\partial x\partial y}\right)_{i,j}\Delta x+\left(\frac{\partial^3 u}{\partial x^2\partial y}\right)_{i,j}\frac{(\Delta x)^2}{2}+\left(\frac{\partial^4 u}{\partial x^3\partial y}\right)_{i,j}\frac{(\Delta x)^3}{6}+\cdots \tag{4.15}$$

用方程(4.15)减去方程(4.14)得到：

$$\left(\frac{\partial u}{\partial y}\right)_{i+1,j}-\left(\frac{\partial u}{\partial y}\right)_{i-1,j}=2\left(\frac{\partial^2 u}{\partial x\partial y}\right)_{i,j}\Delta x+\left(\frac{\partial^4 u}{\partial x^3\partial y}\right)_{i,j}\frac{(\Delta x)^3}{6}+\cdots$$

解出$(\partial^2 u/\partial x\partial y)_{i,j}$，此即我们所要进行差分近似的混合偏微分，上面的方程化为以下形式：

$$\left(\frac{\partial^2 u}{\partial x\partial y}\right)_{i,j}=\frac{(\partial u/\partial y)_{i+1,j}-(\partial u/\partial y)_{i-1,j}}{2\Delta x}-\left(\frac{\partial^4 u}{\partial x^3\partial y}\right)_{i,j}\frac{(\Delta x)^2}{12}+\cdots \tag{4.16}$$

在方程(4.16)中，右端第一项引入$(i+1,j)$和$(i-1,j)$两点的$\partial u/\partial y$。回到图4.1中的网格，可以看出$\partial u/\partial y$在这两个网格点上的值可以用方程(4.11)所给出的分别以$(i+1,j)$和$(i-1,j)$两点为中心的二阶中心型精度的有限差分近来代替。特别地，在方程(4.16)中，首先用：

$$\left(\frac{\partial u}{\partial y}\right)_{i+1,j}=\frac{u_{i+1,j+1}-u_{i+1,j-1}}{2\Delta y}+o(\Delta y)^2$$

来代替$(\partial u/\partial y)_{i+1,j}$，然后用类似的有限差分式：

$$\left(\frac{\partial u}{\partial y}\right)_{i-1,j}=\frac{u_{i-1,j+1}-u_{i-1,j-1}}{2\Delta y}+o(\Delta y)^2$$

来代替$(\partial u/\partial y)_{i-1,j}$。

这样，方程(4.16)化为：

$$\left(\frac{\partial^2 u}{\partial x\partial y}\right)_{i,j}=\frac{u_{i+1,j+1}-u_{i+1,j-1}-u_{i-1,j+1}+u_{i-1,j-1}}{4\Delta x\Delta y}+o[(\Delta x)^2,(\Delta y)^2] \tag{4.17}$$

由于方程(4.16)中被忽略的最低阶项为$o(\Delta x)^2$，而方程(4.11)中的中心型有限差分近似精度为$o(\Delta y)^2$，因此方程(4.17)中的截断误差为$o[(\Delta x)^2,(\Delta y)^2]$的量级，方程(4.17)给出了混合偏微分$(\partial^2 u/\partial x\partial y)_{i,j}$的二阶精度中心差分近似。

应该注意到，当应用方程(2.93)形式的控制方程时，即便在黏性流动中也只用到一阶偏导数。在方程(2.93)中被微分的因变量为$\boldsymbol{U}$，$\boldsymbol{F}$，$\boldsymbol{G}$和$\boldsymbol{H}$，只有一阶偏微分，这些偏导数可以用方程(4.4)，(4.6)和(4.8)中的一阶偏导数的有限差分近似来代替。同时，有些$\boldsymbol{F}$，$\boldsymbol{G}$和$\boldsymbol{H}$涉及黏性力如τ_{xx}，τ_{xy}和热传导项的计算，这些项与速度和压力梯度有关，也是一阶偏导数项。因此，一阶偏导数的有限差分近似也可以用来离散$\boldsymbol{F}$，$\boldsymbol{G}$和$\boldsymbol{H}$内的黏性项，这样，方程(4.12)，(4.13)和(4.17)中的二阶偏导数的有限差分离散就可以避免了。

上面推导了对不同偏导数的几种有限差分近似，下面的有限差分模块图可以帮助读者巩固这些知识。如图4.3所示，有限差分模块图中显示了上面提到的所有差分形式。此图简明地回顾了上面所讨论的有限差分表达式，并且在网格上图示了各差分式中所用到的特定网格点。在图中，这些网格点用实线相连的大实点表示，该示意图叫做有限差分模块图，所使用的网格点附近的正数或负数用来提醒我们这些点的信息在形成近似的有限差分式中被加或减了几次。也就是说，网格点附近的(－2)表示这个网格点上的变量在形成近似的有限差分式中被减了两次。可以对比出现在有限差分模块图4.3左侧相应的有限差分式与图中的(＋)、(－)、(－2)等符号是否一致。

本节推导的和在图 4.3 中显示的有限差分式只是很小的一部分，事实上，上面处理的偏导数可以得到很多其他形式的差分近似，特别是一些精度更高的有限差分近似，如三阶精度、四阶精度或更高。这些高阶精度的有限差分式通常要引入更多网格点上的信息。例如，$\partial^2 u/\partial x^2$ 的一个四阶精度的有限差分近似为：

$$\left(\frac{\partial^2 u}{\partial x^2}\right)_{i,j}=\frac{-u_{i+2,j}+16u_{i+1,j}-30u_{i,j}+16u_{i-1,j}-u_{i-2,j}}{12(\Delta x)^2}+o(\Delta x)^4 \quad (4.18)$$

注意到，形成这样的四阶精度的有限差分近似需要用到五个网格点上的信息，同样是 $\partial^2 u/\partial x^2$ 的差分近似，式(4.12)是二阶精度，只用到三个网格点上的信息。方程(4.18)可以由对$(i+1,j)(i,j)(i-1,j)$三点进行 Taylor 展开得到，具体可见习题 4.5。简单强调一下，随着有限差分表达式项数的增加，可以得到任意高阶精度的有限差分式。在 CFD 中，大家一度认为二阶精度的近似就足够了，所以目前为止，我们推导出的有限差分式是应用最普遍的。高阶精度的优缺点如下：

(1) 缺点：如方程(4.18)的高阶精度的有限差分近似要求引入更多的网格点，推进一个时间或空间步长就需要更多的计算时间。

(2) 优点：①高阶有限差分近似可以使用更少的网格点数来得到合适的整体精度；②高阶有限差分近似可以得到更精确的数值解，例如捕捉到的激波更陡、更明显。事实上，这也是现今 CFD 研究中所要解决的问题。

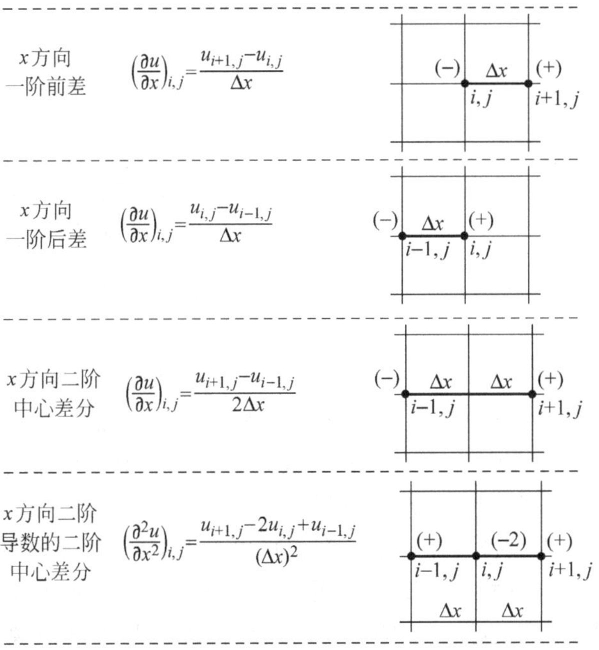

图 4.3 有限差分表达式及其模型

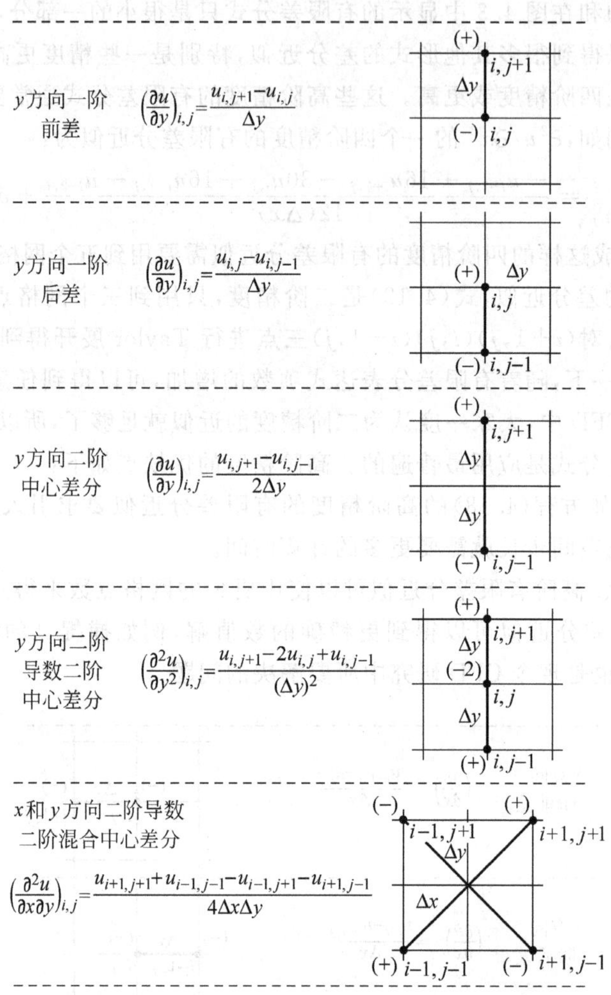

图 4.3（续）

由于以上原因，不同情况下 CFD 计算中采用何种精度的差分近似并不是很明确的。因为二阶精度的近似在之前的大多数应用中被广泛承认，而本书又是要介绍基本的 CFD 知识，所以我们认为二阶精度在这里及以后的章节中是足够的。参考文献[13]中第 44 和 45 页给出了多种差分式的详细表格。

在本节最后，还要解决一个问题。我们提出以下疑问：边界如何处理？边界上只有一侧的信息可用，在这样的情况下采用何种差分近似呢？考虑图 4.4 中某一流场的部分边界，y 轴垂直于边界。令第一个网格点在边界上，2、3 点离边界的距离分别为 Δy 和 $2\Delta y$。下面要在边界上构造 $\partial u/\partial y$ 的有限差分近似，很容易得到一阶精度的前差近似如下：

$$\left(\frac{\partial u}{\partial y}\right)_1 = \frac{u_2 - u_1}{\Delta y} + o(\Delta y) \tag{4.19}$$

但是,怎样才能得到二阶精度的近似呢?方程(4.11)的中心差分要求边界之外的另一个点即图 4.4 中的点 2′上的物理量,所以这个方法在这里行不通,因为点 2′在计算区域以外,我们一般没有这点上的速度信息。在 CFD 的发展早期,很多求解过程试图通过假设 $u_{2'} = u_2$ 来解决这一问题,这被称为反射边界条件,在大多数情况下,它没有物理意义且不准确,即使准确其精度并不比方程(4.19)给出的前差精度高。

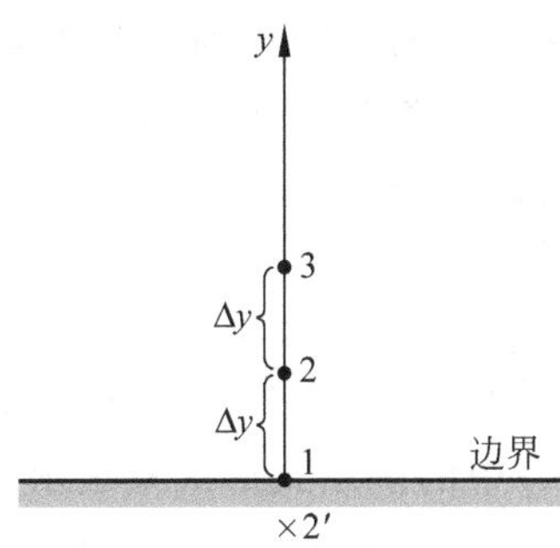

图 4.4 边界上的网格

所以再次提出这个问题:怎样找到边界上二阶精度的差分近似?答案其实很简单,我们将在下面讲解,同时还要介绍另外一种构造差分近似的方法,可以用它来代替前面所述的 Taylor 展开式的方法。假设图 4.4 中的边界上,速度 u 可以用如下的多项式来表示:

$$u = a + by + cy^2 \tag{4.20}$$

将上式应用到图 4.4 中的各网格点上,方程(4.20)在网格点 1,即 $y=0$ 处,得到:

$$u_1 = a \tag{4.21}$$

在网格点 2,即 $y=\Delta y$ 处,得到:

$$u_2 = a + b\Delta y + c(\Delta y)^2 \tag{4.22}$$

在网格点 3,即 $y=2\Delta y$ 处,得到:

$$u_3 = a + b(2\Delta y) + c(2\Delta y)^2 \tag{4.23}$$

在式(4.21)~(4.23)中求解 b,得到:

$$b = \frac{-3u_1 + 4u_2 - u_3}{2\Delta y} \tag{4.24}$$

回到方程(4.20),两端对 y 求微分,得到:

$$\frac{\partial u}{\partial y} = b + 2cy \tag{4.25}$$

方程(4.25)在边界 $y=0$ 处得到:

$$\left(\frac{\partial u}{\partial y}\right)_1 = b \tag{4.26}$$

结合式(4.24)和式(4.26),得到:

$$\left(\frac{\partial u}{\partial y}\right)_1 = \frac{-3u_1 + 4u_2 - u_3}{2\Delta y} \tag{4.27}$$

方程(4.27)是边界上偏微分的单侧有限差分表达式,它之所以被称为单侧是因为它只用到了边界一侧的网格点上的信息,即只用到了图4.4中网格点1上的信息。同时,方程(4.27)由一个多项式的表达即式(4.20)得到,而不是由Taylor展开式得到的。上面讲述了另外一种构造有限差分表达式的方法,事实上,图4.3中总结的之前所有的结果都可以用这种多项式的方法得到。下面来看式(4.27)的精度,此时我们不得不回到Taylor展开式上去,考虑关于点1的Taylor展开:

$$u(y) = u_1 + \left(\frac{\partial u}{\partial y}\right)_1 y + \left(\frac{\partial^2 u}{\partial y^2}\right)_1 \frac{y^2}{2} + \left(\frac{\partial^3 u}{\partial y^3}\right)_1 \frac{y^3}{6} + \cdots \tag{4.28}$$

对比式(4.28)和式(4.20),在式(4.20)中采用的多项式表达就相当于Taylor展开式中的前三项,因此,方程(4.20)的精度为$o(\Delta y)^3$。现在考察式(4.27)的分子,其中的u_1, u_2, u_3均可用式(4.20)中的多项式形式来表示。因为方程(4.20)的精度为$o(\Delta y)^3$,所以式(4.27)的分子的精度也为$o(\Delta y)^3$。但是,为了构成式(4.27)中的偏微分,我们要除以Δy,所以式(4.27)的精度为$o(\Delta y)^2$。因此可以从式(4.27)得到:

$$\left(\frac{\partial u}{\partial y}\right)_1 = \frac{-3u_1 + 4u_2 - u_3}{2\Delta y} + o(\Delta y)^2 \tag{4.29}$$

这就是我们所要求的边界上二阶精度的差分近似式。

式(4.19)和(4.29)均称为单侧差分,因为它们在构造某点处的偏微分表达时都只用到了该点一侧的变量值。同时,这些表达式具有普遍性,它们并不是只能用在边界上,也可以用在内部网格点上。只是在边界上,这种单侧的差分比之前所讨论的有一定的优势。当然,本质上单侧的差分只有在边界上偏微分的近似中才有意义,但是这种单侧差分显然为内场的计算提供了一种选择。更进一步,方程(4.29)是一个二阶精度的单侧差分,某点处偏导数的许多其他单侧差分近似可以通过应用该点一侧更多的网格点上的物理量的值来得到更高阶的精度。在一些CFD应用中,通常可以看到在边界上应用四五个网格点来做单侧差分,特别是在黏性流动的计算中。在这些计算中,壁面处由于流体流过而导致的剪应力和热传导尤其重要,壁面处的剪应力为(见参考文献[8]中的第12章):

$$\tau_w = \mu\left(\frac{\partial u}{\partial y}\right)_w \tag{4.30}$$

壁面处的热传导为:

$$q_w = K\left(\frac{\partial T}{\partial y}\right)_w \tag{4.31}$$

在黏性流动的有限差分求解中(求解纳维-斯托克斯方程,抛物化的纳维-斯托克斯方程及边界层方程等)，流场中的速度 v 和温度 T 将在所有网格点上计算，包括内点和边界上的点。这些全场的变量得到之后(无论用什么算法，例如本书中第Ⅲ部分讲到的任意一种适当的推进方法)，由式(4.30)和式(4.31)计算剪应力和热传导。显然，式(4.30)和式(4.31)中用来表示$(\partial u/\partial y)_w$ 和$(\partial T/\partial y)_w$ 的单侧差分的精度越高，则 τ_w 和 q_w 的计算结果就越精确。

例 4.2 考虑空气流过平板的黏性流动。在流向的一给定位置，流动速度 u 沿垂直于平板的方向(y 方向)的变化为：

$$u = 1582(1 - e^{-y/L}) \tag{E.3}$$

其中，L 为特征长度＝1in. 速度 u 的单位为 ft/s。黏性系数 $\mu=3.7373\times10^{-7}$ slug/(ft·s)。用式(E.3)计算在离散点上的速度值，网格在 y 方向均匀分布，$\Delta y=0.1$in。特别的，可以得到：

y/in	u/ft/s
0	0
0.10	150.54
0.20	286.77
0.30	410.03

假设上面所列的在离散点 $y=0,0.1,0.2,0.3$ 上的速度值即是通过有限差分计算得到的流场速度解。假设这些离散的速度值为已知，用这些离散值通过以下三种不同的方式来计算壁面处的剪应力：

(1) 一阶单侧差分。

(2) 式(4.29)中的二阶单侧差分。

(3) 习题 4.6 中推导的三阶单侧差分。

最终比较这些差分近似的计算结果同精确解之间的差别，其中精确解由式(E.3)求导得到。

(1) 一阶差分：

$$\left(\frac{\partial u}{\partial y}\right)_{j=1} = \frac{u_{j=2} - u_{j=1}}{\Delta y} = \frac{150.54 - 0}{0.1} = 1505.4\text{ft/(s}\cdot\text{in)}$$

$$\tau_w = \mu\left(\frac{\partial u}{\partial y}\right)_{j=1} = (3.7373\times10^{-7})(1505.4)(12) = 6.7514\times10^{-3}\text{lb/ft}^2$$

(注意到参数 12 用于将速度梯度的单位从 in 化为 ft/(s. ft)；在剪应力的计算中，我们要采用一致的单位，在本例中为英国工程单位系统)

(2) 二阶差分(式(4.29)):

$$\left(\frac{\partial u}{\partial y}\right)_{j=1} = \frac{-3u_{j=1}+4u_{j=2}-u_{j=3}}{2\Delta y}$$

$$= \frac{-3(0)+4(150.54)-286.77}{2(0.1)}$$

$$= 1577.0\ \mathrm{ft/(s\cdot in)}$$

$$\tau_w = \mu\left(\frac{\partial u}{\partial y}\right)_{j=1} = (3.7373\times 10^{-7})(1577.0)(12)$$

$$= 7.072\times 10^{-3}\ \mathrm{lb/ft^2}$$

(3) 三阶差分(例 4.6):

$$\left(\frac{\partial u}{\partial y}\right)_{j=1} = \frac{-11u_{j=1}+18u_{j=2}-9u_{j=3}+2u_{j=4}}{6\Delta y}$$

$$= \frac{-11(0)+18(150.54)-9(286.77)+2(410.03)}{6(0.1)}$$

$$= 1581.4\ \mathrm{ft/(s\cdot in)}$$

$$\tau_w = \mu\left(\frac{\partial u}{\partial y}\right)_{j=1} = (3.7373\times 10^{-7})(1581.4)(12)$$

$$= 7.092\times 10^{-3}\ \mathrm{lb/ft^2}$$

(4) 精确值(式(E.3)):

$$\frac{\partial u}{\partial y} = \frac{1582}{L}\mathrm{e}^{-y/L} \tag{E.4}$$

代入 $L=1\mathrm{in}$,则在壁面处($y=0$),方程(E.4)化为:

$$\left(\frac{\partial u}{\partial y}\right)_{y=0} = 1582\ \mathrm{ft/(s\cdot in)}$$

$$\tau_w = \mu\left(\frac{\partial u}{\partial y}\right)_{y=0} = (3.7373\times 10^{-7})(1582)(12)$$

$$= 7.095\times 10^{-3}\ \mathrm{lb/ft^2}$$

要点:观察以上结果,可以看到高阶精度的差分近似得到了更加精确的剪应力值 τ_w。特别地,与精确解 $7.095\times 10^{-3}\mathrm{lb/ft^2}$ 相比较,可以得到:

精度	$\tau_w/\mathrm{lb/ft^2}$	误差/%
一阶(a 部分)	6.7514×10^{-3}	4.8
二阶(b 部分)	7.072×10^{-3}	0.3
三阶(c 部分)	7.092×10^{-3}	0.04
精确解(方程(E.4))	7.095×10^{-3}	0

从上面的表格可以看出，由二阶精度的差分式得到的壁面剪应力 τ_w 值比简单的一阶精度的差分精确很多，三阶差分虽然能进一步提高计算的精度，但是效果并不十分显著。这就是说，在大多数有限差分求解中，至少需要达到二阶精度，并且这样的精度已经足够了。

4.3 差 分 方 程

4.2 节讨论了用代数的有限差分式来代替偏微分的方法。大多数偏微分方程涉及多个偏微分项，当一个给定的偏微分方程中的所有偏微分项都用差分近似来代替后，得到的代数方程叫做差分方程，它是原来的微分方程的一个代数形式。CFD 中有限差分解的本质是：通过在控制方程中用 4.2 节中提到的近似有限差分式来代替偏微分项，得到一套关于每个离散点上的物理量的代数差分方程。本节将考察差分方程的基础。

简单起见，我们考虑式(3.28)，它是一维非定常热传导方程，其热扩散率为常数，形式重复如下：

$$\frac{\partial T}{\partial t}=\alpha\frac{\partial^2 T}{\partial x^2} \tag{3.28}$$

为了方便我们选择这一简单的方程来讨论，因为在此处讨论复杂的控制方程并没有好处。在本节中，用式(3.28)能够很好地阐述有限差分方程的基本思想，正如 3.4.2 节中提到的，这个方程是抛物型偏微分方程(见习题 3.2)。所以，它可以用第 3 章中讨论的关于时间 t 推进的方法进行求解。

用有限差分式来代替式(3.28)中的偏导数项。方程(3.28)中有两个独立的自变量 x 和 t。考虑图 4.5 中的网格，i 是 x 方向的坐标，而 n 是 t 方向的坐标。当偏微分方程的一个自变量为推进变量时，如式(3.28)中的时间 t，在 CFD 中习惯在差分方程

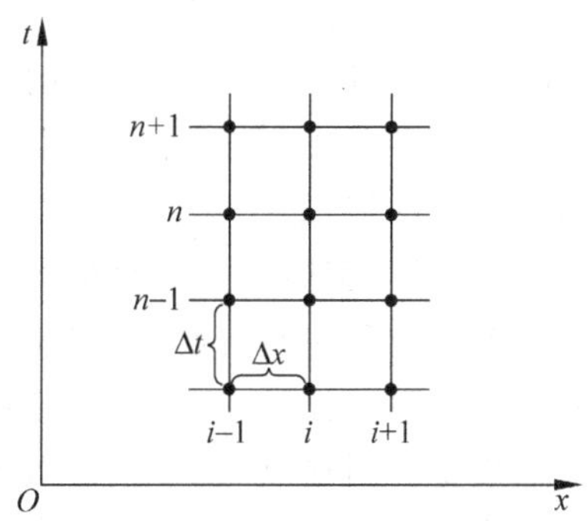

图 4.5 对方程(3.28)差分所使用的网格

中将这个变量的坐标设为 n 并表示为上标的形式。例如，用式(4.4)的前差来近似式(3.28)中的时间导数项，得到：

$$\left(\frac{\partial T}{\partial t}\right)_i^n = \frac{T_i^{n+1}-T_i^n}{\Delta t} - \left(\frac{\partial^2 T}{\partial t^2}\right)_i^n \frac{\Delta t}{2} + \cdots \tag{4.32}$$

此时截断误差同方程(4.2)中表示的一样。同样地，用式(4.12)中的中心型差分来近似式(3.28)中的对 x 的偏导数，得到：

$$\left(\frac{\partial^2 T}{\partial x^2}\right)_i^n = \frac{T_{i+1}^n - 2T_i^n + T_{i-1}^n}{(\Delta x)^2} - \left(\frac{\partial^4 T}{\partial x^4}\right)_i^n \frac{(\Delta x)^2}{12} + \cdots \tag{4.33}$$

其截断误差同式(4.12)表示的一样。我们将式(3.28)写为：

$$\frac{\partial T}{\partial t} - \alpha \frac{\partial^2 T}{\partial x^2} = 0 \tag{4.34}$$

将式(4.32)和式(4.33)代入式(4.34)中，可以得到：

$$\overbrace{\frac{\partial T}{\partial t} - \alpha\frac{\partial^2 T}{\partial x^2} = 0}^{\text{偏微分方程}} = \underbrace{\frac{T_i^{n+1}-T_i^n}{\Delta t} - \frac{\alpha(T_{i+1}^n - 2T_i^n + T_{i-1}^n)}{(\Delta x)^2}}_{\text{差分方程}}$$

$$\underbrace{+\left[-\left(\frac{\partial^2 T}{\partial t^2}\right)_i^n \frac{\Delta t}{2} + \alpha\left(\frac{\partial^4 T}{\partial x^4}\right)_i^n \frac{(\Delta x)^2}{12} + \cdots\right]}_{\text{截断误差}} \tag{4.35}$$

观察方程(4.35)，左侧是原来的偏微分方程，右侧的前两项是此方程的有限差分形式，而方括号中的各项为差分方程的截断误差。仅写出式(4.35)中的差分方程部分：

$$\frac{T_i^{n+1}-T_i^n}{\Delta t} = \frac{\alpha(T_{i+1}^n - 2T_i^n + T_{i-1}^n)}{(\Delta x)^2} \tag{4.36}$$

式(4.36)是原始偏微分方程式(3.28)的差分方程。但是，式(4.36)只是式(3.28)的一个近似，因为式(4.36)中用到的每一个有限差分式均有它们的截断误差，综合各项的截断误差即可得到最终的差分方程的截断误差。差分方程(4.36)的截断误差表示在式(4.35)中，注意到差分方程的截断误差量级为：$o[\Delta t, (\Delta x)^2]$。

要点：差分方程同原来的偏微分方程是不同的，它们的概念是完全不同的。差分方程是一个代数方程，它在如图4.5所示的求解域内的所有网格点上的表达式组成了一个大的代数方程组。通过某种方法，我们可以用数值方法求解这些代数方程，从而得到在所有网格点上的物理量的值，如 $T_i^n, T_{i+1}^n, T_i^{n+1}, T_{i+1}^{n+1}, T_i^{n+2}$ 等。通常情况下，我们只能希望得到的数值解与同由偏微分方程直接求解得到的解析的精确解之间的误差在截断误差范围内。差分方程在网格点无穷多，即 $\Delta x \to 0, \Delta t \to 0$ 的情况下可以变回原来的偏微分方程吗？考察方程(4.35)，注意到截断误差为0，则差分方程就完全等价于原来的偏微分方程了。当这点成立时，偏微分方程的有限差分近似称为相容的。如果差分方程是相容的，且求解差分方程的数值方法是稳定的，而边界条件的数值提法是合适的，则差分方程求解得到的数值结果收敛到原始偏微分方程的精确解析解,至少误差在截断误差的范围内。但是,这里有一些必要的前提条件,在这些条件下截断误差会在求解域内扩散,使得成功的 CFD 计算具有某种挑战性,甚至这种计算表现出很强的"艺术性"。

本节的目的是介绍差分方程的概念。有限差分求解的主要思想是用差分方程来代替控制流动的偏微分方程,并求解这些差分方程得到我们需要的物理区域上每个离散网格点上的物理量的数值解。至此,我们还没有讨论这些数值求解中所要用到的任何精确算法,有限差分的近似技术将在整个第Ⅱ部分进行讨论,其具体应用将在第Ⅲ部分的中进一步讨论。

现在有必要回到如图 4.2 所示的路线图。上面已经讨论了图中左侧的前三个方框中的内容,介绍了有限差分的基本元素及它们在构造差分方程中的应用。下面将讨论一些重要的问题,如显式和隐式算法、稳定性分析及数值耗散等。

4.4 显式和隐式算法:定义和对比

上面讨论了有限差分方法的一些基本元素,这仅仅为将来的应用准备了一些数值工具,我们还没有介绍这些工具在 CFD 计算中是如何应用的。将这些工具组合在一起并求解一个给定问题的方法叫做 CFD 技术,到目前为止,我们还没有涉及任何一种特定的技术。CFD 中常用的一些技术将在第 6 章中讨论。但是,一旦选择了某种技术来解决实际问题,就会发现它们可以分成两大不同的类别:显式的和隐式的。下面就来定义并介绍这两类方法。它们代表了不同数值技术的本质区别,我们在此要对这些区别进行评价和比较。

简单起见,回到式(3.28)给出的一维热传导方程:

$$\frac{\partial T}{\partial t} = \alpha \frac{\partial^2 T}{\partial x^2} \tag{3.28}$$

我们将式(3.28)当作本章讨论的模型方程,所有关于显式和隐式方法的讨论都可以就这一模型方程来进行,而没必要讨论复杂的流动控制方程。4.3 节中用式(3.28)来解释差分方程的定义,其中,我们用前差来近似 $\partial T/\partial t$,用中心二阶差分来近似 $\partial^2 T/\partial x^2$,得到式(4.36)表示的特定形式的差分方程,重写如下:

$$\frac{T_i^{n+1} - T_i^n}{\Delta t} = \frac{\alpha(T_{i+1}^n - 2T_i^n + T_{i-1}^n)}{(\Delta x)^2} \tag{4.36}$$

重新整合该方程,可以写成:

$$T_i^{n+1} = T_i^n + \alpha \frac{\Delta t}{(\Delta x)^2}(T_{i+1}^n - 2T_i^n + T_{i-1}^n) \tag{4.37}$$

考察式(3.28)和它的差分方程式(4.37)。在 4.3 节的讨论中,方程(3.28)是一个抛物型偏微分方程。由于它的抛物线性质，可以用 3.4.2 节所述的推进方法求解，这里的推进变量为时间 t。为了具体起见，考虑图 4.6 所示的有限差分网格，假设在 n 时刻所有网格点上的 T 都是已知的，时间推进意味着利用已知的 n 时刻的已知值计算 $n+1$ 时刻的所有网格点上的 T 值，当这种计算结束后，可以得到 $n+1$ 时刻的值。然后应用同样的过程，使用 $n+1$ 时刻的值来计算 $n+2$ 时刻所有网格点上的 T 值。就这样，通过时间步的推进来求解。观察式(4.37)，可以看到这种时间推进是通过一种直接的机制来完成的。注意到式(4.37)中右端项仅包含 n 时刻的性质，而左端项包含 $n+1$ 时刻的性质。回忆时间推进的机理，在计算 $n+1$ 时刻的物理量的值时所有 n 时刻的物理量是已知的，那么式(4.37)中只有 T_i^{n+1} 一项是未知的。因此，式(4.37)可以由已知量直接求出 T_i^{n+1} 的值，因为只有一个方程和一个未知数，没有比这更简单的了。例如：考虑图 4.7 中所示的网格，沿 x 轴方向分布 7 个网格点。以网格点 2 为中心，方程(4.37)可以写为：

$$T_2^{n+1} = T_2^n + \alpha \frac{\Delta t}{(\Delta x)^2}(T_3^n - 2T_2^n + T_1^n) \tag{4.38}$$

由于上式中右侧的量都是已知的，所以可以直接计算 T_2^{n+1} 的值，然后以网格点 3 为中心，方程(4.37)可以写为：

$$T_3^{n+1} = T_3^n + \alpha \frac{\Delta t}{(\Delta x)^2}(T_4^n - 2T_3^n + T_2^n) \tag{4.39}$$

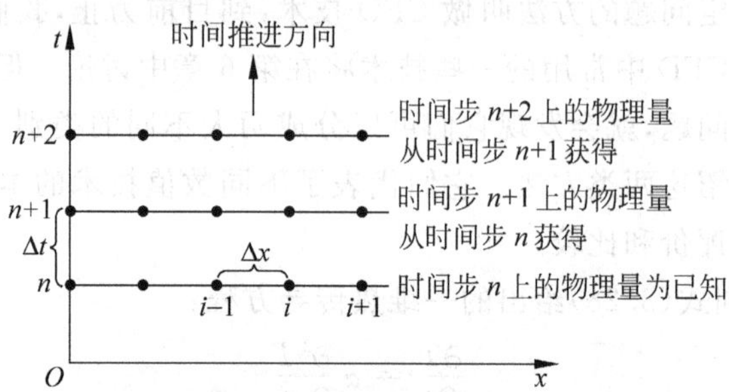

图 4.6　时间推进示例

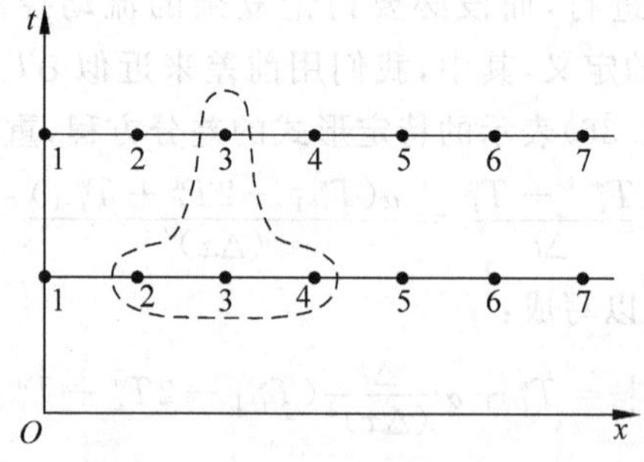

图 4.7　一个显式有限差分模型

由于上式中右侧的量都是已知的,所以可以直接计算 T_3^{n+1} 的值。同样的思路,在网格点 4,5,6 上依次应用式(4.37),可以依次得到 T_4^{n+1} T_5^{n+1} 和 T_6^{n+1}。

图 4.7 是一个显式求解过程的例子。由定义可知,在一个显式求解过程中每个差分方程仅包含一个未知数,因此可以直接求解这个未知数。在图 4.7 中这种显式求解过程由虚线圈起来的差分模块来进一步说明。此模块仅包含 $n+1$ 时刻的一个未知量。

考虑图 4.7 中的网格点 1 和 7,抛物型偏微分方程的推进求解包含了边界条件的约束信息。图中 T_1 和 T_7 分别表示左右边界上的 T,它们在每个时间步中都是已知量,由边界处的约束条件给定。

方程(4.36)并不是唯一可以代替式(3.28)的差分方程,事实上,它只是原偏微分方程众多差分方程中的一个。作为上面所讨论的显式求解的一个反例,现在回到式(3.28),把右端项的空间差分写成 n 和 $n+1$ 时刻的平均,就是把方程(3.28)写成如下形式:

$$\frac{T_i^{n+1}-T_i^n}{\Delta t}=\alpha\frac{\frac{1}{2}(T_{i+1}^{n+1}+T_{i+1}^n)+\frac{1}{2}(-2T_i^{n+1}-2T_i^n)+\frac{1}{2}(T_{i-1}^{n+1}+T_{i-1}^n)}{(\Delta x)^2} \tag{4.40}$$

上式中所用到的特定形式的差分方法叫做 Crank-Nicolson(克兰克-尼科尔森)格式。(Crank-Nicolson 差分在求解抛物型方程中广泛应用。在 CFD 中,Crank-Nicolson 格式及它的修正版本在边界层方程的有限差分求解中经常使用。)考察方程(4.40),未知数 T_i^{n+1} 不仅由 n 时刻的已知量 T_{i+1}^n,T_i^n,T_{i-1}^n 来表示,而且表达式中还涉及 $n+1$ 时刻的未知量 T_{i+1}^{n+1} 和 T_{i-1}^{n+1},换句话说,方程(4.40)中有三个未知数,即:T_i^{n+1},T_{i+1}^{n+1} 和 T_{i-1}^{n+1}。因此,方程在第 i 个网格点处的表达式不是独立的,由它本身并不能解出 T_i^{n+1} 的值。必须将方程(4.40)在所有内点上的表达式联立起来,求解这个代数方程组,才能同时得到所有网格点上的 T_i^{n+1}。这就是隐式算法的一个例子。由定义,隐式过程是指未知数必须通过同时求解某一时刻所有网格点上的差分方程来得到。因为这需要求解大型的代数方程组,隐式算法通常需要处理大型的矩阵。讨论到现在,大家可能认为隐式算法比显式方法更复杂。与图 4.7 中所示的简单显式算法不同,方程(4.40)的隐式模型表示在图 4.8 中,图中清楚地表示出了 $n+1$ 时刻的三个未知数。

具体地说,以图 4.8 中所示的七个网格点的网格为例。将方程(4.40)中未知数写在左端,已知量写在右端,得到如下形式:

$$\begin{aligned}&\frac{\alpha\Delta t}{2(\Delta x)^2}T_{i-1}^{n+1}-\left[1+\frac{\alpha\Delta t}{(\Delta x)^2}\right]T_i^{n+1}+\frac{\alpha\Delta t}{2(\Delta x)^2}T_{i+1}^{n+1}\\&=-T_i^n-\frac{\alpha\Delta t}{2(\Delta t)^2}(T_{i+1}^n-2T_i^n+T_{i-1}^n)\end{aligned} \tag{4.41}$$

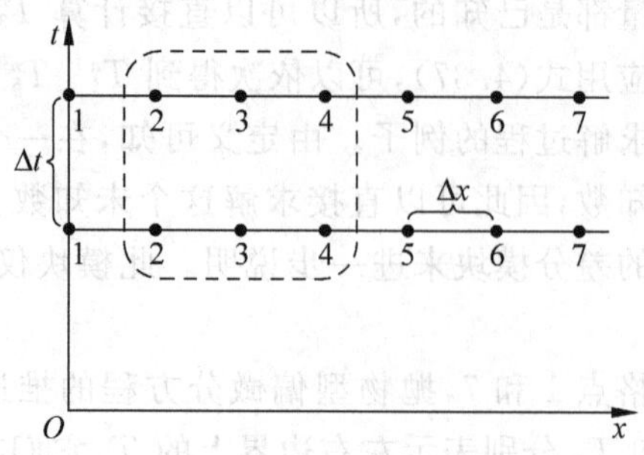

图 4.8　一个隐式有限差分模型

为了简化书写，假设如下：

$$A = \frac{\alpha\Delta t}{2(\Delta x)^2}$$

$$B = 1 + \frac{\alpha\Delta t}{(\Delta x)^2}$$

$$K_i = -T_i^n - \frac{\alpha\Delta t}{2(\Delta x)^2}(T_{i+1}^n - 2T_i^n + T_{i-1}^n)$$

则方程(4.41)可以简化为：

$$AT_{i-1}^{n+1} - BT_i^{n+1} + AT_{i+1}^{n+1} = K_i \tag{4.42}$$

注意到，式(4.42)中的 K_i 中包含了 n 时刻的物理量，它们是已知的。因此，式(4.42)中的 K_i 是已知的。回到图 4.8 中，依次在网格点 2～6 上应用式(4.42)。

在网格点 2：
$$AT_1 - BT_2 + AT_3 = K_2 \tag{4.43}$$

这里，为了方便省略上标，将其简单记为 T_1，T_2 和 T_3，如前所述 K_2 是已知的。因为边界上的约束条件加在网格点 1 和 7 上，所以式(4.43)中的 T_1 是已知的。因此，式(4.43)中的已知量 T_1 可以移到右端，写为：

$$-BT_2 + AT_3 = K_2 - AT_1 \tag{4.44}$$

用 K_2' 来代替 $K_2 - AT_1$，即 K_2' 是已知的，方程(4.44)写为：

$$-BT_2 + AT_3 = K_2' \tag{4.45}$$

在网格点 3：
$$AT_2 - BT_3 + AT_4 = K_3 \tag{4.46}$$

在网格点 4：
$$AT_3 - BT_4 + AT_5 = K_4 \tag{4.47}$$

在网格点 5：
$$AT_4 - BT_5 + AT_6 = K_5 \tag{4.48}$$

在网格点 6：
$$AT_5 - BT_6 + AT_7 = K_6 \tag{4.49}$$

在方程(4.49)中，因为网格点 7 在边界上，所以 T_7 由边界上的约束条件给定。因此，式(4.49)重写为：

$$AT_5 - BT_6 = K_6 - AT_7 = K_6' \tag{4.50}$$

其中 K_6' 是已知的。

方程(4.45)～(4.48)及(4.50)这五个方程中有五个未知数:T_2,T_3,T_4,T_5 和 T_6。这个方程组可以写为矩阵的形式,即

$$\begin{bmatrix} -B & A & 0 & 0 & 0 \\ A & -B & A & 0 & 0 \\ 0 & A & -B & A & 0 \\ 0 & 0 & A & -B & A \\ 0 & 0 & 0 & A & -B \end{bmatrix} \begin{bmatrix} T_2 \\ T_3 \\ T_4 \\ T_5 \\ T_6 \end{bmatrix} \quad \begin{bmatrix} K_2' \\ K_3 \\ K_4 \\ K_5 \\ K_6' \end{bmatrix} \tag{4.51}$$

其中的系数矩阵是一个三对角阵,即仅在式(4.51)中虚线所示的三对角线上有非零元素。求解上面的方程组需要处理三对角阵,所以通常采用 Thomas(托马斯)方法来求解,它几乎是三对角矩阵方程的标准解法。对此方法的描述见本书的附录,本书第Ⅲ部分的应用讨论中就是基于对此方法展开的。

显然,基于上例可见,隐式的方法比显式的方法要复杂得多。此外,本节所用的模型方程(3.28)是一个线性偏微分方程,由此得到形如式(4.37)和(4.40)的线性的差分方程。如果控制方程是非线性的偏微分方程又如何呢? 例如,假设方程(3.28)中的热扩散率 α 是温度的函数,将方程(3.28)写为:

$$\frac{\partial T}{\partial t} = \alpha(T)\frac{\partial^2 T}{\partial x^2} \tag{4.52}$$

现在方程(4.52)是一个非线性的偏微分方程。这在本质上对显式的求解过程没有任何影响,因为类似方程(4.37),方程(4.52)的差分方程可以写为:

$$T_i^{n+1} = T_i^n + \alpha(T_i^n)\frac{\Delta t}{(\Delta x)^2}(T_{i+1}^n - 2T_i^n + T_{i-1}^n) \tag{4.53}$$

方程(4.53)仍为线性方程,且只有一个未知数 T_i^{n+1},因为 α 在 n 时刻的估计值可以求出,即 $\alpha=\alpha(T_i^n)$,其中 T_i^n 是已知数。另一方面,如果对式(4.52)应用 Crank-Nicolson 方法,右端项用 n 时刻和 $n+1$ 时刻的平均量来估计,则 $\alpha(T)=\frac{1}{2}[\alpha(T_i^{n+1})+\alpha(T_i^n)]$。最终的差分方程由方程(4.41)给出,只是其中 $\alpha(T)=\frac{1}{2}[\alpha(T_i^{n+1})+\alpha(T_i^n)]$。显然,新的差分方程涉及物理量的乘积,如$[\alpha(T_i^{n+1})]T_i^{n+1}$,$[\alpha(T_i^{n+1})]T_{i+1}^{n+1}$及$[\alpha(T_i^{n+1})]T_{i-1}^{n+1}$。换句话说,得到的差分方程是非线性的代数方程。隐式方法需要同时求解这个非线性方程组,这是一个额外的且困难的工作,这是隐式方法的最大缺点。为了避免这个问题,差分方程通常要线性化。例如在方程(4.52)中,α 仅在 n 时刻计算而不用 n 时刻和 $n+1$ 时刻的平均量来估计,这样差分方程中就不会出现非线性的代数方程,这样得到的差分方程就与方程(4.31)相同了。隐式方法中采用的其他将控制方程线性化的方法将在第 6 章讨论。

既然隐式方法相对于显式方法更加复杂,那么为什么还要采用隐式算法呢? 为什么不一直采用显式方法呢? 在显式方法中,当 Δx 给定,Δt 并不是可以独立、任意

选取的，而是要小于等于一个特定量的，而这个特定量由稳定性要求来确定。如果 Δt 的选取大于这个特定量，时间推进就会不稳定，就会出现由于数值达到无穷大或者对负数开根号而无法继续计算的情况。在很多情况下，为了满足稳定性要求，Δt 通常要取很小的值，这就意味着计算给定时间间隔的解需要相对较长的计算时间。而在隐式推进中就没有类似的稳定性要求，对大多数隐式方法而言，比显式算法中大得多的时间步长 Δt 均可以保持稳定性。事实上，一些隐式方法是无条件稳定的，这就意味着任意大的 Δt 都可以得到一个稳定的解。因此，对隐式方法来说，计算给定时间间隔的解比显式方法需要更少的时间步。因此，在一些应用中，尽管隐式算法在每个时间步中由于它的相对复杂性需要更多的计算量，但是很少的时间步数会使其总的计算时间比相应的显式算法大大减少。

在隐式算法中也有限制时间步长 Δt 不能太大的因素。为了说明这一点，回忆到时间推进在 CFD 中是为了实现以下两个目的之一：

(1) 通过假设任意的初始流场，然后推进足够多的时间步，直到一段时间后最终得到稳定的定常解。在这种情况下，要得到最终稳定状态下的解，而时间推进只是一种求解的方法。3.4.4 节中所讲的超声速钝体流动就是这样的例子。

(2) 得到某一特定时刻的非定常解，例如绕仰角随时间变化的机翼流动的非定常流场，或者由于流动分离而自然产生的非定常流动。一个例子就是 1.2 节中讨论的图 1.3(a) 中所示机翼绕流的非定常层流分离流。(回到 1.2 节复习并讨论与图 1.3(a)有关的章节会帮助读者对目前的讨论有一个更好的理解。)

考虑上面所提到的第一条，时间推进过程没有特定的时刻要求，它只需要通过一些方法来得到最终的定常解即可。另一方面，上面的第二条，时间推进方法的时间精度是很必要的，因为我们要解决的就是流场随时间变化的问题，这就是我们考虑隐式方法中时间步长的上限。显然，随着 Δt 的增加，时间导数差分离散的截断误差也会增加。这样，采用很大时间步长的隐式算法在计算流场变化中可能不够精确。在这种情况下，隐式算法的优势就会减弱。那么这意味着什么呢？简单地说，就是在某些情况下显式算法最有效，而对于其他情况隐式算法是最好的选择。为了明确这些不同的适用情况，我们可以观察一下这两种方法主要的优缺点。

显式方法

优点：相对简单

缺点：在前面的例子中，对给定的 Δx，Δt 有一个由稳定性要求的上限。在很多情况下，Δt 需要取很小的值来满足计算稳定的条件，这将导致对给定的求解时刻来说，计算时间大大增加。

隐式方法

优点：Δt 较大时仍可满足稳定性的要求，所以可以用相对较少的计算时间来得到给定的求解时刻的解。

缺点：① 相对复杂；②通常在每个时间步都需要处理大型的矩阵，每个时间步所需要的计算比显式方法大大增加；③由于采用的 Δt 较大，截断误差也较大，即用隐式方法来跟踪物理量的变化没有显式方法得到的结果精确。但是，对一个要得到定常解的计算来说，相对的时间精度并不是十分重要。

在 1969—1979 年间，大多数涉及时间推进求解的实际 CFD 计算都采用显式方法。现今，这种方法仍然是流场计算中最直接的方法。但是，很多更精细的 CFD 应用例如那些在流场的某些区域要求非常精细的空间网格的计算中，由于推进时间步长很小，故计算时间很长。例如，大雷诺数的黏性流动中，在壁面附近流动有极大的变化，因此在壁面附近需要很精细的网格点。这就使隐式方法的优点显得非常的有吸引力，即对于很精细的网格也可以用更大的推进时间步长。由于这个原因，在 20 世纪 80 年代，隐式算法成为 CFD 中集中研究的方向。但是，随着计算机技术的发展，例如大型并行求解器的应用，重点又回到了显式算法上(回忆 1.5 节中关于不同种类的现代计算机的讨论)。对于这种大型并行求解器来说，显式算法可以同时在流场中的千千万万个网格点上求解计算。事实上，这种计算机是为显式算法特制的。再次回顾，在一个给定问题的求解过程中，对于显式和隐式方法的选择并不是固定的，当面临这样的选择时，读者必须用自己的经验来判断。本节只是简单地定义了两种方法的属性，并且比较了两者的优缺点。

最后，注意到本节的讨论尽管是针对有限差分方法的，但显然讨论的内容并不仅限于这种方法。有限体积方法也有同样的分类，有显式有限体积技术和隐式有限体积技术，其中的区别、优缺点同本节中讨论的完全相同。

4.5 误差及稳定性分析

在 4.4 节关于显式算法的讨论中，提出了一些数值求解的稳定性问题，如果推进时间步超过某些规定的限制将导致计算不稳定。在有限差分方法中，这个对推进时间步长最大值的限制，原则上可由对控制方程的有限差分形式进行正式的稳定性分析得到。非线性欧拉方程和纳维-斯托克斯方程的差分方程精确的稳定性分析并不存在。但是，对某些简化的模型方程的简单稳定性分析可以提供一些参考。在作者看来，数值方法的严格的稳定性分析属于应用数学的范围，它超出了本书所要讨论的范围。但是，CFD 工作者有必要对稳定性分析的特性及已经得到的结论有一定的概念，这可以通过一个对于线性模型方程简单、近似地分析得到。这就是本节的目的。

注意，下面讨论的稳定性分析方法是针对特定的方程来进行的，因此得到的结果只适用于这些特定的方程。在这种情况下，可以认为下面的讨论只是一些可以解决的特殊问题。但是，这些例子反映了一个普遍适用的分析过程，因此，我们不仅要注意到问题的共性，也要注意到它的特性。

对于模型方程，继续采用一维热传导方程，即方程(3.28)：

$$\frac{\partial T}{\partial t}=\alpha\frac{\partial^2 T}{\partial x^2} \tag{3.28}$$

这个方程的差分方程采用式(4.36)的显式形式：

$$\frac{T_i^{n+1}-T_i^n}{\Delta t}=\frac{\alpha(T_{i+1}^n-2T_i^n+T_{i-1}^n)}{(\Delta x)^2} \tag{4.36}$$

稳定性是怎样的性质呢？是什么使得计算不稳定呢？在本节结束之后，希望读者能对这些问题的答案有较好的认识。稳定性主要由数值误差的概念决定。数值误差是在一个给定计算中，确切地说是在一个时间步向下一个时间步推进的过程中出现的。简单地说，如果一个给定的数值误差在由一个时间步向下一个时间步推进的过程中被放大了，则这个计算就是不稳定的。如果数值误差没有增加，特别是它在推进过程中是逐渐减小的，则这个计算就是稳定的。因此，稳定性的分析必须建立在对数值误差的讨论的基础上。下面将讨论数值误差的概念。

考虑一个偏微分方程，例如上面给出的方程(3.28)，这个方程的数值求解中有如下两个主要的误差来源：

(1) 离散误差。偏微分方程(例如方程(3.28))的解析精确解和差分方程(例如方程(4.36))的精确解(无舍入误差)之间的差别，从4.3节的讨论中可知，离散误差由差分方程的截断误差和由边界条件的数值处理方法引入的误差组成。

(2) 舍入误差。在计算过程中不断舍去有限位数以后的数字，由此而引起的数值误差。

如果令：

A=偏微分方程的解析解

D=差分方程的精确解

N=由实际计算得到的有限精度的数值解

则：离散误差$=A-D$

$$\text{舍入误差}=\epsilon=N-D \tag{4.54}$$

从方程(4.54)中可以得到：

$$N=D+\epsilon \tag{4.55}$$

其中，ϵ是舍入误差，为了简便，在本节以下的讨论中将其称为误差。数值解N必须满足差分方程，这是因为计算机编程所要解的方程就是差分方程。在我们的例子中，计算机编程所要解的方程是式(4.36)，显然得到的解带有舍入误差。因此，从方程(4.36)中得到：

$$\frac{D_i^{n+1}+\epsilon_i^{n+1}-D_i^n-\epsilon_i^n}{\alpha\Delta t}=\frac{D_{i+1}^n+\epsilon_{i+1}^n-2D_i^n-2\epsilon_i^n+D_{i-1}^n+\epsilon_{i-1}^n}{(\Delta x)^2} \tag{4.56}$$

由定义,D 是差分方程的精确解,因此它精确满足差分方程。因此,可以写出:

$$\frac{D_i^{n+1}-D_i^n}{\alpha\Delta t}=\frac{D_{i+1}^n-2D_i^n+D_{i-1}^n}{(\Delta x)^2} \tag{4.57}$$

从方程(4.56)中减去方程(4.57),得到:

$$\frac{\epsilon_i^{n+1}-\epsilon_i^n}{\alpha\Delta t}=\frac{\epsilon_{i+1}^n-2\epsilon_i^n+\epsilon_{i-1}^n}{(\Delta x)^2} \tag{4.58}$$

从方程(4.58)可以看出,误差ϵ满足差分方程。

现在考虑差分方程(4.36)的稳定性。如果误差ϵ_i在解方程的计算中已经存在(在任何真实求解过程中它们总是存在的),则只有当ϵ_i在从第 n 个时间步推进到第 $n+1$ 个时间步的过程中是逐渐减小的,或者至少保持不变,才能保证解是稳定的。如果ϵ_i在求解过程中逐渐增大,那么解就是不稳定的。这就是说,在解是稳定的前提下,需要满足:

$$\left|\frac{\epsilon_i^{n+1}}{\epsilon_i^n}\right|\leqslant 1 \tag{4.59}$$

对于方程(4.36),下面来考察在怎样的情况下才能满足式(4.59)。

首先需要考察舍入误差。在由方程(3.28)表示的一维非定常问题中,可以画出在某个给定时间步舍入误差关于 x 变化的图像,图 4.9 就是这样的一个图像。假设求解域的长度为 L,为了方便我们将坐标原点设在求解域的中心,因此,左侧边界处横坐标为$-L/2$,右侧边界坐标为 $L/2$。误差沿 x 轴的分布如图 4.9 所示成随机分布,注意到在 $x=-L/2$ 和 $L/2$ 处误差为零,因为在求解域的两侧有规定的边界条件,因此,这里没有引入任何误差,因为边界上的值总是以精确的固定的值给定的。在任何给定的时刻,随机误差可以解析地由傅里叶级数表示出来,如下所示:

$$\epsilon(x)=\sum_m A_m \mathrm{e}^{ik_m x} \tag{4.60}$$

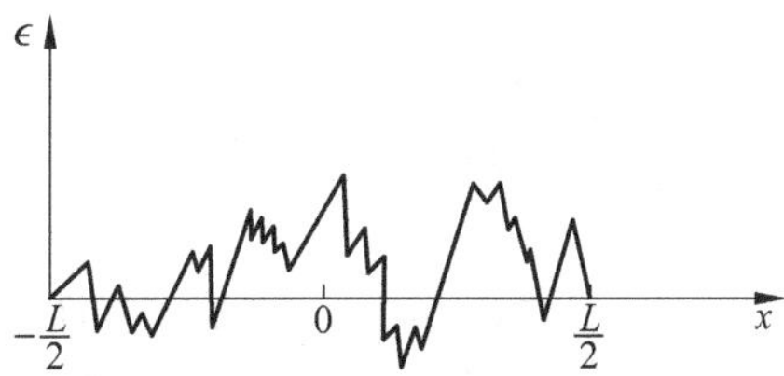

图 4.9 x 方向计算机舍入误差的示例

方程(4.60)表示了正弦和余弦的数列,因为 $e^{ik_m x}=\cos k_m x+i\sin k_m x$。其中,$k_m$ 叫做波数。式(4.60)的实部代表误差。在进一步讨论之前,我们考察一下波数的含义。为简单起见,只考虑图 4.10 所示的正弦函数。由定义,波长 λ 是一个完整的波长所跨

的 x 的距离，如图 4.10 所示。因此，对我们来说更为熟悉的正弦函数表示方式是：

$$y = \sin\frac{2\pi x}{\lambda} \tag{4.61}$$

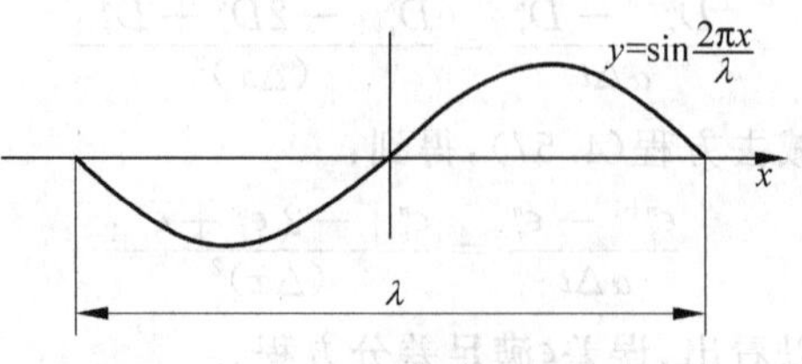

图 4.10　正弦函数

用波束表示上式，可以得到：

$$y = \sin k_m x \tag{4.62}$$

比较方程(4.61)和(4.62)，显然波数为：

$$k_m = \frac{2\pi}{\lambda} \tag{4.63}$$

在方程(4.60)中，波数 k_m 带着一个下标 m，下面解释一下 m 的含义，这与给定长度上整波的数目有关。考虑沿 x 轴的一段距离 L，如图 4.11 所示，如果在这段距离上仅包含一个正弦波，则波长为 $\lambda=L$，即图 4.11(a)中所示。这个正弦波由方程(4.62)来表示，而其中的 k_m 由式(4.63)来表示，在这种情况下，因为 $\lambda=L$，所以，$k_m=2\pi/L$。

现在考察在给定距离 L 上有两个正弦波的情况，即图 4.11(b)中所示的情况。此时的波长为：$\lambda=L/2$，波的方程为：$y=\sin\ k_m x$。其中，$k_m=2\pi/(L/2)=(2\pi/L)2$。依此类推，如果在这段间隔上有三个波，则 $k_m=(2\pi/L)3$。由此不同波长的波数为：

$$k_m = \left(\frac{2\pi}{L}\right)m \quad m = 1,2,3,\cdots \tag{4.64}$$

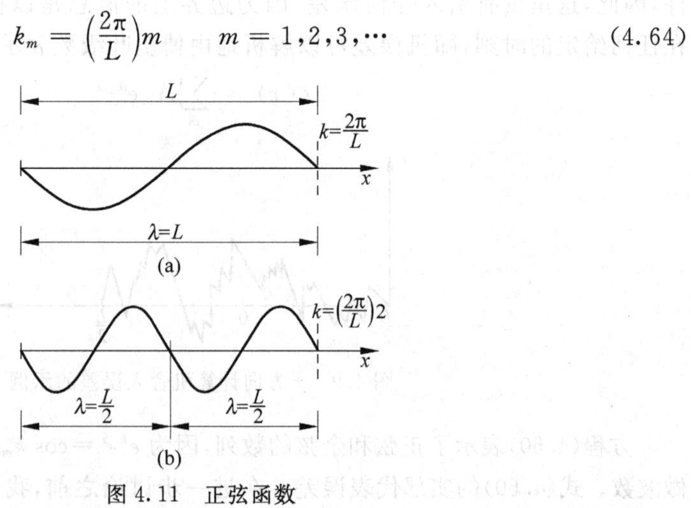

图 4.11　正弦函数

(a) 波长为 L；(b) 波长为 $L/2$

上面解释了波数 k_m 中下标的意义，简单来说它等于给定间隔 L 上波的数目。显然，从方程(4.64)中可知，波数与给定间隔上波的数目成正比，给定间隔上的波数越大，这个间隔内波的数目也越多。

现在对方程(4.60)的含义有更深的理解了，其中，对 m 求和表示对波数不断增加的正、余弦的连续求和。也就是说，方程(4.60)是一个多项求和的形式，每项表示一个高阶谐波。当只采用无穷多项的形式时，式(4.60)表示误差ϵ关于 x 的连续函数，如图 4.9 所示。但是，考虑到实际数值求解中仅涉及有限个网格点，所以式(4.60)中存在项数的限制。为了更清楚地看到这一点，考察图 4.12，图中表示了数值求解的区域 L。最大的可能波长为 $\lambda_{\max}=L$，这是在方程(4.60)中第一项即 $m=1$ 时的波长，最小可能波长为三个相邻网格点上的正弦(或余弦)函数的值均为零的情况，如图 4.12 所示。因此，最小可能波长为 $\lambda_{\min}=2\Delta x$。如果在 L 长的距离上共有 $N+1$个网格点，那么在这些网格点之间共有 N 个间距，即 $\Delta x=L/N$。因此，$\lambda_{\min}=2L/N$。从方程(4.63)可以得到：

$$k_m=\frac{2\pi}{2L/N}=\frac{2\pi}{L}\frac{N}{2} \tag{4.65}$$

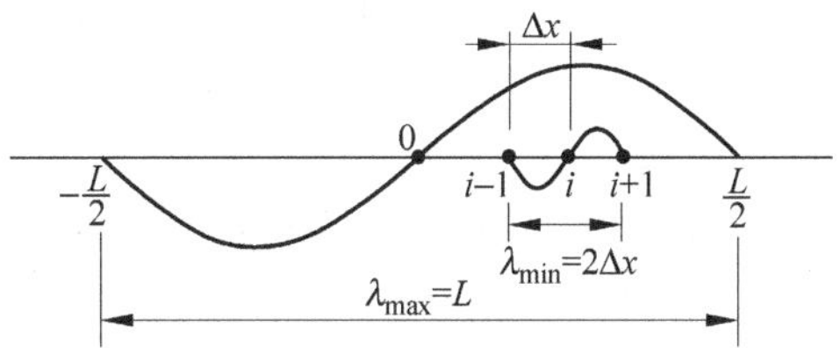

图 4.12 舍入误差的傅里叶分量的最大和最小波长示例

比较方程(4.64)和方程(4.65)，可以看到方程(4.65)中的 m 等于 $N/2$，这就是方程(4.60)所允许的最高阶的谐波。因此，从方程(4.60)，对于一个具有 $N+1$ 个网格点的网格，可以得到：

$$\epsilon(x)=\sum_{m=1}^{N/2}A_m\mathrm{e}^{ik_mx} \tag{4.66}$$

现在完成了对舍入误差的分析。方程(4.66)给出的是 n 时刻舍入误差随空间的变化关系。从方程(4.59)中可以看出，为了估计数值稳定性，我们感兴趣的是舍入误差ϵ随时间的变化关系。因此，扩展式(4.66)，假设幅值 A_m 是时间的函数，如下式所示：

$$\epsilon(x,t)=\sum_{m=1}^{N/2}A_m(t)\mathrm{e}^{ik_mx} \tag{4.67}$$

更进一步，假设 A_m 随时间成指数函数变化，因为误差有随时间指数增长或衰减的趋势。因此，可以将上式写为：

$$\epsilon(x,t)=\sum_{m=1}^{N/2}\mathrm{e}^{at}\mathrm{e}^{ik_m x} \tag{4.68}$$

其中，a 是一个常数(对不同的 m 取不同的值)。式(4.68)给出舍入误差随时间和空间的一个合理的最终变化形式。

在建立了傅里叶级数的截断项ϵ其振幅随时间的指数变化关系后，我们现在来进行以下的观察。由于原来的差分方程(4.36)是线性的，而且舍入误差满足同样的差分方程，这已由式(4.58)证明，则将式(4.68)代入式(4.58)，表示舍入误差的整个数列的每一项的行为同整个数列的行为是相同的。因此，我们只处理数列中的某一项即可，表示如下：

$$\epsilon_m(x,t)=\mathrm{e}^{at}\mathrm{e}^{ik_m x} \tag{4.69}$$

稳定性的分析一般可采用上式的形式来进行。上面讨论误差ϵ的一般形式的意义在于告诉我们这里正在解决的问题是什么，以及可以采用式(4.69)的简化形式来进行研究。现在来找出误差随时间的变化规律：以便找出使式(4.59)成立需要 Δt 满足的条件。

将式(4.69)和式(4.58)相减，得到：

$$\frac{\mathrm{e}^{a(t+\Delta t)}\mathrm{e}^{ik_m x}-\mathrm{e}^{at}\mathrm{e}^{ik_m x}}{\alpha\Delta t}=\frac{\mathrm{e}^{at}\mathrm{e}^{ik_m(x+\Delta x)}-2\mathrm{e}^{at}\mathrm{e}^{ik_m x}+\mathrm{e}^{at}\mathrm{e}^{ik_m(x-\Delta x)}}{(\Delta x)^2} \tag{4.70}$$

用 $\mathrm{e}^{at}\mathrm{e}^{ik_m x}$ 除式(4.70)，得到：

$$\frac{\mathrm{e}^{a\Delta t}-1}{\alpha\Delta t}=\frac{\mathrm{e}^{ik_m\Delta x}-2+\mathrm{e}^{-ik_m\Delta x}}{(\Delta x)^2}$$

或者，

$$\mathrm{e}^{a\Delta t}=1+\frac{\alpha\Delta t}{(\Delta x)^2}(\mathrm{e}^{ik_m\Delta x}+\mathrm{e}^{-ik_m\Delta x}-2) \tag{4.71}$$

回忆定义式：$\cos(k_m\Delta x)=\dfrac{\mathrm{e}^{ik_m\Delta x}+\mathrm{e}^{-ik_m\Delta x}}{2}$

则式(4.71)可以写为：

$$\mathrm{e}^{a\Delta t}=1+\frac{2\alpha\Delta t}{(\Delta x)^2}[\cos(k_m\Delta x)-1] \tag{4.72}$$

回忆另一个三角函数等式：$\sin^2\dfrac{k_m\Delta x}{2}=\dfrac{1-\cos(k_m\Delta x)}{2}$

则式(4.72)最终写为：

$$\mathrm{e}^{a\Delta t}=1-\frac{4\alpha\Delta t}{(\Delta x)^2}\sin^2\frac{k_m\Delta x}{2} \tag{4.73}$$

从上式得到：

$$\frac{\epsilon_i^{n+1}}{\epsilon_i^n}=\frac{\mathrm{e}^{a(t+\Delta t)}\mathrm{e}^{ik_m x}}{\mathrm{e}^{at}\mathrm{e}^{ik_m x}}=\mathrm{e}^{a\Delta t} \tag{4.74}$$

综合式(4.59)、(4.73)和(4.74)，得到：

$$\left|\frac{\epsilon_i^{n+1}}{\epsilon_i^n}\right| = |e^{a\Delta t}| = \left|1-\frac{4\alpha\Delta t}{(\Delta x)^2}\sin^2\frac{k_m\Delta x}{2}\right| \leqslant 1 \tag{4.75}$$

根据方程(4.59)，若要得到稳定的解则必须满足式(4.75)。

在方程(4.75)中，令 $\left|1-\frac{4\alpha\Delta t}{(\Delta x)^2}\sin^2\frac{k_m\Delta x}{2}\right| \equiv G$，其中 G 叫做放大因子，所以不等式(4.75)要求 $G\leqslant 1$，即必须同时满足以下两个条件：

(1) $1-\frac{4\alpha\Delta t}{(\Delta x)^2}\sin^2\frac{k_m\Delta x}{2}\leqslant 1$，因此：

$$\frac{4\alpha\Delta t}{(\Delta x)^2}\sin^2\frac{k_m\Delta x}{2} \geqslant 0 \tag{4.76}$$

因为 $\frac{4\alpha\Delta t}{(\Delta x)^2}$ 恒为正值，所以式(4.76)恒成立。

(2) $1-\frac{4\alpha\Delta t}{(\Delta x)^2}\sin^2\frac{k_m\Delta x}{2}\geqslant -1$，因此：

$$\frac{4\alpha\Delta t}{(\Delta x)^2}\sin^2\frac{k_m\Delta x}{2} - 1 \leqslant 1,$$

为使上式成立，要求：

$$\frac{\alpha\Delta t}{(\Delta x)^2} \leqslant \frac{1}{2} \tag{4.77}$$

式(4.77)给出了差分方程(4.36)的稳定性要求。显然，对给定的 Δx，Δt 的值必须足够小来满足式(4.77)成立。这是一个用来说明显式有限差分方法中稳定性要求对推进时间步长限制的很好的例子。只要式(4.77)成立，那么误差就不会随着时间推进而增加，数值求解就会稳定地进行。另一方面，如果 $\frac{\alpha\Delta t}{(\Delta x)^2} > \frac{1}{2}$，那么误差就会逐渐增大，最终引起数值推进求解发散。

上面的分析可以作为一种普遍性的稳定性分析方法的例子，这种方法叫做 von Neumann(冯・诺曼)稳定性方法，它在考察线性差分方程的稳定性的问题中经常被用到。

稳定性判据的精确形式取决于差分方程的形式。例如，下面来考察另外一个简单的方程，这次是一个双曲型方程。考虑一阶波动方程(见习题 3.5)：

$$\frac{\partial u}{\partial t} + c\frac{\partial u}{\partial x} = 0 \tag{4.78}$$

对空间导数项采用中心差分离散：

$$\frac{\partial u}{\partial x} = \frac{u_{i+1}^n - u_{i-1}^n}{2\Delta x} \tag{4.79}$$

如果对时间导数采用简单的前差近似，则方程(4.78)的最终差分方程形式为：

$$\frac{u_i^{n+1} - u_i^n}{\Delta t} = -c\frac{u_{i+1}^n - u_{i-1}^n}{2\Delta x} \tag{4.80}$$

这是从微分方程(4.78)得到的形式简单的差分方程,通常叫做 Euler 显式格式。但是,对式(4.80)采用 von Neumann 方法进行稳定性分析时发现,无论 Δt 取何值,差分方程都是不稳定的,所以式(4.80)被称为是无条件不稳定的。我们将时间导数项改写为一个一阶差分,其中,$u(t)$采用第 $i-1$ 和第 $i+1$ 个网格点上的平均值来代替,例如:

$$u(t)=\frac{1}{2}(u_{i+1}^{n}+u_{i-1}^{n}),$$

则:

$$\frac{\partial u}{\partial t}=\frac{u_{i}^{n+1}-\frac{1}{2}(u_{i+1}^{n}+u_{i-1}^{n})}{\Delta t} \tag{4.81}$$

将式(4.79)和式(4.81)代入式(4.78)中,得到:

$$u_{i}^{n+1}=\frac{u_{i+1}^{n}+u_{i-1}^{n}}{2}-c\frac{\Delta t}{\Delta x}\frac{u_{i+1}^{n}-u_{i-1}^{n}}{2} \tag{4.82}$$

如上式的差分格式叫做 Lax(拉克斯)格式,由数学家 Peter Lax 首先提出。同前面一样,如果假设误差有以下形式:$\epsilon_m(x,t)=\mathrm{e}^{at}\mathrm{e}^{ik_m x}$,将此式代入式(4.82),则放大因子变为:

$$\mathrm{e}^{at}=\cos(k_m\Delta x)-iC\sin k_m(\Delta x) \tag{4.83}$$

其中,$C=c\Delta t/\Delta x$。稳定性要求为$|\mathrm{e}^{at}|\leqslant 1$,其在式(4.83)中的具体形式为:

$$C=c\frac{\Delta t}{\Delta x}\leqslant 1 \tag{4.84}$$

在式(4.84)中,C 为 Courant(库兰特)数。这个方程说明,式(4.82)的数值求解的稳定条件是 $\Delta t\leqslant\Delta x/c$。更进一步,式(4.84)称为 Courant-Friedrichs-Lewy(库兰特-弗里德里奇-莱维)条件,简写为 CFL 条件,它是双曲型方程重要的稳定性判据。CFL 条件是 1928 年提出的,原始工作见参考文献[25]。

CFL 条件,即 Courant 数不大于 1,也是二阶波动方程(见习题 3.4)的稳定性条件。

$$\frac{\partial^2 u}{\partial t^2}=c^2\frac{\partial^2 u}{\partial x^2} \tag{4.85}$$

方程(4.85)的特征线与 CFL 条件之间有着内在的联系。这有助于解释 CFL 条件的物理意义。下面来探寻这内在的联系,式(4.85)的特征线为:

$$x=\begin{cases}ct & (右行) & (4.86\text{a})\\ -ct & (左行) & (4.86\text{b})\end{cases}$$

特征线画在图 4.13(a)和(b)中。在图 4.13 中,点 b 是过 $i-1$ 点向右传播的特征线和过 $i+1$ 点向左传播的特征线的交点。尽管 b 点由两条特征线的交点确定,但是,它与临界 CFL 稳定条件也有关,即 $C=1$。为了更清楚地说明这一点,令 $\Delta t_{C=1}$ 为

当 $C=1$ 时由式(4.84)给出的 Δt 的值。则由式(4.84)可以得到：

$$\Delta t_{C=1}=\frac{\Delta x}{c} \tag{4.87}$$

假如在图 4.13(a)和(b)中，从网格点 i 处向上移动 $\Delta t_{C=1}$ 的距离，即到了 b 点。这是因为由方程(4.86a)和(4.86b)给出的特征线为：

$$\Delta t=\pm\frac{\Delta x}{c} \tag{4.88}$$

显然，式(4.87)中的时间增量 Δt 必须满足 CFL 条件，式(4.88)中的时间增量 Δt 满足特征线交点条件，由于方程(4.87)和(4.88)的右侧是相同的，所以两时间增量具有相同的值。因此，$\Delta t_{C=1}$ 就是图 4.13(a)、(b)中点 b 与网格点 i 之间的距离。现在假设 $C<1$，即图 4.13(a)中所示的情况，则由式(4.84)有 $\Delta t_{C<1}<\Delta t_{C=1}$。点 d 是 $t+\Delta t_{C<1}$ 时刻网格点 i 上面的点，由于点 d 的性质是由网格点 $i-1$ 和 $i+1$ 处的信息通过差分方程的求解得到的，即点 d 的数值依赖域为图 4.13(a)中所示的三角形 adc，而点 d 的解析依赖域为图 4.13(a)中阴影所示的由通过该点的两条特征线定义的三角形。这些特征线与通过 b 点的特征线平行。注意到在图 4.13(a)中，d 点的数

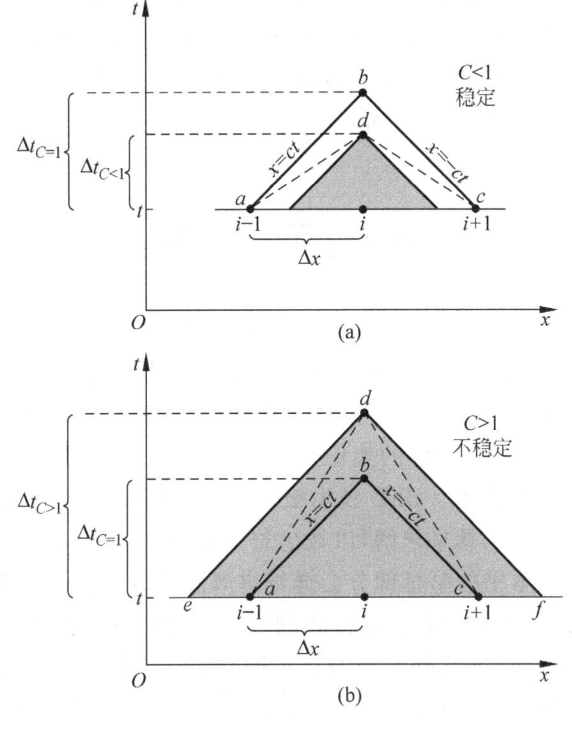

图 4.13

(a) 稳定情况图示，数值区域包含所有解析区域；(b) 不稳定情况图示，数值区域不包含所有解析区域

值依赖域包括解析依赖域。相反地，考虑图 4.13(b)中所示的情况，这里 $C>1$，由式(4.84)得到，$\Delta t_{C>1}>\Delta t_{C=1}$。点 d 是 $t+\Delta t_{C>1}$ 时刻网格点 i 上面的点，由于点 d 的性质是由网格点 $i-1$ 和 $i+1$ 处的信息通过差分方程的求解得到的，即点 d 的数值依赖域为图 4.13(b)中所示的三角形 adc，而点 d 的解析依赖域为图 4.13(a)中阴影所示的由通过该点的两条特征线定义的三角形。注意到在图 4.13(b)中，d 点的数值依赖域并不包括所有的解析依赖域。此外，图 4.13(b)表示的是 $C>1$，即求解不稳定的情况。因此，我们可以给出 CFL 条件的物理解释：为了数值稳定，数值依赖域必须包括所有的解析依赖域。

上面分析的是稳定性的问题。精度的问题尽管有时是大不相同的，但是也可由图 4.13 分析出来。考虑稳定的情况，即图 4.13(a)中所示，注意到点 d 的解析依赖域为图 4.13(a)中阴影所示的三角形，根据我们在第 3 章中的讨论，理论上点 d 的性质只取决于这个阴影三角形内部的网格点。但是，注意到数值网格点 $i-1$ 和 $i+1$ 在点 d 的解析依赖域以外，所以理论上并不应该对点 d 的性质造成影响。另一方面，点 d 的数值计算引入网格点 $i-1$ 和 $i+1$ 处的信息，在 $\Delta t_{C<1}\ll\Delta t_{C=1}$ 的情况下更加严重。在这种情况下，尽管计算是稳定的，也会由于点 d 的解析依赖域与用来计算该点性质的网格点区域的严重不协调而导致计算结果很不精确。

通过以上的讨论，可以得到以下结论：为了保证计算稳定，Courant 数必须小于等于单位 1，但同时为了计算的精确，要尽量使它接近于 1。

4.6 总　结

离散化是本章的关键词。本章讲解了怎样离散一个偏微分方程，包括流动控制方程，这样的离散是有限差分方法的基础。另外，通过习题 4.7，读者将看到怎样离散积分形式的流动控制方程，这是有限体积方法的基础。这两种方法大量应用于 CFD 中。但是，要记住本章所讲的离散化是最简单的工具，它们本身并不能作为求解某个特定流动问题的技术。CFD 技术被定义为：选择怎样的求解工具，如何、用什么样的顺序来使用这些工具来求解，以及怎样来引入边界条件。第 6 章中会讨论一些常用的 CFD 技术，本书的第Ⅲ部分会详细讲解怎样将这些技术应用到求解经典流动问题中。另一方面，本章中我们也接触到了 CFD 技术中的一些重要方面，尽管没有详述这些技术。例如，本章提到所有的 CFD 技术都可以分到两大类中的一种中去，即显式方法和隐式方法，并讨论了它们的含义。更进一步，我们接触到稳定性分析及 von Neumann 的稳定性分析的方法，这让我们对显式方法的稳定性限制及稳定性判据有所了解。所以，本章使我们在 CFD 中前进了一大步。

在进一步讲解之前，回到图 4.2，这是本章的结构图，相信读者对图中每一方框中的内容已经熟悉了。注意到我们已经讲解了有限差分方法，而并没有讲解有限体积和有限元法。有限元法在CFD中还没有得到广泛应用，大约95%的实际CFD求解中都使用有限差分和有限体积方法。这种情况也许会随着时间有所改变，并且在结构力学中，情况是完全相反的，在那里最常用的数值方法是有限元法。图4.2的结构图也强调了显式和隐式方法以及稳定性的问题，它们是有限差分和有限体积方法中共有的问题。

最后指出，我们还不能直接去进行CFD技术的讨论。因为还有一个关于网格生成及其相应变换的问题尚未解决，因此还不能直接接触CFD技术的讨论，这是下一章所要解决的问题。

阅读路标

现在已经有了足够的信息来针对特定的流动问题建立一个有意义的求解过程。这个路标是为那些急于进行编程计算的人服务的。对于那些想要在进行CFD编程计算之前得到更多背景知识的人，请越过这一段直接往下读。我们在下一章中将讨论网格生成及转换的有关问题，这在第8章的实际问题应用中是非常重要的。但是，对于已经厌倦了阅读这些知识，而想要尽快接触计算程序的读者来说，这个路标是很有用的。它将通过求解一个特定的不可压缩黏性流动：Couette流动作为例子，带领读者走一下隐式方法和显式方法的过程，并且只用之前讲到的知识就足够解决这一问题了。因此，阅读9.1～9.3节：求解Couette流动问题（隐式方法），然后参阅习题9.1，显式方法求解Couette流动问题。

上面提到的Couette流动问题描述在图1.32(a)中，读者可以简单回顾一下。注意到，这里只用到其中与显式和隐式有限差分方法有关的那部分信息。

这里还有另外一个需花较多时间才能做出的选择。读者可通过求解准一维管流的欧拉方程来体会显式的时间推进的过程。这需要花费更多的时间，但是它提供了一个实际应用已学知识进行编程计算的机会。因此，阅读6.3节：MacCormack（麦科马克）技术，然后阅读7.1～7.4节，亚声速和超声速喷管等熵流动的计算机求解。

上面提到的信息表示在图1.32(b)中，读者也可以简单回顾一下。其中涉及时间推进的有限差分求解以及伪黏性的问题。

根据自己的情况决定是否练习以上两个问题，然后回到我们现在所要讨论的问题中并做好继续阅读的准备。我们将要在第5章介绍网格生成的相关问题，并在第6章介绍一些不同的CFD技术。

习题

4.1 用 Taylor 级数推导 $\partial u/\partial y$ 的一阶前差和后差近似。

4.2 用 Taylor 级数推导 $\partial u/\partial y$ 的二阶中心差分近似。

4.3 考虑函数 $\phi(x,y)=e^x+e^y$，在点 $(x,y)=(1,1)$ 处，

(1) 计算 $\partial\phi/\partial x$，$\partial\phi/\partial y$ 的精确值。

(2) 采用一阶前差近似，其中 $\Delta x=\Delta y=0.1$，计算 $(1,1)$ 处的 $\partial\phi/\partial x$，$\partial\phi/\partial y$ 的估计值。计算它们与(1)中结果的相对误差。

(3) 采用一阶后差近似，其中 $\Delta x=\Delta y=0.1$，计算 $(1,1)$ 处的 $\partial\phi/\partial x$，$\partial\phi/\partial y$ 的估计值。计算它们与(1)中结果的相对误差。

(4) 采用二阶中心差分近似，其中 $\Delta x=\Delta y=0.1$，计算 $(1,1)$ 处的 $\partial\phi/\partial x$，$\partial\phi/\partial y$的估计值。计算它们与(1)中结果的相对误差。

4.4 重复习题 4.3，只是 $\Delta x=\Delta y=0.01$。将此时得到的有限差分结果和习题 4.3 中差分结果进行精度比较。

4.5 推导方程(4.18)。

4.6 推导下面的三阶精度单侧差分：

$$\left(\frac{\partial u}{\partial y}\right)_{i,j}=\frac{1}{6\Delta y}(-11u_{i,j}+18u_{i,j+1}-9u_{i,j+2}+2u_{i,j+3})$$

4.7 推导习题 2.2 中得到的连续方程、动量方程、能量方程的通用积分型的离散表达式。这一离散方程是有限体积方法的基础。

第 5 章
网格和相应变换

在实际应用中数值网格生成领域相对还很不成熟，尽管它的数学理论基础是很古老的。它涉及工程师对物理行为的理解、数学家对函数特性的认识以及很多可能来自天象的启示。

Joe F. Thompson, Z. V. A. Warsi, and C. Wayne Mastin,
数值网格生成，North-Holland, New York, 1985

5.1 绪 论

第 4 章讨论了有限差分方法，它要求在离散网格点上进行计算，这些离散网格点在整个流场中的分布就叫做网格。在给定的流动区域内定义合适的网格是一件严肃的事情，而并非没有意义，定义这样一个网格的过程叫做网格生成。在 CFD 中网格生成的问题是一个需要重点考虑的问题，对一个给定的问题来说，所选择的网格类型可以成就或者破坏你的计算。因此，网格生成本身成为 CFD 中的一个实体，它是很多特定会议和一些著作的主要内容[26,27]。

生成合适的网格和在这样的网格上求解控制方程是截然不同的两回事。假设(具体原因稍后讨论)我们在流场中构造一个非均匀的网格，在 4.2 节中已经看到，标准的有限差分方法要求在均匀网格上进行，因为没有在非均匀网格上利用有限差分方法求解流动控制方程的直接方法。因此，非均匀网格必须变换为一个均匀的、正交的网格，伴随这些变换，控制方程必须进行相应变换以便可以在这样的均匀正交网格上应用。由于这样的网格变换对有限差分方法来说是先天的和自然的，因此本章中的大部分内容将会把重点放在控制方程的变换上，下面将依次讲述。

如果所有的CFD应用中，都可以在物理平面上使用正交的均匀的网格的话，就没有必要将第2章中得到的控制偏微分方程进行变换了。我们只要简单的在直角坐标系(x,y,z,t)中应用这些方程，按照4.2节和4.3节中的差分方法离散它们，并且采用均匀网格间距$\Delta x,\Delta y,\Delta z,\Delta t$来计算就可以了。但是，实际问题中很少有这种情况。例如，假设要计算图5.1所示的绕过机翼的流动，我们将机翼放在一个直角坐标网格中。注意到这样的网格存在以下的问题：

(1) 一些网格点落在翼型的内部，但它们完全是在流场之外的，对于这样的网格点我们应如何描述其流动的性质呢？

(2) 很少或者说几乎没有网格点落在翼型的表面。这是不好的情况，因为翼型表面是决定流场的重要的边界条件，因此翼型表面的信息必须清楚、明确地由数值求解显示出来。

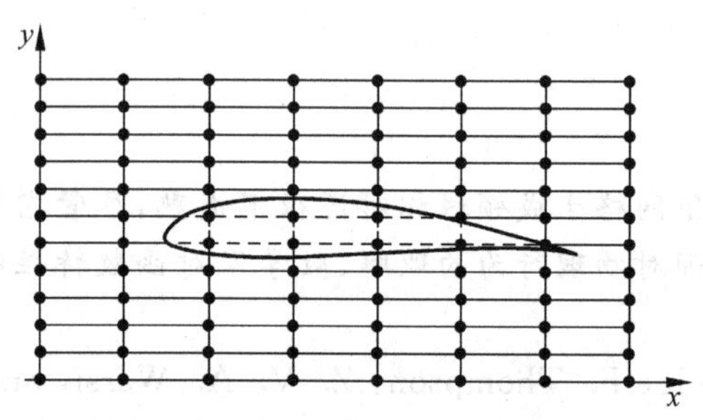

图5.1 矩形网格中的翼型

因此，可得到如下结论：图5.1中的直角坐标网格并不适合求解这样的流场。图5.2(a)中给出了一个合适的网格，它是一个非均匀的，由曲线组成的网格，紧贴在翼型的表面，环绕着翼型。新的坐标轴ξ,η定义如下：翼型表面是一条坐标线$\eta=$常数，这种坐标系叫做贴体坐标系，将在5.7节中进行详细讨论。如图所示，网格点自然地落在翼型表面上，同时在图5.2(a)所示的物理平面内，网格并不是互相垂直的，也不是均匀分布的。所以，传统的差分方法很难在这样的网格上应用，因此必须将物理平面上的曲线网格转化到ξ,η中的互相垂直的网格上。如图5.2(b)所示，它表示了一个由ξ,η表示的互相垂直的网格，这种互相垂直的网格叫做计算平面。所进行的变换必须保证，在图5.2(b)的正交平面内和图5.2(a)的曲线平面即物理平面内各点是一一对应的。例如，物理平面内(图5.2(a))的点a,b,c对应于计算平面内的点a,b,c，计算平面中的网格点是均匀分布的，间距分别为$\Delta\xi,\Delta\eta$。偏微分控制方程由在计算平面(图5.2(b))上采用有限差分方法来求解，然后通过网格点的一一对应直接转化到物理平面上。在计算平面内解控制方程时，要将其表示为ξ,η的变量的形式，而不是以x,y为变量，也就是说，控制方程的自变量需要从(x,y)转化为(ξ,η)。

本章将首先讲述物理平面和计算平面之间控制方程的变换，然后讨论各种类型

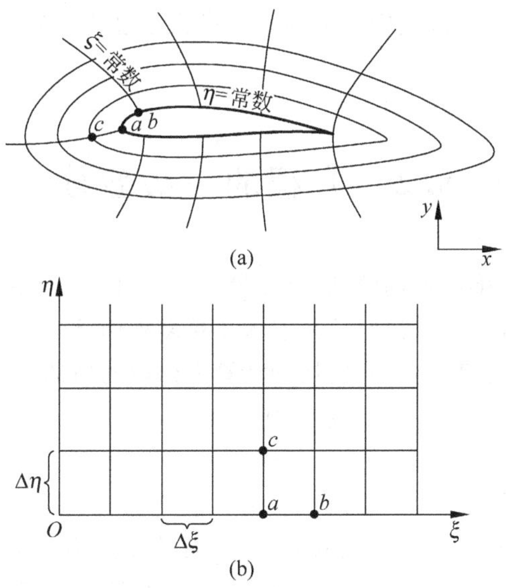

图 5.2 体贴网格系统图例

(a) 物理平面;(b) 计算平面

的网格。前面说过的这些素材是网格生成的例子,而网格生成是 CFD 中非常活跃的研究领域。所以,本章只是介绍一些皮毛,但是,这已经足够给读者一个关于网格生成及其如何与整个 CFD 领域相联系的基本思想和概念。

图 5.3 为本章的结构图。变换过程的主要方面由左边的框架表示,它们均被用

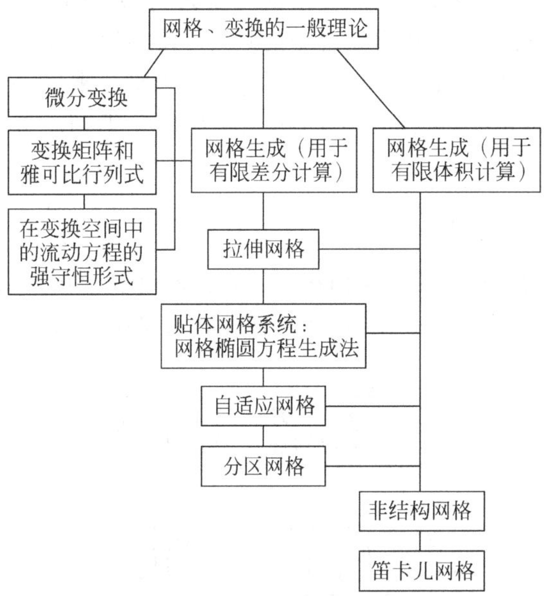

图 5.3 第 5 章结构图

到右边所示的网格生成的过程中。下面我们将从左边第一个框图中的内容微分变换开始讲解。

5.2 方程的一般变换

为求简单，考虑二维不定场流动，自变量为 x,y 和 t。自变量为 x,y,z,t 的三维不定场流动的情况可以类似得到，只是引入了更多项而已。

将物理平面的自变量(x,y,t)转换到计算平面内的新的自变量(ξ,η,τ)，其中：

$$\xi = \xi(x,y,t) \tag{5.1a}$$

$$\eta = \eta(x,y,t) \tag{5.1b}$$

$$\tau = \tau(t) \tag{5.1c}$$

式(5.1a)～(5.1c)表示了变换的形式，此处的变换为一个通用的形式。对于一个特定的实际应用，式(5.1a)～(5.1c)表示的变换必须写为某种特定的解析关系，有些情况下甚至是某种特定的数值关系。在上面的转化中，τ 只是时间 t 的函数，并且在大多数情况下有 $\tau=t$。这看上去也许毫无价值，但是式(5.1c)必须正式参与变换，否则某些必需的项就不能形成。

考虑以 x,y,t 为自变量的一个或多个偏微分方程，以第2章得到的连续方程、动量方程、能量方程为例。在这些方程中，自变量出现在偏导数中，如 $\partial\rho/\partial x$，$\partial u/\partial y$，$\partial e/\partial t$。因此，要将控制方程由(x,y,t)平面变换到(ξ,η,τ)平面，需要对这些偏导数进行变换，即需要将原来的偏微分方程中的对 x,y,t 的偏导数转化到相应的对 ξ,η,τ 的偏导数，换句话说，需要用 $\partial u/\partial\xi$ 和 $\partial u/\partial\eta$ 的某种组合来表示 $\partial u/\partial y$ 等。这种偏导数之间的转化可以由式(5.1a)～(5.1c)的原始转化得到。由微分计算的链式法则，得到：

$$\left(\frac{\partial}{\partial x}\right)_{y,t} = \left(\frac{\partial}{\partial \xi}\right)_{\eta,\tau}\left(\frac{\partial \xi}{\partial x}\right)_{y,t} + \left(\frac{\partial}{\partial \eta}\right)_{\xi,\tau}\left(\frac{\partial \eta}{\partial x}\right)_{y,t} + \left(\frac{\partial}{\partial \tau}\right)_{\xi,\eta}\left(\frac{\partial \tau}{\partial x}\right)_{y,t}$$

上面表达式中的下标是用来强调在求偏导数的过程中被认为是不变的自变量。下面的表达式中将略去下标；但是，记住它们的含义是很有益的。因此，上面的表达式可以写为：

$$\boxed{\frac{\partial}{\partial x} = \left(\frac{\partial}{\partial \xi}\right)\left(\frac{\partial \xi}{\partial x}\right) + \left(\frac{\partial}{\partial \eta}\right)\left(\frac{\partial \eta}{\partial x}\right)} \tag{5.2}$$

同样地，有：

$$\boxed{\frac{\partial}{\partial y} = \left(\frac{\partial}{\partial \xi}\right)\left(\frac{\partial \xi}{\partial y}\right) + \left(\frac{\partial}{\partial \eta}\right)\left(\frac{\partial \eta}{\partial y}\right)} \tag{5.3}$$

以及，

$$\left(\frac{\partial}{\partial t}\right)_{x,y}=\left(\frac{\partial}{\partial \xi}\right)_{\eta,\tau}\left(\frac{\partial \xi}{\partial t}\right)_{x,y}+\left(\frac{\partial}{\partial \eta}\right)_{\xi,\tau}\left(\frac{\partial \eta}{\partial t}\right)_{x,y}+\left(\frac{\partial}{\partial \tau}\right)_{\xi,\eta}\left(\frac{\partial \tau}{\partial t}\right)_{x,y} \tag{5.4}$$

或者，

$$\boxed{\frac{\partial}{\partial t}=\left(\frac{\partial}{\partial \xi}\right)\left(\frac{\partial \xi}{\partial t}\right)+\left(\frac{\partial}{\partial \eta}\right)\left(\frac{\partial \eta}{\partial t}\right)+\left(\frac{\partial}{\partial \tau}\right)\left(\frac{\mathrm{d}\tau}{\mathrm{d}t}\right)} \tag{5.5}$$

式(5.2)、(5.3)和(5.5)将对 x,y,t 的偏导数转化到相应的对 ξ,η,τ 的偏导数。例如，在控制方程(2.29)，(2.33)，(2.50a)～(2.50c)，(2.56a)～(2.56c)，(2.66)及(2.81)中，将所有的对 x 的偏导数用式(5.2)来代替；将所有的对 y 的偏导数用式(5.3)来代替；将所有的对 t 的偏导数用式(5.5)来代替。对 ξ,η,τ 的偏导数的系数叫做度量系数，例如，度量系数 $\partial\xi/\partial x$，$\partial\xi/\partial y$，$\partial\eta/\partial x$，$\partial\eta/\partial y$ 可以通过原始转化式(5.1a)～(5.1c)得到。如果式(5.1a)～(5.1c)由封闭的解析表达式给出，则度量系数也可以显式地表示出来。但是，式(5.1a)～(5.1c)给出的转化关系通常只是一个数值关系，这种情况下度量系数就要通过有限差分方法来估计，通常采用中心差分形式。

考虑第2章推导的黏性流动的控制方程，可以看到黏性项中涉及二阶偏导数。例如式(2.58a)～(2.58c)中，涉及如 $\partial/\partial x(\mu\partial v/\partial x)$ 的项。因此，需要将这些二阶偏导数也作相应的转化，它们可以如下得到，由式(5.2)，令：

$$A=\frac{\partial}{\partial x}=\left(\frac{\partial}{\partial \xi}\right)\left(\frac{\partial \xi}{\partial x}\right)+\left(\frac{\partial}{\partial \eta}\right)\left(\frac{\partial \eta}{\partial x}\right)$$

则，

$$\begin{aligned}\frac{\partial^2}{\partial x^2}=\frac{\partial A}{\partial x}&=\frac{\partial}{\partial x}\left[\left(\frac{\partial}{\partial \xi}\right)\left(\frac{\partial \xi}{\partial x}\right)+\left(\frac{\partial}{\partial \eta}\right)\left(\frac{\partial \eta}{\partial x}\right)\right]\\&=\left(\frac{\partial}{\partial \xi}\right)\left(\frac{\partial^2 \xi}{\partial x^2}\right)+\left(\frac{\partial \xi}{\partial x}\right)\underbrace{\left(\frac{\partial^2}{\partial x\partial \xi}\right)}_{B}+\left(\frac{\partial}{\partial \eta}\right)\left(\frac{\partial^2 \eta}{\partial x^2}\right)+\left(\frac{\partial \eta}{\partial x}\right)\underbrace{\left(\frac{\partial^2}{\partial x\partial \eta}\right)}_{C}\end{aligned} \tag{5.6}$$

上式第二步的推导中用到了对两项相乘求偏导数的法则。式(5.6)中由 B,C 表示的偏导数项为混合偏导数；他们涉及对(x,y,t)坐标系中的一个自变量和(ξ,η,τ)坐标系中的另一个自变量的偏导数。这并不是我们想要的，因为我们只想用关于 ξ，η，τ 的偏导数来表示 $\partial^2/\partial x^2$。因此，我们需要将 B,C 表示的偏导数项进一步推导。由 B,C 表示的混合偏导数可以写为：

$$B=\frac{\partial^2}{\partial x\partial \xi}=\frac{\partial}{\partial x}\left(\frac{\partial}{\partial \xi}\right)$$

回忆式(5.2)给出的微分计算的链式法则，有：

$$B=\left(\frac{\partial^2}{\partial \xi^2}\right)\left(\frac{\partial \xi}{\partial x}\right)+\left(\frac{\partial^2}{\partial \eta\partial \xi}\right)\left(\frac{\partial \eta}{\partial x}\right) \tag{5.7}$$

同样地，有：

$$C=\frac{\partial^2}{\partial x\partial \eta}=\frac{\partial}{\partial x}\left(\frac{\partial}{\partial \eta}\right)=\left(\frac{\partial^2}{\partial \xi\partial \eta}\right)\left(\frac{\partial \xi}{\partial x}\right)+\left(\frac{\partial^2}{\partial \eta^2}\right)\left(\frac{\partial \eta}{\partial x}\right) \tag{5.8}$$

将由式(5.7)和(5.8)表示的 B 和 C 代入式(5.6)并进行整理，得到：

$$\boxed{\begin{aligned}\frac{\partial^2}{\partial x^2}=&\left(\frac{\partial}{\partial\xi}\right)\left(\frac{\partial^2\xi}{\partial x^2}\right)+\left(\frac{\partial}{\partial\eta}\right)\left(\frac{\partial^2\eta}{\partial x^2}\right)+\left(\frac{\partial^2}{\partial\xi^2}\right)\left(\frac{\partial\xi}{\partial x}\right)^2\\&+\left(\frac{\partial^2}{\partial\eta}\right)\left(\frac{\partial\eta}{\partial x}\right)^2+2\left(\frac{\partial^2}{\partial\eta\partial\xi}\right)\left(\frac{\partial\eta}{\partial x}\right)\left(\frac{\partial\xi}{\partial x}\right)\end{aligned}} \tag{5.9}$$

在式(5.9)中，对 x 的二阶偏导数变成对 ξ,η 的一阶、二阶及混合偏导数乘以不同的度量系数。下面继续推导关于 y 的二阶偏导数。在式(5.3)中，令：

$$D\equiv\frac{\partial}{\partial y}=\left(\frac{\partial}{\partial\xi}\right)\left(\frac{\partial\xi}{\partial y}\right)+\left(\frac{\partial}{\partial\eta}\right)\left(\frac{\partial\eta}{\partial y}\right)$$

则：

$$\begin{aligned}\frac{\partial^2}{\partial y^2}=\frac{\partial D}{\partial y}&=\frac{\partial}{\partial y}\left[\left(\frac{\partial}{\partial\xi}\right)\left(\frac{\partial\xi}{\partial y}\right)+\left(\frac{\partial}{\partial\eta}\right)\left(\frac{\partial\eta}{\partial y}\right)\right]\\&=\left(\frac{\partial}{\partial\xi}\right)\left(\frac{\partial^2\xi}{\partial y^2}\right)+\left(\frac{\partial\xi}{\partial y}\right)\underbrace{\left(\frac{\partial^2}{\partial\xi\partial y}\right)}_{E}+\left(\frac{\partial}{\partial\eta}\right)\left(\frac{\partial^2\eta}{\partial y^2}\right)+\left(\frac{\partial\eta}{\partial y}\right)\underbrace{\left(\frac{\partial^2}{\partial\eta\partial y}\right)}_{F}\end{aligned} \tag{5.10}$$

由式(5.3)，有：

$$E=\frac{\partial}{\partial y}\left(\frac{\partial}{\partial\xi}\right)=\left(\frac{\partial^2}{\partial\xi^2}\right)\left(\frac{\partial\xi}{\partial y}\right)+\left(\frac{\partial^2}{\partial\eta\partial\xi}\right)\left(\frac{\partial\eta}{\partial y}\right) \tag{5.11}$$

和，

$$F=\frac{\partial}{\partial y}\left(\frac{\partial}{\partial\eta}\right)=\left(\frac{\partial^2}{\partial\eta\partial\xi}\right)\left(\frac{\partial\xi}{\partial y}\right)+\left(\frac{\partial^2}{\partial\eta^2}\right)\left(\frac{\partial\eta}{\partial y}\right) \tag{5.12}$$

将式(5.11)和(5.12)代入式(5.10)，并且重新整理之后得到：

$$\boxed{\begin{aligned}\frac{\partial^2}{\partial y^2}=&\left(\frac{\partial}{\partial\xi}\right)\left(\frac{\partial^2\xi}{\partial y^2}\right)+\left(\frac{\partial}{\partial\eta}\right)\left(\frac{\partial^2\eta}{\partial y^2}\right)+\left(\frac{\partial^2}{\partial\xi^2}\right)\left(\frac{\partial\xi}{\partial y}\right)^2\\&+\left(\frac{\partial^2}{\partial\eta}\right)\left(\frac{\partial\eta}{\partial y}\right)^2+2\left(\frac{\partial^2}{\partial\eta\partial\xi}\right)\left(\frac{\partial\eta}{\partial y}\right)\left(\frac{\partial\xi}{\partial y}\right)\end{aligned}} \tag{5.13}$$

在式(5.13)中，对 y 的二阶偏导数变成对 ξ,η 的一阶、二阶及混合偏导数乘以不同的度量系数。下面继续推导关于 x,y 的混合二阶偏导数，有：

$$\begin{aligned}\frac{\partial^2}{\partial x\partial y}=\frac{\partial}{\partial x}\left(\frac{\partial}{\partial y}\right)=\frac{\partial D}{\partial x}&=\frac{\partial}{\partial x}\left[\left(\frac{\partial}{\partial\xi}\right)\left(\frac{\partial\xi}{\partial y}\right)+\left(\frac{\partial}{\partial\eta}\right)\left(\frac{\partial\eta}{\partial y}\right)\right]\\&=\left(\frac{\partial}{\partial\xi}\right)\left(\frac{\partial^2\xi}{\partial x\partial y}\right)+\left(\frac{\partial\xi}{\partial y}\right)\underbrace{\left(\frac{\partial^2}{\partial\xi\partial x}\right)}_{B}+\left(\frac{\partial}{\partial\eta}\right)\left(\frac{\partial^2\eta}{\partial x\partial y}\right)+\left(\frac{\partial\eta}{\partial y}\right)\underbrace{\left(\frac{\partial^2}{\partial\eta\partial x}\right)}_{C}\end{aligned} \tag{5.14}$$

将由式(5.7)和(5.8)分别表示的 B 和 C 代入式(5.14)，并且重新整理之后得到：

$$\boxed{\begin{aligned}\frac{\partial^2}{\partial x\partial y}=&\left(\frac{\partial}{\partial\xi}\right)\left(\frac{\partial^2\xi}{\partial x\partial y}\right)+\left(\frac{\partial}{\partial\eta}\right)\left(\frac{\partial^2\eta}{\partial x\partial y}\right)+\left(\frac{\partial^2}{\partial\xi^2}\right)\left(\frac{\partial\xi}{\partial x}\right)\left(\frac{\partial\xi}{\partial y}\right)\\&+\left(\frac{\partial^2}{\partial\eta^2}\right)\left(\frac{\partial\eta}{\partial x}\right)\left(\frac{\partial\eta}{\partial y}\right)+\left(\frac{\partial^2}{\partial\xi\partial\eta}\right)\left[\left(\frac{\partial\eta}{\partial x}\right)\left(\frac{\partial\xi}{\partial y}\right)+\left(\frac{\partial\xi}{\partial x}\right)\left(\frac{\partial\eta}{\partial y}\right)\right]\end{aligned}} \tag{5.15}$$

在式(5.15)中，关于 x,y 的混合二阶偏导数变成对 ξ,η 的一阶、二阶及混合偏导数乘以不同的度量系数。

考察上面框起来的所有方程，他们给出了各种变换关系，通过这些方程可以将第2章流动控制方程中对自变量 x,y,t 的偏导数转化为相应的对自变量 ξ,η,τ 的偏导数。显然，当进行了这样的变换后，以 ξ,η,τ 为自变量的控制方程变得相当长。我们考虑一个简单的例子，在无黏、无旋、定常、不可压缩流动中，控制方程为拉普拉斯方程。

例 5.1

Laplace 方程
$$\frac{\partial^2\phi}{\partial x^2}+\frac{\partial^2\phi}{\partial y^2}=0 \tag{5.16}$$

将由 (x,y) 表示的式(5.16)转化为由 (ξ,η) 表示的形式，其中 $\xi=\xi(x,y)$，$\eta=\eta(x,y)$，由式(5.9)和(5.13)，可以得到：

$$\begin{aligned}&\left(\frac{\partial^2\phi}{\partial\xi^2}\right)\left(\frac{\partial\xi}{\partial x}\right)^2+2\left(\frac{\partial^2\phi}{\partial\xi\partial\eta}\right)\left(\frac{\partial\eta}{\partial x}\right)\left(\frac{\partial\xi}{\partial x}\right)+\left(\frac{\partial^2\phi}{\partial\eta^2}\right)\left(\frac{\partial\eta}{\partial x}\right)^2+\left(\frac{\partial\phi}{\partial\xi}\right)\left(\frac{\partial^2\xi}{\partial x^2}\right)\\&+\left(\frac{\partial\phi}{\partial\eta}\right)\left(\frac{\partial^2\eta}{\partial x^2}\right)+\left(\frac{\partial^2\phi}{\partial\xi^2}\right)\left(\frac{\partial\xi}{\partial y}\right)^2+2\left(\frac{\partial^2\phi}{\partial\eta\partial\xi}\right)\left(\frac{\partial\eta}{\partial y}\right)\left(\frac{\partial\xi}{\partial y}\right)+\left(\frac{\partial^2\phi}{\partial\eta^2}\right)\left(\frac{\partial\eta}{\partial y}\right)^2\\&+\left(\frac{\partial\phi}{\partial\xi}\right)\left(\frac{\partial^2\xi}{\partial y^2}\right)+\left(\frac{\partial\phi}{\partial\eta}\right)\left(\frac{\partial^2\eta}{\partial y^2}\right)=0\end{aligned}$$

将上式进行合并同类项整理，最终得到：

$$\begin{aligned}&\frac{\partial^2\phi}{\partial\xi^2}\left[\left(\frac{\partial\xi}{\partial x}\right)^2+\left(\frac{\partial\xi}{\partial y}\right)^2\right]+\frac{\partial^2\phi}{\partial\eta^2}\left[\left(\frac{\partial\eta}{\partial x}\right)^2+\left(\frac{\partial\eta}{\partial y}\right)^2\right]\\&+2\,\frac{\partial^2\phi}{\partial\xi\partial\eta}\left[\left(\frac{\partial\eta}{\partial x}\right)\left(\frac{\partial\xi}{\partial x}\right)+\left(\frac{\partial\eta}{\partial y}\right)\left(\frac{\partial\xi}{\partial y}\right)\right]\\&+\frac{\partial\phi}{\partial\xi}\left(\frac{\partial^2\xi}{\partial x^2}+\frac{\partial^2\xi}{\partial y^2}\right)+\frac{\partial\phi}{\partial\eta}\left(\frac{\partial^2\eta}{\partial x^2}+\frac{\partial^2\eta}{\partial y^2}\right)=0\end{aligned} \tag{5.17}$$

考察式(5.16)和(5.17)，前者是物理平面 (x,y) 内的 Laplace 方程，后者是转换到计算平面 (ξ,η) 的 Laplace 方程，转化后的方程明显包含更多的项。很容易想象，第2章的连续方程、动量方程、能量方程在变换之后将会由很多很多项组成。

注意：当控制方程为式(2.93)的强守恒形式时，就不需要应用式(5.9)、(5.13)及(5.15)给出的二阶偏导数了。回到2.10节，考察式(2.93)，以及由式(2.94)～(2.98)给出的列向量的定义。注意到，由式(2.95)～(2.97)表示的 $\boldsymbol{F},\boldsymbol{G},\boldsymbol{H}$ 中的黏性项直接以 $\tau_{xx},\tau_{xy},K\partial T/\partial x$ 的形式出现，这些形式只涉及速度和温度的一阶偏导数，因此，要转化 $\boldsymbol{F},\boldsymbol{G},\boldsymbol{H}$ 中的这些项，只需要用到式(5.2)和(5.3)的一阶偏导数的转化形式。同样地，式(2.93)中的一阶偏导数项也需要应用式(5.2)、(5.3)和(5.5)进行转化。因此，当采用式(2.93)所示的流动控制方程时，进行转化需要两次应用式(5.2)、(5.3)和(5.5)所示的一阶偏导数的转化。式(2.58a)～(2.58c)所示的流动控制方程中的黏性项直接表现为二次偏导数项，因此，要转化这种形式的控制方程，需要用到式(5.2)、(5.3)和(5.5)所示的一阶偏导数，也需要用到式(5.9)、(5.13)和(5.15)给出的二阶偏导数的转化公式。

再次强调，式(5.1)～(5.3)、式(5.5)、(5.9)、(5.13)及(5.15)是用来将物理平面上的控制方程转化到计算平面上去的，在大多数CFD应用中，这种转化的目的是要将物理平面上的非均匀网格(图5.2(a))转化到计算平面上的均匀网格(图5.2(b))上去。转化后的偏微分方程在计算平面上进行有限差分，其中在计算平面上如图5.2(b)所示有均匀的$\Delta\xi,\Delta\eta$。流场中的物理量在计算平面上的所有网格点上进行计算，如图5.2(b)所示的点a,b,c，这些物理量与图5.2(a)中所示的相应点a,b,c上的流场物理量是完全相同的，完成这样的变换所需要的公式由式(5.1a)～(5.1c)给出。当然，为了得到某个特定问题的解，式(5.1a)～(5.1c)给出的变换关系必须显式地给出，一些具体变换关系的例子将在下面的章节中给出。

5.3 度量系数和雅可比行列式

在式(5.2)～(5.15)中，涉及网格几何形状的项，如$\partial\xi/\partial x$，$\partial\xi/\partial y$，$\partial\eta/\partial x$，$\partial\eta/\partial y$，叫做度量系数。如果由式(5.1a)～(5.1c)给出的变换是解析的，则可以得到度量系数的解析的值。但是，在很多CFD应用中，式(5.1a)～(5.1c)是数值给出的，因此度量系数项是通过有限差分计算得到的。

并且，在很多应用中，这种变换以方程(5.1a)～(5.1c)的反函数形式给出，这将使变换更加方便。也就是说，已知逆变换：

$$x=x(\xi,\eta,\tau) \tag{5.18a}$$

$$y=y(\xi,\eta,\tau) \tag{5.18b}$$

$$t=t(\tau) \tag{5.18c}$$

在式(5.18a)～(5.18c)中，ξ,η,τ是自变量。但是，在由式(5.2)～(5.15)给出的微分变换中，度量系数如$\partial\xi/\partial x$，$\partial\eta/\partial y$等，是以x,y,t为自变量的偏导数。因此，为了由逆变换式(5.18a)～(5.18c)计算这些方程中的度量系数，需要将$\partial\xi/\partial x$，$\partial\eta/\partial y$等同其逆形式$\partial x/\partial\xi$，$\partial y/\partial\eta$联系起来。这些微分变换的逆形式可以直接由式(5.18a)～(5.18c)给出的逆变换关系得到。下面就来寻找这样的关系。

考虑流动控制方程中的一个因变量，如x方向的速度分量u。令$u=u(x,y)$，其中，由式(5.18a)和(5.18b)可以得到：$x=x(\xi,\eta)$，$y=y(\xi,\eta)$。u的全微分由下式给出：

$$\mathrm{d}u=\frac{\partial u}{\partial x}\mathrm{d}x+\frac{\partial u}{\partial y}\mathrm{d}y \tag{5.19}$$

由上式可以得到：

$$\frac{\partial u}{\partial \xi}=\frac{\partial u}{\partial x}\frac{\partial x}{\partial \xi}+\frac{\partial u}{\partial y}\frac{\partial y}{\partial \xi} \tag{5.20}$$

以及，

$$\frac{\partial u}{\partial \eta}=\frac{\partial u}{\partial x}\frac{\partial x}{\partial \eta}+\frac{\partial u}{\partial y}\frac{\partial y}{\partial \eta} \tag{5.21}$$

式(5.20)和(5.21)可以看作是关于 $\partial u/\partial x$，$\partial u/\partial y$ 两个未知数的两个方程。用克莱姆法则求解上面的方程组，得到：

$$\frac{\partial u}{\partial x}=\frac{\begin{vmatrix}\dfrac{\partial u}{\partial \xi} & \dfrac{\partial y}{\partial \xi}\\[2ex] \dfrac{\partial u}{\partial \eta} & \dfrac{\partial y}{\partial \eta}\end{vmatrix}}{\begin{vmatrix}\dfrac{\partial x}{\partial \xi} & \dfrac{\partial y}{\partial \xi}\\[2ex] \dfrac{\partial x}{\partial \eta} & \dfrac{\partial y}{\partial \eta}\end{vmatrix}} \tag{5.22}$$

在上式中，分母定义为雅可比行列式，表示为：

$$J\equiv\frac{\partial(x,y)}{\partial(\xi,\eta)}\equiv\begin{vmatrix}\dfrac{\partial x}{\partial \xi} & \dfrac{\partial y}{\partial \xi}\\[2ex] \dfrac{\partial x}{\partial \eta} & \dfrac{\partial y}{\partial \eta}\end{vmatrix} \tag{5.22a}$$

因此，式(5.22)可以写为如下形式，其中分子行列式写为它的展开形式：

$$\frac{\partial u}{\partial x}=\frac{1}{J}\left[\left(\frac{\partial u}{\partial \xi}\right)\left(\frac{\partial y}{\partial \eta}\right)-\left(\frac{\partial u}{\partial \eta}\right)\left(\frac{\partial y}{\partial \xi}\right)\right] \tag{5.23a}$$

现在让我们回到式(5.20)和(5.21)并求出 $\partial u/\partial y$，为：

$$\frac{\partial u}{\partial y}=\frac{\begin{vmatrix}\dfrac{\partial x}{\partial \xi} & \dfrac{\partial u}{\partial \xi}\\[2ex] \dfrac{\partial x}{\partial \eta} & \dfrac{\partial u}{\partial \eta}\end{vmatrix}}{\begin{vmatrix}\dfrac{\partial x}{\partial \xi} & \dfrac{\partial y}{\partial \xi}\\[2ex] \dfrac{\partial x}{\partial \eta} & \dfrac{\partial y}{\partial \eta}\end{vmatrix}}$$

或者，

$$\frac{\partial u}{\partial y}=\frac{1}{J}\left[\left(\frac{\partial u}{\partial \eta}\right)\left(\frac{\partial x}{\partial \xi}\right)-\left(\frac{\partial u}{\partial \xi}\right)\left(\frac{\partial x}{\partial \eta}\right)\right] \tag{5.23b}$$

考察式(5.23a)和(5.23b)，它们用流场变量在计算平面上的偏导数表示它们在物理平面上的偏导数。式(5.23a)和(5.23b)完成了与式(5.2)和(5.3)所给出的同样的偏导数的变换。但是，式(5.2)和(5.3)中的度量系数项是 $\partial\xi/\partial x,\partial\eta/\partial y$，而式(5.23a)和(5.23b)中的逆变换系数项是 $\partial x/\partial\xi,\partial y/\partial\eta$。并且注意到，式(5.23a)和(5.23b)包含了雅可比行列式的变换。因此，只要我们已知由式(5.18a)到(5.18c)给出的转化形式，就可以得到 $\partial x/\partial\xi,\partial y/\partial\eta$ 形式的度量系数，变换之后的流动控制方程就可以由这些度量系数和雅可比行列式得到。为了让这里的讨论具有通用性，将式(5.23a)和(5.23b)写为更加一般的形式：

$$\frac{\partial}{\partial x}=\frac{1}{J}\left[\left(\frac{\partial}{\partial\xi}\right)\left(\frac{\partial y}{\partial\eta}\right)-\left(\frac{\partial}{\partial\eta}\right)\left(\frac{\partial y}{\partial\xi}\right)\right] \tag{5.24a}$$

和，

$$\frac{\partial}{\partial y}=\frac{1}{J}\left[\left(\frac{\partial}{\partial\eta}\right)\left(\frac{\partial x}{\partial\xi}\right)-\left(\frac{\partial}{\partial\xi}\right)\left(\frac{\partial x}{\partial\eta}\right)\right] \tag{5.24b}$$

式(5.23a)和(5.23b)中，利用因变量 u 获得了逆变换，但是式(5.24a)和(5.24b)强调逆变换可以应用于任意的物理量(不只是 u)。最后我们注意到，这些二阶偏导数的变换公式也可以用这些逆变换系数来表示，例如，式(5.9)、(5.13)和(5.15)就存在类似这样的情况，它们之中包含了逆变换系数和雅可比行列式。限于篇幅，这里就不再讲述它们的类似表达式了。

需要强调一下，在阅读文献时，一旦看到在变换坐标系中表示的流动控制方程和雅可比矩阵 $\boldsymbol{J}$，读者就应该知道，在这些方程中用到的是逆变换和逆变换系数。如果在变换方程中没有看到 J，就说明你处理的是5.2节中定义的正变换和正变换系数，唯一的例外是5.4节中所要讨论的问题。再次说明，当已知的是式(5.1a)～(5.1c)给出的正变换时，可以直接得到正变换系数例如 $\partial\xi/\partial x,\partial\eta/\partial y$，那么式(5.2)、(5.3)及(5.5)中包含的偏导数的正变换也很容易得到。另一方面，当已知的是式(5.18a)～(5.18c)给出的逆变换时，可以直接得到逆变换系数例如 $\partial x/\partial\xi,\partial y/\partial\eta$，那么式(5.24a)和(5.24b)中包含的偏导数变换也很容易得到。

本章只处理有两个空间变量 x 和 y 的问题。对于三维问题而言，从(x,y,z)平面到(ξ,η,ζ)平面的变换公式虽然简单却略显冗长，在参考文献[13]中有详细的描述。上面的讨论局限在二维范围内，因此可以忽略细节，从而进行基本原理的讲解。

式(5.24a)和(5.24b)可以用更一般的方法得到。下面考察更一般的过程，因为它为直接处理不同的变换系数提供了一种通用的思想，即一种可以直接将上面的讨论扩展到三维问题中的方法。为了方便，下面的讨论仍然针对二维问题而言，考虑二维问题的正变换，由下式给出：

$$\xi=\xi(x,y) \tag{5.25a}$$

$$\eta=\eta(x,y) \tag{5.25b}$$

(**注意**：比较式(5.25a)、(5.25b)和式(5.1a)～(5.1c)，我们发现，在当前的讨论

中遗漏了 $\tau=t$。因为在这个问题中,我们所感兴趣的是空间度量系数,而关于时间的变换与此并不相关)由全微分的表达式,从式(5.25a)、(5.25b)可以得到:

$$d\xi = \frac{\partial \xi}{\partial x}dx + \frac{\partial \xi}{\partial y}dy \tag{5.26a}$$

$$d\eta = \frac{\partial \eta}{\partial x}dx + \frac{\partial \eta}{\partial y}dy \tag{5.26b}$$

或者,以矩阵形式写出:

$$\begin{bmatrix} d\xi \\ d\eta \end{bmatrix} = \begin{bmatrix} \dfrac{\partial \xi}{\partial x} & \dfrac{\partial \xi}{\partial y} \\ \dfrac{\partial \eta}{\partial x} & \dfrac{\partial \eta}{\partial y} \end{bmatrix} \begin{bmatrix} dx \\ dy \end{bmatrix} \tag{5.27}$$

现在考虑逆变换,由下式给出:

$$x = x(\xi, \eta) \tag{5.28a}$$

$$y = y(\xi, \eta) \tag{5.28b}$$

取全微分,有:

$$dx = \frac{\partial x}{\partial \xi}d\xi + \frac{\partial x}{\partial \eta}d\eta \tag{5.29a}$$

$$dy = \frac{\partial y}{\partial \xi}d\xi + \frac{\partial y}{\partial \eta}d\eta \tag{5.29b}$$

或者,以矩阵形式写出:

$$\begin{bmatrix} dx \\ dy \end{bmatrix} = \begin{bmatrix} \dfrac{\partial x}{\partial \xi} & \dfrac{\partial x}{\partial \eta} \\ \dfrac{\partial y}{\partial \xi} & \dfrac{\partial y}{\partial \eta} \end{bmatrix} \begin{bmatrix} d\xi \\ d\eta \end{bmatrix} \tag{5.30}$$

求解式(5.30)以得到右端的列矩阵,即乘以上式中 2×2 系数矩阵的逆矩阵,得到:

$$\begin{bmatrix} d\xi \\ d\eta \end{bmatrix} = \begin{bmatrix} \dfrac{\partial x}{\partial \xi} & \dfrac{\partial x}{\partial \eta} \\ \dfrac{\partial y}{\partial \xi} & \dfrac{\partial y}{\partial \eta} \end{bmatrix}^{-1} \begin{bmatrix} dx \\ dy \end{bmatrix} \tag{5.31}$$

比较式(5.27)和(5.31),得到:

$$\begin{bmatrix} \dfrac{\partial \xi}{\partial x} & \dfrac{\partial \xi}{\partial y} \\ \dfrac{\partial \eta}{\partial x} & \dfrac{\partial \eta}{\partial y} \end{bmatrix} = \begin{bmatrix} \dfrac{\partial x}{\partial \xi} & \dfrac{\partial x}{\partial \eta} \\ \dfrac{\partial y}{\partial \xi} & \dfrac{\partial y}{\partial \eta} \end{bmatrix}^{-1} \tag{5.32}$$

由求逆矩阵的法则,上式写为:

$$\begin{bmatrix} \dfrac{\partial \xi}{\partial x} & \dfrac{\partial \xi}{\partial y} \\ \dfrac{\partial \eta}{\partial x} & \dfrac{\partial \eta}{\partial y} \end{bmatrix} = \frac{\begin{bmatrix} \dfrac{\partial y}{\partial \eta} & -\dfrac{\partial x}{\partial \eta} \\ -\dfrac{\partial y}{\partial \xi} & \dfrac{\partial x}{\partial \xi} \end{bmatrix}}{\begin{vmatrix} \dfrac{\partial x}{\partial \xi} & \dfrac{\partial x}{\partial \eta} \\ \dfrac{\partial y}{\partial \xi} & \dfrac{\partial y}{\partial \eta} \end{vmatrix}} \tag{5.33}$$

考虑上式的分母，由于矩阵转置其行列式值不变，所以有：

$$\begin{vmatrix} \dfrac{\partial x}{\partial \xi} & \dfrac{\partial x}{\partial \eta} \\ \dfrac{\partial y}{\partial \xi} & \dfrac{\partial y}{\partial \eta} \end{vmatrix} = \begin{vmatrix} \dfrac{\partial x}{\partial \xi} & \dfrac{\partial y}{\partial \xi} \\ \dfrac{\partial x}{\partial \eta} & \dfrac{\partial y}{\partial \eta} \end{vmatrix} \equiv J \tag{5.34}$$

注意到上式右端的行列式就是变换的雅可比矩阵，这由雅可比矩阵 $\boldsymbol{J}$ 的定义式(5.22a)可以看出。将式(5.34)代入式(5.33)，得到：

$$\begin{bmatrix} \dfrac{\partial \xi}{\partial x} & \dfrac{\partial \xi}{\partial y} \\ \dfrac{\partial \eta}{\partial x} & \dfrac{\partial \eta}{\partial y} \end{bmatrix} = \frac{1}{\boldsymbol{J}} \begin{bmatrix} \dfrac{\partial y}{\partial \eta} & -\dfrac{\partial x}{\partial \eta} \\ -\dfrac{\partial y}{\partial \xi} & \dfrac{\partial x}{\partial \xi} \end{bmatrix} \tag{5.35}$$

比较上式中的两个矩阵中的对应项，可以得到正变换系数和逆变换系数之间的关系式：

$$\frac{\partial \xi}{\partial x} = \frac{1}{\boldsymbol{J}} \frac{\partial y}{\partial \eta} \tag{5.36a}$$

$$\frac{\partial \eta}{\partial x} = -\frac{1}{\boldsymbol{J}} \frac{\partial y}{\partial \xi} \tag{5.36b}$$

$$\frac{\partial \xi}{\partial y} = -\frac{1}{\boldsymbol{J}} \frac{\partial x}{\partial \eta} \tag{5.36c}$$

$$\frac{\partial \eta}{\partial y} = \frac{1}{\boldsymbol{J}} \frac{\partial x}{\partial \xi} \tag{5.36d}$$

因此，上面的公式直接给出了正变换系数和逆变换系数之间的关系。将式(5.36a)～(5.36d)代入式(5.2)和(5.3)，可以看出上面的结果同我们前面的分析是一致的，即：

$$\frac{\partial}{\partial x} = \frac{1}{\boldsymbol{J}}\left[\left(\frac{\partial}{\partial \xi}\right)\left(\frac{\partial y}{\partial \eta}\right) - \left(\frac{\partial}{\partial \eta}\right)\left(\frac{\partial y}{\partial \xi}\right)\right]$$

$$\frac{\partial}{\partial y} = \frac{1}{\boldsymbol{J}}\left[\left(\frac{\partial}{\partial \eta}\right)\left(\frac{\partial x}{\partial \xi}\right) - \left(\frac{\partial}{\partial \xi}\right)\left(\frac{\partial x}{\partial \eta}\right)\right]$$

上面两个方程实际上就是式(5.24a)和(5.24b)，它们给出了由逆变换系数表示的偏导数变换表达式。将上面的公式推广到三维问题，就可以得到三维问题类似于式(5.36a)～(5.36d)的结果。

5.4 特别适合于 CFD 应用的控制方程形式:变换的控制方程

2.10 节中给出了强守恒形式的控制方程,即式(2.93)。对于二维无黏的非定常流动,这一方程可简化为:

$$\frac{\partial \boldsymbol{U}}{\partial t}+\frac{\partial \boldsymbol{F}}{\partial x}+\frac{\partial \boldsymbol{G}}{\partial y}=0 \tag{5.37}$$

(这里处理二维问题而不是三维问题完全是为了讨论的方便,以下的讨论可以很容易地扩展到三维问题。)

问题:当将式(5.37)转化到(ξ,η)平面上去的时候,方程是否还是强守恒形式?也就是说,它在转换之后能否写成如下形式:

$$\frac{\partial \boldsymbol{U}_1}{\partial t}+\frac{\partial \boldsymbol{F}_1}{\partial \xi}+\frac{\partial \boldsymbol{G}_1}{\partial \eta}=0 \tag{5.38}$$

其中,$\boldsymbol{F}_1$,$\boldsymbol{G}_1$ 是原始通量 $\boldsymbol{F}$ 和 $\boldsymbol{G}$ 的适当组合。如果可行的话,我们就能够在计算平面上利用 2.10 节中描述的应用于一些 CFD 计算中的强守恒形式的方程的所有优点。上面问题的答案是肯定的,下面来看如何实现以及为什么。

首先,根据式(5.2)和式(5.3)给出的偏导数变换公式将式(5.37)中的空间变量变换到计算平面:

$$\frac{\partial \boldsymbol{U}}{\partial t}+\frac{\partial \boldsymbol{F}}{\partial \xi}\left(\frac{\partial \xi}{\partial x}\right)+\frac{\partial \boldsymbol{F}}{\partial \eta}\left(\frac{\partial \eta}{\partial x}\right)+\frac{\partial \boldsymbol{G}}{\partial \xi}\left(\frac{\partial \xi}{\partial y}\right)+\frac{\partial \boldsymbol{G}}{\partial \eta}\left(\frac{\partial \eta}{\partial y}\right)=0 \tag{5.39}$$

将上式两端乘以由式(5.22a)定义的雅可比行列式 J,得到:

$$J\frac{\partial \boldsymbol{U}}{\partial t}+J\left(\frac{\partial \boldsymbol{F}}{\partial \xi}\right)\left(\frac{\partial \xi}{\partial x}\right)+J\left(\frac{\partial \boldsymbol{F}}{\partial \eta}\right)\left(\frac{\partial \eta}{\partial x}\right)+J\left(\frac{\partial \boldsymbol{G}}{\partial \xi}\right)\left(\frac{\partial \xi}{\partial y}\right)+J\left(\frac{\partial \boldsymbol{G}}{\partial \eta}\right)\left(\frac{\partial \eta}{\partial y}\right)=0 \tag{5.40}$$

先不处理式(5.40),考虑 $J\boldsymbol{F}(\partial\xi/\partial x)$项的偏导数的展开式,如下:

$$\frac{\partial[J\boldsymbol{F}(\partial\xi/\partial x)]}{\partial \xi}=J\left(\frac{\partial \xi}{\partial x}\right)\frac{\partial \boldsymbol{F}}{\partial \xi}+\boldsymbol{F}\frac{\partial}{\partial \xi}\left(J\frac{\partial \xi}{\partial x}\right) \tag{5.41}$$

重新整理上式,得到:

$$J\left(\frac{\partial \boldsymbol{F}}{\partial \xi}\right)\left(\frac{\partial \xi}{\partial x}\right)=\frac{\partial[J\boldsymbol{F}(\partial\xi/\partial x)]}{\partial \xi}-\boldsymbol{F}\frac{\partial}{\partial \xi}\left(J\frac{\partial \xi}{\partial x}\right) \tag{5.42}$$

同样的,将 $J\boldsymbol{F}(\partial\eta/\partial x)$对 η 求偏导数并进行整理,得到:

$$J\left(\frac{\partial \boldsymbol{F}}{\partial \eta}\right)\left(\frac{\partial \eta}{\partial x}\right)=\frac{\partial[J\boldsymbol{F}(\partial\eta/\partial x)]}{\partial \eta}-\boldsymbol{F}\frac{\partial}{\partial \eta}\left(J\frac{\partial \eta}{\partial x}\right) \tag{5.43}$$

用同样的方法将 $\boldsymbol{JG}(\partial\xi/\partial x)$，$\boldsymbol{JG}(\partial\eta/\partial x)$ 求偏导数展开式并整理得到：

$$J\left(\frac{\partial \boldsymbol{G}}{\partial \xi}\right)\left(\frac{\partial \xi}{\partial y}\right)=\frac{\partial[\boldsymbol{JG}(\partial \xi/\partial y)]}{\partial \xi}-\boldsymbol{G}\frac{\partial}{\partial \xi}\left(J\frac{\partial \xi}{\partial y}\right) \tag{5.44}$$

和，

$$J\left(\frac{\partial \boldsymbol{G}}{\partial \eta}\right)\left(\frac{\partial \eta}{\partial y}\right)=\frac{\partial[\boldsymbol{JG}(\partial \eta/\partial y)]}{\partial \eta}-\boldsymbol{G}\frac{\partial}{\partial \eta}\left(J\frac{\partial \eta}{\partial y}\right) \tag{5.45}$$

将式(5.42)～式(5.45)代入式(5.40)并合并，得到：

$$\begin{aligned}&J\frac{\partial \boldsymbol{U}}{\partial t}+\frac{\partial}{\partial \xi}\left(J\boldsymbol{F}\frac{\partial \xi}{\partial x}+J\boldsymbol{G}\frac{\partial \xi}{\partial y}\right)+\frac{\partial}{\partial \eta}\left(J\boldsymbol{F}\frac{\partial \eta}{\partial x}+J\boldsymbol{G}\frac{\partial \eta}{\partial y}\right)\\&-\boldsymbol{F}\left[\frac{\partial}{\partial \xi}\left(J\frac{\partial \xi}{\partial x}\right)+\frac{\partial}{\partial \eta}\left(J\frac{\partial \eta}{\partial x}\right)\right]-\boldsymbol{G}\left[\frac{\partial}{\partial \xi}\left(J\frac{\partial \xi}{\partial y}\right)+\frac{\partial}{\partial \eta}\left(J\frac{\partial \eta}{\partial y}\right)\right]=0\end{aligned} \tag{5.46}$$

下面计算式(5.46)中最后一个中括号中的两项。将式(5.36a)～式(5.36d)代入这两项，得到：

$$\begin{aligned}\frac{\partial}{\partial \xi}\left(J\frac{\partial \xi}{\partial x}\right)+\frac{\partial}{\partial \eta}\left(J\frac{\partial \eta}{\partial x}\right)&=\frac{\partial}{\partial \xi}\left(\frac{\partial y}{\partial \eta}\right)-\frac{\partial}{\partial \eta}\left(\frac{\partial y}{\partial \xi}\right)\\&=\frac{\partial^2 y}{\partial \xi\partial \eta}-\frac{\partial^2 y}{\partial \eta\partial \xi}\equiv 0\end{aligned}$$

和，

$$\begin{aligned}\frac{\partial}{\partial \xi}\left(J\frac{\partial \xi}{\partial y}\right)+\frac{\partial}{\partial \eta}\left(J\frac{\partial \eta}{\partial y}\right)&=\frac{\partial}{\partial \xi}\left(-\frac{\partial x}{\partial \eta}\right)+\frac{\partial}{\partial \eta}\left(\frac{\partial x}{\partial \xi}\right)\\&=-\frac{\partial^2 x}{\partial \xi\partial \eta}+\frac{\partial^2 x}{\partial \eta\partial \xi}\equiv 0\end{aligned}$$

因此，式(5.46)可以写为：

$$\frac{\partial \boldsymbol{U}_1}{\partial t}+\frac{\partial \boldsymbol{F}_1}{\partial \xi}+\frac{\partial \boldsymbol{G}_1}{\partial \eta}=0 \tag{5.47}$$

其中：

$$\boldsymbol{U}_1=J\boldsymbol{U} \tag{5.48a}$$

$$\boldsymbol{F}_1=J\boldsymbol{F}\frac{\partial \xi}{\partial x}+J\boldsymbol{G}\frac{\partial \xi}{\partial y} \tag{5.48b}$$

$$\boldsymbol{G}_1=J\boldsymbol{F}\frac{\partial \eta}{\partial x}+J\boldsymbol{G}\frac{\partial \eta}{\partial y} \tag{5.48c}$$

式(5.47)是在变换空间(ξ,η)上写成强守恒形式的流动控制方程，这种形式由Viviand[28]和Vinokur[29]在1974年首次得到。

注意到，式(5.47)中新定义的通量 $\boldsymbol{F}_1$，$\boldsymbol{G}_1$ 是物理平面上的通量 $\boldsymbol{F}$ 和 $\boldsymbol{G}$ 的适当组合，该组合涉及雅可比行列式 J 和正变换系数，此即5.3节中提到的那个例外。在5.3节中，我们说到雅可比矩阵出现在变换程中就表示要用到逆变换系数，但这一点在变换方程写为式(5.47)给出的强守恒型方程时是不成立的。事实上，如果将式(5.36a)

和式(5.36b)代入式(5.48b)和式(5.48c)给出的 $\boldsymbol{F}_1$,$\boldsymbol{G}_1$ 的公式中,可以得到:

$$\boldsymbol{F}_1 = J\boldsymbol{F}\frac{\partial \xi}{\partial x} + J\boldsymbol{G}\frac{\partial \xi}{\partial y} = \boldsymbol{F}\frac{\partial y}{\partial \eta} - \boldsymbol{G}\frac{\partial x}{\partial \eta} \tag{5.49a}$$

和,

$$\boldsymbol{G}_1 = J\boldsymbol{F}\frac{\partial \eta}{\partial x} + J\boldsymbol{G}\frac{\partial \eta}{\partial y} = -\boldsymbol{F}\frac{\partial y}{\partial \xi} + \boldsymbol{G}\frac{\partial x}{\partial \xi} \tag{5.49b}$$

注意到,式(5.49a)和式(5.49b)中的 $\boldsymbol{F}_1$,$\boldsymbol{G}_1$ 是由逆变换系数表示的,其中没有出现雅可比行列式。

5.5 一些评论

回到如图 5.3 所示的结构图。到目前为止,本章讲解了从物理平面(x,y)到计算平面(ξ,η)的变换过程,是图 5.3 中左侧框架的内容。但是,我们还没有讨论这样转化的任意一个具体的例子,这是图 5.3 中间框架的内容。前一节推导了一般的普遍形式的变换公式。记住这样的变换同有限差分的需要是一致的,有限差分表达式必须在均匀网格上进行。如果这样的均匀网格可以同物理平面内的边界条件及流动问题很好地匹配起来,则不需要变换过程,即本章目前为止所讨论的内容都是多余的。但是,对于实际问题和实际的几何形状,通常情况并不如此简单,不管是流动问题本身(如表面上的黏性流动中应该在表面处增加网格密度),还是边界的形状(如曲面问题需要在适合于边界的曲面贴体坐标系下解决)通常都需要将物理平面上的非均匀网格转化到计算平面的均匀网格上。这样的转化在有限体积方法中并不是必要的,因为在有限体积方法中,可以直接在物理平面内的非均匀网格上处理流动问题。

在本章的余下部分,我们将要考察一些实际的转化,即将一般形式的式(5.1a)~式(5.1c)具体化。在处理过程中,我们将要处理网格生成中的特殊问题。下面将讲解图 5.3 中的中间方框的内容。

5.6 拉伸(压缩)网格

在所有将要讨论的网格生成技术中,本节所讲述的是最简单的一种,它由在一个或多个坐标方向上拉伸网格组成。

例 5.2 考虑如图 5.4 所示的物理平面和计算平面。假设处理的是平板表面的黏性流动问题,其速度在平板表面附近剧烈变化,如物理平面左侧的速度剖面图所示。为了计算表面附近的流动细节,在 y 方向需要一个空间上更精细的网格,如物理平面中所示的网格，但是，在远离表面处，网格可以稀疏一些。因此，一个适用于此问题的网格，应该是在竖直方向的水平向网格线在靠近表面处逐渐加密。另一方面，我们想要处理一个计算平面上的均匀网格，如图5.4所示。在图5.4中可以看到，物理平面内的网格好像是画在一张橡胶上的均匀网格，而橡胶的上部被沿着y方向拉伸了。能够实现这样的拉伸网格的一个简单的解析变换是：

$$\xi = x \tag{5.50a}$$

$$\eta = \ln(y+1) \tag{5.50b}$$

逆变换是：

$$x = \xi \tag{5.51a}$$

$$y = e^{\eta} - 1 \tag{5.51b}$$

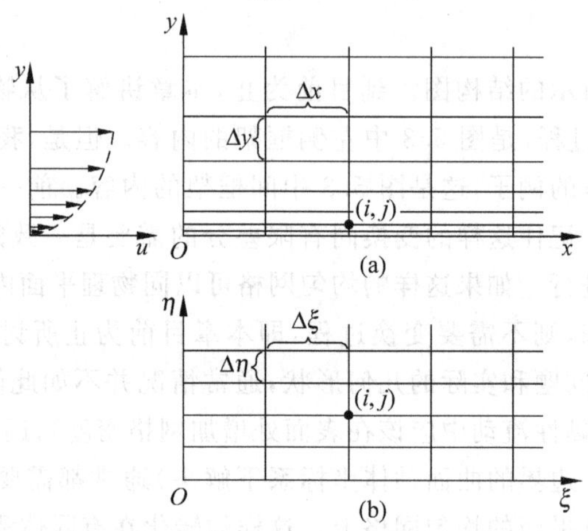

图5.4 网格拉伸示例

(a) 物理平面；(b) 计算平面

结合图5.4进一步考察这些方程。在物理平面和计算平面内，x方向的竖直网格线都是均匀分布的，这在式(5.50a)和式(5.51a)中都体现出来了。在整个物理平面内，Δx都是一样的。在整个计算平面内，$\Delta\xi$都是一样的。进一步说，有$\Delta x=\Delta\xi$，即在x方向上网格并没有拉伸。但是，水平方向的网格线就不是这种情况。在计算平面内，水平方向的网格线是均匀分布的，而在整个计算平面内，$\Delta\eta$都被假设为一样的。那么，在物理平面上的相应的Δy是怎样的呢？通过将式(5.51b)对于η求偏导数，可以很容易地得到答案，即

$$\frac{\mathrm{d}y}{\mathrm{d}\eta} = e^{\eta}$$

或者，

$$\mathrm{d}y = e^{\eta}\mathrm{d}\eta$$

用有限增量形式代替 dy,$d\eta$,得到:

$$\Delta y = e^{\eta}\Delta\eta \tag{5.52}$$

从式(5.52)可以看出,当 η 逐渐增加时,即在图 5.4 的平面中我们向上移动的时候,对于同样的 $\Delta\eta$,Δy 的值是逐渐增大的。换句话说,在我们沿竖直方向远离平面时,尽管计算平面内的网格是均匀的,但我们遇到的 Δy 是逐渐增大的,即物理平面内竖直方向上的网格被拉伸了。这就是拉伸网格的含义。更进一步说,由式(5.50a)和式(5.50b)给出的正变换,以及由式(5.51a)和式(5.51b)给出的逆变换,都说明了拉伸网格的生成机制,这就是网格生成的基本含义。

例 5.3 下面考察在物理平面和计算平面内控制方程的行为。为简单起见,假设流动是定常的,并且以连续方程为例。将式(2.25)表示的连续方程具体化为定常流动下的方程,并在笛卡儿坐标系中写出,如下:

$$\frac{\partial(\rho u)}{\partial x} + \frac{\partial(\rho v)}{\partial y} = 0 \tag{5.53}$$

这是在物理平面内写出的连续方程,这一方程可以通过使用式(5.2)和式(5.3)给出的偏导数变换公式正变换到计算平面内,得到的形式是:

$$\frac{\partial(\rho u)}{\partial \xi}\left(\frac{\partial \xi}{\partial x}\right)+\frac{\partial(\rho u)}{\partial \eta}\left(\frac{\partial \eta}{\partial x}\right)+\frac{\partial(\rho v)}{\partial \xi}\left(\frac{\partial \xi}{\partial y}\right)+\frac{\partial(\rho v)}{\partial \eta}\left(\frac{\partial \eta}{\partial y}\right)=0 \tag{5.54}$$

式(5.54)中的变换系数可以通过由式(5.50a)和式(5.50b)给出的正变换得到,即:

$$\frac{\partial \xi}{\partial x}=1; \quad \frac{\partial \xi}{\partial y}=0; \quad \frac{\partial \eta}{\partial x}=0; \quad \frac{\partial \eta}{\partial y}=\frac{1}{y+1} \tag{5.55}$$

将式(5.55)中的变换系数代入式(5.54)中,得到:

$$\frac{\partial(\rho u)}{\partial \xi}+\frac{1}{y+1}\frac{\partial(\rho v)}{\partial \eta}=0 \tag{5.56}$$

但是,由式(5.50b)可得:$y+1=e^{\eta}$。因此,式(5.56)化为:

$$\frac{\partial(\rho u)}{\partial \xi}+\frac{1}{e^{\eta}}\frac{\partial(\rho v)}{\partial \eta}=0$$

或者,

$$e^{\eta}\frac{\partial(\rho u)}{\partial \xi}+\frac{\partial(\rho v)}{\partial \eta}=0 \tag{5.57}$$

式(5.57)是计算平面内的连续方程,在本章,这是我们第一次真正将控制方程由物理平面转换到计算平面上,借此提醒读者注意本章前几节中的一些一般性概念。

例 5.4 为了进一步说明,我们重复上面的推导,但是这一次是通过由式(5.51a)和式(5.51b)给出的逆变换来实现。回到式(5.53),应用式(5.24a)和式(5.24b)给出的通用逆变换偏导数变换公式,有:

$$\frac{1}{J}\left[\frac{\partial(\rho u)}{\partial \xi}\left(\frac{\partial y}{\partial \eta}\right)-\frac{\partial(\rho u)}{\partial \eta}\left(\frac{\partial y}{\partial \xi}\right)\right]+\frac{1}{J}\left[\frac{\partial(\rho v)}{\partial \eta}\left(\frac{\partial x}{\partial \xi}\right)-\frac{\partial(\rho v)}{\partial \xi}\left(\frac{\partial x}{\partial \eta}\right)\right]=0 \tag{5.58}$$

式(5.58)中的逆变换系数由式(5.51a)和式(5.51b)给出的逆变换得到，如下：

$$\frac{\partial x}{\partial \xi}=1;\quad \frac{\partial x}{\partial \eta}=0;\quad \frac{\partial y}{\partial \xi}=0;\quad \frac{\partial y}{\partial \eta}=\mathrm{e}^{\eta} \tag{5.59}$$

将式(5.59)代入式(5.58)中，得到：

$$\mathrm{e}^{\eta}\frac{\partial(\rho u)}{\partial \xi}+\frac{\partial(\rho v)}{\partial \eta}=0 \tag{5.60}$$

这样，又一次得到了变换后的连续方程。事实上，式(5.60)同式(5.57)是一样的。在此，我们只是解释了如何分别从正变换和逆变换得到变换方程，但两种变换得到的结果是完全一致的。

注意到，在上面的推导中，用已经推导出的变换公式我们将连续方程进行了转换，正变换的结果是式(5.54)，逆变换的结果是式(5.58)。在这里，这些仍然是一种一般的形式，只有将特定变换中特定的变换系数代入式(5.54)和式(5.58)中，才能得到特定的变换。现在对于控制方程的任何变换应有如下重要认识：由变换系数将特定的信息带入某一特定的变换当中去。现在想象下面的情况，假设要数值求解一个流体绕给定物体运动形成的给定流场的问题，假设生成网格的任务已经由他人完成了，因此变换系数是已知的。上面所说的就是要完成转换所需要的全部信息，有了这些就可以在计算平面上进行数值求解给定的问题了。另一方面，还需要知道物理平面中每个网格点与计算平面中的网格点的一一对应关系，这样就可以将计算结果转化到物理平面上了。例如，再次考虑上面讨论过的拉伸网格。在计算平面上求解式(5.57)给出的连续方程，以及经适当变换后的动量方程和能量方程(为了简单此处没有列出)，以得到计算平面上的流场因变量。在得到的诸多物理量中，包括网格点(i,j)处的密度$\rho_{i,j}$的值，其中点(i,j)是计算平面上的点，如图5.4下部所示。但是，由一一对应关系，如图5.4的上部所示的物理平面内对应的网格点(i,j)处的密度也可知道，也就是说，它同由计算平面上求解控制方程得到的计算平面上该网格点(i,j)处的密度$\rho_{i,j}$相同。

例5.5 下面考虑一个更精细的网格拉伸过程。这里的例子来自文献[30]和[31]，其中研究了绕钝体的超声速黏性流动问题。这里，网格在x和y两个方向上都要进行拉伸。图5.5给出了相应的物理平面和计算平面。沿流向的x方向的拉伸通过如下由Holst[32]给出的变换公式来完成：

$$x=\frac{\xi_0}{A}\{\sinh[(\xi-x_0)\beta_x]+A\} \tag{5.61}$$

其中：

$$A=\sinh(\beta_x x_0) \tag{5.62}$$

和，

$$x_0=\frac{1}{2\beta_x}\ln\frac{1+(\mathrm{e}^{\beta_x}-1)\xi_0}{1+(\mathrm{e}^{-\beta_x}-1)\xi_0} \tag{5.63}$$

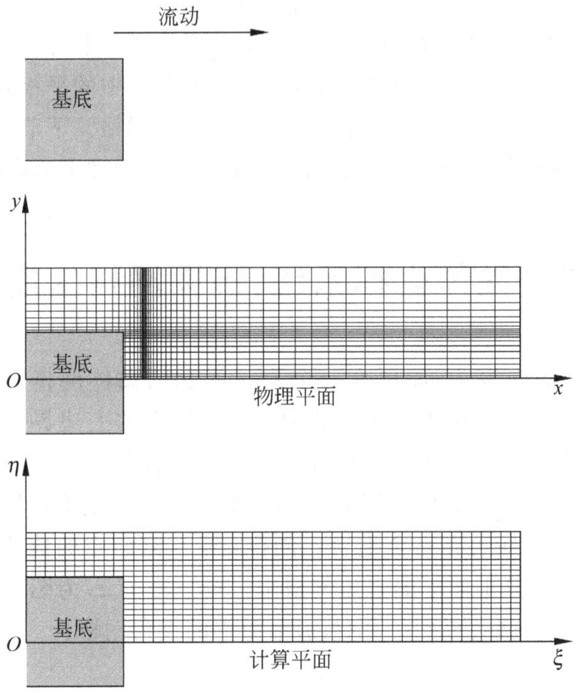

图 5.5 均匀和压缩网格对比[30,31]

在式(5.61)中,ξ_0 是计算平面中最密集处一点的位置,β_x 是一个常数,它控制 ξ_0 点处的密集程度,大的 β_x 数提供了在加密区域中更加精细的网格。y 方向的拉伸变换通过将物理平面剖分成如下两个部分来实现:①台阶后面的部分;②台阶上面的部分(包括台阶前面和后面)。变换基于 Roberts[33] 给出的下式来实现:

$$y=\frac{(\beta_y+1)-(\beta_y-1)\mathrm{e}^{-c(\eta-1-\alpha)/(1-\alpha)}}{(2\alpha+1)(1+\mathrm{e}^{-c(\eta-1-\alpha)/(1-\alpha)})} \tag{5.64}$$

其中:

$$c=\ln\frac{\beta_y+1}{\beta_y-1}$$

在式(5.64)中,β_y,α 是两个适当的常数,它们同前面定义的两个常数不同,上面给出的代数转换得到的网格显示在图 5.5 中。注意到,在图 5.5 中钝体台阶内部并没有网格,很显然是因为它的内部并没有流体流过。可以将由式(5.61)~(5.64)给出的网格生成公式作为一个精细的拉伸网格的例子,但这并不意味着它比别的网格生成方案更好。具体采用什么样的拉伸网格由读者自己决定,最重要的是,它必须适用于所要解决的特定问题。

回到本章给出的结构图 5.3,我们刚刚讲解了网格生成框架下面的第Ⅰ部分的内容，即拉伸网格。现在接着讲解贴体坐标系，在这一部分，需要注意到，图 5.4 和图 5.5 中给出的网格已经是建立在有效的贴体坐标系中的网格了，其中固体的边界也是网格中的坐标线。但是，因为物体的几何形状，图 5.4 中的平板和图 5.5 中的钝体表面都可以方便地适应于建立在已有直角坐标系中的网格。下节中将要处理更加一般的曲线边界的情况，其中的固体表面明显不能适应于物理平面内的直角坐标网格。

5.7 贴体坐标系统：椭圆网格生成法

为了介绍本节的内容，下面研究一个直观问题的贴体网格坐标系统。考虑如图 5.6(a)所示的扩张管道中的流动。曲线 de 是管道的上边界，fg 线是管道中心线。对于这样的流动，采用物理平面内简单的直角坐标系是不合适的，其原因在 5.1 节中已经讨论过。相反地，我们将图 5.6(a)中曲线网格的上下边界 de 和 fg 作为坐标线，即使坐标线与这些边界完全重合。同样，图 5.6(a)中的曲线网格必须变换到如图 5.6(b)所示的计算平面中的直角网格中。令 $y_s=f(x)$ 为图 5.6(a)中上边界的坐标，通过下面的转换就会得到一个(ξ,η)平面内的直角网格：

$$\xi = x \tag{5.65}$$

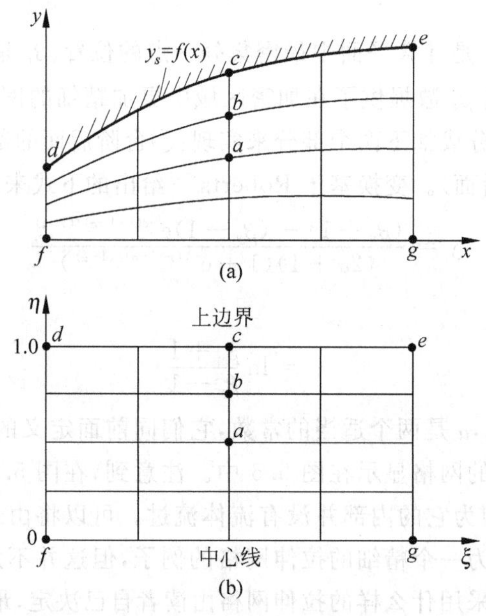

图 5.6 一个简单的贴体网格示例

(a) 物理平面；(b) 计算平面

$$\eta = \frac{y}{y_s} \tag{5.66}$$

例如，考虑物理平面内的点 d，其中 $y = y_d = y_s(x_d)$，将这一坐标代入式(5.66)中，可得到：

$$\eta_d = \frac{y_d}{y_s} = \frac{y_s(x_d)}{y_s(x_d)} = 1$$

因此，在计算平面中，d 点在 $\eta = \eta_d = 1$ 的坐标线上。现在考察物理平面上的 c 点，其中 $y = y_c = y_s(x_c)$。很明显，点 c 的坐标与点 d 不同，即 $y_c > y_d$。但是，将 y_c 代入式(5.66)中，可得到：

$$\eta_c = \frac{y_c}{y_s} = \frac{y_s(x_c)}{y_s(x_c)} = 1$$

因此，在计算平面上，点 c 在 $\eta = \eta_c = 1$ 的坐标线上，即在计算平面上 c 点与 d 点有相同的 η 坐标。从上面的讨论可以看出，所有在物理平面边界上的点，通过式(5.66)给出的变换公式，都在计算平面内 $\eta = 1$ 的水平坐标线上。这就在计算平面上形成了一个均匀的直角坐标系下的网格，此为物理平面内的贴体曲线坐标系的本质以及向计算平面内均匀的矩形网格的变换。

阅读路标

下面关于椭圆网格生成法的讨论，同 5.8 节中的自适应网格，代表了现代 CFD 中网格生成的两个重要方面。至少从理解基本概念的观点，作者强烈建议读者学习这部分内容。但是，因为缺少变化，第Ⅲ部分的应用中将不涉及这些问题。因此，如果想在此时寻找捷径，推荐读者参考下面的引导：

转到 5.9 节

上面是一个简单的贴体网格坐标系统的例子。图 5.7 给出了一个稍复杂的例子，它更加详细地解释了图 5.2 表示的例子。考虑图 5.7(a)中给出的翼型，翼型的表面有一个贴体的曲线坐标系统，其中的一个坐标线 $\eta = \eta_1 =$ 常数在翼型表面上，这是网格的内边界，在图 5.7 的物理平面和计算平面上都用 Γ_1 来表示。图 5.7 中网格外边界 Γ_2 由 $\eta = \eta_2 =$ 常数给出。内边界 Γ_1 的形状和位置由其所在的翼型表面决定，在某种程度上，外边界 Γ_2 的形状和位置是任意的，可以是所画出的任意一个。考察这个网格，可以明显地看到它是紧贴在边界上的，因此，它是一个贴体坐标系。由内边界 Γ_1 出发到外边界 Γ_2 为止的网格线是 ξ 为常数的线，如线 ef 的表达式为 $\xi = \xi_1 =$ 常数，这个常数的值也是可以任意给定的。也就是说，对于每个 $\xi =$ 常数的曲线，可以随意给 ξ 确定一个数值。例如，沿着 ef 线，可以指定 $\xi = 0.1$；沿着 gh 线，可以指定 $\xi = 0.2$，等等。同时注意到，图 5.7(a)中 η 为常数的线都是围绕翼型的封闭曲线，就像是被拉伸的圆，这样的网格叫做翼型的O形网格。另外一个相关的曲线网格会使η为常数的线一直向右侧下游沿展，而并不是完全封闭的(除了内边界Γ_1)，这样的网格叫做C形网格。下面简要看一个C形网格的例子。

问题：如何将如图5.7(a)所示的曲线网格转换到如图5.7(b)所示的计算平面上的均匀网格上？为了回答这个问题，假设物理平面的曲线网格是画在笛卡儿(x,y)坐标系下的一张绘图纸上的，因此，沿着内边界Γ_1，物理坐标是已知的，即(x,y)沿着Γ_1是已知的。

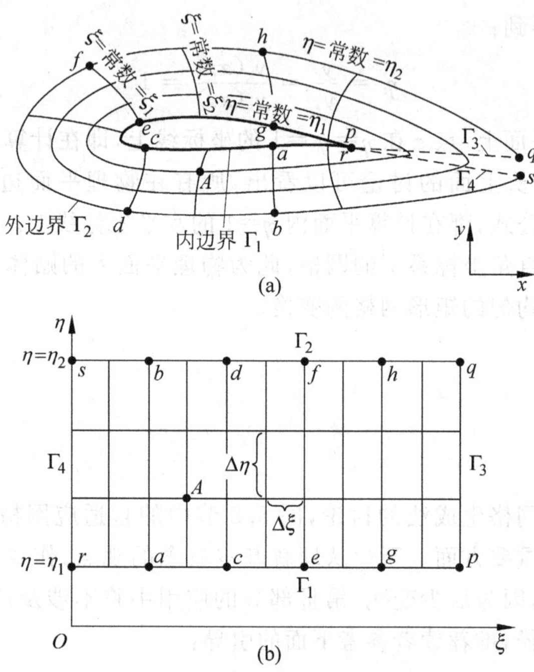

图5.7 用椭圆法生成贴体网格示例

(a)物理平面；(b)计算平面

也就是说，对Γ_1上任意给定的一点，有两个已知的参数，即该点x和y的坐标。类似地，沿着外边界Γ_2，物理坐标(x,y)也是已知的，因为外边界Γ_2是绕翼型的一个任意的曲线。一旦外边界Γ_2的形状是给定的，则沿着外边界Γ_2的物理坐标(x,y)就是已知的。

这就是一个边界上任意一点的边界条件(即x,y的坐标值)都给定的边值问题。3.4.3节中求解椭圆型偏微分方程时，需要给定整个求解域封闭边界上任意一点处的边界条件。因此，考虑图5.7中由椭圆型偏微分方程确定的变换(与拉伸网格中使用的代数关系即式(5.51a)和式(5.51b)和图5.6中的简单轮廓管道的问题中的关系即式(5.65)和式(5.66)不同)。一个最简单的椭圆型方程是Laplace方程：

$$\frac{\partial^2 \xi}{\partial x^2}+\frac{\partial^2 \xi}{\partial y^2}=0 \tag{5.67}$$

$$\frac{\partial^2 \eta}{\partial x^2}+\frac{\partial^2 \eta}{\partial y^2}=0 \tag{5.68}$$

在式(5.67)、式(5.68)中,ξ,η 是因变量,而 x 和 y 是独立的自变量。现在将其角色互换并写出反函数式,其中 x 和 y 变成了因变量,得到:

$$\alpha\frac{\partial^2 x}{\partial \xi^2}-2\beta\frac{\partial^2 x}{\partial \xi\partial \eta}+\gamma\frac{\partial^2 x}{\partial \eta^2}=0 \tag{5.69}$$

和,

$$\alpha\frac{\partial^2 y}{\partial \xi^2}-2\beta\frac{\partial^2 y}{\partial \xi\partial \eta}+\alpha\frac{\partial^2 y}{\partial \eta^2}=0 \tag{5.70}$$

其中:

$$\alpha=\left(\frac{\partial x}{\partial \eta}\right)^2+\left(\frac{\partial y}{\partial \eta}\right)^2$$

$$\beta=\left(\frac{\partial x}{\partial \xi}\right)\left(\frac{\partial x}{\partial \eta}\right)+\left(\frac{\partial y}{\partial \xi}\right)\left(\frac{\partial y}{\partial \eta}\right)$$

$$\gamma=\left(\frac{\partial x}{\partial \xi}\right)^2+\left(\frac{\partial y}{\partial \xi}\right)^2$$

式(5.69)和式(5.70)是以 x 和 y 为因变量,以 ξ,η 为自变量的椭圆型偏微分方程。回到图 5.7 中,式(5.69)和式(5.70)的解给出了物理平面上网格点(x,y)的坐标,它是计算平面上相应网格点(ξ,η)坐标的函数。但是,对于一个给定的椭圆型方程,需要给定整个求解域全部边界上的边界条件,如 3.4.3 节中所述。考虑如图 5.7(b)中计算平面上所示的求解域,上下边界分别由 Γ_1 和 Γ_2 围成,两侧由 Γ_3 和 Γ_4 围成。上面只是给定了 Γ_1 和 Γ_2 边界上的 x 和 y 的值,我们还需要沿 Γ_3 和 Γ_4 的边界上给定边界条件。为了完成此项工作,回到图 5.7(a)中的物理平面,假设在 O 形网格的最右侧,用刀片在翼型的后侧切一条线,这条线引入了另外两个边界,即曲线 qp 和 sr,在图里它们被略微分开,这只是为了表示的更明显。实际上,qp 和 sr 在 xy 平面上是同一条曲线,qp 构成了切线的上表面而 sr 给出了下表面,但是它们互相重合。在物理平面上,点 q 和 s 互相重合,点 p 和 r 互相重合,事实上,整个 Γ_3 和 Γ_4 也是重合的。但是,在如图 5.7(b)所示的 $\xi\eta$ 平面上情况发生了变化,因为 Γ_3 和 Γ_4 是完全分开的并且分别构成了计算平面的左右边界。就好像将物理平面的 O 形网格切开然后打开,Γ_4 被向下、向外拉形成了左边界。在计算平面上,q 和 s 是不同的网格点,r 和 p 是不同的网格点。现在回到物理平面,切割是任意的,但是切线一旦形成,则沿着切线的(x,y)坐标就是已知的,这意味着已经给定了图 5.7(b)中 Γ_3 和 Γ_4 边界上的 x 和 y 的值。回忆物理平面和计算平面的关系,可以给出如下论述:物理平面内的翼型表面,即曲线 $pgecar$,变成了计算平面中的下边界的直线 Γ_1;类似地,物理平面内的外边界,即曲线 $qhfdbs$,变成了计算平面中的上边界的直线 Γ_2;计算平面内的左右两个直角边由物理平面中的隔线构成，左侧边界即线 rs 由图 5.7(b)中的 Γ_4 表示，右侧边界即线 qp 由图 5.7(b)中的 Γ_3 表示。

为了强调上述内容，图 5.8 中再次给出计算平面。再次强调，(x,y)的值在四个边界 Γ_1、Γ_2、Γ_3 和 Γ_4 上都是已知的，这是求解适定的椭圆型偏微分方程边值问题的基础。式(5.69)和式(5.70)就是这样的椭圆型方程，对于图 5.7(b)表示的求解域中的每个网格点来说，由于已知四个边界 Γ_1、Γ_2、Γ_3 和 Γ_4 上的边值(x,y)，因此这些方程是可以数值的求解的，以给出相应的物理平面上同一网格点上的(x,y)的值。例如，考虑图 5.8 中表示的内点 A，它也是图 5.7 中计算平面和物理平面上相应的点 A。在计算平面的 A 点上，求解式(5.69)和式(5.70)以得到它的坐标(x,y)，这个坐标确定了点 A 在物理平面上的位置。对于所有在 $\xi\eta$ 平面内均匀排列的网格点来说，通过求解式(5.69)和式(5.70)都可以得到它们在物理平面内相应网格点的位置，即对于计算平面上一个给定的网格点(ξ_i,η_i)，都对应于通过计算得到的物理平面内的一个网格点(x_j,y_j)。式(5.69)和式(5.70)的求解是通过适当地将椭圆型方程有限差分离散来实现的，松弛技术经常被用来求解这样的方程。因为这种变换是通过求解椭圆型偏微分方程得到的，所以这种方法叫做椭圆型网格生成法。

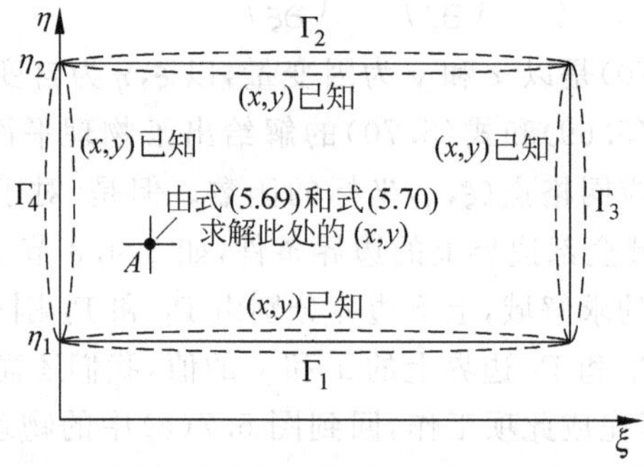

图 5.8 计算平面，边界条件以及内部网格点示例

注意到，上面的变换采用求解椭圆型偏微分的方法来生成网格，并没有涉及封闭的解析表达式，它得到的是一系列的数值，这些数值可以确定与计算平面内一个给定的网格点相对应的物理平面内的网格点的坐标。同样，流动控制方程中的变换系数(在计算平面中求解)如 $\partial\xi/\partial x$，$\partial\eta/\partial y$ 等可以通过有限差分式得到，经常采用的是中心差分式。例如，在任意给定的物理平面和计算平面内的网格点(i,j)上，可以写出该点处的变换系数：

$$\left(\frac{\partial\xi}{\partial x}\right)_{i,j}=\frac{\xi_{i+1,j}-\xi_{i-1,j}}{x_{i+1,j}-x_{i-1,j}}$$

同样地，将这些变换系数的值直接代入转换后的流动控制方程中，并将其在转换后的平面上进行求解，即在 $\xi\eta$ 平面内均匀排列的网格点上求解，由此可以得到绕翼型的流场流动情况。

再次提醒读者注意一下这里所要解决的问题是什么。式(5.69)和式(5.70)与流场的物理性质没有任何的关系，它们只是椭圆型的偏微分方程，我们用它们来将 ξ,η 和 x,y 联系起来，以建立一种变换关系(网格点间的一一对应关系)，将物理平面变换到计算平面上去。由于这种转换由椭圆型方程来控制，因此它是网格生成方法中一种叫做椭圆网格生成法的例子。椭圆网格生成法首先被 Mississippi 州立大学的 Joe Thompson 应用于实际计算中，对此，参考文献[34]中给出了更细、更广泛的介绍。作者强烈建议，读者在采用椭圆网格生成法生成网格之前，应仔细阅读这些资料以及其他一些参考资料。本章的目的只是要帮助读者建立基本的概念。

如图 5.7(a)所示的曲线贴体网格坐标系统是用来进行定性解释的。图 5.9 中给出了一个实际的采用椭圆网格生成法生成绕机翼的网格的例子，此计算机图片来自文献[6]。采用 Thompson 的椭圆网格生成法[34]，Kathari 以及本书的作者[6]生成了一个绕 Miley 翼型的贴体坐标系统。(Miley 翼型是一个由 Mississippi 州立大学的 Stan Miley 专门为低雷诺数应用设计的一个翼型。)在图 5.9 中，图片中间的白斑点就是翼型，而网格从翼型向四周延伸。在文献[6]中，绕翼型的低雷诺数流动的流场通过采用时间推进的有限差分方法求解可压缩的纳维-斯托克斯方程来得到。来流是亚声速的，因此，根据亚声速流动中扰动传播很远的性质，流场的外边界必须离翼型足够远。图 5.10 给出了翼型周围附近区域网格的细节情况。从图 5.9 和图 5.10 中都可以看出，这是一个 C 形网格，而不是图 5.7 所示的 O 形网格。图 5.9 和图 5.10 中黑的区域是由于网格点过密，以至于计算机图片不能将网格点分辨开来而形成的。图 5.9 和图 5.10 中显示的网格适用于计算 1.2 节中所讨论的低雷诺数绕翼型流动问题，得到的结果表示在图 1.4 中。并且，图 1.14 是一个很好的涡轮发动机内、外贴体网格的例子。

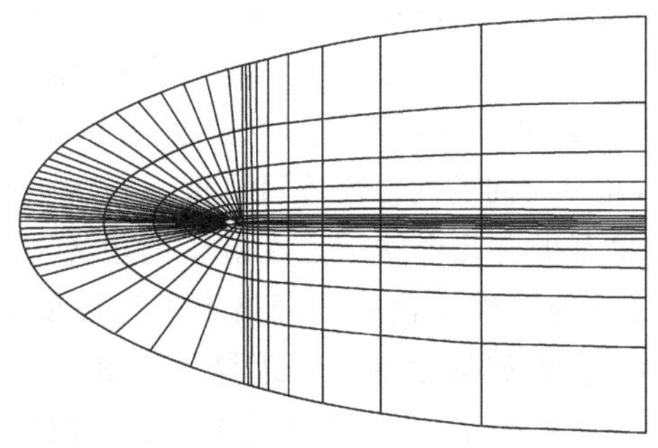

图 5.9 椭圆法生成的 Miley 翼型外网格，该结果来自 Kothari 等人的计算。网格中较小的白色斑点就是翼型，这显示了如果计算的流场是亚声速的，就需要配置较远的远场边界

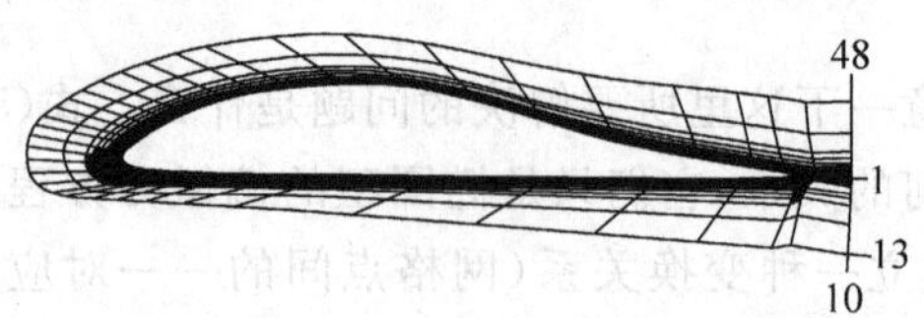

图 5.10　图 5.9 中体贴网格中翼型附近的细节

在结束这一节之前，再次强调一下椭圆网格生成法，它采用求解椭圆型偏微分方程的办法来得到网格的内点，其与流动控制方程的求解过程是完全独立的。在进行任何求解控制方程的计算之前，网格就已经生成了。采用 Laplace 方程(式(5.67)和式(5.68))得到的网格与真实流场的物理性质没有任何关系，Laplace 方程仅仅是用于生成网格而已。

5.8　自适应网格

5.6 节讲述的拉伸网格的概念源于以下思想：试图在流场中物理量变化剧烈的地方将大量网格点紧密排列，因此它可以提高给定问题 CFD 求解的精度。这种改进不仅仅涉及利用密集的网格点将截断误差最小化，它也涉及如何利用足够多的网格点来恰当地描述流场的问题。一个定性的例子是流过一块平板的黏性流动，如图 5.11 所示。在真正的流动中，会存在一个随着流动方向逐渐增厚的边界层。令 x 为沿平板方向到平板左缘的距离，当地的边界层厚度为 δ，其中，$\delta=\delta(x)$。考虑如图 5.11(a)所示的网格，从图 5.11(a)中可以看到一个粗糙的网格，所有网格点位于真正的边界层之外，即对于平板上方的第一层网格点来说，有 $\Delta y>\delta$。当在这样的网格上进行数值计算时，无滑移条件 $u=0$ 用在固壁边界上，得到了图 5.11(a)右侧的速度剖面。将要得到的速度剖面 u 沿着 y 方向是一直增加的，将会得到一个边界层的形状，但是其厚度远比真实的边界层要大。相反地，考虑如图 5.11(b)所示的网格，这也是一个粗糙的网格，在 y 方向的网格点数同图 5.11(a)中一样多。但是，在图 5.11(b)中，网格被压缩了使得至少有几个网格点在真正的边界层中，即对于平板上方的第一层网格点来说，有 $\Delta y<\delta$。当在这样的网格上进行数值计算时，得到如图 5.11(b)所示右侧的速度剖面，它更加接近真正的边界层。事实上，图 5.11(a)粗糙且均匀的网格将整个物理边界层忽略了，右侧得到的类似于黏性作用的速度剖面，仅仅是因为应用了无滑移的边界条件。而如图 5.11(b)所示的粗糙但是压缩了的网格至少描绘出了一些真实的边界层情况。

显然，压缩(或拉伸)网格的目的就是要将网格尽可能多地放在流场中有变化的区域，而将无变化或变化少的区域中的网格移开。但是，如 5.6 节所讨论的那样，压

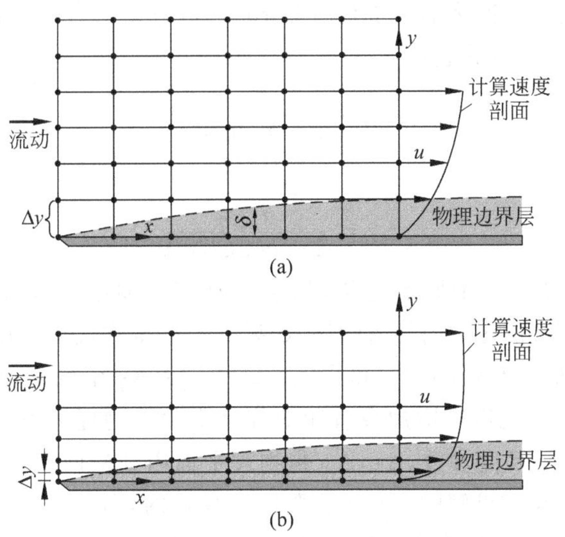

图 5.11 这两幅图显示了边界层内需要适当加密网格

(a) 边界层内没有网格；(b) 边界层内有一定数量的网格

缩网格是由代数方法生成的网格，它在求解流场之前就已经生成了，进一步说，一旦网格确定了，它就被固定应用于全流场的计算。但是，在精确计算之前我们又如何知道流场中变化最剧烈的区域在哪里呢？可以先建立一个拉伸网格，但是你也许会错过全部的运动最剧烈的区域，即你可能并没有那么幸运以至于刚好将网格点密集的区域建立在流场中物理量梯度最大的区域。这就需要发展一种有自适应能力的网格，这就是本节所要讲解的主要内容。

一个自适应的网格是指它可以自动在物理量梯度大的流场区域加密网格，可以利用已经求解得到的流场中物理量的性质来确定物理平面内的网格点的位置。一个自适应的网格可以看作是随时间发展的，与时间推进求解流动控制方程得到的流场的物理量是紧密联系的。在求解的过程中，网格点在物理平面上随着物理量梯度的发展，向着物理量梯度大的区域移动。因此，物理平面内的实际网格点在求解的整个过程中是一直在运动的，并且只在计算结果达到定常之后才可能固定不变。同 5.6 节讲过的拉伸网格和 5.7 节中讲的椭圆网格生成法不同，它们的网格生成与计算求解是完全独立的两个部分，而自适应的网格是与求解紧密结合在一起的，并且随着计算结果的改变而改变。自适应网格的预期优势是网格点可以自动地向发生剧烈变化的流场区域移动，这种优势体现在：①对于给定数目的网格点来说可以提高精度；②对于给定的精度要求，可以减少需要的网格点的数目。自适应网格在 CFD 的应用中仍然是一个比较新的课题，至于是否可以保证这些优势在任何时候都能发挥作用，还没有完全建立与此相关的理论。

一个简单的自适应网格的例子是由 Corda[35] 在求解后台阶的黏性超声速流动中采用的。这里，变换由下式表示：

$$\Delta x=\frac{B\Delta\xi}{1+b(\partial g/\partial x)} \tag{5.71}$$

和

$$\Delta y=\frac{C\Delta\eta}{1+c(\partial g/\partial y)} \tag{5.72}$$

其中，g 是流场的一个原始变量，如 p,ρ 或 T。如果 $g=p$，则式(5.71)和式(5.72)在压力梯度大的区域内加密网格；如果 $g=T$，则在温度梯度大的区域内加密网格，其他变量类似。在式(5.71)和式(5.72)中，$\Delta\xi,\Delta\eta$ 在 $\xi\eta$ 的计算平面内是固定的且均匀分布，b 和 c 是用来增加或者减小梯度变化对物理平面上网格分布影响程度的参数，B 和 C 是尺度参数，$\Delta x,\Delta y$ 是物理平面内新的网格间距。因为 $\partial g/\partial x$，$\partial g/\partial y$ 在一个时间推进求解的过程中是随时间变化的，那么，显然 $\Delta x,\Delta y$ 也随时间变化，即在物理平面上的网格点发生移动。显然，在流场中 $\partial g/\partial x,\partial g/\partial y$ 很大的区域，对于给定的 $\Delta\xi,\Delta\eta$，由式(5.71)和式(5.72)将得到较小的 $\Delta x,\Delta y$ 的值，这就是加密网格的机制。这个过程将在图 5.12 中进一步解释，其中，图 5.12(a)表示物理平面，而图 5.12(b)表示计算平面。考虑图 5.12(b)中用点 N 表示的特殊网格点，这一点固定在 $\xi\eta$ 平面内，它并不随时间而运动，与它临近的网格点，例如用 $N+1$ 表示的点，也不随时间而运动。按照惯例，网格点 N 和 $N+1$ 之间的距离是 $\Delta\xi$。现在考察如图 5.12(a)所示的物理平面内相应的网格点，在物理平面内 t 时刻点 N 和 $N+1$ 的网格点的位置由黑点表示出来，这两点在 x 方向的距离为 $(\Delta x)^t$，其中上标 t 表示 t 时刻。点 N 在 t 时刻的 x 方向的位置，由 x_N^t 表示，由点 1 和 2，2 和 3 等各点之间的变化的 Δx 的值来决定，即：

$$x_N^t=\sum_1^N(\Delta x)_i^t \tag{5.73}$$

现在考虑下一个时刻 $t+\Delta t$ 的情况，因为 $\partial g/\partial x$ 的值在时间推进求解过程中从

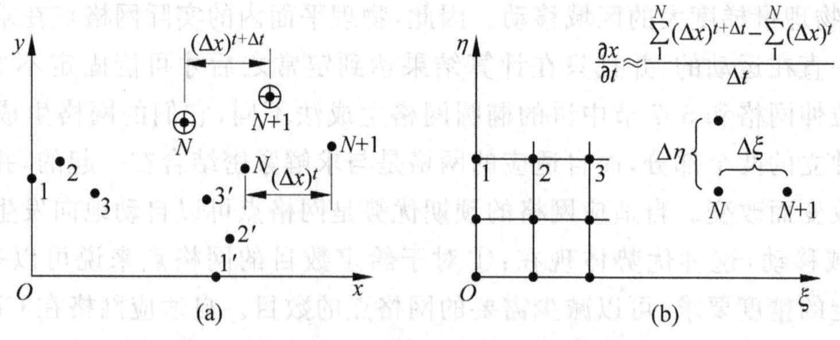

图 5.12 反映自适应网格机理的图示

(a) 物理平面；(b) 计算平面

一个时间步到下一个时间步时一般会发生变化，则由式(5.71)可以得到一个新的 Δx 的值，在 $t+\Delta t$ 时刻用 $(\Delta x)^{t+\Delta t}$ 表示。因此，点 N 在 $t+\Delta t$ 时刻的 x 方向的位置就变成了一个新的值，由 $x_N^{t+\Delta t}$ 表示。当然，由于同时应用式(5.72)，点 N 在 $t+\Delta t$ 时刻的 y 方向的位置也发生了改变。在 $t+\Delta t$ 时刻点 N 和点 $N+1$ 的位置在图 5.12(a) 中用十字表示出来，新的 Δx 的值即 $(\Delta x)^{t+\Delta t}$ 也在图中表示了出来。在 $t+\Delta t$ 时刻点 N 的新 x 位置由下式给出：

$$x_N^{t+\Delta t} = \sum_1^N (\Delta x)_i^{t+\Delta t} \tag{5.74}$$

同样地类似于式(5.73)和式(5.74)的关于 y 的位置方程也可以写出。

再次提醒读者注意，在处理自适应网格的过程中，计算平面即 $\xi\eta$ 平面中的点是固定的，这些点的位置不随时间变化，即它们在计算平面内是不运动的。更进一步说，$\Delta\xi$ 是均匀的，$\Delta\eta$ 也是均匀的。因此，计算平面的情况同之前章节中所讨论的情况是一样的。控制方程在计算平面中求解，其中关于 x,y,t 的偏导数根据式(5.2)、式(5.3)和式(5.5)进行变换。特别地，考察由式(5.5)给出的时间导数项的转换，在 5.4 节和 5.5 节中讲的拉伸网格和贴体网格的情况中，变换系数 $\partial\xi/\partial t$ 和 $\partial\eta/\partial t$ 为零，则由式(5.5)得到 $\partial/\partial t=\partial/\partial\tau$。但是，对于自适应网格来说，有：

$$\frac{\partial\xi}{\partial t} \equiv \left(\frac{\partial\xi}{\partial t}\right)_{x,y}$$

和

$$\frac{\partial\eta}{\partial t} \equiv \left(\frac{\partial\eta}{\partial t}\right)_{x,y}$$

它们不为零，这是因为，尽管在计算平面内网格点是固定不动的，但在物理平面上网格点是随时间运动的。$(\partial\xi/\partial t)_{x,y}$ 的物理意义是，物理平面上在固定网格点 (x,y) 处 ξ 随时间的变化率。类似地，$(\partial\eta/\partial t)_{x,y}$ 的物理意义是，物理平面上在固定网格点 (x,y) 处 η 随时间的变化率。假设物理平面上的一个固定点 (x,y)，该点对应的 ξ，η 的值作为这一固定的 (x,y) 的函数是随时间变化的，这就是 $\partial\xi/\partial t$，$\partial\eta/\partial t$ 的值不为零的原因。同样，在计算平面上求解变换后的流动控制方程时，式(5.5)右端的所有项都是有限的值，必须包含在变换后的方程中。在这种情况下，时间变换系数 $\partial\xi/\partial t$ 和 $\partial\eta/\partial t$ 在流动控制方程的求解过程中会自动考虑到自适应网格的运动因素。

如式(5.5)所示的时间变换系数的值有些难以估计，相反，相关的时间变换系数 $\left(\frac{\partial x}{\partial t}\right)_{\xi,\eta}$ 和 $\left(\frac{\partial y}{\partial t}\right)_{\xi,\eta}$ 却很容易估计出来，它们可以直接由式(5.71)和式(5.72)给出的自适应网格的变换中得到。例如，回到图 5.12，可以通过将点 N 和点 $N+1$ 在 x 方向上的变化量除以时间增量 Δt 来得到时间变换系数 $\left(\frac{\partial x}{\partial t}\right)_{\xi,\eta}$，即：

$$\left(\frac{\partial x}{\partial t}\right)_{\xi,\eta} = \frac{x_N^{t+\Delta t} - x_N^t}{\Delta t} \tag{5.75a}$$

其中，$x_N^{t+\Delta t}$ 和 x_N^t 分别由式(5.74)和式(5.73)给出。对$\left(\frac{\partial y}{\partial t}\right)_{\xi,\eta}$，可以类似地写出：

$$\left(\frac{\partial y}{\partial t}\right)_{\xi,\eta}=\frac{y_M^{t+\Delta t}-y_M^t}{\Delta t} \tag{5.75b}$$

其中，$y_M^{t+\Delta t}$ 和 y_M^t 分别由类似于式(5.74)和式(5.73)的关系式给出，即：

$$y_M^t=\sum_{1'}^{M}(\Delta y)_i^t$$

和

$$y_M^{t+\Delta t}=\sum_{1'}^{M}(\Delta y)_i^{t+\Delta t}$$

考察图 5.12，我们之前关注的是以 N 为标记的网格点，这里，N 点只是 x 的指标，即 $i=N$。对于同样的网格点，M 代表了相应的 y 方向的指标，即 $j=M$。上面的求和是在 y 方向进行的，如图 5.12(a)所示，加到了点 $1',2',3'$等。由于时间变换系数$\left(\frac{\partial x}{\partial t}\right)_{\xi,\eta}$和$\left(\frac{\partial y}{\partial t}\right)_{\xi,\eta}$是由式(5.71)和式(5.72)给出的变换直接得到的，并且由于式(5.5)给出的偏导数的转换涉及时间变换系数$(\partial\xi/\partial t)_{x,y}$和$(\partial\eta/\partial t)_{x,y}$，因此必须找到这两组度量系数之间的关系。下面为推导过程。

回到由式(5.18a)～(5.18c)给出的一般的逆变换式中，将式(5.18a)重复如下：

$$x=x(\xi,\eta,\tau) \tag{5.18a}$$

由全微分得：

$$\mathrm{d}x=\left(\frac{\partial x}{\partial\xi}\right)_{\eta,\tau}\mathrm{d}\xi+\left(\frac{\partial x}{\partial\eta}\right)_{\xi,\tau}\mathrm{d}\eta+\left(\frac{\partial x}{\partial\tau}\right)_{\xi,\eta}\mathrm{d}\tau \tag{5.76}$$

在式(5.76)中，x 的改变量 $\mathrm{d}x$ 由 ξ,η 和 τ 的改变量即 $\mathrm{d}\xi,\mathrm{d}\eta$ 和 $\mathrm{d}\tau$ 分别表示出来。如果这些变化只是关于时间的函数，即保持 x 和 y 为常数，则式(5.76)可以写为

$$\cancelto{0}{\left(\frac{\partial y}{\partial t}\right)_{x,y}}=\left(\frac{\partial y}{\partial\xi}\right)_{\eta,\tau}\left(\frac{\partial\xi}{\partial t}\right)_{x,y}+\left(\frac{\partial y}{\partial\eta}\right)_{\xi,\tau}\left(\frac{\partial\eta}{\partial t}\right)_{x,y}+\left(\frac{\partial y}{\partial\tau}\right)_{\xi,\eta}\cancelto{1}{\left(\frac{\partial\tau}{\partial t}\right)_{x,y}} \tag{5.77}$$

在式(5.77)中，$(\partial x/\partial t)_{x,y}$ 等于零，因为 x 在这个偏导数中保持不变。规定式(5.18c)中的 $t=t(\tau)$ 由 $t=\tau$ 代替，这就是式(5.77)中$(\partial\tau/\partial t)_{x,y}=1$ 的原因。根据这些值，式(5.77)变为：

$$-\left(\frac{\partial x}{\partial\tau}\right)_{\xi,\eta}=\left(\frac{\partial x}{\partial\xi}\right)_{\eta,\tau}\left(\frac{\partial\xi}{\partial t}\right)_{x,y}+\left(\frac{\partial x}{\partial\eta}\right)_{\xi,\tau}\left(\frac{\partial\eta}{\partial t}\right)_{x,y} \tag{5.78}$$

注意到，偏导数中仍然带着下标，以明确哪些变量应该保持常数。将式(5.18b)重复如下：

$$y=y(\xi,\eta,\tau) \tag{5.18b}$$

由全微分得：

$$\mathrm{d}y=\left(\frac{\partial y}{\partial\xi}\right)_{\eta,\tau}\mathrm{d}\xi+\left(\frac{\partial y}{\partial\eta}\right)_{\xi,\tau}\mathrm{d}\eta+\left(\frac{\partial y}{\partial\tau}\right)_{\xi,\eta}\mathrm{d}\tau \tag{5.79}$$

因此，由这一结果可以得出：

$$\cancelto{0}{\left(\frac{\partial y}{\partial t}\right)_{x,y}}=\left(\frac{\partial y}{\partial \xi}\right)_{\eta,\tau}\left(\frac{\partial \xi}{\partial t}\right)_{x,y}+\left(\frac{\partial y}{\partial \eta}\right)_{\xi,\tau}\left(\frac{\partial \eta}{\partial t}\right)_{x,y}+\left(\frac{\partial y}{\partial \tau}\right)_{\xi,\eta}\cancelto{1}{\left(\frac{\partial \tau}{\partial t}\right)_{x,y}} \tag{5.80}$$

或者，

$$-\left(\frac{\partial y}{\partial \tau}\right)_{\xi,\eta}=\left(\frac{\partial y}{\partial \xi}\right)_{\eta,\tau}\left(\frac{\partial \xi}{\partial t}\right)_{x,y}+\left(\frac{\partial y}{\partial \eta}\right)_{\xi,\tau}\left(\frac{\partial \eta}{\partial t}\right)_{x,y} \tag{5.81}$$

考察式(5.80)和式(5.81)，它们有共同的变换系数$(\partial\xi/\partial t)_{x,y}$和$(\partial\eta/\partial t)_{x,y}$。利用克莱姆法则，首先由式(5.78)和式(5.81)解出$(\partial\xi/\partial t)_{x,y}$，如下所示：

$$\left(\frac{\partial \xi}{\partial t}\right)_{x,y}=\frac{\begin{vmatrix}-\left(\frac{\partial x}{\partial \tau}\right)_{\xi,\eta} & \left(\frac{\partial x}{\partial \eta}\right)_{\xi,\tau}\\ -\left(\frac{\partial y}{\partial \tau}\right)_{\xi,\eta} & \left(\frac{\partial y}{\partial \eta}\right)_{\xi,\tau}\end{vmatrix}}{\begin{vmatrix}\left(\frac{\partial x}{\partial \xi}\right)_{\eta,\tau} & \left(\frac{\partial x}{\partial \eta}\right)_{\xi,\tau}\\ \left(\frac{\partial y}{\partial \xi}\right)_{\eta,\tau} & \left(\frac{\partial y}{\partial \eta}\right)_{\xi,\tau}\end{vmatrix}} \tag{5.82}$$

认识到$\tau=t$，以及分母是雅可比矩阵$\boldsymbol{J}$，式(5.82)写为(去掉下标)：

$$\frac{\partial \xi}{\partial t}=\frac{1}{\boldsymbol{J}}\left[-\left(\frac{\partial x}{\partial t}\right)\left(\frac{\partial y}{\partial \eta}\right)+\left(\frac{\partial y}{\partial t}\right)\left(\frac{\partial x}{\partial \eta}\right)\right] \tag{5.83}$$

同样地，由式(5.78)和式(5.81)解出$(\partial\eta/\partial t)_{x,y}$，可以得到：

$$\frac{\partial \eta}{\partial t}=\frac{1}{\boldsymbol{J}}\left[-\left(\frac{\partial x}{\partial t}\right)\left(\frac{\partial y}{\partial \xi}\right)-\left(\frac{\partial y}{\partial t}\right)\left(\frac{\partial x}{\partial \xi}\right)\right] \tag{5.84}$$

现在总结一下，对于在时间推进过程中演化的自适应网格，将控制方程变换到$\xi\eta$计算平面上进行计算时，方程中必须包含所有由式(5.5)给出的时间变换项。我们注意到，式(5.5)中的时间变换系数为$\partial\xi/\partial t$，$\partial\eta/\partial t$。这些时间度量系数可以由式(5.83)和式(5.84)分别估算出来。同样地，在式(5.83)和式(5.84)中，$\partial x/\partial t$，$\partial y/\partial t$分别通过式(5.75a)和式(5.75b)计算出来。式(5.83)和式(5.84)中和雅可比行列式$\boldsymbol{J}$中出现的空间变换系数$\partial x/\partial\xi$，$\partial x/\partial\eta$，$\partial y/\partial\xi$和$\partial y/\partial\eta$可以由中心差分来代替。例如：

$$\frac{\partial x}{\partial \xi}=\frac{x_{i+1,j}-x_{i-1,j}}{2\Delta\xi}$$

$$\frac{\partial x}{\partial \eta}=\frac{x_{i,j+1}-x_{i,j-1}}{2\Delta\eta}$$

$$\frac{\partial y}{\partial \xi}=\frac{y_{i+1,j}-y_{i-1,j}}{2\Delta\xi}$$

$$\frac{\partial y}{\partial \eta}=\frac{y_{i,j+1}-y_{i,j-1}}{2\Delta\eta}$$

其中，$i=N$，$j=M$。

图5.13给出了一个求解后台阶的黏性超声速流动的自适应网格的例子,它来自Corda[35]的工作。流动是从左向右的。图5.13中显示的自适应网格,是流场经过很长时间推进求解达到定常状态之后最终的定常的网格。注意到,随着定常状态的达到,时间变换系数$\partial\xi/\partial t$,$\partial\eta/\partial t$,$\partial x/\partial t$和$\partial y/\partial t$都趋于零值,即物理平面上的网格停止运动了。在图5.13中,台阶上角形成膨胀波处和台阶下游的附体激波处网格加密了。下面是一个有趣的发现,自适应网格本身就是一种流场流动显示方法,它可以帮助我们识别出流动中激波、剪切层和其他梯度的位置。回到原始的由式(5.71)和式(5.72)给出的自适应网格的变换式,如果$g=\rho$,则物理平面内的网格点在密度梯度大的地方会加密,这是实验室里得到的纹影图像的一个计算类比。注意到图5.13中的网格也是一种"CFD纹影"图片。

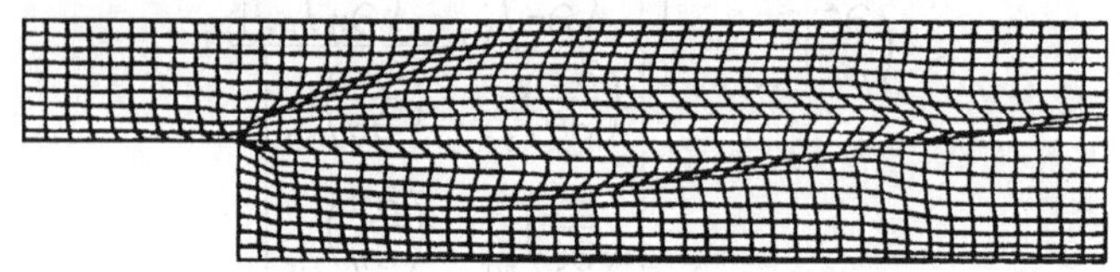

图5.13 后向台阶问题的自适应网格,摘自Corda

其实,可以生成自适应网格的方法有很多。上面讨论的仅仅是其中的一种,它基于由Dwyer等人在文献[36]中提出的思想。在现代CFD中自适应网格处于迅速发展的阶段,因此读者在开发自己的自适应网格之前,最好先去阅读一下这一领域中最新的研究内容。本节以该自适应网格技术作为例子来讲解是因为它简单,因为这里只是要给读者一个大概的感觉而已。

5.9 网格生成中的一些现代进展

如5.1节中所说,网格生成方法在CFD的领域中是非常活跃的研究方向。本章只是介绍一些基本的概念。下面,我们来快速地看一下网格生成方法在空气动力学中两个实际应用的例子。

第一个例子是,网格生成方法用于计算图1.6和图1.7中所示的绕过Northrop F—20飞机的流场。回到第1章来考察一下这两张图,它们是由对三维欧拉方程的数值求解得到的,如文献[9]所述。构造一个三维的绕复杂形状如F—20的网格是一件很有挑战性的事情。对于如图1.6和图1.7中所示的问题,采用5.7节所讲的椭圆网格生成法建立一个三维的贴体网格坐标系统,并且结合5.8节所讲的自适应网格的方法。图5.14显示了各个部分的网格,它来源于文献[9]。这里可以看到机身表面、中线平面上和机翼平面上的网格坐标线。

在图 5.14 中，机身沿图的对角线方向放置，前缘在图的左下角。机翼、尾翼和机身的背部呈现为白色的实体，这是由于这些区域内的网格线密集，以适应这里的流场物理量大梯度。图 5.14 综合了本章所讲的网格生成方法，是在现代 CFD 应用框架下完成的。图 5.14 更清楚地展示了如何得到图 1.6 和图 1.7 中的计算结果，因此，也使第 1 章的介绍性讨论更加圆满。

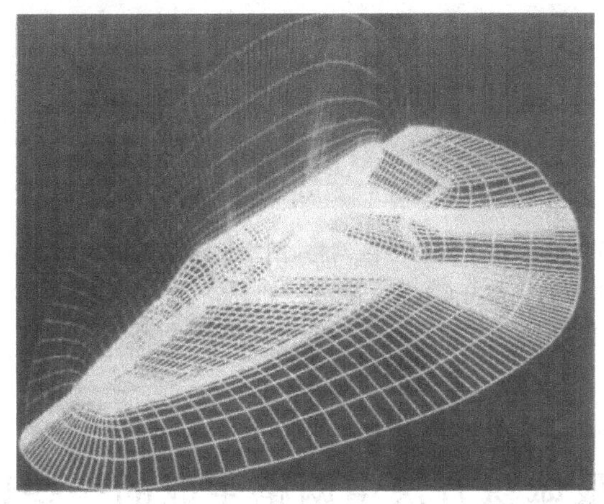

图 5.14　使用椭圆法生成的环绕 F—20 飞机的自适应网格，图中显示了飞机表面，中心线平面以及翼平面

一架完整的飞机通常有一个复杂的几何形状，有些时候它要求所生成的网格比 5.7 节中讲到的贴体网格更加精细，就如图 5.14 所示的网格一样。在很多实际的流体力学应用中，现代 CFD 技术发展了一种由两个或更多独立网格组合而成的网格，其中各独立的网格之间互相连接，即网格包括两块或者更多块，其中每一块都是与其他块不同的独立的网格。这些不同的块覆盖了不同的流场区域，因此这样的网格通常叫做分区网格，如图 5.15 所示，它来自于文献[37]和[38]。此图是一个二十块的网格系统的一部分，该网格系统用于计算绕 F—16 战斗机的流场。在图 5.15 中我们看到了上面的七块网格，余下的网格用于定义入口处的流动等。在使用分区网格时遇到的一个主要的问题是，在相邻的分区中怎样找到合适的界面形状，一个合适的连接可以不至于降低 CFD 计算的精度。更进一步说，原则上每一区里面的网格可以采用不同的方法来生成，即其中一块网格可能是采用代数方法生成的笛卡儿坐标系下的拉伸网格(见 5.6 节)，而邻近的另一块网格可能是采用代数方法生成的柱坐标系下的网格，而下一块相邻的网格可能是由椭圆网格生成法生成的网格(见 5.7 节)，这便混合了连接的问题。对于这些问题，本书将不再继续讨论，更多的细节请见参考文献[37]和[38]。

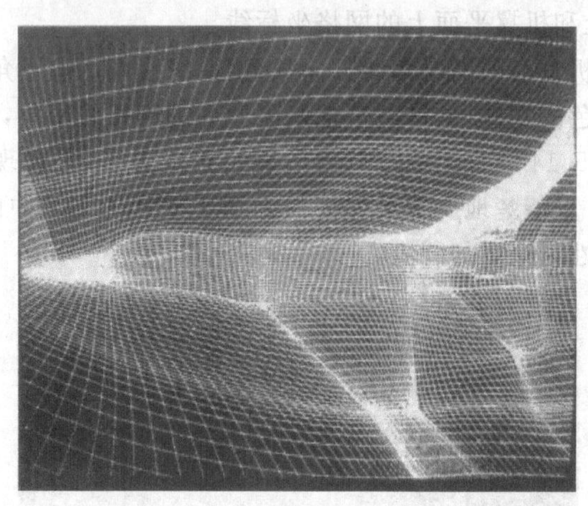

图 5.15　环绕 F—16 飞机的分区网格，图中显示了飞机表面上的网格，这只是 20 块网格中的一部分(详见文献[37]和[38]，版权所有©1990 AIAA，此次再印已获许可。)

5.10　有限体积方法中网格生成的一些现代技术：非结构网格和笛卡儿网格的回归

在此之前所有讨论过和展示过的网格都是在有限差分方法的框架下生成的，因此可以得到如下概念：无论在物理平面上的网格是如何的不均匀，都可以找到一个相应的变换，使得计算平面上的网格是均匀的、正交的，然后在计算平面内的均匀网格上采用有限差分方法进行计算，之后将得到的流场结果直接转换到物理平面的相应的网格点上去。回过头看一些物理平面内的非均匀网格，如图 5.5、图 5.9、图 5.10 和图 5.13～图 5.15。尽管它们是非均匀的，但是它们都有一个内在的规律：物理平面内的网格线与变换平面内的等 ξ,η 和 ζ 坐标线相对应。更进一步说，给定的一族坐标线之间彼此并不相交，即等 ξ 坐标线不相交，等 η 坐标线也不相交等。因此，对于这些所有的网格点，存在某种固有的结构，这样的网格叫做结构网格。

此外，在物理平面内你所看到的非均匀网格在某种意义上可以看作是一个有限体积单元。由于有限体积方法并不要求在均匀的正交的网格上进行计算，因此有限体积方法可以在物理平面内的非均匀网格上直接进行计算。不需要任何变换。因此，在有限体积方法中，网格生成只涉及在物理平面上的网格构造。(回忆我们在本书中通过习题 2.2 和习题 4.7 讲述的有限体积的处理方法)因此，如果我们愿意，我们可以以图 5.9 为例作为一个有限体积网格的例子，在这个网格上面可以直接进行有限体积的计算。

而且，根据前面所讲述的内容，如图 5.9 所示的是一个结构网格。

再者，有限体积方法中并没有要求所采用的网格是结构网格，因此它可以被用于任意形状的网格单元，这就意味着可以采用非结构网格。下面通过几个例子来描述非结构网格。一个绕多维翼型的非结构网格的例子表示在图 5.16 中，它来自文献[39]。另一个用于计算绕角流动的非结构网格的例子表示在图 5.17 中，它来自文献[40]。显然，在这些网格上，没有任何可遵循的规律，没有对应于 ξ,η,ζ 的坐标线，这些网格是完全非结构的。这就允许我们最大限度地利用网格的灵活性，来使网格单元可以适应边界上表面的形状，并且可以灵活地将网格放在我们需要的位置上。在某种程度上来说，构造一个非结构网格可被视为一种艺术，因为可以随意构造网格的形状并且将它们放在物理平面中的任意位置上。当然，必须利用计算机程序来使网格的生成过程自动化。尽管非结构网格已经在结构力学的有限元计算中应用很多年了，但是在 CFD 领域中它们还是相对较新的。事实上，在网格生成的领域中，非结构网格在笔者写书的时候正在受到更多的关注。

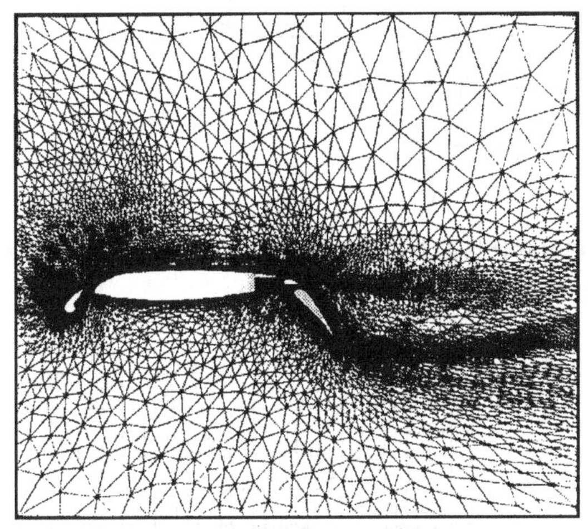

图 5.16 环绕多单元翼型的非结构网格(参见文献[39]，版权所有◎1991 AIAA，此次再印已获许可。)

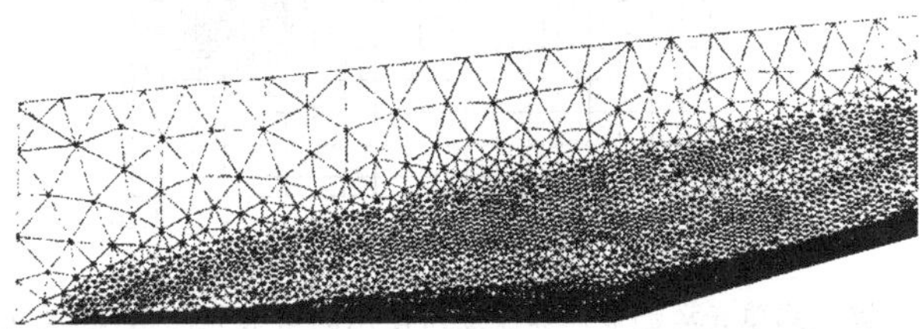

图 5.17 受压缩拐角附近的非结构网格(参见文献[40]，版权所有◎1991 AIAA，此次再印已获许可。)

有些讽刺的是，在非结构网格受欢迎的同时，与之相反的优势也在得到最大限度的发挥：最大程度地使用笛卡儿网格。在本章的开头，我们假设了一个笛卡儿网格，如图5.1所示，然后立即否决了它的实用性，因为在实体内的网格点难以处理，并且缺少在物体表面上的网格点。但是，如果我们视图5.1为一个有限体积方法的网格时，结论就完全不同了。远离实体的网格单元可以是矩形的，而那些临近实体的网格可以在形状上进行修正，使得单元的一条边沿着实体的表面，如图5.18所示。计算绕翼型(包括偏转襟翼)流动的笛卡儿网格表示在图5.19中，它来自于文献[41]，该网格的生成也涉及一些5.8节中所讲的自适应技术。一个绕双椭圆体(形状类似航天飞机)的笛卡儿网格如图5.20所示，它同样来自于文献[41]。在这种情况下，笛卡儿网格用于计算绕实体的超声速流动，网格自适应的过程使得矩形的网格在弓形激波和冠形激波的地方聚集，这在图5.20中可以明显地看出来。文献[41]给出了笛卡儿网格的最新研究成果，要了解更多的细节，请阅读参考文献。

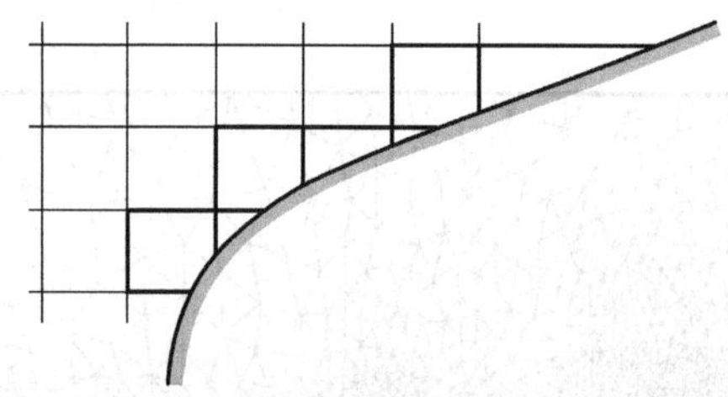

图5.18 物面附近的笛卡儿网格，临近物面的网格单元已用粗线条显示，这些网格线被修正以便可以与物面相吻合

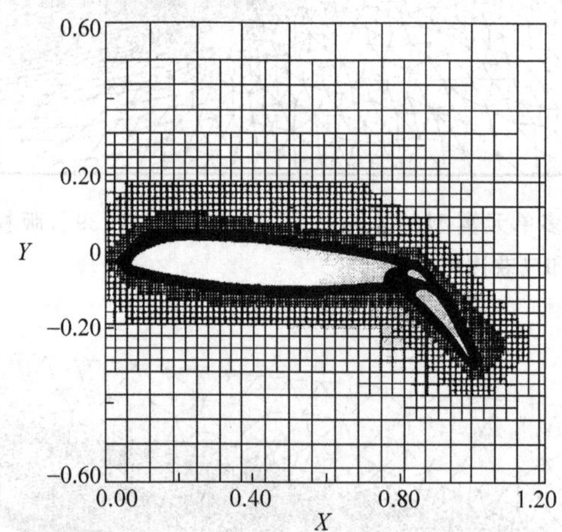

图5.19 计算绕多单元翼型亚声速流动所使用的笛卡儿网格(参见文献[41]，版权所有©1991 AIAA，此次再印已获许可。)

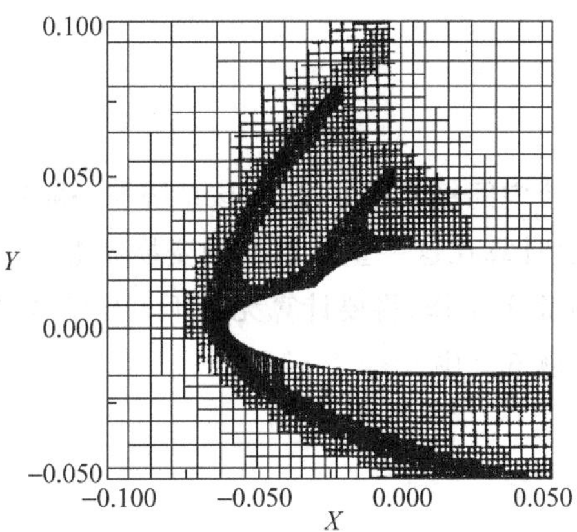

图 5.20 计算绕双椭球体的高超声速流动所使用的笛卡儿网格，物形类似于航天飞机(参见文献[41]，版权所有©1991 AIAA，此次再印已获许可。)

5.11 总 结

关于流动问题数值计算中的网格生成的一般讨论即将结束。回到图 5.3 中表示的结构图中，我们的讲解大致沿着图中三个竖列内容来进行。现在应该了解，有限差分方法通常要求计算在变换之后的平面即计算平面上进行，所以第一部分处理偏导数的转化问题，以及相关的变换系数和变换矩阵。作为讨论的一部分，我们讲述了流动控制方程可以在转换后的平面上表示成强守恒型方程的形式，类似于第 2 章中讲述的控制方程在物理平面上的强守恒形式。现在看图 5.3 中的第二个框架，我们讨论了有限差分方法中采用的不同网格生成方法的具体细节，并给出了拉伸网格、椭圆网格法生成的贴体网格、自适应网格以及分区网格的例子。图 5.3 中的第三个框架讲述了有限体积计算中所采用的网格生成方法，注意到，前面提过的物理平面内的网格也可以看作是有限体积方法中的网格，这在图 5.3 中表示为用线将不同网格框架与网格生成法下面的主竖线连接起来。但是，在第三个框架之下，我们还额外讨论了非常现代的非结构网格和笛卡儿网格。本章所用到的材料，如图 5.3 所示，是 CFD 中的一个重要元素。如果读者对于图 5.3 中的任何一个框架中的内容还有疑惑，请在继续阅读之前复习一下本章的相关章节。

习题

5.1 考虑关于圆柱的一个空间极坐标系，讨论该系统与一般的贴体网格坐标系统的概念之间的关系，并且计算在这一坐标系下的变换系数。注意：我们在习题 6.2 中将要在这样的坐标系下工作，将要计算无黏不可压缩的圆柱绕流问题，这里得到的结果将被用于习题 6.2 中。

第6章 一些简单的CFD技术:入门

技术——完成一项复杂科学工作的系统过程。

美国传统英语辞典,1969

6.1 简　　介

本章是本书第Ⅱ部分的最后一级台阶,第Ⅲ部分将讲解CFD技术在不同流动问题中的应用。为了解决实际问题,首先需了解流体运动控制方程的基本构成和性质,这是第Ⅰ部分的主要内容;其次需要了解可以应用于这些方程的不同数值离散方法,这是第Ⅱ部分的主要内容。本章的主要内容是用前面所讲的基本数值离散方法构成不同的可以用来求解流动问题的技术,完成第Ⅲ部分应用中所必需的工具的准备工作。

现代CFD中包含了不同的技术,有的古老,有的新颖,有的简单而直接,有的复杂而精细,它们各有其优缺点。在此,我们来讲解本章的基本体系,事实上也是本书余下部分的基本体系。本书的目的并不是要介绍CFD中最先进的技术,其实这些信息大都可以在科技杂志和报告中找到。本书也不是要将现有的CFD技术做一个全面地总结(有些高等的CFD书中提供这些技术的广泛地总结,如参考文献[13～18]),本书的目的是提供给读者一个简单、简洁的CFD介绍,为读者学习本领域中更高等的教材和课程奠定基础。它的作用类似于流体力学中的基础课程,就是提供给学生一些基本概念,并激发学生继续学习更高等课程的兴趣和动力。因此,本章将选择一些简单而有用的技术来讨论。我们的目的是讨论一些在本书的层次上可以很容易理解,但是在第Ⅲ部分中能解决实际问题的技术。更加复杂、精细的CFD技术将在本书末第11章中介绍。

最后,注意到任何一种特定的技术都不适用于所有问题,不同偏微分方程的不同数学性质将决定哪种算法适用于双曲型方程,哪种算法适用于椭圆型方程等,下面的讲解我们将会介绍这些区别。

我们现在开始构造一些实际CFD应用的格式。本章仅从一般性的角度来进行,针对特定问题进行具体的应用是第Ⅲ部分的内容。为简单起见,我们只考虑二维流场,因为三维会使问题更加复杂,这不是我们研究的目的。这里我们假设求解的气体都是常比热完全气体。

最后,图6.35是本章的结构示意图,其中列出了将要讨论的各种技术以及它们的应用范围。在阅读每节之前最好先参考一下这个结构示意图。

6.2　Lax-Wendroff 格式

Lax-Wendroff 格式是适用于推进求解的显式有限差分格式。时间或空间推进求解的概念已经在第3章介绍过了,这样的推进求解用于双曲型和椭圆型方程的求解。一个由双曲型方程控制的流场流动问题的例子是3.4.1节中讨论的非定常无黏流动,如图3.7所示。(继续阅读之前请先回顾一下这一节)

为清楚起见,考虑二维非定常无黏流动,控制流动的欧拉方程在2.8.2节中导出,见方程(2.82),(2.83a),(2.83b)和(2.85),它们被写为如下的非守恒形式:

连续方程:
$$\frac{\partial \rho}{\partial t}=-\left(\rho\frac{\partial u}{\partial x}+u\frac{\partial \rho}{\partial x}+\rho\frac{\partial v}{\partial y}+v\frac{\partial \rho}{\partial y}\right) \tag{6.1}$$

x方向动量方程:
$$\frac{\partial u}{\partial t}=-\left(u\frac{\partial u}{\partial x}+v\frac{\partial u}{\partial y}+\frac{1}{\rho}\frac{\partial p}{\partial x}\right) \tag{6.2}$$

y方向动量方程:
$$\frac{\partial v}{\partial t}=-\left(u\frac{\partial v}{\partial x}+v\frac{\partial v}{\partial y}+\frac{1}{\rho}\frac{\partial p}{\partial y}\right) \tag{6.3}$$

能量方程:
$$\frac{\partial e}{\partial t}=-\left(u\frac{\partial e}{\partial x}+v\frac{\partial e}{\partial y}+\frac{p}{\rho}\frac{\partial u}{\partial x}+\frac{p}{\rho}\frac{\partial v}{\partial y}\right) \tag{6.4}$$

在上面的方程中,我们假设没有体积力,没有热源,即:$\boldsymbol{f}=0$,$\dot{q}=0$。方程(6.4)是将式(2.85)减去由动量方程乘以速度得到的方程而推出的,同由方程(2.66)推导式(2.73)所用的方法一样。方程(6.1)~(6.4)对于时间变量是双曲型方程。

现在利用时间推进的过程建立方程(6.1)~(6.4)的数值求解,注意到这些方程已经将时间导数项写在了左端,而空间导数项写在右端。Lax-Wendroff 格式是建立在对时间项的泰勒展开式的基础上的。选择任意的物理变量,这里选择密度 ρ,考虑如图 6.1 所示的二维网格,$\rho_{i,j}^t$ 表示网格点(i,j)处在 t 时刻的密度,则网格点(i,j)处在 $t+\Delta t$ 时刻的密度 $\rho_{i,j}^{t+\Delta t}$ 用泰勒展开式表示为:

$$\rho_{i,j}^{t+\Delta t} = \rho_{i,j}^t + \left(\frac{\partial \rho}{\partial t}\right)_{i,j}^t \Delta t + \left(\frac{\partial^2 \rho}{\partial t^2}\right)_{i,j}^t \frac{(\Delta t)^2}{2} + \cdots \tag{6.5}$$

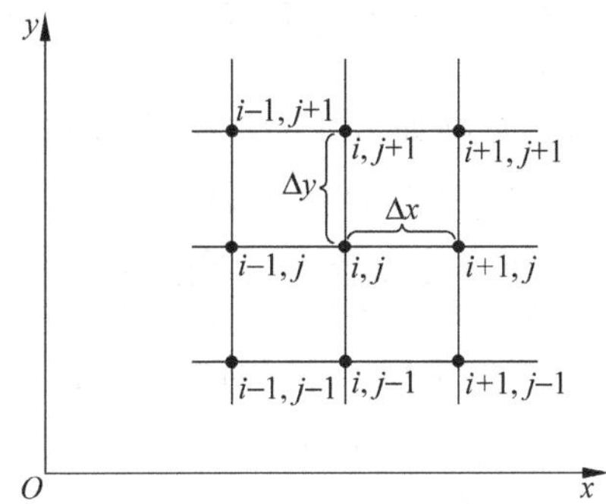

图 6.1 矩形网格示意图

假设在 t 时刻流场中的物理量是已知的,则式(6.5)给出了流场在 $t+\Delta t$ 时刻的物理量的值。在式(6.5)中,$\rho_{i,j}^t$ 是已知的,如果我们可以求出$(\partial\rho/\partial t)_{i,j}^t$和$(\partial^2\rho/\partial t^2)_{i,j}^t$的值,则 $\rho_{i,j}^{t+\Delta t}$ 的值就可以显式地计算出来。其他变量类似的展开式也可以写出,例如:

$$u_{i,j}^{t+\Delta t} = u_{i,j}^t + \left(\frac{\partial u}{\partial t}\right)_{i,j}^t \Delta t + \left(\frac{\partial^2 u}{\partial t^2}\right)_{i,j}^t \frac{(\Delta t)^2}{2} + \cdots \tag{6.6}$$

$$v_{i,j}^{t+\Delta t} = v_{i,j}^t + \left(\frac{\partial v}{\partial t}\right)_{i,j}^t \Delta t + \left(\frac{\partial^2 v}{\partial t^2}\right)_{i,j}^t \frac{(\Delta t)^2}{2} + \cdots \tag{6.7}$$

$$e_{i,j}^{t+\Delta t} = e_{i,j}^t + \left(\frac{\partial e}{\partial t}\right)_{i,j}^t \Delta t + \left(\frac{\partial^2 e}{\partial t^2}\right)_{i,j}^t \frac{(\Delta t)^2}{2} + \cdots \tag{6.8}$$

在已知 t 时刻流场中的物理量 $\rho_{i,j}^t, u_{i,j}^t, v_{i,j}^t, e_{i,j}^t$,并且得到出现在方程(6.5)~(6.8)右端的 t 时刻物理量对时间的偏导数,如$(\partial\rho/\partial t)_{i,j}^t$,$(\partial u/\partial t)_{i,j}^t$,$(\partial^2 u/\partial t^2)_{i,j}^t$等的情况下,方程(6.5)~(6.8)可以用来更新方程右侧流场中的物理量在 $t+\Delta t$ 时刻的值。由于方程(6.5)~(6.8)仅具有数学意义,在计算中必须引进流动的物理信息,流场的物理信息包含在方程(6.1)~(6.4)给出的控制方程中,由此确定时间导数项$(\partial\rho/\partial t)_{i,j}^t$,$(\partial^2\rho/\partial t^2)_{i,j}^t$等。具体来说,注意由式(6.5)计算 $t+\Delta t$ 时刻的密度,在这个方程中,时间导数项$(\partial\rho/\partial t)_{i,j}^t$由式(6.1)的连续方程得到,其中空间导数项由二阶中心差分构造,即:

$$\left(\frac{\partial \rho}{\partial t}\right)_{i,j}^t = -\left(\rho_{i,j}^t \frac{u_{i+1,j}^t - u_{i-1,j}^t}{2\Delta x} + u_{i,j}^t \frac{\rho_{i+1,j}^t - \rho_{i-1,j}^t}{2\Delta x} + \rho_{i,j}^t \frac{v_{i,j+1}^t - v_{i,j-1}^t}{2\Delta y} + v_{i,j}^t \frac{\rho_{i,j+1}^t - \rho_{i,j-1}^t}{2\Delta y}\right) \tag{6.9}$$

在式(6.9)中，右端项都是已知的，因为 t 时刻流场中的物理量是已知的。因此，式(6.9)给出了$(\partial\rho/\partial t)_{i,j}^t$的值，将它代入式(6.5)中，此即式(6.5)中右端的第二项。类似地，也可以得到第三项$(\partial^2\rho/\partial t^2)_{i,j}^t$的值，只是复杂些。将式(6.1)对时间求导，得到：

$$\frac{\partial^2\rho}{\partial t^2}=-\rho\frac{\partial^2 u}{\partial x\partial t}+\frac{\partial u}{\partial x}\frac{\partial\rho}{\partial t}+u\frac{\partial^2\rho}{\partial x\partial t}+\frac{\partial\rho}{\partial x}\frac{\partial u}{\partial t}+\rho\frac{\partial^2 v}{\partial y\partial t}+\frac{\partial v}{\partial y}\frac{\partial\rho}{\partial t}+v\frac{\partial^2\rho}{\partial y\partial t}+\frac{\partial\rho}{\partial y}\frac{\partial v}{\partial t}\tag{6.10}$$

式(6.10)中的混合二阶导数项如 $\partial^2 u/(\partial x\partial t)$可以通过对方程(6.1)～(6.4)进行适当的空间偏微分得到，如 $\partial^2 u/(\partial x\partial t)$可由式(6.2)对 x 求导得到：

$$\frac{\partial^2 u}{\partial x\partial t}=-u\frac{\partial^2 u}{\partial x^2}+\left(\frac{\partial u}{\partial x}\right)^2+v\frac{\partial^2 u}{\partial x\partial y}+\frac{\partial u}{\partial y}\frac{\partial v}{\partial x}+\frac{1}{\rho}\frac{\partial^2 p}{\partial x^2}-\frac{1}{\rho^2}\frac{\partial p}{\partial x}\frac{\partial\rho}{\partial x}\tag{6.11}$$

在式(6.11)中，将右端所有的项用 t 时刻的二阶中心差分来近似表示，即：

$$\begin{aligned}\left(\frac{\partial^2 u}{\partial x\partial t}\right)_{i,j}^t=&-u_{i,j}^t\frac{u_{i+1,j}^t-2u_{i,j}^t+u_{i-1,j}^t}{(\Delta x)^2}\\&+\left(\frac{u_{i+1,j}^t-u_{i-1,j}^t}{2\Delta x}\right)^2+v_{i,j}^t\frac{u_{i+1,j+1}^t+u_{i-1,j-1}^t-u_{i-1,j+1}^t-u_{i+1,j-1}^t}{4(\Delta x)(\Delta y)}\\&+\frac{u_{i,j+1}^t-u_{i,j-1}^t}{2\Delta y}\frac{v_{i+1,j}^t-v_{i-1,j}^t}{2\Delta x}+\frac{1}{\rho_{i,j}^t}\frac{p_{i+1,j}^t-2p_{i,j}^t+p_{i-1,j}^t}{(\Delta x)^2}\\&-\frac{1}{(\rho_{i,j}^t)^2}\frac{p_{i+1,j}^t-p_{i-1,j}^t}{2\Delta x}\frac{\rho_{i+1,j}^t-\rho_{i-1,j}^t}{2\Delta x}\end{aligned}\tag{6.12}$$

观察上式，右端项都是已知的，因为 t 时刻流场中的物理量是已知的，因此，式(6.12)给出了左端项$(\partial^2 u/\partial x\partial t)_{i,j}^t$的值。式(6.10)中的 $\partial^2\rho/(\partial x\partial t)$由式(6.1)对 x 求导后右端导数项用二阶中心差分来代替得到。为了节省空间，在此不给出全部的结果。式(6.10)中的 $\partial^2 v/(\partial y\partial t)$由式(6.3)对 y 求导后右端导数项用二阶中心差分来代替得到。式(6.10)中最后一个偏微分 $\partial^2\rho/(\partial y\partial t)$由式(6.1)对 y 求导后右端导数项用二阶中心差分来代替得到。式(6.10)右端余下的偏微分是一阶空间导数项，即 $\partial u/\partial x$，$\partial v/\partial y$，$\partial\rho/\partial x$，$\partial\rho/\partial y$，由二阶中心差分式，如：

$$\left(\frac{\partial u}{\partial x}\right)_{i,j}^t=\frac{u_{i+1,j}-u_{i-1,j}}{2\Delta x}$$

等来代替，一阶时间导数项 $\partial\rho/\partial t$，$\partial u/\partial t$，$\partial v/\partial t$ 也同样是离散的。$\partial\rho/\partial t$ 已经从式(6.9)中得到，$\partial u/\partial t$，$\partial v/\partial t$ 分别由式(6.2)、式(6.3)用二阶中心差分式代替右端导数项得到。这样，最终我们由式(6.10)得到了 $\partial^2\rho/\partial t^2$ 的值，将这个值代入式(6.5)。$\partial\rho/\partial t$ 已经由式(6.9)得到，我们现在得到了 t 时刻式(6.5)右端三项的值，即 $\rho_{i,j}^t$，$(\partial\rho/\partial t)_{i,j}^t$，$(\partial^2\rho/\partial t^2)_{i,j}^t$，这就使得我们可以通过式(6.5)计算 $t+\Delta t$ 时刻的密度 $\rho_{i,j}^{t+\Delta t}$。

为了得到 $t+\Delta t$ 时刻(i,j)点处流场其他物理量的值，我们简单的重复上面的过程。例如,为了得到 $t+\Delta t$ 时刻 x 方向的速度值 $u_{i,j}^{t+\Delta t}$,通过类似方法从式(6.2)得到的 $(\partial u/\partial t)^t$ 和 $(\partial^2 u/\partial t^2)^t$,将其代入式(6.6)中,如你所见,基本思想是相同的,采用代数推进。为了得到 $t+\Delta t$ 时刻 y 方向的速度值 $v_{i,j}^{t+\Delta t}$,通过类似方法从式(6.3)得到的 $(\partial v/\partial t)^t$ 和 $(\partial^2 v/\partial t^2)^t$,将其代入方程(6.7)中。为了得到 $t+\Delta t$ 时刻的内能 $e_{i,j}^{t+\Delta t}$,通过类似方法从式(6.4)得到的 $(\partial e/\partial t)^t$ 和 $(\partial^2 e/\partial t^2)^t$,将其代入方程(6.8)中。这样,$t+\Delta t$时刻$(i,j)$点处流场各物理量的值都已经求出了。图 6.2 解释了这一过程,它显示了 t 时刻和 $t+\Delta t$ 时刻的网格点。观察图 6.2,可以清楚地看到 Lax-Wendroff 方法让我们显式地由已知的 t 时刻流场中网格点(i,j)、$(i+1,j)$、$(i-1,j)$、$(i,j-1)$、$(i,j+1)$上各物理量的值得到 $t+\Delta t$ 时刻流场中网格点(i,j)上各物理量的值。$t+\Delta t$ 时刻流场中其他网格点上的物理量的值可以通过类似的方法得到。

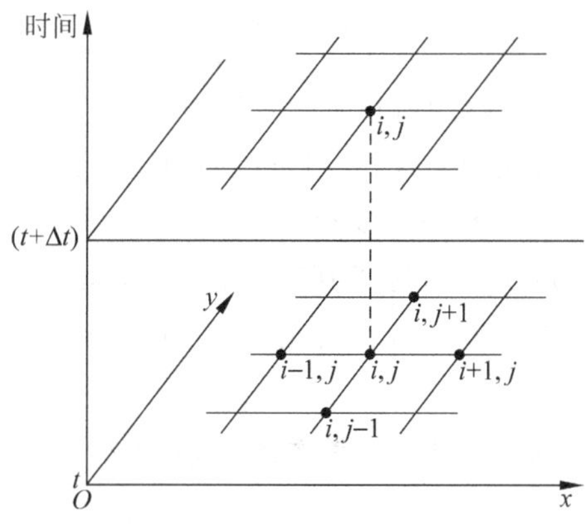

图 6.2 时间推进网格示意图

以上就是 Lax-Wendroff 方法的本质思想,它在时间和空间上都具有二阶精度。其思想是直观的,但其代数运算是冗长的,可以看到,大多数冗长的代数运算与方程(6.6)~(6.8)中的二阶偏导数有关。幸运的是,上面的代数运算可以由更简便的方法替代,这是下一节所要讲的内容。

6.3 MacCormack 格式

MacCormack 格式是 Lax-Wendroff 格式的一个变种,但其在应用中更为简便。类似于 Lax-Wendroff 格式,MacCormack 格式也是一个在时间和空间上都具有二阶精度的显式有限差分格式。此格式首次应用于 1969 年[43],在接下来的 15 年中,它逐渐成为求解流动问题的最常用的显式有限差分格式。现在,MacCormack 格式大部分被更加复杂的格式所代替,其中一些格式将在第 11 章中讲到。但是,由于

MacCormack 格式是最容易理解和实现的格式,所以深受广大学生的青睐。同时,由 MacCormack 格式得到的计算结果在很多实际应用中都有令人满意的结果。由于这些原因,这里会重点讲解 MacCormack 格式,并且在第Ⅲ部分的一些应用中将会使用这一格式。它是用来向初学者介绍 CFD 学习乐趣的一种很好的格式。

再次以如图 6.1 所示的二维网格为例。我们重新对方程(6.1)~(6.4)的欧拉方程进行求解。在 6.2 节中,我们讨论了一种采用 Lax-Wendroff 格式进行时间推进的解法,这里我们采用 MacCormack 格式来进行类似的时间推进。与前面类似,假设如图 6.1 所示流场中 t 时刻所有网格点上的物理量的值为已知,然后求解 $t+\Delta t$ 时刻的各网格点上的各物理量的值(见图 6.2)。首先,考虑 $t+\Delta t$ 时刻点 (i,j) 的密度,在 MacCormack 格式中该密度由下式得到:

$$\rho_{i,j}^{t+\Delta t}=\rho_{i,j}^{t}+\left(\frac{\partial\rho}{\partial t}\right)_{\mathrm{av}}\Delta t \tag{6.13}$$

其中 $(\partial\rho/\partial t)_{\mathrm{av}}$ 代表 $(\partial\rho/\partial t)$ 的值在时刻 t 和 $t+\Delta t$ 之间的平均。对比公式(6.13)与 Lax-Wendroff 格式中对应的公式(6.5),可以发现:在公式(6.5)中,时间导数是在时刻 t 求出的,而且带有二次导数的 $(\partial^2\rho/\partial t^2)_{i,j}^{t}$ 保证了该导数具有二阶精度;而在公式(6.13)中,通过采用 $(\partial\rho/\partial t)_{\mathrm{av}}$ 保持了其二阶精度,借此方程并没有去计算代数表达复杂的时间二阶导数 $(\partial^2\rho/\partial t^2)_{i,j}^{t}$,也就是说在 MacCormack 格式中,规避了 $(\partial^2\rho/\partial t^2)_{i,j}^{t}$ 的求解。

使用类似的方法,可以写出其他流场参数,如下所示:

$$u_{i,j}^{t+\Delta t}=u_{i,j}^{t}+\left(\frac{\partial u}{\partial t}\right)_{\mathrm{av}}\Delta t \tag{6.14}$$

$$v_{i,j}^{t+\Delta t}=v_{i,j}^{t}+\left(\frac{\partial v}{\partial t}\right)_{\mathrm{av}}\Delta t \tag{6.15}$$

$$e_{i,j}^{t+\Delta t}=e_{i,j}^{t}+\left(\frac{\partial e}{\partial t}\right)_{\mathrm{av}}\Delta t \tag{6.16}$$

下面我们以求解密度为例来继续阐述该格式的应用。观察公式(6.13),平均时间导数 $(\partial\rho/\partial t)_{\mathrm{av}}$ 由如下的预测-校正方法得到:

预测步:在连续方程(6.1)中,用前差来取代公式右侧的空间导数,得到:

$$\left(\frac{\partial\rho}{\partial t}\right)_{i,j}^{t}=-\left(\rho_{i,j}^{t}\frac{u_{i+1,j}^{t}-u_{i,j}^{t}}{\Delta x}+u_{i,j}^{t}\frac{\rho_{i+1,j}^{t}-\rho_{i,j}^{t}}{\Delta x}\right.$$
$$\left.+\rho_{i,j}^{t}\frac{v_{i,j+1}^{t}-\rho_{i,j}^{t}}{\Delta y}+v_{i,j}^{t}\frac{\rho_{i,j+1}^{t}-\rho_{i,j}^{t}}{\Delta y}\right) \tag{6.17}$$

在公式(6.17)中,所有 t 时刻的流动变量均为已知,即公式中右端项是已知的。现在,我们由泰勒级数展开式的前两项获取密度的预测值 $(\bar{\rho})^{t+\Delta t}$ 如下:

$$(\bar{\rho})_{i,j}^{t+\Delta t}=\rho_{i,j}^{t}+\left(\frac{\partial\rho}{\partial t}\right)_{i,j}^{t}\Delta t \tag{6.18}$$

在公式(6.18)中，$\rho_{i,j}^t$是已知的，$(\partial\rho/\partial t)_{i,j}^t$可由公式(6.17)得到，因此$(\bar{\rho})_{i,j}^{t+\Delta t}$很容易得到。$(\bar{\rho})_{i,j}^{t+\Delta t}$的值只是密度的预测值，由于公式(6.18)中只含有泰勒级数中的第一项，所以该预测只具有一阶精度。

用同样的方法，我们可以得到 u,v,e 的预测值：

$$(\bar{u})_{i,j}^{t+\Delta t}=u_{i,j}^t+\left(\frac{\partial u}{\partial t}\right)_{i,j}^t\Delta t \tag{6.19}$$

$$(\bar{v})_{i,j}^{t+\Delta t}=v_{i,j}^t+\left(\frac{\partial v}{\partial t}\right)_{i,j}^t\Delta t \tag{6.20}$$

$$(\bar{e})_{i,j}^{t+\Delta t}=e_{i,j}^t+\left(\frac{\partial e}{\partial t}\right)_{i,j}^t\Delta t \tag{6.20a}$$

在公式(6.19)～(6.20a)中，右侧的时间导数值分别由公式(6.2)～(6.4)得到。公式(6.2)～(6.4)对空间导数的处理如同连续方程(6.17)一样，都使用了前差方法。

校正步：在校正步中，首先将 ρ,u 和 v 的预测值代入连续方程的右端，并对空间导数采用向后差分的方法，可以得到 $t+\Delta t$ 时刻密度的时间导数预测值$(\partial\bar{\rho}/\partial t)_{i,j}^{t+\Delta t}$，即：

$$\begin{aligned}\left(\overline{\frac{\partial\rho}{\partial t}}\right)_{i-1,j}^{t+\Delta t}=&-\Bigg[(\bar{\rho})_{i,j}^{t+\Delta t}\frac{(\bar{u})_{i,j}^{t+\Delta t}-(\bar{u})_{i-1,j}^{t+\Delta t}}{\Delta x}\\&+(\bar{u})_{i,j}^{t+\Delta t}\frac{(\bar{\rho})_{i,j}^{t+\Delta t}-(\bar{\rho})_{i-1,j}^{t+\Delta t}}{\Delta x}+(\bar{\rho})_{i,j}^{t+\Delta t}\frac{(\bar{v})_{i,j}^{t+\Delta t}-(\bar{v})_{i,j-1}^{t+\Delta t}}{\Delta y}\\&+(\bar{v})_{i,j}^{t+\Delta t}\frac{(\bar{\rho})_{i,j}^{t+\Delta t}-(\bar{\rho})_{i,j-1}^{t+\Delta t}}{\Delta y}\Bigg]\end{aligned} \tag{6.21}$$

在公式(6.13)中出现的密度时间导数的平均值是由公式(6.17)得到的$(\partial\rho/\partial t)_{i,j}^t$和由公式(6.21)得到的$(\partial\bar{\rho}/\partial t)_{i,j}^{t+\Delta t}$二者的算术平均值，即：

$$\left(\frac{\partial\rho}{\partial t}\right)_{\mathrm{av}}=\frac{1}{2}\Bigg[\underbrace{\left(\frac{\partial\rho}{\partial t}\right)_{i,j}^t}_{\text{由方程(6.17)}}+\underbrace{\left(\overline{\frac{\partial\rho}{\partial t}}\right)_{i,j}^{t+\Delta t}}_{\text{由方程(6.21)}}\Bigg] \tag{6.22}$$

这样我们便可通过公式(6.13)得到 $t+\Delta t$ 时刻密度的最终“校正”值，再次书写公式(6.13)如下：

$$\rho_{i,j}^{t+\Delta t}=\rho_{i,j}^t+\left(\frac{\partial\rho}{\partial t}\right)_{\mathrm{av}}\Delta t \tag{6.13}$$

就像图 6.2 所描述的那样，通过上面的预测-校正方法，我们得到了 $t+\Delta t$ 时刻网格点(i,j)上的密度值。在所有的网格点上重复使用该预测-校正方法可以得到 $t+\Delta t$ 时刻全流场中的密度。为了计算 $t+\Delta t$ 时刻的 u,v 和 e 的值，我们可以采取同样的方法，从方程(6.14)～(6.16)出发并使用方程(6.2)～(6.4)形式的动量和能量方程，通过预测-校正方法便可以得到时间导数的平均值。注意，在预测步使用向前差分方法，在校正步使用向后差分方法。

上面我们已经详细介绍了MacCormack格式。由于采用了预测-校正两步方法,而且在预测步使用向前差分,在校正步使用向后差分,所以该格式具有二阶精度,与6.2节所介绍的Lax-Wendroff格式具有相同的精度。然而,MacCormack格式在应用上更为方便,因为它没有必要像Lax-Wendroff格式一样去计算时间的二阶导数值。为了说明的更清楚些,回想公式(6.10)和(6.11),它们是Lax-Wendroff格式所必需的,但这两个公式含有大量的额外计算。而且,如果遇到更加复杂的流体力学问题,比如黏性流体流动,为了得到二阶导数,先要对连续方程、动量方程、能量方程进行时间微分,然后再进行时间和空间的混合微分,整个过程是非常冗繁的,同时可能带来人为错误。MacCormack格式不需要这些二阶导数,因此也不需要去处理类似式(6.10)和式(6.11)的方程。

在MacCormack格式中,在预测步中使用向前差分以及在校正步中使用向后差分的做法是可以改变的,如果在预测步中使用向后差分,在校正步中使用向前差分,可以达到相同的精度。事实上,即便你每隔一步交替使用这两种序列你依然可以得到时间推进解。

阅读路标

如果读者急于使用MacCormack格式开始一个计算课题,可以按照该路标进行阅读然后再返回到第6章。

阅读6.6节(人工黏性)⟶ 然后直接阅读第7章的所有部分(喷管流动)

另一方面,如果您在开始进入第Ⅲ部分的应用之前想对各样的CFD方法有一个更广泛的认识,请继续阅读本章剩余的各小节。

6.4 一些注释:黏性流动,守恒形式,空间推进

在假设无黏流动的基础上,使用欧拉方程的非守恒形式,我们已经描述了Lax-Wendroff格式(6.2节)和MacCormack格式(6.3节),并且讨论了一个计算时间推进步。其实,这些格式都能应用到黏性流动上,也能应用到守恒型流动控制方程上,同时也能使用它们进行空间推进,下面将依次阐述这些内容。

6.4.1 黏性流动

在2.8.1节中已经总结过,黏性流动由纳维-斯托克斯方程所控制。当流动定常

时,这些方程具有部分椭圆型的数学行为。Lax-Wendroff 格式和 MacCormack 格式并不适用于求解椭圆型的偏微分方程。然而,非定常纳维-斯托克斯方程具有抛物型和椭圆型偏微分方程的混和性质,因此 Lax-Wendroff 格式和 MacCormack 格式是适用的。事实上 MacCormack 格式已经广泛应用于非定常纳维-斯托克斯方程的时间推进求解。将纳维-斯托克斯方程的时间导数项移到方程的左边,空间导数项移到方程的右边,并且空间导数项在预测步和校正步依次由向前差分和向后差分来代替(这个论述适用于对流项,由作者以及众多学者的经验来看,对于黏性项来说最好在预测和校正步都使用中心差分),该方法与 6.3 节中所描述的完全一致,唯一的不同之处在于,在纳维-斯托克斯方程中需要处理的空间导数的数量远大于欧拉方程中空间导数的数量。

6.4.2 守恒形式

为求简单,继续使用 2.10 节讨论的欧拉方程,守恒型的欧拉方程是适用于 CFD 计算的。由方程(2.93)给出的一般形式包含了守恒型的欧拉方程,只考虑二维流动,重新整理方程(2.93),得到:

$$\frac{\partial \boldsymbol{U}}{\partial t} = -\frac{\partial \boldsymbol{F}}{\partial x} - \frac{\partial \boldsymbol{G}}{\partial y} + \boldsymbol{J} \tag{6.23}$$

其中列向量 $\boldsymbol{U},\boldsymbol{F},\boldsymbol{G}$ 和 $\boldsymbol{J}$ 中的元素分别由方程(2.105)~(2.109)给出。显然,无论使用 Lax-Wendroff 格式还是 MacCormack 格式,列向量 $\boldsymbol{U}$ 中的各个元素的值,也就是 $\rho,\rho u,\rho v,\rho(e+V^2/2)$ 的值都可以很容易得到,使用的方法也和 6.2 节和 6.3 节所描述的完全一致。需记住一点,方程(6.23)中的因变量是通量变量,在每个时间步之后原始变量必须通过求解方程(2.100)~(2.104)方可获得。此刻请先回到 2.10 节,这一节讨论了方程守恒形式的相关问题,可先温习这些材料再进行后续的阅读。对读者而言 2.10 节的内容非常重要,它能够加强读者对目前章节以及后续章节中所阐述的成熟技巧的理解。重温 2.10 节的另一个原因就是它能直接把读者引入下一节的内容。

6.4.3 空间推进

为了阐明空间推进的思想,我们将 MacCormack 格式应用于如图 6.3 所示的二维流动中。其流动方向是从左到右,简单起见,假设流动是无黏的,因此控制方程是欧拉方程。此时,由方程(2.110)给出的一般形式的守恒型方程退化成了如下的二维形式:

$$\frac{\partial \boldsymbol{F}}{\partial x} = \boldsymbol{J} - \frac{\partial \boldsymbol{G}}{\partial y} \tag{6.24}$$

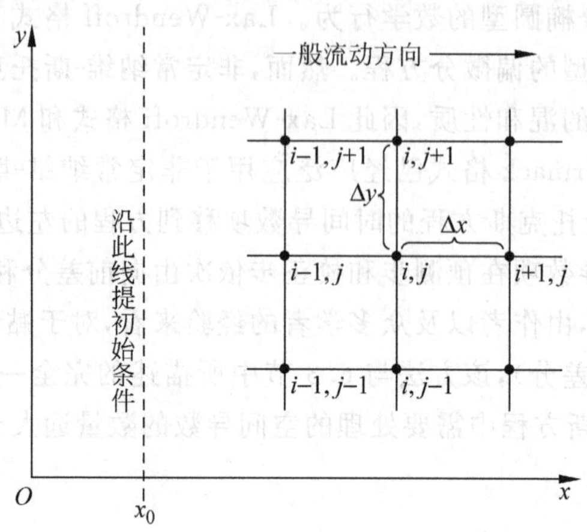

图 6.3　空间推进网格示意图

对亚声速流动来说，方程(6.24)是椭圆型的，此时 MacCormack 格式是不适用的。事实上，对亚声速流动而言，任何空间推进的方法都是不适用的。不过，就如我们在第 3 章所提到的一样，对一个处处具有局部超声速的流动，方程(6.24)是双曲型的，在此种情况下，空间推进是适用的，因此 MacCormack 格式也是适用的。注意到，方程(6.24)变成了左边只有 x 向导数项，右边只有源项和 y 向导数项的形式。假设在 xy 平面的竖直线上的流场变量是已知的，这条线我们称之为初值线，如图 6.3 所示。假设流动处处是局部超声速的，此时从初值线出发沿 x 方向向下游推进便可以得到一个解。下面我们将阐述使用 MacCormack 格式空间推进一步的具体过程，此方法与 6.3 节中所叙述的是一样的，只是将 6.3 节中对时间变量 t 所进程的操作变成了对空间变量 x 的操作。举例来说，在图 6.3 中，我们假设流动变量在给定的 x 位置上的竖直线上的流动变量是已知的(计算从位于 $x=x_0$ 处的竖直线上的初值开始)，让这条竖直线通过网格点$(i,j+1)$，(i,j)和$(i,j-1)$，也就是说在这三点上的流动变量值是已知的。如下所示，MacCormack 格式能让我们通过点$(i,j+1)$，(i,j)和$(i,j-1)$的变量值计算出点$(i+1,j)$上的变量值。式(6.24)中在$(i+1,j)$点上 $\boldsymbol{F}$ 向量中的元素的值可以由下面公式计算得到：

$$F_j^{i+1}=F_j^i+\left(\frac{\partial F}{\partial x}\right)_{\mathrm{av}}\Delta x \tag{6.25}$$

注意，为了与以前的标记保持一致，我们将推进变量的指标，此时为 i，写成上标。在式(6.25)中，$(\partial F/\partial x)_{\mathrm{av}}$ 代表了 F 对 x 的偏导数在 x 点和 $x+\Delta x$ 点的平均值。通过如下的预测-校正方法，$(\partial F/\partial x)_{\mathrm{av}}$ 的值可从方程(6.24)中得到。

预测步：在方程(6.24)中，将 y 向导数用向前差分代替得到：

$$\left(\frac{\partial F}{\partial x}\right)_j^i=J_j^i-\frac{G_{j+1}^i-G_j^i}{\Delta y} \tag{6.26}$$

在式(6.26)中，所有右端项都是已知的，这是因为在通过点(i,j)的竖直线上的变量值是已知的。通过泰勒级数可以计算 F 在点$(i+1,j)$的预测值，为：

$$\bar{F}_j^{i+1} = F_j^i + \left(\frac{\partial F}{\partial x}\right)_j^i \Delta x \tag{6.27}$$

其中，参见 6.3 节，加横杠的变量代表了该变量的预测值。还要注意的是，在式(6.26)和式(6.27)中，我们使用的速写向量标记代表了这些操作是分别作用在连续方程、动量方程和能量方程上，其中 $\boldsymbol{F}$,$\boldsymbol{G}$ 中的元素由式(2.106)和式(2.107)分别给出。也就是说，$\bar{F}_j^{i+1}$ 代表了它的各独立元素的预测值，对于目前的二维情况，$\bar{F}_j^{i+1}$ 可以具体表达为：

$$\bar{F}_j^{i+1} = \begin{Bmatrix} (\overline{\rho u})_j^{i+1} \\ (\overline{\rho u^2 + p})_j^{i+1} \\ (\overline{\rho u v})_j^{i+1} \\ \overline{\left[\rho u\left(e + \frac{u^2+v^2}{2}\right) + p u\right]}_j^{i+1} \end{Bmatrix} \tag{6.28}$$

在继续前进之前，计算已得的式(6.28)右边的值必须通过进一步的计算来得到这些原始变量的预测值，这个在 2.10 节中配合方程(2.111a)～(2.111e)已经讨论过。这些原始变量值在校正步中用来计算通量变量 $\boldsymbol{G}$ 中各元素值，具体如下：

校正步：通过将 $\boldsymbol{J}$ 和 $\boldsymbol{G}$ 中各元素的预测值代入式(6.24)中，并使用向后差分，便可以得到$(\partial F/\partial x)_j^{i+1}$ 在点 $x+\Delta x$ 处的预测值，并将之记为$(\partial \bar{F}/\partial x)_j^{i+1}$。具体表达如下所示：

$$\left(\overline{\frac{\partial F}{\partial x}}\right)_j^{i+1} = \bar{J}_j^{i+1} - \frac{\bar{G}_j^{i+1} - \bar{G}_{j-1}^{i+1}}{\Delta y} \tag{6.29}$$

在式(6.29)中，$\bar{G}_j^{i+1}$ 和 $\bar{G}_{j-1}^{i+1}$ 的值由预测步中得到的原始变量值通过计算得到，而这些原始变量值是我们先前已经在预测步中通过解耦得到的。平均值$(\partial F/\partial x)_{\text{av}}$则由如下的算术平均得到：

$$\left(\frac{\partial F}{\partial x}\right)_{\text{av}} = \frac{1}{2}\Bigg[\underbrace{\left(\frac{\partial F}{\partial x}\right)_j^i}_{\text{来自式(6.26)}} + \underbrace{\left(\overline{\frac{\partial F}{\partial x}}\right)_j^{i+1}}_{\text{来自式(6.29)}}\Bigg] \tag{6.30}$$

最后，通过式(6.25)便可以得到 F_j^{i+1} 的校正值，在这里我们将该式重复写出：

$$F_j^{i+1} = F_j^i + \left(\frac{\partial F}{\partial x}\right)_{\text{av}} \Delta x \tag{6.25}$$

显然，使用 MacCormack 格式进行空间上向下游推进求解的方法与 6.3 中所讨论的时间推进方法是及其类似的，只是进行空间推进时，变量 x 代替了时间推进中的变量 t。

空间推进方法和时间推进方法之间有两个值得注意的差别。第一个差别在上文已经提到过，那就是在空间推进方法中需要从通量变量中解耦出原始变量，如果采用守恒型的方程来求其时间推进解，这个解耦过程是比较简单的，这点从方程(2.100)～(2.104)便可看得出来，但是对守恒型的方程进行空间推进求解时，这个解耦过程就相对麻烦了，具体可以参见方程(2.111a)～(2.111e)。当然，如果是对非守恒型的方程求其时间推进解的话，就不需要这个解耦过程了，在6.2节和6.3节中可以看到，非守恒型方程中的因变量就是原始变量。这两种推进过程中的第二个差别(至少对于显式解是这样)，就是，当进行空间推进时，控制方程必须写成守恒形式，因为只有这样x方向的导数才可以被孤立出来，具体可见式(6.24)。当控制方程是非守恒型时，孤立x方向的导数是做不到的，下面将对方程(6.1)～(6.4)做一个快速的检验。假设时间导数项为0，则4个方程中有3个都分别含有两个x向导数项，我们无法将之整理到左边而让右边的x向导数项消失，显然这样破坏了在空间上向下游推进的显式性质。

6.5　松弛技术及其在低速无黏流动中的应用

松弛技术是一种特别适用于求解椭圆型偏微分方程的有限差分方法。在3.4.3节中我们已经讨论过，低速亚声速无黏流动的控制方程是椭圆型的，因此，松弛技术经常用于求解低速亚声速流动问题。松弛技术有显式的也有隐式的。参考文献[13]中对各种松弛技术在CFD中的应用进行了更深入的讨论。在本节中，我们将讨论一下显式松弛技术，该技术也被称为点迭代方法。

为了清晰起见，首先考虑一个不可压缩、无黏二维无旋流动。对于这种流动，其控制方程退化为一个简单的偏微分方程，也就是关于速度势标量Φ的拉普拉斯方程，Φ的定义是$\boldsymbol{V}=\nabla\Phi$。这里并不讨论控制方程退化为拉普拉斯的详细过程，而是假设读者对这个问题已经有了一定的认识，如果读者没有具备这个基础，可简单阅读参考文献[8]的3.7节，其中介绍了具体的推导过程。下面我们先列出该控制方程：

$$\frac{\partial^2\Phi}{\partial x^2}+\frac{\partial^2\Phi}{\partial y^2}=0 \tag{6.31}$$

我们希望在图6.4所示的网格上数值求解式(6.31)，用式(4.12)和式(4.13)给出的二阶中心差分替代式(6.31)中的偏导数，则有：

$$\frac{\Phi_{i+1,j}-2\Phi_{i,j}+\Phi_{i-1,j}}{(\Delta x)^2}+\frac{\Phi_{i,j+1}-2\Phi_{i,j}+\Phi_{i,j-1}}{(\Delta y)^2}=0 \tag{6.32}$$

观察图6.4中的网格，注意网格点1～20组成了该求解区域的边界，正如3.4.3节所讨论的，必须规定所有包围该求解区域的边界条件，只有这样，才能得到合适的椭圆型方程的解。就图6.4而言，这就意味着从Φ_1到Φ_{20}都是已知的，它们等于1～20

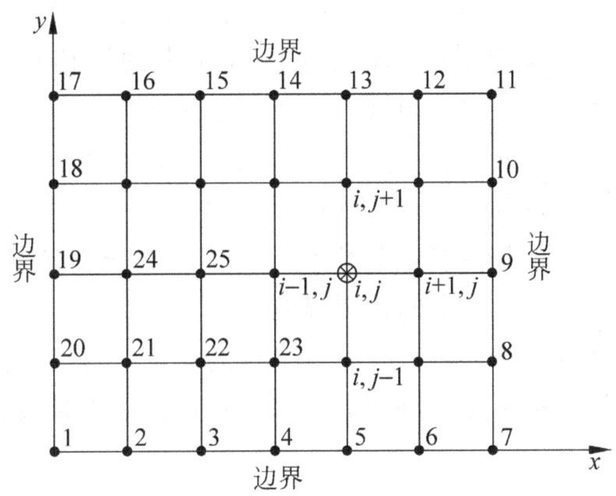

图 6.4 松弛技术示意图

给定边界上的值。速度势 Φ 在其他所有点也即内点上的值都是未知的。式(6.32)中,以点(i,j)为中心,一共包含 5 个未知数,即 $\Phi_{i-1,j}$,$\Phi_{i,j}$,$\Phi_{i+1,j}$,$\Phi_{i,j+1}$,$\Phi_{i,j-1}$。原则上,式(6.32)可以在任何一个内点使用(在图 6.4 中共有 15 个内点),这样便可以得到一个具有 15 个线性代数方程的系统,该系统内共包含 15 个未知数。对于这个方程组,有很多直接求解方法。其中一个就是标准克莱姆法则(Cramer's rule)。然而,如果应用克莱姆法则进行求解,其需要的运算次数是相当大的。就上述的例子来说,需要求解一个 15×15 的行列式的值。对于真实的计算问题,采用的网格点数常常成千上万。显然,使用标准克莱姆法则求解该类问题是根本行不通的。另一种较合理一些的直接求解方法是高斯消去法(Gaussian elimination[13])。不过,最简单的方法是使用松弛技术,下面我们将向读者介绍该技术。

松弛技术是一种迭代方法,假设方程(6.32)中的 4 个变量是已知的,并且认为它们的值是第 n 迭代步的值,同时假设只有一个变量是未知的而且它是第 $n+1$ 迭代步的值。在方程(6.32)中,我们选择 $\Phi_{i,j}$ 作为未知量,在式(6.32)中求解出 $\Phi_{i,j}$,得到:

$$\Phi_{i,j}^{n+1}=\frac{(\Delta x)^2(\Delta y)^2}{2(\Delta y)^2+2(\Delta x)^2}\left[\frac{\Phi_{i+1,j}^n+\Phi_{i-1,j}^n}{(\Delta x)^2}+\frac{\Phi_{i,j+1}^n+\Phi_{i,j-1}^n}{(\Delta y)^2}\right] \tag{6.33}$$

在式(6.33)中,上标 n 和 $n+1$ 代表了迭代步数,这个迭代步数上标与我们过去所讲的代表时间或空间推进的步数的上标没有关系。我们已经知道,时间或空间推进方法对椭圆型方程的求解是不适用的。所以,在式(6.33)中,$\Phi_{i,j}^{n+1}$ 只代表了即将计算出的在下一个迭代步也就是 $n+1$ 步的未知量,我们使用了上一个迭代步,也就是第 n 步的已知量 $\Phi_{i+1,j}^n$,$\Phi_{i-1,j}^n$,$\Phi_{i,j+1}^n$,$\Phi_{i,j-1}^n$ 表示该未知量。(这个方法被称作雅可比迭代(Jacobi method)。)为了能够启动整个计算过程,除了被当作未知量的 Φ 外,我们先假设其他所有网格点的 Φ 值,然后使用方程(6.33)来计算出这一未知量。当对所有的内点都应用了式(6.33)之后,就完成了第一个迭代,此时 $n=1$,紧跟着,我们去做下一个迭代,也就是 $n=2$ 的迭代。这个迭代过程将重复到足够多的次数以保证解达到收敛。更详细地说就是,如果单考虑图 6.4 中的网格点 21,假设我们已经执行了 n 次迭代,此时对于 $n+1$ 步,由式(6.33)可以得到:

$$\Phi_{21}^{n+1}=\frac{(\Delta x)^2(\Delta y)^2}{2(\Delta y)^2+2(\Delta x)^2}\left[\frac{\Phi_{22}^n+\Phi_{20}}{(\Delta x)^2}+\frac{\Phi_{24}^n+\Phi_2}{(\Delta y)^2}\right] \tag{6.34}$$

在式(6.34)中,Φ_{21}^{n+1} 是未知的,Φ_{22}^n 和 Φ_{24}^n 已经从上一个迭代步中得到,Φ_{20} 和 Φ_2 也是已知的,它们的值来自于规定的边界条件。

已经更新的 Φ 值应尽早地用于方程(6.33)的右边。举个例子来说,当我们已经从式(6.34)得到了 Φ_{21}^{n+1} 的值,在对网格点 22 进行操作的时候,应用式(6.33)可以得到:

$$\Phi_{22}^{n+1}=\frac{(\Delta x)^2(\Delta y)^2}{2(\Delta y)^2+2(\Delta x)^2}\left[\frac{\Phi_{23}^n+\Phi_{21}^{n+1}}{(\Delta x)^2}+\frac{\Phi_{25}^n+\Phi_3}{(\Delta y)^2}\right] \tag{6.35}$$

在式(6.35)中,Φ_{22}^{n+1} 是未知的,Φ_{23}^n 和 Φ_{25}^n 已经从上一个迭代步得到,Φ_3 是给定的边界条件,Φ_{21}^{n+1} 已经从刚刚执行的式(6.34)的计算中得到了。使用这种方法,在 $n+1$ 迭代步中,沿着水平线从左到右扫描可依次计算出未知的 Φ 值。(这个方法称为高斯-塞德尔迭代(Gauss-Seidel method)。)补充一点,实际应用时选择的扫描方向是没有什么特殊规定的。在应用式(6.33)进行求解的过程中,可以依次从右向左,从上到下扫描,或者从下到上扫描。

采用上述方法进行一定步数的迭代求解,当在所有点上 $\Phi_{i,j}^{n+1}-\Phi_{i,j}^n$ 都小于一个预先规定的值时,可以认为已经得到了收敛的解。至于解收敛到什么程度完全在于读者自己,使用的迭代步数越多,最后得到的解也就越精确。

我们经常使用另一个技术也就是逐次超松弛法来提高解的收敛程度,这是一个基于如下想法的外差过程。我们认为式(6.33)得到了 $\Phi_{i,j}$ 的一个中间值,以 $\overline{\Phi_{i,j}^{n+1}}$ 来表示该中间值,即:

$$\overline{\Phi_{i,j}^{n+1}}=\frac{(\Delta x)^2(\Delta y)^2}{2(\Delta y)^2+2(\Delta x)^2}\left[\frac{\Phi_{i+1,j}^n+\Phi_{i-1,j}^{n+1}}{(\Delta x)^2}+\frac{\Phi_{i,j+1}^n+\Phi_{i,j-1}^{n+1}}{(\Delta y)^2}\right] \tag{6.36}$$

注意在式(6.36)中出现了 $\Phi_{i-1,j}^{n+1}$,这是因为我们假设计算是从左向右扫描的,所以在这一迭代步中 $\Phi_{i-1,j}^{n+1}$ 是已知的,同样 $\Phi_{i,j-1}^{n+1}$ 也是已知的,因为我们是从网格的下方向上方进行扫描的。然后我们使用上一个迭代步已经得到的 $\Phi_{i,j}^n$ 和从式(6.36)得到的 $\overline{\Phi_{i,j}^{n+1}}$,通过如下的运算得到 $\Phi_{i,j}^{n+1}$,可表示为:

$$\Phi_{i,j}^{n+1}=\Phi_{i,j}^n+\omega(\overline{\Phi_{i,j}^{n+1}}-\Phi_{i,j}^n) \tag{6.37}$$

在式(6.37)中,ω 是松弛因子,通常情况下,它的值是对一个给定问题进行反复实验得到的。如果 $\omega>1$,上面的过程称为逐次超松弛;如果 $\omega<1$,上面的过程称为亚松弛。当在迭代过程中,出现在数值解某些值之间来回振荡的现象时,我们常采用亚松弛方法。对超松弛来讲,ω 通常被限制在 $1<\omega<2$ 这个区间内[13]。一般来说,使用式

(6.37)并选定一个合适的 ω 可以减少解达到收敛时需要的迭代步数,因此也可以减少计算时间,在某些问题中可以将时间降低到原来的 1/30 左右,具体参见文献[13]。

6.6 数值耗散,数值色散,人工黏性

生活中的诸多方面并不像它们呈现给您的第一印象那样——CFD 也是如此。举例来说,在本章中,我们已经讨论了数个获得流动控制方程的数值求解方法。就如以前的章节一样,我们将继续进行下面的讨论。欧拉方程或者纳维-斯托克斯方程的数值解都是在由截断误差和舍入误差决定的一定精度下得到的,因此目前讨论的焦点就是我们求解的特定的偏微分方程在数值上总是存在一定的误差。

现在我们用一个不同的视角来看这个问题,这个视角与以前的讨论是有些差别的。为简单起见,我们考虑模型方程,也就是一维波动方程,具体如下:

$$\frac{\partial u}{\partial t}+a\frac{\partial u}{\partial x}=0 \tag{6.38}$$

式中 $a>0$。把方程(6.38)当成要用数值方法进行求解的特定的偏微分方程,用一阶向前差分离散该方程的时间项,用一阶向后差分离散该方程的空间导数项。此时方程(6.38)通过离散可得到如下的差分方程:

$$\frac{u_i^{t+\Delta t}-u_i^t}{\Delta t}+a\frac{u_i^t-u_{i-1}^t}{\Delta x}=0 \tag{6.39}$$

从以前的观点来看,差分方程(6.39)的解代表了在规定的截断误差和舍入误差下具有一定精度的微分方程(6.38)的解。从第 4 章的讨论可知,差分方程(6.39)的精度是由余项 $o(\Delta t,\Delta x)$决定的。下面从另一个不同的视角来看这个问题,为了阐明这个观点,可把差分方程(6.39)中的 $u_i^{t+\Delta t}$ 和 u_{i-1}^t 进行泰勒展开,具体如下:

$$u_i^{t+\Delta t}=u_i^t+\left(\frac{\partial u}{\partial t}\right)_i^t\Delta t+\left(\frac{\partial^2 u}{\partial t^2}\right)_i^t\frac{(\Delta t)^2}{2}+\left(\frac{\partial^3 u}{\partial t^3}\right)_i^t\frac{(\Delta t)^3}{6}+\cdots \tag{6.40}$$

$$u_{i-1}^t=u_i^t-\left(\frac{\partial u}{\partial x}\right)_i^t\Delta x+\left(\frac{\partial^2 u}{\partial x^2}\right)_i^t\frac{(\Delta x)^2}{2}-\left(\frac{\partial^3 u}{\partial x^3}\right)_i^t\frac{(\Delta t)^3}{6}+\cdots \tag{6.41}$$

将方程(6.40)和(6.41)带入方程(6.39),可以得到:

$$\left[\left(\frac{\partial u}{\partial t}\right)_i^t+\left(\frac{\partial^2 u}{\partial t^2}\right)_i^t\frac{\Delta t}{2}+\left(\frac{\partial^3 u}{\partial t^3}\right)_i^t\frac{(\Delta t)^2}{6}+\cdots\right] +a\left[\left(\frac{\partial u}{\partial x}\right)_i^t-\left(\frac{\partial^2 u}{\partial x^2}\right)_i^t\frac{\Delta x}{2}+\left(\frac{\partial^3 u}{\partial x^3}\right)_i^t\frac{(\Delta x)^2}{6}+\cdots\right]=0 \tag{6.42}$$

重新整理方程(6.42),得到:

$$\left(\frac{\partial u}{\partial t}\right)_i^t+a\left(\frac{\partial u}{\partial x}\right)_i^t=-\left(\frac{\partial^2 u}{\partial t^2}\right)_i^t\frac{\Delta t}{2}-\left(\frac{\partial^3 u}{\partial t^3}\right)_i^t\frac{(\Delta t)^2}{6} +\left(\frac{\partial^2 u}{\partial x^2}\right)_i^t\frac{a\Delta x}{2}-\left(\frac{\partial^3 u}{\partial x^3}\right)_i^t\frac{a(\Delta x)^2}{6}+\cdots \tag{6.43}$$

仔细观察方程(6.43),该方程的左边项就是由方程(6.38)给出的偏微分方程的左边项,该方程的右边项就是由差分方程(6.39)引起的截断误差项,很明显,这个截断误差的量级是 $o(\Delta t,\Delta x)$。现在把方程(6.43)的右边项中的时间导数项用 x 的导数项代替,首先对方程(6.43)关于时间 t 取微分(既然已经知道目前所有的导数都是在点 i 和时刻 t 下做的,所以在不至于引起混淆的情况下,可以略去下标 i 和上标 t),得到:

$$\frac{\partial^2 u}{\partial t^2}+a\frac{\partial^2 u}{\partial x\partial t}=-\frac{\partial^3 u}{\partial t^3}\frac{\Delta t}{2}-\frac{\partial^4 u}{\partial t^4}\frac{(\Delta t)^2}{6}+\frac{\partial^3 u}{\partial x^2\partial t}\frac{a\Delta x}{2}-\frac{\partial^4 u}{\partial x^3\partial t}\frac{a(\Delta x)^2}{6}+\cdots \tag{6.44}$$

接着,将方程(6.43)关于 x 进行微分再乘以 a,得到:

$$a\frac{\partial^2 u}{\partial t\partial x}+a^2\frac{\partial^2 u}{\partial x^2}=-\frac{\partial^3 u}{\partial t^2\partial x}\frac{a\Delta t}{2}-\frac{\partial^4 u}{\partial t^3\partial x}\frac{a(\Delta t)^2}{6}+\frac{\partial^3 u}{\partial x^3}\frac{a^2\Delta x}{2}-\frac{\partial^4 u}{\partial x^4}\frac{a^2(\Delta x)^2}{6}+\cdots \tag{6.45}$$

从方程(6.44)中减去方程(6.45),得到:

$$\begin{aligned}\frac{\partial^2 u}{\partial t^2}=&a^2\frac{\partial^2 u}{\partial x^2}-\frac{\partial^3 u}{\partial t^3}\frac{\Delta t}{2}-\frac{\partial^4 u}{\partial t^4}\frac{(\Delta t)^2}{6}+\frac{\partial^3 u}{\partial x^2\partial t}\frac{a\Delta x}{2}-\frac{\partial^4 u}{\partial x^3\partial t}\frac{a(\Delta x)^2}{6}\\&+\frac{\partial^3 u}{\partial t^2\partial x}\frac{a\Delta t}{2}+\frac{\partial^4 u}{\partial t^3\partial x}\frac{a(\Delta t)^2}{6}-\frac{\partial^3 u}{\partial x^3}\frac{a^2\Delta x}{2}+\frac{\partial^4 u}{\partial x^4}\frac{a^2(\Delta x)^2}{6}+\cdots\end{aligned} \tag{6.46}$$

只显示其一阶项,方程(6.46)便可以写成如下更加紧凑的形式,即

$$\frac{\partial^2 u}{\partial t^2}=a^2\frac{\partial^2 u}{\partial x^2}+\frac{\Delta t}{2}\left[-\frac{\partial^3 u}{\partial t^3}+a\frac{\partial^3 u}{\partial t^2\partial x}+o(\Delta t)\right]+\frac{\Delta x}{2}\left[a\frac{\partial^3 u}{\partial x^2\partial t}-a^2\frac{\partial^3 u}{\partial x^3}+o(\Delta x)\right] \tag{6.47}$$

方程(6.47)提供了 $\partial^2 u/\partial t^2$ 的表达式,该表达式可用来替换方程(6.43)右端项中的第一项。在代替之前,我们先来处理方程(6.43)右端项中的第二项,即三阶时间导数项,将方程(6.47)关于时间求微分,得到:

$$\frac{\partial^3 u}{\partial t^3}=a^2\frac{\partial^3 u}{\partial x^2\partial t}+o(\Delta t,\Delta x) \tag{6.48}$$

将方程(6.45)关于 x 求导并乘以 a,得到:

$$a^2\frac{\partial^3 u}{\partial x^2\partial t}+a^3\frac{\partial^3 u}{\partial x^3}=o(\Delta t,\Delta x) \tag{6.49}$$

将方程(6.48)和(6.49)相加,得到:

$$\frac{\partial^3 u}{\partial t^3}=-a^3\frac{\partial^3 u}{\partial x^3}+o(\Delta t,\Delta x) \tag{6.50}$$

这样,方程(6.50)便提供了一个可以代入方程(6.47)和(6.43)的关于时间的三阶导数项表达式。回到方程(6.47),看到还有一个关于时间 t 和方向 x 的混合导数项必须处理。将方程(6.47)关于 x 求微分,得到:

$$\frac{\partial^3 u}{\partial t^3 \partial x} = a^2 \frac{\partial^3 u}{\partial x^3} + o(\Delta t, \Delta x) \tag{6.51}$$

接下来,将方程(6.48)重新整理,得到:

$$\frac{\partial^3 u}{\partial x^2 \partial t} = \frac{1}{a^2} \frac{\partial^3 u}{\partial t^3} + o(\Delta t, \Delta x) \tag{6.52}$$

将方程(6.50)代入方程(6.52),可以得到:

$$\frac{\partial^3 u}{\partial x^2 \partial t} = -a \frac{\partial^3 u}{\partial x^3} + o(\Delta t, \Delta x) \tag{6.53}$$

将方程(6.50),(6.51),(6.53)代入方程(6.47),得到:

$$\begin{aligned}\frac{\partial^2 u}{\partial t^2} =& a^2 \frac{\partial^2 u}{\partial x^2} + \frac{\Delta t}{2}\left[a^3 \frac{\partial^3 u}{\partial x^3} + a^3 \frac{\partial^3 u}{\partial x^3} + o(\Delta t, \Delta x)\right] \\ &+ \frac{\Delta x}{2}\left[-a^2 \frac{\partial^3 u}{\partial x^3} - a^2 \frac{\partial^3 u}{\partial x^3} + o(\Delta t, \Delta x)\right]\end{aligned} \tag{6.54}$$

将方程(6.54)和(6.50)代入方程(6.43),可以得到:

$$\begin{aligned}\frac{\partial u}{\partial t} + a \frac{\partial u}{\partial x} =& -\frac{\partial^2 u}{\partial x^2} \frac{a^2 \Delta t}{2} - \frac{\partial^3 u}{\partial x^3} \frac{a^3 (\Delta t)^2}{2} + \frac{\partial^3 u}{\partial x^3} \frac{a^2 (\Delta x)(\Delta t)}{2} \\ &+ \frac{\partial^3 u}{\partial x^3} \frac{a^3 (\Delta t)^2}{6} + \frac{\partial^2 u}{\partial x^2} \frac{a \Delta x}{2} - \frac{\partial^3 u}{\partial x^3} \frac{a (\Delta x)^2}{6} \\ &+ o[(\Delta t)^3, (\Delta t)^2 (\Delta x), (\Delta t)(\Delta x)^2, (\Delta x)^3]\end{aligned} \tag{6.55}$$

重新整理一下方程(6.55),并定义一个新的变量 v,令 $v = a\Delta t / \Delta x$,此时有:

$$\begin{aligned}\frac{\partial u}{\partial t} + a \frac{\partial u}{\partial x} =& \frac{a \Delta x}{2}(1 - v) \frac{\partial^2 u}{\partial x^2} + \frac{a (\Delta x)^2}{6}(3v - 2v^2 - 1) \frac{\partial^3 u}{\partial x^3} \\ &+ o[(\Delta t)^3, (\Delta t)^2 (\Delta x), (\Delta t)(\Delta x)^2, (\Delta x)^3]\end{aligned} \tag{6.56}$$

注意,此时方程(6.56)的右端项本身就是一个偏微分方程,该部分包含了 $\partial u/\partial t$,$\partial u/\partial x$,$\partial^2 u/\partial x^2$,$\partial^3 u/\partial x^3$ 等。暂且记住方程(6.56),下面再强调一下在本段一开始就提到的“不同的视角”。以前,大家普遍认为差分方程(6.39)的精确解(没有计算机舍入误差)就是原始的偏微分方程(6.38)具有截断误差的数值解。其实,此问题还有另一种看待方式。实际上,差分方程(6.39)的精确解(没有计算机舍入误差)构成了偏微分方程(6.56)的精确解(没有截断误差),我们将方程(6.56)称为修正方程。再说的清楚些,当使用差分方程(6.39)来获得原始偏微分方程(6.38)的数值解时,实际上求解的是另一个偏微分方程,即它是在求解微分方程(6.56)而不是(6.38)。

上面提到的对修正方程的推导和展示是相当重要的,它不仅提供了理解差分方程精确解含义的另一个视角,还能给我们提供一些关于差分方程数值解可预见行为的有用信息。举例来说,仔细观察方程(6.56),方程右端包含一项 $\partial^2 u/\partial x^2$,现在请先暂时不考虑其他方面,我们只看黏性流动的控制方程,也就是纳维-斯托克斯方程(2.58a)～(2.58c)。这些方程含有诸如 $\partial^2 u/\partial x^2$ 的项,这些项还都乘上了黏性系数 μ。这些项代表了黏性在流动上的耗散作用。现在再回到方程(6.56),出现在这里的$\partial^2 u/\partial x^2$项也成了耗散项,就如同纳维-斯托克斯方程中的黏性项一样。不过,注意到在方程(6.56)中这一项是数值离散的结果,是通过数值离散才嵌入到差分方程(6.39)中的,因此该项的出现纯粹出于数值原因,没有任何物理意义。正是因为以上的这些原因,在数值解框架下出现的这一项以及和该项类似的一些项都被称为数值耗散。这些项的系数,比如方程(6.56)中的$(a\Delta x)(1-v)$,它们的作用类似于物理学上的黏性,因此我们将之称为人工黏性。在CFD中,数值耗散和人工黏性均可以被用来代表数值解的扩散行为,当然这是一个纯数值的行为。举例来说,方程(6.38)描述的是波在一维空间无黏流体中的传播,如果在初始0时刻我们给定一个具有精确间断(如图6.5所示)的波,然后在数值求解过程中,由于数值耗散的作用该间断将会慢慢扩散被抹平,此作用和物理上真实的黏性将波扩散开是一样的。当然,数值解中波扩散的原因与物理黏性是不相干的。或者说,这个数值解是和差分方程(6.39)的精确解息息相关的,这个数值解是微分方程(6.56)的解而不是原始偏微分方程(6.38)的解。在方程(6.56)的右端项中,有一些项起到了上面的耗散作用。目前在CFD中使用的许多算法中都在它们的过程中隐式的包含了人工黏性项。

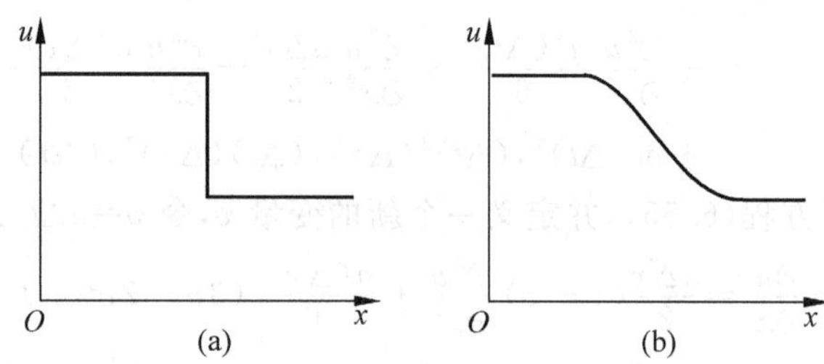

图6.5　数值耗散的影响

(a) 初始时刻$t=0$的波形;(b)在数值耗散作用下的$t>0$的某一时刻的波形

与上面一些相关的概念是数值色散,因它而产生的数值行为与因数值耗散而产生的数值行为是不一样的。色散会导致不同相位的波在传播过程中发生变形失真现象,它常常呈现为波前或者波后的摆动,具体如图6.6中所示。推导并且写出一个给定差分方程的修正方程就是为了用其来估计相关的扩散和色散行为。数值耗散是修正方程右端含有偶数阶导数的那些项($\partial^2 u/\partial x^2$,$\partial^4 u/\partial x^4$等)的直接结果,数值色散是修正方程右端含有奇数阶导数的那些项($\partial^3 u/\partial x^3$等)的直接结果。因为修正方程的右端项是截断误差,一般来说,可以认为如果截断误差中的主项是偶数阶导数,那么数值解主要体现出耗散行为,当主项是奇数阶导数时,数值解将主要体现出色散行为。

现在进入本节的最后一个讨论。我们已经说明了在给定算法时,人工黏性可以出现在修正方程的形成过程中(这样的人工黏性可以说隐式的出现在数值解中)。虽然人工黏性会让解的精确性变差(这是一个不好的事情),但它能够增强数值解的稳定性(这是一个很好的事情)。事实上,在CFD的诸多应用中,如果没有足够的人工黏性隐式的存在于算法中,数值解就会变得不稳定,所以在运算中,我们需要人工地给它显式地添加一些人工黏性项。这样又带来了 CFD 中一个令人困惑的方面,当你特意添加人工黏性来获得数值解时,数值解可能更加不精确。另外,添加人工黏性至少可以获得一个稳定的解,而且有时没有它的话可能得不到解(带有大梯度的流动问题,例如激波,通过使用激波捕捉的方法可以在流动中捕捉到激波,但是激波处是比较敏感的,为了得到一个稳定光滑的解常常需要显式地添加人工黏性)。是不是任何一个解(无论多么不精确)都好于根本没有解?对于一个特定的问题,在不同的环境下上述问题的答案是不同的。依作者的观点,同时根据在 CFD 中搜集的一些经验来看,当人工黏性非常必要时,明智地使用人工黏性,一般来说都会得到合理的有时甚至是非常精确的数值解。不过,此时你必须明白你在做什么。

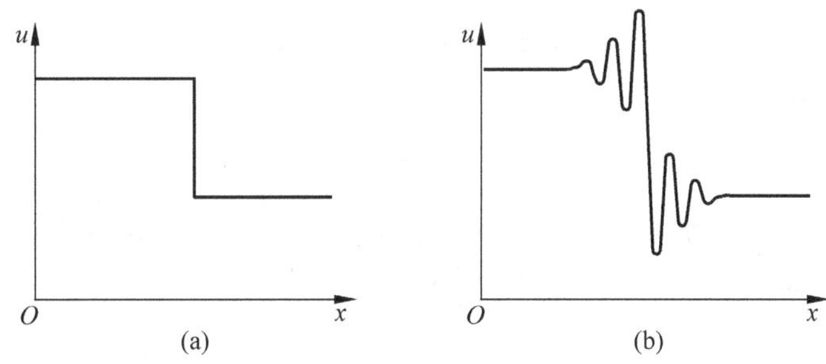

图 6.6 数值色散的影响

(a) 初始时刻 $t=0$ 的波形;(b)在数值色散作用下的 $t>0$ 的某一时刻的波形

下面考察人工黏性的一个特定形式,这个形式已经被成功应用到许多实际计算中,而且它主要是和 6.3 节所介绍的 MacCormack 格式相配合使用的。为了说明清楚,假设处理的方程是(2.93)的形式,即二维非定常流动,其控制方程如下:

$$\frac{\partial \boldsymbol{U}}{\partial t}=-\frac{\partial \boldsymbol{F}}{\partial x}-\frac{\partial \boldsymbol{G}}{\partial y}+\boldsymbol{J} \tag{6.57}$$

其中 $\boldsymbol{U}$ 是解向量,$\boldsymbol{U}=[\rho,\rho u,\rho v,\rho(e+V^2/2)]$。在每一个时间推进步,具有如下形式的人工黏性小量被加入其中,即

$$\begin{aligned} S_{i,j}^t=&\frac{C_x\,|\,p_{i+1,j}^t-2p_{i,j}^t+p_{i-1,j}^t\,|}{p_{i+1,j}^t+2p_{i,j}^t+p_{i-1,j}^t}(U_{i+1,j}^t-2U_{i,j}^t+U_{i-1,j}^t)\\ &+\frac{C_y\,|\,p_{i,j+1}^t-2p_{i,j}^t+p_{i,j-1}^t\,|}{p_{i,j+1}^t+2p_{i,j}^t+p_{i,j-1}^t}(U_{i,j+1}^t-2U_{i,j}^t+U_{i,j-1}^t) \end{aligned} \tag{6.58}$$

方程(6.58)是一个四阶的数值耗散表达式,通过添加这个一定大小的等价于截断误差中四阶项的人工黏性来调节计算结果,也就是说,这相当于给目前求解的差分方程系统对应的修正方程的右端添加了额外的四阶项。这个四阶项的性质可以从其分子上看出来,它是二阶导数的两个二阶中心差分表达式的乘积。在方程(6.58)中,

C_x 和 C_y 是两个任意的特定参数，C_x 和 C_y 的值一般在 0.01～0.3 之间浮动。具体的选择主要取决于读者自己，通常需要选取某些值进行一些试验，估计一下它们每一个具体算例的作用才可以确定。在方程(6.58)中，$\boldsymbol{U}$ 代表解向量的各个分量，要分别进行计算。为了理解的更为清楚，假定我们使用的是 MacCormack 格式，在预测步，基于时刻 t 的已知量的值来计算出 $S_{i,j}^t$，在校正步，方程(6.58)右边的值是预测变量(带横杠的)，由于得到的量与 $S_{i,j}^t$ 相对应，我们将之记做 $\bar{S}_{i,j}^{t+\Delta t}$，即

$$\bar{S}_{i,j}^{t+\Delta t}=\frac{C_x\left|\bar{p}_{i+1,j}^{t+\Delta t}-2\bar{p}_{i,j}^{t+\Delta t}+\bar{p}_{i-1,j}^{t+\Delta t}\right|}{\bar{p}_{i+1,j}^{t+\Delta t}+2\bar{p}_{i,j}^{t+\Delta t}+\bar{p}_{i-1,j}^{t+\Delta t}}(\bar{U}_{i+1,j}^{t+\Delta t}-2\bar{U}_{i,j}^{t+\Delta t}+\bar{U}_{i-1,j}^{t+\Delta t})$$
$$+\frac{C_y\left|\bar{p}_{i,j+1}^{t+\Delta t}-2\bar{p}_{i,j}^{t+\Delta t}+\bar{p}_{i,j-1}^{t+\Delta t}\right|}{\bar{p}_{i,j+1}^{t+\Delta t}+2\bar{p}_{i,j}^{t+\Delta t}+\bar{p}_{i,j-1}^{t+\Delta t}}(\bar{U}_{i,j+1}^{t+\Delta t}-2\bar{U}_{i,j}^{t+\Delta t}+\bar{U}_{i,j-1}^{t+\Delta t}{}^{①})\tag{6.59}$$

在下面的运算中 $S_{i,j}^t$ 和 $\bar{S}_{i,j}^{t+\Delta t}$ 的值将被加入 MacCormack 格式中去。以连续方程计算密度作为例子，令 $U=\rho$，由方程(6.58)计算出 $S_{i,j}^t$，然后将人工黏性项添加到方程(6.58)中，可以得到：

$$\bar{\rho}_{i,j}^{t+\Delta t}=\rho_{i,j}^t+\left(\frac{\partial\rho}{\partial t}\right)_{i,j}^t\Delta t+S_{i,j}^t\tag{6.60}$$

在校正步，通过方程(6.13)以及额外的由方程(6.59)计算出的人工黏性 $\bar{S}_{i,j}^{t+\Delta t}$，便可以得到 $t+\Delta t$ 时刻密度的校正值，即：

$$\rho_{i,j}^{t+\Delta t}=\rho_{i,j}^t+\left(\frac{\partial\rho}{\partial t}\right)_{\text{av}}\Delta t+\bar{S}_{i,j}^{t+\Delta t}\tag{6.61}$$

注意：这里采取方程(6.58)和(5.59)来表达人工黏性，但这种表达形式并不是不可改变的，这是一个基于经验的表达式，在这里给出，主要是为了讨论方便。

人工黏性的添加将在多大程度上影响解的精度？此问题并没有明确的答案，其在很大程度上依赖于流动问题本身的性质。如果读者想感受一下人工黏性对流动问题影响程度的大小，可阅读参考文献[44]，此文献中列出了通过逐渐改变人工黏性大小来影响流动变量的一系列数值实验。在本节，我们将列出其中一些结果，让读者感受一下。研究的流动问题是图 6.7(a)所示的超声速后台阶流动，图中显示了该研究所采用的有限差分网格。使用 6.3 节所介绍的 MacCormack 格式对纳维-斯托克斯方程进行时间推进求解。人工黏性的表达式由方程(6.58)和(6.59)给出，调节参数 C_x 和 C_y 在 0～0.3 之间浮动，进行相应的各种计算。该流动的自由流马赫数是 4.08，雷诺数(基于台阶高度)是 849。其中台阶高度是 0.51 cm，计算区域延伸到台阶上游 12.5 cm，台阶下游 2.04 cm。流动介质是完全气体，其比热比是 1.31(这是用来模拟超声速燃烧引擎环境中部分解离空气的等效比热比 γ)。图 6.8 显示了使用 MacCormack 格式计算出的该流动的压力等值线，图中共显示了 4 个不同的等值线图，每一个都对应不同的 C_x 和 C_y 值，所选的这两个参数值在 0～0.3 之间变化。

① 译者注：原书这个量为 $\bar{U}_{i-1,j}^{t+\Delta t}$，应改为 $\bar{U}_{i,j-1}^{t+\Delta t}$。

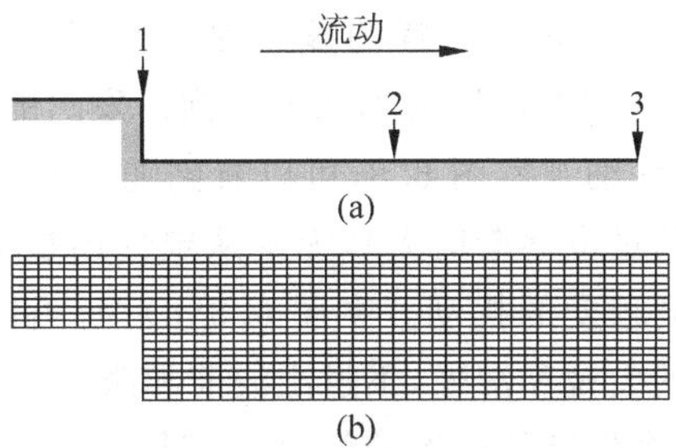

图 6.7

(a) 后向台阶几何形状;(b) 计算网格 51×21

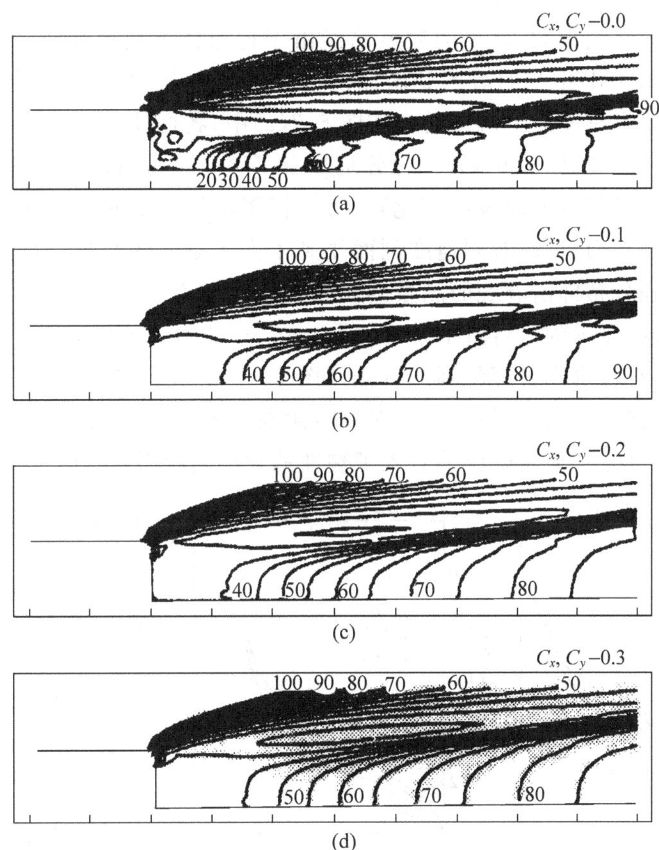

图 6.8 关于人工黏性影响的数值实验,图上显示的是耗散因子 C_x 和 C_y 从 0 变化到 0.3 时的压力等值线。自由流条件是 $Ma_\infty=4.08$,$T_\infty=1046\text{K}$,比热比是 $\gamma=1.31$,雷诺数为 849(基于台阶高度 0.51 cm)。壁面温度 $T_w=0.2957T_\infty$

图6.8上部的流场是使用了零人工黏性的,紧挨着的下面一幅图给出的流场是当参数为 $C_x=C_y=0.1$ 时的结果,再下一幅的参数为 $C_x=C_y=0.2$,最后一幅的参数是 $C_x=C_y=0.3$。在所有图片中都可以看到从上面拐角发出的膨胀波和阶梯下游再压缩而产生的激波。然而,仔细观察图6.8,可以看到随着 C_x 和 C_y 的逐渐增大(由此可知所添加的人工黏性的量也逐渐增大),无论从定性还是定量上来看,流场都因人工黏性的存在受到了不同程度的扰动。在图6.8(a)中,当使用零人工黏性时,因再压缩而形成的激波相当的尖锐和清晰,不过激波前和激波后的流场都显得有点振荡。在这种情况下,想获得一个稳定的收敛的解是不容易的,因为此时的流场很敏感,所以需要对程序做一些改动。随着人工黏性量的逐渐加大,具体见图6.8(b)～(d),解得的流场也越来越稳定,不过此时该定常流动的结构出现了一些不同。通过对比图6.8(a)和6.8(d),我们可以将上面的情况看的更加清楚,在图6.8(d)中,由于此时的人工黏性量已经很大,算出的激波已经由于耗散太大而被光滑掉了。与图6.8(a)相比,在图6.8(d)中我们看不到激波前后流场的振荡,而且激波也扩散开来了,同时激波的位置也有些向上游移动。在图6.7(a)中,我们使用数字1,2和3标记了三个不同的轴向位置,图6.9(a)～(c)分别显示了这三个位置的速度剖面图(剖面图描述的是速度关于竖直方向 y 的变化)。每一幅图都给出了四个不同人工黏性所得到的不同的速度剖面,可以看到速度剖面受到了人工黏性的影响。最后,图6.10还显示了壁面压强分布即沿着表面测量的压强随 x 的变化。其中,$x=1$ cm处表示的是台阶,压强分布显示的是台阶下游的部分。在 $x=1$ cm处的压强基本上等于基础压强,也就是竖直台阶本身感受到的压强。图6.10显示了四条不同的曲线,每条曲线对应一个不同的人工黏性值。虽然在离台阶较远的下游,压强分布对人工黏性的大小显得不那么敏感,但基础压强对人工黏性的大小是相当敏感的。

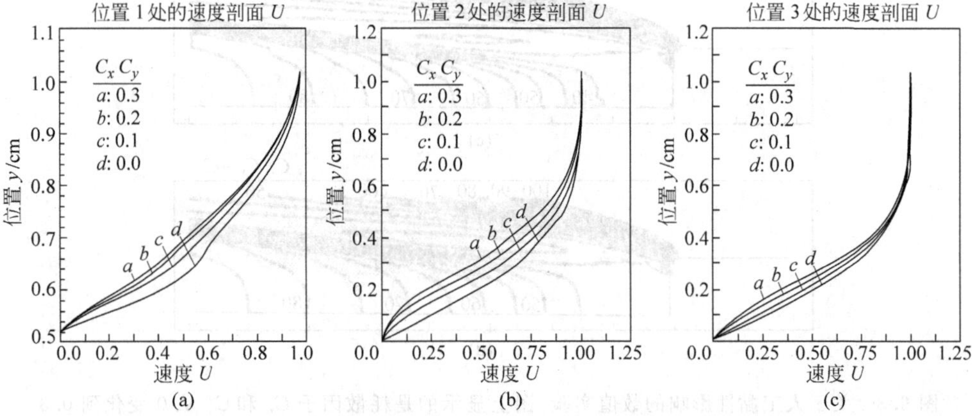

图6.9 关于人工黏性影响的数值实验,图上显示的是在图6.7(a)中标记的三个不同位置的速度剖面。自由来流条件与图6.8相同,这里给出的速度是无量纲速度,采用的特征速度是自由流速度

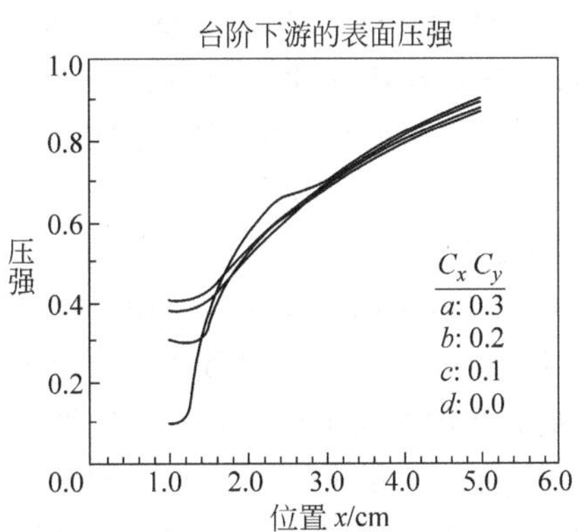

图 6.10 关于人工黏性影响的数值实验,图上显示的是台阶下游的表面压强。这里给出的压强是无量纲压强,采用的特征压强是自由流压强,自由来流条件与图 6.8 相同

注意:定性地来说,人工黏性对流动数值解的影响类似于物理黏性 μ。逐渐增大人工黏性,激波就会加厚因而显得光滑,就像增大物理黏性所带来的结果一样;人工黏性的增大对分离流区域的影响也和物理黏性是一样的;增加人工黏性,如同增加物理黏性,会改变流场整体的熵水平,总之,在数值上增大人工黏性,就如同增大物理黏性 μ 一样,将减少流动的有效雷诺数。

本节的目的是向大家介绍数值耗散的概念,以及人工黏性对数值解的稳定和光滑所起的作用。目前,CFD 中的很多应用并不需要添加人工黏性。另外,无论是隐式地存在于算法中的,还是另外显式添加的人工黏性,都是真实地存在于 CFD 中的,在 CFD 中使用人工黏性仍然非常依赖于经验。当您实际操作时,可能经常需要添加不同大小的人工黏性进行调节,直到最终得到满意的解。总之,在过去的数十年中,CFD 中这个非常随意或者说几近反复无常的方面一直是实践者比较头痛的问题。不过,在过去的几年中,利用应用数学中一些比较新颖的方法,可以巧妙地解决人工黏性的问题,这些新算法能够在需要的地方自动添加适量的人工黏性。TVD(total-variation-diminishing)方法便是其中的一个例子,我们将在第 10 章继续讨论这些新颖的算法。随着将来对 CFD 的进一步学习,读者将更能享受到数学发展带来的好处。

6.7 交替隐式方法(ADI)

我们再次探讨一下隐式方法,其中一个例子就是 4.4 节所介绍的 Crank-Nicolson 方法。在这一小节中,我们给出了一个推进解的例子,即把方程(3.28)作为一个模型方程,以时间 t 作为推进变量。这样,在这个方程中就只存在 x 一个独立变量了。只要我们处理的是线性方程,Crank-Nicolson 格式的隐式求解可以直接使用 Thomas 的算法(具体见附录 A)。而且在 4.4 节我们就已经给出了方程(3.28)的一个差分表示,它本身具有三对角形式(具体见方程(4.42)),三对角形式的方程可以使用 Thomas 算法比较方便的进行求解。

请注意,这里的差分方程是线性的。在 4.4 节中,原始的偏微分方程(3.28)本身就是线性的,所以依此推导出的差分方程也是线性的。如果原始的控制方程是非线性的偏微分方程,有一个更简单的方法可以得到一个线性的差分方程,这点具体将在 11.3.1 节进行讨论。当我们使用 Thomas 方法来求解本质上是非线性的问题的时候,设法得到一个线性的差分方程是至关重要的,只有这样,使用 Thomas 方法(或者其他等价方法)才能加速计算过程,这些内容将在 11.3.1 节进行具体讲解,本节我们不再继续讲解这个问题了。

本节主要关心的是如何处理那些破坏差分方程三对角性质的问题,比如说当流动问题是多维的时候,除了推进变量,还有不止一个的空间变量。为了说明得更加清楚,考虑一个非定常二维热传导方程(3.27),将它的二维形式写成如下形式:

$$\frac{\partial T}{\partial t}=\alpha\left(\frac{\partial^2 T}{\partial x^2}+\frac{\partial^2 T}{\partial y^2}\right) \tag{6.62}$$

采用 4.4 节所介绍的 Crank-Nicolson 方法,方程(6.62)可以写成如下的差分形式:

$$\begin{aligned}\frac{T_{i,j}^{n+1}-T_{i,j}^{n}}{\Delta t}=&\alpha\frac{\frac{1}{2}(T_{i+1,j}^{n+1}+T_{i+1,j}^{n})+\frac{1}{2}(-2T_{i,j}^{n+1}-2T_{i,j}^{n})+\frac{1}{2}(T_{i-1,j}^{n+1}+T_{i-1,j}^{n})}{(\Delta x)^2}\\&+\alpha\frac{\frac{1}{2}(T_{i,j+1}^{n+1}+T_{i,j+1}^{n})+\frac{1}{2}(-2T_{i,j}^{n+1}-2T_{i,j}^{n})+\frac{1}{2}(T_{i,j-1}^{n+1}+T_{i,j-1}^{n})}{(\Delta y)^2}\end{aligned} \tag{6.63}$$

在 xy 空间的方程(6.63)与方程(4.40)所给出的一维形式是等价的,然而不像方程(4.40)那样,差分方程可以写成方程(4.42)那样的三对角形式。方程(6.63)含有 5 个未知量,即 $T_{i+1,j}^{n+1}$,$T_{i,j}^{n+1}$,$T_{i-1,j}^{n+1}$,$T_{i,j+1}^{n+1}$ 和 $T_{i,j-1}^{n+1}$,后面的两个未知量阻止了三对角形式的形成。因此,此时无法使用 Thomas 方法。虽然存在求解方程(6.63)的矩阵方法,但是使用那种方法将会比求解三对角矩阵耗费更长的时间。因此,如果可以发展出一种能够将 Thomas 方法用于求解方程(6.62)的格式将是非常有用的。具有这种功能的格式也就是交替方向隐式格式(ADI),也是本节将要介绍的内容。

再次注意,我们是在使用推进方法来求解方程(6.62),也就是说,通过某些方法使用已知量 $T(t)$ 来获得 $T(t+\Delta t)$。下面将通过两步方法来获得 $T(t+\Delta t)$ 的值,以及在 $t+\Delta t/2$ 时刻一个 T 的中间值。在第一步中的时间间隔是 $\Delta t/2$,将方程(6.62)

中的空间导数用中心差分代替，其中只有 x 方向的导数使用隐式差分，即通过方程(6.62)可以得到：

$$\frac{T_{i,j}^{n+1/2}-T_{i,j}^{n}}{\Delta t/2}=\alpha\frac{T_{i+1,j}^{n+1/2}-2T_{i,j}^{n+1/2}+T_{i-1,j}^{n+1/2}}{(\Delta x)^2}+\alpha\frac{T_{i,j+1}^{n}-2T_{i,j}^{n}+T_{i,j-1}^{n}}{(\Delta y)^2} \tag{6.64}$$

方程(6.64)则退化成三对角形式：

$$AT_{i-1,j}^{n+1/2}-BT_{i,j}^{n+1/2}+AT_{i+1,j}^{n+1/2}=K_i \tag{6.65}$$

其中：

$$A=\frac{\alpha\Delta t}{2(\Delta x)^2}$$

$$B=1+\frac{\alpha\Delta t}{2(\Delta x)^2}$$

$$K_i=-T_{i,j}^{n}-\frac{\alpha\Delta t}{2(\Delta y)^2}(T_{i,j+1}^{n}-2T_{i,j}^{n}+T_{i,j-1}^{n})$$

使用 Thomas 方法求解方程(6.65)可以得到 $T_{i,j}^{n+1/2}$，其中 j 固定，i 遍历。也就是说，如图 6.11 所示，固定一个 j 的值，在 x 方向进行扫描，使用方程(6.65)便可以在所有 i 点求出 $T_{i,j}^{n+1/2}$ 的值。如果在 x 方向有 N 个网格点，我们将从 $i=1$ 扫描到 N，这个扫描使用了一次 Thomas 算法。然后我们在标记为 $j+1$ 的下一行上的所有点重复这种运算，也就是说在方程(6.65)中把 j 替换成 $j+1$，然后利用 Thomas 方法求出 $T_{i,j+1}^{n+1/2}$，其中 i 从 1 遍历到 N。如果在 y 方向共有 M 个网格点，那么将重复 M 次这个过程，也就是说，在 x 方向一共扫描 M 次，这样 Thomas 方法也就是被使用了 M 次。图 6.11 具体显示了 x 方向的这个扫描。当这一步结束时，在所有网格点 (i,j) 上 T 的中间时刻 $t+\Delta t/2$ 时的值便都得到了，也就是说我们在所有网格点 (i,j) 上获得了 $T_{i,j}^{n+1/2}$。

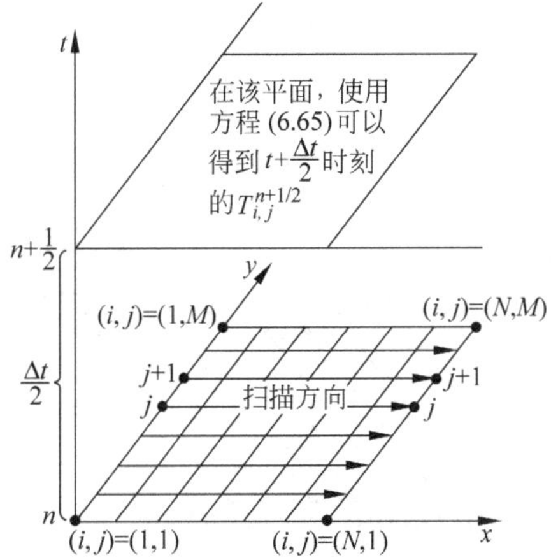

图 6.11 ADI 过程的第一步，在 x 方向扫描以获得 $t+\Delta t/2$ 时刻的温度 T

ADI格式的第二步是利用 $t+\Delta t/2$ 时刻的已知值获得 $t+\Delta t$ 时刻的解，在此步中，方程(6.62)中的空间导数采用中心差分代替，其中对 y 的偏导数采用隐式处理，即由方程(6.62)有：

$$\frac{T_{i,j}^{n+1}-T_{i,j}^{n+1/2}}{\Delta t/2}=\alpha\frac{T_{i+1,j}^{n+1/2}-2T_{i,j}^{n+1/2}+T_{i-1,j}^{n+1/2}}{(\Delta x)^2}+\alpha\frac{T_{i,j+1}^{n+1}-2T_{i,j}^{n+1}+T_{i,j-1}^{n+1}}{(\Delta y)^2} \tag{6.66}$$

方程(6.66)降为三对角形式：

$$CT_{i,j+1}^{n+1}-DT_{i,j}^{n+1}+CT_{i,j-1}^{n+1}=L_j \tag{6.67}$$

其中：

$$C=\frac{\alpha\Delta t}{2(\Delta y)^2}$$

$$D=1+\frac{\alpha\Delta t}{(\Delta y)^2}$$

$$L_j=-T_{i,j}^{n+1/2}-\frac{\alpha\Delta t}{2(\Delta x)^2}(T_{i+1,j}^{n+1/2}-2T_{i,j}^{n+1/2}+T_{i-1,j}^{n+1/2})$$

注意由第一步已经得到了所有网格点上的 $T_{i,j}^{n+1/2}$，使用 Thomas 方法求解方程(6.67)可以得到 $T_{i,j}^{n+1}$，其中 i 固定，j 遍历。参看图 6.12，固定一个 i 的值，我们在 y 方向进行扫描，使用方程(6.67)便可以在所有 j 点求出 $T_{i,j}^{n+1}$ 的值，其中 j 从 1 扫描到 M，这个扫描使用了一次 Thomas 算法。然后我们在标记为 $i+1$ 的下一列上的所有点重复这种运算，也就是说在方程(6.67)中把 i 替换成 $i+1$，然后利用 Thomas 方法求出 $T_{i+1,j}^{n+1}$(此处原书有误)，其中 j 从 1 遍历到 M。重复 N 次这个过程，也就是说，在 y 方向一共会扫描 N 次，这样 Thomas 方法也被使用了 N 次。图 6.12 具体显示了 y 方向的这个扫描过程。当这一步结束时，在所有网格点(i,j)上 $t+\Delta t$ 时的 T 值便都得到了，也就是说我们在所有网格点(i,j)上获得了 $T_{i,j}^{n+1}$。

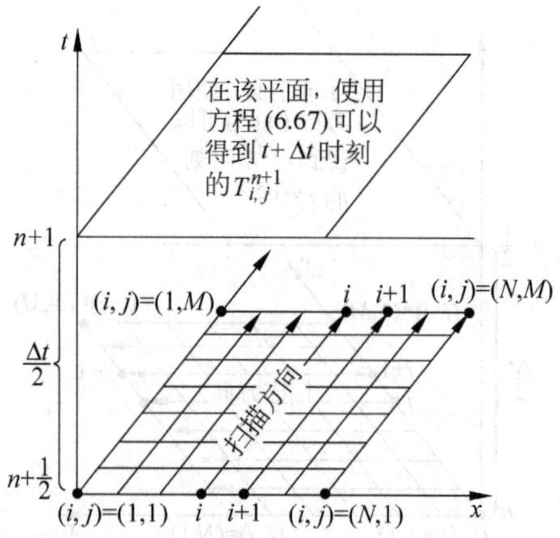

图 6.12　ADI过程的第二步，在 y 方向扫描以获得 $t+\Delta t$ 时刻的温度 T

在上面两步结束的时候,因变量 T 在时间上已经向前推进了 Δt。虽然除了推进变量 t 外,还有两个独立空间变量 x 和 y,但是在这个推进格式中只出现三对角形式的矩阵,求解方法是反复使用 Thomas 算法。因为这个格式分两个步骤,在其中一步中在 x 方向进行隐式差分,在另一步中却是在 y 方向进行隐式差分,这正是此格式取名为交替方向隐式格式(ADI)的原因。

ADI 格式无论在空间 x 和 y 方向上还是在时间 t 上都是二阶精度的。也就是说截断误差的量级是 $o[(\Delta t)^2,(\Delta x)^2,(\Delta y)^2]$,详见参考文献[13]和[17]。

ADI 格式已经广泛应用于流动问题的求解。从上面介绍的形式中可以看出,这个格式特别适用于求解控制方程是抛物型偏微分方程的问题。而且,上面介绍的这个格式是一类格式中的一个具体形式而已,这类格式都是通过对控制方程的各方向进行分裂,对各方向进行交替的隐式差分以便得到三对角的形式,因此 ADI 格式可以用来代表一类格式,本节介绍了 ADI 格式中的一种,另外一个常用的 ADI 格式称为近似分解格式(approximate factorization),这是一个更为高级的格式,我们将在 11.3.2 节讨论该格式。

6.8 压力修正技术:应用于不可压缩黏性流动

求解无黏不可压缩流动的数值方法,即松弛方法,已经在 6.5 节中讲过。无黏的不可压缩流动的控制方程是椭圆型偏微分方程,而松弛方法,本质上是一个迭代过程,是求解椭圆型方程的经典数值方法。相反的,不可压缩黏性流动的控制方程是不可压缩的纳维-斯托克斯方程,它表现为椭圆型和抛物型双重性质,因此 6.5 节中讲过的标准的松弛方法并不完全适用。本节的目的就是要介绍一种叫做压力修正技术的迭代方法,它在求解不可压缩纳维-斯托克斯方程的数值计算中被广泛应用。压力修正技术由 Patankar 和 Spalding 引入工程实际计算中[67],在参考文献[68]中有详细描述。这种技术包含在一种由 Patankar 和 Spalding 引入的并在过去 20 年广泛应用于可压缩和不可压缩流动求解算法中,该算法叫做 SIMPLE(semi-implicit method for pressure-linked equations,求解压力耦合方程的半隐式方法)算法。但是,本节我们重点讲解压力修正方法在不可压缩黏性流动中的应用。

在描述压力修正方法之前,需要考虑两个与不可压缩流动求解相关的问题,它们是下面两小节的主题。

6.8.1 关于不可压缩纳维-斯托克斯方程的一些评述

在第 2 章中我们推导了可压缩纳维-斯托克斯方程,并总结在 2.8.1 节中。不可压缩纳维-斯托克斯方程可以令可压缩的形式中的密度为常数而简化得到。即，由 $\rho=$常数，方程(2.29)变为：

$$\nabla\cdot\boldsymbol{V}=0 \tag{6.68}$$

进一步假设整个流场中 μ 为常数，则方程(2.50a)～(2.50c)结合方程(2.57a)～(2.57f)可以化为：

$$\rho\frac{\mathrm{D}u}{\mathrm{D}t}=-\frac{\partial p}{\partial x}+2\mu\frac{\partial^2 u}{\partial x^2}+\mu\frac{\partial}{\partial y}\left(\frac{\partial v}{\partial x}+\frac{\partial u}{\partial y}\right)+\mu\frac{\partial}{\partial z}\left(\frac{\partial u}{\partial z}+\frac{\partial w}{\partial x}\right)+\rho f_x \tag{6.69}$$

$$\rho\frac{\mathrm{D}v}{\mathrm{D}t}=-\frac{\partial p}{\partial y}+\mu\frac{\partial}{\partial x}\left(\frac{\partial v}{\partial x}+\frac{\partial u}{\partial y}\right)+2\mu\frac{\partial^2 v}{\partial y^2}+\mu\frac{\partial}{\partial z}\left(\frac{\partial w}{\partial y}+\frac{\partial v}{\partial z}\right)+\rho f_y \tag{6.70}$$

$$\rho\frac{\mathrm{D}w}{\mathrm{D}t}=-\frac{\partial p}{\partial z}+\mu\frac{\partial}{\partial x}\left(\frac{\partial u}{\partial z}+\frac{\partial w}{\partial x}\right)+\mu\frac{\partial}{\partial y}\left(\frac{\partial w}{\partial y}+\frac{\partial v}{\partial z}\right)+2\mu\frac{\partial^2 w}{\partial z^2}+\rho f_z \tag{6.71}$$

注意到在推导方程(6.69)～(6.71)时，方程(2.57a)～(2.57f)中明显地含有 $\nabla\cdot\boldsymbol{V}$ 的项，由方程(6.68)可知 $\nabla\cdot\boldsymbol{V}=0$，因此方程(6.69)～(6.71)可进一步简化如下：

$$\nabla\cdot\boldsymbol{V}=\frac{\partial u}{\partial x}+\frac{\partial v}{\partial y}+\frac{\partial w}{\partial z}=0 \tag{6.72a}$$

改写方程(6.72)，有：

$$\frac{\partial u}{\partial x}=-\frac{\partial v}{\partial y}-\frac{\partial w}{\partial z} \tag{6.72b}$$

方程(6.72b)对 x 求导，得到：

$$\frac{\partial^2 u}{\partial x^2}=-\frac{\partial^2 v}{\partial x\partial y}-\frac{\partial^2 w}{\partial x\partial y} \tag{6.73}$$

在方程(6.73)两端各加 $\partial^2 u/\partial x^2$，并乘以 μ 得到：

$$2\mu\frac{\partial^2 u}{\partial x^2}=\mu\frac{\partial^2 u}{\partial x^2}-\mu\frac{\partial^2 v}{\partial x\partial y}-\mu\frac{\partial^2 w}{\partial x\partial y} \tag{6.74}$$

用方程(6.74)代替方程(6.69)中的右端第二项，并展开方程(6.69)中的其他各项，得到：

$$\rho\frac{\mathrm{D}u}{\mathrm{D}t}=-\frac{\partial p}{\partial x}+\mu\frac{\partial^2 u}{\partial x^2}-\mu\frac{\partial^2 v}{\partial x\partial y}-\mu\frac{\partial^2 w}{\partial x\partial y}+\mu\frac{\partial^2 v}{\partial x\partial y}+\mu\frac{\partial^2 u}{\partial y^2}+\mu\frac{\partial^2 u}{\partial z^2}+\mu\frac{\partial^2 w}{\partial x\partial y}+\rho f_x \tag{6.75}$$

简化方程(6.75)，可以得到不可压缩黏性流动 x 方向动量方程的简化形式：

$$\rho\frac{\mathrm{D}u}{\mathrm{D}t}=-\frac{\partial p}{\partial x}+\mu\left(\frac{\partial^2 u}{\partial x^2}+\frac{\partial^2 u}{\partial y^2}+\frac{\partial^2 u}{\partial z^2}\right)+\rho f_x$$

或者，

$$\rho\frac{\mathrm{D}u}{\mathrm{D}t}=-\frac{\partial p}{\partial x}+\mu\nabla^2 u+\rho f_x \tag{6.76}$$

其中 $\nabla^2 u$ 是 x 方向速度的 Laplace 运算。方程(6.70)和(6.71)可做类似地简化,不可压缩纳维-斯托克斯方程的简化结果总结如下:

连续方程:
$$\nabla \cdot \boldsymbol{V}=0 \tag{6.77}$$

x 方向动量方程:
$$\rho \frac{\mathrm{D}u}{\mathrm{D}t}=-\frac{\partial p}{\partial x}+\mu \nabla^2 u+\rho f_x \tag{6.78}$$

y 方向动量方程:
$$\rho \frac{\mathrm{D}v}{\mathrm{D}t}=-\frac{\partial p}{\partial y}+\mu \nabla^2 v+\rho f_y \tag{6.79}$$

z 方向动量方程:
$$\rho \frac{\mathrm{D}w}{\mathrm{D}t}=-\frac{\partial p}{\partial z}+\mu \nabla^2 w+\rho f_z \tag{6.80}$$

注意到方程(6.77)~(6.80)是一组封闭的方程,它们是四个独立变量 u,v,w,p 的四个方程。通过假设 ρ 及 μ 为常数,能量方程被从以上的分析中排除。这意味着连续方程和动量方程在求解不可压流动的速度和压力场中已经足够。如果给定的问题涉及热传导,因此流场中存在温度梯度,在得到速度场和压力场之后,温度场可以由能量方程直接得到。本节我们不求解温度场,假设 T 为常数,这与我们前面假设 μ 为常数是一致的,因为 $\mu=f(T)$。因此,方程(6.77)~(6.80)对我们这里的讨论来说已经足够了。

显然,从上面的讨论中可以看出,不可压缩纳维-斯托克斯方程由可压缩纳维-斯托克斯方程推导而来,如果因此就认为,不可压缩方程的数值求解方法也可以由可压缩方程的数值求解方法直接得到,这是错误的。例如,如果我们用 6.3 节中所述的时间推进的 MacCormack 方法写出一段求解可压缩纳维-斯托克斯方程的代码,其中显式时间步 Δt 由稳定性条件限定。在参考文献[13]中给出了显式求解纳维-斯托克斯方程的近似稳定性条件如下:

$$\Delta t \leqslant \frac{1}{|u|/\Delta x+|v|/\Delta y+a\sqrt{1/(\Delta x)^2+1/(\Delta y)^2}} \tag{6.81}$$

对于可压缩流动,声速 a 是有限的,则由方程(6.81)可得到一个有限的用于数值计算的时间步 Δt。但是,对于不可压缩流动,声速在理论上是无限的,因此方程(6.81)就会给出 $\Delta t=0$ 的情况。显然,对于不可压缩流动的数值求解,我们必须做一些额外的工作。这种现象也可在可压缩流动的数值求解过程中发现。当用方程(6.81)来计算一个流场时,在马赫数逐渐趋于零的过程中,收敛需要更长的时间。作者的经验表明,可压缩流动的程序在应用于一个当地马赫数为 0.2 或更小的流场时,需要很长的时间来达到收敛,并且在这样小的马赫数的情况下,有趋于不稳定的趋势。

由于这样的原因,在 CFD 中,不可压缩纳维-斯托克斯方程的求解技术通常会与可压缩纳维-斯托克斯方程的求解技术有所不同。简单地说,压力修正方法克服了这一困难,它在可压缩流动的求解中取得了应有的成功,并且在不可压缩流动的求解中取得了更大的成功。它被承认并广泛应用于求解不可压缩黏性流动的 CFD 计算中。因此,本节将重点讲解这种方法。

6.8.2 关于不可压缩纳维-斯托克斯方程采用中心差分的评述：需要交错网格

方程(6.77)给出了不可压缩的连续方程，它的二维形式为：

$$\frac{\partial u}{\partial x}+\frac{\partial v}{\partial y}=0 \tag{6.82}$$

采用中心差分表示方程(6.82)：

$$\frac{u_{i+1,j}-u_{i-1,j}}{2\Delta x}+\frac{v_{i,j+1}-v_{i,j-1}}{2\Delta y}=0 \tag{6.83}$$

这个差分方程在数值上允许如图 6.13 所示的跳棋盘形的速度分布。图中表示了一个 x、y 方向的速度分量均为锯齿形分布的流场。在 x 方向，u 在连续的网格点上的变化为 20，40，20，40 等，在 y 方向，v 在连续的网格点上的变化为 5，2，5，2 等。如果将这些速度值代入方程(6.83)，则每个网格点上的值都为零，即如图 6.13 所示的速度分布满足连续方程的中心型差分离散形式。另外，图 6.13 中的锯齿形速度分布在任何实际的流场中都是没有意义的。

上面提到的问题并不存在于可压缩流动中，因为连续方程中包含密度的变化将在第一个时间步之后便消除图 6.13 所示的锯齿形的速度分布。

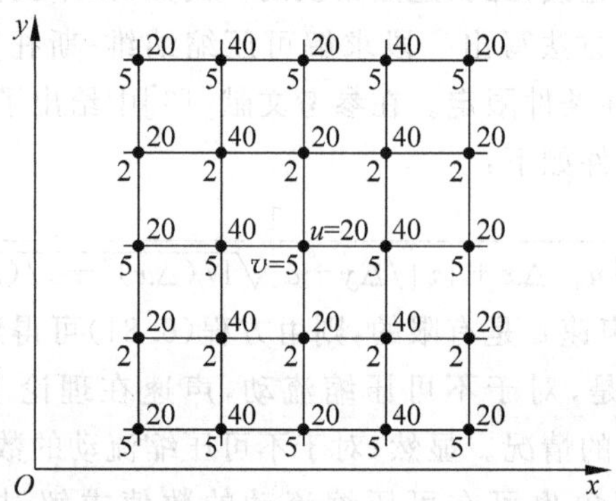

图 6.13 离散网格点上的锯齿形速度分布。右上角标记的数字是 u 的大小，左下角标记的是 v 的大小

在方程(6.78)～(6.80)的动量方程中心差分离散中也遇到和上面类似的问题。想象图 6.14 所示的二维离散的锯齿形压力场。特别地，考虑压力梯度的中心差分离散形式：

$$\frac{\partial p}{\partial x}=\frac{p_{i+1,j}-p_{i-1,j}}{2\Delta x} \tag{6.84a}$$

$$\frac{\partial p}{\partial y}=\frac{p_{i,j+1}-p_{i,j-1}}{2\Delta y} \tag{6.84b}$$

对于图 6.14 所示的锯齿形压力分布，方程(6.84a)和(6.84b)在 x、y 方向分别给出了零压力梯度。显然，图 6.14 中给出的压力梯度对纳维-斯托克斯方程没有任何影响，这相当于数值求解只能得到 x、y 方向上的均匀压力分布。

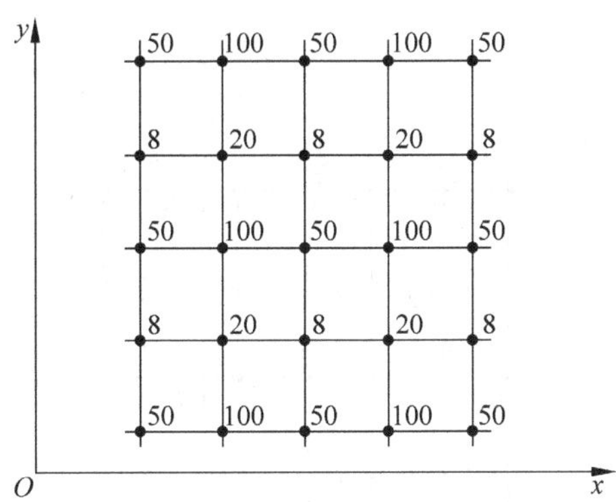

图 6.14　离散网格点上的锯齿形压力分布

简单地说，当中心差分用于不可压缩纳维-斯托克斯方程的求解时，最终得到的差分方程形式会导致，当初始给定如图 6.13 和图 6.14 所示的速度和压力分布是无意义时，它会保留这样的分布。当然，一些早期的用于不可压缩黏性流动求解的中心差分方法忽略了这一问题，不过即使这样，它们也得到了正确的解答，原因大概是对边界条件的特别处理或者是数值过程中某些其他的巧合。但是，上面所讲的中心差分形式的弱点，会让我们觉得上述方法不够严谨，所以我们应该在开始研究某一给定问题之前寻找一些修正方法。

这里推荐两种修正方法。如果采用迎风型差分而不用中心型差分，上面的问题马上就消失了。迎风型差分的讨论在 11.4 节中给出。但是，另外一种修正方法仍然采用中心型差分，但是需要采用交错网格，如下面所述。

图 6.15 表示一个交错网格。如图中所示，压力在由实心点表示的网格点上计算，用$(i-1,j)$，(i,j)，$(i+1,j)$，$(i,j+1)$，$(i,j-1)$等表示，速度在由空心点表示的网格点上计算，用$\left(i-\frac{1}{2},j\right)$，$\left(i+\frac{1}{2},j\right)$，$\left(i,j+\frac{1}{2}\right)$，$\left(i,j-\frac{1}{2}\right)$等表示。特别地，$u$ 在$\left(i-\frac{1}{2},j\right)$，$\left(i+\frac{1}{2},j\right)$等网格点上计算，$v$ 在$\left(i,j+\frac{1}{2}\right)$，$\left(i,j-\frac{1}{2}\right)$等网格点上计算。关键是压力和速度在不同的网格点上计算，在图 6.15 中，空心点表示的网格点在两个相邻的实心点表示的网格点的正中间，但并非必须这样。这种交错网格有一个优势，例如，当已经算出了 $u_{i+1/2,j}$，$\partial p/\partial x$ 的中心型差分为$(p_{i+1,j}-p_{i,j})/\Delta x$，即压力梯度建立在相邻的压力网格点上，这样能消除图 6.14 所示的锯齿形压力分布的可能性。同样，连续方程(6.82)的中心型差分表达式以(i,j)点为中心，化为：

$$\frac{u_{i+1/2,j}-u_{i-1/2,j}}{\Delta x}+\frac{v_{i,j+1/2}-v_{i,j-1/2}}{\Delta y}=0 \tag{6.85}$$

因为方程(6.85)建立在相邻的速度网格点上,这样能消除图6.13所示的锯齿棋盘形速度分布的可能性。

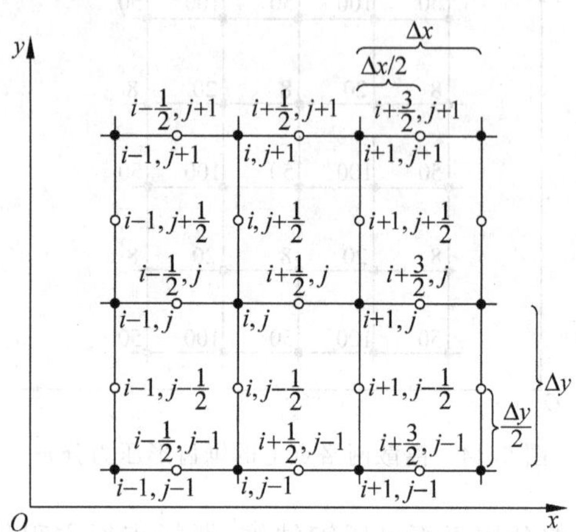

图6.15　交错网格

6.8.3　压力修正理论

压力修正技术基本上是一个迭代的过程,其中前一次迭代的结果被用来构造下一次迭代,中间采用了一些有新意的物理推理,具体过程如下:

(1) 给定压力场猜测值,迭代开始。用 p^* 表示压力猜测值。

(2) 用 p^* 从动量方程中求解 u、v、w,由于这些速度与 p^* 的值有关,用 u^*,v^*,w^* 来表示它们。

(3) 由于它们是根据猜测的压力值 p^* 计算出来的,所以将它们代入连续方程并不能精确满足。因此,用连续方程构造一个压力的修正值 p',把它加到 p^* 上就会使速度场更加符合连续方程,即修正后的压力 p 为:

$$p = p^* + p' \tag{6.86}$$

由 p' 计算出相应的速度修正值 u',v',w',则相应的修正后的速度为:

$$u = u^* + u' \tag{6.87a}$$

$$v = v^* + v' \tag{6.87b}$$

$$w = w^* + w' \tag{6.87c}$$

在方程(6.86)中,指定左侧新得到的 p 为新的 p^* 的值。回到第(2)步中,重复以上过程直到速度场满足连续方程为止,这样就得到了正确的流场结构。

6.8.4 压力修正方程

压力的修正值 p' 由方程(6.86)引入。p' 值的计算是本小节的主要内容。简单地说,我们考虑一个二维流动(三维问题可以类似分析),同时忽略体积力。

不可压缩黏性流动中 x 和 y 方向上的动量方程分别由方程(6.78)和(6.79)给出,这些方程是非守恒型的,写为守恒的形式为(见 2.8 节):

$$\frac{\partial(\rho u)}{\partial t}+\frac{\partial(\rho u^2)}{\partial x}+\frac{\partial(\rho uv)}{\partial y}=-\frac{\partial p}{\partial x}+\mu\left(\frac{\partial^2 u}{\partial x^2}+\frac{\partial^2 u}{\partial y^2}\right) \tag{6.88}$$

和

$$\frac{\partial(\rho v)}{\partial t}+\frac{\partial(\rho vu)}{\partial x}+\frac{\partial(\rho v^2)}{\partial y}=-\frac{\partial p}{\partial y}+\mu\left(\frac{\partial^2 y}{\partial x^2}+\frac{\partial^2 v}{\partial y^2}\right) \tag{6.89}$$

同第 2 章中所讨论的一样,守恒型的方程由空间固定的无限小控制体模型直接得出。由于使用这个模型,方程(6.88)和(6.89)的有限差分形式就会在某种程度上类似于由有限体积方法得到的离散方程。由 Patankar 和 Spalding 给出的原始的压力修正方程[67,68]涉及有限体积方法。本节将利用守恒型控制方程,继续采用有限差分方法,该方法将给出与有限体积方法本质上相同的离散方程,并进一步发展这个离散方程,因为它是压力修正方法的基础。我们选择时间上前差,空间导数中心差分离散。注意到压力修正方法实际上是一个思想体系,一种过程,如 6.8.3 节所述,因此选择这种体系范围内的某种特定的离散方法都是满足要求的,即下面讲述的格式并不是唯一的,它只是几种可能的选择之一。

考虑如图 6.16 所示的交错网格的区域。曾提到过压力存储在实心点表示的网格上而速度存储在空心点表示的网格上。我们以图 6.16 中的$\left(i+\frac{1}{2},j\right)$点为中心,

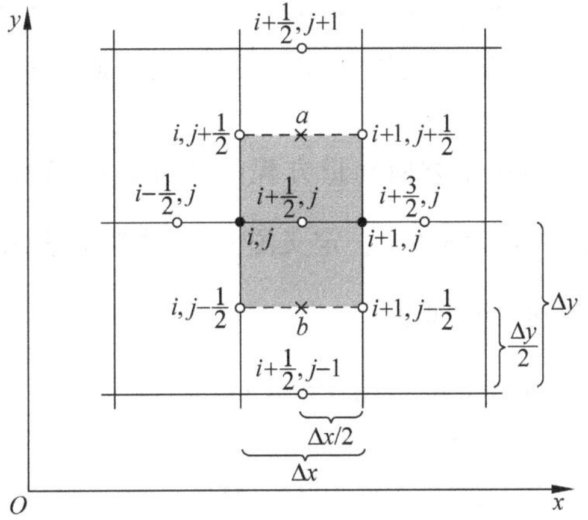

图 6.16 x 方向动量方程的计算模型,填充的部分是等效控制体积

离散方程(6.88)(为了对比，同样的有限体积方法也将应用于图 6.16 中阴影所示的控制体上)。我们需要上下两点 a 和 b 处的速度 v 的平均值，这由两个相邻网格点上的速度线性插值得到，例如定义如下：

$$\text{在 } a \text{ 点：} \bar{v}_{j+1/2} \equiv \frac{1}{2}(v_{i,j+1/2} + v_{i+1,j+1/2}) \tag{6.90a}$$

$$\text{在 } b \text{ 点：} v_{j-1/2} \equiv \frac{1}{2}(v_{i,j-1/2} + v_{i+1,j-1/2}) \tag{6.90b}$$

以图 6.16 中的 $\left(i+\frac{1}{2}, j\right)$ 点为中心，方程(6.88)的差分形式为：

$$\begin{aligned}\frac{(\rho u)^{n+1}_{i+1/2,j} - (\rho u)^n_{i+1/2,j}}{\Delta t} = &-\left[\frac{(\rho u^2)^n_{i+3/2,j} - (\rho u^2)^n_{i-1/2,j}}{2\Delta x}\right.\\ &\left.+ \frac{(\rho u\bar{v})^n_{i+1/2,j+1} - (\rho uv)^n_{i+1/2,j-1}}{2\Delta y}\right] - \frac{p^n_{i+1,j} - p^n_{i,j}}{\Delta x}\\ &+ \mu\left[\frac{u^n_{i+3/2,j} - 2u^n_{i+1/2,j} + u^n_{i-1/2,j}}{(\Delta x)^2}\right.\\ &\left.+ \frac{u^n_{i+1/2,j+1} - 2u^n_{i+1/2,j} + u_{i+1/2,j-1}}{(\Delta y)^2}\right]\end{aligned} \tag{6.91}$$

或者

$$(\rho u)^{n+1}_{i+1/2,j} = (\rho u)^n_{i+1/2,j} + A\Delta t - \frac{\Delta t}{\Delta x}(p^n_{i+1,j} - p^n_{i,j}) \tag{6.92}$$

其中：

$$\begin{aligned}A = &-\left[\frac{(\rho u^2)^n_{i+3/2,j} - (\rho u^2)^n_{i-1/2,j}}{2\Delta x} + \frac{(\rho u\bar{v})^n_{i+1/2,j+1} - (\rho uv)^n_{i+1/2,j-1}}{2\Delta y}\right]\\ &+ \mu\left[\frac{u^n_{i+3/2,j} - 2u^n_{i+1/2,j} + u^n_{i-1/2,j}}{(\Delta x)^2} + \frac{u^n_{i+1/2,j+1} - 2u^n_{i+1/2,j} + u^n_{i+1/2,j-1}}{(\Delta y)^2}\right]\end{aligned}$$

方程(6.92)是 x 方向动量方程的差分方程。注意到式(6.91)和(6.92)中的 v 和 $\bar{v}$ 是由方程(6.90a)和(6.90b)定义的，即，$\bar{v}$ 和 v 是由不同的网格点计算出来的，这不同于 u 的计算。

由同样的方法可以得到 y 方向动量方程的差分方程，我们以 6.17 图中所示的 $\left(i, j+\frac{1}{2}\right)$ 点为中心离散方程(6.89)。定义图 6.17 中阴影表示的控制体的左右边界上的点 c 和 d 处的平均速度 u 如下：

$$\text{在网格点 } c\text{：} \quad u = \frac{1}{2}(u_{i-1/2,j} + u_{i-1/2,j+1})$$

$$\text{在网格点 } d\text{：} \quad \bar{u} = \frac{1}{2}(u_{i+1/2,j} + u_{i+1/2,j+1})$$

采用时间方向前差、空间方向中心差分离散，方程(6.89)化为：

$$(\rho v)_{i,j+1/2}^{n+1}=(\rho v)_{i,j+1/2}^{n}+B\Delta t-\frac{\Delta t}{\Delta y}(p_{i,j+1}^{n}-p_{i,j}^{n}) \tag{6.93}$$

(方程(6.93)的表达式原书中有误)

其中:

$$B=-\left[\frac{(\rho v\bar{u})_{i+1,j+1/2}^{n}-(\rho vu)_{i-1,j+1/2}^{n}}{2\Delta x}+\frac{(\rho v^{2})_{i,j+3/2}^{n}-(\rho v^{2})_{i,j-1/2}^{n}}{2\Delta y}\right]$$
$$+\mu\left[\frac{v_{i+1,j+1/2}^{n}-2v_{i,j+1/2}^{n}+v_{i-1,j+1/2}^{n}}{(\Delta x)^{2}}+\frac{v_{i,j+3/2}^{n}-2v_{i,j+1/2}^{n}+v_{i,j-1/2}^{n}}{(\Delta y)^{2}}\right]$$

(B 的表达式原书中有误)

注意到方程(6.93)中的 u 和 $\bar{u}$ 由 c 和 d 点上的速度平均值来定义,即 u 和 $\bar{u}$ 是由不同网格点上的速度值得到的,这与 v 的计算不同。

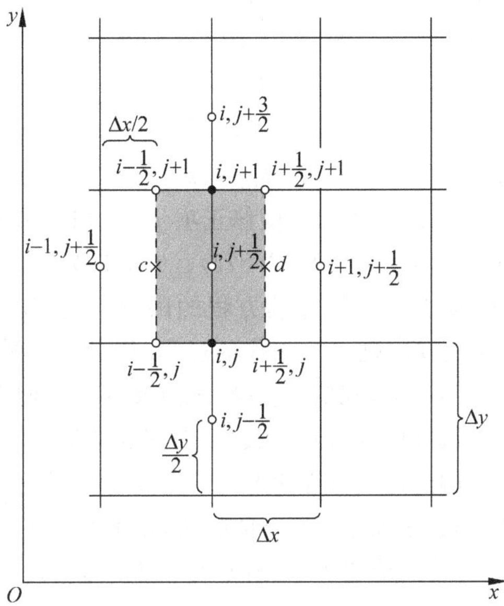

图 6.17 y 方向动量方程的计算模型,填充的部分是等效控制体积

如 6.8.3 节中所述,在每次迭代开始,$p=p^{*}$。此时,方程(6.92)和(6.93)分别化为:

$$(\rho u^{*})_{i+1/2,j}^{n+1}=(\rho u^{*})_{i+1/2,j}^{n}+A^{*}\Delta t-\frac{\Delta t}{\Delta x}(p_{i+1,j}^{*}-p_{i,j}^{*}) \tag{6.94}$$

和

$$(\rho v^{*})_{i,j+1/2}^{n+1}=(\rho v^{*})_{i,j+1/2}^{n}+B^{*}\Delta t-\frac{\Delta t}{\Delta y}(p_{i,j+1}^{*}-p_{i,j}^{*}) \tag{6.95}$$

用方程(6.92)减去方程(6.94),得到:

$$(\rho u')_{i+1/2,j}^{n+1}=(\rho u')_{i+1/2,j}^{n}+A'\Delta t-\frac{\Delta t}{\Delta x}(p'_{i+1,j}-p'_{i,j})^{n} \tag{6.96}$$

其中:

$$(\rho u')_{i+1/2,j}^{n+1} = (\rho u)_{i+1/2,j}^{n+1} - (\rho u^*)_{i+1/2,j}^{n+1}$$

$$(\rho u')_{i+1/2,j}^{n} = (\rho u)_{i+1/2,j}^{n} - (\rho u^*)_{i+1/2,j}^{n}$$

$$A' = A - A^*$$

$$p'_{i+1,j} = p_{i+1,j} - p^*_{i+1,j}$$

$$p'_{i,j} = p_{i,j} - p^*_{i,j}$$

用方程(6.93)减去方程(6.95),得到:

$$(\rho v')_{i,j+1/2}^{n+1} = (\rho v')_{i,j+1/2}^{n} + B'\Delta t - \frac{\Delta t}{\Delta y}(p'_{i,j+1} - p'_{i,j}) \tag{6.97}$$

其中:

$$(\rho v')_{i,j+1/2}^{n+1} = (\rho v)_{i,j+1/2}^{n+1} - (\rho v^*)_{i,j+1/2}^{n+1}$$

$$(\rho v')_{i,j+1/2}^{n} = (\rho v)_{i,j+1/2}^{n} - (\rho v^*)_{i,j+1/2}^{n}$$

$$B' = B - B^*$$

$$p'_{i,j+1} = p_{i,j+1} - p^*_{i,j+1}$$

$$p'_{i,j} = p_{i,j} - p^*_{i,j}$$

方程(6.96)和(6.97)是由压力和速度修正项 p',u'和 v'表示的 x、y 方向的动量方程,而 p',u'和 v'分别由方程(6.86)、(6.87a)、(6.87b)定义。

现在,通过利用速度场必须满足连续方程的限制,我们得到了压力修正值。但是,我们必须记住压力修正方法是一个迭代的过程,因此从一次迭代到下一次迭代,预测压力修正值的公式并不一定是要有实际物理意义的。我们只关心两个方面:①预测压力修正值的公式必须最终可以得到收敛的、合理的结果;②当解收敛时,预测压力修正值的公式必须可以回归到连续方程的形式。也就是说,在数值计算中,允许我们去虚构预测压力修正值的公式,来加速速度场的收敛,并使得最终得到的速度场满足连续方程。当达到收敛时,压力修正值趋于零,预测压力修正值的公式回归到连续方程。

有了以上的基础思想,我们现在来构造压力修正方程。根据 Patankar[68],令方程(6.96)和(6.97)中的 A',B',$(\rho u')^n$,$(\rho v')^n$ 均为零,得到:

$$(\rho u')_{i+1/2,j}^{n+1} = -\frac{\Delta t}{\Delta x}(p'_{i+1,j} - p'_{i,j})^n \tag{6.98}$$

和

$$(\rho v')_{i,j+1/2}^{n+1} = -\frac{\Delta t}{\Delta y}(p'_{i,j+1} - p'_{i,j}) \tag{6.99}$$

(方程(6.99)的表达式原书中有误)

考虑到在数值计算中虚构的预测压力修正值的公式,它在迭代中要有一定的指引作用,而上面的公式并不能满足要求。回到方程(6.96),下面给出$(\rho u')_{i+1/2,j}^{n+1}$的定义,即

$$(\rho u')_{i+1/2,j}^{n+1} = (\rho u)_{i+1/2,j}^{n+1} - (\rho u^*)_{i+1/2,j}^{n+1}$$

将方程(6.98)写为:

$$(\rho u)_{i+1/2,j}^{n+1} = (\rho u^{*})_{i+1/2,j}^{n+1} - \frac{\Delta t}{\Delta x}(p'_{i+1,j} - p'_{i,j})^{n} \tag{6.100}$$

回到方程(6.97),下面给出$(\rho v')_{i,j+1/2}^{n+1}$的定义,即:

$$(\rho v')_{i,j+1/2}^{n+1} = (\rho v)_{i,j+1/2}^{n+1} - (\rho v^{*})_{i,j+1/2}^{n+1}$$

将方程(6.99)写为:

$$(\rho v)_{i,j+1/2}^{n+1} = (\rho v^{*})_{i,j+1/2}^{n+1} - \frac{\Delta t}{\Delta y}(p'_{i,j+1} - p'_{i,j})^{n} \tag{6.101}$$

回到连续方程$\frac{\partial(\rho u)}{\partial x}+\frac{\partial(\rho v)}{\partial y}=0$并且写出以点$(i,j)$为中心的中心型差分方程,得到:

$$\frac{(\rho u)_{i+1/2,j} - (\rho u)_{i-1/2,j}}{\Delta x} + \frac{(\rho v)_{i,j+1/2} - (\rho v)_{i,j-1/2}}{\Delta y} = 0 \tag{6.102}$$

将方程(6.100)和(6.101)代入方程(6.102)并略去上标,得到:

$$\frac{(\rho u^{*})_{i+1/2,j} - \Delta t/\Delta x(p'_{i+1,j} - p'_{i,j}) - (\rho u^{*})_{i-1/2,j} + \Delta t/\Delta x(p'_{i,j} - p'_{i-1,j})}{\Delta x}$$
$$+ \frac{(\rho v^{*})_{i,j+1/2} - \Delta t/\Delta y(p'_{i,j+1} - p'_{i,j}) - (\rho v^{*})_{i,j-1/2} + \Delta t/\Delta x(p'_{i,j} - p'_{i,j-1})}{\Delta y} = 0 \tag{6.103}$$

重新组织上式,得到:

$$ap'_{i,j} + bp'_{i+1,j} + bp'_{i-1,j} + cp'_{i,j+1} + cp'_{i,j-1} + d = 0 \tag{6.104}$$

其中:

$$a = 2\left[\frac{\Delta t}{(\Delta x)^2} + \frac{\Delta t}{(\Delta y)^2}\right]$$

$$b = -\frac{\Delta t}{(\Delta x)^2}$$

$$c = -\frac{\Delta t}{(\Delta y)^2}$$

$$d = \frac{1}{\Delta x}[(\rho u^{*})_{i+1/2,j} - (\rho u^{*})_{i-1/2,j}] + \frac{1}{\Delta y}[(\rho v^{*})_{i,j+1/2} - (\rho v^{*})_{i,j-1/2}]$$

方程(6.104)就是压力修正方程,它具有椭圆型方程的性质,这与在不可压缩流动中,压力扰动会被传播至流场各处这一事实是一致的。因此,方程(6.104)可以用6.5节中所描述的数值松弛技术来求解,以得到压力修正值p'。

注意到,方程(6.104)中的d是连续方程左端项用u^{*},v^{*}表示的中心差分形式。在迭代过程中,u^{*},v^{*}定义了一个并不满足连续方程的速度场,因此,在方程(6.104)中只有最后一次迭代中$d=0$。从这种意义上来说,d是一个质量源项。由定义可知,在最后一次迭代中,速度场收敛到满足连续方程的速度场,因此,在理论上,在最后一次迭代中$d=0$。因此,尽管在得到方程(6.104)时采用了数值虚假的公式,但是在最后一次迭代中,我们可以认为方程(6.104)就是一个具有实际物理意义的质量守恒式。

注意到,压力修正方程(6.104)是一个关于压力修正值 p' 的泊松方程的中心差分公式:

$$\frac{\partial^2 p'}{\partial x^2}+\frac{\partial^2 p'}{\partial y^2}=Q \tag{6.105}$$

如果方程(6.105)中的二阶偏微分采用中心差分离散,并且令 $Q=d/(\Delta t\Delta x)$,就得到了方程(6.104)(此简单推导被留作习题 6.1)。泊松方程是经典物理和数学中很著名的方程,注意到压力修正方程仅仅是一个关于压力修正值 p' 的泊松方程的差分方程是很有意义的。泊松方程同时也是一个椭圆型方程,可以从数学上证明压力修正公式的椭圆型性质。

6.8.5 数值计算过程:SIMPLE 算法

为将上面讨论的内容可视化,现在总结一下压力修正方法的步骤。下面的描述是由 Patankar[68] 提出的 SIMPLE 算法的本质,SIMPLE 是 semi-implicit method for pressure-linked equations 的缩写。半隐式技术是指,令方程(6.96)和(6.97)中 A',B',$(\rho u')^n$,$(\rho v')^n$ 均为零,因此可以让方程(6.104)中的压力修正值只用到四个网格点上 p' 的信息。如果未做这种简化,那么得到的压力修正方程就会包含相邻网格点上的速度值,这些速度又受邻近压力修正的影响,因此,最后的压力修正方程就会涉及流场中很大的范围,本质上在一个修正方程中要涉及整个的压力修正场。这就是一个全隐式的方程。相反,如果有了以上的假设,方程(6.104)就只包括四个网格点上的压力修正,因此它被 Patankar 称作半隐式[68]。

SIMPLE 方法的具体步骤如下:

(1) 考虑如图 6.15 所示的交错网格,在所有压力网格点(图中的实心点)上,猜想一个压力初始值 $(p^*)^n$。并且在格式的速度网格点(图 6.15 中的空心点)上设定 $(\rho u^*)^n$ 和 $(\rho v^*)^n$ 的值。这里只考虑流场内部的网格点(边界处网格点稍后处理)。

(2) 在所有内部网格点上,由方程(6.94)求解 $(\rho u^*)^{n+1}$,由方程(6.95)求解 $(\rho v^*)^{n+1}$。

(3) 将这些 $(\rho u^*)^{n+1}$ 和 $(\rho v^*)^{n+1}$ 的值代入方程(6.104),在内点上求解压力修正值。(这种求解可以通过 6.5 节中所讲的松弛过程来实现)。

(4) 在所有内点上,由方程(6.86)计算 p^{n+1},即 $p^{n+1}=(p^*)^n+p'$

(5) 上一步中得到的 p^{n+1} 再次用来求解动量方程。令上面得到的 p^{n+1} 为新的 $(p^*)^n$ 值,代入方程(6.94)和(6.95)。回到第(2)步,重复第(2)~(5)步直至收敛。收敛与否的一个判断标准是质量源项 d 是否趋于零。

当达到收敛时,就得到了满足连续方程的速度分布。压力修正方程(6.104)所要达到的迭代目标为:由动量方程计算出来的速度分布最终要满足连续方程。

需要解释一下上面各方程中用到的上标 n 和 $n+1$。方程(6.88)和(6.89)是非定常的动量方程,因此相应的差分方程(6.92)和(6.93)采用标准的上标符号,即 n 表示给定的时间步,$n+1$ 表示下一时间步。另外,在离散压力修正方程中略去的上标是指在一个时间步内的迭代过程,它不可能用精确的时间来表示。但是,因为压力修正方法是用来求解定常流场的,并且通过迭代可以得到定常解,所以这不是问题。因此,可以将这样的上标 n 和 $n+1$ 称为迭代步序列,其并没有任何实际的意义。这样,上面出现的 Δt 可以看为一个参数,它只对收敛速度有影响。

在某些应用中,方程(6.104)也许会表现出发散的现象。Patankar 建议在这种情况下采取一些弱松弛方法,如在第(4)步中不采用方程(6.86),而采用下式:

$$p^{n+1} = (p^*)^n + \alpha_p p' \tag{6.106}$$

其中 α_p 是亚松弛因子,建议值为 0.8。它在一些情况下也用于从方程(6.94)和(6.95)计算 u^* 和 v^* 的过程中。

6.8.6 压力修正方法的边界处理

压力修正法中的边界条件如何处理呢?本小节将解决这个问题。为进行几何上的简化,考虑图 6.18 中所示的定截面管道,管道内部分布有交错网格。对于不可压缩黏性流动,为使问题唯一,可做如下规定:

(1) 在入口处,给定 p 和 v,u 可以变化。如果 p 给定,则压力修正值 p' 为零。因此,图 6.18 中,$p_1'=p_3'=p_5'=p_7'=0$,v_2,v_4,v_6 是给定的,并保持不变。

(2) 在出口处,给定 p,u 和 v 是可变的。因此 $p_8'=p_{10}'=p_{12}'=p_{14}'=0$

(3) 在壁面处,满足黏性无滑移条件,因此壁面处速度为零,即

$$u_{15} = u_{17} = u_{19} = u_{21} = u_{22} = u_{24} = u_{26} = u_{28} = 0$$

为进行数值求解,我们需要另一个壁面处的边界条件。由于式(6.104)表现出椭

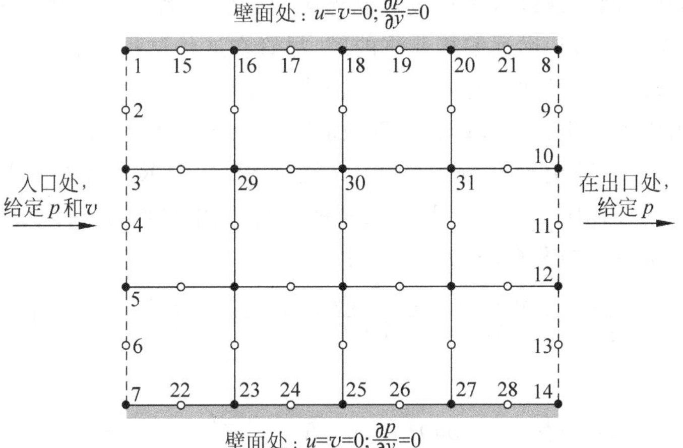

图 6.18 压力修正方法中的边界条件示意

圆型的性质并采用松弛方法来求解，所以在求解域内的所有边界上必须给出关于 p' 的边界条件。由上面的(1)、(2)两点可知，在进口和出口处 $p'=0$。在壁面处关于 p' 的边界条件可如下推导：利用壁面处 y 方向的动量方程，其中 $u=v=0$，将这些速度值代入方程(6.79)，得到在壁面处(忽略体力)：

$$\left(\frac{\partial p}{\partial y}\right)_w=\mu\left(\frac{\partial^2 v}{\partial x^2}+\frac{\partial^2 v}{\partial y^2}\right) \tag{6.107}$$

由于 $v_w=0$，则方程(6.107)中 $(\partial^2 v/\partial x^2)_w=0$。由于在壁面附近 v 很小，因此可以假设方程(6.107)中的 $(\partial^2 v/\partial y^2)_w$ 很小。因此，由方程(6.107)可近似得到壁面处的压力边界条件如下：

$$\left(\frac{\partial p}{\partial y}\right)_w=0 \tag{6.108}$$

离散方程(6.108)，有(参看图6.18)：$p_1=p_3$；　$p_{16}=p_{29}$；　$p_5=p_7$ 等。

以上给出了在整个封闭计算域中所有边界上关于压力的边界条件。

6.8.7 SIMPLER算法

在使用SIMPLE算法推导 p' 方程的过程中，假设 A'，B'，$(\rho u')^n$，$(\rho v')^n$ 均为0，该近似导致过于夸大压力修正，因此欠松弛成为迭代过程中的基本做法。由于从速度修正公式中消除了相邻点速度修正的影响，压力修正就完全担负起修正速度的重担，从而引起一个相当强烈的压力修正场。在大多数情况下，下面的假设是合理的，即可以认为用压力修正方程来修正速度时是相当好的，而用来修正压力时则相当差。

为了评价上面的论述，我们来考察一个非常简单的例子：一个已知入口边界速度的一维常密度流动问题。显然，本问题中的速度只受连续性的控制，因此在第一次迭代终了，所得到的满足连续性的速度场自然就是最终的解了。但是由于 p' 方程的近似特性，所算得的压力却远远偏离最终的解，尽管在迭代过程中早就得到了正确的速度场，可是收敛的压力场却需要经过多次迭代才能建立。

如果只用压力修正方程来修正速度，而提供某些其他的方法来获得改进的压力场，这样就形成了一种更为有效的算法，这就是SIMPLER的基础，SIMPLER是指修订的SIMPLE(SIMPLE revised，详见文献[82]，文中采用有限体积法)。

现将 x 方向动量方程(6.88)重写如下：

$$\frac{\partial(\rho u)}{\partial t}+\frac{\partial(\rho u^2)}{\partial x}+\frac{\partial(\rho uv)}{\partial y}=-\frac{\partial p}{\partial x}+\mu\left(\frac{\partial^2 u}{\partial x^2}+\frac{\partial^2 u}{\partial y^2}\right) \tag{6.88}$$

可以离散为：

$$(\rho u)_{i+1/2,j}^{n+1}=(\rho u)_{i+1/2,j}^{n}+A\Delta t-\frac{\Delta t}{\Delta x}(p_{i+1,j}^n-p_{i,j}^n) \tag{6.92}$$

定义假速度：

$$(\rho u^{\wedge})_{i+1/2,j}=(\rho u)^{n}_{i+1/2,j}+A\Delta t \tag{6.109}$$

再用 $n+1$ 时步的 p 代替 n 时步的 p,则方程(6.92)可以写成:

$$(\rho u)^{n+1}_{i+1/2,j}=(\rho u^{\wedge})_{i+1/2,j}-\frac{\Delta t}{\Delta x}(p^{n+1}_{i+1,j}-p^{n+1}_{i,j}) \tag{6.110}$$

对于 y 方向的动量方程,其离散方程如下:

$$(\rho v)^{n+1}_{i,j+1/2}=(\rho v)^{n}_{i,j+1/2}+B\Delta t-\frac{\Delta t}{\Delta y}(p^{n}_{i,j+1}-p^{n}_{i,j}) \tag{6.93}$$

定义假速度:

$$(\rho v^{\wedge})_{i,j+1/2}=(\rho v)^{n}_{i,j+1/2}+B\Delta t \tag{6.111}$$

再用 $n+1$ 时步的 p 代替 n 时步的 p,则方程(6.93)可以写成:

$$(\rho v)^{n}_{i,j+1/2}=(\rho v^{\wedge})_{i,j+1/2}-\frac{\Delta t}{\Delta y}(p^{n+1}_{i,j+1}-p^{n+1}_{i,j}) \tag{6.112}$$

很容易看出这些方程与方程(6.100)和(6.101)之间的相似性。这里 $\rho u^{\wedge}$,$\rho v^{\wedge}$ 出现在原来 ρu^{*},ρv^{*} 所处的位置上,而压力 p 本身取代了 p' 的位置。因此如果用包含 $\rho u^{\wedge}$,$\rho v^{\wedge}$ 的新的速度-压力关系来完成 6.8.4 节中的推导,就可以得到一个关于压力的方程,这个方程可以写成:

$$ap^{n+1}_{i,j}+bp^{n+1}_{i+1,j}+bp^{n+1}_{i-1,j}+cp^{n+1}_{i,j+1}+cp^{n+1}_{i,j-1}+d=0 \tag{6.113}$$

其中:

$$a=2\left[\frac{\Delta t}{(\Delta x)^2}+\frac{\Delta t}{(\Delta x)^2}\right]$$

$$b=-\frac{\Delta t}{(\Delta x)^2}$$

$$c=-\frac{\Delta t}{(\Delta y)^2}$$

$$d=\frac{1}{\Delta x}[(\rho u^{\wedge})_{i+1/2,j}-(\rho u^{\wedge})_{i-1/2,j}]+\frac{1}{\Delta y}[(\rho v^{\wedge})_{i,j+1/2}-(\rho v^{\wedge})_{i,j-1/2}] \tag{6.114}$$

应当注意到,d 的不同表达形式是压力方程(6.113)与压力修正方程(6.104)之间的唯一不同。d 的表达式(6.114)采用假速度,而 p' 方程中的 d 则是用带星号的速度项来计算的。

尽管压力方程与压力修正方程几乎是相同的,但是两者之间存在着一个重要的差异:在推导压力方程时,没有作任何的近似假设。因此,如果用一个正确的速度场来计算假速度,压力方程将马上给出正确的压力。

修订的 SIMPLER 算法是这样的,即用解压力方程来求压力场,而求解压力修正方程仅仅是为了修正速度,运算的步骤如下:

(1) 由一估计的速度场开始。

(2) 计算动量方程的系数,随后由诸如方程(6.109)和(6.111)那样一些方程通过代入相邻点速度的值计算 $\rho u^{\wedge}$ 和 $\rho v^{\wedge}$。

(3) 计算压力方程(6.113)的系数，求解方程(6.113)以得到压力场。

(4) 把这个压力场当做 p^* 看待，求解动量方程以得到 u^*，v^*，w^*。

(5) 随后求解 p' 方程(6.104)。

(6) 采用方程(6.100)和(6.101)修正速度场，但不修正压力场。

(7) 返回步骤(2)，并重复上述步骤直到收敛为止。

小结

虽然 SIMPLER 程序比 SIMPLE 程序收敛得快，但是必须承认 SIMPLER 迭代需要较多的计算机工作。首先，除了要解 SIMPLE 中所有的方程之外，还必须解压力方程；其次，在 SIMPLE 中并不存在与 SIMPLER 相对应的需要计算 $(\rho u)^{\wedge}$ 和 $(\rho v)^{\wedge}$ 的工作。然而，由于 SIMPLER 只需要较少的迭代次数就可以达到收敛，因而每次迭代所增加的工作量已远远被总的计算工作量的节省所补偿。

6.8.8 PISO 算法

对于瞬态问题求解，半隐式 SIMPLE 算法虽然不需要迭代，但计算受到时间步长的限制，因此在计算稳态或缓慢瞬态变化过程时需要用较多的时间步推进；全隐式算法时间可以相应放宽，但全隐式求解方法在瞬态流动计算中，每一时间步都需要经迭代达到收敛而花费大量计算时间，且还有可能出现迭代不收敛造成计算无法进行下去。针对全隐式求解过程的缺陷，R. I. Issa 提出了 PISO(Pressure-Implicit with Splitting Operators)算法，详见文献[83](文中采用有限体积法)，并证明了该算法不需要迭代，既可以具有与迭代的全隐式算法相同的精度，又可以取较大的步长，数值算例还证明了该算法对不可压缩流动和可压缩流动均适用，在文献[84]中，对 PISO 和 SIMPLER 算法进行了比较，得出结论如下：①对于动量方程不与标量函数耦合的问题，PISO 算法具有很好的收敛性，计算量比 SIMPLER 算法少；②对于标量函数，如果它与动量方程联系较弱，例如仅仅通过密度项，PISO 算法的收敛性比其他算法仍好；但如果标量函数与动量方程联系很强时，例如温度、切向速度等通过源项与动量方程关联，则 PISO 算法的收敛性仅在小时步情况下满足，且为了得到收敛性的解，每一步都需要精确求解压力方程。

对于 x 方向离散形式的动量方程为：

$$(\rho u)_{i+1/2,j}^{n+1} = (\rho u)_{i+1/2,j}^{n} + A\Delta t - \frac{\Delta t}{\Delta x}(p_{i+1,j}^{n} - p_{i,j}^{n}) \tag{6.92}$$

y 方向离散形式的动量方程为:

$$(\rho v)_{i,j+1/2}^{n+1} = (\rho v)_{i,j+1/2}^{n} + B\Delta t - \frac{\Delta t}{\Delta y}(p_{i,j+1}^{n} - p_{i,j}^{n}) \tag{6.93}$$

PISO 算法的基本思想是将速度-压力耦合求解过程分裂成一系列解耦的预测-校正步,下面用 n 表示上一时步,而 $*$ 表示本时步的预测步,$**$ 表示本时步的第一校正步,$***$ 表示第二校正步。

(1) 预测步

$$(\rho u^{*})_{i+1/2,j} = (\rho u)_{i+1/2,j}^{n} + A^{n}\Delta t - \frac{\Delta t}{\Delta x}(p_{i+1,j}^{n} - p_{i,j}^{n}) \tag{6.115}$$

$$(\rho v^{*})_{i,j+1/2} = (\rho v)_{i,j+1/2}^{n} + B^{n}\Delta t - \frac{\Delta t}{\Delta y}(p_{i,j+1}^{n} - p_{i,j}^{n}) \tag{6.116}$$

分别求解方程(6.115)和(6.116)可得预测速度场 ρu^{*} 和 ρv^{*}。

(2) 第一校正步

$$(\rho u^{**})_{i+1/2,j} = (\rho u)_{i+1/2,j}^{n} + A^{n}\Delta t - \frac{\Delta t}{\Delta x}(p_{i+1,j}^{*} - p_{i,j}^{*}) \tag{6.117}$$

$$(\rho v^{**})_{i,j+1/2} = (\rho v)_{i,j+1/2}^{n} + B^{n}\Delta t - \frac{\Delta t}{\Delta y}(p_{i,j+1}^{*} - p_{i,j}^{*}) \tag{6.118}$$

分别从方程(6.117)中减去方程(6.115),从方程(6.118)中减去方程(6.116)得到第一校正步的速度增量方程:

$$(\rho u^{**})_{i+1/2,j} = (\rho u^{*})_{i+1/2,j} - \frac{\Delta t}{\Delta x}[(p_{i+1,j}^{*} - p_{i+1,j}^{n}) - (p_{i,j}^{*} - p_{i,j}^{n})] \tag{6.119}$$

$$(\rho v^{**})_{i,j+1/2} = (\rho v^{*})_{i,j+1/2} - \frac{\Delta t}{\Delta y}[(p_{i,j+1}^{*} - p_{i,j+1}^{n}) - (p_{i,j}^{*} - p_{i,j}^{n})] \tag{6.120}$$

将方程(6.119)和(6.120)代入连续方程可以得到相应的压力增量方程:

$$\begin{aligned} a(p_{i,j}^{*} - p_{i,j}^{n}) + b(p_{i+1,j}^{*} - p_{i+1,j}^{n}) + b(p_{i-1,j}^{*} - p_{i-1,j}^{n}) + c(p_{i,j+1}^{*} - p_{i,j+1}^{n}) \\ + c(p_{i,j-1}^{*} - p_{i,j-1}^{n}) + d = 0 \end{aligned} \tag{6.121}$$

其中:

$$a = 2\left[\frac{\Delta t}{(\Delta x)^2} + \frac{\Delta t}{(\Delta x)^2}\right]$$

$$b = -\frac{\Delta t}{(\Delta x)^2}$$

$$c = -\frac{\Delta t}{(\Delta y)^2}$$

$$d = \frac{1}{\Delta x}[(\rho u^{*})_{i+1/2,j} - (\rho u^{*})_{i-1/2,j}] + \frac{1}{\Delta y}[(\rho v^{*})_{i,j+1/2} - (\rho v^{*})_{i,j-1/2}] \tag{6.122}$$

求解压力增量方程(6.121)得到$(p^{*} - p^{n})$场,将其代入速度增量方程(6.117)和(6.118),可得第一校正速度场 ρu^{**} 和 ρv^{**}。

(3) 第二校正步

$$(\rho u^{***})_{i+1/2,j} = (\rho u)^n_{i+1/2,j} + A^* \Delta t - \frac{\Delta t}{\Delta x}(p^{**}_{i+1,j} - p^{**}_{i,j}) \tag{6.123}$$

$$(\rho v^{***})_{i,j+1/2} = (\rho v)^n_{i,j+1/2} + B^* \Delta t - \frac{\Delta t}{\Delta y}(p^{**}_{i,j+1} - p^{**}_{i,j}) \tag{6.124}$$

分别从方程(6.123)中减去方程(6.117)，从方程(6.124)中减去方程(6.118)得到第二校正步的速度增量方程：

$$(\rho u^{***})_{i+1/2,j} = (\rho u^{**})_{i+1/2,j} + (A^* - A^n)\Delta t - \frac{\Delta t}{\Delta x}[(p^*_{i+1,j} - p^n_{i+1,j}) - (p^*_{i,j} - p^n_{i,j})] \tag{6.125}$$

$$(\rho v^{***})_{i,j+1/2} = (\rho v^{**})_{i,j+1/2} + (B^* - B^n)\Delta t - \frac{\Delta t}{\Delta y}[(p^{**}_{i,j+1} - p^*_{i,j+1}) - (p^{**}_{i,j} - p^*_{i,j})] \tag{6.126}$$

令：

$$(\rho u^{**\wedge})_{i+1/2,j} = (\rho u^{**})_{i+1/2,j} + (A^* - A^n)\Delta t$$
$$(\rho v^{**\wedge})_{i,j+1/2} = (\rho v^{**})_{i,j+1/2} + (B^* - B^n)\Delta t$$

则方程(6.125)和(6.126)变为：

$$(\rho u^{***})_{i+1/2,j} = (\rho u^{**\wedge})_{i+1/2,j} - \frac{\Delta t}{\Delta x}[(p^*_{i+1,j} - p^n_{i+1,j}) - (p^*_{i,j} - p^n_{i,j})] \tag{6.127}$$

$$(\rho v^{***})_{i,j+1/2} = (\rho v^{**\wedge})_{i,j+1/2} - \frac{\Delta t}{\Delta y}[(p^{**}_{i,j+1} - p^*_{i,j+1}) - (p^{**}_{i,j} - p^*_{i,j})] \tag{6.128}$$

将方程(6.127)和(6.128)代入连续方程可以得到与上面类似的压力增量方程：

$$\begin{aligned} a(p^{**}_{i,j} - p^*_{i,j}) + b(p^{**}_{i+1,j} - p^*_{i+1,j}) + b(p^{**}_{i-1,j} - p^*_{i-1,j}) \\ + c(p^{**}_{i,j+1} - p^*_{i,j+1}) + c(p^{**}_{i,j-1} - p^*_{i,j-1}) + d = 0 \end{aligned} \tag{6.129}$$

其中：

$$a = 2\left[\frac{\Delta t}{(\Delta x)^2} + \frac{\Delta t}{(\Delta x)^2}\right]$$

$$b = -\frac{\Delta t}{(\Delta x)^2}$$

$$c = -\frac{\Delta t}{(\Delta y)^2}$$

$$d = \frac{1}{\Delta x}[(\rho u^{**\wedge})_{i+1/2,j} - (\rho u^{**\wedge})_{i-1/2,j}] + \frac{1}{\Delta y}[(\rho v^{**\wedge})_{i,j+1/2} - (\rho v^{**\wedge})_{i,j-1/2}] \tag{6.130}$$

类似地，还可以继续引进第三校正步，但是引进的校正步的步数应与时间方向的差分精度相匹配。对于二阶时间精度的差分格式而言，有两个校正步就够了。

阅读路标

前面所述关于压力修正方法的讨论是在解决 9.4 节中的不可压缩黏性流动问题中需要用到的，就是说，通过求解二维不可压缩纳维-斯托克斯方程来求解 Couette 流动问题。因此，如果你急于利用压力修正方法来建立一个计算程序，你可以直接阅读 9.4 节。但是，稍后你一定要回到此处，继续阅读下面关于计算机图形的讨论。

6.9 CFD 中使用的计算机图形技术

在本章的最后，我们将讨论表达 CFD 数据时常用的一些计算机图形技术。这一节与前面各节的不同之处在于，我们不处理任何有关数值技术方面的问题。本节的重点在于介绍，计算流体力学家们是如何使用计算机图形技术这一基本工具来显示 CFD 计算结果的。很多的图像显示技术均可用于对计算数据的表达，本节只简单介绍一下 CFD 中经常用到的那些图形技术。

表达 CFD 数据的图形技术可分为六类，将在下面一一讨论。计算流体力学家经常通过计算机图形软件来使用不同模式的图形表达，而不是自己开发此类程序。开发计算机图形类的软件并不是 CFD 的内容，我们只是拿这些软件作为工具来使用而已，因为有很多这类软件可以供计算流体力学家们使用。拿作者的学生来说，他们常用的图形显示软件是由 Amtec Engineering 提供的 TECPLOT 软件。也是因为此，本节中很多计算机图像都是由软件 TECPLOT 生成的。注意，这并不意味着我们对这个软件的认可，该软件仅仅是标准图形软件中的一个而已。就像 CFD 技术本身也在快速发展一样，新的计算机图形技术和相关软件的发展也是相当快的，所以，读者可以自由选择最方便最合适的图形显示软件。

CFD 结果的图形表达方法基本上可以分成 6 大类，以下内容将用来具体介绍每类的具体内容。

6.9.1 *xy* 图

提起 xy 图，读者不会觉得陌生，因为在最初接触代数学时就已经认识它了。在一张二维图上，它们表示的是一个因变量随着自变量的变化。回到图 1.6(b)～(f)，这些都是 xy 图，它们表示的是压力系数随无量纲弦向距离的变化关系，从图 1.6(b)～

(f)的每一个图对应地表达了不同的展向位置。xy 图是 CFD 数据的计算机图形显示方法中最为简单和直接的一种。虽然这些图没有什么特殊之处，但它们是使用图像定量地表达计算数据的最简单的方法，也就是说，读者可以直接从 xy 图上的曲线读取定量数据，而不需要进行任何心算或者算术插值。

6.9.2 等值线图

从上面的介绍中可以看出，xy 图有一个缺点，那就是无法一次性地从 xy 图上看出 CFD 数据的整体性质。不过，等值线图却可以提供这种整体信息。

等值线的意思就是，在这条等值线上所表达的量的值是不变的。其实前面已经见过一些等值线图，例如图 1.6(a)，它就是一个 F—20 战斗机表面上的压力系数等值线图，每一条线代表了一个压力系数值。一般来说，这条等值线和紧相邻的等值线上的变量值的差值是保持不变的。根据这个约定，如果一个变量在某个空间区域内的变化比较剧烈，此时相邻等值线之间的距离就比较近，相反地，在因变量在空间变换缓慢的地方，相邻等值线之间的距离就会比较远。在图 1.6(a)中，在那些等值线如同被捆绑在一起的地方就表示此处表面上具有很大的压力梯度，这就指出了机身表面上激波出现的准确位置。等值线图的另一个例子是图 6.8(a)～(d)，这些图显示了通过后向台阶的二维黏性超声速流动中的压力等值线的分布，在这些图中，可以清楚地看到流动中的一些大梯度区域，即从台阶上缘发出的膨胀波和下游出现的再压缩激波。

通过观察等值线图，我们可以从图中清楚地看出所考查流动的全局性质。如果想从 xy 图中获取该流场的全局性质，比如说我们想确定激波和膨胀波的位置，只能通过观察多幅 xy 图才能做到。从这点上来看，等值线图明显是一个比较高级的图形显示方法。但是从另一方面来讲，与 xy 图相比，从等值线图上获取精确的定量数据则比较困难。虽然可以在等值线图上标出每一条等值线的具体数据，但是，如果想获取相邻两条等值线之间的数据，还需要进行一些心算或者空间上数值插值的计算，在这点上，等值线图不如 xy 图精确。

手工绘画等值线图是一个费时费力的过程，在发明计算机以前，仅有少数勇敢者手工绘制等值线。相反，xy 图的历史较早，它源于 17 世纪笛卡儿时期。目前，随着计算机技术的发展和进步，等值线图的应用也越来越广泛。在 CFD 中，等值线表示法是目前图形化数据表示的一个比较常用的方法。

下面，让我们再看一些现代 CFD 应用中等值线图的例子，并指出它们之间的细微差别和它们的一些子类。举例来说，观察图 6.19(a)和(b)，它们是爆炸波通过氢气、氧气和氩气的混合气体后流场中横向速度的等值线图(y 向的速度也就是 v)。

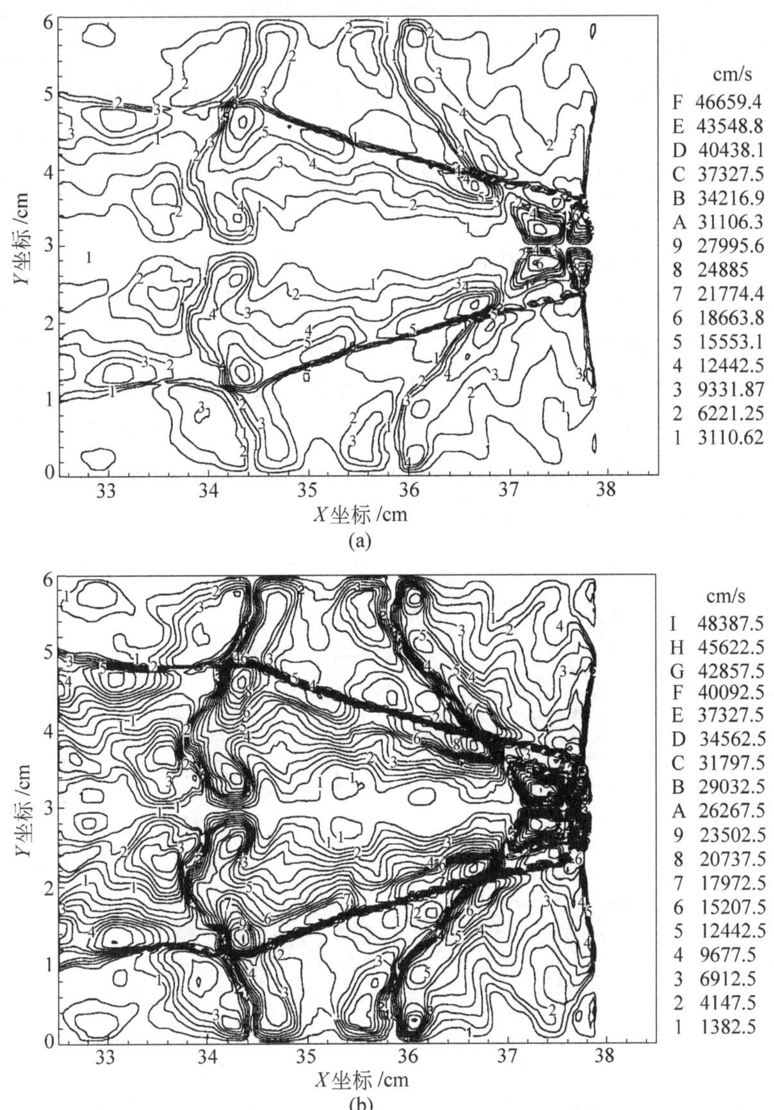

图 6.19 爆炸波传入 20％氢气，10％氧气和 70％混合气体后的横向速度等值线，通过(a)与(b)的对比可以看出随着等值线条数的增多流动图景表达更为清晰（计算结果和图像均来自 James Weber，Maryland 大学）

(a) 15 条等值线；(b) 35 条等值线

爆炸波从左向右传，而且该爆炸波前几乎与图像右边的等值线束相垂直。爆炸波传入波前右方的均匀气体。按照定义，均匀区是没有等值线的，于是图像的右边出现了一块空白区域。氢气和氧气的混合燃烧发生在爆炸波锋的后面，由于波锋后存在轻微的物理扰动，流场便变成了二维的，如图 6.19 所示，其中有横向波的存在。观察

图 6.19(a)和(b)的目的是为了指出一个给定图中等值线条数的作用。图 6.19(a)中包含有 15 条不同的等值线，每一个等值线用一个数字或者字母来标记，在图的右方，我们还列出了等值线上以 cm/s 为单位的横向速度的值。现在观察图 6.19(b)，它和图 6.19(a)使用的是同一组数据，但是它用了 35 条等值线，很明显，图 6.19(b)给出了一个更清晰的流场图画。这个对比说明，使用足够多数量的等值线可以将流场表达得更清晰。

图 6.19(a)和(b)是线等值线图的一个例子。等值线图中还有一种叫做云图等值线图，如图 6.20 所示。该图使用了与图 6.19(b)中同样的数据，主要表示了流场中的横向速度，但是它不再使用等值的线条，而是使用等强度的色彩来表示一个常值，在这幅图中它采用的颜色是灰色，因此，图 6.20 被叫做灰度图(gray-scale color map)。因此，这里不再使用等值的线条来表示流场而是在这些线条之间填充不同强度的色彩来表示流场的性质，即线条之间的区域被一定强度的色彩所填充。图 6.20 的右边显示了不同色彩对应的速度值。

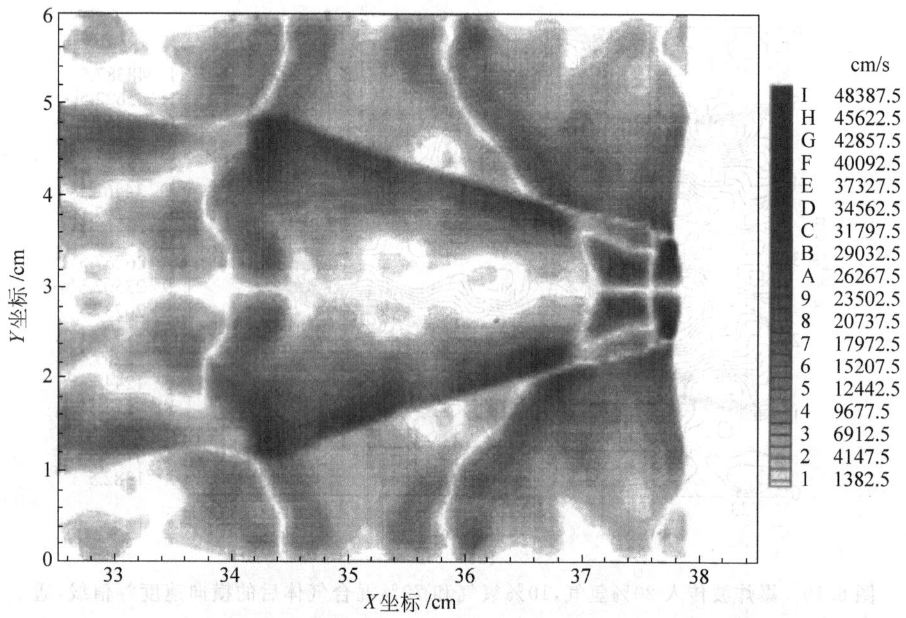

图 6.20　灰度云图，图中显示的数据是图 6.19(b)中的横向速度(计算结果和图像均来自 James Weber，Maryland 大学)

在这里，作者要感谢本人一个在 Maryland 大学的研究生 James Weber，他在攻读博士学位时提供了这些图片。他的这些计算使用的是一种有限体格式，即通量修正输运方法(Flux-corrected transport)，该方法的具体内容可以参见文献[69]。

接着考察另一个流动情况的等值线图，图 6.21 表示了激波相交问题的等值线图。在这幅图中,一条笔直的斜激波从尖楔下的马赫数为 8 的流场中发出,入射到尖楔上方的圆柱体前的弓形激波上。尖楔下和圆柱前的激波相交后在相交的区域产生了复杂的流场。注意到,在图 6.21 中,从圆柱上发出的弓形激波在尖楔激波的冲击下变得扭曲了。图 6.22 显示了一个贴体坐标系统,上面的流场便是在此坐标系下通过使用有限差分方法求解该相互作用区的纳维-斯托克斯方程得到的。图 6.23 显示的是流场中的密度等值线(依照激波相交的具体几何性质,该情况被归为第四类激波相交现象),如图 6.23 所示,尖楔激波从左下方入射到计算区域,从圆柱体发出的弓形激波由相交区域的左边界上集中的等值线表示出来。弓形激波的下游就是由折射激波和滑移线组成的复杂区域,这类流动的具体细节可以使用密度梯度的等值线图来更加清楚的描述,图 6.24 就是基于密度梯度作出的示意图,这幅图是密度梯度的灰度云图。有趣的是,实验室中真实的激波物理图像是通过一个特殊的光学设备获

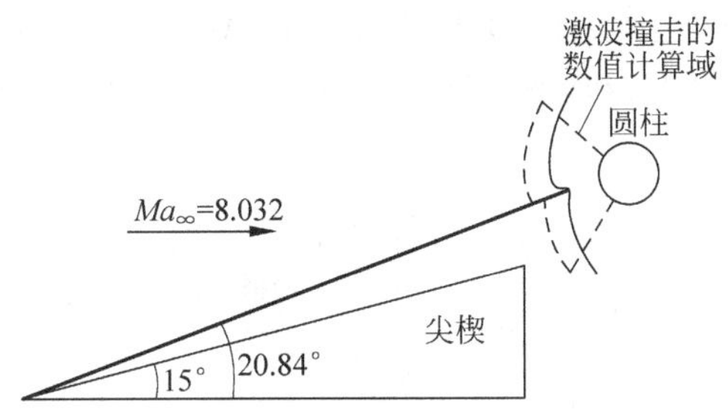

图 6.21 激波相交示意图,图中显示的是由尖楔发出的激波与位于尖楔上方的圆柱前面的弓形激波相交(来自 Charles Lind,Maryland 大学)

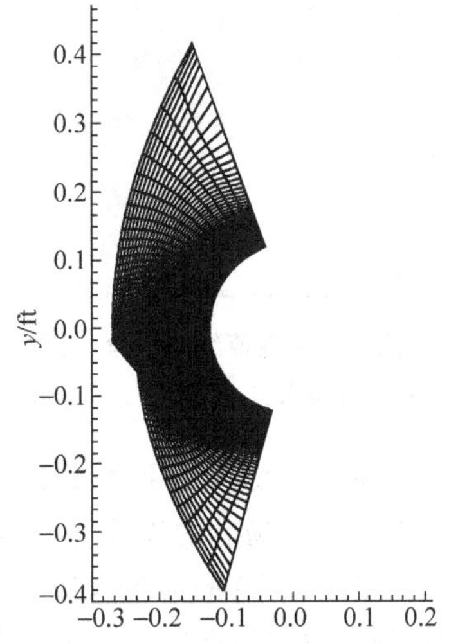

图 6.22 激波相交问题计算的贴体网格(来自 Charles Lind,Maryland 大学)

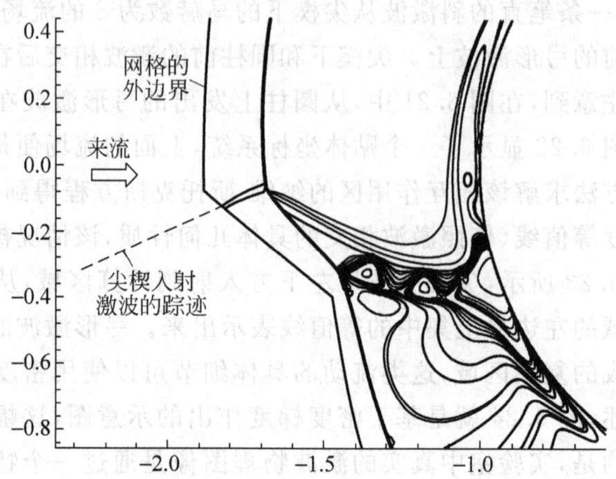

图 6.23 第五种类型的激波相交密度等值线图,$Ma_\infty = 5.04$,雷诺数(基于圆柱直径)为 3.1×10^5(计算结果和图像均来自 Charles Lind,Maryland 大学)

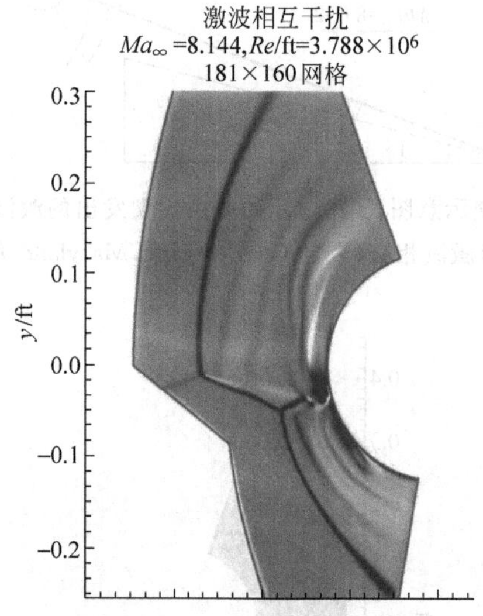

图 6.24 第五种类型的激波相交数值纹影图像,云图显示的是 CFD 计算出的密度梯度(计算结果和图像均来自 Charles Lind,Maryland 大学)

取的,这套设备称为纹影系统。在一个纹影图片中,利用光线通过流场时发生的折射便可以看清激波和膨胀波,因为通过流场后的光强与密度梯度的大小成正比。所以图 6.24 中的云图实际上是一个基于 CFD 的流场纹影图片,它和在实验室中获得的纹影图是类似的。上面我们描述了等值线图中的一个子类,从这里也可以看出,等值线图包括多种类型。

在此作者要感谢 Maryland 大学的一名研究生 Charles Lind，他在攻读博士学位期间提供了这些图片。

图 6.8 以及图 6.19～6.24 以等值线图的方式显示了一个二维流场结果。从这些等值线图中可以看出流动的几何区域以及整个流动情况，但是，如何用等值线图来显示三维流场呢？其中一个方法是使用多区三维等值线图，见图 6.25，该图是从文献[70]中得来的。图中表示的是通过机翼的跨声速流动的压力云图，本图其实是从三维的角度来绘画的，由在不同展向位置的三个竖直平面内的等值线以及机翼上表面的等值线组成。这样，该图就给出了机翼上三维流动的一个合理的全景图，该图中包含了机翼上表面前缘处激波的位置，该位置即是前缘等值线密集的地方。图 6.26 给出了一个改进的三维图，该图从文献[71]中得来，它是全景图的直接组合。

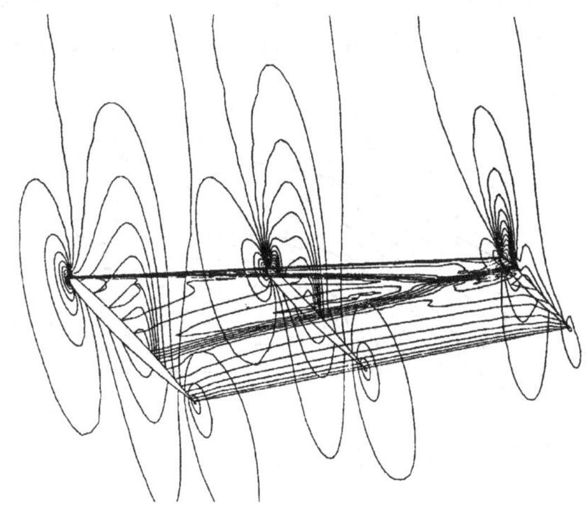

图 6.25 绕 ONERA M6 翼的跨声速三维流动的压力等值线，图中显示的是欧拉方程的解，$Ma_\infty=0.835$，攻角为 3.06°(来自文献[70]，Elsevier 科学出版社)

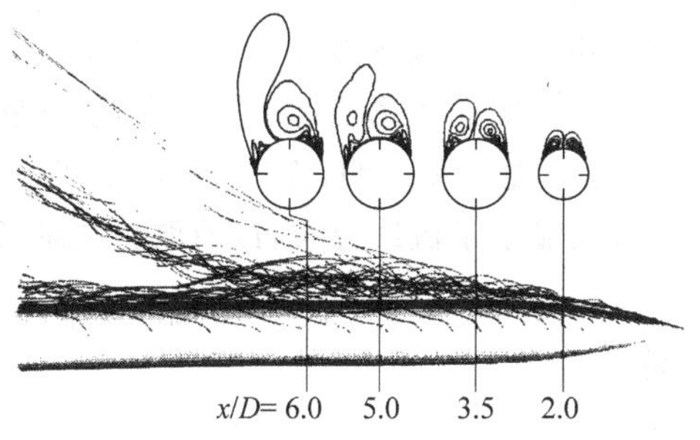

图 6.26 图中显示的是尖顶圆柱绕流表面外的流线和螺旋密度等值线，$Ma_\infty=0.28$，攻角为 40°，雷诺数(基于圆柱体直径)为 3×10^6(来自文献[71]，版权所有©1991，AIAA，已获得再印许可)

在该图中,流动是亚声速的,攻角是40°,图中显示了流体低速通过尖顶圆柱体的螺旋状的密度等值线,同时还显示了在四个不同轴向位置的横截面上的密度等值线图。除此之外,在侧视图中还显示了实体头部分离区域的流线图。

6.9.3　矢量图和流线图

矢量图显示的是各离散网格点上一个矢量(在CFD中,这个矢量通常指速度矢量)的大小和方向,每个矢量的出发点都是对应的网格点。在图1.13、1.15、1.19、1.23和1.25中,我们已经看到过二维流动的矢量图像,在图1.21中还看到过三维流动的矢量图像。回到这些图像,从计算机图形技术的角度去观察它们,为方便起见,我们来观察图6.27中显示的通过前向台阶的可压缩亚声速流动的矢量图,该图取自文献[72]。图中同时显示了两条流线(这其实是一个组合图的例子),即它在一幅图中显示了两个变量。

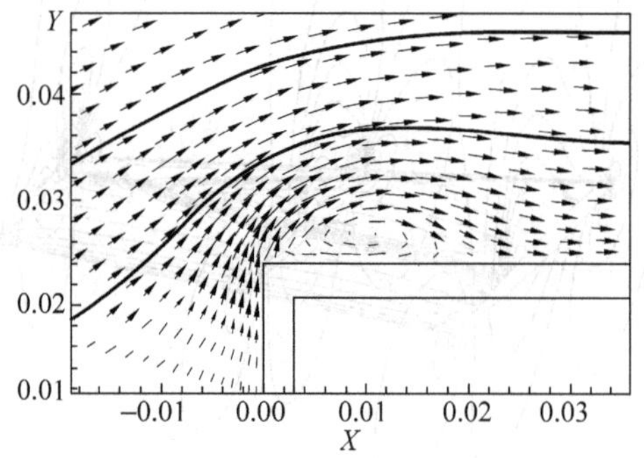

图6.27　绕前向台阶的可压缩亚声速二维流场中的矢量图和流线图(来自文献[72],Amtec,Bellevue,Washington)

一般来说,在CFD中,流线图是观察流动性质的一个出色的工具,通过前面的图1.3、1.10、1.17和1.27我们已经观察到不少二维流线图。图1.7显示了一个三维流线图,图1.8中的粒子跟踪图像也属于这一类。在此,让我们从计算机图形技术的角度再次观察这些图。为了进一步说明,图6.28显示了一个三维超声速无黏流场,该图既显示了速度矢量又显示了流线分布,该图取自文献[72]。

6.9.4　散斑图

散斑图(scatter plots)是指,在流场中的离散网格点上标记一些符号,利用这些符号(方形、圆形等)的大小或者阴影或者颜色或者它们的一些组合来表示流场中一些标量(压力,温度等)的大小。举例来说,图6.29就是一幅散斑图,它表示的是通过

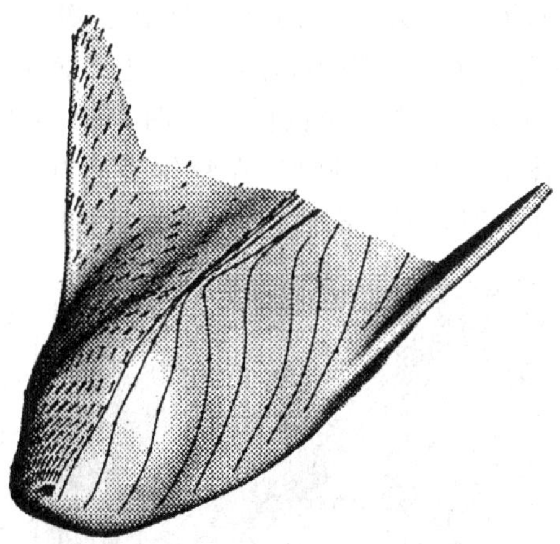

图 6.28 高超声速物体表面的三维超声速矢量图和流线图(来自文献[72],Amtec 工程协会,Bellevue,Washington)

前向台阶的可压缩亚声速流动,这个图来自文献[72]。图中圆圈的直径代表 y 向速度的大小,圆圈的阴影则代表密度的大小。

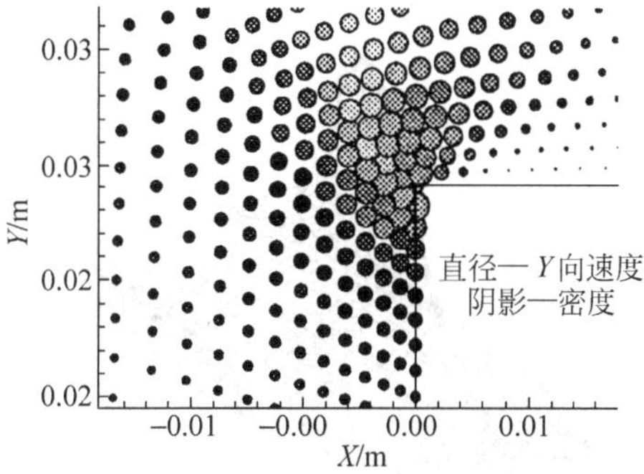

图 6.29 绕前向台阶的可压缩亚声速二维流场的散斑图,图中圆圈直径的大小代表 y 向速度的大小,圆圈中阴影的深浅代表密度的大小(来自文献[72],Amtec 工程协会,Bellevue,Washington)

6.9.5 网格图

网格图有二维的也有三维的,它们用线的交点作为网格点。在前面已经观察过不少二维网格图,例如图 1.9、1.11、5.9、5.10、5.13～5.17,5.19 和 5.20。图 1.26 显示的是一个三维网格图。在此,让我们从计算机图形技术的角度再次观察这些图。图 6.30 显示了流体流过机翼的三维流动网格图,该图来自文献[70],该网格用于计算图 6.25 所示的跨声速流动。另一种网格图只显示物体表面的网格，具体可见图 6.31。在该图中，网格包围了整个物体，显示了其上表面和下表面，计算机图像故意隐藏了一些线以便可以得到一个清晰的图像。图 6.32 是另一个升级版本的网格图，它显示的是一个物体周围的三维网格，在物体表面有光强变化，是一幅光影图(light-source-shaded)，这幅图是现代高质量、复杂计算机图形的一个杰出代表。

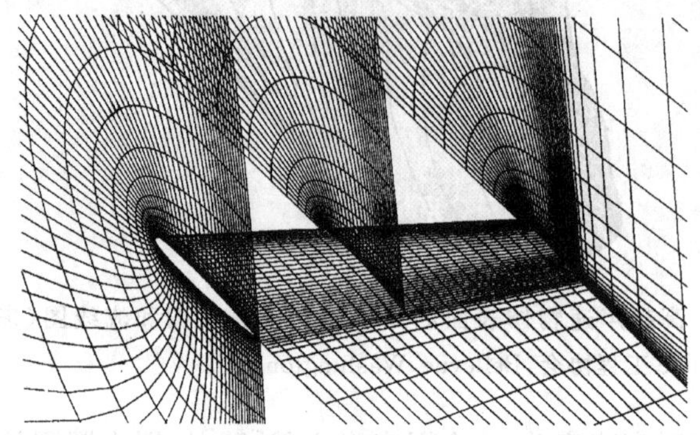

图 6.30 计算飞机机翼绕流所用的三维网格图，图 6.25 所获得的流场结果便是基于该网格的(来自文献[70]，Elsevier 科学出版社)

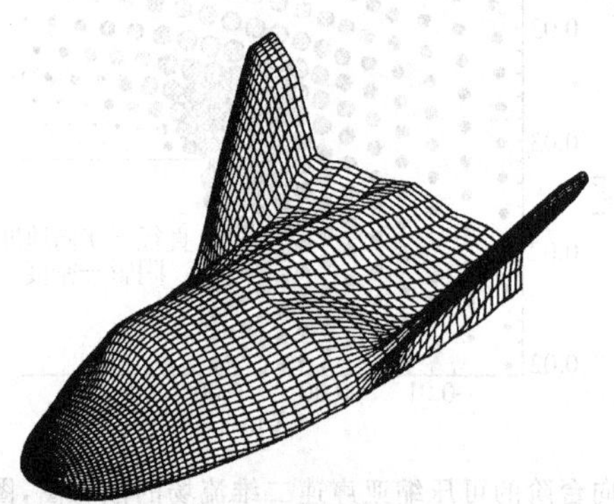

图 6.31 物体表面的三维网格图，真实网格包围了该物体的周围，为了显示更加明晰，这里通过计算机图像显示方法隐去了不可见的部分(来自文献[72]，Amtec 工程协会，Bellevue，Washington)

6.9.6 组合图

可以将上面不同种类的图通过组合放入一幅图中，由此便得到了组合图。图 6.27是一个组合图的例子，在一幅图中显示了两个不同变量。图 6.33 为一组合图，图中的物体被划为四个不同的分区，每一个分区上都使用了不同的图像技术。

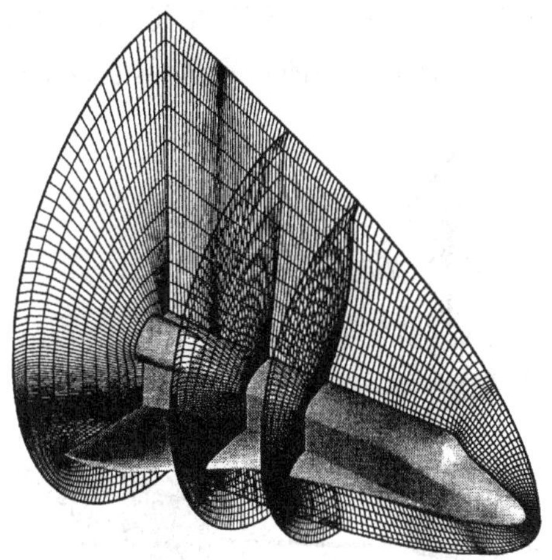

图 6.32 计算物体绕流所使用的三维网格图，光影面即为该物体的表面(来自文献[72]，Amtec 工程协会，Bellevue，Washington)

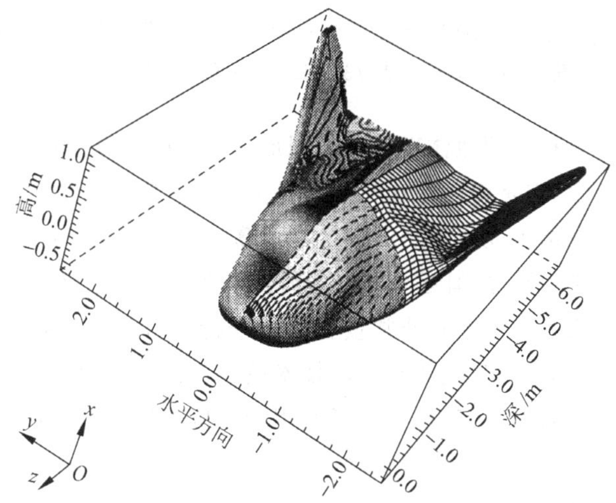

图 6.33 一幅组合图，图中实体表面被分成 4 部分，每一部分都使用了不同的计算机图像显示技术来显示(来自文献[72]，Amtec 工程协会，Bellevue，Washington)

6.9.7 计算机图形技术总结

计算机图形技术是一门正在蓬勃发展的学科，CFD 的研究者从这些新技术中获益匪浅。20 年前，对研究者来说三维 CFD 结果的计算机显示还只是一个梦想，而今天，它已得到广泛应用。利用图 6.34(该图来自参考文献[73])来作为我们的最后一个例子,在图中我们看到了一架飞机的全景图,在其表面上显示的是压力等值线。这种计算机图形的显示并不只是计算结果的定量显示,它也是一个艺术品。

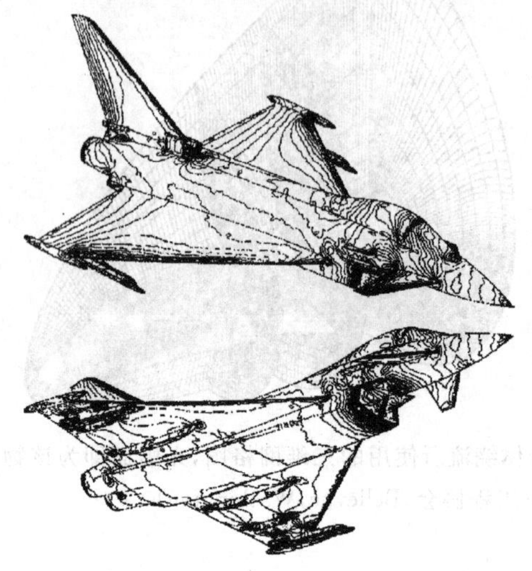

图 6.34 一战斗机表面绕流场中的三维压力等值线图,$Ma_{\infty}=0.85$,攻角为 10°,偏航角为 30°(来自文献[73],Elsevier 科学出版社)

说它是艺术品只是侧面地体现了现代图形学,或许,计算模拟工程研究中心能更好地体现现代图形学,它是密西西比州立大学为工程研究建立的国家科学基金中心,它的目的就是发展网格生成方法、CFD 以及计算机图形技术。在密西西比州的 Joe Thompson 博士的带领下,在国际上,这个跨学科的研究中心已然成为 CFD 技术和图形显示技术的领头人!该中心非常重要的一个特点就是,它的成员全部来自该大学的艺术系,这本身就是计算机图形显示技术被称为艺术品的一个绝好证明。

最后,我们注意到,第 12 章也包含了使用计算机图形显示技术的例子,因此读者可以观察一下第 12 章中的图像,以提高对计算机图形技术在 CFD 中应用的理解。

6.10 总 结

接着前面几章的内容,本章讨论了流动控制方程数值求解的几个必要的基础问题中的最后几个问题。特别地,我们将第 4 章讨论过的数值离散的几个基础问题联系起来,并说明了如何将它们联合起来以形成用于求解质量方程、动量方程和能量方程的各种方法。我们看到如何选择合适的数值方法去适应具有不同数学行为的原始偏微分方程(控制这个问题的方程是椭圆型、抛物型还是双曲型,或者是由它们中的几种混和起来的类型)。本章中所讨论的问题在过去的20年中已经建立完善了(对某些问题可能成熟解决的更早)。这里选择它们进行讲解,是因为它们相对简单和直接,它们建立了一个基础,基于这个基础,读者可以更好地理解现代的、更复杂的技术,在高等的CFD课程中和CFD在工业和实验室研究的现代应用中可能会遇到这些技术。

本章开始并没有给出结构图,作者认为在结束本章的时候给出比较合适。图6.35给出了一个大概的结构,浏览一下这个结构图并确信你对图中提到的任何一个细节都不陌生。如果你对某些部分并不十分了解,请回到相应的章节温习一下相关的知识。如果做到了这些,便可以阅读本书的第Ⅲ部分了。

请记得,本章中所讲到的技术是相对简单的,同时对于第Ⅲ部分的应用也是足够的。这些技术本质上是容易被学生接受的,它们能为CFD的初学者提供乐趣和学习动力。事实上,在本书的第Ⅰ部分和第Ⅱ部分,作者用一种易于理解的方式向读者介绍了一些原理、定义以及概念,目的是为使读者对新学的知识感到轻松,而并不想用一些代表现代CFD发展水平的高深、复杂的新方法来增加读者的压抑。但是,这并不意味着读者对现代的CFD技术一无所知,因为本书第Ⅳ部分将专门介绍相关的现代常用的CFD技术,希望通过不同层次的讲解,可以对读者的学习带来一些帮助。接下来请继续阅读第Ⅲ部分和第Ⅳ部分,第Ⅲ部分将会加深读者对已学知识的理解,第Ⅳ部分将会向读者介绍一些现代CFD新技术。

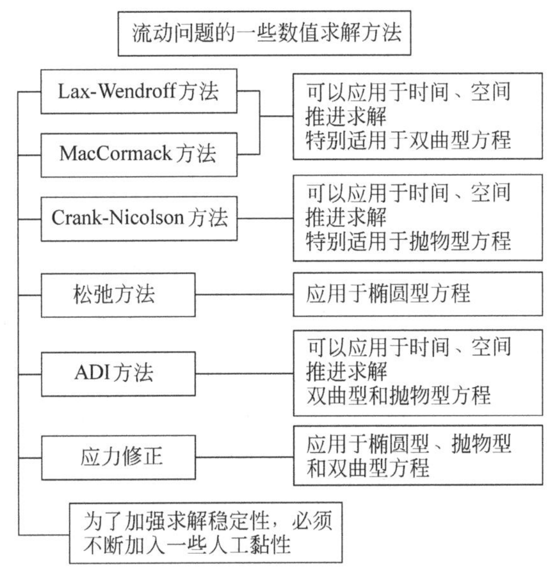

图6.35 第6章结构示意图

习题

6.1 证明压力修正方程(6.104)是关于压力修正值的泊松方程即方程(6.105)的一个中心差分形式。

6.2 如6.5节中所述,不可压缩无黏无旋圆柱绕流的速度势满足Laplace方程。写出该Laplace方程的极坐标形式,编写程序数值求解该速度势,画出在不同周向位置处速度势关于径向坐标的函数,计算并画出沿圆柱表面的压力系数分布。最后,将该数值解与圆柱绕流的经典解析解相比较。

第Ⅲ部分

应用实例

本部分详细说明怎样利用CFD方法来解决各种流体力学问题。在此之前，我们必须首先完成对流体运动的控制方程及其数学行为的研究(详见本书第Ⅰ部分)。同时也必须解决偏微分方程(有限差分方法)或者积分型方程(有限体积方法)离散的基本数值问题，网格生成和变换的讨论以及各种数值方法的逐一呈现(详见本书第Ⅱ部分)。由于应用CFD方法往往要求同时掌握以上提到的所有知识，因此在分析完上述问题后，在这一部分给出具体的应用实例。但是，仍不能深入分析所有的应用问题，本书第Ⅲ部分所选的应用算例都有共性，都是相对基础和简单的流动问题，而且通常都可以通过独立的理论分析得到精确的解析或者半解析解。算例的选择基于以下三个原因：①它们可以清晰地说明CFD应用于流动问题的细节，不和复杂流体力学分析混淆；②它们是大家在以前的学习中最容易接触到，因此属于比较熟悉的流体问题；③具有精确解，可以和CFD的计算结果对比，可以知道CFD的精度以及如何达到这一精度。因此，第Ⅲ部分的每一章分析一个具体的流体问题，突出CFD在这一问题上的应用。这些应用会涉及一个或多个在第6章讨论过的方法。这一过程中，读者可以回顾这些方法的具体实施过程，了解它们的优点和缺点，进而更好理解这些方法的真正意义，了解对于不同类型流动的CFD求解本质。虽然现今人们很关注三维复杂流动的CFD研究，但本书不对这类问题做分析。感兴趣的读者可以做进一步的学习和研究，同时关于实际应用的内容也超出了本书的范围。这样的例子在第1章有一些讨论，以期能激励读者在读完本书后对CFD进行进一步深入研究(进一步的研究包括高等教材、课程和实际应用等)。

第 7 章 准一维喷管流动的数值解

当你衡量自己说话的内容，并用数量来表达时，说明你对它有些了解。但是当你无法衡量，无法用数量来表达时，你对它的了解就是不足的。这也许是求知的开始，然而你的思维已经进入了科学的殿堂。

William Thomson, Lord Kelvin,《科普讲演与致辞》,1891—1894

7.1 引言:第Ⅲ部分的章节布局

第Ⅲ部分由三章组成。每一章分析一种特定的流动，例如，本章研究准一维收缩-扩张喷管流动。每一章又分成三个主要的部分:

(1) 流动的物理描述。描述流动的物理性质，分析解析解得到的相关方程和对应关系，并尽量给出合理的实验结果。这部分主要使读者对流场的物理性质有所了解，并和下面的 CFD 方法的结果相比较。

(2) CFD 求解:中间过程。选择特定的 CFD 方法(第 6 章中提到的方法)对流动问题进行数值求解。根据需要，选择最适合这一方法的方程形式——偏微分方程或者积分形式的方程。解将会被逐步地逼近，初始时刻附近几个时间步的数值运算将详细地给出。这一中间过程中的所有数据都会给出，读者可以方便地和自己的计算结果对比。内点数据的计算、边界点数据的计算，边界条件的数值处理和时间步长的确定等问题都会在这一部分讨论。

(3) CFD 解:最终结果。给出流场最终数值解的表格和图像表示。这一结果将和精确解(或者实验结果)相对比,同时分析 CFD 的解的精度问题。

注:这里读者可以有所选择,可以只是阅读本章节,了解不同 CFD 方法应用于各种流体力学问题的具体实施过程,了解问题的解。读者也可以自己编写程序来求解问题。针对后一类读者,书中会提供计算中间过程得到的具体数据。将数据列成表格,方便读者理解,同时和读者的初始计算过程对比。书中也会给出比较详细的最终结果,方便读者检验自己程序的计算结果。本书强烈建议读者选择后一种方式:在阅读本书后面三章的过程中,自己编写程序来求解不同的流体问题。也可以仅阅读以后的内容,但这类似于局外人观看足球比赛。而根据参考书中的步骤,读者编写程序并求解问题,就像自己作为队员在踢球。要真正地学会 CFD,就必须自己动手编写程序。今后三章所讨论的流体问题和 CFD 方法都适用于个人电脑,不需要大型主机甚至工作站。而且,本书的作者已经使用自己的 Macintosh 电脑求解了这些问题。

某些情况下,几种 CFD 方法会用于求解同一个流动问题。我们可以对比不同方法的优点和缺点,以及不同方法的计算程序设置的相对难易程度。

7.2 物理问题简介:亚声速-超声速等熵流动

这节讨论的问题可以在任何气体动力学教科书中找到,例如在作者的《空气动力学基础(第二版)》[8]一书第 10 章和《现代可压缩流动(第二版)》[21]一书第 5 章就有这样的内容。在这一部分里,关注流动的主要物理特性和解析解。

考虑收缩-扩张喷管内的定常等熵流动,如图 7.1 所示。喷管的入口和储气罐连接,罐内压力和温度分别为 p_0,T_0。储气罐的截面积非常大(理论上 $A\to\infty$),来流速度很小(理论上 $V\to0$),因此 p_0,T_0 都是静止时的值,即总压和总温。流体等熵运动到喷管出口,形成超声速流动,出口压力、温度、速度和马赫数分别为 p_e,T_e,V_e 和 Ma_e。流动在喷管收缩段是亚声速的,喉部(截面积最小的部位)为声速,扩张段为超声速。喉部的声速流动($Ma=1$)意味着当地流体的速度和当地的声速相同。如果使用星号来表示声速流动的参数,在喉部有 $V=V^*=a^*$。类似地,声速流动的压力和温度分别表示为 p^* 和 T^*,喉部的面积记为 A^*。假设在任一给定位置,此处横截面积记为 A,并且这一截面上的流动参数都相同。因此,虽然喷管的截面积随着喷管内 x 方向变化,事实上流动是二维的(流动在 xy 二维空间变化),我们假设流动参数只随 x 变化。这一假设等同于任一截面上流动参数相同的假设,这种流动定义为准一维流动。

对于这一准一维定常等熵流动,连续方程、动量方程和能量方程分别表示如下:

连续方程:
$$\rho_1 V_1 A_1 = \rho_2 V_2 A_2 \tag{7.1}$$

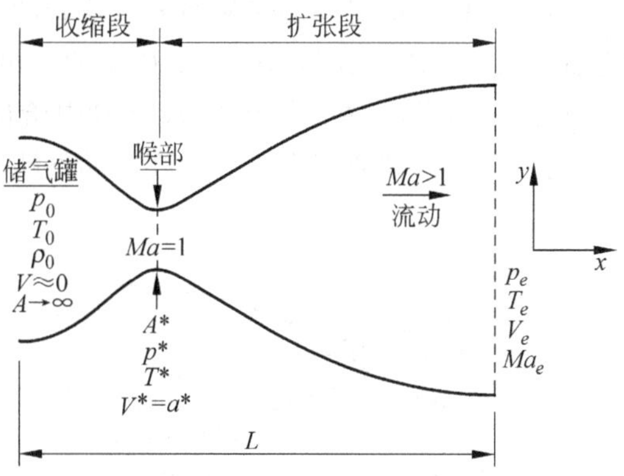

图 7.1 亚声速-超声速喷管简图

动量方程：$p_1A_1 + \rho_1V_1^2A_1 + \int_{A_1}^{A_2} p\mathrm{d}A = p_2A_2 + \rho_2V_2^2A_2$ (7.2)

能量方程：$h_1 + \dfrac{V_1^2}{2} = h_2 + \dfrac{V_2^2}{2}$ (7.3)

其中下标 1,2 分别表示在喷管中的不同位置。同时,完全气体的状态方程如下：

$$p = \rho RT \tag{7.4}$$

以及常比定压热容的完全气体的热学关系式：

$$h = c_pT \tag{7.5}$$

联立方程(7.1)～(7.5),可以得到喷管内流动的解析解,下面给出一些结果。其中喷管中流动的马赫数只随着 A/A^* 变化,关系式如下：

$$\left(\frac{A}{A^*}\right)^2 = \frac{1}{Ma^2}\left[\frac{2}{\gamma+1}\left(1+\frac{\gamma-1}{2}Ma^2\right)\right]^{(\gamma+1)/(\gamma-1)} \tag{7.6}$$

其中比热比 $\gamma=c_p/c_v$,对于标准状态的空气,$\gamma=1.4$。在喷管内,截面积 A 是 x 的函数,A/A^* 也是 x 的函数,因此由式(7.6)可知 Ma 也是 x 的函数,如图 7.2(b)所示。进而可知,压力、密度和温度是马赫数的函数(也是 A/A^*,即 x 的函数),函数关系如下式。

$$\frac{p}{p_0} = \left(1+\frac{\gamma-1}{2}Ma^2\right)^{-\gamma/(\gamma-1)} \tag{7.7}$$

$$\frac{\rho}{\rho_0} = \left(1+\frac{\gamma-1}{2}Ma^2\right)^{-1/(\gamma-1)} \tag{7.8}$$

$$\frac{T}{T_0} = \left(1+\frac{\gamma-1}{2}Ma^2\right)^{-1} \tag{7.9}$$

变化曲线如图 7.2(c)～(e)所示。

这里所说的喷管流动不会自发进行。就是说如果把如图 7.2(a)所示的喷管放在桌前,里面的空气不会自动流过喷管。和其他力学系统一样,有力才会使质量体加速，喷管流动也不例外。在这里，驱动气体加速从而通过喷管的是喷管进出口之间的压比 p_0/p_e。对于给定面积比 A_e/A^* 的喷管，图 7.2 所示的亚声速-超声速等熵流动所需要的压比也是一个特定的数值。这一值在图 7.2(c)中给出。这个压比也是流动的一个边界条件，在实验室中，往往通过进口处的高压储气罐和(或)出口处的真空源实现。

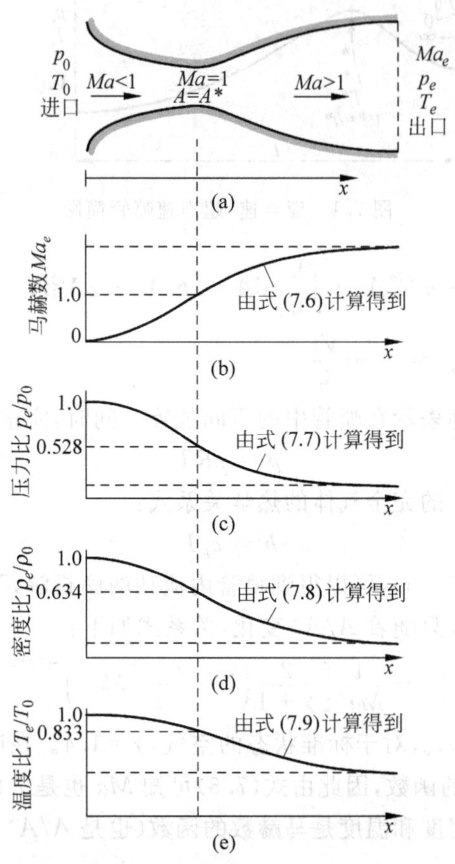

图 7.2　准一维喷管流动的量化结果：等熵亚声速-超声速解

7.3　亚声速-超声速等熵流动的 CFD 解：MacCormack 方法

在这里，作者需要指出的是，对于喷管内的定常准一维等熵流动，任何数值方法都显得是多余的。因为我们可以得到这一问题的精确解，如 7.2 节所述，通常情况下,数值解不是必需的;但是,这并不影响我们选择这一问题。这里只是为了说明各种 CFD 方法的应用,所以特意选择具有精确解的算例,再沿着 7.1 节提出的章节布局进行相关的阐述。

这一节中,我们描述 MacCormack 方法的应用,关于这一方法在 6.3 节中有详细的介绍。特别地使用时间推进的有限差分方法来求解准一维喷管问题。在阅读本节内容之前,建议读者仔细回顾 6.3 节的内容。在本节的写作中,假设读者已经完全理解了 6.3 节中关于 MacCormack 方法的内容。同时,请读者回顾图 1.32(b),它展示了本节算例的求解思路。

7.3.1 问题设定

在这一节中,将按照下面的三个顺序设定控制方程的求解:

(1) 将流动的控制方程改写成偏微分方程的形式,使其适用于求解时间推进的准一维流动问题(7.2 节中给出的封闭的代数方程适用于定常流动,但不适用现在讨论的问题)。

(2) 将 MacCormack 方法应用于这一问题,建立相应的有限差分表达式。

(3) 数值解求解过程中的其他具体问题(比如时步的计算和边界条件的设定等)。

1. 流动的控制方程

下面从第一步开始,在第 2 章曾经得到无黏流动的偏微分形式的控制方程(欧拉方程),见方程(2.82)～(2.86)。由于现在讨论的是一维无黏喷管流动,式(2.82)～(2.86)适用于这一问题,因此可以把这些式子直接写成一维流动形式,进行相关计算。第 2 章中推导得出的这组方程是在一般情况下得到的,在这里也应该成立。但是,这组方程不适用于准一维的喷管流动。为什么呢?原因在于 7.2 节所做的准一维的简化假设在某种程度上扭曲了真实流动的物理性质*,因为其间假设流动在任一截面内是均匀的。回想图 7.1,实际上,喷管流动是二维的,因为喷管截面积随着 x 的变化而变化,流场会在 x,y 两个方向变化。这是真实的流动,也是式(2.82)～(2.86)描述的二维流动。另一方面,准一维假设表示流动参数只随着 x 的变化而变化。由于这一假设扭曲了流动的物理性质,因此式(2.82)～(2.86),不再适用于这一准一维问题。同时,尽管我们的假设扭曲了真实的物理流动,适用于准一维流动的控制方程至少要满足以下物理原理:①质量守恒;②牛顿第二定律;③能量守恒。为了

---

* 为了强调我们的观点,这里所说的扭曲是一种语气较强的说法。事实上,关于准一维流动的假设只是建立了一个相对简单的工程流动模型。这样的模型简化了复杂的问题,是工程和物理学研究时经常使用的方法。当然,这样做的代价是有时会在某种程度上偏离真实流动。

保证满足这些物理原理，我们必须从第2章的积分型控制方程入手，并将它们应用于准一维问题的控制体。

首先从式(2.19)给出的积分形式的连续方程开始，

$$\frac{\partial}{\partial t}\iiint_{\mathscr{V}} \rho \, \mathrm{d}\mathscr{V} + \iint_{S} \rho \boldsymbol{V} \cdot \mathbf{d}\boldsymbol{S} = 0 \tag{2.19}$$

将此方程应用于这一问题的控制体，如图7.3中阴影部分所示。控制体实际上是喷管流动的一薄层，薄层的无限小厚度为 $\mathrm{d}x$。由于准一维假设，控制体薄层的左侧面上密度、速度、压力和内能量均匀，分别为 ρ, V, p, e。类似地，在控制体右边 $A+\mathrm{d}A$ 的截面上，流动参数均匀，分别为 $\rho+\mathrm{d}\rho, V+\mathrm{d}V, p+\mathrm{d}p, e+\mathrm{d}e$。在图7.3中，当 $\mathrm{d}x$ 很小时，式(2.19)中的体积积分可表示为：

$$\frac{\partial}{\partial t}\iiint_{\mathscr{V}} \rho \, \mathrm{d}\mathscr{V} = \frac{\partial}{\partial t}(\rho A \, \mathrm{d}x) \tag{7.10}$$

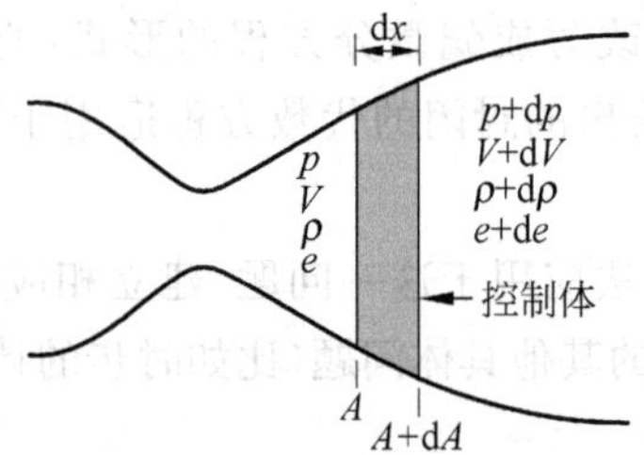

图7.3 控制体用于推导准一维非定常流动的偏微分方程

其中 $A\mathrm{d}x$ 是控制体的体积，当 $\mathrm{d}x$ 趋于无穷小时其值趋于0。式(2.19)中的面积分变为：

$$\iint_{S} \rho \boldsymbol{V} \cdot \mathbf{d}\boldsymbol{S} = -\rho V A + (\rho + \mathrm{d}\rho)(V + \mathrm{d}V)(A + \mathrm{d}A) \tag{7.11}$$

其中等式右边第一项前面的负号表示在控制体左边界向量 $\boldsymbol{V}$ 和 $\mathbf{d}\boldsymbol{S}$ 方向相反，因此点积为负(第2章中曾提到，$\mathbf{d}\boldsymbol{S}$ 通常情况下指向控制体外)。将式(7.11)中的三项乘积展开，得：

$$\begin{aligned}\iint_{S} \rho \boldsymbol{V} \cdot \mathbf{d}\boldsymbol{S} = & -\rho V A + \rho V A + \rho V \mathrm{d}A + \rho A \, \mathrm{d}V + \rho \, \mathrm{d}V \mathrm{d}A \\ & + A V \mathrm{d}\rho + V \mathrm{d}A \mathrm{d}\rho + A \mathrm{d}V \mathrm{d}\rho + \mathrm{d}\rho \, \mathrm{d}V \mathrm{d}A\end{aligned} \tag{7.12}$$

当 $\mathrm{d}x$ 趋于无穷小时，式(7.12)中包含微分乘积的项，如 $\rho \, \mathrm{d}V \mathrm{d}A, \mathrm{d}\rho \, \mathrm{d}V \mathrm{d}A$，比只含一个微分的项更快地减小为0。因此，在 $\mathrm{d}x$ 趋于无穷小时，式(7.12)中有微分乘积的项可以忽略，得：

$$\iint_{S} \rho \boldsymbol{V} \cdot \mathbf{d}\boldsymbol{S} = \rho V \mathrm{d}A + \rho A \, \mathrm{d}V + A V \mathrm{d}\rho = \mathrm{d}(\rho A V) \tag{7.13}$$

将式(7.10)和式(7.13)代入式(2.19)，得到：

$$\frac{\partial}{\partial t}(\rho A\,\mathrm{d}x)+\mathrm{d}(\rho AV)=0 \tag{7.14}$$

式(7.14)两边同除以 $\mathrm{d}x$，注意到当 $\mathrm{d}x$ 趋向于 0 的时候，$\mathrm{d}(\rho AV)/\mathrm{d}x$ 是关于 x 的偏微分的定义，得到：

$$\frac{\partial(\rho A)}{\partial t}+\frac{\partial(\rho AV)}{\partial x}=0 \tag{7.15}$$

式(7.15)是适用于准一维非定常流动的偏微分形式的连续方程，它确保了这一流动模型中的质量守恒。

这里把这个方程和三维流动的连续方程(2.82b)进行比较，对于一维流动，连续方程(2.82b)可写为

$$\frac{\partial\rho}{\partial t}+\frac{\partial(\rho u)}{\partial x}=0 \tag{7.16}$$

其中 u 是 x 方向的速度。式(7.16)和式(7.15)有明显的不同。式(7.16)描述的是真实的一维流动，其中 A 在 x 方向是恒定的。它不适用于描述我们准一维流动($A=A(x)$)模型中质量守恒。相反地，式(7.15)很好地描述了模型的质量守恒。当然，对于截面积恒定的特殊流动，式(7.15)退化为式(7.16)。

下面来分析 x 方向积分形式的动量方程(可参考习题 2.2)，无黏流动(无黏性应力项)忽略体积力的动量方程如下：

$$\frac{\partial}{\partial t}\iiint_{\mathscr{V}}(\rho u)\,\mathrm{d}\mathscr{V}+\iint_S(\rho u\boldsymbol{V})\cdot\mathbf{d}\boldsymbol{S}=-\iint_S(p\mathrm{d}S)_x \tag{7.17}$$

其中$(p\mathrm{d}S)_x$ 表示向量 $p\mathbf{d}\boldsymbol{S}$ 在 x 方向的分量，将式(7.17)应用于图 7.3 中阴影部分的控制体。类似于前面连续方程的处理方法，将式(7.17)左边的积分分别表示成如下两式：

$$\frac{\partial}{\partial t}\iiint_{\mathscr{V}}(\rho u)\,\mathrm{d}\mathscr{V}=\frac{\partial}{\partial t}(\rho VA\,\mathrm{d}x) \tag{7.18}$$

$$\iint_S(\rho u\boldsymbol{V})\cdot\mathbf{d}\boldsymbol{S}=-\rho V^2A+(\rho+\mathrm{d}\rho)(V+\mathrm{d}V)^2(A+\mathrm{d}A) \tag{7.19}$$

等式(7.17)右边的压力项的分析借助于图 7.4，向量 $p\mathbf{d}\boldsymbol{S}$ 的 x 方向分量分别显示在控制体的四个面上。由于 $\mathbf{d}\boldsymbol{S}$ 总是指向控制体外，作用在左侧(负 x 方向)的 x 方向分量$(p\mathrm{d}S)_x$ 均为负值，作用在右侧(正 x 方向)的 x 方向分量$(p\mathrm{d}S)_x$ 均为正值。同时注意到作用在控制体上下两个斜面上 $p\mathbf{d}\boldsymbol{S}$ 的 x 方向分量，如图 7.4 所示，可以表示为压力 p 在斜面垂直于 x 方向的投影面积$(\mathrm{d}A)/2$ 上的作用。因此，每一斜面(上或下)对于式(7.17)中压力积分的贡献是$-p(\mathrm{d}A/2)$，合在一起式(7.17)右端项可以写为如下形式：

$$\iint(p\mathrm{d}S)_x=-pA+(p+\mathrm{d}p)(A+\mathrm{d}A)-2p\left(\frac{\mathrm{d}A}{2}\right) \tag{7.20}$$

将式(7.18)和式(7.20)代入式(7.17),得到:

$$\frac{\partial}{\partial t}(\rho VA\,\mathrm{d}x)-\rho V^2A+(\rho+\mathrm{d}\rho)(V+\mathrm{d}V)^2(A+\mathrm{d}A)$$

$$=pA-(p+\mathrm{d}p)(A+\mathrm{d}A)+p\mathrm{d}A \tag{7.21}$$

当 x 趋于无穷小时,忽略微分乘积,同类项合并,式(7.21)变为:

$$\frac{\partial}{\partial t}(\rho VA\,\mathrm{d}x)+\mathrm{d}(\rho V^2A)=-A\mathrm{d}p \tag{7.22}$$

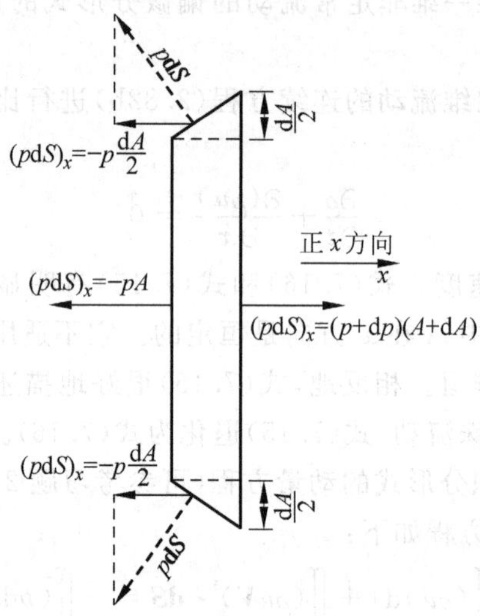

图7.4　控制体上的 x 方向作用力

将式(7.22)两边同除以 $\mathrm{d}x$,在 $\mathrm{d}x$ 趋向于0时,得到如下偏微分方程:

$$\frac{\partial(\rho VA)}{\partial t}+\frac{\partial(\rho V^2A)}{\partial x}=-A\frac{\partial p}{\partial x} \tag{7.23}$$

保留准一维流动守恒形式的动量方程式(7.23)。不过要推导等价的非守恒型方程,将连续方程(7.15)左右同乘以 V,得到:

$$V\frac{\partial(\rho A)}{\partial t}+V\frac{\partial(\rho VA)}{\partial x}=0 \tag{7.24}$$

同时用式(7.23)减去式(7.24),得到:

$$\frac{\partial(\rho VA)}{\partial t}-V\frac{\partial(\rho A)}{\partial t}+\frac{\partial(\rho V^2A)}{\partial x}-V\frac{\partial(\rho VA)}{\partial x}=-A\frac{\partial p}{\partial x} \tag{7.25}$$

将式(7.25)左边的项展开,合并同类项,得到:

$$\rho A\frac{\partial V}{\partial t}+\rho AV\frac{\partial V}{\partial x}=-A\frac{\partial p}{\partial x} \tag{7.26}$$

两边同除以 A,最终得到:

$$\rho\frac{\partial V}{\partial t}+\rho V\frac{\partial V}{\partial x}=-\frac{\partial p}{\partial x} \tag{7.27}$$

上式即为准一维流动的非守恒型动量方程。

推导非守恒型动量方程的目的之一是和一般形式的式(2.83a)进行比较，忽略体积力的一维流动，式(2.83a)可写成：

$$\rho\frac{\partial u}{\partial t}+\rho u\frac{\partial u}{\partial x}=-\frac{\partial p}{\partial x} \tag{7.28}$$

形式上，它和准一维流动的方程(7.27)相同。式(7.27)和式(7.28)说明了经典的欧拉方程一般可写成：

$$\mathrm{d}p=-\rho V\mathrm{d}V$$

它适用于两种流动。

最后，考虑积分形式的能量方程(参见习题 2.2)。对于无黏无体力的绝热流动($\dot{q}=0$)，积分形式的能量方程为：

$$\frac{\partial}{\partial t}\iiint_{\mathscr{V}}\rho\left(e+\frac{V^2}{2}\right)\mathrm{d}\mathscr{V}+\iint_S\rho\left(e+\frac{V^2}{2}\right)\boldsymbol{V}\cdot\mathbf{d}\boldsymbol{S}=-\iint_S(p\boldsymbol{V})\cdot\mathbf{d}\boldsymbol{S} \tag{7.29}$$

应用于图 7.3 中的阴影控制体，并考虑到图 7.4 所示的压力分布，式(7.29)可以写成：

$$\begin{aligned}&\frac{\partial}{\partial t}\left[\rho\left(e+\frac{V^2}{2}\right)A\mathrm{d}x\right]-\rho\left(e+\frac{V^2}{2}\right)VA\\&+(\rho+\mathrm{d}\rho)\left[e+\mathrm{d}e+\frac{(V+\mathrm{d}V)^2}{2}\right](V+\mathrm{d}V)(A+\mathrm{d}A)\\&=-\left[-pVA+(p+\mathrm{d}p)(V+\mathrm{d}V)(A+\mathrm{d}A)-2\left(pV\frac{\mathrm{d}A}{2}\right)\right]\end{aligned} \tag{7.30}$$

消去微分乘积并合并同类项，式(7.30)可以写成：

$$\frac{\partial}{\partial t}\left[\rho\left(e+\frac{V^2}{2}\right)A\mathrm{d}x\right]+\mathrm{d}(\rho eVA)+\frac{\mathrm{d}(\rho V^3A)}{2}=-\mathrm{d}(pAV) \tag{7.31}$$

或，

$$\frac{\partial}{\partial t}\left[\rho\left(e+\frac{V^2}{2}\right)A\mathrm{d}x\right]+\mathrm{d}\left[\rho\left(e+\frac{V^2}{2}\right)VA\right]=-\mathrm{d}(pAV) \tag{7.32}$$

当 $\mathrm{d}x$ 趋向于 0 时，式(7.32)变为如下偏微分方程：

$$\frac{\partial[\rho(e+V^2/2)A]}{\partial t}+\frac{\partial[\rho(e+V^2/2)VA]}{\partial x}=-\frac{\partial(pAV)}{\partial x} \tag{7.33}$$

即为用总能 $e+V^2/2$ 表示的准一维非定常流动的守恒型能量方程。下面从式(7.33)推导关于内能的非守恒型能量方程，将式(7.23)两边同乘以 V，得到：

$$\frac{\partial[\rho(V^2/2)A]}{\partial t}+\frac{\partial[\rho(V^3/2)A]}{\partial x}=-AV\frac{\partial p}{\partial x} \tag{7.34}$$

将式(7.33)减去式(7.34)得到：

$$\frac{\partial(\rho eA)}{\partial t}+\frac{\partial(\rho eVA)}{\partial x}=-p\frac{\partial(AV)}{\partial x} \tag{7.35}$$

式(7.35)是准一维流动关于内能 e 的守恒型能量方程，为了得到非守恒型能量方程，将连续方程(7.15)乘以 e 得：

$$e\frac{\partial(\rho A)}{\partial t}+e\frac{\partial(\rho AV)}{\partial x}=0 \tag{7.36}$$

将式(7.35)减去式(7.36)，得到：

$$\rho A\frac{\partial e}{\partial t}+\rho AV\frac{\partial e}{\partial x}=-p\frac{\partial(AV)}{\partial x} \tag{7.37}$$

将上式右边展开，并除以 A，式(7.37)变为：

$$\rho\frac{\partial e}{\partial t}+\rho V\frac{\partial e}{\partial x}=-p\frac{\partial V}{\partial x}-p\frac{V}{A}\frac{\partial A}{\partial x}$$

或，

$$\rho\frac{\partial e}{\partial t}+\rho V\frac{\partial e}{\partial x}=-p\frac{\partial V}{\partial x}-pV\frac{\partial(\ln A)}{\partial x} \tag{7.38}$$

式(7.38)即为准一维非定常流动的关于内能的非守恒型能量方程。

推导式(7.38)形式的能量方程的原因是，对于常比定压热容的完全气体，可以直接得到关于温度 T 的能量方程形式。对于求解常比定压热容的完全气体的准一维喷管流动，T 是一个基本的参数，因此在能量方程中将其作为原始因变量是便利的。对于常比定压热容的完全气体：$e=c_vT$，

因此式(7.38)变为：

$$\rho c_v\frac{\partial T}{\partial t}+\rho Vc_v\frac{\partial T}{\partial x}=-p\frac{\partial V}{\partial x}-pV\frac{\partial(\ln A)}{\partial x} \tag{7.39}$$

这里做一个小的总结，式(7.15)、式(7.27)和式(7.39)分别给出了准一维非定常流动的连续动量和能量方程。这里出现了一个问题，有三个方程，但是未知数却有四个 ρ,V,p,T。通过应用状态方程和其偏导数可以消除未知数压力。

$$p=\rho RT \tag{7.40}$$

上式偏微分：

$$\frac{\partial p}{\partial x}=R\left(\rho\frac{\partial T}{\partial x}+T\frac{\partial\rho}{\partial x}\right) \tag{7.41}$$

展开式(7.15)，分别改写式(7.27)和式(7.39)可以得到如下方程。

连续方程：$$\frac{\partial(\rho A)}{\partial t}+\rho A\frac{\partial V}{\partial x}+\rho V\frac{\partial A}{\partial x}+VA\frac{\partial\rho}{\partial x}=0 \tag{7.42}$$

动量方程：$$\rho\frac{\partial V}{\partial t}+\rho V\frac{\partial V}{\partial x}=-R\left(\rho\frac{\partial T}{\partial x}+T\frac{\partial\rho}{\partial x}\right) \tag{7.43}$$

能量方程：$$\rho c_v\frac{\partial T}{\partial t}+\rho Vc_v\frac{\partial T}{\partial x}=-\rho RT\left[\frac{\partial V}{\partial x}+V\frac{\partial(\ln A)}{\partial x}\right] \tag{7.44}$$

现在可以求方程(7.42)～(7.44)的数值解。需要注意，这些都是有量纲的方程，很多 CFD 解都是通过直接求解有量纲方程得到的。这在工程计算上有它的优点，因

为随着求解的进行，我们对物理变量的实际大小有直观的感受。但是对于喷管流动，流动参数往往以无量纲的形式表达，例如图 7.2 所示，流动参数都是相对储气罐内的参数。无量纲量 p/p_0，ρ/ρ_0，T/T_0 在 0～1 之间变化，在结果表述时也会有一种美感。由于流体力学家经常使用无量纲量来描述喷管流动，这里我们也遵循这一传统(一些 CFD 工作者偏爱无量纲量，而另一些人喜欢有量纲量，对于数值计算来说，这些选择没有本质的区别，选择哪一种变量都仅仅是个人喜好的问题)。所以回到图 7.1，储气罐温度和密度分别为 T_0、ρ_0，定义无量纲温度和密度分别为：

$$T' = \frac{T}{T_0}; \quad \rho' = \frac{\rho}{\rho_0}$$

其中撇号表示无量纲量。记 L 为喷管的长度，我们定义无量纲长度为：

$$x' = \frac{x}{L}$$

定义气罐内的声速为 a_0：

$$a_0 = \sqrt{\gamma R T_0}$$

并定义无量纲速度 V'：

$$V' = \frac{V}{a_0}$$

同时 L/a_0 具有时间的量纲，定义无量纲时间 t' 如下：

$$t' = \frac{t}{L/a_0}$$

当地截面积 A 与喉部声速截面积 A^* 的比值定义为无量纲面积：

$$A' = \frac{A}{A^*}$$

把这些无量纲变量代入式(7.42)，得到：

$$\frac{\partial(\rho' A')}{\partial t'}\left(\frac{\rho_0 A^*}{L/a_0}\right) + \rho' A' \frac{\partial V'}{\partial x'}\left(\frac{\rho_0 A^* a_0}{L}\right) + \rho' V' \frac{\partial A'}{\partial x'}\left(\frac{\rho_0 a_0 A^*}{L}\right) + V' A' \frac{\partial \rho'}{\partial x'}\left(\frac{a_0 A^* \rho_0}{L}\right) = 0 \tag{7.45}$$

注意到 A' 只随 x' 变化，不是时间的函数(喷管形状是固定的，不随时间变化)，式(7.45)中的时间微分可以改写成如下形式：

$$\frac{\partial(\rho' A')}{\partial t'} = A' \frac{\partial \rho'}{\partial t'}$$

由此式(7.45)变成：

连续方程：$$\frac{\partial \rho'}{\partial t'} = -\rho' \frac{\partial V'}{\partial x'} - \rho' V' \frac{\partial(\ln A')}{\partial x'} - V' \frac{\partial \rho'}{\partial x'} \tag{7.46}$$

将无量纲变量代入式(7.43)，得到

$$\rho' \frac{\partial V'}{\partial t'}\left(\frac{\rho_0 a_0}{L/a_0}\right) + \rho' V' \frac{\partial V'}{\partial x'}\left(\frac{\rho_0 a_0^2}{L}\right) = -R\left(\rho' \frac{\partial T'}{\partial x'} + T' \frac{\partial \rho'}{\partial x'}\right)\left(\frac{\rho_0 T_0}{L}\right)$$

或，

$$\rho' \frac{\partial V'}{\partial t'} = -\rho' V' \frac{\partial V'}{\partial x'} - \left(\rho' \frac{\partial T'}{\partial x'} + T' \frac{\partial \rho'}{\partial x'}\right) \frac{RT_0}{a_0^2} \tag{7.47}$$

在式(7.47)中，注意到：

$$\frac{RT_0}{a_0^2} = \frac{\gamma RT_0}{\gamma a_0^2} = \frac{a_0^2}{\gamma a_0^2} = \frac{1}{\gamma}$$

因此式(7.47)变成：

动量方程：$$\frac{\partial V'}{\partial t'} = -V' \frac{\partial V'}{\partial x'} - \frac{1}{\gamma}\left(\frac{\partial T'}{\partial x'} + \frac{T'}{\rho'} \frac{\partial \rho'}{\partial x'}\right) \tag{7.48}$$

将无量纲变量代入式(7.44)，得到：

$$\rho' c_v \frac{\partial T'}{\partial t'}\left(\frac{\rho_0 T_0}{L/a_0}\right) + \rho' V' c_v \frac{\partial T'}{\partial x'}\left(\frac{\rho_0 a_0 T_0}{L}\right) = -\rho' R T' \left[\frac{\partial V'}{\partial x'} + V' \frac{\partial(\ln A')}{\partial x'}\right]\left(\frac{\rho_0 T_0 a_0}{L}\right) \tag{7.49}$$

在式(7.49)中，因子 R/c_v 可写为：

$$\frac{R}{c_v} = \frac{R}{R/(\gamma-1)} = \gamma - 1$$

因此式(7.49)变为：

能量方程：$$\frac{\partial T'}{\partial t'} = -V' \frac{\partial T'}{\partial x'} - (\gamma - 1) T' \left[\frac{\partial V'}{\partial x'} + V' \frac{\partial(\ln A')}{\partial x'}\right] \tag{7.50}$$

现在已经完成了本小节开头提出的第一步。经过对控制方程很多步的处理，我们最终得到了适用于时间推进的准一维喷管流动的特殊形式的方程，即方程(7.46)，(7.48)和(7.50)。

2. 有限差分方程

下面进行第二步工作，使用 MacCormack 显式方法推导求解方程(7.46)，(7.48)和(7.50)的有限差分表达式。为了得到有限差分解，我们将喷管沿 x 轴方向划分为一系列的离散网格点，如图 7.5 所示(由于之前提到的准一维喷管假设，喷管内任一网格点，例如第 i 个点，所在截面上流动的参数都是均匀的)。图 7.5 中，第一个网格点，编号为 1，在储气罐内。这些点在 x 方向彼此等距，且 Δx 表示各网格点之间的距离。喷管出口处的网格点为点 N；因此在 x 方向，一共有 N 个网格点。第 i 点为一任意点，$i-1, i+1$ 是与它相邻的点。在 6.3 节中提到，MacCormack 方法是一种预测-修正的方法。在时间推进过程中，我们知道 t 时刻的流场参数，利用显式的有限差分方程求解 $t+\Delta t$ 时刻的参数。

首先是预测步。根据 6.3 节中的讨论，对空间导数采用向前差分。同时，为了表达的简练，将无量纲量的撇号省略。在以后的叙述中，所有的量都是无量纲量，也就是原来带撇号的量。类比式(6.17)，由式(7.46)得到：

$$\left(\frac{\partial \rho}{\partial t}\right)_i^t = -\rho_i^t \frac{V_{i+1}^t - V_i^t}{\Delta x} - \rho_i^t V_i^t \frac{\ln A_{i+1} - \ln A_i}{\Delta x} - V_i^t \frac{\rho_{i+1}^t - \rho_i^t}{\Delta x} \tag{7.51}$$

由式(7.48)得到：

$$\left(\frac{\partial V}{\partial t}\right)_i^t = -V_i^t \frac{V_{i+1}^t - V_i^t}{\Delta x} - \frac{1}{\gamma}\left(\frac{T_{i+1}^t - T_i^t}{\Delta x} + \frac{T_i^t}{\rho_i^t}\frac{\rho_{i+1}^t - \rho_i^t}{\Delta x}\right) \tag{7.52}$$

由式(7.50)得到：

$$\left(\frac{\partial T}{\partial t}\right)_i^t = -V_i^t \frac{T_{i+1}^t - T_i^t}{\Delta x} - (\gamma - 1)T_i^t\left(\frac{T_{i+1}^t - V_i^t}{\Delta x} + V_i^t \frac{\ln A_{i+1} - \ln A_i}{\Delta x}\right) \tag{7.53}$$

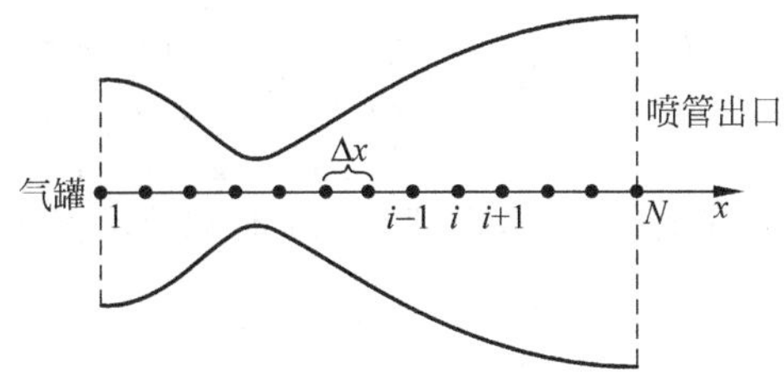

图 7.5 喷管内的网格示意图

类比式(6.18)～式(6.21)，我们得到 ρ,V 和 T 的预测量，以上横线表示：

$$\bar{\rho}_i^{t+\Delta t} = \rho_i^t + \left(\frac{\partial \rho}{\partial t}\right)_i^t \Delta t \tag{7.54}$$

$$\bar{V}_i^{t+\Delta t} = V_i^t + \left(\frac{\partial V}{\partial t}\right)_i^t \Delta t \tag{7.55}$$

$$\bar{T}_i^{t+\Delta t} = T_i^t + \left(\frac{\partial T}{\partial t}\right)_i^t \Delta t \tag{7.56}$$

其中 ρ_i^t,V_i^t,T_i^t 是 t 时间步的已知量，在式(7.54)～式(7.56)中时间导数值可以由式(7.51)～式(7.53)得出。

下面进行修正步，将式(7.46)，式(7.48)，式(7.50)中的时间导数用向后差分代替，使用预测量(带横线的量)。与式(6.22)类比，由式(7.46)知：

$$\left(\overline{\frac{\partial \rho}{\partial t}}\right)_i^{t+\Delta t} = -\bar{\rho}_i^{t+\Delta t}\frac{\bar{V}_i^{t+\Delta t} - \bar{V}_{i-1}^{t+\Delta t}}{\Delta x} - \bar{\rho}_i^{t+\Delta t}\bar{V}_i^{t+\Delta t}\frac{\ln A_i - \ln A_{i-1}}{\Delta x} - \bar{V}_i^{t+\Delta t}\frac{\bar{\rho}_i^{t+\Delta t} - \bar{\rho}_{i-1}^{t+\Delta t}}{\Delta x} \tag{7.57}$$

由式(7.48) 得：

$$\left(\overline{\frac{\partial V}{\partial t}}\right)_i^{t+\Delta t} = -\bar{V}_i^{t+\Delta t}\frac{\bar{V}_i^{t+\Delta t} - \bar{V}_{i-1}^{t+\Delta t}}{\Delta x} - \frac{1}{\gamma}\left(\frac{\bar{T}_i^{t+\Delta t} - \bar{T}_{i-1}^{t+\Delta t}}{\Delta x} + \frac{\bar{T}_i^{t+\Delta t}}{\bar{\rho}_i^{t+\Delta t}}\frac{\bar{\rho}_i^{t+\Delta t} - \bar{\rho}_{i-1}^{t+\Delta t}}{\Delta x}\right) \tag{7.58}$$

由式(7.50)得：

$$\left(\overline{\frac{\partial T}{\partial t}}\right)_i^{t+\Delta t} = -\bar{V}_i^{t+\Delta t}\frac{\bar{T}_i^{t+\Delta t} - \bar{T}_{i-1}^{t+\Delta t}}{\Delta x} - (\gamma - 1)\bar{T}_i^{t+\Delta t} \times \left(\frac{\bar{V}_i^{t+\Delta t} - \bar{V}_{i-1}^{t+\Delta t}}{\Delta x} + \bar{V}_i^{t+\Delta t}\frac{\ln A_i - \ln A_{i-1}}{\Delta x}\right) \tag{7.59}$$

同时类比式(6.22),时间导数的平均值分别为:

$$\left(\frac{\partial \rho}{\partial t}\right)_{av}=0.5\left[\underbrace{\left(\frac{\partial \rho}{\partial t}\right)_i^t}_{\text{来自式(7.51)}}+\underbrace{\left(\overline{\frac{\partial \rho}{\partial t}}\right)_i^{t+\Delta t}}_{\text{来自式(7.57)}}\right] \tag{7.60}$$

$$\left(\frac{\partial V}{\partial t}\right)_{av}=0.5\left[\underbrace{\left(\frac{\partial V}{\partial t}\right)_i^t}_{\text{来自式(7.52)}}+\underbrace{\left(\overline{\frac{\partial V}{\partial t}}\right)_i^{t+\Delta t}}_{\text{来自式(7.58)}}\right] \tag{7.61}$$

$$\left(\frac{\partial T}{\partial t}\right)_{av}=0.5\left[\underbrace{\left(\frac{\partial T}{\partial t}\right)_i^t}_{\text{来自式(7.53)}}+\underbrace{\left(\overline{\frac{\partial T}{\partial t}}\right)_i^{t+\Delta t}}_{\text{来自式(7.59)}}\right] \tag{7.62}$$

最后,类比式(6.13)和式(6.16),得到 $t+\Delta t$ 时刻流动参数的修正值为:

$$\rho_i^{t+\Delta t}=\rho_i^t+\left(\frac{\partial \rho}{\partial t}\right)_{av}\Delta t \tag{7.63}$$

$$V_i^{t+\Delta t}=V_i^t+\left(\frac{\partial V}{\partial t}\right)_{av}\Delta t \tag{7.64}$$

$$T_i^{t+\Delta t}=T_i^t+\left(\frac{\partial T}{\partial t}\right)_{av}\Delta t \tag{7.65}$$

注意式(7.51)~式(7.65)中的量都是无量纲量。同时式(7.51)~式(7.65)是第二步的主要方程,是使用 MacCormack 方法得到的有限差分形式的控制方程。

3. 时间步长的计算

现在进行本节开头提出的第三步也是最后一步工作,准一维喷管流动数值解的其他具体问题。首先提一个问题:Δt 应该多大?控制方程(7.42)~(7.44)关于时间是双曲型的。4.5 节中讨论过稳定性问题,这组方程中的稳定约束类似于式(4.84),即:

$$\Delta t=C\frac{\Delta x}{a+V} \tag{7.66}$$

其中 C 是 Courant 数。4.5 节中关于线性双曲型方程的简单稳定性分析表明,稳定的显式数值解要求 $C\leqslant 1$。这里的亚声速-超声速等熵喷管流动的控制方程是非线性偏微分方程(7.46),(7.48)和(7.50)。因此,线性方程精确的稳定条件只能作为非线性问题的参考。但是下面会看到,这一参考是很有价值的。同时注意到,不同于式(4.84),式(7.66)中的分母是 $a+V$。式(7.66)是一维流动的 CFL(Courant-Friedrichs-Lowry)准则,其中 V 是流场中一点的速度,a 是当地声速。式(7.66)结合 $C\leqslant 1$ 的条件限定了 Δt 必须小于或至少等于声波从一个网格点传到下一个网格点所用的时间。式(7.66)是有量纲的形式。但是,当 t,x,a,V 无量纲化以后,式(7.66)的无量纲形式和现在的有量纲形式是一样的(读者可以自己证明)。因此,以后将把式(7.66)中的量按无量纲处理。在式(7.66)中,Δt 是无量纲时间的增量,Δx 是无量纲距离的增量。这里的 $\Delta t,\Delta x$ 与无量纲方程(7.51)和(7.65)中的完全一样。仔细检查式(7.66)会发现，虽然 Δx 在流场各处都相同，但是 V 和 a 都是变量。所以，在确定的网格点和确定的时间步，式(7.66)可写为：

$$(\Delta t)_i^t = C\frac{\Delta x}{a_i^t + V_i^t} \tag{7.67}$$

在相邻的网格点，由式(7.66)有：

$$(\Delta t)_{i+1}^t = C\frac{\Delta x}{a_{i+1}^t + V_{i+1}^t} \tag{7.68}$$

很明显，一般情况下，$(\Delta t)_i^t$ 和 $(\Delta t)_{i+1}^t$ 的值不完全一样。用时间推进的方式求解时，有以下两种选择：

(1) 计算式(7.54)～式(7.56)和式(7.63)～式(7.65)时，可以利用任一网格点 i 处的局部 $(\Delta t)_i^t$（由式(7.67)得到）。这样，图 7.5 中任一网格点处的流动参数可以通过该点的局部时间步长来求得。$t+\Delta t$ 时刻的流场参数具有一定的"时间扭曲"，一点的流场参数随着某种非物理时间变化，而不同于相邻点的流场参数。因此，局部时间推进的方法不能真实地反映流动的实际物理变化，也不能用于求解非定常流动的精确解。但是，如果我们需要的结果是在一段时间后达到的最终的定常流动，那么中间时刻的流场参数就和我们关心的结果无关。事实上，如果这样的话，局部时间步长方法往往会使得向稳定状态的收敛更快。这就是为什么有些人喜欢用局部时间步长方法的原因。但这里有个哲学问题：局部时间步长方法总是能得到正确的结果吗？尽管通常情况下答案是肯定的，但某些原因仍使人不确定。

(2) 另一种选择是计算所有网格点的 $(\Delta t)_i^t$，$i=0$ 到 $i=N$，计算式(7.54)～式(7.56)和式(7.63)～式(7.65)时选择最小的 $(\Delta t)_i^t$ 值，即：

$$\Delta t = \min(\Delta t_1^t, \Delta t_2^t, \cdots, \Delta t_i^t, \cdots, \Delta t_N^t) \tag{7.69}$$

由式(7.69)得到 Δt，用于式(7.54)～式(7.56)和式(7.63)～式(7.65)的计算。这样，在 $t+\Delta t$ 时刻的所有网格点的流场参数都对应相同的物理时间。所以，这样的时间推进解反映了真实的非定常流动的变化；即是解给出了流场随时间的真实的变化，和非定常连续、动量、能量方程的描述相同。本书中使用这种一致的时间推进方法。虽然相对于前面的局部时间步长，整体时间步长达到稳定状态需要更多的时间步，但是整体时间步长方法可以给出具有物理意义的参数变化的解——自身的固有值。因此，在下面的计算中，使用式(7.69)来计算 Δt 的值。

4. 边界条件

求数值解的另一个很重要的问题是边界条件，因为如果没有正确的物理边界条件和准确的数值表述，不可能得到正确的数值解。首先，在这一部分中，考虑图 7.2 所示的亚声速-超声速等熵流动的物理边界条件。来看看图 7.5，网格点 1 和 N 表示 x 轴上的两个边界点。点 1 在储气罐内是入流边界，流体从气罐流出进入喷管。相反地，点 N 是出流边界，流体在出口处流出喷管。另外，1 点处的流体速度很慢，为亚声速（由于这里的面积比 A_1/A^* 是一个有限的数，所以速度不可能为 0；如果是 0 的话，将意味着没有流体进入喷管。所以 1 点不是真正处于气罐内，因为气罐内的流体速度为 0。因此，气罐的截面积理论上无限大的，而我们计算所用到的第一点处的截面积却是有限的）。点 1 处不仅仅是入口边界条件，还是亚声速入口边界条件。问题：对于亚声速入口条件，哪些流动参数需要给定，哪些需要计算得到（比如是时间的函数）？有一种答案可以从第 3 章中的一维非定常流动的性质得到。在第 3 章中，没有详细讨论边界条件的问题。确实，这一问题超出了本书的范围。但是，给出了符合这一问题物理条件的结果。3.4.1 节中，我们曾指出，非定常无黏流动的控制方程是双曲型的，因而对于一维非定常流动，在 xt 平面上的任一点都有两条特征线。图 3.6有详细的说明，读者可以先回顾一下。图 3.6 中过 P 点的两条特征线分别为左特征线和右特征线。物理上，这两条特征线代表上行和下行的无限弱马赫波。马赫波以声速传播。下面我们来看看图 7.6，收缩-扩张喷管（图 7.6(a)）和 xt 平面简图（图 7.6(b)）。注意 xt 平面上的网格点 1，如图 7.6(b)。这里的流体速度是亚声速，$V_1<a_1$。所以 1 点处的左特征线向左运动，左行马赫波以声速向左（相对于运动的流体单元）传播，很容易穿过由左向右低速运动的亚声速流体。因此在图 7.6(b) 中，左特征线向左运动的速度是 a_1-V_1（相对于图 7.6(a) 中静止的喷管）。由于流场的计算区域是在点 1 到 N 之间，而在 1 点左特征线指向计算域之外。相反地，右特征线指向流体内部，马赫波相对于流体以声速向右传播。有两个前提：①1 点的流体

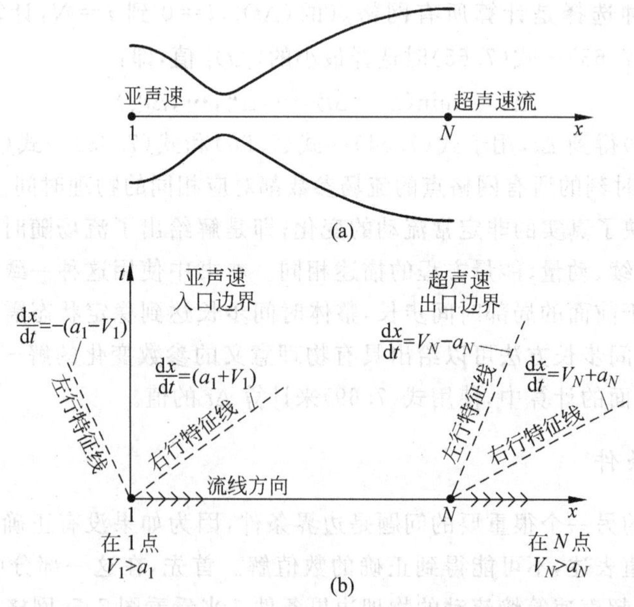

图 7.6　亚声速入口和超声速出口边界条件研究

单元向右运动；②右行马赫波相对于流体单元以声速向右运动。因此，右特征线以速度 V_1+a_1（相对于喷管）向右传播。这里看到的是，1 点的右特征线向计算域内部传播。

这些讨论和边界条件有什么关系呢？特征线方法告诉我们，特征线向计算域内传播时，边界上必须给出一个相关流动参数；如果一条特征线向区域外传播，边界上必须允许有一个浮动的相关流动参数，例如它是流场随时间推进的解，必须通过计算得到每一时间步对应的值。同时，注意到在 1 点处，流体通过入口边界，向计算区域内运动。在判断边界上应给出哪些边界条件时，流线方向和特征线方向有着相同的作用，例如在 1 点有流线向区域内运动，说明在入口边界上必须给定第二个流动参数。结论：在亚声速入口边界，我们必须给出两个相关的流动参数，而另一个参数可以浮动（请注意以上的讨论多少有些主观，严格的数学证明不是本书的内容，留给读者进一步学习）。

下面分析图 7.6 中 N 点处的出口边界。由前面分析知道，N 点的左行特征线以声速 a 相对流体微元向左传播。但是，因为流体微元自身的速度是超声速，所以左行特征线相对于喷管以 V_N-a_N 向下游运动。右行特征线相对于流体微元以声速向右传播，因此相对于喷管，它以 V_N+a_N 的速度向下游传播。在超声速出口边界，两条特征线都向区域外传播，流线也指向区域外。所以在超声速出口边界，不需要给定流动参数，参数都是可变动的。

以上内容在分析的基础上讨论了入口和出口的边界条件的提法，相应的数值实施见下一节。

5. 亚声速入口边界（网格点 1）

这里必须允许一个流动参数是可变动的，选择速度 V_1 为可变动参数，因为从物理上讲，喷管内的质量流率必须对应于稳定态的流动，让 V_1 作为可变动参数，最有利于满足这一条件。V_1 的值随时间变化，通过内点流场解的信息计算得到（内点是指边界点以外的点，即图 7.5 中第 2 点到第（$N-1$）点）。我们利用点 2，3 的线性外插来得到 V_1 的值，如图 7.7 所示。这里点 2 和点 3 线性外插得到的直线斜率从下式计算得到：

$$\text{斜率} = \frac{V_3 - V_2}{\Delta x}$$

有了这一斜率，我们可以通过线性外插得到 V_1 的值，如：

$$V_1 = V_2 - \frac{V_3 - V_2}{\Delta x}\Delta x$$

或，

$$V_1 = 2V_2 - V_3 \tag{7.70}$$

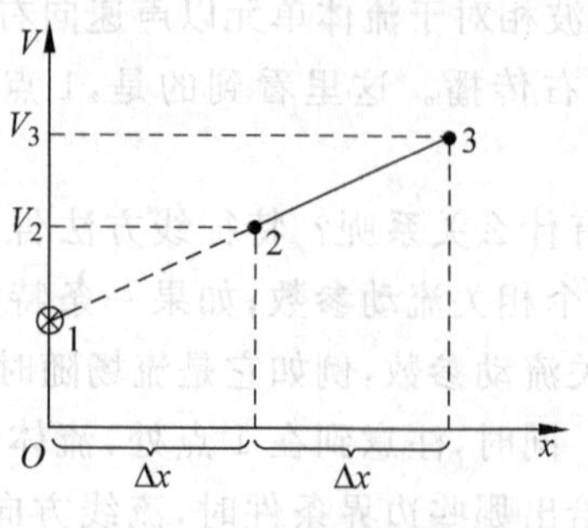

图 7.7　线性外插示意图

其他的流动参数都在边界上给出。由于认为1点在气罐内，我们给定这一点的密度和温度为它们的滞止值，分别为 ρ_0，T_0。它们是不随时间变化的定值。对于无量纲量，有：

$$\left.\begin{aligned}\rho_1 &= 1\\ T_1 &= 1\end{aligned}\right\}\text{固定的，不随时间变化} \tag{7.71}$$

6. 超声速出流边界(网格点 N)

这里不能给定任意流动参数。仍然选择内点流动参数的线性外插。特别地，对于无量纲参数，有：

$$V_N = 2V_{N-1} - V_{N-2} \tag{7.72a}$$

$$\rho_N = 2\rho_{N-1} - \rho_{N-2} \tag{7.72b}$$

$$T_N = 2T_{N-1} - T_{N-2} \tag{7.72c}$$

7. 喷管形状和初始条件

喷管的形状 $A=A(x)$ 是给定且不随时间变化的。对于本节讨论的问题，选择抛物线形分布的空间形状，由式(7.73)描述。

$$A = 1 + 2.2(x - 1.5)^2 \quad 0 \leqslant x \leqslant 3 \tag{7.73}$$

$x=1.5$ 是喷管的喉部，$x<1.5$ 为收缩段，$x>1.5$ 为扩张段。图 7.8 即为喷管的比例示意图。

这一形状不是唯一的，对于完全气体，它和喷管内各处的面积比有密切关系。设想一个二维的喷管，纵坐标可以同除以任一个常数，而喷管流动的解不会变。

开始时间推进求解之前，需要先给出初始条件，ρ,T,V 作为 x 的已知函数，也就是说要给定 $t=0$ 时刻 ρ,T,V 的值。理论上来说，这些初始条件是完全任意的。但是实际上，有两个理由说明为什么要选择初始条件：

(1) 初始条件越接近最终的定常流动解，时间推进的过程越容易收敛，计算时间也会越短。

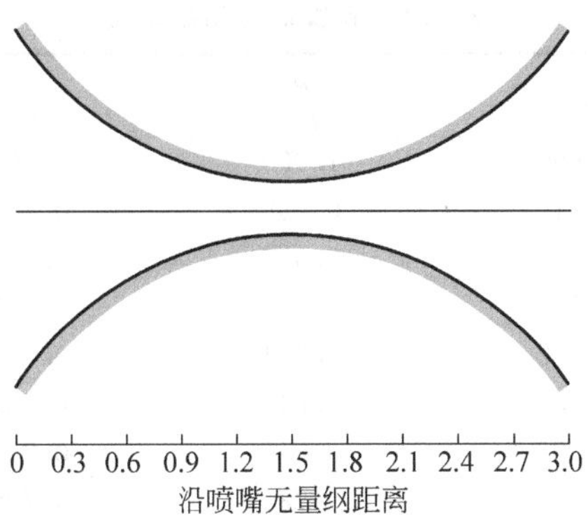

图 7.8 喷管比例示意图

(2) 如果初始条件和实际值相差太大,初始时刻时间方向的梯度会非常大。比如说,初始时的时间导数会非常大。对于给定的时间步长 Δt 和确定的空间分辨率 Δx,从经验知道计算初始几个时间步内,特别大的梯度会使得程序无法运行。在某种意义上,可以把时间推进解看作拉伸的橡皮筋。初始时刻附近,橡皮筋拉得很紧,产生强大的势能推动流动向稳定状态发展。随着时间的推进,流场逐渐接近定常解,橡皮筋也逐渐松弛,推力也减小了(例如,在较长的时间,由式(7.60),(7.62)计算得到的导数非常小)。计算开始时,选择把橡皮筋拉得过于紧的初始条件是不明智的,这样可能会把它拉断。

因此,选择初始条件时,我们应该运用所有和问题相关的知识,以便选择较好的初始条件。比如说,在本节的问题中,知道随着流动通过喷管,ρ,T 逐渐减小,V 逐渐增大。所以选择定性满足这一数值条件的初始值。为了简化,假设流动参数随 x 线性变化。$t=0$ 时刻的初始值如下:

$$\left.\begin{aligned} \rho &= 1-0.3146x \quad &(7.74\text{a})\\ T &= 1-0.2314x \quad &(7.74\text{b})\\ V &= (0.1+1.09x)T^{1/2} \quad &(7.74\text{c}) \end{aligned}\right\} \text{在 } t=0 \text{ 时刻的初始条件}$$

7.3.2 中间数值结果:前几个时间步

这一节中,给出一些数值结果来反映初始阶段的计算过程。给出中间的计算结果,不但给读者一个清晰的印象,也为了方便读者和自己编写程序的计算结果作比较。

第一步是在程序中确定喷管形状和初始条件,由式(7.73)和式(7.74)决定。结果的数值在表 7.1 中列出,表中 ρ,V 和 T 均为 $t=0$ 时的值。

表 7.1　喷管形状和初始值

$\frac{x}{L}$	$\frac{A}{A^*}$	$\frac{\rho}{\rho_0}$	$\frac{V}{a_0}$	$\frac{T}{T_0}$
0	5.950	1.000	0.100	1.000
0.1	5.312	0.969	0.207	0.977
0.2	4.718	0.937	0.311	0.954
0.3	4.168	0.906	0.412	0.931
0.4	3.662	0.874	0.511	0.907
0.5	3.200	0.843	0.607	0.884
0.6	2.782	0.811	0.700	0.861
0.7	2.408	0.780	0.790	0.838
0.8	2.078	0.748	0.877	0.815
0.9	1.792	0.717	0.962	0.792
1.0	1.550	0.685	1.043	0.769
1.1	1.352	0.654	1.122	0.745
1.2	1.198	0.622	1.197	0.722
1.3	1.088	0.591	1.268	0.699
1.4	1.022	0.560	1.337	0.676
1.5	1.000	0.528	1.402	0.653
1.6	1.022	0.497	1.463	0.630
1.7	1.088	0.465	1.521	0.607
1.8	1.198	0.434	1.575	0.583
1.9	1.352	0.402	1.625	0.560
2.0	1.550	0.371	1.671	0.537
2.1	1.792	0.339	1.713	0.514
2.2	2.078	0.308	1.750	0.491
2.3	2.408	0.276	1.783	0.468
2.4	2.782	0.245	1.811	0.445
2.5	3.200	0.214	1.834	0.422
2.6	3.662	0.182	1.852	0.398
2.7	4.168	0.151	1.864	0.375
2.8	4.718	0.119	1.870	0.352
2.9	5.312	0.088	1.870	0.329
3.0	5.950	0.056	1.864	0.306

下一步是将以上初始条件代入式(7.51)～式(7.53)，这和预测步的初始计算有关。为了方便说明，我们回到图 7.5，注意和网格点 i 相关的计算，选择图 7.8 中喷管喉部处的网格点 $i=16$。由表 7.1 给出的初始数值，得：

$$\rho_i = \rho_{16} = 0.528$$

$$\rho_{i+1} = \rho_{17} = 0.497$$

$$V_i = V_{16} = 1.402$$

$$V_{i+1}=V_{17}=1.463$$
$$T_i=T_{16}=0.653$$
$$T_{i+1}=T_{17}=0.630$$
$$\Delta x=0.1$$
$$A_i=A_{16}=1.0,\quad \ln A_{16}=0$$
$$A_{i+1}=A_{17}=1.022,\quad \ln A_{17}=0.02176$$

将这些值代入式(7.51)，得到：

$$\begin{aligned}\left(\frac{\partial\rho}{\partial t}\right)_{16}^{t=0}&=-0.528\left(\frac{1.463-1.402}{0.1}\right)-0.528(1.402)\left(\frac{0.02176-0}{0.1}\right)\\&\quad-1.402\left(\frac{0.497-0.528}{0.1}\right)\\&=\boxed{-0.0445}\end{aligned}$$

将上面这些值代入式(7.52)，得到：

$$\begin{aligned}\left(\frac{\partial V}{\partial t}\right)_{16}^{t=0}&=-1.402\left(\frac{1.463-1.402}{0.1}\right)\\&\quad-\frac{1}{1.4}\left[\frac{0.630-0.653}{0.1}+\frac{0.653}{0.528}\left(\frac{0.497-0.528}{0.1}\right)\right]\\&=\boxed{-0.418}\end{aligned}$$

将上面这些值代入式(7.53)，得到：

$$\begin{aligned}\left(\frac{\partial T}{\partial t}\right)_{16}^{t=0}&=-1.402\left(\frac{0.630-0.653}{0.1}\right)-(1.4-1)(0.653)\\&\quad\times\left[\frac{1.463-1.402}{0.1}+1.402\left(\frac{0.02176-0}{0.1}\right)\right]\\&=\boxed{0.0843}\end{aligned}$$

注：上面方框内的值都是精确值，由作者的 Macintosh 计算机得到后四舍五入到三位有效数字。如果读者用计算器重复以上计算，结果会有细微的差别。因为输入计算器的值已经是三位有效数字了，随后的代数运算会使结果和计算机的结果有微小的差别。也就是说，计算器的计算结果不一定会得出和方框内相同的精确数字，但是结果足够相近，可以用来检验正确性。

下一步是通过式(7.54)～式(7.56)来计算预测步的值(带横杠的量)。这里 Δt 是通过式(7.69)计算得到的，是式(7.67)在内点 $i=2,3,\cdots,30$。计算得到的所有 Δt_i 中的最小值。为节约篇幅，我们不把所有的数值列在这里。作为一个例子，下面通过式(7.67)计算 $(\Delta t)_{16}^{t=0}$。现在，假设 Courant 数为 0.5，即 $C=0.5$。对于无量纲量，声速由式(7.75)给出。

$$a=\sqrt{T} \tag{7.75}$$

其中 a,T 都是无量纲量(a 为当地声速除以 a_0 得到的值)。请读者自己推导式(7.75)。由式(7.76),我们得到$(\Delta t)_{16}^{t=0}$:

$$(\Delta t)_{16}^{t=0}=C\left[\frac{\Delta x}{(T_{16})^{1/2}+V_{16}}\right]=0.5\left[\frac{0.1}{(0.653)^{1/2}+1.402}\right]=0.0226$$

在所有内点进行类似的计算,选出最小值为 $\Delta t=0.0201$。

下面用此值计算 $\bar{\rho}$,$\bar{V}$,$\bar{T}$,由式(7.54)~式(7.56)得到 $t=0+\Delta t=\Delta t$ 时刻的预测值。

由式(7.54)得到:

$$\bar{\rho}_{16}^{t=\Delta t}=\rho_{16}^{t=0}+\left(\frac{\partial\rho}{\partial t}\right)_{16}^{t=0}\Delta t=0.528+(-0.0445)(0.0201)=0.527$$

由式(7.55)得到:

$$\bar{V}_{16}^{t=\Delta t}=V_{16}^{t=0}+\left(\frac{\partial V}{\partial t}\right)_{16}^{t=0}\Delta t=1.402+(-0.418)(0.0201)=1.39$$

由式(7.56)得到:

$$\bar{T}_{16}^{t=\Delta t}=T_{16}^{t=0}+\left(\frac{\partial T}{\partial t}\right)_{16}^{t=0}\Delta t=0.653+(0.0843)(0.0201)=0.655$$

这里值得注意的是,以上的计算是在内部的所有网格点 $i=2,\cdots,30$ 进行。具体过程的重复性很强,这里不再分别叙述。当预测步完成以后,我们得到所有内部网格点的 $\bar{\rho}$,$\bar{V}$,$\bar{T}$ 值。自然也得到 $\bar{\rho}_{15}^{t=\Delta t}$,$\bar{V}_{15}^{t=\Delta t}$,$\bar{T}_{15}^{t=\Delta t}$。来看点16,我们把预测得到的点15,点16点的参数代入式(7.57)和式(7.59),然后开始修正步。由式(7.57)得到:

$$\left(\overline{\frac{\partial\rho}{\partial t}}\right)_{16}^{t=\Delta t}=-0.527(0.653)-0.527(1.39)(-0.218)-1.39(-0.368)=0.328$$

由式(7.58)得到:

$$\left(\overline{\frac{\partial V}{\partial t}}\right)_{16}^{t=\Delta t}=-1.39(0.653)-\frac{1}{1.4}\left(-0.257+\frac{0.655}{0.527}\right)=-0.400$$

由式(7.59)得到:

$$\left(\overline{\frac{\partial T}{\partial t}}\right)_{16}^{t=\Delta t}=-1.39(-0.257)-(1.4-1)(0.655)[0.653+1.39(-0.218)]=0.267$$

有了这些数值,可以通过式(7.60)~(7.62)来计算平均时间导数值。

由式(7.60),在网格点 $i=16$,有:

$$\left(\frac{\partial\rho}{\partial t}\right)_{\mathrm{av}}=0.5(-0.0445+0.328)=0.142$$

由式(7.61),在网格点 $i=16$,有:

$$\left(\frac{\partial V}{\partial t}\right)_{\mathrm{av}}=0.5(-0.418+0.400)=-0.409$$

由式(7.62),在网格点 $i=16$,有:

$$\left(\frac{\partial T}{\partial t}\right)_{\mathrm{av}}=0.5(0.0843+0.267)=0.176$$

利用式(7.63)～(7.65)，我们完成了修正步。由式(7.63)，在 $i=16$ 有：

$$\rho_{16}^{t=\Delta t}=0.528+0.142(0.0201)=0.531$$

由式(7.64)，在 $i=16$ 有：

$$V_{16}^{t=\Delta t}=1.402+(-0.409)(0.0201)=1.394$$

由式(7.65)，在 $i=16$ 有：

$$T_{16}^{t=\Delta t}=0.653+0.176(0.0201)=0.656$$

定义无量纲压力为当地静压与气罐压力的比值，则状态方程表示为：$p=\rho T$，这里 p，ρ 和 T 都是无量纲量，在网格点 $i=16$，有：

$$p_{16}^{t=\Delta t}=\rho_{16}^{t=\Delta t}T_{16}^{t=\Delta t}=0.531(0.656)=0.349$$

这样就完成了网格点 $i=16$ 的修正步计算，当内点 $i=2,\cdots,30$ 的修正过程完成以后，我们就完成了全部内部网格点的修正步。

下面来计算边界点的流动参数。在亚声速入口处($i=1$)，V_1 由点 2，3 的线性外插得到。在修正步的最后，经过和前面相似的计算，V_2 和 V_3 在时间 $t=\Delta t$ 的值分别为 $V_2=0.212$ 和 $V_3=0.312$，由式(7.70)，得到：

$$V_1=2V_2-V_3=2(0.212)-0.312=0.111$$

在超声速出口边界($i=31$)所有流动参数都需要通过式(7.22a)和式(7.22c)所示的线性外插得到。在修正步的最后，经过和前面相似的计算，得到 $V_{29}=1.884$，$V_{30}=1.890$，$\rho_{29}=0.125$，$\rho_{30}=0.095$，$T_{29}=0.354$ 和 $T_{30}=0.332$，将这些值代入式(7.22a)～(7.22c)，得到：

$$V_{31}=2V_{30}-V_{29}=2(1.890)-1.884=1.895$$

$$\rho_{31}=2\rho_{30}-\rho_{29}=2(0.095)-0.125=0.066$$

$$T_{31}=2T_{30}-T_{29}=2(0.332)-0.354=0.309$$

这里，我们完成了第一时步，即 $t=\Delta t$ 时所有网格点上流动参数的计算。具体参数在表 7.2 中给出。其中马赫数也在此表中给出。当速度和温度是无量纲量时，马赫数(本身也是无量纲量，当地速度和当地声速的比值)由式(7.76)给出：

$$Ma=\frac{V}{\sqrt{T}}\tag{7.76}$$

仔细观察表 7.2 中 $i=16$ 的一行数据，我们可以发现前面计算得到的 $i=16$ 点的流动参数值。把这些数据比较一下。内点其他值的计算也和前面叙述的过程相似。注意表 7.2 中 $i=1$，$i=31$ 的边界点的数据，会发现和前面讨论得到的值完全一样。

7.3.3 最终数值结果：稳态解

将一个时间步以后的流场参数(表 7.2)与前一时刻的值(表 7.1 给出的初始条件)进行比较，可以看出流场参数发生了变化。例如，喉部($A=1$)的无量纲密度

表 7.2　一个时间步后的流场参数

I	$\frac{x}{L}$	$\frac{A}{A^*}$	$\frac{\rho}{\rho_0}$	$\frac{V}{a_0}$	$\frac{T}{T_0}$	$\frac{p}{p_0}$	Ma
1	0.000	5.950	1.000	0.111	1.000	1.000	0.111
2	0.100	5.312	0.955	0.212	0.972	0.928	0.215
3	0.200	4.718	0.927	0.312	0.950	0.881	0.320
4	0.300	4.168	0.900	0.411	0.929	0.836	0.427
5	0.400	3.662	0.872	0.508	0.908	0.791	0.534
6	0.500	3.200	0.844	0.603	0.886	0.748	0.640
7	0.600	2.782	0.817	0.695	0.865	0.706	0.747
8	0.700	2.408	0.789	0.784	0.843	0.665	0.854
9	0.800	2.078	0.760	0.870	0.822	0.625	0.960
10	0.900	1.792	0.731	0.954	0.800	0.585	1.067
11	1.000	1.550	0.701	1.035	0.778	0.545	1.174
12	1.100	1.352	0.670	1.113	0.755	0.506	1.281
13	1.200	1.198	0.637	1.188	0.731	0.466	1.389
14	1.300	1.088	0.603	1.260	0.707	0.426	1.498
15	1.400	1.022	0.567	1.328	0.682	0.387	1.609
16	1.500	1.000	0.531	1.394	0.656	0.349	1.720
17	1.600	1.022	0.494	1.455	0.631	0.312	1.833
18	1.700	1.088	0.459	1.514	0.605	0.278	1.945
19	1.800	1.198	0.425	1.568	0.581	0.247	2.058
20	1.900	1.352	0.392	1.619	0.556	0.218	2.171
21	2.000	1.550	0.361	1.666	0.533	0.192	2.282
22	2.100	1.792	0.330	1.709	0.510	0.168	2.393
23	2.200	2.078	0.301	1.748	0.487	0.146	2.504
24	2.300	2.408	0.271	1.782	0.465	0.126	2.614
25	2.400	2.782	0.242	1.813	0.443	0.107	2.724
26	2.500	3.200	0.213	1.838	0.421	0.090	2.834
27	2.600	3.662	0.184	1.858	0.398	0.073	2.944
28	2.700	4.168	0.154	1.874	0.376	0.058	3.055
29	2.800	4.718	0.125	1.884	0.354	0.044	3.167
30	2.900	5.312	0.095	1.890	0.332	0.032	3.281
31	3.000	5.950	0.066	1.895	0.309	0.020	3.406

由 0.528 变化为 0.531，在一个时间步内改变了 0.57%。这是时间推进解的性质，流场参数由一个时间步的值变化到下一个时间步的值。但是，在向稳定解趋近的过程中，经过很多时间步之后，相邻两个时间步之间的流场参数的变化逐渐变小，直至最终变为 0。这时已经得到稳态解，计算也可以停止了。计算的终止可以通过电脑程

序自动完成,设定检查相邻时间步的流场参数变化小于一个特定的值(这一数值由计算人给出,取决于希望得到的定常解的精度)。另外一种选择,也是作者所偏爱的方法,在一定的时间步之后停止计算。然后观察计算结果,保证流动参数不再随时间变化。如果没有达到这一要求,可以继续进行一定时间步的计算,直到得到稳态解。

流场参数随时间怎样变化呢?图 7.9 给出了这一变化趋势。喷管喉部的 ρ,T,p 和 Ma 随时间步的变化。横坐标从初始值 0 开始,最大时间步为 1000。所以横坐标实际上就是时间轴,沿向右方向时间增加。可以看到,最大的变化出现在初始时刻附近。当接近稳定解时,曲线基本是渐近线。这就是前面提到的所谓"橡皮筋效应"。初始时,橡皮筋被拉得很紧,流场参数被较大的势能推动很快的变化。随着时间的推进,橡皮筋变得松弛,参数的变化也减小。图 7.9 中右边的虚线表示 7.2 节中分析得到的精确解。时间推进的数值解收敛到适当的稳态精确解。同时,在计算过程中没有明显地加入人工黏性,这里人工黏性是不需要的。

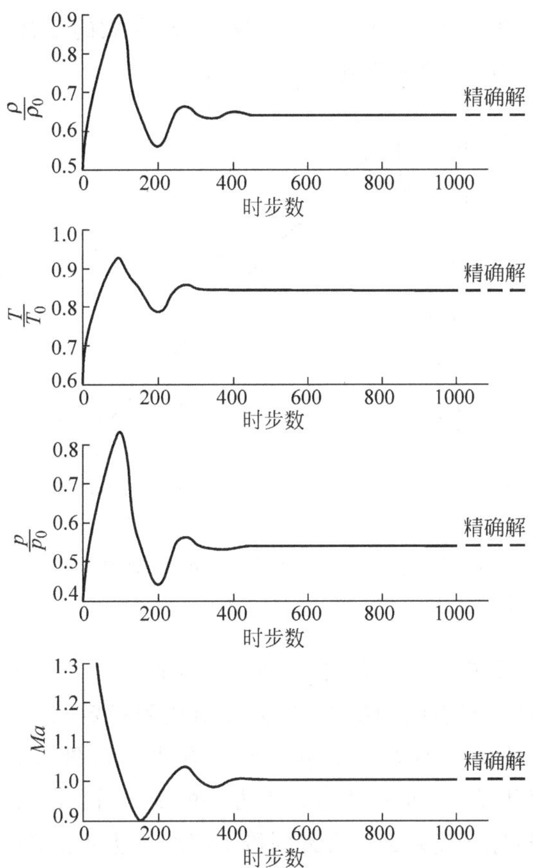

图 7.9 喷管喉部($i=15$,$A=1$)密度、温度、压力和马赫数随时间步的变化

分析时间导数随时间本身或者时间步的变化也是一件有趣的事。仍以喷管喉部($i=16$)的数值为例。图 7.10 给出了无量纲密度和速度的时间导数随时间步数的变化,是由式(7.60)和式(7.61)计算得到的时间导数的平均值。时间导数的绝对数值如图 7.10 所示。这里,得出如下两个重要结论:

(1) 初始时,时间导数很大,且数值有振荡。这些振荡和瞬变过程中在喷管内传播的非定常压缩和扩张波有关(读者可以参阅参考文献[21]中第 7 章关于非定常波在管道中运动的讨论)。

(2) 一定时间后,时间导数迅速减小,时间步数为 1000 时已减少为 10^{-6},这也是我们想看到的结果。对于稳定流动的理论限定(在无限长的时间内达到),时间导数应该为 0。但是数值上,在有限时间步内,这一条件永远不会达到。事实上,由图 7.19 可以看出,在 1200 时间步之后,时间导数进入平台区。这似乎也是 MacCormack 方法的一个特点。但是,在这一平台区的时间导数非常小,实际中可以认为数值解达到稳定解。确实,图 7.9 也说明,流动参数的定常状态,在 500 个时间步时已经达到,这时时间导数减小到 10^{-2} 的量级。

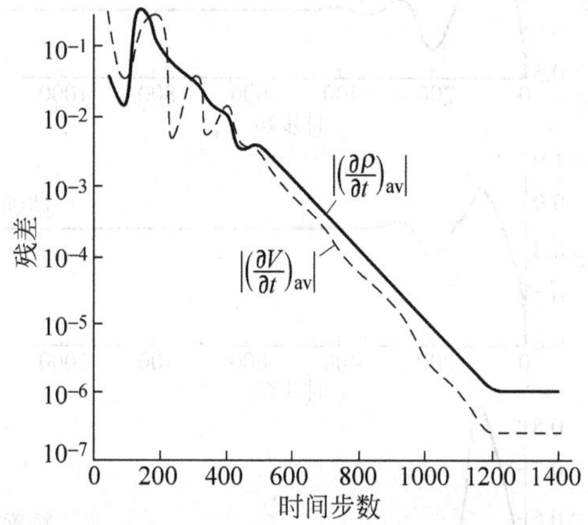

图 7.10　喷管喉部($i=16$)无量纲密度和速度的时间导数绝对值随时间步的变化

下面我们回想一下式(7.46)和式(7.48),可以看到图 7.10 展示的就是这两个等式右端项的数值结果。随着时间推进,计算逐渐达到稳定状态,方程的右端项趋于 0。由于右端项的数值解并不等于 0,它们被叫做残差如图 7.10 中的纵坐标所示。当 CFD 专家比较两种或更多时间推进求解方法的优劣时,残差的量级和它们的衰减速率通常是主要的指标。残差最快衰减到最小值的方法通常是受大家欢迎的。

我们可以从另一个角度分析流动随时间的变化,及由图 7.11 所示的质量流量变化趋于稳定的过程。图中描述了无量纲的质量流量 ρVA(其中 ρ,V,A 都是无量纲

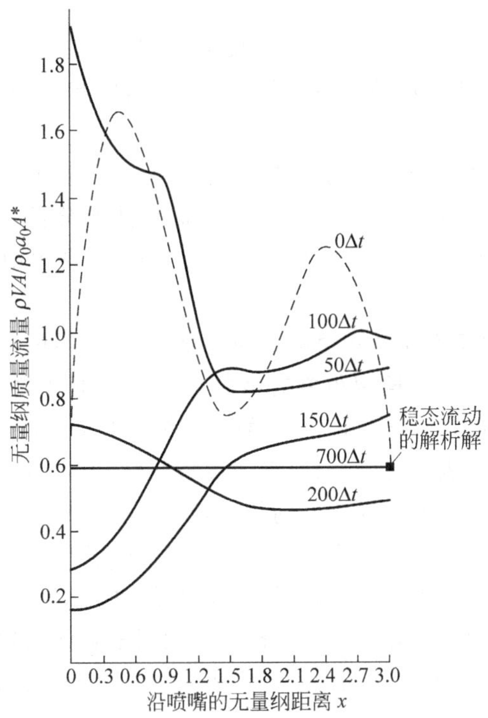

图 7.11 向稳态的时间推进过程中六个不同时刻喷管内无量纲质量流量随距离的变化

量)随无量纲距离的变化曲线。图中给出了六条不同的曲线，分别表示时间推进过程中的不同时间段。虚线表示初始时刻的变化，因此标示为 $0\Delta t$。这条类似于变形的正弦清晰曲线就是预想的初始条件 ρ，V 和给定的抛物形喷管的面积比的乘积。50 个时间步以后，喷管内的质量流量分布发生了明显的变化。这条曲线由 $50\Delta t$ 标示。100 个时间步($100\Delta t$)时，质量流分布发生了根本的变化。喷管内的质量流量看似无规则的变化是由于流动参数的瞬态变化。但是，在 200 时间步($200\Delta t$)之后，质量流量分布开始稳定，700 时间步($700\Delta t$)时，质量流量分布变为水平的直线。这说明质量流量在喷管内收敛到了一个稳定值，这与定常喷管流动的基本知识相符合，即：

$$\rho VA = 常数$$

而且，它已经收敛到定常质量流量的正确解，喷管喉部的无量纲质量流量由下式给出：

$$\rho VA = \rho^* \sqrt{T^*} \qquad (在喉部) \tag{7.77}$$

其中 ρ^*，T^* 分别是喉部($Ma=1$)的无量纲密度和温度(请大家自己推导式(7.77))。由 7.2 节中关于精确解的讨论，当 $Ma=1$，$\gamma=1.4$ 时，$\rho^*=0.634$，$T^*=0.833$。因

此，式(7.77)可以写成：

$$\rho VA = 常数 = 0.579$$

这一数值在图 7.11 中用黑色方块标出。700 时间步时的质量流结果和黑色方块的数值吻合得很好。

最后，让我们分析定常解。由前面的讨论和图 7.9 可知，对于实际情况，稳定态在 500 时间步的时候达到。但是保守起见，我们仍然要分析 1400 时间步之后的结果。在 700～1400 时间步内，计算结果没有变化，至少在图表中给出的小数点后第三位都没有变化。

由图 7.12 我们对稳态流动数值解的精确度有一个了解。稳态的无量纲密度和马赫数在喷管内的分布是无量纲距离的函数。1400 时间步之后得到的数值解由图中的实线表示，精确解由圆点表示。精确解由求解 7.2 节中的等式得到，大部分在可压缩流动的教科书的附表中可以找到，例如参考文献[21]。读者也可以自己编写短小的程序来求解 7.2 节中理论分析得到的方程。不管使用什么方法，在图 7.12 中，我们可以清楚地看到数值解和精确解在图形上吻合得很好。

表 7.3 中列出了精确到小数点后第三位的数值解，是 1400 时间步之后的计算结果。读者可以和自己程序计算的结果作比较。我们来看无量纲时间的变化，初始时刻为 0，1400 时间步的时候，它的值变为 28.952。由于时间是通过 L/a_0 来无量纲化的，我们假设喷管长度为 1 m，气罐温度是标准海平面值 $T=288$ K。那么 $L/a_0=(1\ \text{m})/(340.2\ \text{m/s})=2.94\times10^{-3}$ s。1400 时间步内经过的总的真实时间为 $(2.94\times10^{-3})(28.952)=0.0851$ s。也就是说喷管流动从给定的初始时刻经过 85.1 ms 达到了稳定状态。事实上，实际问题中的稳定态在 500 时间步时已经达到，实际的收敛时间大概在 30 ms。

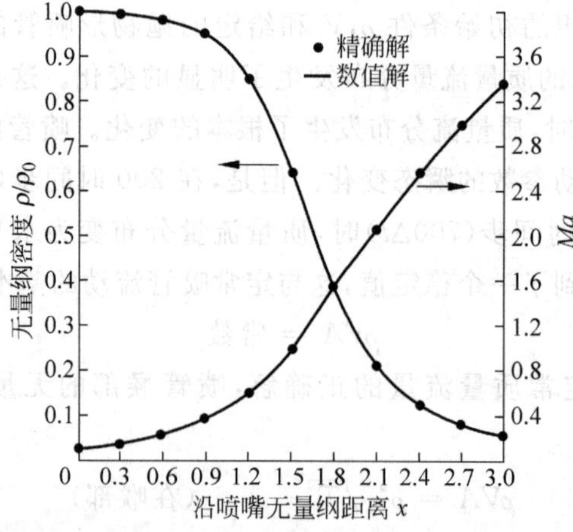

图 7.12　喷管内无量纲密度和马赫数随无量纲距离的变化。精确解(圆点)和数值解(实线)的对比

表 7.3 1400 时间步后的流场参数(非守恒型控制方程)

I	$\frac{x}{L}$	$\frac{A}{A^*}$	$\frac{\rho}{\rho_0}$	$\frac{V}{a_0}$	$\frac{T}{T_0}$	$\frac{p}{p_0}$	Ma	$\dot{m}$
1	0.000	5.950	1.000	0.099	1.000	1.000	0.099	0.590
2	0.100	5.312	0.998	0.112	0.999	0.997	0.112	0.594
3	0.200	4.718	0.997	0.125	0.999	0.996	0.125	0.589
4	0.300	4.168	0.994	0.143	0.998	0.992	0.143	0.591
5	0.400	3.662	0.992	0.162	0.997	0.988	0.163	0.589
6	0.500	3.200	0.987	0.187	0.995	0.982	0.187	0.589
7	0.600	2.782	0.982	0.215	0.993	0.974	0.216	0.588
8	0.700	2.408	0.974	0.251	0.989	0.963	0.252	0.588
9	0.800	2.078	0.963	0.294	0.985	0.948	0.296	0.587
10	0.900	1.792	0.947	0.346	0.978	0.926	0.350	0.587
11	1.000	1.550	0.924	0.409	0.969	0.895	0.416	0.586
12	1.100	1.352	0.892	0.485	0.956	0.853	0.496	0.585
13	1.200	1.198	0.849	0.575	0.937	0.795	0.594	0.585
14	1.300	1.088	0.792	0.678	0.911	0.722	0.710	0.584
15	1.400	1.022	0.721	0.793	0.878	0.633	0.846	0.584
16	1.500	1.000	0.639	0.914	0.836	0.534	0.099	0.584
17	1.600	1.022	0.551	1.037	0.789	0.434	1.167	0.584
18	1.700	1.088	0.465	1.155	0.737	0.343	1.345	0.584
19	1.800	1.198	0.386	1.263	0.684	0.264	1.528	0.585
20	1.900	1.352	0.318	1.361	0.633	0.201	1.710	0.586
21	2.000	1.550	0.262	1.446	0.585	0.153	1.890	0.587
22	2.100	1.792	0.216	1.519	0.541	0.117	2.065	0.588
23	2.200	2.078	0.179	1.582	0.502	0.090	2.233	0.589
24	2.300	2.408	0.150	1.636	0.467	0.070	2.394	0.590
25	2.400	2.782	0.126	1.683	0.436	0.055	2.549	0.590
26	2.500	3.200	0.107	1.723	0.408	0.044	2.696	0.591
27	2.600	3.662	0.092	1.759	0.384	0.035	2.839	0.591
28	2.700	4.168	0.079	1.789	0.362	0.029	2.972	0.592
29	2.800	4.718	0.069	1.817	0.342	0.024	3.105	0.592
30	2.900	5.312	0.061	1.839	0.325	0.020	3.225	0.595
31	3.000	5.950	0.053	1.862	0.308	0.016	3.353	0.585

表 7.4 给出了一些数值解和精确解相对值的比较,这样的比较要比图 7.12 中的比较更加详细。这里比较了数值解和理论解得出的密度比和马赫数。保留到小数点后第三位的数值解和解析解不是完全的吻合,这两种解之间存在很小的差别,大致为 0.3%~3.29%。图 7.12 中分辨不出这个量级的差别。简单地讲,有三种原因造成

这一微小差别:①入口处边界条件的微小误差;②与 Δx 为有限值的截断误差,如 4.3 节中的讨论;③Courant 数明显小于 1 可能带来的影响(我们现在讨论的算例中,Courant 数为 0.5),如 4.5 节末尾的讨论。下面我们来依次分析这些原因。

表 7.4 喷管内的密度比和马赫数分布

$\frac{x}{L}$	$\frac{A}{A^*}$	$\frac{\rho}{\rho_0}$		误差/%	Ma		误差/%
		数值解	精确解		数值解	精确解	
0.000	5.950	1.000	0.995	0.50	0.099	0.098	1.01
0.100	5.312	0.998	0.994	0.40	0.112	0.110	1.79
0.200	4.718	0.997	0.992	0.30	0.125	0.124	0.08
0.300	4.168	0.994	0.990	0.40	0.143	0.140	2.10
0.400	3.662	0.992	0.987	0.50	0.163	0.160	1.84
0.500	3.200	0.987	0.983	0.40	0.187	0.185	1.07
0.600	2.782	0.982	0.978	0.41	0.216	0.214	0.93
0.700	2.408	0.974	0.970	0.41	0.252	0.249	1.19
0.800	2.078	0.963	0.958	0.52	0.296	0.293	1.01
0.900	1.792	0.947	0.942	0.53	0.350	0.347	0.86
1.000	1.550	0.924	0.920	0.43	0.416	0.413	0.72
1.100	1.352	0.892	0.888	0.45	0.496	0.494	0.40
1.200	1.198	0.849	0.844	0.59	0.594	0.592	0.34
1.300	1.088	0.792	0.787	0.63	0.710	0.709	0.14
1.400	1.022	0.721	0.716	0.69	0.846	0.845	0.12
1.500	1.000	0.639	0.634	0.78	0.999	1.000	0.10
1.600	1.022	0.551	0.547	0.73	1.167	1.169	0.17
1.700	1.088	0.465	0.461	0.87	1.345	1.348	0.22
1.800	1.198	0.386	0.382	1.04	1.528	1.531	0.20
1.900	1.352	0.318	0.315	0.94	1.710	1.715	0.29
2.000	1.550	0.262	0.258	1.53	1.890	1.896	0.32
2.100	1.792	0.216	0.213	1.39	2.065	2.071	0.29
2.200	2.078	0.179	0.176	1.68	2.233	2.240	0.31
2.300	2.408	0.150	0.147	2.00	2.394	2.402	0.33
2.400	2.782	0.126	0.124	2.38	2.549	2.557	0.31
2.500	3.200	0.107	0.105	1.87	2.696	2.706	0.37
2.600	3.662	0.092	0.090	2.17	2.839	2.848	0.32
2.700	4.168	0.079	0.078	1.28	2.972	2.983	0.37
2.800	4.718	0.069	0.068	1.45	3.105	3.114	0.29
2.900	5.312	0.061	0.059	3.29	3.225	3.239	0.43
3.000	5.950	0.053	0.052	1.89	3.353	3.359	0.18

入口处边界条件的误差

入口边界存在固有的误差。第一个网格点 $x=0$ 处，我们假设密度、压力和温度都是气罐中的参数 ρ_0，p_0，T_0。这一条件只有在 $Ma=0$ 是才能严格成立。事实上，$x=0$处的面积比是一个有限的数值，$A/A^*=5.95$，因此 $x=0$ 处的马赫数在数值和理论上都不为 0(喷管内存在有限的质量流)。因此表 7.4 中，$x=0$ 处的 ρ/ρ_0 的数值解为 1.0——这才是我们给出的边界条件的精确值。另一方面，$x=0$ 处的 ρ/ρ_0 的解析解为 0.995，这里有 0.5%的误差。这一固有误差的影响不是很大，我们这里不再讨论。

截断误差：网格无关问题

网格无关是 CFD 中需要考虑的重大问题，现在正好分析这个问题。通常，用 CFD 求解问题时，在流场中使用的是有限数量的网格点(或者有限的网格)。假设使用 N 个网格点。如果计算的其他步骤都不出现问题，会得到这 N 个点的流场参数，而且这些数据很可靠。但是在同样的区域使用 2 倍的网格点 $2N$，例如减小增量 Δx 的值(二维问题时也减小 Δy 的值)，重复刚才的计算会发现得到的流场参数和原来的大不相同。如果这样的话，得到的解就是网格点数的函数，是不可靠的。你必须增加网格点数直到计算结果不随网格数变化。这时的结果才与网格无关。

问题：我们这里的计算与网格无关吗？我们使用了 31 个网格点，平均分布在喷管内。为了回答这一问题，我们把计算的网格加密一倍，使用 61 个网格点。表 7.5 中比较了两种计算得到的稳定态时喉部的密度、温度、压力比和马赫数，分别使用 31 个和 61 个网格点。同时表 7.5 还给出了精确解。注意到加密网格虽然使数值解的性质有所提高，但改进非常小。而且在喷管内各处都一样，换句话说，两种计算得到的数值解是一样的，可以说使用 31 个网格点的计算就是网格无关的。这一网格无关的解不完全和精确解吻合，但是已经足够精确。网格无关的程度取决于对数值解的要求高低，是否需要非常精确的解？如果是的话，就需要严格验证解的网格无关性。是否可以接受数值上的一些误差(比如本例中 1%～2%的误差)？如果是的话，可以放

表 7.5 网格无关的证实

	喷管喉部的值			
	$\frac{\rho^*}{\rho_0}$	$\frac{T^*}{T_0}$	$\frac{p^*}{p_0}$	Ma
工况 1:31 个点	0.639	0.836	0.534	0.999
工况 2:61 个点	0.638	0.835	0.533	1.000
解析精确解	0.634	0.833	0.528	1.000

松网格无关的要求，使用较少的网格来节约计算时间（通常也意味着节约金钱）。具体的选择取决于实际情况。但是应该时刻注意网格无关的问题，以得到满足要求的CFD解。以本节的问题为例，你会使用更多的网格使表7.5中的数值解和精确解完全吻合吗？那么，你需要多少网格呢？这个问题的答案需要你运行自己的程序来实践。

Courant 数的影响

在4.5节的末尾，讨论了Courant数很小的情况，给定网格点的分析域远小于计算域，虽然得到的解非常稳定，但是计算的精度会出现问题。本算例中存在这个问题吗？我们选用 $C=0.5$。考虑到线性双曲型方程的稳定性条件（参考4.5节）是 $C\leqslant 1.0$，这里的选择是不是太小了。为了回答这个问题，我们增大Courant数，重复以前的计算，得到的稳定流动时喉部流场参数如表7.6所示，表中还给出了六个不同的 C 值时的计算结果，C 的变化范围是0.5到1.2。在 C 变化到1.1的过程中，结果只有很小的差别，见表7.6，计算结果没有比 C 值较小时更趋近于精确解。因此，$C=0.5$ 虽然小于必要的值，但是得到的结果没有明显的误差。事实上，$C=0.5$ 时的解更加接近精确解。对于表7.6中列出的稳态的数值解，时间步长在每次 C 值变化时都要进行修正，所以每一次运算的时间步长都是一样的。这一修正是必需的，因为由式(7.66)和式(7.69)计算得到的 Δt 显然会随着 C 值的不同而不同。例如，在前面的计算中 $C=0.5$，我们在时间方向推进了1400时间步，对应的无量纲时间是28.952。当 C 增大到0.7时，时间步的数量为 $1400\left(\frac{5}{7}\right)=1000$，对应的无量纲时间是28.961——和前面的计算相同。因此表7.6中的数值解对应的无量纲时间都是一样的。

表7.6　Courant数影响

Courant 数	$\frac{\rho^*}{\rho_0}$	$\frac{T^*}{T_0}$	$\frac{p^*}{p_0}$	Ma
0.5	0.639	0.836	0.534	0.999
0.7	0.639	0.837	0.535	0.999
0.9	0.639	0.837	0.535	0.999
1.0	0.640	0.837	0.535	0.999
1.1	0.640	0.837	0.535	0.999
1.2		程序不稳定、崩溃		
解析精确解	0.634	0.833	0.528	1.000

有必要指出：对于本节的算例，式(4.84)提出的CFL条件 $C\leqslant 1$ 并没有严格满足。在表7.6中给出了 $C=1.1$ 的结果，在不满足CFL条件时依然得到了稳定解。但是，如表7.6所示，当 C 增大到1.2时，就出现了不稳定，程序也不能继续运行。所以对于本章的控制方程为非线性双曲方程的流动问题，CFL条件（基于线性双曲方

程)并不严格满足。但由以上结果可知,CFL 条件是 Δt 取值的较好的评价方法。即使控制方程是非线性方程,CFL 条件也是 Δt 最可靠的评价方法。

7.4 完全亚声速等熵喷管流动的 CFD 解

这一节讨论管道内的亚声速等熵流动。这种流动的物理性质在参考文献[8]和[21]中有详细的分析。它和 7.2 节分析的亚声速-超声速等熵流动有如下的不同:

(1) 对于管道内的亚声速流动,有无数种可能的等熵流动解,每一种都对应于入口和出口特定的压比 p_e/p_0。图 7.13 给出了两个这样的解。其中第一种情况 a,出口压力 $(p_e)_a$ 只是略小于气罐压力 p_0。喷管内的小压差引起一股"微风"吹过管道。当地马赫数在收缩段内不断增加,在截面积最小的区域达到最大值(马赫数的这一最大值远小于 1)。在扩张段,马赫数不断减小,出口处的马赫数 $(Ma_e)_a$ 非常小。如果出口处的压力减小,使喷管内的压差增大,其中的流动就会加快。例如图 7.13 中的流动 b,其中 $(p_e)_b<(p_e)_a$,虽然整体流动仍是亚声速的,但喷管内的马赫数比较大。如果出口压力再减小,就存在某一 p_e 值——$(p_e)_c$,使得喉部的马赫数正好达到 1,如图 7.13 所示。这时候,截面积最小的区域的压力为 $0.528p_0$,恰好达到当地的声速条件。仔细观察图 7.13 可以发现,对出口压力 p_e,$(p_e)_c<p_e<p_0$,管道内的流动就是完全亚声速的。这样的流动有无穷多种,对应于 p_e 从 p_0 到 $(p_0)_c$ 的无穷多种选择。因此,当管道内的流动是亚声速时,当地的流动参数由当地的面积比 A/A_t(其中 A_t 是喉部的最小面积)和喷管内的压比 p_e/p_0 决定。这和 7.2 节中的亚声速-超声速情况不同,7.2 节讨论的当地马赫数只是面积比的函数(由式(7.6)可知)。

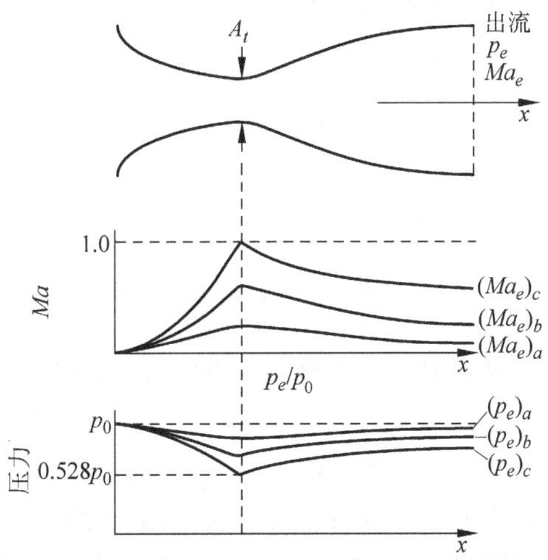

图 7.13 收缩-扩张喷管内的完全亚声速流动示意图

(2) 对于亚声速流动,最小截面 A_t 处的马赫数小于1。所以 A_t 和7.2节中定义的 A^* 不同。A^* 是对应于声速流动的喉部面积。在完全亚声速流动中,A^* 是一个参考面积,而且 $A^* < A_t$。

完全亚声速流动的精确解可通过下式得到。前提是出口-入口压比 p_e/p_0 必须给定,由于在喷管内总压是相同的,通过式(7.7)知道 p_e/p_0 的值决定了 Ma_e,即:

$$\frac{p_e}{p_0}=\left(1+\frac{\gamma-1}{2}Ma_e^2\right)^{-\gamma/(\gamma-1)} \tag{7.78}$$

当 Ma_e 通过式(7.78)得到后,A^* 可以通过式(7.6)得到:

$$\frac{A_e}{A^*}=\frac{1}{Ma_e^2}\left[\frac{2}{\gamma+1}\left(1+\frac{\gamma-1}{2}Ma_e^2\right)\right]^{(\gamma+1)/(\gamma-1)} \tag{7.79}$$

其中 A^* 只是参考值,A^* 小于喉部的面积 A_t。A^* 知道后,接下来用当地的面积除以 A^* 得到 A/A^*,利用式(7.6)计算出当地马赫数。最后,由当地马赫数通过式(7.7)~式(7.9)确定当地的 p/p_0,ρ/ρ_0,T/T_0。

7.4.1 边界条件和初始条件

这个算例中,我们选择以下的喷管面积分布求解,所有的量都是有量纲的。

$$\frac{A}{A_t}=\begin{cases}1+2.2\left(\frac{x}{L}-1.5\right)^2 & 0\leqslant\frac{x}{L}\leqslant 1.5 \quad (7.80\text{a})\\ 1+0.2223\left(\frac{x}{L}-1.5\right)^2 & 1.5\leqslant\frac{x}{L}\leqslant 3.0 \quad (7.80\text{b})\end{cases}$$

上式中,A_t 表示喷管喉部的面积。要记住由于喉部的流动是亚声速的,$A_t \neq A^*$,$A_t > A^*$。由式(7.80a)和(7.80b)描述的面积分布如图7.14所示。

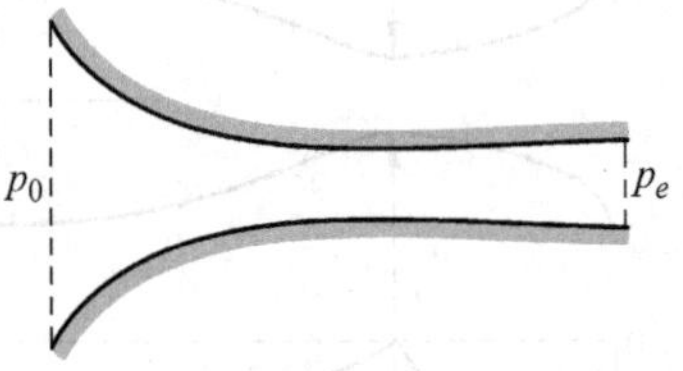

图7.14　完全亚声速流动的喷管示意图

流动的控制方程和亚声速-超声速流动的相同,即为7.3节中的式(7.46),(7.48)和(7.50)。

根据7.4节开始的分析,为了得到唯一的亚声速流动的解,边界条件必须给出喷管上的压比。如图7.15所示,1点的亚声速入口完全按照7.3.1节中的边界条件给出。但是,对于本节的问题,出口边界也是亚声速的。在边界条件的讨论中,在亚声速出口处,有一条特征线(右行特征线)向右传播,同时另一条特征线(左行特征线)向左传播。同样，点 N 的流线也向右移动。在图 7.15 中，点 N 的右特征线向区域外传播，流动也沿流线向区域外传播。和 7.3.1 节的分析相同，这样意味着在这个边界点 N 上，两个流动参数是变化的。另一方面，在点 N，左特征线，向区域内运动。这意味着点 N 的一个流动参数必须给定。当然，这和我们前面的物理分析是一致的。为了得到管道内唯一的亚声速流动解，我们需要给定喷管上的压比 p_0/p_e，对于确定的 p_0，我们需要给定出口压力 p_e。

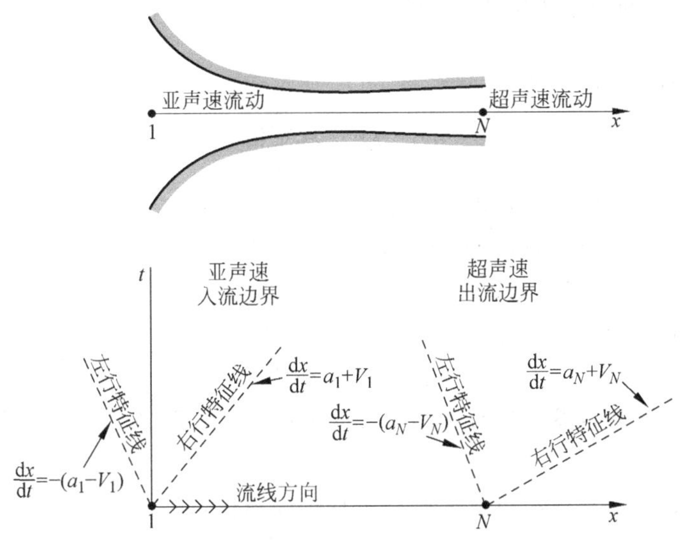

图 7.15　亚声速入口和出口的边界条件研究

在数值解中怎样给定 p_e 的值呢？我们来看控制方程(7.46)，(7.48)和(7.50)，其中的因变量是密度、速度和温度，而不是压力。但是，通过如式(7.81)的状态方程可知：

$$p=\rho RT \tag{7.81}$$

给定 p_e 等同于给定 $\rho_e RT_e$ 的乘积。对于式(7.46)，(7.48)和(7.50)的无量纲形式，式(7.81)可写为：

$$p'_e=\rho'_e T'_e \tag{7.82}$$

数值边界条件由如下的方法实现。亚声速入流边界条件和 7.3.1 节中的边界条件完全相同。也就是说采用式(7.70)和式(7.71)，对于亚声速出流条件，有：

$$p'_N=\text{规定值} \tag{7.83}$$

由于 ρ'_N，T'_N 是控制方程中的因变量，我们必须保证随时间变化的 ρ'_N，T'_N 和式(7.83)给定的压力边界条件是强耦合的。不管 ρ'_N，T'_N 从一个时步到下一个时步如何变化，在每一时间步中，它们必须满足如下关系：

$$\rho'_N T'_N=p'_N=\text{规定值} \tag{7.84}$$

下面的方法可以保证这一强耦合。我们使用线性外插，得到：

$$T'_N=2T'_{N-1}-T'_{N-2} \tag{7.85}$$

有了 T'_N 的值，可以由状态方程计算得到满足式(7.83)的 ρ'_N，如：

$$\rho'_N=\frac{p'_N}{T'_N}=\frac{\text{规定值}}{T'_N} \tag{7.86}$$

由式(7.85)得到的 T'_N 和由式(7.86)得到的 ρ'_N 保证了 p'_N 的值是恒定的。另外，也可以用线性外插的方法得到 ρ'_N，如：

$$\rho'_N=2\rho'_{N-1}-\rho'_{N-2} \tag{7.87}$$

由状态方程得到 T'_N 为：

$$T'_N=\frac{p'_N}{\rho'_N}=\frac{\text{规定值}}{\rho'_N} \tag{7.88}$$

由式(7.87)得到的 T'_N 和由式(7.88)得到的 ρ'_N 保证了 p'_N 的值是恒定的。(作者通过实践也证明了其他的组合也可以保证这一条件，比如式(7.85)和式(7.86)组合，其中的温度由线性外插得到，或者联立式(7.87)和式(7.88)，其中的密度由线性外插得到。)最后，和前面相同，下游的速度由外插得到：

$$V'_N=2V'_{N-1}-V'_{N-2} \tag{7.89}$$

注：对这一问题边界条件的处理比表面看来复杂得多，在7.4.2节中会继续讨论这一问题。

看初始条件，任意给定初始时刻 $t=0$ 时的变量值，如：

$$\rho'=1.0-0.023x' \tag{7.90a}$$

$$T'=1.0-0.009333x' \tag{7.90b}$$

$$V'=0.05+0.11x' \tag{7.90c}$$

和亚声速-超声速流动求解方法相同，下面使用 MacCormack 方法的预测-修正显式有限差分，来求解时间推进的完全亚声速流动解。步骤完全一样。事实上，对于本节的亚声速流动，只需在原来的程序基础上作一些小的修改——初始条件、喷管形状和下游边界条件，因此其他细节这里不再讨论。

7.4.2 最终数值解：MacCormack 方法

在7.3.2节中，讨论了一些中间结果——第一个时间步的具体计算结果。由于这里使用了完全相同的方法，我们不再分析中间计算过程，直接进入最终结果的讨论。

在向定常解推进的过程中，流场参数随时间的变化如图7.16和图7.17所示。这一算例中对应喷管内的压比为 $p_e/p_0=0.93$。三个不同时间点喷管内无量纲质量流量分布如图7.16所示。虚线代表初始条件，500时间步时，质量流量向稳定状态靠近，5000 时间步时，质量流量收敛于水平线位置，此时 $\rho AV=\text{constant}$。黑色圆点表示精确解，可以看到数值解和精确解达到一致。四个不同时间点喷管内压力的分布如图 7.17 所示，这里的虚线同样表示初始时刻的值。注意到初始时出口处的压力比略小于给定值 0.93，但在第一个时间步之后，方程(7.84)给出的边界条件发挥了作用，$p_e/p_0=0.93$。可以看出，在 $500\Delta t$，$1000\Delta t$ 和 $5000\Delta t$ 时，喷管的压力分布曲线在出口处重合。图 7.17 中的黑色圆点表示精确解。

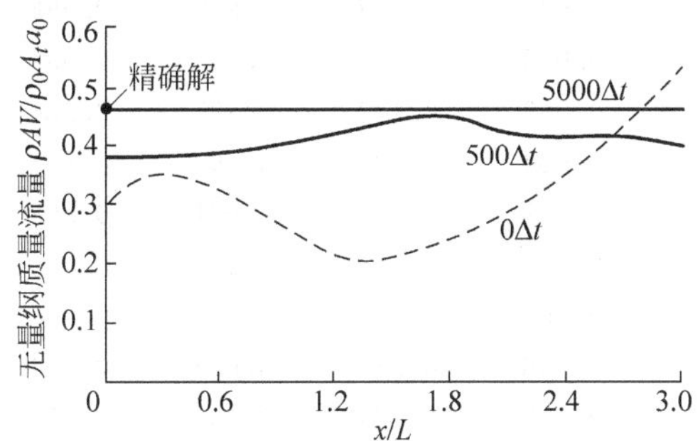

图 7.16 不同时间喷管内的质量流量变化($p_e/p_0=0.93$)

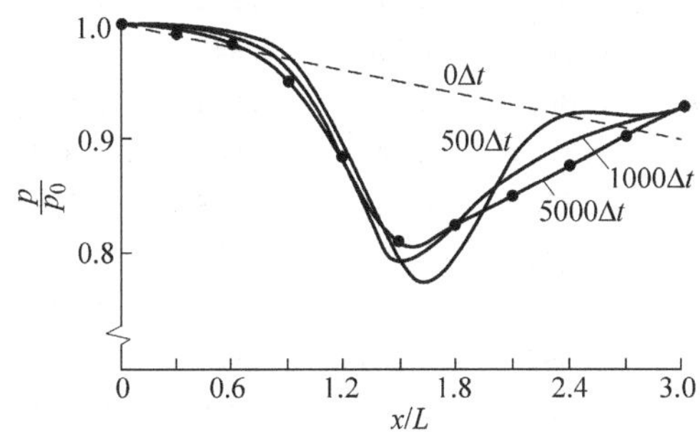

图 7.17 不同时间喷管内压力分布的变化($p_e/p_0=0.93$)

最终的稳定状态的流动参数包括质量流，随喷管内距离的变化如表 7.7 所示。在这个算例中，喷管内有 31 个网格点，Courant 数为 0.5。这是 5000 时间步时的计算结果。这是比较保守的时间步数量，实际上，在一般的应用中，在 2500 时间步计算就已经收敛了。残差的值(无量纲时间导数的平均值)也能反映解的收敛情况，500 时间步时残差达到10^{-2}，2500 时间步时残差为10^{-3}，5000 时间步时残差为10^{-5}。

表 7.8 给出了 5000 时间步时的数值结果和精确解的比较。对于完全亚声速流动，数值解的精度和亚声速-超声速等熵流动的精度相同(参见表 7.4)。

有必要分析达到稳态解需要的时间。本节算例中，$t'=t/(L/a_0)=84.3$。和前面亚声速-超声速流动的无量纲收敛时间比较，5000 时间步的无量纲时间是 10.3。对同一个喷管长度 L 和气罐声速 a_0，亚声速流动需要更长的时间收敛到稳定态。这

表 7.7　5000 时间步时的流动参数——亚声速流动

I	$\frac{x}{L}$	$\frac{A}{A_t}$	$\frac{\rho}{\rho_0}$	$\frac{V}{a_0}$	$\frac{T}{T_0}$	$\frac{p}{p_0}$	Ma	$\dot{m}$
1	0.000	5.950	1.000	0.079	1.000	1.000	0.079	0.469
2	0.100	5.312	0.998	0.089	0.999	0.997	0.089	0.472
3	0.200	4.718	0.998	0.099	0.999	0.997	0.099	0.467
4	0.300	4.168	0.996	0.113	0.998	0.995	0.113	0.468
5	0.400	3.662	0.995	0.128	0.998	0.992	0.128	0.467
6	0.500	3.200	0.992	0.147	0.997	0.989	0.147	0.467
7	0.600	2.782	0.989	0.170	0.995	0.984	0.170	0.466
8	0.700	2.408	0.984	0.197	0.993	0.977	0.197	0.466
9	0.800	2.078	0.977	0.229	0.991	0.968	0.230	0.466
10	0.900	1.792	0.968	0.268	0.987	0.955	0.270	0.465
11	1.000	1.550	0.955	0.314	0.982	0.937	0.317	0.465
12	1.100	1.352	0.938	0.367	0.975	0.914	0.371	0.465
13	1.200	1.198	0.916	0.424	0.966	0.885	0.431	0.465
14	1.300	1.088	0.892	0.480	0.955	0.853	0.491	0.466
15	1.400	1.022	0.871	0.524	0.946	0.824	0.539	0.467
16	1.500	1.000	0.862	0.542	0.942	0.812	0.559	0.467
17	1.600	1.002	0.863	0.540	0.943	0.814	0.556	0.467
18	1.700	1.009	0.865	0.535	0.944	0.816	0.551	0.467
19	1.800	1.020	0.869	0.526	0.946	0.822	0.541	0.467
20	1.900	1.036	0.875	0.516	0.948	0.829	0.530	0.467
21	2.000	1.056	0.881	0.502	0.951	0.838	0.515	0.467
22	2.100	1.080	0.888	0.487	0.954	0.847	0.499	0.467
23	2.200	1.109	0.896	0.470	0.957	0.857	0.481	0.467
24	2.300	1.142	0.903	0.453	0.960	0.867	0.462	0.467
25	2.400	1.180	0.911	0.434	0.963	0.877	0.443	0.467
26	2.500	1.222	0.918	0.416	0.966	0.887	0.423	0.467
27	2.600	1.269	0.925	0.398	0.970	0.897	0.404	0.467
28	2.700	1.320	0.932	0.379	0.972	0.906	0.385	0.467
29	2.800	1.376	0.938	0.362	0.975	0.915	0.366	0.467
30	2.900	1.436	0.944	0.344	0.977	0.923	0.348	0.467
31	3.000	1.500	0.949	0.327	0.980	0.930	0.331	0.466

也是流体单元通过喷管所用时间的一个反映,我们称其为过渡时间。达到一个稳定的状态需要若干个过渡时间,这段时间内初始条件“冲过”喷管。对于完全亚声速流动,流体单元的平均速度比亚声速-超声速流动小得多,所以亚声速流动的过渡时间也长得多。因此,和稳定的超声速流动比较,达到稳定亚声速流动的时间要长很多。在我们的计算结果里也可以清楚的看到这一趋势。

表 7.8 数值解和精确解的比较

$\frac{x}{L}$	$\frac{A}{A_t}$	$\frac{\rho}{\rho_0}$		误差/%	Ma		误差/%
		数值解	精确解		数值解	精确解	
0.000	5.950	1.000	0.997	0.30	0.079	0.077	2.50
0.100	5.312	0.998	0.996	0.20	0.089	0.086	3.30
0.200	4.718	0.998	0.995	0.30	0.099	0.097	2.00
0.300	4.168	0.996	0.994	0.20	0.113	0.110	2.65
0.400	3.662	0.995	0.992	0.30	0.128	0.126	1.56
0.500	3.200	0.992	0.990	0.20	0.147	0.144	2.04
0.600	2.782	0.989	0.986	0.30	0.170	0.167	1.76
0.700	2.408	0.984	0.981	0.30	0.197	0.194	1.52
0.800	2.078	0.977	0.975	0.20	0.230	0.226	1.74
0.900	1.792	0.968	0.966	0.20	0.270	0.265	1.85
1.000	1.550	0.955	0.953	0.21	0.317	0.312	1.58
1.100	1.352	0.938	0.936	0.21	0.371	0.365	1.62
1.200	1.198	0.916	0.916	0.00	0.431	0.423	1.86
1.300	1.088	0.892	0.893	0.11	0.491	0.480	2.24
1.400	1.022	0.871	0.875	0.46	0.539	0.524	2.78
1.500	1.000	0.862	0.867	0.58	0.559	0.541	3.22
1.600	1.002	0.863	0.868	0.58	0.556	0.539	3.06
1.700	1.009	0.865	0.870	0.57	0.551	0.534	3.09
1.800	1.020	0.869	0.874	0.58	0.541	0.526	2.77
1.900	1.036	0.875	0.879	0.46	0.530	0.514	3.02
2.000	1.056	0.881	0.885	0.45	0.515	0.500	2.91
2.100	1.080	0.888	0.892	0.45	0.499	0.485	2.81
2.200	1.109	0.896	0.898	0.33	0.481	0.468	2.91
2.300	1.142	0.903	0.906	0.33	0.462	0.450	2.60
2.400	1.180	0.911	0.913	0.22	0.443	0.431	2.71
2.500	1.222	0.918	0.920	0.22	0.423	0.413	2.36
2.600	1.269	0.925	0.926	0.11	0.404	0.394	2.48
2.700	1.320	0.932	0.933	0.11	0.385	0.376	2.34
2.800	1.376	0.938	0.939	0.11	0.366	0.358	2.19
2.900	1.436	0.944	0.944	0.00	0.348	0.340	2.30
3.000	1.500	0.949	0.949	0.00	0.331	0.324	2.11

7.4.3 失败算例的分析

在 7.4.1 节关于边界条件的讨论中，曾提到过其实际过程非常复杂。下面我们进行深入的分析。

7.4.2 节中喷管内的压比为 $p_e/p_0=0.93$，现在选择一个较高的压比 $p_e/p_0=$

0.9,喷管内流动的马赫数就会增大。但是,由精确解可知,$p_e/p_0=0.9$ 时喷管内的稳定流动应该是亚声速的;喉部的马赫数最大,理论上是 $Ma_t=0.721$,出口处的理论马赫数是 0.391。但是,使用 7.4.2 节中相同的计算参数(相同的初始条件,Courant 数和边界条件),$p_e/p_0=0.9$ 时计算变得不稳定并且发散,为此这里分析不稳定现象和产生的原因。

四个不同时刻喷管内的压力分布如图 7.18 所示。标有 $0\Delta t$ 的虚线表示 $t=0$ 时的初始条件。400 时间步以后(标有 $400\Delta t$ 的虚线),数值解向定性合理的方向推进。大多数情况下,800 时间步后,数值解向合理的稳态值逼近。例如在 $800\Delta t$ 时,喉部马赫数的数值解为 $Ma_t=0.704$,它和精确解非常接近。图 7.18 中圆点表示精确解,我们可以做进一步比较。在喷管的收缩段($x/L<1.5$),已基本达到稳定态。但是,从 $800\Delta t$ 时的曲线可以看到,在下游边界处有小的振荡。$1200\Delta t$ 时,这一振荡很快增大,数值解随之发散。在 $p_e/p_0=0.9$ 时的这一现象和图 7.17 中的 $p_e/p_0=0.93$ 时完全不同,那时在 2500 时间步时达到稳定态。

图 7.18 中的振荡是怎么发生的?简单来说,它们是由下游边界处有限的波反射引起的,而这一反射纯粹是由数值原因引起的。虽然我们出口的压力恒定,但是很多原因会引起有限且不稳定的压缩和膨胀波向右传播,不稳定的喷管流动在恒压边界处被反射。如果这种波很强,下游边界会出现质量振荡。当时间足够长时,振荡就会使计算发散。显然,对于喷管内不太强的压比,例如 $p_e/p_0=0.93$,喷管内的不稳定波比较弱,在下游边界反射时,不会引起振荡。

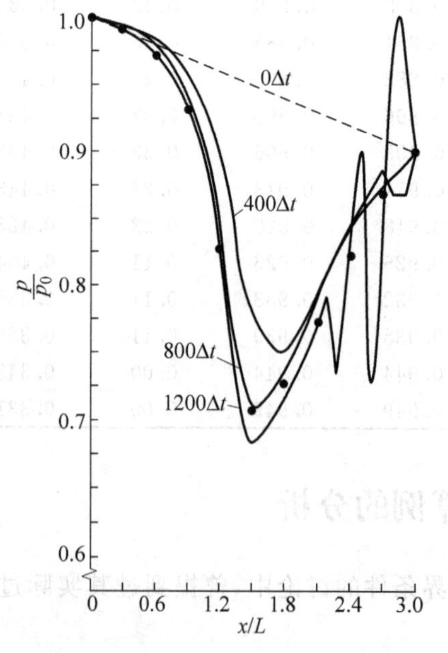

图 7.18 不同时刻喷管内的压力分布变化($p_e/p_0=0.90$)

下面我们从物理角度分析下游的边界条件。我们给定的出口恒定压力边界条件只有在稳态时才能出现。在非定常流动中,有限的压缩和膨胀波在喷管内传播。当这些波经过喷管的下游出口边界时,包括压强在内的所有流动参数都会随时间波动。这是真实的物理现象。(参见参看文献[21]第 7 章关于非定常一维有限波的分析。)在前面的数值计算中,我们不允许下游边界出口处的压强变化,我们假设压力是和时间无关的恒定量。这在稳定流动时是合理的边界条件,但在时间推进的非定常流动过程中是不合理的。因此,由于在数值求解中出口处给定压力,喷管内就产生了波。当压比足够强时(例如 $p_e/p_0=0.9$),在初始时刻喷管内不稳定的有限波相当强,在恒压边界处的非物理反射最终就引发了图 7.18 所示的振荡,计算也随之发散。另一方面,如果压比较小($p_e/p_0=0.93$),不稳定波就比较弱,我们就能如前所述得到合理的稳定解。

还可以采取一些措施来改进 $p_e/p_0=0.9$ 的解。首先,可以测试不同的初始条件,选择更接近定常解的初始条件。这样在向稳态发展的过渡过程中,有限不稳定波比较弱,图 7.18 所示的振荡就会减小。其次,可以增加一些人工黏性来解决 6.6 节中提到的问题。在现在的喷管计算中,还没有明显地加入人工黏性。加入人工黏性的目的之一就是减小如图 7.18 所示的振荡现象。所以这一方法可以有效地解决现在的问题。

现在不深入讨论这些方法,而分析其他的重要问题。将在 7.6 节中讨论添加人工黏性的喷管计算,来处理激波捕捉的问题。

7.5 亚声速-超声速等熵流动的进一步讨论:守恒型控制方程的应用

第 2 章中,我们区分了流动控制方程的守恒和非守恒型,指出理论上任何一种形式的方程都满足基本的物理定律、包括质量守恒、牛顿第二定律和能量守恒。但是,在 CFD 中,对于特定的问题,我们有理由选择一种合适的方程形式。一个典型的例子就是激波捕捉问题(参见 2.10 节),这里比较适用守恒型方程,使用非守恒型,反而会得到不好的数值结果。

本节中将比较守恒和非守恒型方程得到的计算结果。首先推导准一维流动的守恒型控制方程。然后使用 MacCormack 方法数值求解亚声速-超声速等熵流动。喷管内的激波捕捉将放在 7.6 节中讨论。最后,守恒型方程得到的数值解将和非守恒型方程得到的数值解相比较。

7.5.1 守恒型基本方程

我们来看式(7.15)：

$$\frac{\partial(\rho A)}{\partial t}+\frac{\partial(\rho AV)}{\partial x}=0 \tag{7.15}$$

这是准一维流动的连续方程，已经是守恒型。按照7.2节介绍的方法，无量纲化方程，得到：

$$\frac{\partial\left(\frac{\rho}{\rho_0}\frac{A}{A^*}\right)}{\partial\left(\frac{t}{L/a_0}\right)}\left(\frac{\rho_0 A^* a_0}{L}\right)+\frac{\partial\left(\frac{\rho}{\rho_0}\frac{A}{A^*}\frac{V}{a_0}\right)}{\partial(x/L)}\left(\frac{\rho_0 A^* a_0}{L}\right)=0$$

或，

$$\frac{\partial(\rho' A')}{\partial t'}+\frac{\partial(\rho' A' V')}{\partial x'}=0 \tag{7.91}$$

同前，式(7.91)中的撇号表示无量纲量。

回到方程(7.23)：

$$\frac{\partial(\rho AV)}{\partial t}+\frac{\partial(\rho AV^2)}{\partial x}=-A\frac{\partial p}{\partial x} \tag{7.23}$$

这是准一维流动的动量方程，也是守恒型。

将式(7.23)中的两个对 x 导数合并，由于：

$$\frac{\partial(pA)}{\partial x}=p\frac{\partial A}{\partial x}+A\frac{\partial p}{\partial x} \tag{7.92}$$

将式(7.92)和式(7.23)相加，得到：

$$\frac{\partial(\rho AV)}{\partial t}+\frac{\partial(\rho AV^2+pA)}{\partial x}=p\frac{\partial A}{\partial x} \tag{7.93}$$

将式(7.93)无量纲化，得到：

$$\frac{\partial\left(\frac{\rho}{\rho_0}\frac{A}{A^*}\frac{V}{a_0}\right)}{\partial\left(\frac{t}{L/a_0}\right)}\left(\frac{\rho_0 A^* a_0^2}{L}\right)+\frac{\partial\left[\frac{\rho}{\rho_0}\frac{A}{A^*}\frac{V^2}{a_0^2}(\rho_0 A^* a_0^2)+\frac{p}{p_0}\frac{A}{A^*}(p_0 A^*)\right]}{\partial\left(\frac{x}{L}\right)L}$$

$$=\frac{p}{p_0}\frac{\partial(A/A^*)}{\partial(x/L)}\left(\frac{p_0 A^*}{L}\right)$$

或，

$$\frac{\partial(\rho' A' V')}{\partial t'}+\frac{\partial[\rho' A' V'^2+p' A'(p_0/\rho_0 a_0^2)]}{\partial x'}=p'\frac{\partial A'}{\partial x'}\left(\frac{p_0}{\rho_0 a_0^2}\right) \tag{7.94}$$

由于：

$$\frac{p_0}{\rho_0 a_0^2}=\frac{\rho_0 RT_0}{\rho_0 a_0^2}=\frac{\rho_0 RT_0}{\rho_0\gamma RT_0}=\frac{1}{\gamma}$$

式(7.94)变为：

$$\frac{\partial(\rho' A' V')}{\partial t'}+\frac{\partial[\rho' A' V'^2+(1/\gamma)p' A']}{\partial x'}=\frac{1}{\gamma}p'\frac{\partial A'}{\partial x'} \tag{7.95}$$

我们来看式(7.33)：

$$\frac{\partial[\rho(e+V^2/2)A]}{\partial t}+\frac{\partial[\rho(e+V^2/2)AV]}{\partial x}=-\frac{\partial(pAV)}{\partial x} \tag{7.33}$$

这是准一维流动守恒型能量方程。合并其中的对 x 导数，得到：

$$\frac{\partial[\rho(e+V^2/2)A]}{\partial t}+\frac{\partial[\rho(e+V^2/2)AV+pAV]}{\partial x}=0 \tag{7.96}$$

定义无量纲内能：

$$e'=\frac{e}{e_0}$$

这里 $e_0=c_v T_0=\dfrac{RT_0}{\gamma-1}$

由此得到式(7.96)的无量纲形式：

$$\frac{\partial\left\{\dfrac{\rho}{\rho_0}\left[\dfrac{e}{e_0}(e_0)+\dfrac{V^2}{2a_0^2}(a_0^2)\right]\dfrac{A}{A^*}\right\}}{\partial\left(\dfrac{t}{L/a_0}\right)}\left(\frac{\rho_0 A^* a_0}{L}\right)$$

$$+\frac{\partial\left\{\dfrac{\rho}{\rho_0}\left[\dfrac{e}{e_0}(e_0)+\dfrac{V^2}{2a_0^2}(a_0^2)\right]\dfrac{V}{a_0}\dfrac{A}{A^*}(\rho_0 a_0 A^*)+\left(\dfrac{p}{p_0}\dfrac{A}{A^*}\dfrac{V}{a_0}\right)(p_0 A^* a_0)\right\}}{\partial\left(\dfrac{x}{L}\right)L}=0 \tag{7.97}$$

由于 $e_0=RT_0/(\gamma-1)$，式(7.97)变为：

$$\frac{\partial\left[\rho'\left(\dfrac{e'}{\gamma-1}+\dfrac{\gamma}{2}V'^2\right)A'\right]}{\partial t'}\left(\frac{\rho_0 A^* a_0 RT_0}{L}\right)$$

$$+\frac{\partial\left[\rho'\left(\dfrac{e'}{\gamma-1}+\dfrac{\gamma}{2}V'^2\right)V'A'\left(\dfrac{\rho_0 a_0 A^* RT_0}{L}\right)+(p'A'V')\left(\dfrac{p_0 A^* a_0}{L}\right)\right]}{\partial x'}=0 \tag{7.98}$$

式(7.98)除以 $\rho_0 A^* a_0 RT_0/L$，得到：

$$\frac{\partial\left[\rho'\left(\dfrac{e'}{\gamma-1}+\dfrac{\gamma}{2}V'^2\right)A'\right]}{\partial t'}+\frac{\partial\left[\rho'\left(\dfrac{e'}{\gamma-1}+\dfrac{\gamma}{2}V'^2\right)V'A'+p'A'V'\left(\dfrac{p_0}{\rho_0 RT_0}\right)\right]}{\partial x'}=0 \tag{7.99}$$

其中，

$$\frac{p_0}{\rho_0 RT_0}=\frac{\rho_0 RT_0}{\rho_0 RT_0}=1$$

所以式(7.99)变为：

$$\frac{\partial\left[\rho'\left(\frac{e'}{\gamma-1}+\frac{\gamma}{2}V'^2\right)A'\right]}{\partial t'}+\frac{\partial\left[\rho'\left(\frac{e'}{\gamma-1}+\frac{\gamma}{2}V'^2\right)V'A'+p'A'V'\right]}{\partial x'}=0 \tag{7.100}$$

式(7.91)，式(7.95)和式(7.100)分别是准一维流动的无量纲守恒型连续方程、动量方程和能量方程。回到非定常三维流动的通用控制方程(2.93)。准一维流动的方程可以表达成类似的形式。我们如下定义解向量 $\boldsymbol{U}$，通量 $\boldsymbol{F}$ 和源项 $\boldsymbol{J}$：

$$U_1=\rho'A'$$

$$U_2=\rho'A'V'$$

$$U_3=\rho'\left(\frac{e'}{\gamma-1}+\frac{\gamma}{2}V'^2\right)A'$$

$$F_1=\rho'A'V'$$

$$F_2=\rho'A'V'^2+\frac{1}{\gamma}p'A'$$

$$F_3=\rho'\left(\frac{e'}{\gamma-1}+\frac{\gamma}{2}V'^2\right)V'A'+p'A'V'$$

$$J_2=\frac{1}{\gamma}p'\frac{\partial A'}{\partial x'}$$

根据如上定义，公式(7.91)，(7.95)和(7.100)可以分别写为：

$$\frac{\partial U_1}{\partial t'}=-\frac{\partial F_1}{\partial x'} \tag{7.101a}$$

$$\frac{\partial U_2}{\partial t'}=-\frac{\partial F_2}{\partial x'}+J_2 \tag{7.101b}$$

$$\frac{\partial U_3}{\partial t'}=-\frac{\partial F_3}{\partial x'} \tag{7.101c}$$

以上得到了准一维流动的控制方程。方程(7.101a)～(7.101c)分别是准一维流动守恒型连续方程，动量方程和能量方程，这就是使用 MacCormack 方法希望得到的数值求解的方程。

在求解之前，回顾一下在第2章中的讨论，守恒型中的因变量(直接得到的量)并不是原始变量。例如在式(7.100a)～式(7.100c)中，数值会直接给出每一时间步的 U_1，U_2，U_3 的值，这就是将 $\boldsymbol{U}$ 叫做解向量的原因。为了得到原始变量(ρ，V，T，p 等)，采用如下 U_1，U_2 和 U_3 解耦的方法，通过上面 U_1，U_2 和 U_3 的定义，有：

$$\rho'=\frac{U_1}{A'} \tag{7.102}$$

$$V'=\frac{U_2}{U_1} \tag{7.103}$$

$$T' = e' = (\gamma - 1)\left(\frac{U_3}{U_1} - \frac{\gamma}{2}V'^2\right) \tag{7.104}$$

$$p' = \rho' T' \tag{7.105}$$

注意到在式(7.104)中 $e' = T'$，即：

$$e' \equiv \frac{e}{e_0} = \frac{c_v T}{c_v T_0} = \frac{T}{T_0} = T'$$

因此，由式(7.100a)～(7.100c)数值计算的每一步得到 U_1，U_2 和 U_3 后，可以通过式(7.102)～(7.105)很快地得到相应的原始变量 ρ'，V'，T'和 p'。

7.5.2 设定

通过式(7.101a)～(7.101c)，知道通量的分量 F_1，F_2 和 F_3 可以通过原始变量表达(参见式(7.101a)～(7.101c)描述的 F_1，F_2 和 F_3 之间的关系)。由作者的经验得知，当 F_1，F_2，F_3 直接由 ρ'，V'，T'，p'表示时，时间推进的过程中会出现不稳定。例如，在准一维亚声速-超声速等熵喷管流动中，300 时间步左右，亚声速段出现不稳定现象，最终程序发散。这一现象是由守恒型控制方程的“不纯”引起的，最终导致了数值方面的问题产生。如果使用 7.5.1 节中的方程来编写程序，利用式(7.101a)～(7.101c)来求解每一时间步的 U_1，U_2 和 U_3。然后通过解向量来得到原始变量，如式(7.102)～(7.105)。再用得到的 ρ'，V'，T'和 p'来构造式(7.101a)～(7.101c)中的 F_1，F_2 和 F_3，进行下一时间步的计算。如前所述，由作者的经验得知，当原始变量用来构造 F_1，F_2 和 F_3 时，有时会产生数值误差。原因在于式(7.101a)～(7.101c)中显式出现的变量是 U_1，U_2，U_3，而不是原始变量。因此，最好的方法是由 U_1，U_2，U_3 直接推导得到 F_1，F_2，F_3，而不使用原始变量。于是式(7.101a)～(7.101c)可以写作：

$$F_1 = F_1(U_1, U_2, U_3) \tag{7.106a}$$

$$F_2 = F_2(U_1, U_2, U_3) \tag{7.106b}$$

$$F_3 = F_3(U_1, U_2, U_3) \tag{7.106c}$$

$$J_2 = J(U_1, U_2, U_3) \tag{7.106d}$$

这样控制方程成为完全的解变量的函数，只和 U_1，U_2，U_3 有关。下面进一步求解由式(7.106a)～(7.106d)表示的特定形式的守恒方程。

1. “纯型”通量项

考察 7.5.1 节中给出的通量项 F_1：

$$F_1 = \rho' A' V' \tag{7.107}$$

由式(7.102)和式(7.103)得到 ρ'，V'，代入式(7.107)，得到：

$$F_1 = U_2 \tag{7.108}$$

考察7.5.1节中给出的通量 F_2：

$$F_2=\rho' A' V'^2+\frac{1}{\gamma}p' A' \tag{7.109}$$

由式(7.105)知，上面的压强可以写成 $\rho' T'$ 的乘积。而 ρ'，V' 和 T' 又可以通过式(7.102)～(7.104)改为由 U_1，U_2 和 U_3 表示。式(7.109)变为：

$$F_2=\frac{U_2^2}{U_1}+\frac{1}{\gamma}U_1(\gamma-1)\left[\frac{U_3}{U_1}-\frac{\gamma}{2}\left(\frac{U_2}{U_1}\right)^2\right]$$

或者，

$$F_2=\frac{U_2^2}{U_1}+\frac{\gamma-1}{\gamma}\left(U_3-\frac{\gamma}{2}\frac{U_2^2}{U_1}\right) \tag{7.110}$$

考察7.5.1节中给出的通量项 F_3：

$$F_3=\rho'\left(\frac{e'}{\gamma-1}+\frac{\gamma}{2}V'^2\right)V'A'+p'A'V' \tag{7.111}$$

将式(7.102)～(7.105)代入式(7.111)，有：

$$F_3=U_2\left(\frac{U_3}{U_1}-\frac{\gamma}{2}V'^2+\frac{\gamma}{2}V'^2\right)+U_2T'=\frac{U_2U_3}{U_1}+(\gamma-1)U_2\left[\frac{U_3}{U_1}-\frac{\gamma}{2}\left(\frac{U_2}{U_1}\right)^2\right]$$

或者，

$$F_3=\gamma\frac{U_2U_3}{U_1}-\frac{\gamma(\gamma-1)}{2}\frac{U_2^3}{U_1^2} \tag{7.112}$$

最后，7.5.1节中给出的源项 J_2 如下：

$$J_2=\frac{1}{\gamma}p'\frac{\partial A'}{\partial x'} \tag{7.113}$$

将式(7.105)代入，上式变为：

$$J_2=\frac{1}{\gamma}\rho' T'\frac{\partial A'}{\partial x'} \tag{7.114}$$

将式(7.102)～(7.104)代入式(7.114)，得到：

$$J_2=\frac{1}{\gamma}\frac{U_1}{A'}(\gamma-1)\left[\frac{U_3}{U_1}-\frac{\gamma}{2}\left(\frac{U_2}{U_1}\right)^2\right]\frac{\partial A'}{\partial x'}$$

或者，

$$J_2=\frac{\gamma-1}{\gamma}\left(U_3-\frac{\gamma}{2}\frac{U_2^2}{U_1}\right)\frac{\partial(\ln A')}{\partial x'} \tag{7.115}$$

观察守恒型流动控制方程如式(7.101a)～(7.101c)。由式(7.108)，(7.110)，(7.112)和(7.115)所示的 F_1，F_2，F_3，J_2，式(7.101a)～(7.101c)中的变量只有 U_1，U_2，U_3，原始变量不再出现。这是“纯”守恒型流动控制方程，也是以下章节中应用的方程。当使用上面的纯守恒型方程编写程序时，求解就是稳定的，而且会收敛在稳定状态。

注：有时不稳定是由于通过原始变量直接构造 F_1，F_2 和 F_3 而引起的，当使用

F_1，F_2 和 F_3，通过 U_1，U_2 和 U_3 直接构造时，就会得到稳定解。这一现象是 CFD 的一个特性。如果 F_1，F_2 和 F_3 是通过 ρ'，V'，T'和 p'表示而不是 U_1，U_2 和 U_3 表示呢？理论上是没有区别的。但是，在数值计算中却有很大的不同——稳定和不稳定的区别。对此作者没有给出数学解释。就把它看作 CFD 的一种"艺术"吧。另外，有一个例子，可以说明使用一致的方程编写 CFD 程序，并用同样的方法处理每一计算步骤，且中途不做改变的优势。

2. 边界条件

使用守恒型控制方程求解亚声速-超声速等熵流动时的边界条件，理论上和 7.3.1 节中关于边界条件的讨论是一致的。例如在亚声速入口边界，两个流动参数是给定的，另外一个流动参数可变，在超声速出口边界，所有流动参数都没给定。这里，保持 ρ'和 T'在入口边界不变，都为 1.0，V'的值可上下浮动。由于 ρ'的值给定，在 $i=1$ 点的 U_1 就不随时间变化，因为 $U_1=\rho' A'$。也就是说：

$$U_{1(i=1)}=(\rho' A')_{i=1}=A'_{i=1}=\text{固定值}$$

入口处 V'的值在每一时间步由 U_2 得到，U_2 通过已知的内点 $i=2,3$ 时的值通过线性外插得到，即：

$$U_{2(i=1)}=2U_{2(i=2)}-U_{2(i=3)} \tag{7.116}$$

然后通过式(7.103)得到 $i=1$ 处的 V'。由于 V'在入口处不是恒定的，所以 U_3 也是变化的，如下：

$$U_3=\rho'\left(\frac{e'}{\gamma-1}+\frac{\gamma}{2}V'^2\right)A' \tag{7.117}$$

由于 $\rho' A'=U_1$，$e'=T'$，式(7.117)可以写成：

$$U_3=U_1\left(\frac{T'}{\gamma-1}+\frac{\gamma}{2}V'^2\right) \tag{7.118}$$

将上面计算得到的 $V'(i=1)$和定值 $T'=1$ 代入式(7.118)即可得到 $U_3(i=1)$的值。用 $i=1$ 点计算得到的 U_1，U_2 和 U_3 来计算 $i=1$ 的通量 F_1，F_2 和 F_3。这些入流边界的通量值在 MacCormack 修正步中构建向后差分式(7.101a)～(7.101c)时需要用到。入口边界的 F_1，F_2 和 F_3 的值通过 $i=1$ 处的 U_1，U_2 和 U_3 由式(7.108)，(7.110)和(7.112)求得。

下游超声速出口边界上的流动参数通过两个相邻内点的线性外插得到。如果 N 是出口边界上的网格点，那么有：

$$(U_1)_N = 2(U_1)_{N-1}-(U_1)_{N-2} \tag{7.119a}$$

$$(U_2)_N = 2(U_2)_{N-1}-(U_2)_{N-2} \tag{7.119b}$$

$$(U_3)_N = 2(U_3)_{N-1}-(U_3)_{N-2} \tag{7.119c}$$

网格点 N 处的 F_1, F_2 和 F_3 通过 $i=N$ 处的 U_1, U_2 和 U_3 由式(7.108),(7.110)和(7.112)得到,这些通量用来构造 MacCormack 预测步中式(7.101a)～(7.101c)的向前差分。当然,下游出口边界处的原始变量通过式(7.102)～(7.105)求得。

3. *初始条件*

由于式(7.101a)～(7.101c)中的因变量是 U_1, U_2 和 U_3,为了进行有限差分方法求解方程,需要 $t=0$ 时各变量的初始条件。U_1, U_2 和 U_3 的初始条件也就通过式(7.108),(7.110)和(7.112)给出 F_1, F_2 和 F_3 的初始条件。F_1, F_2 和 F_3 的初始条件用来构造第一时间步内式(7.101a)～(7.101c)右端的 x 方向导数。

本节的算例中使用的喷管形状和式(7.73)描述的相同。U_1, U_2, U_3 的初始值通过如下 ρ', T' 的假设得到:

$$\left.\begin{aligned} \rho' &= 1.0 \quad (7.120\text{a}) \\ T' &= 1.0 \quad (7.120\text{b}) \end{aligned}\right\} \quad \text{当 } 0 \leqslant x' \leqslant 0.5$$

$$\left.\begin{aligned} \rho' &= 1.0 - 0.366(x' - 0.5) \quad (7.120\text{c}) \\ T' &= 1.0 - 0.167(x' - 0.5) \quad (7.120\text{d}) \end{aligned}\right\} \quad \text{当 } 0.5 \leqslant x' \leqslant 1.5$$

$$\left.\begin{aligned} \rho' &= 0.634 - 0.3879(x' - 1.5) \quad (7.120\text{e}) \\ T' &= 0.833 - 0.3507(x' - 1.5) \quad (7.120\text{f}) \end{aligned}\right\} \quad \text{当 } 1.5 \leqslant x' \leqslant 3.5$$

这里的喷管形状和初始条件比7.3.1节中的相应参数更符合实际。预测守恒型控制方程,有限差分方法的求解稳定性会比较敏感,所以和7.3.1节中式(7.74a)～(7.74c)相比,这里需要给定较好的初始条件。变量 V' 的初始条件通过 $U_2=\rho' A' V'$ 求得,即控制方程中的变量 U_2,物理上表示当地的质量流量。因此,仅对于初始条件,假设喷管内的质量流量为一常数,V' 由下式计算得到:

$$V' = \frac{U_2}{\rho' A'} = \frac{0.59}{\rho' A'} \tag{7.121}$$

选择0.59作为 U_2 的值是因为它接近稳定流动精确解的质量流量0.579。因此,V' 随 x 变化的初始条件通过将 ρ' 代入式(7.121)得到,其中 ρ' 由式(7.120a),(7.120c)和(7.120e)得到。最后,将以上的 ρ', T' 和 V' 代入7.5.1节中 U_1, U_2 和 U_3 的定义中,即得到 U_1, U_2 和 U_3 的初始条件如下:

$$U_1 = \rho' A' \tag{7.122a}$$

$$U_2 = \rho' A' V' \tag{7.122b}$$

$$U_3 = \rho' \left(\frac{e'}{\gamma - 1} + \frac{\gamma}{2} V'^2 \right) A' \tag{7.122c}$$

其中 $e' = T'$。显然,由以上的初始条件,V' 可以通过 $U_2 = \rho' A' V' = 0.59$ 得到。

4. 时间步长计算

非定常准一维流动守恒型控制方程为双曲型偏微分方程，和 7.3 节中使用的非守恒型控制方程相同。因此，对于显式的有限差分解，计算稳定的时间步 Δt 由 CFL 条件确定。对于本节中的计算，时间步 Δt 严格由 7.3.1 中的定义和式(7.67)～(7.69)决定。这里不再赘述。

7.5.3　中间步的计算：第一个时间步

和 7.3.2 节给出控制方程非守恒型的一些中间步的计算相同，这里对守恒型控制方程作同样的分析。由于使用守恒型方程，计算的过程会有一些变化，所以需要讨论第一时间步上计算的详细过程。如前面的说明，这里给出第一时间步的计算，不仅可以引导读者，如果读者自己编写程序求解问题的话，也方便和自己的计算结果相对照。

本节使用的喷管形状和初始条件已在表 7.9 中给出。喷管形状和 7.3 节中的相同，简图如图 7.8 所示。这里的初始条件和 7.3 节中的不同，因为 U_2 是当地的质量流量而且必须尽可能“明智”地选择初始条件，假设初始时喷管内的质量流量分布是均匀的。这一点在表 7.9 中 $\dot{m}$ 一列的值可以明显地看出。$\dot{m}$ 是无量纲量，定义如下：$\dot{m}=\rho AV/\rho_0 A^* a_0$。表 7.9 中的 ρ'，T'和 V'值由式(7.120a)～(7.120f)和(7.121)得到。同时表 7.9 还由式(7.122a)～(7.122c)计算得到的 U_1，U_2 和 U_3 相应的初始值。

表 7.9　守恒型计算中的初始条件

$\frac{x}{L}$	$\frac{A}{A^*}$	$\frac{\rho}{\rho_0}$	$\frac{V}{a_0}$	$\frac{T}{T_0}$	$\dot{m}$	U_1	U_2	U_3
0.000	5.950	1.000	0.099	1.000	0.590	5.950	0.590	14.916
0.100	5.312	1.000	0.111	1.000	0.590	5.312	0.590	13.326
0.200	4.718	1.000	0.125	1.000	0.590	4.718	0.590	11.847
0.300	4.168	1.000	0.142	1.000	0.590	4.168	0.590	10.478
0.400	3.662	1.000	0.161	1.000	0.590	3.662	0.590	9.222
0.500	3.200	1.000	0.184	1.000	0.590	3.200	0.590	8.076
0.600	2.782	0.963	0.220	0.983	0.590	2.680	0.590	6.679
0.700	2.408	0.927	0.264	0.967	0.590	2.232	0.590	5.502
0.800	2.078	0.890	0.319	0.950	0.590	1.850	0.590	4.525
0.900	1.792	0.854	0.386	0.933	0.590	1.530	0.590	3.728
1.000	1.550	0.817	0.466	0.916	0.590	1.266	0.590	3.094
1.100	1.352	0.780	0.559	0.900	0.590	1.055	0.590	2.604

续表

$\frac{x}{L}$	$\frac{A}{A^*}$	$\frac{\rho}{\rho_0}$	$\frac{V}{a_0}$	$\frac{T}{T_0}$	$\dot{m}$	U_1	U_2	U_3
1.200	1.198	0.744	0.662	0.883	0.590	0.891	0.590	2.241
1.300	1.088	0.707	0.767	0.866	0.590	0.769	0.590	1.983
1.400	1.022	0.671	0.861	0.850	0.590	0.685	0.590	1.811
1.500	1.000	0.634	0.931	0.833	0.590	0.634	0.590	1.705
1.600	1.022	0.595	0.970	0.798	0.590	0.608	0.590	1.614
1.700	1.088	0.556	0.975	0.763	0.590	0.605	0.590	1.557
1.800	1.198	0.518	0.951	0.728	0.590	0.620	0.590	1.521
1.900	1.352	0.479	0.911	0.693	0.590	0.647	0.590	1.498
2.000	1.550	0.440	0.865	0.658	0.590	0.682	0.590	1.479
2.100	1.792	0.401	0.821	0.623	0.590	0.719	0.590	1.458
2.200	2.078	0.362	0.783	0.588	0.590	0.753	0.590	1.430
2.300	2.408	0.324	0.757	0.552	0.590	0.779	0.590	1.389
2.400	2.782	0.285	0.744	0.517	0.590	0.793	0.590	1.333
2.500	3.200	0.246	0.749	0.482	0.590	0.788	0.590	1.259
2.600	3.662	0.207	0.777	0.477	0.590	0.759	0.590	1.170
2.700	4.168	0.169	0.840	0.412	0.590	0.702	0.590	1.071
2.800	4.718	0.130	0.964	0.377	0.590	0.612	0.590	0.975
2.900	5.312	0.091	1.221	0.342	0.590	0.483	0.590	0.917
3.000	5.950	0.052	1.901	0.307	0.590	0.310	0.590	1.023

为了说明中间步的计算，我们选择 $i=16$ 点，即图 7.8 中的喷管喉部。依照 MacCormack 显式预测-修正方法来详细叙述如下。

1. 预测步

计算开始前，我们利用 U_1，U_2 和 U_3 的初始条件来计算 $i=16,17$ 处 F_1，F_2 和 F_3 的初始条件。由表 7.9，U 的初始条件如下：

$$(U_1)_{i=16}=0.634 \qquad (U_2)_{i=16}=0.590 \qquad (U_3)_{i=16}=1.705$$
$$(U_1)_{i=17}=0.608 \qquad (U_2)_{i=17}=0.590 \qquad (U_3)_{i=17}=1.614$$

由式(7.108)得：

$$(F_1)_{i=16}=(U_2)_{i=16}=0.590$$
$$(F_1)_{i=17}=(U_2)_{i=17}=0.590$$

由式(7.110)得：

$$(F_2)_{i=16}=\left[\frac{U_2^2}{U_1}+\frac{\gamma-1}{\gamma}\left(U_3-\frac{\gamma}{2}\frac{U_2^2}{U_1}\right)\right]_{i=16}$$
$$=\frac{(0.590)^2}{0.634}+\frac{0.4}{1.4}\left[1.705-0.7\,\frac{(0.590)^2}{0.634}\right]$$
$$=0.926$$

$$(F_2)_{i=17} = \frac{(0.590)^2}{0.608} + \frac{0.4}{1.4}\left[1.614 - 0.7\,\frac{(0.590)^2}{0.608}\right]$$

$$= 0.919$$

由式(7.112)得：

$$(F_3)_{i=16} = \left[\frac{\gamma U_2 U_3}{U_1} - \frac{\gamma(\gamma-1)}{2}\frac{U_2^3}{U_1^2}\right]_{i=16}$$

$$= \frac{1.4(0.590)(1.705)}{0.634} - \frac{1.4(0.4)(0.590)^3}{2(0.634)^2}$$

$$= 2.078$$

$$(F_3)_{i=17} = \frac{1.4(0.590)(1.614)}{0.608} - \frac{1.4(0.4)(0.590)^3}{2(0.608)^2}$$

$$= 2.036$$

由式(7.113)得到：

$$J_2 = \frac{1}{\gamma}p'\frac{\partial A'}{\partial x'} = \frac{1}{\gamma}\rho' T'\frac{\partial A'}{\partial x'}$$

所以，

$$(J_2)_{i=16} = \frac{1}{1.4}(0.634)(0.833)\left(\frac{1.022-1.0}{0.1}\right) = 0.083$$

使用式(7.112)计算 J_2，而不使用式(7.115)，这与之前在 7.5.2 节第一部分中给出的纯控制方程有一些偏离。这是为了简便(式(7.113)比(7.115)简单得多)不是折中的结果。$\Delta x'$的值为 L/N，其中 L 是喷管长度，N 是喷管内的分段数，这里取 N 为 30。因此：

$$\Delta x' = \frac{L}{N} = \frac{3.0}{30} = 0.1$$

由式(7.101a)，x 导数采用向前差分，得到：

$$\left(\frac{\partial U_1}{\partial t'}\right)_{i=16}^{t'} = -\frac{(F_1)_{i=17} - (F_1)_{i=16}}{\Delta x'} = -\frac{0.590 - 0.590}{0.1} = 0$$

由(7.101b)，得到：

$$\left(\frac{\partial U_2}{\partial t'}\right)_{i=16}^{t'} = -\frac{(F_2)_{i=17} - (F_2)_{i=16}}{\Delta x'} + J_2$$

$$= -\frac{0.919 - 0.926}{0.1} + 0.083 = 0.156$$

注：这里同样要注意，本节中的数据都精确到小数点后三位，如果读者使用计算器计算到小数点后三位，会引入一些数值误差。本节以上和下面的叙述中，表格中的数据是作者在 Macintosh 机上计算得到的精确数值。

最后，由式(7.101c)得到：

$$\left(\frac{\partial U_3}{\partial t'}\right)_{i=16}^{t'} = -\frac{(F_3)_{i=17}-(F_3)_{i=16}}{\Delta x'} = -\frac{2.036-2.078}{0.1} = 0.416$$

为得到流场参数的预测值,必须先得到 $\Delta t'$时间步的值。这里的方法和 7.5.2 节最后一小节提到的方法,以及 7.3.1 节中式(7.67)～(7.69)相同。扫描完 $i=1$ 至 $i=31$ 点之后,可以得到 $\Delta t'$的最小值,这里 Courant 数 $C=0.5$。

$$\Delta t' = 0.0267$$

下面计算 U_1,U_2 和 U_3 的预测值,以带横线的量表示。

$$\begin{aligned}(\overline{U}_1)_{i=16}^{t'+\Delta t'} &= (U_1)_{i=16}^{t'} + \left(\frac{\partial U_1}{\partial t'}\right)_{i=16}^{t'} \Delta t' \\ &= 0.634 + 0\Delta t' = 0.634\end{aligned}$$

$$\begin{aligned}(\overline{U}_2)_{i=16}^{t'+\Delta t'} &= (U_2)_{i=16}^{t'} + \left(\frac{\partial U_2}{\partial t'}\right)_{i=16}^{t'} \Delta t' \\ &= 0.590 + 0.156(0.0267) = 0.594\end{aligned}$$

$$\begin{aligned}(\overline{U}_3)_{i=16}^{t'+\Delta t'} &= (U_3)_{i=16}^{t'} + \left(\frac{\partial U_3}{\partial t'}\right)_{i=16}^{t'} \Delta t' \\ &= 1.705 + 0.416(0.0267) = 1.716\end{aligned}$$

这时,原始变量的预测值可以利用 $\overline{U}_1$,$\overline{U}_2$ 和 $\overline{U}_3$ 的值由式(7.102)～(7.105)得到,例如,由式(7.102),得:

$$(\bar{\rho}')_{i=16}^{t'+\Delta t'} = \frac{(\overline{U}_1)_{i=16}^{t'+\Delta t'}}{(A')_{i=16}} = \frac{0.634}{1.0} = 0.634$$

由式(7.103)和式(7.104)得到:

$$\begin{aligned}(\overline{T}')_{i=16}^{t'+\Delta t'} &= (\gamma-1)\left\{\frac{(\overline{U}_3)_{i=16}^{t'+\Delta t'}}{(\overline{U}_1)_{i=16}^{t'+\Delta t'}} - \frac{\gamma}{2}\left[\frac{(\overline{U}_2)_{i=16}^{t'+\Delta t'}}{(\overline{U}_1)_{i=16}^{t'+\Delta t'}}\right]^2\right\} \\ &= 0.4\left[\frac{1.716}{0.634} - 0.7\left(\frac{0.594}{0.634}\right)^2\right] = 0.837\end{aligned}$$

以上得到的 ρ'和 T'的预测值将在修正步中用到。在进行修正步之前,要计算 $i=15$和 16 点处的 F_1,F_2 和 F_3 的预测值。$i=16$ 处的值由前面得到的 U_1,U_2 和 U_3 的预测值计算,$i=15$ 处的值由 $i=15$ 处的 U_1,U_2 和 U_3 预测值计算(由于篇幅的原因,前面没有给出具体的计算)。利用 $\overline{U}_1$,$\overline{U}_2$ 和 $\overline{U}_3$,由式(7.108),(7.110)和(7.112)得到的通量预测值如下:

$$(\overline{F}_1)_{i=16} = 0.594,\quad (\overline{F}_2)_{i=16} = 0.936,\quad (\overline{F}_3)_{i=16} = 2.105$$
$$(\overline{F}_1)_{i=15} = 0.585,\quad (\overline{F}_2)_{i=15} = 0.915,\quad (\overline{F}_3)_{i=15} = 2.037$$

2. 修正步

U_1,U_2 和 U_3 时间导数的预测值分别由式(7.101a)～(7.101c)得到,x 导数采用向后差分得到,由式(7.101a)得:

$$\left(\overline{\frac{\partial U_1}{\partial t'}}\right)_{i=16}^{t'+\Delta t'} = -\frac{(\bar{F}_1)_{i=16} - (\bar{F}_1)_{i=15}}{\Delta x'}$$

$$= -\frac{0.594 - 0.585}{0.1} = -0.0918$$

由式(7.101b)得到：

$$\left(\overline{\frac{\partial U_2}{\partial t'}}\right)_{i=16}^{t'+\Delta t'} = -\frac{(\bar{F}_2)_{i=16} - (\bar{F}_2)_{i=15}}{\Delta x'} + \frac{1}{\gamma}\bar{\rho}'\bar{T}'\frac{\partial A'}{\partial x'}$$

$$= -\frac{0.936 - 0.915}{0.1} + \frac{1}{1.4}(0.634)(0.837)\left(\frac{1.0 - 1.022}{0.1}\right)$$

$$= -0.290$$

由式(7.101c)得到：

$$\left(\overline{\frac{\partial U_3}{\partial t'}}\right)_{i=16}^{t'+\Delta t'} = -\frac{(\bar{F}_3)_{i=16} - (\bar{F}_3)_{i=15}}{\Delta x'}$$

$$= -\frac{2.105 - 2.037}{0.1} = -0.679$$

时间导数的平均值如下：

$$\left(\frac{\partial U_1}{\partial t}\right)_{\mathrm{av}} = \frac{1}{2}\left[\left(\frac{\partial U_1}{\partial t'}\right)_{i=16}^{t'} + \left(\overline{\frac{\partial U_1}{\partial t'}}\right)_{i=16}^{t'+\Delta t'}\right]$$

$$= 0.5(0 - 0.0918) = -0.0459$$

$$\left(\frac{\partial U_2}{\partial t}\right)_{\mathrm{av}} = \frac{1}{2}\left[\left(\frac{\partial U_2}{\partial t'}\right)_{i=16}^{t'} + \left(\overline{\frac{\partial U_2}{\partial t'}}\right)_{i=16}^{t'+\Delta t'}\right]$$

$$= 0.5(0.156 - 0.290) = -0.0668$$

$$\left(\frac{\partial U_3}{\partial t}\right)_{\mathrm{av}} = \frac{1}{2}\left[\left(\frac{\partial U_3}{\partial t'}\right)_{i=16}^{t'} + \left(\overline{\frac{\partial U_3}{\partial t'}}\right)_{i=16}^{t'+\Delta t'}\right]$$

$$= 0.5(0.416 - 0.679) = -0.131$$

$t'+\Delta t'$时刻(这里由于从 $t'=0$ 开始，计算的实际上是 $t'=\Delta t'$时的修正值)，U_1，U_2，U_3 最终的修正值如下：

$$(U_1)_{i=16}^{t'+\Delta t'} = (U_1)_{i=16}^{t'} + \left(\frac{\partial U_1}{\partial t'}\right)_{\mathrm{av}}\Delta t$$

$$= 0.634 + (-0.0459)(0.0267) = 0.633$$

$$(U_2)_{i=16}^{t'+\Delta t'} = (U_2)_{i=16}^{t'} + \left(\frac{\partial U_2}{\partial t'}\right)_{\mathrm{av}}\Delta t$$

$$= 0.590 + (-0.0668)(0.0267) = 0.588$$

$$(U_3)_{i=16}^{t'+\Delta t'} = (U_3)_{i=16}^{t'} + \left(\frac{\partial U_3}{\partial t'}\right)_{\mathrm{av}}\Delta t$$

$$= 1.705 + (-0.131)(0.0267) = 1.701$$

最后，原始变量的修正值由上面的 U_1，U_2 和 U_3 通过式(7.102)～(7.105)解耦计算得到，由式(7.102)有：

$$(\rho')_{i=16}^{t'+\Delta t'}=(U_1)_{i=16}^{t'+\Delta t'}=\frac{0.633}{1}=0.633$$

由式(7.103)有：

$$(V')_{i=16}^{t'+\Delta t'}=\left(\frac{U_2}{U_1}\right)_{i=16}^{t'+\Delta t'}=\frac{0.588}{0.633}=0.930$$

由式(7.104)有：

$$(T')_{i=16}^{t'+\Delta t'}=(\gamma-1)\left(\frac{U_3}{U_1}-\frac{\gamma}{2}V'^2\right)_{i=16}^{t'+\Delta t'}$$

$$=0.4\left[\frac{1.701}{0.633}-0.7(0.930)^2\right]=0.833$$

这时 $t'=\Delta t'$ 时刻，$i=16$ 点处的流场参数计算已经完成。在喷管内所有内点处重复这一过程，入口和出口处的边界值可按照7.5.2节部分的边界条件分析得到。到这里，读者可能已经见到了太多的数字，我们就省略一些细节。

作为参考，也方便读者对照自己的程序计算结果，第一时间步后所有网格点的流场参数——包括 U_1，U_2 和 U_3，在表7.10中给出。将表7.10中的数值与表7.9中的初始条件比较，发现第一时间步后变化最大的在喷管出口处，而且质量流分布，初始 $t'=0$ 时为常数，在第一时间步后也不再恒定。

表7.10　第一时间步后的流场参数

$\frac{x}{L}$	$\frac{A}{A^*}$	$\frac{\rho}{\rho_0}$	$\frac{V}{a_0}$	$\frac{T}{T_0}$	$\frac{p}{p_0}$	Ma	$\dot{m}$	U_1	U_2	U_3
0.000	5.950	1.000	0.099	1.000	1.000	0.099	0.588	5.950	0.588	14.916
0.100	5.312	1.000	0.111	1.000	1.000	0.111	0.588	5.312	0.588	13.326
0.200	4.718	1.000	0.125	1.000	1.000	0.125	0.588	4.718	0.588	11.846
0.300	4.168	1.000	0.141	1.000	1.000	0.141	0.587	4.168	0.587	10.478
0.400	3.662	1.000	0.160	1.000	1.000	0.160	0.587	3.662	0.587	9.221
0.500	3.200	0.999	0.187	1.000	0.999	0.187	0.598	3.197	0.598	8.067
0.600	2.782	0.963	0.228	0.983	0.947	0.230	0.611	2.679	0.611	6.682
0.700	2.408	0.927	0.271	0.967	0.897	0.276	0.606	2.233	0.606	5.513
0.800	2.078	0.891	0.325	0.950	0.846	0.333	0.601	1.851	0.601	4.534
0.900	1.792	0.854	0.389	0.934	0.798	0.403	0.596	1.531	0.596	3.735
1.000	1.550	0.818	0.467	0.917	0.750	0.487	0.592	1.268	0.592	3.098
1.100	1.352	0.781	0.557	0.900	0.703	0.587	0.588	1.056	0.588	2.605
1.200	1.198	0.744	0.656	0.883	0.657	0.698	0.585	0.892	0.585	2.238
1.300	1.088	0.707	0.759	0.866	0.613	0.815	0.584	0.770	0.584	1.977
1.400	1.022	0.670	0.854	0.849	0.569	0.927	0.585	0.685	0.585	1.804
1.500	1.000	0.633	0.930	0.833	0.527	1.018	0.588	0.633	0.588	1.701
1.600	1.022	0.594	0.979	0.800	0.475	1.094	0.594	0.607	0.594	1.621

续表

$\frac{x}{L}$	$\frac{A}{A^*}$	$\frac{\rho}{\rho_0}$	$\frac{V}{a_0}$	$\frac{T}{T_0}$	$\frac{p}{p_0}$	Ma	$\dot{m}$	U_1	U_2	U_3
1.700	1.088	0.555	0.992	0.766	0.425	1.134	0.599	0.604	0.599	1.572
1.800	1.198	0.517	0.975	0.731	0.377	1.141	0.604	0.619	0.604	1.542
1.900	1.352	0.478	0.939	0.695	0.333	1.126	0.607	0.647	0.607	1.523
2.000	1.550	0.440	0.893	0.660	0.290	1.099	0.609	0.682	0.609	1.506
2.100	1.792	0.401	0.848	0.625	0.251	1.073	0.610	0.719	0.610	1.485
2.200	2.078	0.362	0.809	0.590	0.214	1.054	0.610	0.753	0.610	1.456
2.300	2.408	0.324	0.781	0.554	0.179	1.049	0.609	0.780	0.609	1.413
2.400	2.782	0.285	0.766	0.519	0.148	1.063	0.607	0.793	0.607	1.354
2.500	3.200	0.246	0.768	0.484	0.119	1.104	0.605	0.788	0.605	1.278
2.600	3.662	0.208	0.791	0.448	0.093	1.182	0.601	0.760	0.601	1.184
2.700	4.168	0.169	0.846	0.412	0.070	1.318	0.595	0.704	0.595	1.078
2.800	4.718	0.131	0.949	0.375	0.049	1.551	0.584	0.616	0.584	0.965
2.900	5.312	0.093	1.133	0.324	0.030	1.990	0.560	0.494	0.560	0.846
3.000	5.950	0.063	1.438	0.200	0.013	3.217	0.536	0.373	0.536	0.726

7.5.4 最终数值解:定常状态解

时间推进方法得到的守恒型控制方程的定常解和非守恒型的解(参见 7.3.3 节)基本相同,但还是有微小的差别。本节的定常解如表 7.11 所示,为 1400 时间步时的解。将表 7.11(守恒型)和表 7.3(非守恒型)中的数字作一个简单的比较,可以发现一些小的差别。由此得到的结论是,实际应用中,两种形式可以给出相同的解。这也是预料到的,表格中数据描述的都是等熵,以及亚声速-超声速喷管流动,而且对于这样的流动,方程形式的选择不重要。但是,如 2.10 节所述,非守恒型和守恒型方程的一个重要的区别表现在和激波捕捉相关的问题中。本节的问题中我们没有捕捉激波。

表 7.11 守恒型得到的定常解

$\frac{x}{L}$	$\frac{A}{A^*}$	$\frac{\rho}{\rho_0}$	$\frac{V}{a_0}$	$\frac{T}{T_0}$	$\frac{p}{p_0}$	Ma	$\dot{m}$	U_1	U_2	U_3
0.000	5.950	1.000	0.098	1.000	1.000	0.098	0.583	5.950	0.583	14.915
0.100	5.312	0.999	0.110	0.999	0.998	0.110	0.583	5.306	0.583	13.301
0.200	4.718	0.997	0.124	0.999	0.996	0.124	0.583	4.704	0.583	11.798
0.300	4.168	0.995	0.141	0.998	0.993	0.141	0.583	4.147	0.583	10.404
0.400	3.662	0.992	0.161	0.997	0.989	0.161	0.583	3.633	0.583	9.118
0.500	3.200	0.988	0.184	0.995	0.983	0.185	0.583	3.161	0.583	7.941

续表

$\frac{x}{L}$	$\frac{A}{A^*}$	$\frac{\rho}{\rho_0}$	$\frac{V}{a_0}$	$\frac{T}{T_0}$	$\frac{p}{p_0}$	Ma	$\dot{m}$	U_1	U_2	U_3
0.600	2.782	0.982	0.213	0.993	0.975	0.214	0.583	2.732	0.583	6.869
0.700	2.408	0.974	0.249	0.989	0.964	0.250	0.584	2.345	0.584	5.903
0.800	2.078	0.962	0.292	0.985	0.948	0.294	0.584	2.000	0.584	5.043
0.900	1.792	0.946	0.344	0.978	0.926	0.348	0.584	1.696	0.584	4.287
1.000	1.550	0.923	0.408	0.969	0.894	0.415	0.584	1.431	0.584	3.632
1.100	1.352	0.891	0.485	0.955	0.851	0.496	0.585	1.205	0.585	3.075
1.200	1.198	0.847	0.577	0.935	0.792	0.596	0.585	1.015	0.585	2.609
1.300	1.088	0.789	0.682	0.909	0.718	0.715	0.585	0.859	0.585	2.231
1.400	1.022	0.718	0.798	0.874	0.628	0.854	0.586	0.734	0.586	1.932
1.500	1.000	0.648	0.904	0.839	0.544	0.987	0.586	0.648	0.586	1.730
1.600	1.022	0.548	1.046	0.783	0.429	1.182	0.586	0.560	0.586	1.525
1.700	1.088	0.462	1.164	0.731	0.338	1.361	0.585	0.503	0.585	1.396
1.800	1.198	0.384	1.272	0.679	0.261	1.544	0.585	0.460	0.585	1.301
1.900	1.352	0.316	1.368	0.628	0.198	1.726	0.585	0.427	0.585	1.231
2.000	1.550	0.260	1.452	0.581	0.151	1.905	0.584	0.402	0.584	1.178
2.100	1.792	0.214	1.524	0.538	0.115	2.077	0.584	0.383	0.584	1.138
2.200	2.078	0.177	1.586	0.500	0.088	2.243	0.583	0.368	0.583	1.107
2.300	2.408	0.148	1.639	0.466	0.069	2.402	0.583	0.356	0.583	1.083
2.400	2.782	0.124	1.685	0.436	0.054	2.554	0.583	0.346	0.583	1.064
2.500	3.200	0.106	1.725	0.409	0.043	2.698	0.583	0.338	0.583	1.048
2.600	3.662	0.090	1.760	0.384	0.035	2.838	0.582	0.331	0.582	1.035
2.700	4.168	0.078	1.790	0.363	0.028	2.969	0.582	0.325	0.582	1.025
2.800	4.718	0.068	1.817	0.344	0.023	3.100	0.582	0.320	0.582	1.015
2.900	5.312	0.060	1.840	0.327	0.019	3.216	0.582	0.316	0.582	1.008
3.000	5.950	0.052	1.863	0.310	0.016	3.345	0.582	0.312	0.582	1.001

下面重点分析前面提到的一些微小但可分辨的区别。最明显的区别是质量流量的分布。首先,当初始假设均匀的质量流量时,考察向定常态收敛过程中不同时刻 $\dot{m}$ 随 x/L 的变化。如图 7.19 所示,给出了无量纲质量流量随 x/L 在不同时间的变化趋势。标有 $0\Delta t$ 的虚线表示给定的初始值。注意过渡过程中的质量流量偏离初始值,100 时间步时的解(标有 $100\Delta t$)有点"隆起"。200 时间步时的解(标有 $200\Delta t$)给出了比较均匀的质量流量分布,700 时间步时的解(标有 $700\Delta t$)给出了几乎(但不等于)是均匀的质量流量分布。而且这和精确解的值 0.579 很接近。将图 7.19 和相应的非守恒型方程的解(图 7.11)相比较,会发现这里的质量流量分布更加平缓。当

然，这相当于把苹果和橘子相比，因为图 7.11 和图 7.19 对应于不同的初始条件。我们可以假设图 7.19 中的“温和”行为主要是由于假定的初始条件是均匀质量流量造成的。

比较控制方程守恒型和非守恒型得到的定常解质量流量分布(1400 时间步之后的结果，远大于收敛所需要的时间)。这一比较如图 7.20 所示，其中纵坐标质量流量被放大。可以看到，守恒型得到的定常质量流量分布比非守恒型得到的结果更加令人满意，原因有以下两点：

(1) 守恒型得到的分布更加接近均匀分布。相反地，非守恒型的解(在放大的坐标中)有一定的变化，入口和出口边界处都有显著的振荡。当然，对于实际尺度，使用图 7.11 的坐标尺度时，这些区别不是很明显，质量流量基本是均匀的。

(2) 守恒型得到的定常质量流更接近精确解 $\rho' A' V' = 0.579$，如图 7.20 中虚线所示。

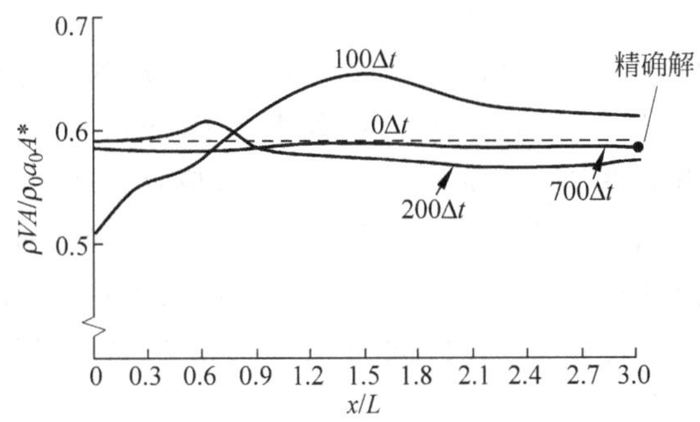

图 7.19 时间推进不同时刻喷管内质量流量分布的变化：守恒型控制方程的解

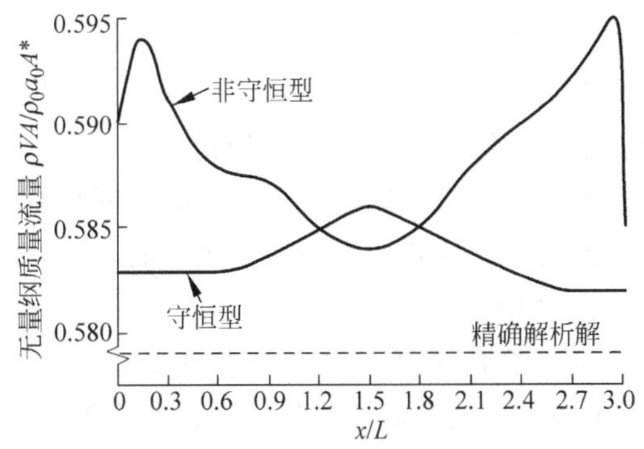

图 7.20 控制方程非守恒型和守恒型得到的定常状态质量流量的详细比较(在尺度放大的坐标系中)

表 7.12　定常解的比较:守恒型和非守恒型

	$\frac{\rho^*}{\rho_0}$	$\frac{T^*}{T_0}$	$\frac{p^*}{p_0}$	Ma
精确解析解	0.634	0.833	0.528	1.000
非守恒型,数值解(31点)	0.639	0.836	0.534	0.999
守恒型,数值解(31点)	0.648	0.839	0.544	0.987
守恒型,数值解(61点)	0.644	0.838	0.540	0.989

如图 7.20 所示的守恒型与非守恒型的比较,显示了控制方程守恒型的优点。守恒型更好地保持喷管内的质量,主要因为质量流量本身是控制方程中的因变量——质量流量是控制方程的直接结果。相反地,控制方程非守恒型中的因变量是原始变量,质量流量是推导得到的结果。由于守恒型的方程更容易保证流场内的质量守恒,因此可以理解它为什么叫作守恒型。

注意:以上的讨论并不能得出守恒型比非守恒型优越的确定结论。相反观察原始变量,特别是喉部的温度、压强和马赫数,如表 7.12 所示。第一行列出了精确解,第二行到第三行给出了非守恒型和守恒型得到的数值解。这里,非守恒型的解更接近精确解。表 7.12 的最后一行给出了守恒型的解,计算网格是前面的两倍(由 31 点到 61 点),最后两行数据的比较说明了守恒型解的网格无关性。注意到网格加倍使定常数值解更加接近精确解(但仍没有非守恒型 31 个网格点得到的结果接近)。对于实际应用,31 个网格点已经足够。

守恒型的残差性质要比非守恒型的残差性质差。对于非守恒型,如图 7.10 所示,开始时残差的量级是10^{-1},但是在 1400 时间步时已经大致衰减到10^{-6}。相应的,对于守恒型,开始时残差的量级是10^{-1},在 1400 时间步时只衰减到10^{-3}。但对于实际应用,这已经足够得到定常解了。

总体上讲,对于给定的流动问题,我们不能清晰地断定守恒型相对于非守恒型的优越性。实际上,从前面的讨论,可以得出以下结论:

(1) 守恒型可以得到较好的质量流量分布。守恒型更好地保证质量守恒。

(2) 非守恒型的残差较小。残差减小的速度往往被看作数值方法质量好坏的一个标志。在这一点上,非守恒型要好一点。

(3) 从解的精度的角度考虑,没有一种永远优越的形式。非守恒型可以得到更精确的原始变量,而守恒型得出更精确的通量。两种形式的解都是令人满意的。

(4) 比较求解的计算量,正如在 7.3 节(非守恒型)和 7.5 节(守恒型)中的讨论,发现守恒型的求解需要的工作量要略微多一些。主要原因是需要由通量来求解原始变量,而使用非守恒型时不需要这一过程。

7.6 激波捕捉一例

7.2 节中讨论了亚声速-超声速等熵流动。我们曾强调,对于给定的喷管形状,只存在唯一的流动解。图 7.2 定性给出了这一流动解。回顾图 7.2,特别注意到图 7.2(c)中的压力分布。喷管内的压比 p_e/p_0,是解的一部分;不需要通过给定它来得到解。(另外,在实验中,需要确定在喷管保持这个压比,否则其对应的亚声速-超声速等熵流动不一定会存在)。相对的,在 7.4 节讨论了喷管内的完全亚声速流动,强调了这一问题有无数种解,每一种对应一个特定的压比 p_e/p_0。在这种情况下,就需要给定 p_e/p_0 来求得对应的解。图 7.13 通过数值描述了这样的亚声速解。

回顾图 7.13,可以提出一个问题:当出口压力略小于$(p_e)_c$ 时会怎么样?答案就是喷管会被“堵塞”;流动在喉部还是亚声速的,无论 p_e 比$(p_e)_c$ 小多少,质量流量都为定值。喉部下游的流动会变为超声速。假设此时的出口压力是$(p_e)_d$,且$(p_e)_d$ 小于$(p_e)_c$,但这一差别相对较小;那么,正激波必然会在喷管的扩张段的某处产生,如图 7.21 所示。正激波的上游流动由亚声速-超声速等熵流动解确定。流动在激波前是超声速的,但在激波后立刻变为亚声速。亚声速流动在扩张段的速度不断减小,而压力却不断增加。这些变化在图 7.21 中可以看到。喷管出口处的压力为$(p_e)_d$,即

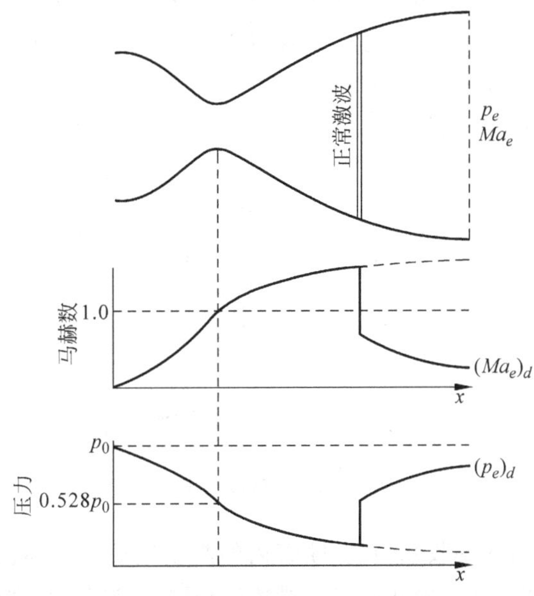

图 7.21 内部正激波的喷管流动简图

出口的给定压力。正激波的位置由喷管内的压力确定——激波前的静压增量和激波后的静压增量之和正好等于出口处的$(p_e)_d$。(作为对照,图 7.21 中的虚线表示完全亚声速-超声速等熵流动)对于完全亚声速流动,目前的解取决于此时的$(p_e)_d$ 值。为了得到确定的解,必须给定$(p_e)_d$ 的值。关于这一流动的详细物理性质等,请参阅参考文献[8] 和[21]。

本节中,将使用数值方法求解给定 p_e 的喷管流动,而且喷管内会产生正激波。在本书中的 CFD 基础知识发展的整体框架中,这一节是很重要的,因为这一节使用数值方法求解与激波捕捉相关的流动。激波捕捉的基础知识在 2.10 节中有所介绍。建议大家开始本节的学习之前先回顾一下 2.10 节;必须清楚激波捕捉的概念和使用数值方法捕捉激波时为什么要使用控制方程的守恒型。同时请回顾图 1.32(c),它列出了本例中用到的各种方法。

7.6.1 问题设定

考虑如图 7.22 所示的术语图。正激波的位置在 A_1。激波上游(激波前)的参数用下标 1 来表示,下游参数(激波后)用下标 2 来表示。从气罐(压力为 p_0)到 1 处的流动是等熵流动(熵值为 s_1),因此流动的总压是恒定的 $p_{0_1}=p_0$。通过激波总压会下降(由于通过激波熵会增加)。从 2 处激波下游到喷管出口的流动也是等熵的(熵值为 s_2,$s_2>s_1$),因此这一部分流动的总压也是恒定的,$(p_0)_e=p_{0_2}$,注意 $p_{0_2}<p_{0_1}$。对于激波前的流动,A_1^* 是定值,等于声速喉部的面积,$A_1^*=A_t$。但是,由于激波前后的熵增,激波后亚声速流动的 A^* 变为 A_2^*,作为参考值(如 7.4 节中关于完全亚声速流动的讨论),这里 $A_2^*>A_1^*$。

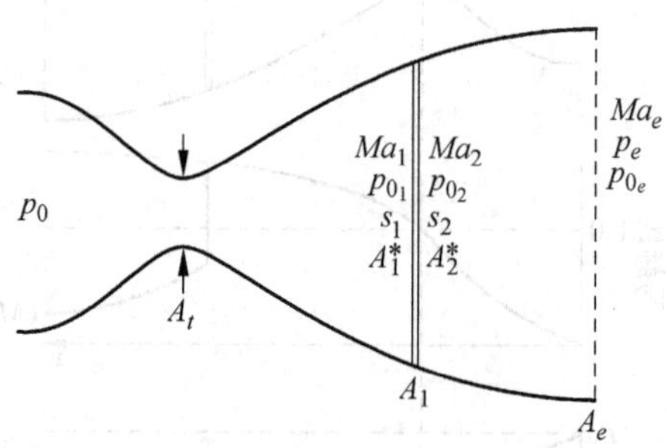

图 7.22 正激波的术语

在本节中,将数值求解收缩-扩张喷管内的激波流动,其中激波出现在喷管的扩张段。喷管的形状和 7.3 节中式(7.73)描述的相同。我们使用守恒型的控制方程来捕捉激波。在求数值解之前,先来分析一下解析精确解。

1. 解析精确解

对于由式(7.73)给定的喷管形状，出口处的面积为 $A_e/A_t=5.95$。现在来计算由下式给出的 p_e 的流动。

$$\frac{p_e}{p_{0_1}}=0.6784\ (\text{给定}) \tag{7.123}$$

这一压比远小于 7.4 节中完全亚声速流动给定的压比，那里给出的压比 $p_e/p_0=0.93$，计算得到了相应的亚声速流动。同时 $p_e/p_0=0.6784$ 又远大于 7.2 节中亚声速-超声速等熵流动给定的压比 $p_e/p_0=0.016$。因此本节给出的 $p_e/p_0=0.6784$ 恰好可以使激波在喷管扩张段的某处产生。首先来计算这一精确位置，即对应出口压比 $p_e/p_0=0.6784$ 时，喷管内正激波产生位置处的截面积比。这一计算可通过如下方式直接进行。

喷管内的质量流量可以表示为：

$$\dot{m}=\frac{p_{0_1}A_1^*}{\sqrt{T_0}}\sqrt{\frac{\gamma}{R}\left(\frac{2}{\gamma+1}\right)^{(\gamma+1)/(\gamma-1)}} \tag{7.124}$$

详细的分析请参见文献[8]和[21]。对于给定的 T_0，有如下关系：

$$\dot{m}\propto p_0A^*$$

由于图 7.22 中的正激波前后的质量流量是相同的，有：

$$p_{0_1}A_1^*=p_{0_2}A_2^* \tag{7.125}$$

注：通过我们前面的讨论，A^* 的定义为声速喉部的面积；对于激波前的超声速流动，A_1^* 和实际的喉部面积 A_t 相等，因为喉部确实存在声速流动。但是在激波后，A_2^* 是激波后的流动变为声速时的截面积。由于激波后的流动总是亚声速的，A_2^* 不可能等于喷管喉部的面积，因为区域 2 的熵大于区域 1。

注意到 $A_e^*=A_2^*$，结合式(7.125)，得到 $p_eA_e/p_{0_e}A_2^*$ 如下：

$$\frac{p_eA_e}{p_{0_e}A_e^*}=\frac{p_eA_e}{p_{0_2}A_2^*}=\frac{p_eA_e}{p_{0_1}A_1^*}=\frac{p_e}{p_{0_1}}\frac{A_e}{A_t} \tag{7.126a}$$

式(7.126a)的右边是已知的，因为 p_e/p_{0_1} 的值为 0.6784，而 $A_e/A_t=5.95$。因此，由式(7.126a)得到：

$$\frac{p_eA_e}{p_{0_e}A_e^*}=0.6784(5.95)=4.03648 \tag{7.126b}$$

由式(7.6)和式(7.7)给出的等熵关系，分别有：

$$\frac{A_e}{A_e^*}=\frac{1}{Ma_e}\left[\frac{2}{\gamma+1}\left(1+\frac{\gamma-1}{2}Ma_e^2\right)\right]^{(\gamma+1)/2(\gamma-1)} \tag{7.127}$$

和，

$$\frac{p_e}{p_{0_e}}=\left(1+\frac{\gamma-1}{2}Ma_e^2\right)^{-\gamma/(\gamma-1)} \tag{7.128}$$

将式(7.127)和式(7.128)代入式(7.126b),有:

$$\frac{1}{Ma_e}\left(\frac{2}{\gamma+1}\right)^{(\gamma+1)/2(\gamma-1)}\left[1+\frac{\gamma-1}{2}Ma_e^2\right]^{-1/2}=4.03648 \qquad (7.129)$$

可解出 Ma_e:

$$Ma_e=0.1431 \qquad (7.130)$$

由式(7.128),得到:

$$\frac{p_e}{p_{0_e}}=\left[1+\frac{\gamma-1}{2}(0.1431)^2\right]^{-3.5}=0.9858 \qquad (7.131)$$

正激波前后的总压比如下式:

$$\frac{p_{0_2}}{p_{0_1}}=\frac{p_{0_e}}{p_{0_1}}=\frac{p_{0_e}}{p_e}\frac{p_e}{p_{0_1}} \qquad (7.132)$$

将式(7.123)和式(7.131)中的数据代入式(7.132),得到:

$$\frac{p_{0_2}}{p_{0_1}}=\frac{0.6784}{0.9858}=0.6882 \qquad (7.133)$$

正激波前后的总压比是激波前马赫数 Ma_1 的函数,如下:(见参考文献[45])

$$\frac{p_{0_2}}{p_{0_1}}=\left[\frac{(\gamma+1)Ma_1^2}{(\gamma-1)Ma_1^2+2}\right]^{\gamma/(\gamma-1)}\left[\frac{\gamma+1}{2\gamma Ma_1^2-(\gamma-1)}\right]^{1/(\gamma-1)} \qquad (7.134)$$

联立式(7.133)和式(7.134),解得 Ma_1 如下:

$$Ma_1=2.07 \qquad (7.135)$$

将式(7.135)代入式(7.6),得到:

$$\frac{A_1}{A_1^*}=\frac{A_1}{A_t}=1.790 \qquad (7.136)$$

现在就知道了正激波位置的精确解——它位于喷管内面积比为1.79的地方。由式(7.33)的喷管形状,激波出现在 $x/L=2.1$ 的位置。其他的激波前后参数可以通过 $Ma_1=2.07$ 求得。例如,由文献[21],激波前后的静压比和激波后的马赫数分别为:

$$\frac{p_2}{p_1}=1+\frac{2\gamma}{\gamma+1}(Ma_1^2-1)=1+1.167[(2.07)^2-1]=4.83 \qquad (7.137)$$

和

$$Ma_2=\left\{\frac{1+[(\gamma-1)/2]Ma_1^2}{\gamma Ma_1^2-(\gamma-1)/2}\right\}^{1/2}=\left[\frac{1+0.2(2.07)^2}{1.4(2.07)^2-0.2}\right]^{1/2}=0.566 \qquad (7.138)$$

以上得到的精确解将和下面章节中的数值解进行比较。

2. 边界条件

亚声速入口的边界和7.5.2节中的处理方法完全相同,由式(7.116)和式(7.118)给出,细节这里不再重复。

本问题的出口边界仍然是亚声速的。7.4.1 节曾给出亚声速出口边界的一般性讨论，我们强调出口压力 p_e 必须给定，但其他参数不需要确定，本例中也一样。但是 7.4.1 节分析的是，非守恒型控制方程，亚声速出流边界条件处理的具体数值方法。这里使用的是守恒型的方程，数值方法也会有些不同。其中 U_1，U_2 和 U_3 是控制方程中的原始因变量，因此，我们通过相邻两个内点的线性外插得到下游边界处的 U_1 和 U_2。

$$(U_1)_N=2(U_1)_{N-1}-(U_1)_{N-2} \tag{7.139a}$$

$$(U_2)_N=2(U_2)_{N-1}-(U_2)_{N-2} \tag{7.139b}$$

下面使用式(7.103)，由 $(U_1)_N$，$(U_2)_N$ 得到 V'_N，如下：

$$V'_N=\frac{(U_2)_N}{(U_1)_N} \tag{7.140}$$

网格点 $i=N$ 处的 U_3 由给定的 $p'_N=0.6784$ 求得，由 U_3 的定义有：

$$U_3=\rho'\left(\frac{e'}{\gamma-1}+\frac{\gamma}{2}V'^2\right)A' \tag{7.141}$$

而 $e'=T'$，由状态方程知 $p'=\rho'T'$，则式(7.141)变为：

$$U_3=\frac{p'A'}{\gamma-1}+\frac{\gamma}{2}\rho'A'V'^2 \tag{7.142}$$

由于 $U_2=\rho'A'V'$，式(7.142)变为：

$$U_3=\frac{p'A'}{\gamma-1}+\frac{\gamma}{2}U_2V' \tag{7.143}$$

在下游边界处，式(7.143)变为：

$$(U_3)_N=\frac{p'_NA'}{\gamma-1}+\frac{\gamma}{2}(U_2)_NV'_N \tag{7.144}$$

由于 $p'_N=0.6784$，式(7.144)可写为：

$$(U_3)_N=\frac{0.6784A'}{\gamma-1}+\frac{\gamma}{2}(U_2)_NV'_N \tag{7.145}$$

式(7.145)即为数值解中给定出口压力的表达式。

3. 初始条件

对于本节的例子，选择如下的初始条件，它和最终解的形式定性相似。从 $x'=0$ 到 $x'=1.5$，初始条件和式(7.120a)～(7.120d)给出的完全相同。但 $x'>1.5$ 时，初始条件改变如下：

$$\left.\begin{aligned}\rho' &= 0.634-0.702(x'-1.5) \qquad (7.146\text{a})\\ T' &= 0.833-0.4908(x'-1.5) \qquad (7.146\text{b})\end{aligned}\right\}\quad 当\ 1.5\leqslant x'\leqslant 2.1$$

$$\left.\begin{aligned}\rho' &= 0.5892+0.10228(x'-2.1) \qquad (7.146\text{c})\\ T' &= 0.93968+0.0622(x'-2.1) \qquad (7.146\text{d})\end{aligned}\right\}\quad 当\ 2.1\leqslant x'\leqslant 3.0$$

V'的初始条件和前面相同，通过假设均匀的质量流量得到，计算如式(7.121)。

7.6.2 时间推进的中间过程：人工黏性的添加

本节激波捕捉的算例和本章前面的例子最显著的不同就是需要添加人工黏性。回想以前的算例，数值计算中没有添加显式的人工黏性。亚声速-超声速等熵流动(7.3节)和完全亚声速流动(7.4节)的求解不需要添加额外的数值耗散——数值方法本身有足够的耗散，可以得到稳定光滑的解。另外，使用控制方程的非守恒型(7.3节和7.4节)和守恒型(7.5节)也没有区别。两种形式的方程都不需要人工黏性。但是，在这一节中，当需要捕捉激波时，要得到稳定和光滑的解，就必须添加某种形式的数值耗散。这里回顾一下6.6节关于人工黏性的介绍，回忆这一节的内容，是为了进一步了解对于正激波存在的喷管流动怎么才能得到合理的解。

为了得到合理的数值解，我们要按6.6节介绍的方法添加人工黏性，根据式(6.58)，得到如下的表达式：

$$S_i^{t'}=\frac{C_x\left|(p')_{i+1}^{t'}-2(p')_i^{t'}+(p')_{i-1}^{t'}\right|}{(p')_{i+1}^{t'}+2(p')_i^{t'}+(p')_{i-1}^{t'}}(U_{i+1}^{t'}-2U_i^{t'}+U_{i-1}^{t'})\tag{7.147}$$

首先计算得到预测值(使用 MacCormack 方法)：

$$\overline{U}_i^{t'+\Delta t'}=(U)_i^{t'}+\left(\frac{\partial U}{\partial t'}\right)_i^{t'}\Delta t'$$

对上式进行代换，得到：

$$(\overline{U}_1)_i^{t'+\Delta t'}=(U_1)_i^{t'}+\left(\frac{\partial U_1}{\partial t'}\right)_i^{t'}\Delta t'+(S_1)_i^{t'}\tag{7.148}$$

$$(\overline{U}_2)_i^{t'+\Delta t'}=(U_2)_i^{t'}+\left(\frac{\partial U_2}{\partial t'}\right)_i^{t'}\Delta t'+(S_2)_i^{t'}\tag{7.149}$$

$$(\overline{U}_3)_i^{t'+\Delta t'}=(U_3)_i^{t'}+\left(\frac{\partial U_3}{\partial t'}\right)_i^{t'}\Delta t'+(S_3)_i^{t'}\tag{7.150}$$

其中U_1，U_2和U_3是式(7.101a)～(7.101c)中的因变量，式(7.148)～(7.150)中的S_1，S_2和S_3由代换式(7.147)右端的U_1，U_2和U_3得到。同样的，在修正步中，得到修正值为：

$$U_i^{t'+\Delta t'}=U_i^{t'}+\left(\frac{\partial U}{\partial t'}\right)_{\text{av}}\Delta t'$$

代换得到：

$$(U_1)_i^{t'+\Delta t'}=(U_1)_i^{t'}+\left(\frac{\partial U_1}{\partial t}\right)_{\text{av}}\Delta t'+(\overline{S}_1)_i^{t}\tag{7.151}$$

$$(U_2)_i^{t'+\Delta t'}=(U_2)_i^{t'}+\left(\frac{\partial U_2}{\partial t}\right)_{\text{av}}\Delta t'+(\overline{S}_2)_i^{t}\tag{7.152}$$

$$(U_3)_i^{t'+\Delta t'} = (U_3)_i^{t'} + \left(\frac{\partial U}{\partial t}\right)_{\text{av}} \Delta t' + (\overline{S}_3)_i^t \tag{7.153}$$

其中 $\overline{S}_1$,$\overline{S}_2$ 和 $\overline{S}_3$ 由式(6.59)形式的公式得到,即:

$$\overline{S}_i^{t'+\Delta t'} = \frac{C_x \left| (\overline{p}')_{i+1}^{t'+\Delta t'} - 2(\overline{p}')_i^{t'+\Delta t'} + (\overline{p}')_{i-1}^{t'+\Delta t'} \right|}{(\overline{p}')_{i+1}^{t'} + 2(\overline{p}')_i^{t'} + (\overline{p}')_{i-1}^{t'}} \times \left[(\overline{U})_{i+1}^{t'+\Delta t'} - 2(\overline{U})_i^{t'+\Delta t'} + (\overline{U})_{i-1}^{t'+\Delta t'} \right] \tag{7.154}$$

$\overline{S}_1$,$\overline{S}_2$ 和 $\overline{S}_3$ 的值利用代换式(7.154)右端的 U_1,U_2 和 U_3 得到。

激波捕捉问题求解的其他步骤和 7.5 节中的讨论完全一样,此处不再详细叙述。直接进入稳态解的分析。

7.6.3 数值解

下面的数值解使用的网格点为喷管内均匀分布的 61 个网格点,而不是前面用到的 31 个点。由于使用 MacCormack 有限差分方法捕捉到的激波有几个网格的厚度,所以使用更细的网格可以更好地确定激波的位置。本节所用的 Courant 数是 0.5。守恒型流动控制方程和 7.5 节中的相同(除了 7.6.1 节中讨论过的下游边界条件的数值处理,和 7.6.3 节中讨论的人工黏性)。喷管出口处的压比为 $p'_e = p_e/p_0 = 0.6784$,不随时间变化。

首先简单分析一下没有人工黏性的情况。图 7.23 给出了喷管内压力分布的数值解(图中实线)和精确解(虚线连接的圆点)的比较。数值解为 1600 时间步后得到的解,对应的无量纲时间为 17.2,计算中没有添加人工黏性。1600 时间步时,数值解

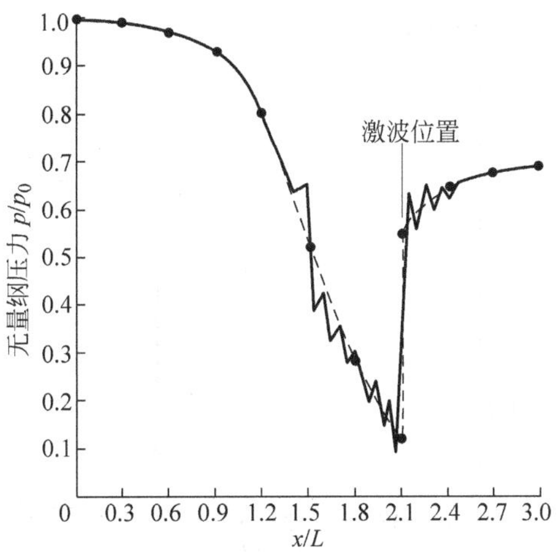

图 7.23 激波捕捉数值解的喷管内压力分布。没有人工黏性。1600 时间步时的数值解和精确解(虚线连接的圆点)的比较

并不是稳定状态的解。虽然数值解试图在喷管右边的位置捕捉激波，但残差比较大——10^{-1}量级。而且在1600时间步之后，残差没有如我们所希望的下降，反而开始增加。2800时间步之后，数值解没有发散，但是振荡更加明显，一些残差增大到10^{1}。这完全是我们不希望得到的解，因此不再对它进行分析。这里我们必须添加人工黏性，讨论如下。

当人工黏性通过式(7.147)～(7.154)添加时，其中常数$C_x=0.2$，可以得到下面的结果。喷管内稳态的压力分布如图7.24所示。数值解(实线)是1400时间步的解——已经收敛的稳定解。精确解由图中虚线连接的圆点表示。由图7.24，可以得到如下结论：

(1) 添加了人工黏性之后，原来计算结果中的振荡恰好被消除了。图7.24的结果($C_x=0.2$)和图7.23($C_x=0$)的对比很明显，这就是人工黏性的作用——使解更加光滑，而且减小(如果不能完全消除)振荡。

(2) 仔细观察图7.24会发现振荡并没有完全消除。激波后的压力分布曲线还存在小的振荡，但不严重影响计算结果。当人工黏性加大时，$C_x=0.3$，这一小的振荡也消失了。但是，过大的人工黏性会在其他方面影响计算结果，在以后会有分析。

(3) 图7.24中的计算结果表示人工黏性会将激波的厚度放大到更多的网格点。由精确解描述的激波前后参数的巨大变化，被数值解的人工黏性抹平一些。人工黏性的增加将激波抹平是添加数值耗散时不希望看到的结果。一些现代的CFD方法(本书未提及)在这一方面有很好的改进：利用应用数学的思想，研究者可以很好地利用人工黏性的优点，在流场需要的地方添加人工黏性，同时又不会抹平激波。这些问题留给读者作CFD的深入研究。

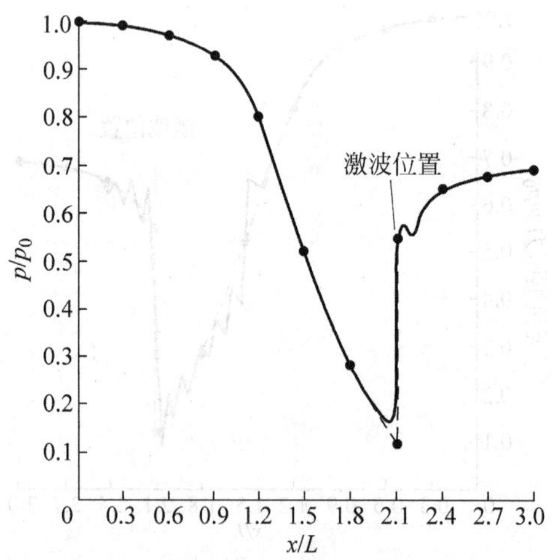

图7.24 激波捕捉数值解的喷管内压力分布。有人工黏性，$C_x=0.2$。1400时间步时的数值解和精确解(虚线连接的圆点)的比较

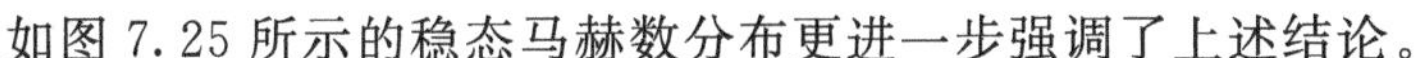
如图 7.25 所示的稳态马赫数分布更进一步强调了上述结论。

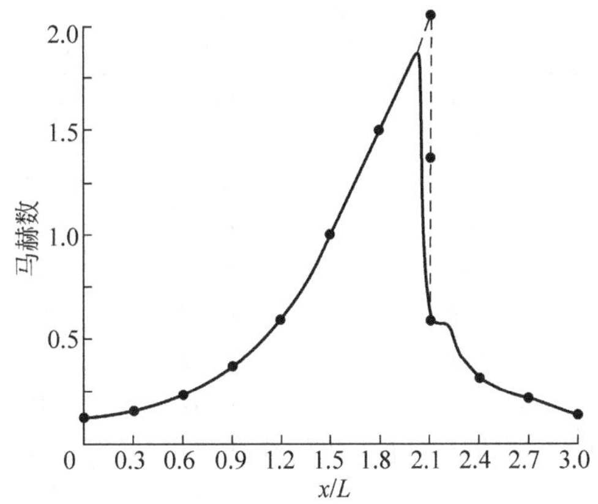

图 7.25　激波捕捉数值解(实线)的喷管内马赫数分布。有人工黏性,$C_x=0.2$。1400 时间步时的数值解和精确解(虚线连接的圆点)的比较

1400 时间步后的详细的数值结果在表 7.13 中列出,以便大家与自己的计算结果作比较。在此强调一下,计算结果是使用守恒型控制方程,人工黏性 $C_x=0.2$,Courant 数 $C=0.5$,采用 61 个均匀网格点时得到的。对应的出口压比是 $p_e/p_0=0.6784$。观察 ρ' 和 p' 的参数变化,激波的附近(理论上应该在 $i=43$ 的网格点处,$x'=2.1$),可以看到激波下游的振荡很小。但是对于质量流量,$\dot{m}=\rho'A'V'$ 在激波上游基本保持恒定 $\rho'A'V'=0.582$。(精确解的值为 0.579——数值解与之非常接近)。但是激波的附近,$\dot{m}$ 发生突变,在激波下游基本变为 0.632。

表 7.13　激波捕捉,稳态数值解

I	$\frac{x}{L}$	$\frac{A}{A^*}$	$\frac{\rho}{\rho_0}$	$\frac{V}{a_0}$	$\frac{T}{T_0}$	$\frac{p}{p_0}$	Ma	$\dot{m}$
1	0.000	5.950	1.000	0.098	1.000	1.000	0.098	0.582
2	0.050	5.626	0.999	0.103	1.000	0.999	0.103	0.582
3	0.100	5.312	0.999	0.110	1.000	0.998	0.110	0.582
4	0.150	5.010	0.998	0.116	0.999	0.997	0.116	0.582
5	0.200	4.718	0.997	0.124	0.999	0.996	0.124	0.582
6	0.250	4.438	0.996	0.132	0.998	0.995	0.132	0.582
7	0.300	4.168	0.995	0.140	0.998	0.993	0.140	0.582
8	0.350	3.910	0.994	0.150	0.997	0.991	0.150	0.582
9	0.400	3.662	0.992	0.160	0.997	0.989	0.160	0.582
10	0.450	3.425	0.990	0.172	0.996	0.986	0.172	0.582
11	0.500	3.200	0.988	0.184	0.995	0.983	0.184	0.582
12	0.550	2.985	0.985	0.198	0.994	0.979	0.198	0.582

续表

I	$\frac{x}{L}$	$\frac{A}{A^*}$	$\frac{\rho}{\rho_0}$	$\frac{V}{a_0}$	$\frac{T}{T_0}$	$\frac{p}{p_0}$	Ma	$\dot{m}$
13	0.600	2.782	0.982	0.213	0.993	0.975	0.214	0.582
14	0.650	2.589	0.979	0.230	0.991	0.970	0.231	0.582
15	0.700	2.408	0.974	0.248	0.990	0.964	0.249	0.582
16	0.750	2.237	0.969	0.268	0.987	0.957	0.270	0.582
17	0.800	2.078	0.963	0.291	0.985	0.948	0.293	0.582
18	0.850	1.929	0.956	0.316	0.982	0.938	0.319	0.582
19	0.900	1.792	0.947	0.343	0.978	0.926	0.347	0.582
20	0.950	1.665	0.936	0.373	0.974	0.912	0.378	0.582
21	1.000	1.550	0.924	0.407	0.969	0.895	0.413	0.582
22	1.050	1.445	0.909	0.443	0.963	0.875	0.452	0.582
23	1.100	1.352	0.892	0.483	0.955	0.852	0.494	0.583
24	1.150	1.270	0.872	0.526	0.946	0.825	0.541	0.583
25	1.200	1.198	0.848	0.573	0.936	0.794	0.593	0.583
26	1.250	1.138	0.821	0.624	0.924	0.759	0.649	0.583
27	1.300	1.088	0.791	0.678	0.910	0.720	0.710	0.583
28	1.350	1.050	0.757	0.734	0.894	0.677	0.776	0.583
29	1.400	1.022	0.719	0.793	0.876	0.630	0.847	0.583
30	1.450	1.006	0.679	0.854	0.856	0.581	0.923	0.583
31	1.500	1.000	0.633	0.921	0.832	0.527	1.009	0.583
32	1.550	1.005	0.596	0.973	0.812	0.484	1.080	0.583
33	1.600	1.022	0.549	1.040	0.786	0.431	1.173	0.583
34	1.650	1.049	0.507	1.096	0.761	0.386	1.256	0.584
35	1.700	1.088	0.462	1.159	0.734	0.339	1.353	0.583
36	1.750	1.137	0.424	1.210	0.709	0.301	1.437	0.584
37	1.800	1.198	0.383	1.268	0.680	0.261	1.538	0.582
38	1.850	1.269	0.351	1.311	0.658	0.231	1.617	0.584
39	1.900	1.352	0.315	1.368	0.628	0.198	1.725	0.582
40	1.950	1.445	0.289	1.398	0.611	0.177	1.788	0.584
41	2.000	1.550	0.256	1.462	0.574	0.147	1.930	0.581
42	2.050	1.665	0.318	1.207	0.677	0.215	1.467	0.639
43	2.100	1.792	0.524	0.697	0.872	0.457	0.747	0.655
44	2.150	1.929	0.619	0.521	0.925	0.573	0.542	0.622
45	2.200	2.078	0.613	0.501	0.926	0.567	0.521	0.638
46	2.250	2.237	0.643	0.436	0.939	0.604	0.450	0.627
47	2.300	2.408	0.643	0.410	0.943	0.607	0.422	0.635
48	2.350	2.589	0.660	0.368	0.950	0.627	0.378	0.629
49	2.400	2.782	0.662	0.344	0.953	0.631	0.353	0.635

续表

I	$\frac{x}{L}$	$\frac{A}{A^*}$	$\frac{\rho}{\rho_0}$	$\frac{V}{a_0}$	$\frac{T}{T_0}$	$\frac{p}{p_0}$	Ma	$\dot{m}$
50	2.450	2.985	0.671	0.314	0.959	0.643	0.321	0.629
51	2.500	3.200	0.675	0.294	0.958	0.647	0.300	0.634
52	2.550	3.425	0.680	0.271	0.964	0.655	0.276	0.630
53	2.600	3.662	0.682	0.253	0.965	0.658	0.258	0.633
54	2.650	3.909	0.687	0.235	0.965	0.663	0.239	0.632
55	2.700	4.168	0.687	0.221	0.969	0.666	0.224	0.632
56	2.750	4.437	0.690	0.206	0.970	0.669	0.209	0.631
57	2.800	4.718	0.692	0.194	0.970	0.671	0.197	0.633
58	2.850	5.009	0.694	0.182	0.971	0.674	0.184	0.631
59	2.900	5.312	0.694	0.171	0.973	0.675	0.174	0.631
60	2.950	5.625	0.697	0.161	0.972	0.677	0.164	0.632
61	3.000	5.950	0.698	0.152	0.972	0.678	0.154	0.632

在图 7.26 中可以看出质量流量的一奇怪变化。这里,给出无量纲质量流量 $\rho' A' V'$ 随喷管中距离的变化。坐标的单位和图 7.19 中的亚声速-超声速等熵流动的解一样。实线表示没有人工黏性($C_x=0.0$)的数值解(1600 时间步后的结果);虚线为有人工黏性($C_x=0.2$)的数值解。可以看出,对于没有人工黏性的数值解,在激波的附近,质量流量有很大的振荡——完全不可预知。相反的,对于有人工黏性的解,质量流量在激波上游的结果很好,而且解从数值和精度上都和前面图 7.19 和表 7.11 中亚声速-超声速等熵流动的稳态解吻合很好。但在激波的附近,有人工黏性的解的质量流量突然增大,使出口处的值比入口处高 8.6%。显然地,控制方程数值解中添加的人工黏性相当于在激波的附近加入了质量源,回顾式(7.147)~(7.154)会不难发现这一点。式(7.147)得到的 $S_i^{t'}$ 和式(7.154)得到的 $\bar{S}_i^{t'+\Delta t'}$ 在压力梯度变化大的

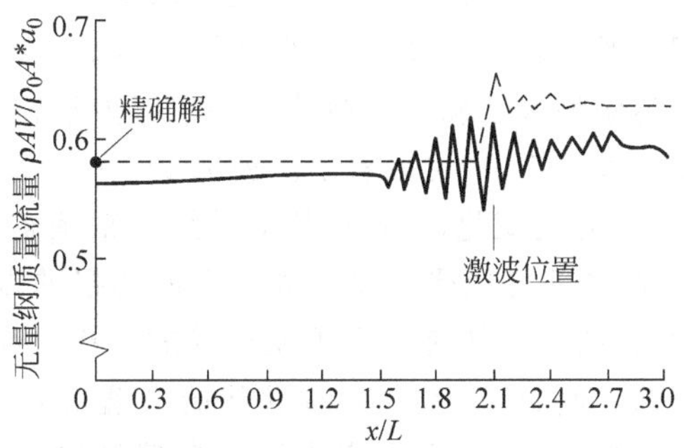

图 7.26 有人工黏性的质量流量分布(虚线:$C_x=0.2$)和没有人工黏性的质量流量分布(实线:$C_x=0.0$)比较

区域会较大;这就是压力在这些表达式中的作用——它相当于感应器,在压力梯度变化快(压力的二阶导数)的地方,人工黏性就会增加,当前面提到的振荡发生的时候也一样。另外,通过式(7.148)~(7.150)和式(7.151)~(7.154),将 S_i^t 和 $\bar{S}_i^{t+\Delta t}$ 直接加在计算得到的 U_i 上。特别的,由于 $U_2=\rho' A' V'$ 是质量流量。因此,不难理解6.6节介绍的人工黏性方法会增加质量流量的源项。

表 7.14 激波捕捉解;喷管喉部的参数值

	$\frac{\rho}{\rho_0}$	$\frac{V}{a_0}$	$\frac{T}{T_0}$	$\frac{p}{p_0}$	Ma	$\dot{m}$
精确解	0.634	0.913	0.833	0.528	1.0	0.579
数值解:						
$C_x=0$	0.735	0.784	0.879	0.646	0.836	0.576
$C_x=0.1$	0.629	0.926	0.831	0.523	1.016	0.583
$C_x=0.2$	0.633	0.921	0.832	0.527	1.009	0.583
$C_x=0.3$	0.640	0.911	0.836	0.535	0.997	0.583

表 7.15 激波捕捉解;喷管出口处的参数值

	$\frac{\rho}{\rho_0}$	$\frac{V}{a_0}$	$\frac{T}{T_0}$	$\frac{p}{p_0}$	Ma	$\dot{m}$
精确解	0.681	0.143	0.996	0.678	0.143	0.579
数值解:						
$C_x=0$	0.672	0.148	1.009	0.678	0.147	0.591
$C_x=0.1$	0.694	0.151	0.978	0.678	0.153	0.624
$C_x=0.2$	0.698	0.152	0.972	0.678	0.154	0.632
$C_x=0.3$	0.698	0.153	0.972	0.678	0.155	0.634

有人工黏性的数值解中的质量流量结果可以接受吗?当你考虑其他问题时,结果是肯定的。显然,当没有人工黏性时,激波捕捉带来了不可接受的振荡(有时还存在不稳定)。所以我们需要添加人工黏性,至少在使用本节介绍的显式 MacCormack 方法的时候。通常,通过添加人工黏性的激波捕捉求解方法得到的原始变量是可以接受的。这在表7.14和表7.15中可以看出。表7.14中,给出了定常流场中喉部的参数,其中 C_x 在0到0.3之间变化,并且把数值结果和精确解进行了比较。没有人工黏性的解,$C_x=0.0$,在喉部已经受到激波处向上游传播的振荡的影响;和精确解的对比发现没有人工黏性的数值解是完全不能接受的。相对而言,有人工黏性的数值解是相当令人满意的。而且,$C_x=0.2$ 时喉部的数值解是本章中最精确的。在表7.15中,列出了在捕捉的正激波下游定常流动在喷管出口的参数值。有趣的是(但不奇怪),随着人工黏性的增加,数值解的流场参数在喷管出口处严重偏离精确解。确实,没有人工黏性的解和精确解吻合的最好。另外,$C_x=0.0$ 时也给出了

1600 时间步后的解；正如前面的介绍，随着时间的推进，数值解更加偏离稳态解，而且很可能在一定的时间步后计算发散。因此，表 7.14 和表 7.15 中 $C_x=0.0$ 时的吻合是没有实际意义的。

下面结束收缩-扩张喷管中的关于激波捕捉的讨论。这是一个重要的章节，因为：

(1) 这是 2.10 节介绍的激波捕捉法的具体应用。是 CFD 中两种捕捉激波的方法之一，另一种是激波装配法。而激波捕捉法是到目前为止最流行的 CFD 方法。

(2) 这是我们第一次使用人工黏性，使我们了解了在求解中显式增加数值耗散的优点和缺点。

(3) 给我们机会使用守恒型控制方程求解另一种流动，而这种形式的方程是迄今 CFD 中最常用的。

同时，我们在这里归纳一下算法。本节我们计算了含有激波的流动，但是没有对激波作特殊处理；也就是说我们使用了无黏流动欧拉方程作为控制方程，给定了喷管内的产生激波的自然边界条件。欧拉方程的数值解捕捉到了激波，并且得到了合理的解。当然，这就是激波捕捉的本质。但是只使用无黏流动的欧拉方程，求解含有激波的流动，而不添加一些补充理论来提前暗示激波的存在，这不是太不可思议了吗？当然，当我们意识到求解不是严格的欧拉方程时，这种疑惑就消除了。我们求解的是 6.6 节中经过修正的一组方程，这组方程的右边含有类似黏性项的部分。另外，在求解过程中，我们还通过人工黏性增加了数值耗散。因此，虽然我们认为得到的是欧拉方程的解，实际上它是“温和的有黏”方程的解，因此它的解(通过这些类似黏性项)可以包含激波。而且，更为奇特的是，数值解中不但存在激波，而且这激波是正确的激波，基本可以得到激波前后正确的参数跳跃和激波在流场中的正确位置。

7.7 总　　结

下面来总结 CFD 的时间推进方法求解准一维喷管流动。这种流动非常重要，因为它是一种大家相对熟悉的流动，并且通过这个例子我们回顾了第 1～6 章讨论过的很多主要的 CFD 问题。本章的内容可以通过图 7.27 来概括。我们又一次把路线图放在一章的最后，因为在详细介绍了各种例子之后再进行总结非常重要。结合图 7.27，我们对第 7 章进行如下总结：

(1) 本章在有限的篇幅中，连续介绍了时间推进方法得到最终稳态解的过程，详细说明了 CFD 中广泛使用的时间推进方法。

(2) 图 7.27 第一行给出了 CFD 中最重要的四个问题，即控制方程的非守恒型和守恒型的选择，守恒型激波捕捉方法的应用，以及人工黏性的添加。

(3) 本章使用非守恒和守恒型方程求解了亚声速-超声速等熵喷管流动,并对解进行了比较。对于实际应用的要求,二者结果完全相同。而守恒型得出的质量流量分布略好一些。这一问题的求解不需要人工黏性,因此我们也没有使用人工黏性。

(4) 求解完全亚声速流动提供了数值方法处理边界条件的一个例子——边界条件是 CFD 中至关重要的问题。这里,亚声速流动是通过进出口之间的固定压比驱动的,不随时间变化。这个例子深入讨论亚声速-超声速出口和入口边界条件。选择非守恒型方程来求解这个问题,也可以使用守恒型方程得到同样结果。

(5) 喷管内有正激波的例子介绍了 CFD 中的四个重要分支:①需要使用控制方程的守恒型;②激波捕捉理论;③需要添加人工黏性来得到合理的解;④又一次分析了亚声速出口边界条件。

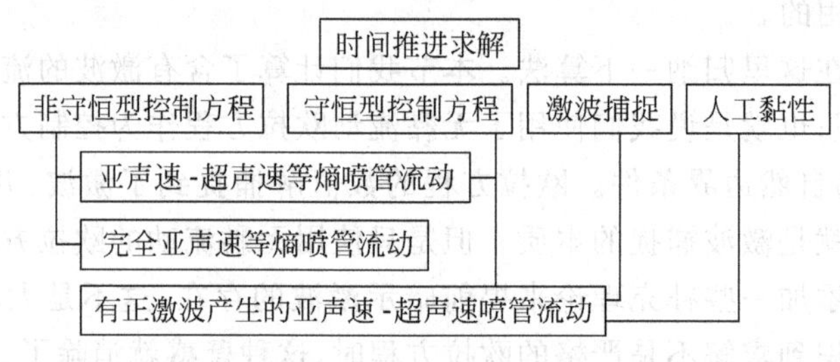

图 7.27 第7章结构示意图

第 8 章

不可压缩 Couette 流动：由隐式方法和压力修正方法得到的数值解

计算中最危险的东西我们叫做幻想。

George Bernanos，from Dialogue des Carmelites，1949

8.1 引　言

第 7 章介绍的数值方法是显式的有限差分方法，而且控制方程的数学性质都是双曲型方程。对于双曲型偏微分方程的显式求解，CFL 稳定性准则限制了时间推进步的大小(第 7 章中的 Δt)。另外，第 7 章讨论的是无黏流动问题。

本章要讨论的问题和前面一章有如下不同：

(1) 使用隐式有限差分方法求解控制方程；

(2) 控制方程是抛物型偏微分方程。

(3) 本章讨论的问题是黏性流动。

具体来讲，本章将求解不可压缩 Couette 流动，精确解由纳维-斯托克斯方程确定。Couette 流动几乎是最简单的黏性流动，但又包含相同的比较复杂的边界层物理特性。求解使用的数值方法是 4.4 节介绍的 Crank-Nicolson 隐式方法。如第 3 章的分析，抛物型偏微分方程本身可以得到推进解；而使用隐式格式可以增大推进步。因此，本章中将讨论 CFD 中的另外一些问题，这和前面一章有所不同。

在本章的结尾，将使用 6.8 节讨论的压力修正方法，得到 Couette 流动的另一种解。将求解二维不可压缩的流动的纳维-斯托克斯方程，使用压力修正方法，求解两个相对运动平行平板之间的不可压缩流动。这种方法是一个迭代过程，我们给定的初始流场即为二维流场。这个例子说明了压力修正方法迭代求解二维不可压缩流动问题的过程，但是当解收敛时，流动参数却只随纵坐标变化——收敛到了 Couette 流动解。

8.2 物理问题和精确解

Couette 流动的定义如下，考虑两平行平板间的黏性流动，平板间的垂直距离是 D，如图 8.1 所示。上板以速度 u_e 运动，下板静止，即 $u=0$。平板间的二维流动如图 8.1 所示。平板间的流动完全由运动平板施加在流体上的剪切力驱动，流动的速度剖面为 $u=u(y)$，如图 8.1 所示。

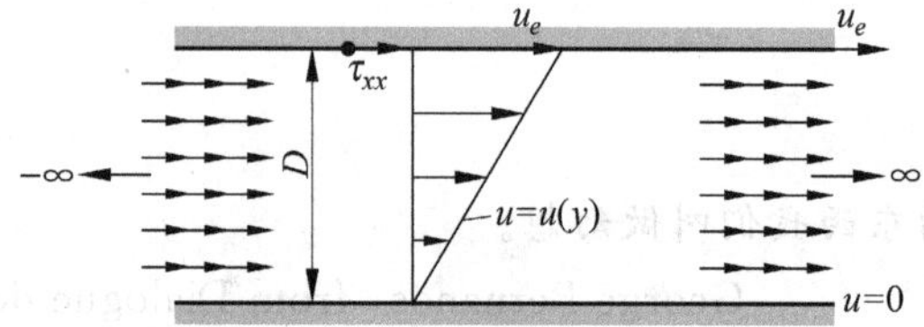

图 8.1 Couette 流动示意图

这一流动的控制方程为 x 方向的动量方程，由式(2.50a)描述，如下：

$$\rho\frac{\mathrm{D}u}{\mathrm{D}t}=-\frac{\partial p}{\partial x}+\frac{\partial\tau_{xx}}{\partial x}+\frac{\partial\tau_{yx}}{\partial y}+\frac{\partial\tau_{zx}}{\partial z}+\rho f_x \tag{2.50a}$$

应用于 Couette 流动，上面的方程可以进一步简化如下。观察图 8.1，可以看出 Couette 模型在 x 方向是无穷远的。由于流动没有起点和终点，流动参数一定和 x 坐标无关。因此对于任何变量，都有 $\partial/\partial x=0$。另外，由式(2.25)定常流动的连续方程，得到：

$$\frac{\partial(\rho u)}{\partial x}+\frac{\partial(\rho v)}{\partial y}=0 \tag{8.1}$$

对于 Couette 流动，$\partial(\rho u)/\partial x=0$，式(8.1)变为：

$$\frac{\partial(\rho v)}{\partial y}=\rho\frac{\partial v}{\partial y}+v\frac{\partial\rho}{\partial y}=0 \tag{8.2}$$

在下板 $y=0$ 处，有 $v=0$，式(8.2)得到：

$$\left(\rho\frac{\partial v}{\partial y}\right)_{y=0}=0$$

或，

$$\left(\frac{\partial v}{\partial y}\right)_{y=0}=0 \tag{8.3}$$

在 $y=0$ 点将 v 进行 Taylor 展开，得到：

$$v(y)=v(0)+\left(\frac{\partial v}{\partial y}\right)_{y=0}y+\left(\frac{\partial^2 v}{\partial y^2}\right)_{y=0}\frac{y^2}{2}+\cdots \tag{8.4}$$

在上板处，式(8.4)变为：

$$v(D)=v(0)+\left(\frac{\partial v}{\partial y}\right)_{y=0}D+\left(\frac{\partial^2 v}{\partial y^2}\right)_{y=0}\frac{D^2}{2}+\cdots \tag{8.5}$$

由于在式(8.3)中，$v(D)=0$，$v(0)=0$，且由式(8.3)得$[\partial v/\partial y]_{y=0}=0$，因此式(8.5)的物理含义为对于所有的 n，有$[\partial^n v/\partial y^n]_{y=0}=0$，以及：

$$v=0 \tag{8.6}$$

这是 Couette 流动的物理特性，也就是说，流场中任何点都没有垂直方向的速度分量。这说明 Couette 流动的流线是水平的平行线——可以从图 8.1 看出。最后，由 y 方向的动量方程式：

$$\rho\frac{\mathrm{D}v}{\mathrm{D}t}=-\frac{\partial p}{\partial y}+\frac{\partial \tau_{xy}}{\partial x}+\frac{\partial \tau_{yy}}{\partial y}+\frac{\partial \tau_{zy}}{\partial z}+\rho f_y \tag{2.50b}$$

知道 Couette 流动中没有质量力：

$$0=-\frac{\partial p}{\partial y}+\frac{\partial \tau_{yy}}{\partial y} \tag{8.7}$$

其中由式(2.57b)得到：

$$\tau_{yy}=\lambda\left(\frac{\partial u}{\partial x}+\frac{\partial v}{\partial y}\right)+2\mu\frac{\partial v}{\partial y}=0 \tag{8.8}$$

由于 $\tau_{yy}=0$，式(8.7)变为：

$$\frac{\partial p}{\partial y}=0 \tag{8.9}$$

结论：对于 Couette 流动，x，y 方向都没有压力梯度。结合上面的信息，我们再来看 x 方向动量方程式(2.50a)，无质量力的二维定常流动的方程为：

$$\rho u\frac{\partial u}{\partial x}+\rho v\frac{\partial u}{\partial y}=-\frac{\partial p}{\partial x}+\frac{\partial \tau_{xx}}{\partial x}+\frac{\partial \tau_{yx}}{\partial y} \tag{8.10}$$

将式(2.57a)和式(2.57d)应用于 Couette 流动，得到：

$$\tau_{xx}=\lambda\left(\frac{\partial u}{\partial x}+\frac{\partial v}{\partial y}\right)+2\mu\frac{\partial u}{\partial x}=0 \tag{8.11}$$

$$\tau_{yx}=\mu\left(\frac{\partial v}{\partial x}+\frac{\partial u}{\partial y}\right)=\mu\frac{\partial u}{\partial y} \tag{8.12}$$

将式(8.11)和式(8.12)代入式(8.10)，对于 Couette 流动得到：

$$0=\frac{\partial}{\partial y}\left(\mu\frac{\partial u}{\partial y}\right) \tag{8.13}$$

这里假设流动是不可压缩等温流动，且 μ 为常数。因此式(8.13)变为：

$$\frac{\partial^2 u}{\partial y^2}=0 \tag{8.14}$$

式(8.14)即为不可压缩，等温 Couette 流动的控制方程。

式(8.14)的解析解是显而易见的。对 y 积分两次，得到：

$$u=c_1 y+c_2 \tag{8.15}$$

其中 c_1，c_2 是积分常数，具体数值由边界条件得到。具体的，在下板处 $y=0$，有 $u=0$。由式(8.15)得到 $c_2=0$。在上板处 $y=D$，有 $u=u_c$。由式(8.15)得到 $c_1=u_e/D$。因此式(8.15)变为：

$$\frac{u}{u_e}=\frac{y}{D} \tag{8.16}$$

式(8.16)即为不可压缩 Couette 流动速度剖面的解析解。式(8.16)得到的速度分布是线性分布：u 随 y 线性变化。这一线性变化如图 8.1 所示。

下面着手建立上述流动的数值求解；精确解式(8.16)将作为数值解对比的基本依据。

8.3 数值方法：隐式 Crank-Nicolson 技术

下面求解数值解。假设速度分布不是线性的，即和精确解式(8.16)不同的速度分布。特别的，假设速度分布如下：

$$u=\begin{cases}0 & \text{对 } 0\leqslant y<D \qquad (8.17\text{a})\\ u_e & \text{对 } y=D \qquad (8.17\text{b})\end{cases}$$

这将是定义的初始速度分布，即为图 8.2(a)中的实线。我们把它看作 $t=0$ 时的初始条件。建立流场的时间推进数值解，我们会看到速度剖面随时间的变化，如图 8.2(b)、(c)所示。当计算时间步足够的时候，速度剖面将达到稳态时的分布，如图 8.2(d)所示。

如图 8.2 所示的是随时间变化的非定常 Couette 流动速度分布。流动的控制方程为式(2.50a)，代入 Couette 流动的假设 $\partial/\partial x=0$ 和 $v=0$，但保留时间导数项。由此得到的控制方程为非定常不可压缩 Couette 流动的 x 方向动量方程如下：

$$\rho\frac{\partial u}{\partial t}=\mu\frac{\partial^2 u}{\partial y^2} \tag{8.18}$$

式(8.18)为抛物型偏微分方程，可以通过时间推进求解。

8.3.1 数值方法

为了方便计算，将式(8.18)进行无量纲化，定义无量纲量如下：

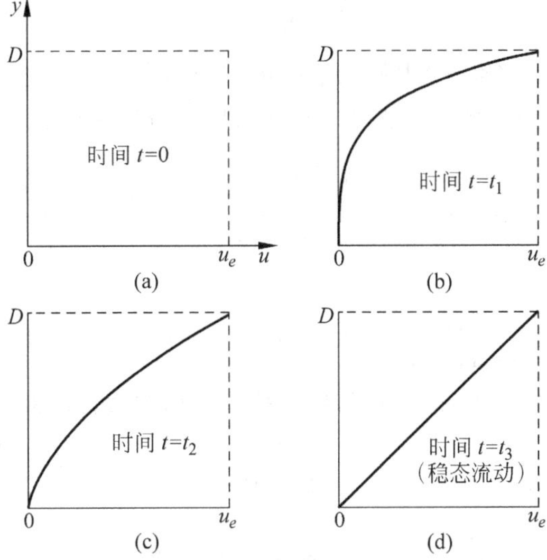

图 8.2 非定常 Couette 流动不同时间的速度剖面示意图

$$u'=\frac{u}{u_e},\quad y'=\frac{y}{D},\quad t'=\frac{t}{D/u_e}$$

式(8.18)经过无量纲化得到：

$$\rho\frac{\partial(u/u_e)}{\partial[t/(D/u_e)]}\left(\frac{u_e^2}{D}\right)=\mu\frac{\partial^2(u/u_e)}{\partial(y/D)^2}\left(\frac{u_e}{D^2}\right)$$

或，

$$\frac{\partial u'}{\partial t'}=\frac{\mu}{\rho u_e D}\frac{\partial^2 u'}{\partial y'^2} \tag{8.19}$$

在式(8.19)中，得到如下恒等式：

$$\frac{\mu}{\rho u_e D}\equiv\frac{1}{\mathrm{Re}_D}$$

其中Re_D 是以两板间距离 D 为特征长度的 Reynolds 数。式(8.19)变为：

$$\frac{\partial u'}{\partial t'}=\frac{1}{\mathrm{Re}_D}\frac{\partial^2 u'}{\partial y'^2} \tag{8.20}$$

式(8.20)即为数值求解用到的方程。

选择使用隐式的有限差分方法来求解；具体来说，使用 4.4 节(以及式(4.40))中介绍的 Crank-Nicolson 方法。本节的例子中，发现求解不可压缩 Couette 流动的过程涉及了隐式 Crank-Nicolson 方法求解的所有关键步骤。请读者在学习本节内容之前一定要先回顾 4.4 节的内容，了解 Crank-Nicolson 方法的基本思想。

和本书前面的几章一样，为了简单起见，将式(8.20)中的撇号省略，记住本节以下部分中的变量都是无量纲量。因此式(8.20)变为：

$$\frac{\partial u}{\partial t}=\frac{1}{\mathrm{Re}_D}\frac{\partial^2 u}{\partial y^2} \tag{8.21}$$

其中 u,y,t 即为式(8.20)中的无量纲量 u',y',t'。

由 Crank-Nicolson 方法，得式(8.21)的有限差分形式为：

$$\frac{u_j^{n+1}-u_j^n}{\Delta t}=\frac{1}{\mathrm{Re}_D}\frac{\frac{1}{2}(u_{j+1}^{n+1}+u_{j+1}^n)+\frac{1}{2}(-2u_j^{n+1}-2u_j^n)+\frac{1}{2}(u_{j-1}^{n+1}+u_{j-1}^n)}{(\Delta y)^2}$$

或，

$$u_j^{n+1}=u_j^n+\frac{\Delta t}{2(\Delta y)^2\mathrm{Re}_D}(u_{j+1}^{n+1}+u_{j+1}^n-2u_j^{n+1}-2u_j^n+u_{j-1}^{n+1}+u_{j-1}^n) \tag{8.22}$$

整理式(8.22)中 $n+1$ 时刻的量，将其移到方程左边，式(8.22)变形为：

$$\left[-\frac{\Delta t}{2(\Delta y)^2\mathrm{Re}_D}\right]u_{j-1}^{n+1}+\left[1+\frac{\Delta t}{(\Delta y)^2\mathrm{Re}_D}\right]u_j^{n+1}+\left[-\frac{\Delta t}{2(\Delta y)^2\mathrm{Re}_D}\right]u_{j+1}^{n+1}$$
$$=\left[1-\frac{\Delta t}{(\Delta y)^2\mathrm{Re}_D}\right]u_j^n+\frac{\Delta t}{2(\Delta y)^2\mathrm{Re}_D}(u_{j+1}^n+u_{j-1}^n) \tag{8.23}$$

式(8.23)即为如下形式的方程：

$$Au_{j-1}^{n+1}+Bu_j^{n+1}+Au_{j+1}^{n+1}=K_j \tag{8.24}$$

其中，

$$A=-\frac{\Delta t}{2(\Delta y)^2\mathrm{Re}_D} \tag{8.25a}$$

$$B=1+\frac{\Delta t}{(\Delta y)^2\mathrm{Re}_D} \tag{8.25b}$$

$$K_j=\left[1-\frac{\Delta t}{(\Delta y)^2\mathrm{Re}_D}\right]u_j^n+\frac{\Delta t}{2(\Delta y)^2\mathrm{Re}_D}(u_{j+1}^n+u_{j-1}^n) \tag{8.25c}$$

在如图 8.3 所示的网格上求解式(8.24)，管道中竖直方向(y 方向)的距离等分成 N 段，管道高度 D 分布 $N+1$ 个网格点，如下式：

$$\Delta y=\frac{D}{N} \tag{8.26}$$

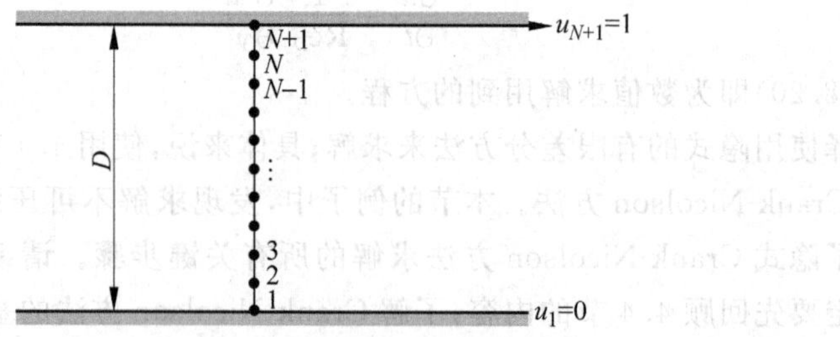

图 8.3　计算网格上的标示点

由于边界条件 u_1，u_{N+1} 已知，如下：

$$u_1 = 0 \tag{8.27a}$$

$$u_{N+1} = 1 \tag{8.27b}$$

（记住在式(8.21)～(8.27)中，u 是无量纲速度）因此，式(8.24)描述的方程组有 $N-1$ 个未知量，u_2，u_3，…，u_N。可以给出方程的详细形式，如第一个方程可写为：

$$Au_1^{n+1} + Bu_2^{n+1} + Au_3^{n+1} = K_2 \tag{8.28}$$

因为 $u_1=0$，所以式(8.28)变为：

$$Bu_2^{n+1} + Au_3^{n+1} = K_2 \tag{8.29}$$

由式(8.24)表示的最后一个方程如下：

$$Au_{N-1}^{n+1} + Bu_N^{n+1} + Au_{N+1}^{n+1} = K_N \tag{8.30}$$

由于 $u_{N+1}=1$，所以式(8.30)变为：

$$Au_{N+1}^{n+1} + Bu_N^{n+1} = K_N - Au_e \tag{8.31}$$

因此，式(8.24)的矩阵形式如下：

$$\begin{bmatrix} B & A & 0 & 0 & 0 & 0 & 0 & 0 & 0 \\ A & B & A & 0 & 0 & 0 & 0 & 0 & 0 \\ 0 & A & B & A & 0 & 0 & 0 & 0 & 0 \\ 0 & 0 & A & B & A & 0 & 0 & 0 & 0 \\ & & & & & \ddots & & & \\ 0 & 0 & 0 & 0 & 0 & 0 & A & B & A \\ 0 & 0 & 0 & 0 & 0 & 0 & 0 & A & B \end{bmatrix} \begin{bmatrix} u_2^{n+1} \\ u_3^{n+1} \\ u_4^{n+1} \\ u_5^{n+1} \\ \vdots \\ u_{N-1}^{n+1} \\ u_N^{n+1} \end{bmatrix} = \begin{bmatrix} K_2 \\ K_3 \\ K_4 \\ K_5 \\ \vdots \\ K_{N-1} \\ K_N - Au_e \end{bmatrix} \tag{8.32}$$

显然，由式(8.32)表示的矩阵是三对角矩阵，可以通过 Thomas 方法求解。附录 A 中的 Thomas 方法曾在第 4 章 Crank-Nicolson 方法中提到过，这是第一次使用这种方法解决特定问题。因此，现在先进入附录 A，具体地学习 Thomas 方法，这会使下面 Couette 流动的求解变得更加容易。

使用 Thomas 方法求解式(8.23)表示的方程组后，得到解 u_2^{n+1}，u_3^{n+1}，…，u_N^{n+1}，它们是 $n+1$ 时刻的速度值。重复以上整个过程若干个时间步，直到数值解收敛在稳态，如图 8.2 所示。

8.3.2 参数设定

对于本节的问题，横跨流动选择 21 个网格点，即在图 8.3 中，$N+1=21$。由于 y

是无量纲量，在 0～1 之间变化，因此：

$$\Delta y=\frac{1}{20}$$

初始时，利用式(8.17a)和(8.17b)，得到：

$$u_1, u_2, u_3, \cdots, u_{20}=0,$$
$$u_{21}=1, \quad t=0$$

合理时间步长 Δt 的计算和前面第 7 章中一样苛刻。不同于第 7 章中的显式格式，我们现在使用的是隐式格式。类似于 4.5 节中的稳定性分析知道，Crank-Nicolson 方法是无条件稳定的，也就是对于任何 Δt 都是稳定的。如 4.4 节中的讨论，这是隐式格式最大的优点。从稳定性考虑，我们可以选择任意的 Δt。另外，如果我们想得到初始值之后某一过渡时刻的值，需要使 Δt 足够小以减小截断误差。当然，如果关心的是定常状态的解，随时间变化的误差就不用特别在意。那应该怎样选择 Δt 呢？答案是会按照显式格式的稳定性准则来判断。对于非定常 Couette 流动，控制方程(8.20)是抛物型偏微分方程，和第 3 章的模型方程(3.28)完全相同。相应的显式格式的有限差分方程如式(4.36)。因此，式(4.36)的稳定性条件如下：

$$\frac{\alpha\Delta t}{(\Delta x)^2}\leqslant\frac{1}{2} \tag{4.77}$$

通过对式(8.20)的分析，之前约定方程中的量都是无量纲量，对于显式格式，有：

$$\frac{1}{\mathrm{Re}_D}\frac{\Delta t}{(\Delta y)^2}\leqslant\frac{1}{2} \tag{8.33}$$

或

$$\Delta t\leqslant\frac{1}{2}\mathrm{Re}_D(\Delta y)^2 \tag{8.34}$$

由式(8.34)的形式，对于隐式格式，计算 Δt 的方法如下：

$$\Delta t=E\mathrm{Re}_D(\Delta y)^2 \tag{8.35}$$

其中 E 是一个参数。由于 Crank-Nicolson 方法是无条件稳定的，E 可以取任意值。而且，在下一小节中将分析 E 的取值从 1 到 4000 变化时得到的数值解。

式(8.35)给出的 E 的定义如下：

$$E=\frac{\Delta t}{\mathrm{Re}_D(\Delta y)^2} \tag{8.36}$$

使用它将简化式(8.24)中系数的表示。特别的，将式(8.36)代入式(8.25a)～(8.25c)，可以得到：

$$A=-\frac{E}{2} \tag{8.37a}$$

$$B=1+E \tag{8.37b}$$

$$K_j=(1-E)u_j^n+\frac{E}{2}(u_{j+1}^n+u_{j-1}^n) \tag{8.37c}$$

由式(8.36)中 E 的定义还可以看出它包含 Reynolds 数Re_D。Couette 流动最终稳态解的速度剖面和Re_D 无关，还应注意式(8.16)给出的精确解中不包含Re_D。另外，向稳态的过渡过程又和Re_D 有关，有趣的是Re_D 仅出现在 E 的定义中。

8.3.3 中间结果

我们来看第一个时间步内 $n=1$ 速度剖面的计算。选 $E=1$，$Re_D=5000$。同时，由于计算所用网格点是 21 个，$\Delta y=1/20=0.05$。由此可以通过式(8.35)得到 Δt 为：

$$\Delta t=ERe_D(\Delta y)^2=1(5000)(0.05)^2=12.5$$

由式(8.37a)和(8.37b)，如下：

$$A=-\frac{E}{2}=-0.5$$

$$B=2$$

就得到了式(8.32)所示的方程组中的 A 和 B。

下面使用附录 A 中介绍的 Thomas 方法。将 Thomas 方法应用于求解式(8.32)，式(8.32)的第一行不变，即：

$$2u_2^{n+1}-0.5u_3^{n+1}=K_2 \tag{8.38}$$

由式(8.37c)以及 $u_1^n=u_2^n=u_3^n=0$，得到：

$$K_2=(1-E)u_2^n+\frac{E}{2}(u_3^n+u_1^n)=0$$

因此式(8.38)变为：

$$2u_2^{n+1}-0.5u_3^{n+1}=0 \tag{8.39}$$

式(8.32)的第二行如下式：

$$-0.5u_2^{n+1}+2u_3^{n+1}-0.5u_4^{n+1}=K_3 \tag{8.40}$$

其中，由于 $u_2^n=u_3^n=u_4^n=0$，且：

$$K_3=(1-E)u_3^n+\frac{E}{2}(u_4^n+u_2^n)=0$$

式(8.40)变为：

$$-0.5u_2^{n+1}+2u_3^{n+1}-0.5u_4^{n+1}=0 \tag{8.41}$$

若使用附录 A 中的定义，有式(A.21)如下：

$$d_i'=d_i-\frac{b_i a_{i-1}}{d_{i-1}'} \tag{A.21}$$

将式(A.21)应用于式(8.41)，有：

$$d_3'=d_3-\frac{b_3 a_2}{d_2'} \tag{8.42}$$

由式(8.39)和式(8.41)中的系数，我们有 $d_3=2$，$b_3=-0.5$，$a_2=-0.5$，$d_2'=2$，因此由式(8.42)得到：

$$d_3'=2-\frac{-0.5(-0.5)}{2}=1.875$$

同时应用式(A.22)如下：

$$c_i'=c_i-\frac{c_{i-1}'b_i}{d_{i-1}'} \tag{A.22}$$

应用于式(8.41)，有：

$$c_3'=c_3-\frac{c_2'b_2}{d_2'} \tag{8.43}$$

由式(8.39)和式(8.41)中的系数，我们有 $c_3=0$，$c_2'=0$，$b_2=0$，$d_2'=2$，因此由式(8.43)得到：

$$c_3'=0$$

现在已知 d_3'，c_3'，可以得到式(8.41)的二对角新形式为：

$$1.875u_3^{n+1}-0.5u_4^{n+1}=0 \tag{8.44}$$

对于式(8.32)的第三行，有：

$$-0.5u_3^{n+1}+2u_4^{n+1}-0.5u_5^{n+1}=K_4 \tag{8.45}$$

由于 $u_3^n=u_4^n=u_5^n=0$，有 $K_4=0$，式(8.45)变为：

$$-0.5u_3^{n+1}+2u_4^{n+1}-0.5u_5^{n+1}=0 \tag{8.46}$$

式(8.46)可写成如下的二对角形式，将方程(A.21)应用于方程(8.46)，有：

$$d_4'=d_4-\frac{b_4a_3}{d_3'} \tag{8.47}$$

式(8.47)中的系数通过式(8.46)和(8.44)求得：$d_4=2$，$b_4=-0.5$，$a_3=-0.5$ 和 $d_3'=1.875$。因此：

$$d_4'=2-\frac{-0.5(-0.5)}{1.875}=1.867$$

将式(A.22)应用于式(8.46)，有：

$$c_4'=c_4-\frac{c_3'b_4}{d_3'} \tag{8.48}$$

其中，由式(8.46)和(8.44)求得 $c_4=0$，$c_3'=0$，$b_4=-0.5$ 和 $d_3'=1.875$。因此，代入式(8.48)有：

$$c_4'=0$$

现在已知 d_4'，c_4'，可以得到式(8.46)的二对角阵的形式为：

$$1.867u_4^{n+1}-0.5u_5^{n+1}=0 \tag{8.49}$$

方程组(8.32)其余部分的二对角化，其中的参数和前面计算的完全相同(精确到第三位有效数字)，除了式(8.32)中的最后一行方程。式(8.32)的最后一个方程如下：

$$-0.5u_{19}^{n+1}+2u_{20}^{n+1}=K_{20}-(-0.5)u_e \tag{8.50}$$

其中，由式(8.37c)可知：

$$K_{20}=(1-E)u_{20}^{n}+\frac{E}{2}(u_{21}^{n}+u_{19}^{n}) \tag{8.51}$$

由初始条件 $u_{19}^{n}=0$，$u_{20}^{n}=0$ 和 $u_{21}^{n}=1$，代入式(8.51)，得：

$$K_{20}=0.5$$

且式(8.50)变为：

$$-0.5u_{19}^{n+1}+2u_{20}^{n+1}=1.0 \tag{8.52}$$

将式(A.21)代入式(8.52)，有：

$$d_{20}'=d_{20}-\frac{b_{20}a_{19}}{d_{19}'} \tag{8.53}$$

其中 $d_{20}=2$，$b_{20}=-0.5$，$a_{19}=-0.5$ 和 $d_{19}'=1.866$，因此有：

$$d_{20}'=2-\frac{-0.5(-0.5)}{1.866}=1.866 \tag{8.54}$$

将式(A.22)代入式(8.52)，得到：

$$c_{20}'=c_{20}-\frac{c_{19}'b_{20}}{d_{19}'} \tag{8.55}$$

其中 $c_{20}=1.0$，$c_{19}'=0$，$b_{20}=-0.5$ 和 $d_{19}'=1.866$，因此由式(8.55)，得：

$$c_{20}'=1.0$$

由此，式(8.52)变为上三角矩阵的形式

$$1.866u_{20}^{n+1}=1.0 \tag{8.56}$$

现在可以求解速度 u_j^{n+1}，$j=2-20$。显然，u_{20}^{n+1} 可以直接从式(8.56)求得：

$$u_{20}^{n+1}=\frac{1.0}{1.866}=0.536$$

注意这一结果和使用式(A.25)计算得到的完全相同。

$$u_m=\frac{c_m'}{d_m'} \tag{A.25}$$

这一点并不奇怪，以上的计算其实是遵循了附录 A 中式(A.25)推导的本质思路。Thomas 方法的下一步(包括最后一步)是利用递归式(A.27)计算其他的未知速度量，如下：

$$u_i=\frac{c_i'-a_iu_{i+1}}{d_i'} \tag{A.27}$$

例如，由式(A.27)，得到：

$$u_{19}^{n+1}=\frac{c_{19}'-a_{19}u_{20}}{d_{19}'} \tag{8.57}$$

其中 $c_{19}'=0$，$a_{19}=-0.5$，$u_{20}=0.536$ 和 $d_{19}'=1.866$。代入式(8.57)得到：

$$u_{19}^{n+1}=\frac{0-(-0.5)(0.536)}{1.866}=0.144$$

其余的速度量 $u_{18}, u_{17}, \cdots, u_2$ 也通过相同的方式求得。

表 8.1 中给出了不同网格点处的 b_j, d'_j, a_j, c'_j 和计算得到的速度 u_j。(注意附录 A 中使用下标 i，而 j 是本节使用的下标。这里故意这样使用，为的是说明 i, j 只是简单的标示，使用哪个都可以。)分析表格中得到的数据；例如表 8.1 中，观察 $j=20$ 的这一行数据，可知 $u_{20}=0.536, b_{20}=-0.5, d'_{20}=1.866\approx1.87, a_{20}=0$ 和 $c'_{20}=1.0$，和前面的计算结果相同。对于表 8.1 中 $j=19$ 时的数据，$u_{19}=0.144, b_{19}=-0.5, d'_{19}=1.87, a_{19}=-0.5$ 和 $c'_{19}=0$。对于其他的网格点也一样。

表 8.1 第一时间步之后的速度分布

j	y/D	u/u_e	b_j	d'_j	a_j	c'_j
1	.000E+00	.000E+00				
2	.500E−01	.252E−01	.000E+00	.200E+01	.500E+00	.000E+00
3	.100E+00	.101E−09	−.500E+00	.188E+01	−.500E+00	.000E+00
4	.150E+00	.378E−09	−.500E+00	.187E+01	−.500E+00	.000E+00
5	.200E+00	.141E+00	−.500E+00	.187E+01	−.500E+00	.000E+00
6	.250E+00	.527E+08	−.500E+00	.187E+01	−.500E+00	.000E+00
7	.300E+00	.197E−07	−.500E+00	.187E+01	−.500E+00	.000E+00
8	.350E+00	.734E−07	−.500E+00	.187E+01	−.500E+00	.000E+00
9	.400E+00	.274E−06	−.500E+00	.187E+01	−.500E+00	.000E+00
10	.450E+00	.102E−05	−.500E+00	.187E+01	−.500E+00	.000E+00
11	.500E+00	.382E−05	−.500E+00	.187E+01	−.500E+00	.000E+00
12	.550E+00	.142E−04	−.500E+00	.187E+01	−.500E+00	.000E+00
13	.600E+00	.531E−00	−.500E+00	.187E+01	−.500E+00	.000E+00
14	.650E+00	.198E−03	−.500E+00	.187E+01	−.500E+00	.000E+00
15	.700E+00	.740E−03	−.500E+00	.187E+01	−.500E+00	.000E+00
16	.750E+00	.276E−02	−.500E+00	.187E+01	−.500E+00	.000E+00
17	.800E+00	.103E−01	−.500E+00	.187E+01	−.500E+00	.000E+00
18	.850E+00	.385E−01	−.500E+00	.187E+01	−.500E+00	.000E+00
19	.900E+00	.144E+00	−.500E+00	.187E+01	−.500E+00	.000E+00
20	.950E+00	.536E+00	−.500E+00	.187E+01	.000E+00	.100E+01
21	.100E+01	.100E+01				

表 8.1 中给出的速度，是计算得到的 $j=1,2,\cdots,21$(包括已知的边界点 $j=1,21$ 的值)点的数值，是非定常 Couette 流动在给定初始条件后，$t=\Delta t$ 时刻的速度值。重复以上计算过程一定的时间步，直到速度分布达到稳定状态。

8.3.4 最终结果

由式(8.27a)和(8.27b)给定的初始条件,速度随着时间步的推进计算得到,方法如 8.3.1 节和 8.3.2 节所述。图 8.4 给出了时间推进过程中不同时刻的速度分布。$t=0$ 时的初始条件为图 8.4 中标为 $0\Delta t$ 的曲线。两个时间步后的速度曲线标为 $2\Delta t$;如我们预测的,速度变化在上板附近最大。图 8.4 中的其他曲线分别为 12,36,60,240 时间步的速度分布,标为 $12\Delta t$,$36\Delta t$,$60\Delta t$,$240\Delta t$。上板处的剪切力逐渐向流动的其他部分传播,在 240 时间步时流动达到稳定状态。如我们所预料,这一速度分布是线性的,且和精确解吻合的很好。为了方便读者将自己的计算结果和本书的进行比较,表 8.2 给出了时间推进过程中不同时刻的速度分布。

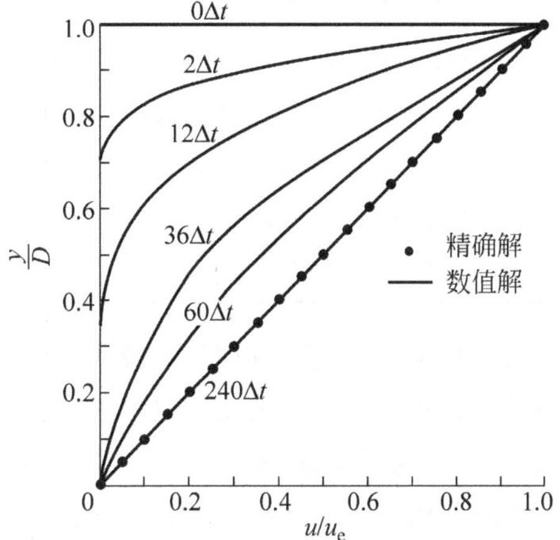

图 8.4 非定常 Couette 流动在不同时刻时的速度分布

表 8.2 较长时间后的速度分布

j	y/D	u/u_e					
		$12\Delta t$	$36\Delta t$	$60\Delta t$	$120\Delta t$	$240\Delta t$	$360\Delta t$
1	.000E+00	.000E+00	.000E+00	.000E+00	.000E+00	.000E+00	.000E+00
2	.500E−01	.124E−03	.119E−01	.276E−01	.448E−01	.497E−01	.500E−01
3	.100E+00	.313E−03	.245E−01	.557E−01	.898E−01	.995E−01	.100E+00
4	.150E+00	.661E−03	.386E−01	.849E−01	.135E+00	.149E+00	.150E+00
5	.200E+00	.132E−02	.549E−01	.116E+00	.181E+00	.199E+00	.200E+00
6	.250E+00	.254E−02	.741E−01	.148E+00	.227E+00	.249E+00	.250E+00
7	.300E+00	.474E−02	.970E−01	.184E+00	.273E+00	.299E+00	.300E+00

续表

j	y/D	u/u_e					
		$12\Delta t$	$36\Delta t$	$60\Delta t$	$120\Delta t$	$240\Delta t$	$360\Delta t$
8	.350E+00	.859E−02	.124E+00	.222E+00	.321E+00	.348E+00	.350E+00
9	.400E+00	.151E−01	.157E+00	.263E+00	.369E+00	.398E+00	.400E+00
10	.450E+00	.256E−01	.194E+00	.307E+00	.417E+00	.448E+00	.450E+00
11	.500E+00	.422E−01	.238E+00	.355E+00	.467E+00	.498E+00	.500E+00
12	.550E+00	.672E−01	.289E+00	.407E+00	.517E+00	.548E+00	.550E+00
13	.600E+00	.103E+00	.346E+00	.462E+00	.569E+00	.598E+00	.600E+00
14	.650E+00	.154E+00	.409E+00	.520E+00	.621E+00	.648E+00	.650E+00
15	.700E+00	.221E+00	.479E+00	.582E+00	.673E+00	.699E+00	.700E+00
16	.750E+00	.308E+00	.556E+00	.647E+00	.727E+00	.749E+00	.750E+00
17	.800E+00	.414E+00	.637E+00	.714E+00	.781E+00	.799E+00	.800E+00
18	.850E+00	.540E+00	.724E+00	.783E+00	.835E+00	.849E+00	.850E+00
19	.900E+00	.683E+00	.814E+00	.855E+00	.890E+00	.899E+00	.900E+00
20	.950E+00	.838E+00	.906E+00	.927E+00	.945E+00	.950E+00	.950E+00
21	.100E+01	.100E+01	.100E+01	.100E+01	.100E+01	.100E+01	.100E+01

以上的计算中，$E=1$。问题：是否可以使用较大的时间步；也就是说，在式(8.35)中，是否可以使用较大的 E？如果考虑稳定性，这不会给求解带来任何影响——Crank-Nicolson 方法是无条件稳定的。但是当 E 增大时，过渡过程的精度将会受到影响，达到稳定态所需要的时间步也会变化，不论好坏。为了探讨这个问题，进行了数值试验，在 E 的取值不同的情况下进行计算，E 的最大值为 4000。由式(8.35)知，增大 E 相当于在 Δy，Re_D 不变的情况下，增大 Δt。因此，我们说到增大 E 的时候，就是指使用较大的时间步，也就是较大的 Δt。

下面来分析表 8.3 中的速度分布，表中给出了 $E=1,5,10$ 的三个计算结果。这些都是过渡过程的速度分布，对应的无量纲时间都是 $t=1.5\times10^3$，得到的是中间解，稳态时对应的无量纲时间是 $t=4.5\times10^3$。当然，由于不同的 E 对应不同的 Δt，因此表 8.3 中给出的速度分布，虽然对应相同的 t，但计算所需的时间步却不同。特别的，表 8.3 中标有 $E=1$ 的一列数值，为 120 时间步时的数值解，$E=5$ 为 24 时间步的解，$E=10$ 是 12 时间步的值。仔细观察这三列数值，$E=1$ 和 $E=5$ 的两列是完全一样的。由于 $E=1$ 对应的时间步长相对较小——只是显式格式允许时间步的两倍(式(8.34))——我们可以认为 $E=1$ 时的结果是相对精确的。这一点也可以从表 8.3 中 $E=1$ 和 $E=5$ 两列结果的对比分析中得到，两列给出了 $t=1.5\times10^3$ 时相同的过渡解，因此我们可以认为对于现在的隐式格式求解，$E=5$ 时仍然可以得到随时间推进的精确解。但是，当观察表 8.3 中最后一列时，发现其和前两列的结果不再相同，尤其是在上板附近（如 $j=19,20$）。显然当 E 增大到 $E=10$ 时，已经会引起明显的过渡过程解的误差。这一误差随着 E 的进一步增大而增大。

表 8.3 瞬时解的对比

j	y/D	u/u_e		
		$E=1$	$E=5$	$E=10$
1	.000E+00	.000E+00	.000E+00	.000E+00
2	.500E−01	.448E−01	.448E−01	.449E−01
3	.100E+00	.898E−01	.898E−01	.899E−01
4	.150E+00	.135E+00	.135E+00	.135E+00
5	.200E+00	.181E+00	.181E+00	.181E+00
6	.250E+00	.227E+00	.227E+00	.227E+00
7	.300E+00	.273E+00	.273E+00	.274E+00
8	.350E+00	.321E+00	.321E+00	.321E+00
9	.400E+00	.369E+00	.369E+00	.369E+00
10	.450E+00	.417E+00	.417E+00	.418E+00
11	.500E+00	.467E+00	.467E+00	.467E+00
12	.550E+00	.517E+00	.517E+00	.518E+00
13	.600E+00	.569E+00	.569E+00	.569E+00
14	.650E+00	.621E+00	.621E+00	.622E+00
15	.700E+00	.673E+00	.673E+00	.674E+00
16	.750E+00	.727E+00	.727E+00	.725E+00
17	.800E+00	.781E+00	.781E+00	.777E+00
18	.850E+00	.835E+00	.835E+00	.838E+00
19	.900E+00	.890E+00	.890E+00	.915E+00
20	.950E+00	.945E+00	.945E+00	.905E+00
21	.100E+01	.100E+01	.100E+01	.100E+01

现在来分析极限的情况，$E=4000$。这时的 Δt 已经增大到过渡过程解不可能再精确。图 8.5 给出了一些结果。40 和 200 时间步时的瞬时速度分布；两条曲线都出现非物理的行为，尤其在上板附近。将图 8.5 中 $E=4000$ 时的解和图 8.4 中 $E=1$ 时较精确的瞬时解进行比较——没有实际可比性。图 8.5 中的结果很明显是非物理的。但是，经过较多的时间步之后（1000 量级）隐式格式的解最终收敛到稳定状态的速度分布，如图 8.5 中的圆点所示。

最后重点讨论隐式求解的另一方面，随着 E 的增大，达到稳态解的时间推进步数。当 $E=1$ 时，达到稳态需要 240 时间步，见表 8.2。当 $E=5$ 时，只需要 50 步，节省了计算时间。当 $E=10$ 时，仅仅 36 步就得到了稳定解。但是，当 E 的值很大时，这种趋势会逆转。$E=20$ 时，计算需要 60 时间步，$E=40$ 时，需要 120 时间步。当 E 继续增大时，情况会更坏。

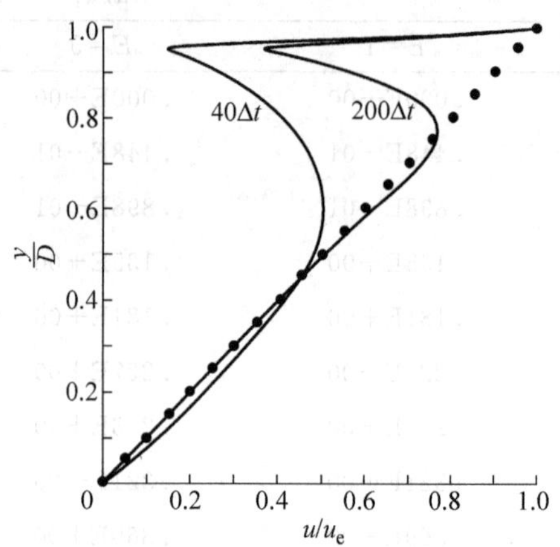

图 8.5　$E=4000$ 时得到的完全非物理的瞬时速度分布

通过上面增大 Δt（增大 E）得到的不同数值解，关于 Crank-Nicolson 隐式方法应用于本章的问题，可以得到如下两个结论：

(1) 当 Δt 很大的时候，瞬时解的精度无法达到。对于本章的问题，当 E 大于 10 时，瞬时解的精度就无法达到了。这不奇怪，因为截断误差随着 Δt 的增大明显增大。因此，我们的结论是当求解瞬态问题时，Δt 较大的隐式格式方法是不合适的。当然，瞬时精度在 Δt 较小时可以保证，但代价是达到稳态解所需的时间步增多。隐式格式的优点就在于可以使用较大的时间步长而又不失稳定性，从而使得到稳态解所需的时间步减少。因此当使用隐式格式和较小的 Δt 时，就使得隐式格式丧失了它的"魅力"。

注：在写作本书的同时，研究者们已经在努力发展能达到瞬时精度的新的隐式格式，或者修正原有的格式使其具有较好的瞬时精度——应用于隐式格式研究瞬态流体力学问题，这是现在前沿研究问题。

(2) 通过简单的增大 Δt 的值（也就是增大 E），开始达到稳态所需的时间步就有所减少，这和隐式格式的优点相符合。但是当 Δt 增大到足够大时，（本例中 $E>20$），这种趋势正好相反，当 E 继续增大时，达到稳态的时间步反而增加（不是减少）。在这种情况下，隐式格式的优点就体现不出来了。换句话说，在使用 Crank-Nicolson 方法时，存在 E 的最优取值。对于本章的问题，E 的最佳值大约为 10。

8.4 另一种数值方法：压力修正方法

压力修正方法在 6.8 节中曾经有过讨论。这里建议读者先回顾一下 6.8 节。在这一节中，将用压力修正方法来求解两平行平板间的不可压缩黏性流动，如图 8.6 所示。上板和下板之间的距离为 D，且上板相对下板以速度 u_e 运动。虽然理论上，平板是无限大的，但实际的计算域是有限的，长为 L，高为 D，如图 8.6 中的阴影部分。有限计算域周围的边界条件按照 6.8.6 节中的介绍来设定。入口边界处给定 p,v,u 可以变化，出口边界处仅给定 p。

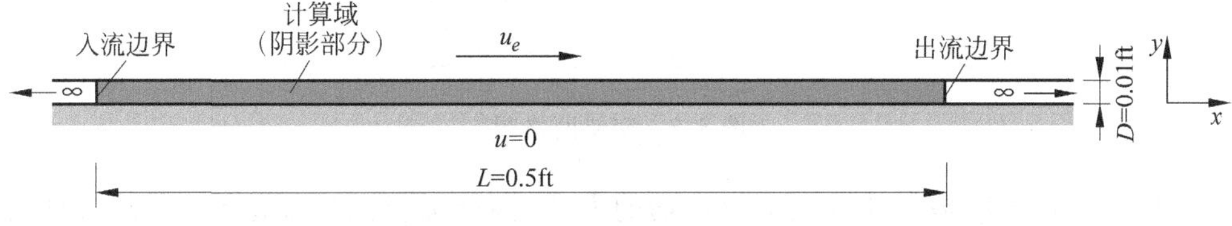

图 8.6 压力修正方法求解相对运动两平板间不可压缩流动的有限计算域

压力修正方法是一种迭代方法，由任意给定的初始条件，通过引入任意给定的初始二维流场来开始计算，在计算过程中，我们可以看到这一、二维流场将收敛到 Couette 流动的精确解。

8.4.1 问题设定

物理问题如图 8.6 所示。在这一问题中，我们将使用有量纲量，而不是将控制方程无量纲化后在无量纲量空间中进行求解。这一算例也是 CFD 中使用有量纲量进行计算的一个例子。如图 8.6 所示，问题的计算域 x 方向长 0.5ft，y 方向高 0.01ft。上板以速度 u_e 运动，下板静止，流体是标准海平面上的气体，密度 $\rho=0.002377$ slug/ft^3。由于计算中使用的网格很粗，这里只分析低速流动；$u_e=1$ft/s。在这么低的速度下，流动显然是不可压缩的。同时，对于这一问题，不考虑 u_e 较大时的流动。基于高度 $D=0.01$ft，这里的 Reynolds 数为 63.6。

计算网格如图 8.7 所示。基于 6.8.2 节讨论的原因，我们选择交错网格。图 8.7 中有三种网格系统；圆点表示 p 计算的位置，空心圆点表示 u 计算的位置，×表示 v 计算的位置。使用交错网格，要求谨慎对待不同网格系统的标识，计算机程序的编写也会变得更加复杂。有很多方法可以处理交错网格合理的编号逻辑。在图 8.7 中，每组网格都有自己的编号方法。例如，“p 网格点”在 x 方向从 1～21 编号，在 y 方向从 1～11 编号。“u 网格点”在 x 方向从 1～22 编号，在 y 方向从 1～11 编号。“v 网格点”在 x 方向从 1～23 编号，在 y 方向从 1～12 编号。

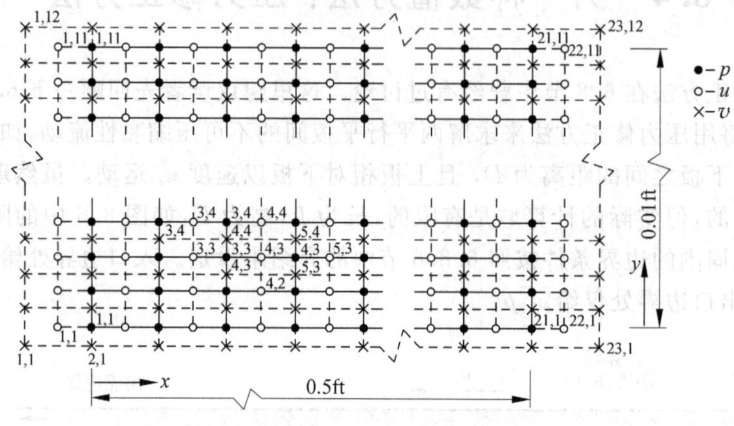

图 8.7 交错网格图

压力修正方法是一种迭代求解流场的方法，因此需要给定流场参数的初始值。而参数的选择是任意的。对于本节的问题，给定如下的内点初始值：

$$u=v=0$$
$$p^*=p'=0$$

其中$(i,j)=(15,5)$网格点的值将在后面给出。

初始条件中压力的修正值 $p'=0$，这似乎是一个合理的选择。但是为什么压力值本身 p^* 也为 0？答案只是为了方便。在 x,y 方向的动量方程(6.94)和(6.95)中，只有相邻网格点的压力导数值出现。因此压力 p^* 的值不是很重要——压力导数才是关键。因此初始条件中 $p^*=0$ 是合理的，因为压力导数值会由压力修正值在下一步迭代中得到。

边界值如下：

$$\left.\begin{aligned}u&=u_e\\v&=0\end{aligned}\right\}\quad \text{在上壁面}$$

$$u=v=0\quad \text{在下壁面}$$

$$\left.\begin{aligned}p'&=0\\v&=0\end{aligned}\right\}\quad \text{在入口边界}$$

$$p'=0\quad \text{在出口边界}$$

边界值是常数，在迭代过程中保持不变。在本节中，我们对上下两板处的压力边界条件作一点修正。不同于式(6.108)中的零压力梯度条件，我们在边界处假设 $p'=0$。这是从数学上的考虑出发；在整个计算域的边界都给定了 p'，与混合边界条件(入口出口处给定压力，壁面处给定压力梯度)相反。这里是允许常压边界条件的，因为在最终的稳态解中，全场压力相同。但是对于一般的流动，这种假设是不适合的，例如，壁面处的压力随着 x 坐标变化的问题，或者其他未知问题。

对于初始条件的讨论，内点处给定 v 都为 0，除了点 $(i,j)=(15,5)$。对于该点我们给定初始值为 $v=0.5\text{ft/s}$，为上板速度的一半。"速度峰"就添加在(15,5)点，制造了初始的二维流场。速度峰的位置和大小是任意的。我们来考察使用压力修正方法求解二维问题，其中初始时刻速度峰的加入保证了二维流场的存在。这一速度峰的减弱和最终消失，很好地证明了压力修正方法适用于本节问题的讨论。我们同样希望使用压力修正方法来求解具有精确解的问题，因此选择了 Couette 流动。这和本书其他介绍应用问题的章节思路是一致的。

综合以上的初始条件和边界条件，我们的迭代从这样一种状态开始进行，即各点的速度为 0，除了速度峰值点 $(i,j)=(15,5)$，上板的速度为 $u_e=1\text{ft/s}$。同时压力场是均匀的，且为 0。因此，迭代开始时，上板启动，速度为 u_e，除了点(15,5)有速度峰值 v 外，其他位置不存在流动。虽然将第一步迭代开始时的值称为初始值，压力修正方法却不是一种瞬时准确的方法。各个迭代步流场的计算和时间推进过程类似，但计算得到的参数值却不能反映流场的真实变化过程。需要记住，压力修正方法只是一种求解稳态解的迭代方法。

下面我们沿着 6.8.5 节给出的步骤进行讨论。

第一步。给出所有内点的 p^*。同样地，任意给出适当内点处的 $(\rho u^*)^n$，$(\rho v^*)^n$。如上所述，迭代开始时，p^*，ρu^*，ρv^* 均为 0，除了上板处 $u_e=1\text{ft/s}$ 和速度峰处 $v_{15.5}^*=0.5\text{ft/s}$ 以外。

第二步。在内点处，由式(6.94)计算 $(\rho u^*)^{n+1}$，由式(6.95)计算 $(\rho v^*)^{n+1}$。下面给出具体的计算结果，首先写出式(6.94)和式(6.95)。

$$(\rho u^*)_{i+1/2,j}^{n+1}=(\rho u^*)_{i+1/2,j}^{n}+A^*\Delta t-\frac{\Delta t}{\Delta x}(p_{i+1,j}^*-p_{i,j}^*) \tag{6.94}$$

和，

$$(\rho v^*)_{i,j+1/2}^{n+1}=(\rho v^*)_{i,j+1/2}^{n}+B^*\Delta t-\frac{\Delta t}{\Delta y}(p_{i,j+1}^*-p_{i,j}^*) \tag{6.95}$$

其中，

$$A^*=-\left[\frac{(\rho u^2)_{i+3/2,j}^n-(\rho u^2)_{i-1/2,j}^n}{2\Delta x}+\frac{(\rho u\bar{v})_{i+1/2,j+1}^n-(\rho\bar{\bar{v}})_{i+1/2,j-1}^n}{2\Delta y}\right]$$
$$+\mu\left[\frac{u_{i+3/2,j}^n-2u_{i+1/2,j}^n+u_{i-1/2,j}^n}{(\Delta x)^2}+\frac{u_{i+1/2,j+1}^n-2u_{i+1/2,j}^n+u_{i+1/2,j-1}^n}{(\Delta y)^2}\right]$$

$$\bar{v}=\frac{1}{2}(v_{i,j+1/2}^n+v_{i+1,j+1/2}^n)$$

$$\bar{\bar{v}}=\frac{1}{2}(v_{i,j-1/2}^n+v_{i+1,j-1/2}^n)$$

而且

$$B^* = -\left[\frac{(\rho v\bar{u})^n_{i+1,j+1/2} - (\rho v\bar{\bar{u}})^n_{i-1,j+1/2}}{2\Delta x} + \frac{(\rho v^2)^n_{i,j+3/2} - (\rho v^2)^n_{i,j-1/2}}{2\Delta y}\right]$$

$$+\mu\left[\frac{v^n_{i+1,j+1/2} - 2v^n_{i,j+1/2} + u^n_{i-1,j+1/2}}{(\Delta x)^2} + \frac{v^n_{i,j+3/2} - 2v^n_{i,j+1/2} + v^n_{i,j-1/2}}{(\Delta y)^2}\right]$$

$$\bar{u} = \frac{1}{2}(u_{i+1/2,j} + u_{i+1/2,j+1})$$

$$\bar{\bar{u}} = \frac{1}{2}(u_{i-1/2,j} + u^n_{i-1/2,j+1})$$

再看图 8.7，在压力网格点(3,3)上写出上面的式子。图 8.7 中的网格点是经过放大的。使用这一点来描述压力点(i,j)，式(6.94)可写为如下：

$$(\rho u^*)^{n+1}_{4,3} = (\rho u^*)^n_{4,3} + A^*\Delta t - \frac{\Delta t}{\Delta x}(p^*_{4,3} - p^*_{3,3}) \tag{8.58}$$

这里要注意图 8.7 中交错网格的三种不同标示方法。

$$A^* = -\left[\frac{(\rho u^2)^n_{5,3} - (\rho u^2)^n_{3,3}}{2\Delta x} + \frac{(\rho u\bar{v})^n_{4,4} - (\rho u\bar{\bar{v}})_{4,2}}{2\Delta y}\right]$$

$$+\mu\left[\frac{u^n_{5,3} - 2u^n_{4,3} + u^n_{3,3}}{(\Delta x)^2} + \frac{u^n_{4,4} - 2u^n_{4,3} + u^n_{4,2}}{(\Delta y)^2}\right]$$

$$\bar{v} = \frac{1}{2}(v^n_{4,4} + v^n_{5,4})$$

$$\bar{\bar{v}} = \frac{1}{2}(v_{4,3} + v_{5,3})$$

同样以压力点$(i,j)=(3,3)$为例，式(6.95)变为：

$$(\rho v^*)^{n+1}_{4,4} = (\rho v^*)^n_{4,4} + B^*\Delta t - \frac{\Delta t}{\Delta y}(p^*_{3,4} - p^*_{3,3}) \tag{8.59}$$

$$B^* = -\left[\frac{(\rho v\bar{u})^n_{5,4} - (\rho v\bar{\bar{u}})^n_{3,4}}{2\Delta x} + \frac{(\rho v^2)^n_{4,5} - (\rho v^2)^n_{4,3}}{2\Delta y}\right]$$

$$+\left[\frac{v^n_{5,4} - 2v^n_{4,4} + v^n_{3,4}}{(\Delta x)^2} + \frac{v^n_{4,5} - 2v^n_{4,4} + v^n_{4,3}}{(\Delta y)^2}\right]$$

$$\bar{u} = \frac{1}{2}(u^n_{4,3} + u^n_{4,4})$$

$$\bar{\bar{u}} = \frac{1}{2}(u_{3,3} + u_{3,4})$$

注意在以上的方程中，p^* 的标号对应于图 8.7 中的圆点，u 的标号对应于空心圆点，v 对应于×点。上面方程中出现的网格点都已经在图 8.7 中标出。（网格尽管很直观，但你可能已经意识到相比常规的单一网格，处理交错网格要繁琐些。）

当计算得到内点的 ρu^*，ρv^* 之后，除以 ρ 便可以得到各点的 u^*，v^*。那么入口边界处的 u^*（未给定数值的边界条件）可以通过内点的 0 阶外差得到，例如：

$$u_{1,j}^{*}=u_{2,j}^{*} \quad \text{对所有的 } j$$

类似的，出口边界处的 u^{*}，v^{*}（未给定数值的边界条件）可以通过内点的 0 阶外差得到，例如：

$$\left.\begin{aligned} u_{22,j}^{*}&=u_{21,j}^{*} \\ v_{23,j}^{*}&=v_{22,j}^{*} \end{aligned}\right\} \text{对所有的 } j$$

在以上的式子中，Δx，Δy 和 Δt 分别为：

$$\Delta x=\frac{0.5}{20}=0.025\text{ft}$$

$$\Delta y=\frac{0.01}{10}=0.001\text{ft}$$

$$\Delta t=0.001\text{s}$$

Δt 的取值是任意的。但是当 Δt 太大时，会使本节中的问题计算不稳定。由式(6.94)和式(6.95)，Δt 的作用相当于松弛因子；Δt 越大，ρu^{*}，ρv^{*} 在两次迭代之间的变化越大。当这种变化太大时，可能产生不稳定现象。对于本节的问题 $\Delta t=0.001\text{s}$ 是可以接受的，因此没有对此再作进一步的优化。

第三步。由第二步得到的 ρu^{*}，ρv^{*}，通过压力修正式(6.104)得到 p'。下面再次给出方程(6.104)：

$$a p_{i,j}'+b p_{i+1,j}'+b p_{i-1,j}'+c p_{i,j+1}'+c p_{i,j-1}'+d=0 \tag{6.104}$$

其中，

$$a=2\left[\frac{\Delta t}{(\Delta x)^{2}}+\frac{\Delta t}{(\Delta y)^{2}}\right]$$

$$b=-\frac{\Delta t}{(\Delta x)^{2}}$$

$$c=-\frac{\Delta t}{(\Delta y)^{2}}$$

$$d=\frac{1}{\Delta x}\left[(\rho u^{*})_{i+1/2,j}-(\rho u^{*})_{i-1/2,j}\right]+\frac{1}{\Delta y}\left[(\rho v^{*})_{i,j+1/2}-(\rho v^{*})_{i,j-1/2}\right]$$

我们仍然通过图 8.7 中的压力点(3,3)来说明以上的式子，在该点将式(6.104)变为下式，以求解 $p_{i,j}'$。

$$p_{3,3}'=-\frac{1}{a}\left(b p_{4,3}'+b p_{2,3}'+c p_{3,4}'+c p_{3,2}'+d\right) \tag{8.60}$$

其中，

$$d=\frac{1}{\Delta x}\left[(\rho u^{*})_{4,3}-(\rho u^{*})_{3,3}\right]+\frac{1}{\Delta y}\left[(\rho v^{*})_{4,4}-(\rho v^{*})_{4,3}\right] \tag{8.61}$$

通过如 6.5 节中讨论的松弛方法，采用式(8.60)求解得到内点的 $p_{i,j}'$。这也是迭代的过程，是在我们这里讨论的主要迭代过程之中进行。对于本节的问题，经验表明，大约 200 松弛步之后，$p_{i,j}$ 的值就收敛了。

第四步。由式(6.106)计算内点的 p^{n+1}。

$$p_{i,j}^{n+1}=(p^*)_{i,j}^n+\alpha_p p' \tag{6.106}$$

其中 α_p 是亚松弛因子。在本节的计算中，α_p 的值为 0.1，比 6.8.5 节中建议的值小得多。对于本计算，没有进一步优化 α_p 的值。

第五步。把第四步计算得到内点的 $p_{i,j}^{n+1}$ 作为新的 $(p^*)^n$ 带入式(8.58)，(8.59)。再回到第二步，重复第二步至第五步直到计算收敛。对于本节的问题，达到收敛需要 300 次左右迭代，这里也没有对获得用最少的迭代步即可达到收敛的最优计算做进一步的分析。

8.4.2 计算结果

由于我们在点 $(i,j)=(15,5)$ 初始条件中添加的 v 速度峰，因此流动在迭代过程中是二维的，如图 8.8 所示，是轴向 $i=15$ 处速度分量 v 上在横截面随 y 坐标变化的曲线。因此，这一速度分布中包含了点(15,5)初始时刻的速度峰值，$v_{15,5}=0.5\text{ft/s}$。这一速度峰在图 8.8 中由 $y=0.004\text{ft}$ 处的虚线表示。在图 8.8 中，K 表示迭代的次数；因此第 0 步迭代时的速度峰值(初始条件)由 $K=0$ 表示。图 8.8 给出了三个速度分布曲线，表示不同迭代步的速度值。注意仅一个时间步之后，v 的最大值已经减小到了 0.343ft/s，如图中 $K=1$ 的曲线所示。由 $K=4$ 的曲线可知，v 的最大值继续减小，其有限值同时从点(15,5)处，向上下游传播；随着速度峰值向 x，y 两个方向传播，流场中出现了二维流动，虽然随着迭代的进行，v 的绝对值逐渐减小。在图 8.8 中，$K=50$ 的曲线可以看出在 50 时间步后，v 明显减小。最终，在 300 时间步后，当计算在整个流场中收敛时，v 在全场都变为 0。由图 8.8 的结果可知，压力修正方程(8.60)在任意网格点的成立，所建立的压力场驱动速度场向正确的方向变化，在本节中即使 v 趋向于 0 的方向变化。

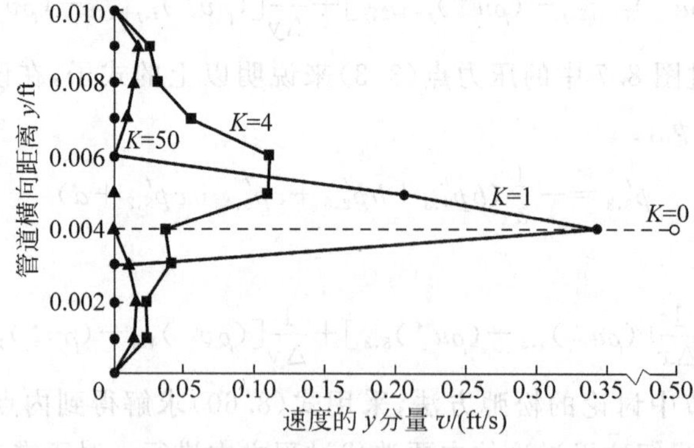

图 8.8　轴向 $i=15$ 处 y 方向速度 v 的分布曲线。不同迭代步时的曲线。K 表示迭代步

在 6.8.5 节中，质量源项 d 是一个有效的判据来判断压力修正方法是否收敛到正确的速度场。由式(6.104)，以及对应于网格点(3,3)的式(8.61)，当速度分布不满足连续方程时，d 即为连续方程中的质量源项。压力修正方法的目的就是通过一系列的迭代来修正速度场，使其收敛时满足连续方程。当这一条件满足时，质量源项就为零了，即 $d=0$。因此，考察迭代过程中每个网格点上 d 的变化，是判断何时收敛的有效方法。如图 8.9 所示，这里给出了点(15,5)处，由于在初始速度中引入了速度峰值，其质量源项随迭代步的变化。图 8.9 中给出了三组不同迭代步的结果。第一组迭代步为初始时的迭代，给出初始 5 个迭代步时的 $d_{15,5}$。如我们所料，在这些迭代步时中，d 相对较大，而且在相邻两迭代步之间变化较大。第二组迭代步为 $K=8-20$，相对于前面的迭代步，d 有所减小，但 $d_{15,5}$ 的值仍然较大。第三组迭代步表示 $K=50-300$，且当 $K=300$ 时，$d_{15,5}$ 收敛到了 0。(事实上，$K=300$ 时，$d_{15,5}=-0.172\times10^{-5}$，对于我们的研究已经足够接近 0)。由图 8.9 中我们可以再次发现压力修正方法的作用——使得速度分布向满足连续方程的方向运动，同时使质量源项趋向于 0。

最后，我们来考察 x 方向速度分量 u 的分布。图 8.10 给出了轴向 $i=15$ 处的速度分布。随着迭代的进行，速度分布在横截面上趋向于线形分布；也就是说它们趋向于 Couette 流动的精确解。事实上，数值迭代过程在 $K=300$ 时已经收敛到 Couette 流动解。我们注意到此时沿流向所有轴向网格点 $i=1-22$，包括入口和出口边界处，数值解都收敛到了 Couette 流动的精确解。由图 8.10 得知，压力修正方法得到了预想的结果——数值解完全收敛到了不可压缩 Couette 流动的精确解，这一点令我们十分欣慰。

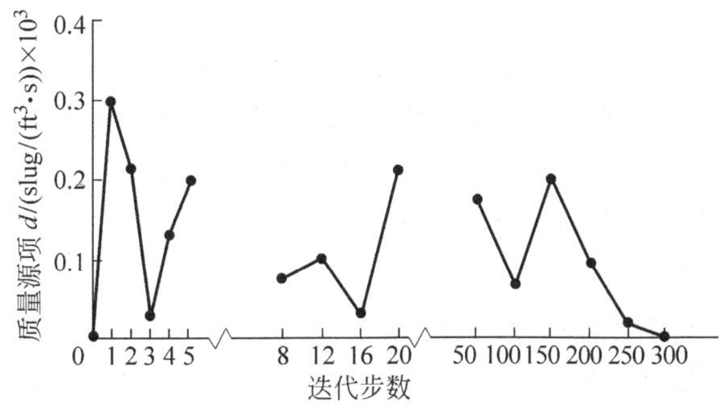

图 8.9 网格点$(i,j)=(15,5)$处质量源项随迭代步的变化

总之，本节中介绍了压力修正方法，可以应用于求解不可压缩黏性流动。由计算结果可以看出，压力和黏性在速度场变化中的相对作用。在图 8.8 中，可以看出垂直方向的速度峰值衰减得很快；整个流场中的 v 值在 50 时间步后明显减小。v 值迅速减小的原因是流场中压力梯度的迅速建立和流场中压力波的迅速传播；同时计算得到的压力修正值也使得 v 迅速减小。相对的，在图 8.10 中，我们看到水平方向速度

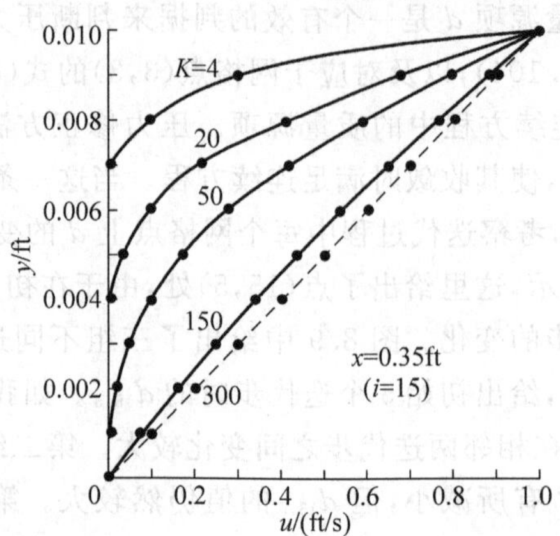

图 8.10　x 方向速度分布随流道内垂直方向距离的变化。不同迭代步的结果，迭代步由 4 到 300 变化

较慢地收敛到精确解。这时的 u 主要由黏性决定(剪切应力)，黏性作用传播比压力波慢。事实上，u 的值在 300 时间步时仍未收敛到精确解，这远远晚于 v 值的减小。这一数值变化规律和真实物理流动的情况十分相似，流动由压力梯度和切应力驱动，通常情况下，在流场中压力传播的影响比黏性的影响快得多。

8.5　总　　结

本章的主要目的是介绍隐式有限差分方法求解流动问题，与第 7 章介绍的显式方法相对应。另外，本章求解的流动问题是黏性流动；和第 7 章的无黏流动相对应。使用 Crank-Nicolson 隐式方法求解不可压缩 Couette 流动问题可以得出如下结论：

(1) 理论上，这一方法是无条件稳定的。这一结论可以通过本章的算例证明，即使 Δt 很大时(等价于 $E=4000$)，都可以得到稳定的解。

(2) 隐式方法相对于显式方法的优点是可以使用较大的推进时间步长，从而减小得到稳定解所需的时间步。对于本章的算例，Δt 的最佳值大约是显式格式允许值的 20 倍。当 Δt 太小或太大时，这里的隐式格式的效率都会降低(需要更多的时间步，计算时间以得到稳定解)。

(3) 瞬时精度是隐式格式的一个难题。当 Δt 足够小时，这一难题就会消失，另一方面，Δt 较大时计算结果中会有非物理的过渡解。如果我们只对最终的稳态值感兴趣，非物理的过渡过程就不存在问题了。

这是使用隐式方法的第一个详细算例，我们使用了 Thomas 算法求解控制方程。为了简便，选择简单的流动问题：不可压缩 Couette 流动。但是这一简单问题说明了隐式有限差分格式计算的主要思路。因为现代 CFD 计算很多都使用隐式方法，因此我们有必要熟悉这一基本概念。

本章的另一个目的是，介绍压力修正方法求解二维不可压缩纳维-斯托克斯方程。我们使用这一方法求解了具有相对运动的两平板间的不可压缩流动。压力修正方法是迭代方法。我们给出的初始流场是二维的，因此本章中的压力修正方法在迭代过程中是应用于二维流动的。但是，这里的物理问题是 Couette 流动，压力修正方法最终收敛到 Couette 流动的解。通过这一算例，说明了压力修正方法可以应用于不可压缩黏性流动的计算。

习题

8.1 使用显式有限差分方法求解 Couette 流动。比较隐式和显式方法所需的计算时间。

第 9 章

平板上的超声速流动：完整的纳维-斯托克斯方程的数值求解*

顶点：努力的最终、最高峰、最高点。

来自《美国传统英语》，1969

9.1 引　　言

如果你从前面章节介绍的 CFD 解中跋涉至今，满身“泥泞”，那么恭喜你！你可以再前进一步，开始用你的经验求解完整的纳维-斯托克斯方程了。

本章中，将分析平板上的零攻角二维超声速黏性层流流动。这个问题是读者学习的最高点（在这本书的范围内），如下面几点：

(1) 读者刚刚求解了经典的不可压缩 Couette 流动问题，其中引入了黏性作用。本章的问题同样考虑黏性作用，但黏性同时在 x，y 两个方向存在（二维问题）。另外，本章中还考虑了方程中的热传导。

(2) 通过求解守恒型控制方程，数值解可以捕捉到前缘激波。

(3) 有了第 7 章的经验，读者应该对 MacCormack 显式有限差分方法比较熟悉。因为这种方法是不难学习的，本章中也使用这种方法。但是，添加了相当多的项。读

* 本章由美国空军学会航空系教授 Lt. Col. Wayne Hallgren 撰写。

者很快会感受到这一点。你已经有了数值稳定性的概念;本章中读者可以再一次体会它在显式数值方法中的重要性。

(4) 尽管纳维-斯托克斯方程具有混合数学特性,但时间推进求解方法仍适用,因此本章再次使用该方法。

平板上的超声速流动是一个经典的流体力学问题,但是它不存在精确解。零攻角的平板是一个简单的几何体,但没有人能不做任何假设来求解这一问题,难道不奇怪吗?事实上,这才体现了 CFD 的优势。传统上采用边界层求解方法求解此类问题(参见文献[8]中的例子)。虽然采用边界层方法对于某些应用可以得到合理的解,但是由于其固有的近似性,因此它对于飞行条件和几何形状的限制很苛刻,纳维-斯托克斯方程求解就克服了这一问题。

现在你可以看出,我们已经稍微偏离了求解有精确解问题的方向。以上讨论主要有两个目的:

(1) 这是与以前的学习联系在一起的最高级问题。同时,也促使你对它们有更深入的理解。

(2) 这一章也提供了第 7、8 章(相对简单的数值方法和物理问题)和后面章节(概括了一些最新的、更复杂的计算方法和挑战)之间的逻辑上的清晰联系。

最后,由于所讨论问题的相对复杂性,这一章的结构和前面的有些不同。考虑到求解纳维-斯托克斯方程用到的等式和步骤相当多,"中间结果"环节不再列出。这并不是说读者只能靠自己了,事实上,在讨论具有挑战性的问题时,本章中给出了求解的具体步骤。另外,也给出了包含很多细节的流程图来帮助读者编写程序。考虑到读者有使用 MacCormack 方法的经验,本章的重点是强调问题的难点,为读者指明通向成功的合理方向。你走到了一个十字路口——简单地读完本章,大致了解什么是完整的纳维-斯托克斯方程求解(注意,这只是可论证的最简单应用);或者开始一次新的跋涉!

9.2 物理问题

考虑零攻角尖前缘平板上的超声速流动,平板长度为 L,如图 9.1 所示。层流边界层在平板前缘产生,并且在低 Reynolds 数时保持层流。无穷远来流"看到"的不是平板,相反,由于黏性边界层的存在,平板好象具有一定曲率一样。因此,在前缘产生了弯曲的激波[8],如图 9.1 所示。

表面和激波之间的区域叫做激波层,例如对于不同的马赫数、Reynolds 数和表面温度,激波层可以看作由黏性流动和无黏流动组成(参见图 9.2(a))。或者整个区域都是黏性的,即为混合激波层(图 9.2(b))。另外,边界层内的动能耗散(黏性耗

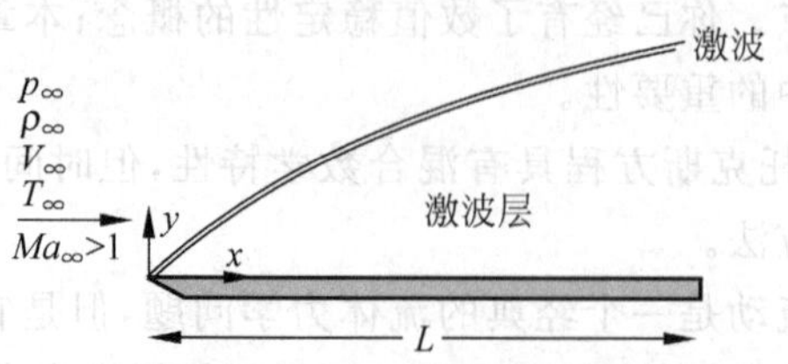

图 9.1　零攻角尖前缘平板上的超声速流动示意图

散)可以引起较高的流场温度和由此带来较高的热传导率。其底线是,虽然我们考虑的是简单几何形状,体会和理解这一物理问题却是一个挑战。下面我们带着这个问题开始学习。

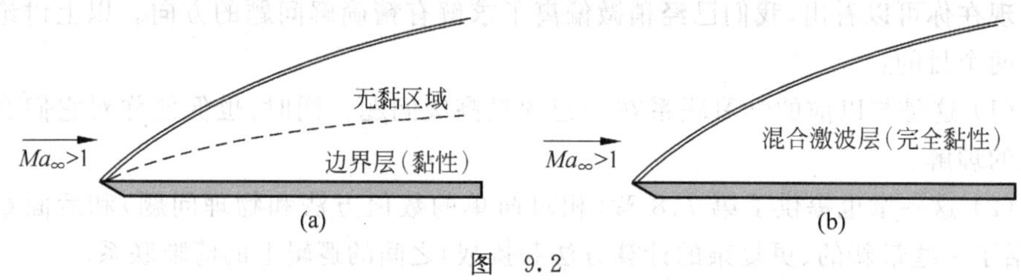

图 9.2

(a)平板上的超声速流动,具有明显边界层和无黏流动区域;(b)平板上的超声速流动,具有混合激波层

9.3　数值计算过程:二维完整纳维-斯托克斯方程的显式有限差分解

这一问题和有趣的流体现象相关。使用依赖时间的纳维-斯托克斯方程的优点在于它本身固有向正确的稳态解演化的性质。当然,在计算过程中激波的位置是确定的,激波层的物理特性也一样确定。

9.3.1　流动的控制方程

忽略体积力和体积热,二维的纳维-斯托克斯方程形式如下(读者可以回顾 2.8 节的内容):

连续方程：
$$\frac{\partial \rho}{\partial t}+\frac{\partial}{\partial x}(\rho u)+\frac{\partial}{\partial y}(\rho v)=0 \tag{2.33}$$

x 动量方程：
$$\frac{\partial}{\partial t}(\rho u)+\frac{\partial}{\partial x}(\rho u^2+p-\tau_{xx})+\frac{\partial}{\partial y}(\rho uv-\tau_{yx})=0 \tag{2.56a}$$

y 动量方程：$\frac{\partial}{\partial t}(\rho v)+\frac{\partial}{\partial x}(\rho uv-\tau_{xy})+\frac{\partial}{\partial y}(\rho v^2+p-\tau_{yy})=0$ (2.56b)

能量方程：

$$\frac{\partial}{\partial t}(E_t)+\frac{\partial}{\partial x}[(E_t+p)u+q_x-u\tau_{xx}-v\tau_{xy}]+\frac{\partial}{\partial y}[(E_t+p)v+q_y-u\tau_{yx}-v\tau_{yy}]=0 \tag{2.81}$$

以上的方程中，E_t 是单位体积动能和内能的和，定义如下：

$$E_t=\rho\left(e+\frac{V^2}{2}\right) \tag{9.1}$$

剪应力和正应力由速度梯度得到，为方便起见，将其表达形式再次列出：

$$\tau_{xx}=\lambda(\boldsymbol{\nabla}\cdot\boldsymbol{V})+2\mu\frac{\partial u}{\partial x} \tag{2.57a}$$

$$\tau_{yy}=\lambda(\boldsymbol{\nabla}\cdot\boldsymbol{V})+2\mu\frac{\partial v}{\partial y} \tag{2.57b}$$

$$\tau_{xy}=\tau_{yx}=\mu\left(\frac{\partial u}{\partial y}+\frac{\partial v}{\partial x}\right) \tag{2.57d}$$

同样热传导矢量（由 Fourier 传热定律得到）如下：

$$q_x=-k\frac{\partial T}{\partial x}$$

$$q_y=-k\frac{\partial T}{\partial y}$$

这里我们稍作休息。现在系统由四个方程组成：连续方程，x、y 方向动量方程和能量方程。其中有 9 个未知数：$\rho,u,v,|\boldsymbol{V}|,p,T,e,\mu$ 和 k。为了使系统封闭，还需要 5 个方程，描述如下：

（1）完全气体假设。由第 2 章知道，状态方程如下：

$$p=\rho RT$$

（2）如果进一步假设是常比定压热容的完全气体，由第 2 章可知有如下的关系成立：

$$e=c_v T$$

（3）x，y 方向的速度分量分别是 u，v，因此有：

$$|\boldsymbol{V}|=\sqrt{u^2+v^2} \tag{9.2}$$

（4）为了得到黏性，假设气体为常比定压热容的完全气体，因而可以使用 Sutherland 定律，其中 μ_0 和 T_0 是标准海平面处的参考值，如下（见文献[8]）。

$$\mu=\mu_0\left(\frac{T}{T_0}\right)^{3/2}\frac{T_0+110}{T+110} \tag{9.3}$$

（5）我们还需要另一个方程。假设 Prandtl 数定义如下，假定其为定值（对于常比热完全气体，约等于 0.71），热传导可以通过下式计算[8]。

$$\Pr=0.71=\frac{\mu c_p}{k}$$

其中 c_p 是定压比热(和 c_v 一样,对于常比热完全气体其值为常数)。

方程组现在封闭了:9 个方程 9 个未知数。如 2.10 节所述,矢量形式的控制方程尤其适用于数值求解。我们将方程作一点小的改动,表述如下:

$$\frac{\partial \boldsymbol{U}}{\partial t}+\frac{\partial \boldsymbol{E}}{\partial x}+\frac{\partial \boldsymbol{F}}{\partial y}=0 \tag{9.4a}$$

其中 $\boldsymbol{U},\boldsymbol{E},\boldsymbol{F}$ 为列向量,表述如下:

$$\boldsymbol{U}=\begin{Bmatrix}\rho \\ \rho u \\ \rho v \\ E_t\end{Bmatrix} \tag{9.4b}$$

$$\boldsymbol{E}=\begin{Bmatrix}\rho u \\ \rho u^2+p-\tau_{xx} \\ \rho uv-\tau_{xy} \\ (E_t+p)u-u\tau_{xx}-v\tau_{xy}+q_x\end{Bmatrix} \tag{9.4c}$$

$$\boldsymbol{F}=\begin{Bmatrix}\rho v \\ \rho uv-\tau_{xy} \\ \rho v^2+p-\tau_{xy} \\ (E_t+p)v-u\tau_{xy}-v\tau_{yy}+q_y\end{Bmatrix} \tag{9.4d}$$

9.3.2 问题设定

下面我们对以上讨论进行具体分析。考虑计算域,这里选择矩形结构网格,如图 9.3 所示。上游边界处($x=0.0$ 或 $i=1=\mathrm{IMIN}$)流动的马赫数为 4,其压强、温度和声速均为海平面处的标准值。

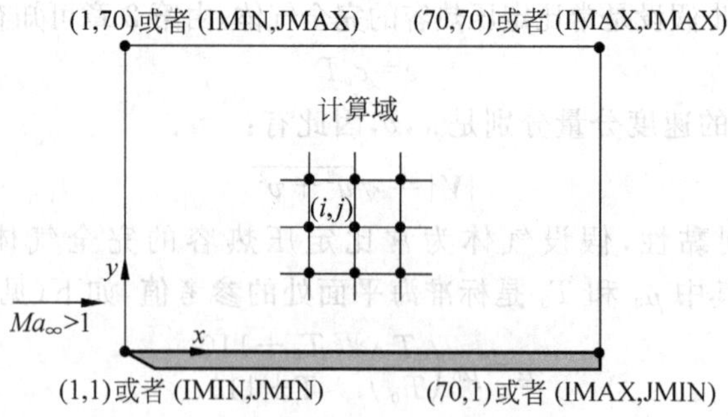

图 9.3 计算域

平板的长度为 0.00001 m。这个长度很小,但是和来流气体的平均自由程相比已足够大,可以捕捉预想的物理现象。流动的 Reynolds 数大约为 1000。为了使计算时间较少，我们选择较低的 Reynolds 数，对于高 Reynolds 数问题需用较细的网格[13]。

9.3.3 有限差分方程

在第 7 章，我们应用 MacCormack 时间推进技术沿收缩-扩张喷管的长度方向求解空间一维问题。对于这一问题我们将 MacCormack 时间推进技术进一步扩展，不仅像收缩-扩张喷管问题那样，在时间方向推进收敛到稳态解，而且在这个过程中，要得到在每个空间点(i,j)上流动的物理特性，因此引入了第三维。

根据第 6 章的分析，MacCormack 方法应用的主要步骤表示如下，再次列出控制方程(9.4a)的矢量表示形式：

$$\frac{\partial \boldsymbol{U}}{\partial t}=-\frac{\partial \boldsymbol{E}}{\partial x}-\frac{\partial \boldsymbol{F}}{\partial y} \tag{9.4a}$$

在任一网格点(i,j)处的流场参数对时间步进行 Taylor 级数展开，表示如下：

$$\boldsymbol{U}_{i,j}^{t+\Delta t}=\boldsymbol{U}_{i,j}^{t}+\left(\frac{\partial \boldsymbol{U}}{\partial t}\right)_{\mathrm{av}}\Delta t \tag{9.5}$$

这里，由初始条件或上一时间步的计算得到$\boldsymbol{U}$是t时刻已知的流场参数(见控制方程)。$(\partial \boldsymbol{U}/\partial t)_{\mathrm{av}}$定义如下：

$$\left(\frac{\partial \boldsymbol{U}}{\partial t}\right)_{\mathrm{av}}=\frac{1}{2}\left[\left(\frac{\partial \boldsymbol{U}}{\partial t}\right)_{i,j}^{t}+\left(\frac{\overline{\partial \boldsymbol{U}}}{\partial t}\right)_{i,j}^{t+\Delta t}\right] \tag{9.6}$$

为了得到上面的$(\partial \boldsymbol{U}/\partial t)_{\mathrm{av}}$的值进行推进求解，我们采用如下步骤：

(1) 由已知的t时刻流场，通过前面给出的矢量形式控制方程右边的空间向前差分得到$(\partial \boldsymbol{U}/\partial t)_{i,j}^{t}$。

(2) 由第(1)步，$t+\Delta t$时刻流场参数的预测值(带横线的量)可以通过下式得到：

$$\overline{\boldsymbol{U}}_{i,j}^{t+\Delta t}=\boldsymbol{U}_{i,j}^{t}+\left(\frac{\partial \boldsymbol{U}}{\partial t}\right)_{i,j}^{t}\Delta t \tag{9.7}$$

将步骤(1)和步骤(2)合并，可知预测值如下：

$$\overline{\boldsymbol{U}}_{i,j}^{t+\Delta t}=\boldsymbol{U}_{i,j}^{t}-\frac{\Delta t}{\Delta x}(E_{i+1,j}^{t}-E_{i,j}^{t})-\frac{\Delta t}{\Delta y}(F_{i,j+1}^{t}-F_{i,j}^{t}) \tag{9.8}$$

(3) 使用空间向后差分，将第(2)步中得到的预测值代入控制方程，得到预测步的时间导数$(\overline{\partial}\overline{\boldsymbol{U}}/\partial t)_{i,j}^{t+\Delta t}$。

(4) 最后，将第(3)步中得到的$(\overline{\partial}\overline{\boldsymbol{U}}/\partial t)_{i,j}^{t+\Delta t}$代入式(9.6)，可以得到$t+\Delta t$时刻具有二阶精度的$\boldsymbol{U}$的校正值。如式(9.8)，步骤(3)和步骤(4)可以合并为：

$$\boldsymbol{U}_{i,j}^{t+\Delta t}=\frac{1}{2}\left[\boldsymbol{U}_{i,j}^{t}+\overline{\boldsymbol{U}}_{i,j}^{t+\Delta t}-\frac{\Delta t}{\Delta x}(\overline{E}_{i,j}^{t+\Delta t}-\overline{E}_{i-1,j}^{t+\Delta t})-\frac{\Delta t}{\Delta y}(\overline{F}_{i,j}^{t+\Delta t}-\overline{F}_{i,j-1}^{t+\Delta t})\right] \tag{9.9}$$

重复以上 4 步，当流场参数达到稳定值，便得到了所求的稳态解。

为了达到二阶精度，E 中出现的 x 方向导数的差分方向和 $\partial E/\partial x$ 使用的相反，而 y 导数则使用中心差分。类似的，F 中出现的 y 方向导数的差分方向和 $\partial F/\partial y$ 使用的相反，而 x 导数则使用中心差分[13]。例如，在第(1)步预测步中，$\partial E/\partial x$ 使用向前差分。但是 E 中有类似 τ_{xy} 的项，包含速度在 x、y 两个方向的导数(见式(2.57d))。因此，在预测步中，$\partial v/\partial x$ 采用向后差分，$\partial u/\partial y$ 采用中心差分。(注：这里使用的都是一阶差分。)

在每一预测步或修正步之后，原始变量由向量 $\boldsymbol{U}$ 解耦得到，表示如下：

$$\rho=U_1 \tag{9.10a}$$

$$u=\frac{\rho u}{\rho}=\frac{U_2}{U_1} \tag{9.10b}$$

$$v=\frac{\rho v}{\rho}=\frac{U_3}{U_1} \tag{9.10c}$$

$$E_t=\rho\left(e+\frac{V^2}{2}\right)=U_5$$

或

$$e=\frac{U_5}{U_1}-\frac{u^2+v^2}{2} \tag{9.10d}$$

U_4 和三维问题(是对读者的又一个挑战)有关，因此这里不列出。

随着 ρ，u，v 和 e 的确定，其他的流场特性参数可以通过9.3.1节中的公式求得，表示如下：

$$T=\frac{e}{c_v}$$

$$p=\rho RT$$

μ 和 k 是温度 T 的函数。μ 可以使用 Sutherland 定律得到。μ 已知后，由 Prandtl 数为常数的假设可以直接得到 k，表示如下：

$$k=\frac{\mu c_p}{\mathrm{Pr}}$$

9.3.4　空间和时间方向步长的计算*

如图9.3所示，计算域为70×70。下面给出流动方向网格数：

IMIN＝1 (入口 x 位置)

IMAX＝70 (出口 x 位置)

由已知的平板长度(LHORI)，x 方向的步长(Δx)表示如下：

$$\Delta x=\frac{\mathrm{LHORI}}{\mathrm{IMAX}-1} \tag{9.11}$$

---

* Maryland大学的研究生 James Weber 对本节内容提出了很多建议。

类似的，JMIN＝1，JMAX＝70 为垂直于平板方向的网格（JMIN＝1 表示平板表面，JMAX 为计算域的上边界）。如图 9.3 所示，为了得到精确解，激波必须在计算域之内。由 Blasius 尾缘的计算可以预测，计算区域 y 方向的高度至少为边界层 5 倍以上，才能满足计算的要求（如图 9.4 所示）。因此，区域的垂直高度（LVERT）由下式确定：

$$\text{LVERT}=5\times\delta \tag{9.12a}$$

其中 δ 由下式给出：

$$\delta=\frac{5(\text{LHORI})}{\sqrt{\text{Re}_L}} \tag{9.12b}$$

因此，y 方向的步长为：

$$\Delta y=\frac{\text{LVERT}}{\text{JMAX}-1} \tag{9.13}$$

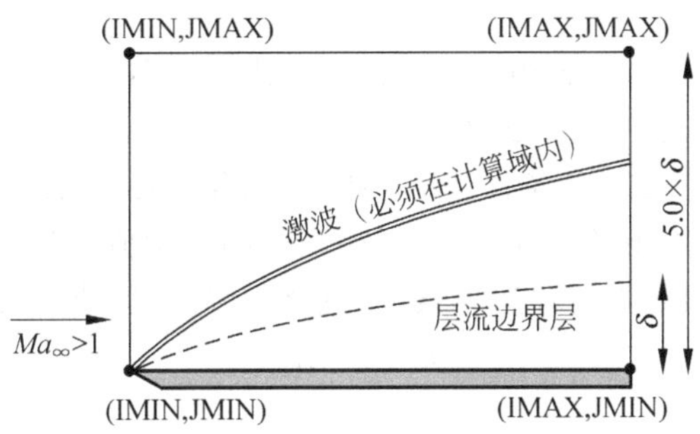

图 9.4 计算域的大小示意图

上述网格（平板长度 0.00001m）对应的 x、y 方向步长分别为 0.145×10^{-6} 和 0.119×10^{-6}。我们如何确定网格大小是合适的呢？x、y 方向的单元 Reynolds 数定义如下：

在每点，每一时间步分别计算，如下：

$$\text{Re}_{\Delta x}\equiv\frac{\rho_{i,j}u_{i,j}\Delta x}{\mu_{i,j}} \tag{9.14a}$$

$$\text{Re}_{\Delta y}\equiv\frac{\rho_{i,j}v_{i,j}\Delta y}{\mu_{i,j}} \tag{9.14b}$$

网格 Reynolds 数的量级可以用来判断计算网格的尺寸是否适当；在本节问题中，所采用的网格 Reynolds 数的大小如下：

$$\text{Re}_{\Delta x}\leqslant 30-40 \tag{9.15a}$$

$$\text{Re}_{\Delta y}\leqslant 3-4 \tag{9.15b}$$

注意 y 方向要求的网格 Reynolds 数较小，原因是垂直于平板的方向梯度较大。因此，为了捕捉流场，尤其是平板表面附近的流场，垂直于平板表面方向需要更多的网格点数——切记！。

因为我们使用的方法是显式格式,时间步长由稳定条件决定。为了确定时间步长,使用下面的 Courant-Friedrichs-Lewy(CFL)条件[74]。

$$(\Delta t_{\mathrm{CFL}})_{i,j}=\left[\frac{|u_{i,j}|}{\Delta x}+\frac{|v_{i,j}|}{\Delta y}+a_{i,j}\sqrt{\frac{1}{\Delta x^2}+\frac{1}{\Delta y^2}}+2v'_{i,j}\left(\frac{1}{\Delta x^2}+\frac{1}{\Delta y^2}\right)\right]^{-1}$$

$$v'_{i,j}=\max\left[\frac{\frac{4}{3}\mu_{i,j}(\gamma\mu_{i,j}/\mathrm{Pr})}{\rho_{i,j}}\right]$$

这里

$$\Delta t=\min[K(\Delta t_{\mathrm{CFL}})_{i,j}] \tag{9.16}$$

其中 $a_{i,j}$ 是当地的声速,单位为 m/s;K 是 Courant,是保证解的稳定性而给出的"虚拟因子",一般取 $0.5\leqslant K\leqslant 0.8$。

9.3.5　初始条件和边界条件

我们求解的是偏微分方程组。在时间方向上是一阶,空间方向上为二阶。因此,需要给定初始条件和边界条件(速度和温度)。

由于我们的求解是在初始条件基础上推进的,我们必须给定 $t=0.0$ 时任一(i,j)点上的流场参数。除了如下的情况,任一网格点处的初始值都为自由来流的值,在平板表面处(JMIN=1),给定无滑移边界条件,且壁面温度 T_w 是给定值,如:

$$u=v=0.0 \tag{2.87}$$

$$T=T_w \tag{2.88}$$

给定了初始条件($t=0.0$),我们在时间方向推进以求得稳态解,此时我们必须给出计算域的边界条件,如图 9.5 显示了类型 1～4 的边界条件。

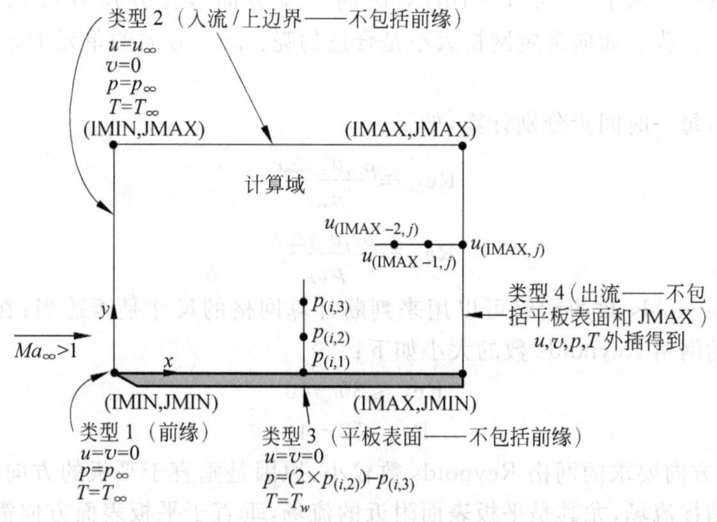

图 9.5　边界条件的应用

类型 1：前缘((IMIN,JMIN)或(1,1))处给定无滑移边界($u_{(1,1)}=v_{(1,1)}=0.0$)，温度 $T_{(1,1)}$ 和压力 $p_{(1,1)}$ 分别为自由来流值。

类型 2：左边界处(不包括前缘)和上边界处的 x 方向速度为 u，温度和压力假设为自由来流值；y 方向速度 v 设为 0。

类型 3：平板表面处，速度为无滑移条件($u=v=0.0$)。温度(除了前缘处)等于壁面温度 T_w。壁面的压力(除了前缘处)通过内点($j=2,j=3$)的值外插得到。

$$p_{(i,1)}=(2p_{(i,2)})-p_{(i,3)} \tag{9.17}$$

类型 4：最后，右边界(不包括 JMIN=1，JMAX=70)的所有参数由 j 位置相同的两个内点外插得到，例如 u 通过式(9.18)得到。

$$u_{(\mathrm{IMAX},j)}=(2u_{(\mathrm{IMAX}-1,j)})-u_{(\mathrm{IMAX}-2,j)} \tag{9.18}$$

由以上已知的值，边界处的其他流场参数可以通过 9.3.1 节中的附加等式得到。例如，密度可以通过状态方程得到。

上面我们使用了壁面温度恒定的边界条件。如第 2 章的讨论，这是温度的最简单边界条件。而 CFD 的一个明显优点就是它对来流和边界条件可以做些修改，以研究其对流动的影响。通过数值试验，可以更好地理解流动参数对流动的影响。因此，我们的程序应该具有方便进行进一步的数值试验的特点，例如采用便捷、适当的子程序来给定边界条件，这样我们就可以方便地修改代码来研究边界条件的影响；例如给定绝热壁面条件(参见 2.9 节)。

9.4 组织纳维-斯托克斯方程的程序代码

9.4.1 总论

现在，读者应该对完整的纳维-斯托克斯方程的数值求解有了更加深刻的了解。对于有限差分方程，知道了计算步长的限制，以及初始条件和边界条件，现在我们可以讨论如何组织程序代码。正如在 9.1 节中所提到的，使用流程图来引导读者。顺便说明，如果你编写程序时不使用流程图，或者只是使用一些伪代码，现在你就需要检查你的方法了。复杂的代码需要处理子程序之间大量的数据传递，一般要求预先进行全面完整的考虑。

根据图 9.6 所示的“宏伟蓝图”，你可以设计程序。下面我们讨论程序中的重点步骤。需要注意的是，编写每一个子程序都需要付出很大的努力。

1) MAIN 主程序调动这个程序代码，其主要功能是：

(1) 设定流动状态，确定计算域，初始化流场空间每点(i,j)的参数，如 9.3.5 节所述。

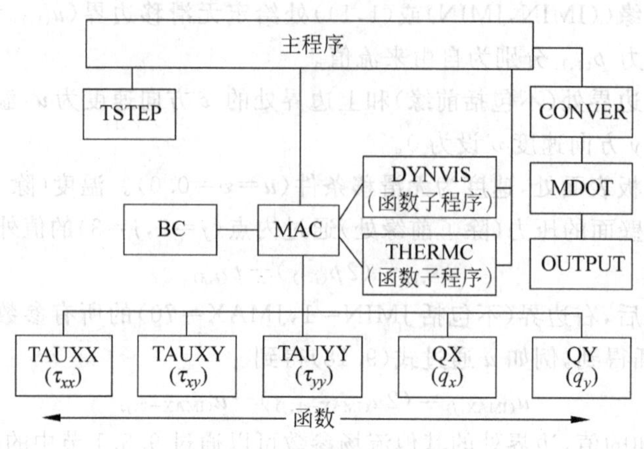

图 9.6　程序的结构

(2) 将程序向前推进,调用以下子程序。

① TSTEP:确定合理的时间步长(如 9.3.4 节所述)。

② MAC(MacCormack):使用预测－修正方法更新(i,j)点的流场参数,如 9.3.3 节所述。

③ CONVER:检测流场是否收敛。

2) DYNVIS 和 THERMC 是函数子程序;调用它们来求解(i,j)点的动力黏性系数和热传导系数,如 9.3.3 节所述。主程序只在流场初始化的过程中调用这些子程序。如图 9.6 所示,而 MAC 每次调用时都使用这些函数程序。

3) 黏性影响由以下 5 个函数描述:TAUXX,TAUXY,TAUYY,QX 和 QY。当需要确定某剪切力或热传导项时,对应的函数就被调用。例如,计算 E_3 时(向量 $\boldsymbol{E}$ 的第三个分量,参见式(9.4c))调用 TAUXY。根据 9.3.3 节的讨论,方程中的导数采用向前,中心或向后差分,具体方式取决于其在 MacCormack 方法中的位置(例如处于预测步)。

4) 当内点的流场参数确定后(不论在预测或是修正步中),边界条件通过调用子程序 BC 确定,如 9.3.5 节中的讨论。

5) 每一时间步计算之后,调用 CONVER 来检验解的收敛性。当每一网格点的密度在相邻时间步之间的变化小于 1.0×10^{-8} 时,可以认为解是收敛的。子程序 CONVER 同时具有另一个功能,判断主程序是否达到给定的最大迭代步数。如果达到了最大迭代步,即使解没有达到收敛,子程序也会调用 MDOT 和 OUTPUT 来给出解的状态。

6) MDOT 检验数值解的正确性。使用积分方法(梯形法则)来保证质量守恒。对计算域入口的质量流率和出口处的质量流率相比较。本节的计算中,入口和出口质量流率的差小于 1%。

7) 最后,调用 OUTPUT 子程序来生成数据文件以便将计算结果图形化。

9.4.2 主程序

图 9.7 给出一种推荐的主程序结构。IMAX 和 JMAX 是计算网格的数量，MAXIT 是希望的最大迭代步数，达到这一计算步后程序将停止；这种方法在使用一定迭代步测试程序时非常方便。执行程序之前，自由来流条件和热力学常数必须给定(或计算已知)。在下一节给出的计算结果中(如 9.3.3 节中的问题设定)，使用了如下的参数(SI 国际标准单位制)：

马赫数＝ 4.0

板长(LHORI)＝ 0.00001 m

海平面状态自由来流的声速、压力和温度分别为 340.28m/s，101325.0 N/m^2 和 288.16 K。

壁面温度和自由来流温度的比 T_w/T_∞ 为 1.0；这一比例有利于验证壁面温度边界条件的影响。

比热比(γ)＝1.4

Prandtl 数(Pr)＝0.71

动力黏性系数和温度的参考值(海平面)分别为 1.7894×10^{-5} kg/(m·s)和 288.16 K

气体常数(R)＝287J/(kg·K)

确定以上常数之后，其他的常数通过图 9.7 中的方程确定。

由流程图可知，TSTEP 在使用 MacCormack 方法之前调用。这里，K(方程(9.16)中的虚拟因子)取为 0.6。在确定 MacCormack 方法中的时间步长时只用到内点值。

9.4.3 MacCormack 子程序

读者已经熟悉使用 MacCormack 方法，但是在求解完整的纳维-斯托克斯方程时仍有一些问题需要注意。图 9.8 或许可以帮助读者编写子程序。如果读者采用如图 9.6 所示结构，发现这是所有子程序中最长的一个；有 150 行的代码，这里还不包括其他将在计算中调用的子程序(如 TAUXX，BC 和 DYNVIS)。

流程图 9.8 完全同 9.3.3 节的讨论类似，例如 U_5，E_2 和 F_1 为向量 U，E，F 中的相应分量(参见式(9.4a)～(9.4d))。第 4 个下标对应三维问题，与式(9.10a)～(9.10d)一致，因此 $U_5=E_t$。流程图很容易理解，不过这里还要强调以下几点：

(1) 除了 9 个流场参数，$U_{1,2,3,5}$，$E_{1,2,3,5}$，$F_{1,2,3,5}$ 的维数均为(IMAX，JMAX)。另外，预测值 U(例如 U_1P)的四个分量(1，2，3，5)的维数也是(IMAX，JMAX)。

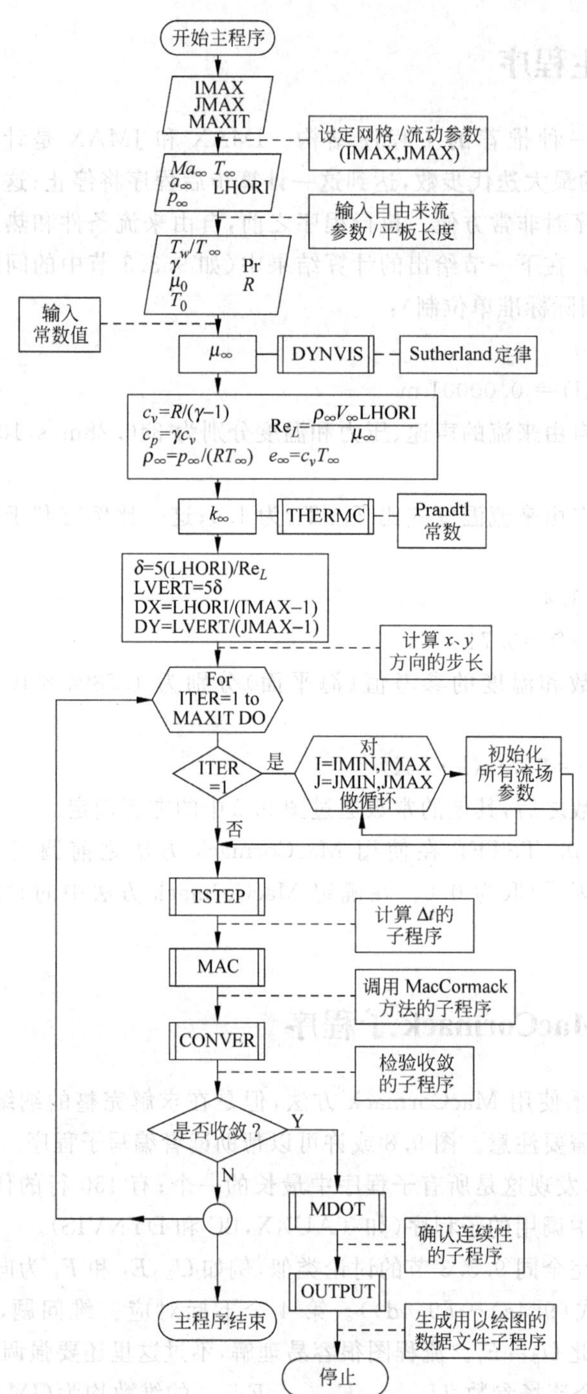

图 9.7　主程序流程图(MAIN)

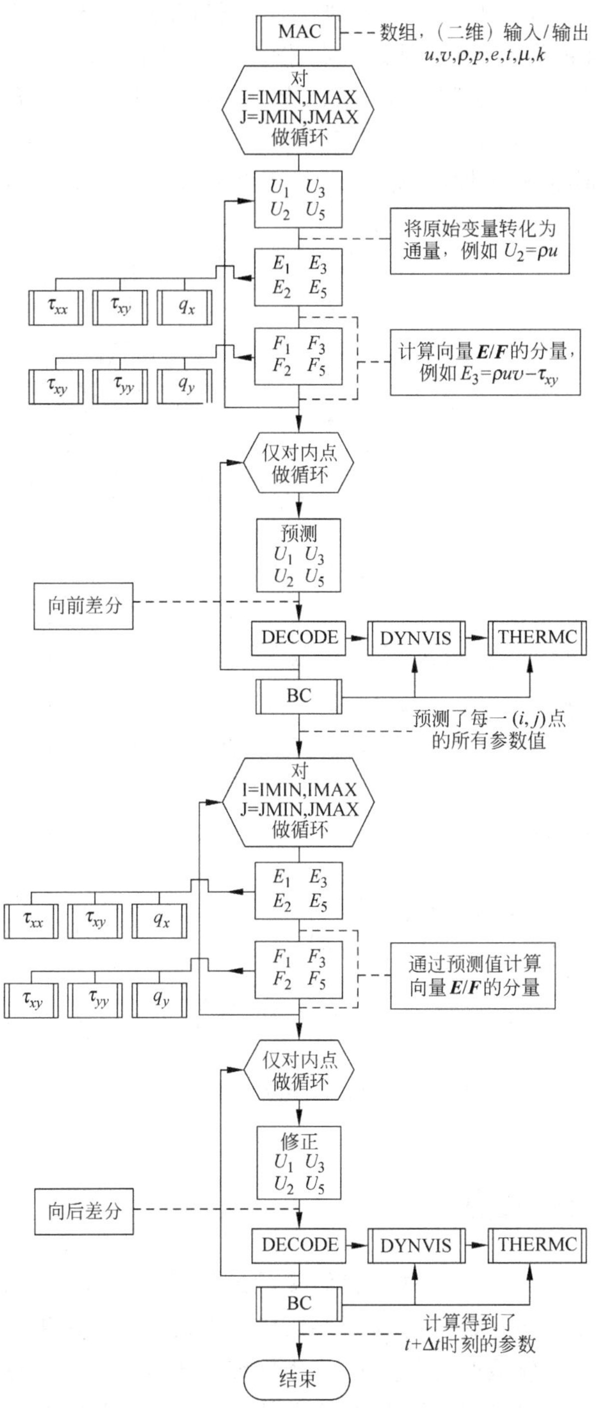

图 9.8 MacCormack(MAC)子程序的流程图

（2）按照9.3.3节中的讨论需特别关注将剪切力和热传导项中的导数进行差分，这一问题非常棘手。为了说明这一点，图9.9给出了函数TAUXY的结构，这一函数是在MAC中调用最多的情况。在工况1中，预测步中计算E_3，E_5时需要知道τ_{xy}（参见9.3.3节中的例子，如何达到二阶精度——这里也是一样的）。

（3）当利用通量解耦计算原始变量时，可以采用9.3.3节末尾给出的步骤。

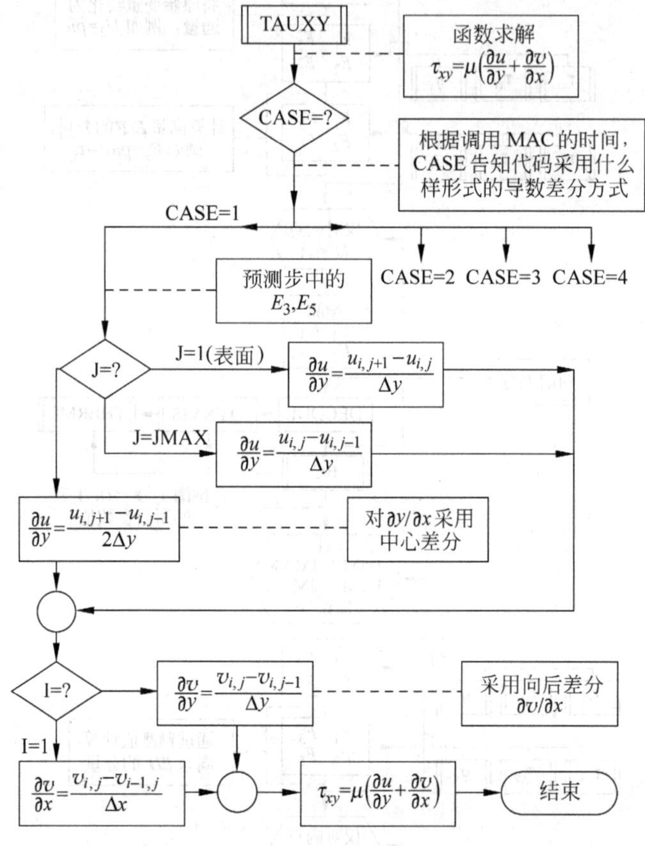

图9.9　TAUXY函数子程序流程图

9.4.4　最后几点

现在准备工作已经完成！这是我们接触过的最长的代码。以下是一些提示：①逻辑上由编写主程序开始；②添加一些注释文字；③使用“调用”文字，并编写短小的子程序使其可以方便地返回主程序；④依次编写子程序。写出每一个子程序的流程图（或伪代码），然后编写代码，并进行验证以确保它们严格地按照你所设想的运行。当你确定每一段代码都正确的时候,再开始下一步。从实际应用的角度出发,处理这一问题没有其他更好的方法。

9.5 最后的数值解:稳态解

在讨论稳态解之前,我们先讨论几个一般问题:

(1) 数值解在 4339 步时收敛(对于下面提到的绝热壁面条件是 6651 步)。这里的网格是 70×70。将网格数减小到 40×50,我们可以提高收敛速度,同时仍能捕捉物理流动。为了说明你的程序不依赖于网格,可以改变网格密度进行重复计算。

(2) 绘制流场参数图时,将距离 y 无量刚化,由 Van Driest 提出[75],$\bar{y}$ 的定义如下:

$$\bar{y}=\frac{y}{x}\sqrt{\mathrm{Re}_x} \tag{9.19}$$

(3) 给出了流场参数的变化曲线,使用自由来流变量进行无量纲化(例如 p/p_∞)。这和在边界层类型分析中使用的边界层边缘条件不同,这里激波层按照完全黏性层来处理,根据流动状态,边界层有时会很难分辨;另外即使边界层可分辨,"边缘"的界限有时也很模糊。

(4) 给出了绝热壁面条件的计算结果,有两个目的:

① 绝热壁面条件使流场有明显的变化,和壁面温度恒定的条件相比,可以得到有趣的物理现象。

② CFD 允许"不断切换"。存在一个已知程序的时候,数值试验相对就容易进行,可以利用已知程序进行进一步的研究,得到相关的结果。这里边界条件和 2.9 节中的讨论完全相同。数学上,绝热壁面条件由下式给出:

$$\left(\frac{\partial T}{\partial n}\right)_w=0 \tag{2.91}$$

(5) 给出了马赫数为 25,板长 200000 ft(LHORI=0.005 m)时的计算结果。这里我们同样可以使用这一程序计算其他有趣的算例。

计算结果在图 9.10(a)~9.17 中给出。当然,也可以找出其他你感兴趣的计算结果图。

(1) 图 9.10(a):无量纲表面压力分布随距离前缘距离的变化而变化,因此可以得到以下结论:

① 前缘区域有明显的振荡;传统的分析认为这是在非连续区域内使用连续假设的结果。还不清楚振荡是真实的物理现象还是数值效应。虽然这是一个学术问题,但是结果显示这一振荡的影响并不重要。

② 绝热壁面条件使全场压力高于等温壁面的情况(30%)。物理中,绝热壁面会

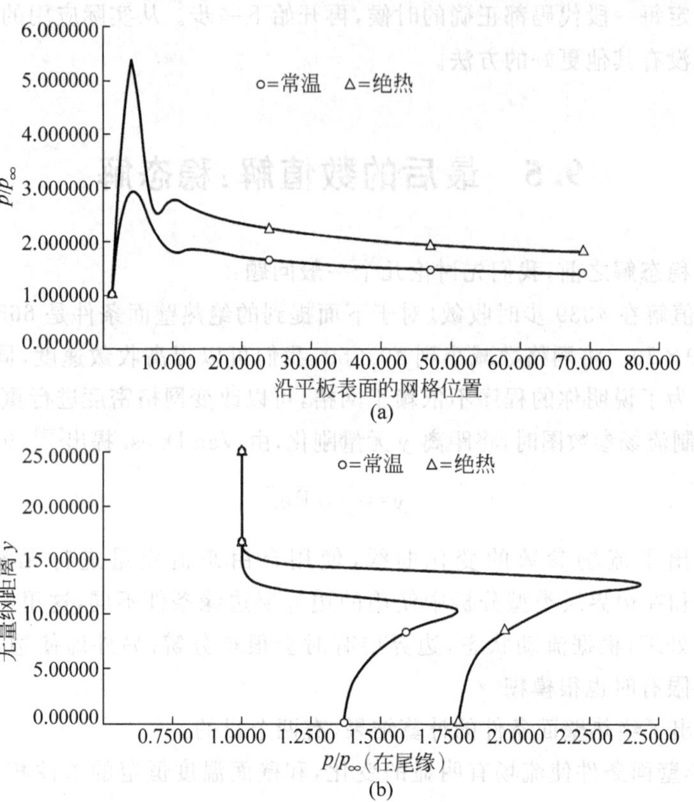

图 9.10　海平面处马赫数为 4

(a)无量纲化的表面压力分布；(b)无量纲化的压力曲线

使边界层的温度高于等温壁面条件。(通常的假设认为绝热壁面温度高于壁面恒温值)。结果是密度相对较低而边界层较厚。因此,来流遇到了钝体,产生较强的前缘激波;还使激波层内的压力增加。另外,较高的流体温度也会使激波层内压力升高。

(2) 图 9.10(b)为平板尾缘的无量纲压力曲线。绝热壁面使激波层内的压力升高。绝热条件时激波的跳跃大约为 35%,说明来流通过了较强的激波(如前所述)。这里,边界层内的零压力梯度的经典假设是有问题的(改变了 15%)。

(3) 黏性相互作用是指增长的边界层和外界无黏流动之间有较强相互作用的流场[2]。图 9.11[76]说明等温壁面(三角形)和绝热壁面(方块)两种算例吻合得很好。

(4) 图 9.12(a),(b):尾缘的温度分布曲线。图 9.12(a)将坐标进行了放大;曲线捕捉到了前缘的激波,描述了壁面附近经典的边界层流动(详见文献[8])。绝热情况下,壁面的温度梯度为 0;而温度边界层内的温度却高出 3 倍！图 9.12(b)是和 Van Driest 结果的比较,如图 9.13(a),(b)所示,定量来看,结果吻合得很好。有趣的是,Van Driest 的解,基于经典的超声速边界层理论,在激波前缘停止(垂直于平板)。这是 20 世纪 50 年代和 60 年代盛行的“自相似”边界层理论的直接结果。和纳维-斯托克斯解不同，这些近似方法要求将无黏解和边界层解进行耦合求解（注：图 9.13(a)，(b)中的温度是无量纲化的）。

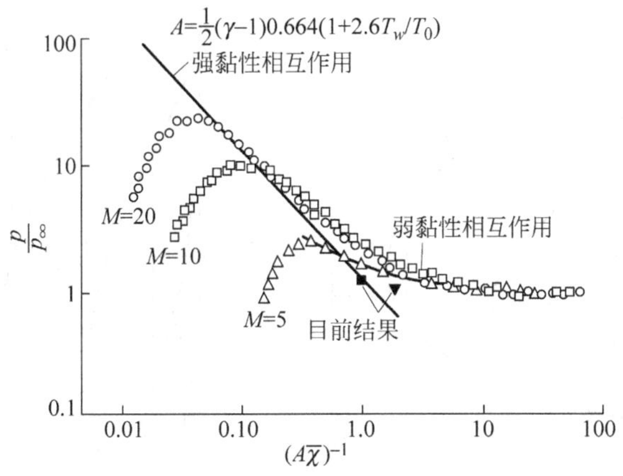

图 9.11 平板上的压力[76]

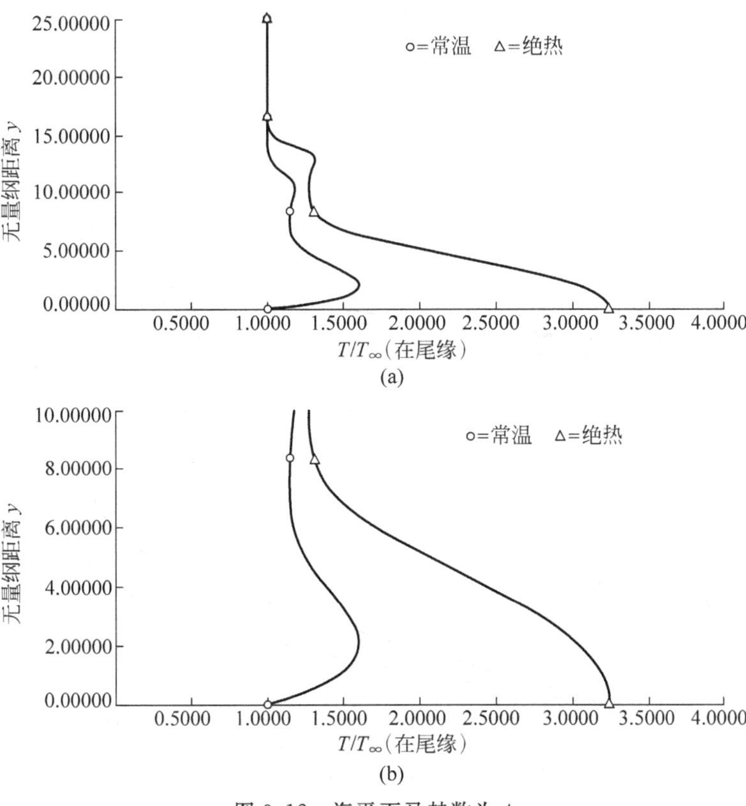

图 9.12 海平面马赫数为 4

(a)流场内的无量纲化温度分布；(b)表面附近的无量纲化温度分布

(5) 图 9.14(a),(b):给出了速度的 u 分量。绝热条件对应的边界层比较厚。

(6) 图 9.15:马赫数分布图说明了两个前缘激波的相对强弱。

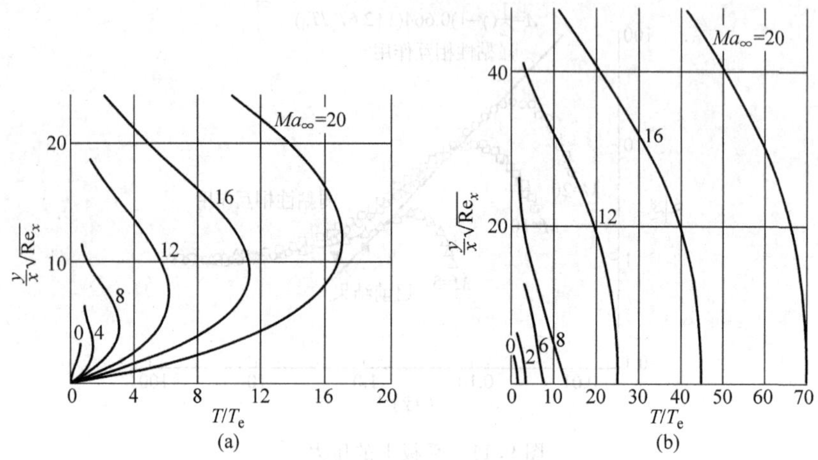

图 9.13　可压缩层流边界层的温度分布

(a)等温壁面;(b)绝热壁面[75]

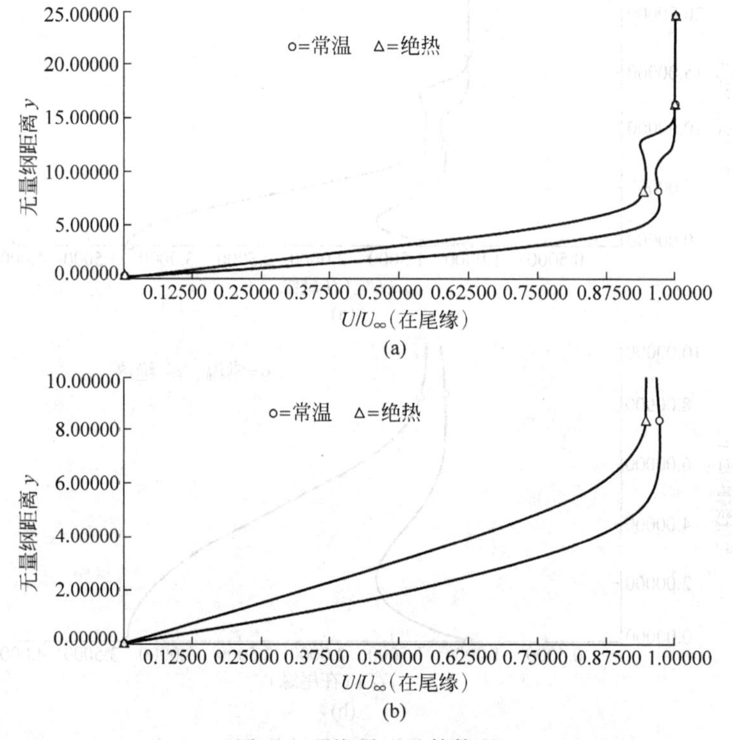

图 9.14　海平面马赫数 4

(a) 流场内的无量纲化速度分布;(b) 表面附近的无量纲化速度分布

(7) 图 9.16(a),(b):马赫数为 25 时的温度分布与马赫数为 4 时有明显的不同。激波层为完全黏性,这是高马赫数和低 Reynolds 数共同作用的结果。壁面附近没有明显的边界层。这一问题不适用基于边界层和无黏流动匹配的 Van Driest 解。当求解完整的纳维-斯托克斯方程时,解会自动演化。这一算例的马赫数曲线如图 9.17 所示,从图中看出前缘激波清晰可见,再一次表现出绝热壁面情况下激波更强。

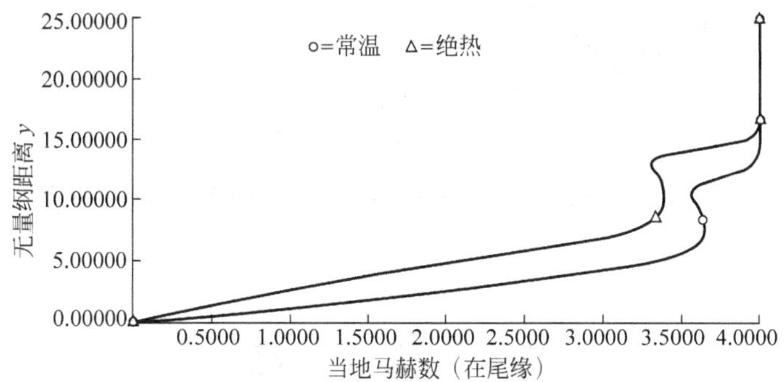

图 9.15 海平面马赫数 4:尾缘的当地马赫数分布

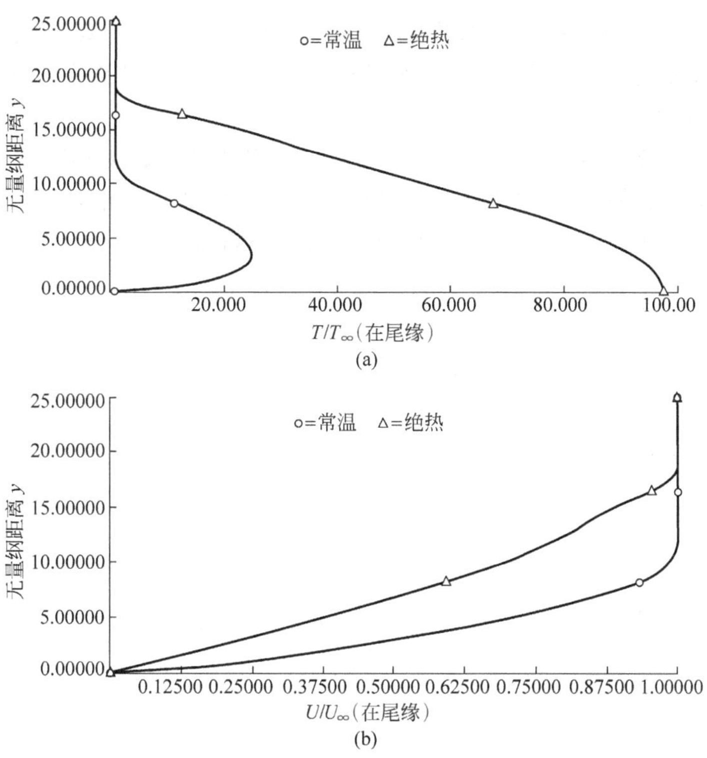

图 9.16 马赫数 25,200000 ft

(a)无量纲化的温度分布;(b)无量纲化的速度分布

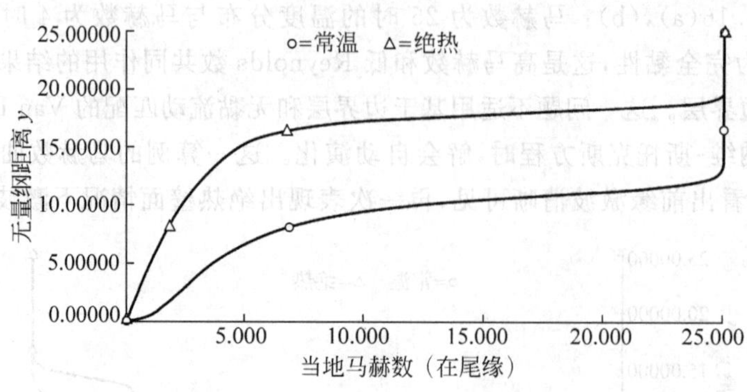

图 9.17 在 200000 ft 高空马赫数 25:尾缘的当地马赫数分布

9.6 总 结

本章的主要目的是介绍平板上超声速流动的纳维-斯托克斯解。无攻角的平板是简单的几何体,但是解反映了很多有趣的物理现象。基于前面的工作,MacCormack 显式时间推进的方法用来求解流场的稳态解。计算中考虑了所有黏性项,且流场可以在 x,y 两个方向变化。

即使你没有亲自编写本章的程序,也会有很多收获。因为你一定已经了解纳维-斯托克斯方程数值求解的工作量。但是,记住这只是一个相对简单的问题。我们已给出了足够的信息使读者可以成功地解决这一问题。

第Ⅳ部分

其他专题

本书的主要目的就是向读者介绍CFD的基本原理和一些基本概念。对于学习CFD来说，这本书仅仅是一个开始。事实上，它仅仅代表一个起步平台，读者可以以此为基础，向更加复杂的CFD课程和实际的计算工作中的更加深入的概念前进。第Ⅳ部分的目的就是要加快这个起飞过程。尤其是第10章所处理的某些专题，虽然它们要比前面所讨论的专题更加高级，但是却是CFD中现代算法的重要组成部分。关于这些高级专题的细节问题，远远超出了本书的范围——这些专题需要读者在以后的学习当中加以注意。事实上，在第10章当中只是对这些专题进行了简单的探讨，仅仅是提前吸引读者，使读者熟悉一下某些思想和当前正发展着的现代CFD技术的术语。最后，第11章分析了CFD的未来发展趋势以及通过延伸第1章中所讨论的启发性思想来结束本书的内容。第11章计划通过CFD对流体力学各个方面的影响使读者意识到CFD的广阔前景，CFD的应用是正在成长着的行业，愿读者与其一起成长。

第 10 章
现代 CFD 中的某些高等专题的讨论

在过去的二十到三十年中，CFD 取得了长足的发展，已经达到了成熟的阶段，其中许多基本的计算方法已经建立起来了，或者正在建立着。

Charles Hirsch，比利时布鲁塞尔大学教授，1990

10.1 简　　介

在第 1～9 章中，本书向读者介绍了 CFD 的基本概念和基本原理。在 6.1 节中我们开始介绍了一些简单的 CFD 技术，回忆这些方法，我们可以看到本书的目的，就是要发展在入门水平下，可以理解的一些不太复杂的 CFD 工具，而且这些工具对解决一些如第Ⅲ部分所列出的流动问题时足够有效。

较之前面那些技术，我们可以看到，到目前为止本书还没有介绍现代 CFD 技术的一些比较新颖的算法。现代 CFD 技术大部分是应用数学进一步应用的结果，它用以改进旧的算法的一些不足，提高某一给定问题在某一给定计算机的求解速度。由于这些现代算法所涉及的应用数学的基本原理，要比我们到目前为止所讨论的那些方法涉及更多，因此它们超出了本书所要考虑的专题范围。另一方面，本书将不介绍与这些现代技术相关的思想，仅仅是给读者提供一些线索以求解在将来的 CFD 学习和工作中遇到的问题。

因此，本章的目的就是要给读者提供一个面向将来 CFD 学习的窗口。本章不再像前面几章那样讲解细节内容，相反，本章简单讨论更多的现代思想。希望让读者了解一些基本的思想和术语,仅此而已！那些细节内容有待于读者将来进一步学习。

最后,作者注意到当今所应用的现代 CFD 技术都是本书中所讲到的基本原则的产物。本章为读者提供了一个观察未来 CFD 学习的窗口,前面所有章节所讲解的内容都是为读者提供一个坚实的基础,在此基础上读者可以飞越该窗口。

10.2　流动控制方程的守恒形式——回顾:方程的雅可比

今天所使用的大多数高水平的 CFD 数值算法,其起源都与流动控制方程数学性质密切关联。在第 3 章中,我们已经接触了这些数学性质,尤其在 3.3 节中,通过检查方程的特征值,来描述一个准线性的偏微分方程组的特性。如果方程组的特征值都是不同的实值,方程组就是双曲型的;如果方程组的特征值是相同的实值,方程组是抛物型的;如果所有的特征值都是虚数,那么方程是椭圆型的。如果方程的特征值是上面特征值的混合,那么方程具有混合的性质。此外,在 3.3 节末,本书给出了一个例子,它说明了特征值本身是特征线的斜率;例如,特征值给出了偏微分方程组的特征方向。在进一步阅读本书之前,回顾一下 3.3 节的内容很重要,因为我们需要把这些思想扩展到第 2 章所推导出来的流动控制方程当中。

我们要集中考虑控制方程的守恒形式。由于目前流行将 CFD 应用到高速的带有激波的流动当中,以及大多数研究人员流行使用激波捕捉的方法来计算这些流动——激波捕捉方法实质上就是要求使用守恒型流动控制方程(参见 2.10 节末的讨论)。因而我们发现当今大多数的 CFD 应用,使用守恒型控制方程。即使在流动中不含有激波的情况下,使用守恒型方程也或多或少成为了一种习惯,并且现在的许多标准的差分程序,无论是欧拉或者纳维-斯托克斯方程,都是基于守恒形式的。

因此,让我们考虑一下式(2.93)所描述的具有一般性的守恒型控制方程,如下所示:

$$\frac{\partial \boldsymbol{U}}{\partial t}+\frac{\partial \boldsymbol{F}}{\partial x}+\frac{\partial \boldsymbol{G}}{\partial y}+\frac{\partial \boldsymbol{H}}{\partial z}=\boldsymbol{J} \tag{2.93}$$

$\boldsymbol{U},\boldsymbol{F},\boldsymbol{G},\boldsymbol{H}$ 和 $\boldsymbol{J}$ 是有关通量变量的列矢量,如纳维-斯托克斯方程(2.94)～(2.98)和欧拉方程(2.105)～(2.109)所示。方程组的因变量是解矢量 $\boldsymbol{U}$ 中所含有的变量,即 $\rho,\rho u,\rho v,\rho w$ 和 $\rho[e+(u^2+v^2+w^2)/2]$。通量矢量显然不等于 $\boldsymbol{U}$,但是 $\boldsymbol{F},\boldsymbol{G},\boldsymbol{H}$ 的元素可以表示成 $\boldsymbol{U}$ 的元素的函数,即 $\rho,\rho u,\rho v,\rho w$ 和 $\rho[e+(u^2+v^2+w^2)/2]$ 的函数。读者很容易通过观察欧拉方程(2.106)～(2.108)中的通量 $\boldsymbol{F},\boldsymbol{G},\boldsymbol{H}$ 中的元素发现这一点。由此,我们可以把 $\boldsymbol{F},\boldsymbol{G},\boldsymbol{H}$ 写成 $\boldsymbol{F}=\boldsymbol{F}(\boldsymbol{U}),\boldsymbol{G}=\boldsymbol{G}(\boldsymbol{U}),\boldsymbol{H}=\boldsymbol{H}(\boldsymbol{U})$。这

些方程通常都是非线性方程，因此如式(2.93)形式的方程不是第3章所描述的准线性方程。为了考察式(2.93)的数学性质，我们首先必须把它转化成准线性的形式，如下面所述。

由于 $\boldsymbol{F}$，$\boldsymbol{G}$ 和 $\boldsymbol{H}$ 都是 $\boldsymbol{U}$ 的函数，方程(2.93)可以写成下面的式子：

$$\frac{\partial \boldsymbol{U}}{\partial t}+\frac{\partial \boldsymbol{F}}{\partial \boldsymbol{U}}\frac{\partial \boldsymbol{U}}{\partial x}+\frac{\partial \boldsymbol{G}}{\partial \boldsymbol{U}}\frac{\partial \boldsymbol{U}}{\partial y}+\frac{\partial \boldsymbol{H}}{\partial \boldsymbol{U}}\frac{\partial \boldsymbol{U}}{\partial z}=\boldsymbol{J} \tag{10.1}$$

在式(10.1)中，$\partial \boldsymbol{F}/\partial \boldsymbol{U}$，$\partial \boldsymbol{G}/\partial \boldsymbol{U}$ 和 $\partial \boldsymbol{H}/\partial \boldsymbol{U}$ 分别被称作通量矢量 $\boldsymbol{F}$，$\boldsymbol{G}$，$\boldsymbol{H}$ 的雅可比矩阵。为了简写，我们作如下指定：

$$\boldsymbol{A}\equiv\frac{\partial \boldsymbol{F}}{\partial \boldsymbol{U}},\quad \boldsymbol{B}\equiv\frac{\partial \boldsymbol{G}}{\partial \boldsymbol{U}},\quad \boldsymbol{C}\equiv\frac{\partial \boldsymbol{H}}{\partial \boldsymbol{U}} \tag{10.2}$$

$\boldsymbol{A}$，$\boldsymbol{B}$ 和 $\boldsymbol{C}$ 分别表示方程(10.2)中雅可比矩阵。(注意这些雅可比矩阵与第5章中所定义的与逆变换相关的实体完全不同。例如由式(5.22a)所定义的雅可比行列式是给定变换的雅可比，而式(10.2)所定义的雅可比矩阵是通量矢量的雅可比矩阵——在一定程度上是完全不同的。当读者阅读相关的CFD文献时，请注意这两个"jacobian"的不同使用。)由式(10.2)的定义，式(10.1)可以写成下式：

$$\frac{\partial \boldsymbol{U}}{\partial t}+\boldsymbol{A}\frac{\partial \boldsymbol{U}}{\partial x}+\boldsymbol{B}\frac{\partial \boldsymbol{U}}{\partial y}+\boldsymbol{C}\frac{\partial \boldsymbol{U}}{\partial z}=\boldsymbol{J} \tag{10.3}$$

这里 $\boldsymbol{A}$，$\boldsymbol{B}$ 和 $\boldsymbol{C}$ 是雅可比矩阵，注意式(10.3)代表5个方程：连续方程；x，y 和 z 三个方向的动量方程及能量方程。因此，$\boldsymbol{U}$ 是一个 1×5 的列矢量，矩阵 $\boldsymbol{A}$，$\boldsymbol{B}$，$\boldsymbol{C}$ 是 5×5 的矩阵。例如，式(2.105)和式(2.106)中所给出的 $\boldsymbol{U}$ 和 $\boldsymbol{F}$。5×5 的 $\boldsymbol{A}$ 矩阵中的25个元素由 $\boldsymbol{F}$ 中的元素由对 $\boldsymbol{U}$ 中的5个元素分别微分得到，从而构成了 $\boldsymbol{A}$ 中的25个不同元素。我们在此不花费时间和篇幅来展开雅可比矩阵 $\boldsymbol{A}$，$\boldsymbol{B}$ 和 $\boldsymbol{C}$，关于欧拉方程的雅可比矩阵的细节参见 Hirsch 的文献[17]。

式(10.3)的优点是因变量($\boldsymbol{U}$ 分量)的导数是呈线性的，因此方程(10.3)是准线性形式，类似第3章的模型方程。根据3.3节中的讨论，可知方程(10.3)的数学性质由雅可比矩阵 $\boldsymbol{A}$，$\boldsymbol{B}$ 和 $\boldsymbol{C}$ 的特征值来决定。在现代CFD技术的发展中，这些特征值起到了关键作用。

10.2.1 一维流动

对于上面所处理的一般性的非定常的三维流动方程，雅可比矩阵 $\boldsymbol{A}$，$\boldsymbol{B}$ 和 $\boldsymbol{C}$ 的展开，尤其是其特征值的处理是非常烦琐的。为了节省读者的精力，将通过一维的、不稳定的、无黏的、不带体积力的一维流动来讲解上面的主要思想。控制方程采用守恒型欧拉方程，如式(2.93)，式(2.105)和式(2.106)所示(其中表示单位质量总能的 $E=e+V^2/2$)。

连续方程：
$$\frac{\partial\rho}{\partial t}+\frac{\partial(\rho u)}{\partial x}=0 \tag{10.4}$$

动量方程：
$$\frac{\partial(\rho u)}{\partial t}+\frac{\partial(\rho u^2+p)}{\partial x}=0 \tag{10.5}$$

能量方程：
$$\frac{\partial(\rho E)}{\partial t}+\frac{\partial(\rho uE+pu)}{\partial x}=0 \tag{10.6}$$

式(10.4)～(10.6)写成式(2.83)的形式，如下：

$$\frac{\partial \boldsymbol{U}}{\partial t}+\frac{\partial \boldsymbol{F}}{\partial x}=0 \tag{10.7}$$

其中，

$$\boldsymbol{U}=\begin{Bmatrix}\rho\\ \rho u\\ \rho E\end{Bmatrix} \tag{10.8}$$

和，

$$\boldsymbol{F}=\begin{Bmatrix}\rho u\\ \rho u^2+p\\ \rho uE+pu\end{Bmatrix} \tag{10.9}$$

为便于记住 $\boldsymbol{U}$ 的分量，即因变量 ρ，ρu 和 ρE，下面引入更简洁的记法：

$$\rho u=m \tag{10.10a}$$

$$\rho E=\varepsilon \tag{10.10b}$$

则式(10.8)和式(10.9)所定义的列矢量，变成下式：

$$\boldsymbol{U}=\begin{Bmatrix}\rho\\ m\\ \varepsilon\end{Bmatrix} \tag{10.11}$$

和

$$\boldsymbol{F}=\begin{Bmatrix}m\\ \dfrac{m^2}{\rho}+p\\ \dfrac{m(\varepsilon+p)}{\rho}\end{Bmatrix} \tag{10.12}$$

可以利用 ρ，m 和 ε 消去矢量 $\boldsymbol{F}$ 中的 p，如下所示。利用热力学常比定压热容的完全气体关系 $c_v=R/(\gamma-1)$ 和 $e=c_vT$，完全气体状态方程可以写成下式：

$$p=\rho RT=(\gamma-1)\frac{R}{\gamma-1}\rho T=(\gamma-1)\rho c_v T=(\gamma-1)\rho e \tag{10.13}$$

从 ε 和 E 的定义，可得到下式：

$$\varepsilon=\rho E=\rho\left(e+\frac{u^2}{2}\right)=\rho e+\frac{\rho u^2}{2} \tag{10.14}$$

从式(10.14)中，可以得到 ρe 的表达式：

$$\rho e=\varepsilon-\frac{\rho u^2}{2}=\varepsilon-\frac{m^2}{2\rho} \tag{10.15}$$

把式(10.15)代入式(10.13)中，可得：

$$p=(\gamma-1)\left(\varepsilon-\frac{m^2}{2\rho}\right) \tag{10.16}$$

将 p 的表达式代入到通量列矢量式(10.12)，可得：

$$\boldsymbol{F}=\begin{Bmatrix} m \\ \dfrac{m^2}{\rho}+(\gamma-1)\left(\varepsilon-\dfrac{m^2}{2\rho}\right) \\ \dfrac{m}{\rho}\left[\varepsilon+(\gamma-1)\left(\varepsilon-\dfrac{m^2}{2\rho}\right)\right] \end{Bmatrix} \tag{10.17}$$

现在一维非定常流动的控制方程表达成式(10.7)形式，其中 $\boldsymbol{U}$ 和 $\boldsymbol{F}$ 的表达式分别为式(10.11)和式(10.17)。与式(10.1)的一般形式类似，式(10.7)也可以写成雅可比矩阵形式，如下：

$$\frac{\partial \boldsymbol{U}}{\partial t}+A\frac{\partial \boldsymbol{U}}{\partial x}=0 \tag{10.18}$$

此处，为了完整性可得：

$$\frac{\partial \boldsymbol{U}}{\partial t}=\begin{Bmatrix} \dfrac{\partial \rho}{\partial t} \\ \dfrac{\partial m}{\partial t} \\ \dfrac{\partial \varepsilon}{\partial t} \end{Bmatrix} \tag{10.19}$$

和

$$\frac{\partial \boldsymbol{U}}{\partial x}=\begin{Bmatrix} \dfrac{\partial \rho}{\partial x} \\ \dfrac{\partial m}{\partial x} \\ \dfrac{\partial \varepsilon}{\partial x} \end{Bmatrix} \tag{10.20}$$

式(10.18)中的雅可比矩阵 $\boldsymbol{A}$ 可以通过将式(10.17)中的通量项对式(10.11)中的自变量逐一求导得到。即，如果把式(10.17)中的三个分量中的两个简写如下：

$$M=\frac{m^2}{\rho}+(\gamma-1)\left(\varepsilon-\frac{m^2}{2\rho}\right) \tag{10.21a}$$

$$N=\frac{m}{\rho}\left[\varepsilon+(\gamma-1)\left(\varepsilon-\frac{m^2}{2\rho}\right)\right] \tag{10.21b}$$

则式(10.18)中雅可比的表达式为：

$$\boldsymbol{A}=\begin{bmatrix} \left(\frac{\partial m}{\partial \rho}\right)_{m,\varepsilon} & \left(\frac{\partial m}{\partial m}\right)_{\rho,\varepsilon} & \left(\frac{\partial m}{\partial \varepsilon}\right)_{\rho,m} \\ \left(\frac{\partial M}{\partial \rho}\right)_{m,\varepsilon} & \left(\frac{\partial M}{\partial m}\right)_{\rho,\varepsilon} & \left(\frac{\partial M}{\partial \varepsilon}\right)_{\rho,m} \\ \left(\frac{\partial N}{\partial \rho}\right)_{m,\varepsilon} & \left(\frac{\partial N}{\partial m}\right)_{\rho,\varepsilon} & \left(\frac{\partial N}{\partial \varepsilon}\right)_{\rho,m} \end{bmatrix} \tag{10.22}$$

此处，偏导数的下标说明在求特定偏导数时，下标所示的那些自变量保持不变。这些偏导数的值如下：

$$\left(\frac{\partial m}{\partial \rho}\right)_{m,\varepsilon}=0 \tag{10.23a}$$

$$\left(\frac{\partial m}{\partial m}\right)_{\rho,\varepsilon}=1 \tag{10.23b}$$

$$\left(\frac{\partial m}{\partial \varepsilon}\right)_{\rho,m}=0 \tag{10.23c}$$

从式(10.21a)，可得：

$$\begin{aligned}\left(\frac{\partial M}{\partial \rho}\right)_{m,\varepsilon} &=-\frac{m^2}{\rho^2}+(\gamma-1)\frac{m^2}{2\rho^2}=\left(\frac{\gamma}{2}-\frac{3}{2}\right)\frac{m^2}{\rho^2} \\ &=(\gamma-3)\frac{(\rho u)^2}{2\rho^2}=(\gamma-3)\frac{u^2}{2}\end{aligned} \tag{10.23d}$$

$$\begin{aligned}\left(\frac{\partial M}{\partial m}\right)_{\rho,\varepsilon} &=\frac{2m}{\rho}-(\gamma-1)\frac{m}{\rho}=-(\gamma-3)\frac{m}{\rho} \\ &=(3-\gamma)\frac{\rho u}{\rho}=(3-\gamma)u\end{aligned} \tag{10.23e}$$

$$\left(\frac{\partial M}{\partial \varepsilon}\right)_{\rho,m}=\gamma-1 \tag{10.23f}$$

从式(10.21b)，可得：

$$\begin{aligned}\left(\frac{\partial N}{\partial \rho}\right)_{m,\varepsilon} &=\frac{m}{\rho}\left[(\gamma-1)\frac{m^2}{2\rho^2}\right]+\left[\varepsilon+(\gamma-1)\left(\varepsilon-\frac{m^2}{2\rho}\right)\right]\left(-\frac{m}{\rho^2}\right) \\ &=2(\gamma-1)\frac{m^3}{2\rho^3}-\gamma\varepsilon\frac{m}{\rho^2}=(\gamma-1)u^3-\gamma uE\end{aligned} \tag{10.23g}$$

$$\begin{aligned}\left(\frac{\partial N}{\partial m}\right)_{\rho,\varepsilon} &=\frac{m}{\rho}\left[-(\gamma-1)\frac{m}{\rho}\right]+\left[\varepsilon+(\gamma-1)\left(\varepsilon-\frac{m^2}{2\rho}\right)\right]\frac{1}{\rho}-(\gamma-1)\frac{3m^2}{2\rho^2}+\gamma\frac{\varepsilon}{\rho} \\ &=-(\gamma-1)\frac{3(\rho u)^2}{2\rho^2}+\gamma\frac{\rho E}{\rho}=-\frac{3}{2}(\gamma-1)u^2+\gamma E\end{aligned} \tag{10.23h}$$

$$\left(\frac{\partial N}{\partial \varepsilon}\right)_{\rho,m}=\frac{m}{\rho}+(\gamma-1)\frac{m}{\rho}=\gamma\frac{m}{\rho}=\gamma\frac{\rho u}{\rho}=\gamma u \tag{10.23i}$$

式(10.23a)～(10.23i)给出了雅可比矩阵的9个元素；根据式(10.22)，矩阵可以表达如下：

$$\boldsymbol{A}=\begin{bmatrix} 0 & 1 & 0 \\ (\gamma-3)\frac{u^2}{2} & (3-\gamma)u & \gamma-1 \\ (\gamma-1)u^3-\gamma uE & -\frac{3}{2}(\gamma-1)u^2+\gamma E & \gamma u \end{bmatrix} \tag{10.24}$$

为了封闭上述方程组,回到式(10.18)形式的方程,此处 $\boldsymbol{U}$ 由式(10.8)给出,$\boldsymbol{A}$ 由式(10.24)给出。根据上面所给出的各条件,式(10.18)转化为:

$$\frac{\partial}{\partial t}\begin{Bmatrix} \rho \\ \rho u \\ \rho E \end{Bmatrix}+\begin{bmatrix} 0 & 1 & 0 \\ (\gamma-3)\frac{u^2}{2} & (3-\gamma)u & \gamma-1 \\ (\gamma-1)u^3-\gamma uE & -\frac{3}{2}(\gamma-1)u^2+\gamma E & \gamma u \end{bmatrix}\times\frac{\partial}{\partial x}\begin{Bmatrix} \rho \\ \rho u \\ \rho E \end{Bmatrix}=0 \tag{10.25}$$

按照矩阵乘法规则,式(10.25)变为:

$$\begin{Bmatrix} \frac{\partial \rho}{\partial t}+\frac{\partial(\rho u)}{\partial x} \\ \frac{\partial(\rho u)}{\partial t}+(\gamma-3)\frac{u^2}{2}\frac{\partial \rho}{\partial x}+(3-\gamma)u\frac{\partial(\rho u)}{\partial x}+(\gamma-1)\frac{\partial(\rho E)}{\partial x} \\ \frac{\partial(\rho E)}{\partial t}+[(\gamma-1)u^3-\gamma uE]\frac{\partial \rho}{\partial x}+[\gamma E-\frac{3}{2}(\gamma-1)u^2]\frac{\partial(\rho u)}{\partial x}+\gamma u\frac{\partial(\rho E)}{\partial x} \end{Bmatrix}=0 \tag{10.26}$$

式(10.26)中的表达式可以通过式(10.13)和定义 $\rho E=\rho(e+u^2/2)$ 来简化,即

$$p=(\gamma-1)\rho e=(\gamma-1)\left(\rho E-\rho\frac{u^2}{2}\right)$$

因此可得:

$$\rho E=\frac{p}{\gamma-1}+\frac{\rho u^2}{2} \tag{10.27}$$

把式(10.27)代入式(10.26)的表达式中,简化可得(详细推导留作习题10.1):

$$\begin{Bmatrix} \frac{\partial \rho}{\partial t}+\frac{\partial(\rho u)}{\partial x} \\ \frac{\partial(\rho u)}{\partial t}+\frac{\partial(\rho u^2+p)}{\partial x} \\ \frac{\partial(\rho E)}{\partial t}+\frac{\partial(\rho uE+pu)}{\partial x} \end{Bmatrix}=0 \tag{10.28}$$

上面的列矢量的表达式代表下面三个标量方程:

$$\frac{\partial \rho}{\partial t}+\frac{\partial(\rho u)}{\partial x}=0 \tag{10.29}$$

$$\frac{\partial(\rho u)}{\partial t}+\frac{\partial(\rho u^2+p)}{\partial x}=0 \tag{10.30}$$

$$\frac{\partial(\rho E)}{\partial t}+\frac{\partial(\rho uE+pu)}{\partial x}=0 \tag{10.31}$$

将式(10.29)～(10.31)和原始的非定常一维流动控制方程(10.4)～(10.6)加以比较,它们正如应该的那样是相同的。我们刚刚证明了当雅可比矩阵 $\boldsymbol{A}$ 中元素的值由式(10.24)给出时,表示成准线性形式的控制方程(10.18)与原始方程完全一致。通过雅可比处理方程的形式,原始方程仍然保持着,没有任何变化。

最后,让我们检查一下雅可比矩阵的特征值。这些特征值可以通过式(10.32)得到:

$$|\boldsymbol{A}-\lambda\boldsymbol{I}|=0 \tag{10.32}$$

此处 $\boldsymbol{I}$ 是单位矩阵,λ 是定义为矩阵 $\boldsymbol{A}$ 的特征值,$\boldsymbol{A}$ 即为式(10.24)所给出的矩阵。因此式(10.32)变为:

$$\begin{vmatrix} -\lambda & 1 & 0 \\ (\gamma-3)\dfrac{u^2}{2} & (3-\gamma)u-\lambda & \gamma-1 \\ (\gamma-1)u^3-\gamma uE & -\dfrac{3}{2}(\gamma-1)u^2+\gamma E & \gamma u-\lambda \end{vmatrix}=0$$

展开上面的行列式,可以得到:

$$-\lambda\left\{[(3-\gamma)u-\lambda](\gamma u-\lambda)-(\gamma-1)\left[-\frac{3}{2}(\gamma-1)u^2+\gamma E\right]\right\}$$
$$-\left\{(\gamma-3)\frac{u^2}{2}(\gamma u-\lambda)-(\gamma-1)[(\gamma-1)u^3-\gamma uE]\right\}=0 \tag{10.33}$$

式(10.33)是一个关于未知变量 λ 的三次方程;因此 λ 有三个解:

$$\lambda_1=u \tag{10.34a}$$

$$\lambda_2=u+c \tag{10.34b}$$

$$\lambda_3=u-c \tag{10.34c}$$

其中 c 为声速。式(10.34a)～(10.34c)是方程(10.33)的解,将其代入式(10.33),可以证明其满足方程(10.33)。

雅可比的特征值在理解控制方程的数学性质当中起着重要的作用。如 3.3 节所述,它们决定方程的分类;在此例中,由于 λ_1,λ_2 和 λ_3 是三个不同的实数,因此一维的、非定常的、无黏的流动控制方程(10.4)～(10.6),就是双曲型的。其实在处理无黏的、非定常的流动的 3.4.1 节中已经说明了这点。更为重要的是特征值给出了 xt 空间中特征线的斜率,如图 10.1 所示。对于 x-t 平面上给定的点,都有三条特征线,其斜率分别为 $\mathrm{d}t/\mathrm{d}x=1/\lambda_1=1/u$,$1/\lambda_2=1/(u+c)$ 和 $1/\lambda_3=1/(u-c)$。在物理上,特征值给出了信息在物理平面上的传播方向。此例中,特征值 $\lambda_1=u$ 说明流体元以速度 u 携带流场信息运动;图 10.1 中的当地斜率为 $1/u$ 的曲线称作粒子路径。同样,$\lambda_2=u+c$ 和 $\lambda_3=u-c$ 说明相对于运动的流体元以当地声速,流场信息沿着 x 轴分别是向左和向右传播,见图 10.1 中斜率为 $1/(u+c)$ 和 $1/(u-c)$ 的曲线是向右和向左运动的马赫波。认清雅可比矩阵的特征值所给出的流场信息的传播方向是非常重要的。因为许多现代的 CFD 技术中的差分格式都是与流场信息传播方向有关,因此在这些格式的发展过程中,特征值变得尤其重要。在以后对 CFD 的进一步学习和应用当中,读者对这点会有更深入的体会。这就是为什么要在本节利用一定的篇幅来讨论雅可比和特征值问题的主要原因。

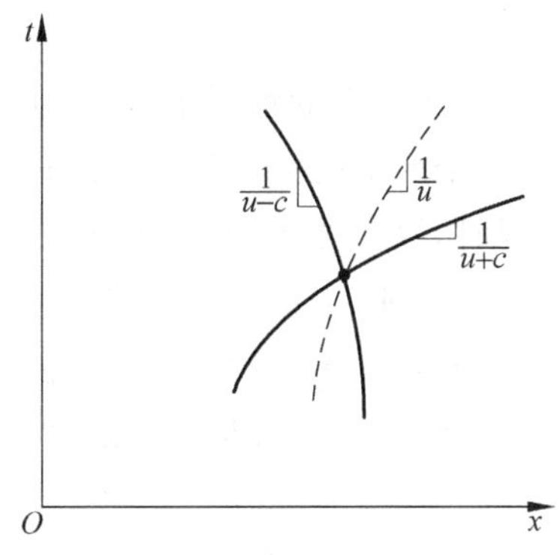

图 10.1 一维不稳定流动特征线图示

10.2.2 小结

由于雅可比矩阵以及它们的特征值在现代 CFD 算法上起到很强的作用,因此本节用了一些篇幅来讨论其中的一些问题。尤其是以下几点。

(1) 介绍了含雅可比矩阵的控制方程形式。这种形式的方程的优点就是它的准线性,其中相关的因变量的导数是线性的。在这种形式下,可以直接借助第 3 章所讨论的内容揭示流动控制方程的数学性质。

(2) 讨论了雅可比矩阵的结构和意义,并且列出了一维非定常无黏流动的雅可比矩阵的具体项。

(3) 展示了雅可比矩阵的特征值可以给出流场中流动信息的传播方向和速度,这些特征值在现在所使用的现代 CFD 技术的发展中扮演很重要的角色。

10.3 隐式方法的附加考虑

在 4.4 节中首次引入了显式方法和隐式方法,并对此进行了比较,在该节中用一维热传导方程(3.28)作为模型方程解释了显式和隐式方法。在热扩散系数 α 为常数的情况下，式(3.28)是空间一维(x)的线性方程，此方程可以通过推进方法进行求解，其中推进变量为 t。4.4 节中的线性方程所采用的隐式差分是方程(4.40)给出的 Crank-Nicolson 形式。使用此技术，在第 8 章中详细讲解了使用隐式方法求解 Couette 流动。在此求解中，处理的是线性的有限差分方程；并且当以点(i,j)为中心时，此有限差分格式仅仅需要使用三个点来表达。这两点对于代数的有限差分方程系统为三对角形式是必要的。反过来三对角形式的代数方程易于求解性保证了隐式求解的实用性。

对于给定问题的控制方程是非线性的情况下，问题会怎么样呢？除了推进变量以外，空间变量不是一维而是多维的情况下，问题又会怎么样呢？在以上其中一种情况出现或者两种情况同时出现时，原来方便的、线性的、三对角系统将遭到破坏。对于隐式求解除非对其做进一步的处理，否则其计算量就会像天文数字一样庞大。值得庆幸的是，尽管对于一个给定问题是多维的、非线性的，但是当加入了几种新的思想后，隐式求解仍能保持三对角性质，本节就是要讨论这些思想。

10.3.1 方程的线化：Beam 和 Warming 方法

为了简化问题，以无黏流动为例，其控制方程为欧拉方程，如 2.8.2 节中所列。首先，考虑非守恒型的欧拉方程，如式 (2.82)，式(2.83a)～(2.83c)以及式(2.85)所示。选择其中一个方程列在下面，如式(2.83a)，其他的方程也如此，式(2.83a)如下：

$$\rho\frac{\mathrm{D}u}{\mathrm{D}t}=-\frac{\partial p}{\partial x}+\rho f_x \tag{2.83a}$$

展开式(2.83a)中的质点导数，可得：

$$\rho\frac{\partial u}{\partial t}+\rho u\frac{\partial u}{\partial x}+\rho v\frac{\partial u}{\partial y}+\rho w\frac{\partial u}{\partial z}=-\frac{\partial p}{\partial x}+\rho f_x \tag{10.35}$$

从式(10.35)中可见其因变量是原始变量，在导数中它们以线性形式出现，在所有非守恒型的方程中都是如此，同样对于纳维-斯托克斯方程也如此。在这两种情况下，虽然其导数中原始变量是线性的，但是控制方程都是非线性的，因为这些导数所乘的系数也由原始变量构成(或者是关于原始变量的函数构成)。因此，当这些方程的一个隐式解法建立时，可以用上一时步的已知值给出这些系数，使所得到的代数差分方程线化，这被称作“滞后系数”法。

当控制方程为守恒型时，情况与之完全相反。守恒型方程把通量变量作为因变量，例如，考虑守恒型的动量方程(10.5)，如下所示：

$$\frac{\partial(\rho u)}{\partial t}+\frac{\partial(\rho u^2+p)}{\partial x}=0 \tag{10.5}$$

因为 $\rho u=m$ 是其中的一个因变量，把式(10.5)写成下式：

$$\frac{\partial m}{\partial t}+\frac{\partial(m^2/\rho+p)}{\partial x}=0 \tag{10.36}$$

式(10.36)的隐式有限差分格式在时间第 $n+1$ 步时，涉及如$[m^2/\rho+p]_{i-1}^{n+1}$ 和 $[m^2/\rho+p]_{i+1}^{n+1}$ 项，这些项涉及因变量 m 和 ρ 以非线性形式 m^2/ρ 出现，对于这样的代数方程在求解上存在困难，因此需要将此有限差分方程“线化”。

一种广泛使用的线性化方法，首先由 Beam 和 Warming 在 1976 年提出[77]。为了讨论方便，考虑一维非定常欧拉方程(10.4)～(10.6)，其矢量形式如式(10.7)所示，如下：

$$\frac{\partial \boldsymbol{U}}{\partial t}+\frac{\partial \boldsymbol{F}}{\partial x}=0 \tag{10.7}$$

此处 $\boldsymbol{F}=\boldsymbol{F}(U)$。使用 Crank-Nicolson 差分格式(参见 4.4 节)，式(10.7)写成有限差分形式如下：

$$\boldsymbol{U}_i^{n+1}=\boldsymbol{U}_i^n-\frac{\Delta t}{2}\left[\left(\frac{\partial \boldsymbol{F}}{\partial x}\right)_i^n+\left(\frac{\partial \boldsymbol{F}}{\partial x}\right)_i^{n+1}\right] \tag{10.37}$$

(有时方程(10.37)中的空间导数用时间层 n 和 $n+1$ 的平均值表示，称为梯形规则)。式(10.37)是一个非线性的差分方程，但是，Beam 和 Warming 方法通过以下处理得到了局部的线性，在时间步 n 附近对 $\boldsymbol{F}$ 进行级数展开，有：

$$\boldsymbol{F}_i^{n+1}=\boldsymbol{F}_i^n+\left(\frac{\partial \boldsymbol{F}}{\partial \boldsymbol{U}}\right)_i^n(\boldsymbol{U}_i^{n+1}-\boldsymbol{U}_i^n)+\cdots \tag{10.38}$$

此处忽略了高阶项。$\partial \boldsymbol{F}/\partial \boldsymbol{U}$ 项为 10.2 节中所定义的雅可比矩阵。

$\left(\frac{\partial \boldsymbol{F}}{\partial \boldsymbol{U}}\right)_i^n\equiv A_i^n\equiv n$ 时间层 $\boldsymbol{F}$ 的雅可比矩阵。

因此，方程(10.38)变为：

$$\boldsymbol{F}_i^{n+1}=\boldsymbol{F}_i^n+\boldsymbol{A}_i^n(\boldsymbol{U}_i^{n+1}-\boldsymbol{U}_i^n) \tag{10.39}$$

用式(10.39)替代式(10.37)中的 $\boldsymbol{F}_i^{n+1}$，可得：

$$\boldsymbol{U}_i^{n+1}=\boldsymbol{U}_i^n-\frac{\Delta t}{2}\left\{\left(\frac{\partial \boldsymbol{F}}{\partial x}\right)_i^n+\frac{\partial}{\partial x}[\boldsymbol{F}_i^n+\boldsymbol{A}_i^n(\boldsymbol{U}_i^{n+1}-\boldsymbol{U}_i^n)]\right\}$$

或

$$\boldsymbol{U}_i^{n+1}=\boldsymbol{U}_i^n-\frac{\Delta t}{2}\left\{2\left(\frac{\partial \boldsymbol{F}}{\partial x}\right)_i^n+\frac{\partial}{\partial x}[\boldsymbol{A}_i^n(\boldsymbol{U}_i^{n+1}-\boldsymbol{U}_i^n)]\right\} \tag{10.40}$$

用中心差分代替式(10.40)中的关于 x 方向的导数，可得：

$$\boldsymbol{U}_i^{n+1}=\boldsymbol{U}_i^n-\Delta t\left(\frac{\boldsymbol{F}_{i+1}^n-\boldsymbol{F}_{i-1}^n}{2\Delta x}\right)-\frac{\Delta t}{2}\left(\frac{\boldsymbol{A}_{i+1}^n\boldsymbol{U}_{i+1}^{n+1}-\boldsymbol{A}_{i-1}^n\boldsymbol{U}_{i-1}^{n+1}}{2\Delta x}\right)+\frac{\Delta t}{2}\left(\frac{\boldsymbol{A}_{i+1}^n\boldsymbol{U}_{i+1}^n-\boldsymbol{A}_{i-1}^n\boldsymbol{U}_{i-1}^n}{2\Delta x}\right) \tag{10.41}$$

把 $n+1$ 时间步的未知量移到左端，式(10.41)变为：

$$\frac{\Delta t}{4\Delta x}\boldsymbol{A}_{i+1}^{n}\boldsymbol{U}_{i+1}^{n+1}+\boldsymbol{U}_{i}^{n+1}-\frac{\Delta t}{4\Delta x}\boldsymbol{A}_{i-1}^{n}\boldsymbol{U}_{i-1}^{n+1}$$

$$=\boldsymbol{U}_{i}^{n}-\frac{\Delta t}{2\Delta x}(\boldsymbol{F}_{i+1}^{n}-\boldsymbol{F}_{i-1}^{n})+\frac{\Delta t}{4\Delta x}(\boldsymbol{A}_{i+1}^{n}\boldsymbol{U}_{i+1}^{n}-\boldsymbol{A}_{i-1}^{n}\boldsymbol{U}_{i-1}^{n}) \tag{10.41a}$$

注意式(10.41a)右端的量为 n 时步的已知量，左端含有三个 $n+1$ 时步的未知量 $\boldsymbol{U}_{i+1}^{n+1}$，$\boldsymbol{U}_{i}^{n+1}$ 和 $\boldsymbol{U}_{i-1}^{n+1}$。最重要的是式(10.41a)是线性的。此外它是很熟悉的三对角形式，例如其可以通过 Thomas 算法求解。

因此，上面的形式正是我们想要的。对于非线性差分方程(10.37)，通过 Taylor 级数展开使其线化，得到线性的差分方程(10.41a)。这仅仅是一种使方程线化的方法，此外还有许多其他的方法使方程线化。但是，此部分的目的是要强调，守恒型的流动控制方程隐式的有限差分解法会产生非线性的差分方程。这种差分方程必须通过线化才能得到实际的数值解。

需要指出 Briley 和 McDonald 提出了一个类似的线化思想[78]，与 Beam 和 Warming 处理函数方法不同，Briley 和 McDonald 处理时间导数项，其结果同样有效。

10.3.2 多维问题：近似因式分解

本节中所要讲解的第二个问题如下：对于一个多维问题的隐式求解，除了推进变量之外，其空间变量不止一个。怎样能使有限差分算法仍然保持三对角的性质？通过对二维非定常流动为例来说明此问题，其守恒型的流动控制方程(2.93)，重述如下：

$$\frac{\partial \boldsymbol{U}}{\partial t}+\frac{\partial \boldsymbol{F}}{\partial x}+\frac{\partial \boldsymbol{G}}{\partial y}=0 \tag{10.42}$$

使用梯形规则对 $\partial \boldsymbol{F}/\partial x$ 和 $\partial \boldsymbol{G}/\partial y$ 在时间步 n 和 $n+1$ 的值加以平均，则可以建立隐式的差分方程；例如，从式(10.42)可以得到：

$$\boldsymbol{U}^{n+1}=\boldsymbol{U}^{n}-\frac{\Delta t}{2}\left[\left(\frac{\partial \boldsymbol{F}}{\partial x}+\frac{\partial \boldsymbol{G}}{\partial y}\right)^{n}+\left(\frac{\partial \boldsymbol{F}}{\partial x}+\frac{\partial \boldsymbol{G}}{\partial y}\right)^{n+1}\right] \tag{10.43}$$

这是一个非线性的差分方程，可以通过 10.3.1 节发展的方法使其线化，如下所示：

$$\boldsymbol{F}^{n+1}=\boldsymbol{F}^{n}+\left(\frac{\partial \boldsymbol{F}}{\partial \boldsymbol{U}}\right)^{n}(\boldsymbol{U}^{n+1}-\boldsymbol{U}^{n})=\boldsymbol{F}^{n}+\boldsymbol{A}^{n}(\boldsymbol{U}^{n+1}-\boldsymbol{U}^{n}) \tag{10.44a}$$

和

$$\boldsymbol{G}^{n+1}=\boldsymbol{G}^{n}+\left(\frac{\partial \boldsymbol{G}}{\partial \boldsymbol{U}}\right)^{n}(\boldsymbol{U}^{n+1}-\boldsymbol{U}^{n})=\boldsymbol{G}^{n}+\boldsymbol{B}^{n}(\boldsymbol{U}^{n+1}-\boldsymbol{U}^{n}) \tag{10.44b}$$

此处 $\boldsymbol{A}^n$ 和 $\boldsymbol{B}^n$ 是 n 时步所对应的雅可比矩阵。将式(10.44a)和式(10.44b)代入式(10.43)中,可得:

$$\boldsymbol{U}^{n+1}=\boldsymbol{U}^n-\frac{\Delta t}{2}\left[\left(\frac{\partial \boldsymbol{F}}{\partial x}+\frac{\partial \boldsymbol{G}}{\partial y}\right)^n\right]-\frac{\Delta t}{2}\left[\left(\frac{\partial \boldsymbol{F}}{\partial x}\right)^n+\frac{\partial}{\partial x}(\boldsymbol{A}^n\boldsymbol{U}^{n+1})\right.$$
$$\left.-\frac{\partial}{\partial x}(\boldsymbol{A}^n\boldsymbol{U}^n)+\left(\frac{\partial \boldsymbol{G}}{\partial y}\right)^n+\frac{\partial}{\partial y}(\boldsymbol{B}^n\boldsymbol{U}^{n+1})-\frac{\partial}{\partial y}(\boldsymbol{B}^n\boldsymbol{U}^n)\right] \tag{10.45}$$

把所有涉及 $\boldsymbol{U}^{n+1}$ 的项全部移到方程左边可得:

$$\boldsymbol{U}^{n+1}+\frac{\Delta t}{2}\frac{\partial}{\partial x}(\boldsymbol{A}^n\boldsymbol{U}^{n+1})+\frac{\Delta t}{2}\frac{\partial}{\partial y}(\boldsymbol{B}^n\boldsymbol{U}^{n+1})$$
$$=\boldsymbol{U}^n-\frac{\Delta t}{2}\left[\left(\frac{\partial \boldsymbol{F}}{\partial x}+\frac{\partial \boldsymbol{G}}{\partial y}\right)^n\right]-\frac{\Delta t}{2}\left(\frac{\partial \boldsymbol{F}}{\partial x}\right)^n+\frac{\Delta t}{2}\frac{\partial}{\partial x}(\boldsymbol{A}^n\boldsymbol{U}^n)$$
$$-\frac{\Delta t}{2}\left(\frac{\partial \boldsymbol{G}}{\partial y}\right)^n+\frac{\Delta t}{2}\frac{\partial}{\partial y}(\boldsymbol{B}^n\boldsymbol{U}^n) \tag{10.46}$$

引入单位矩阵 $\boldsymbol{I}$:

$$\boldsymbol{I}=\begin{bmatrix}1 & 0 & 0 & \cdots & \cdots\\ 0 & 1 & 0 & \cdots & \cdots\\ \vdots & \vdots & \vdots & \vdots & \vdots\\ 0 & 0 & 0 & \cdots & 1\end{bmatrix}$$

式(10.46)可以写成下式:

$$\left\{I+\frac{\Delta t}{2}\left[\frac{\partial}{\partial x}(\boldsymbol{A}^n)+\frac{\partial}{\partial y}(\boldsymbol{B}^n)\right]\right\}\boldsymbol{U}^{n+1}$$
$$=\left\{I+\frac{\Delta t}{2}\left[\frac{\partial}{\partial x}(\boldsymbol{A}^n)+\frac{\partial}{\partial y}(\boldsymbol{B}^n)\right]\right\}\boldsymbol{U}^n-\Delta t\left[\left(\frac{\partial \boldsymbol{F}}{\partial x}+\frac{\partial \boldsymbol{G}}{\partial y}\right)^n\right] \tag{10.47}$$

式(10.47)可以写成算子形式,例如表达式:

$$\left[\frac{\partial}{\partial x}(\boldsymbol{A}^n)+\frac{\partial}{\partial y}(\boldsymbol{B}^n)\right]$$

是一个算子,当作用在式(10.47)左端的 $\boldsymbol{U}^{n+1}$ 上时,表示为:

$$\left[\frac{\partial}{\partial x}(\boldsymbol{A}^n)+\frac{\partial}{\partial y}(\boldsymbol{B}^n)\right]\boldsymbol{U}^{n+1}\equiv\frac{\partial}{\partial x}(\boldsymbol{A}^n\boldsymbol{U}^{n+1})+\frac{\partial}{\partial y}(\boldsymbol{B}^n\boldsymbol{U}^{n+1})$$

类似地作用在式(10.47)的右端。进一步考察式(10.47),可知右端是 n 时间步量是已知的;方程的左边都是未知的量。问题是方程左端有多少未知的量?答案当然是依赖于选择什么样的有限差分表达式来表达导数。例如,如果选择熟悉的中心差分格式,由于 x 和 y 方向的导数都在左边,此差分格式需要五个网格点,如图 10.2 所示。因此,方程(10.47)左端有 5 个未知量,即 $\boldsymbol{U}_{i-1,j}^{n+1}$,$\boldsymbol{U}_{i,j}^{n+1}$,$\boldsymbol{U}_{i+1,j}^{n+1}$,$\boldsymbol{U}_{i,j+1}^{n+1}$ 和 $\boldsymbol{U}_{i,j-1}^{n+1}$。很明显,上面的表达形式已经不再是三对角形式了,其除了三对角项,即 $\boldsymbol{U}_{i-1,j}^{n+1}$,$\boldsymbol{U}_{i,j}^{n+1}$,$\boldsymbol{U}_{i+1,j}^{n+1}$ 以外,还有三对角项以外的项,即 $\boldsymbol{U}_{i,j-1}^{n+1}$ 和 $\boldsymbol{U}_{i,j+1}^{n+1}$。实际上,这些项

将产生五对角矩阵。处理求解这样方程组的相关矩阵的计算量是巨大的——已经很大程度失去了三对角形式矩阵的计算优点。问题出现的原因是因为方程组的多维性质，即式(10.47)同时出现 x 和 y 方向的导数。

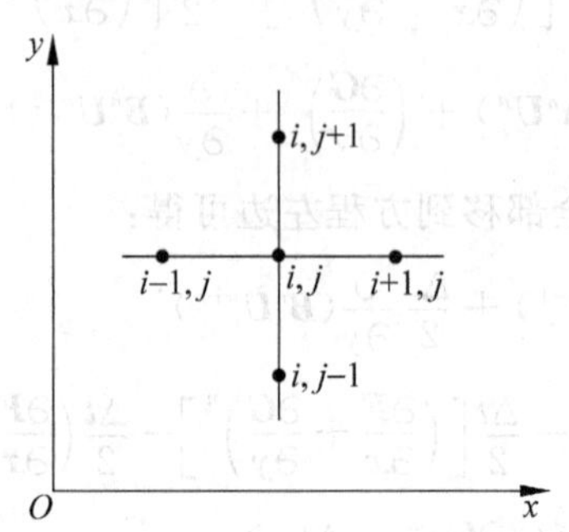

图 10.2　方程(10.47)的 5 点差分模式

对此类问题的一种求解方法涉及近似算子分解思想，如下所述，它的思想是从 Peaceman，Rackford 和 Douglas(参见文献[79]和[80])在 20 世纪 50 年代中期发展的隐式交替方向(ADI)方法中产生的。在 6.7 节中已经讨论过了 ADI 方法；这种方法的基本步骤是每一时间步把式(10.42)所描述的非定常二维问题分裂成两个不同的一维问题。第一步涉及未知的 $n+1/2$ 中间时步的 x 方向导数值，即利用 $\boldsymbol{U}_{i-1,j}^{n+1/2}$，$\boldsymbol{U}_{i,j}^{n+1/2}$ 和 $\boldsymbol{U}_{i+1,j}^{n+1/2}$，所产生的矩阵是易解的三对角矩阵；第二步涉及未知的 $n+1$ 时步的 y 方向的导数值，即利用 $\boldsymbol{U}_{i,j+1}^{n+1}$，$\boldsymbol{U}_{i,j}^{n+1}$ 和 $\boldsymbol{U}_{i,j-1}^{n+1}$，所产生的矩阵是易解的三对角矩阵。从时间步 n 推进到时间步 $n+1$ 需要应用两次求解三对角矩阵的过程。有关 ADI 方法的内容，请参阅文献[13]，其做了更加细致的描述。

把上面所描述的 ADI 原理扩展到 10.3.1 节 Beam 和 Warming 格式所构造的流动控制方程的求解中，得到近似因式分解方法。在这一方法中，把式(10.47)写成某种"因式分解形式"，即：

$$\begin{aligned}&\left[I+\frac{\Delta t}{2}\frac{\partial}{\partial x}(\boldsymbol{A}^n)\right]\left[I+\frac{\Delta t}{2}\frac{\partial}{\partial y}(\boldsymbol{B}^n)\right]\boldsymbol{U}^{n+1}\\&\quad=\left[I+\frac{\Delta t}{2}\frac{\partial}{\partial x}(\boldsymbol{A}^n)\right]\left[I+\frac{\Delta t}{2}\frac{\partial}{\partial y}(\boldsymbol{B}^n)\right]\boldsymbol{U}^n-\Delta t\left(\frac{\partial \boldsymbol{F}}{\partial x}+\frac{\partial \boldsymbol{G}}{\partial y}\right)^n\end{aligned}\tag{10.48}$$

如果把式(10.48)两端的两个因子乘开，可知式(10.48)和式(10.47)并不完全相同；事实上，式(10.48)还有在式(10.47)中没有出现的其他项，即：

$$\frac{(\Delta t)^2}{4}\left[\frac{\partial}{\partial x}(\boldsymbol{A}^n)\frac{\partial}{\partial y}(\boldsymbol{B}^n)\right]\boldsymbol{U}^{n+1}\text{和}\frac{(\Delta t)^2}{4}\left[\frac{\partial}{\partial x}(\boldsymbol{A}^n)\frac{\partial}{\partial y}(\boldsymbol{B}^n)\right]\boldsymbol{U}^n。$$

另外，这些项是含有 $(\Delta t)^2$ 的表达式，这并不影响式(10.47)原有的二阶精度。因此可以用式(10.48)代替式(10.47)，式(10.48)中的因式形式称作近似因式分解，近似地保留了前面所述的多余项。

在阐述式(10.48)的优点以前，先引入如下简写方程：

$$\Delta \boldsymbol{U}^{n} \equiv \boldsymbol{U}^{n+1}-\boldsymbol{U}^{n} \tag{10.49}$$

式(10.48)左右两端的因子是一样的；因此把右端的因子移到左端，可以得到下面的因子表达式 $\boldsymbol{U}^{n+1}-\boldsymbol{U}^{n}$，利用式(10.49)的简写，式(10.48)可以写成下式：

$$\left[I+\frac{\Delta t}{2}\frac{\partial}{\partial x}(\boldsymbol{A}^{n})\right]\left[I+\frac{\Delta t}{2}\frac{\partial}{\partial y}(\boldsymbol{B}^{n})\right]\Delta \boldsymbol{U}^{n}=-\Delta t\left(\frac{\partial \boldsymbol{E}}{\partial x}+\frac{\partial \boldsymbol{G}}{\partial y}\right)^{n} \tag{10.50}$$

式(10.50)被称为 delta 形式，因为因变量不是 $\boldsymbol{U}$，而是 $\boldsymbol{U}$ 的变量，即 $\Delta\boldsymbol{U}$。求解式(10.50)得到 $\Delta\boldsymbol{U}^{n}$的值，随之通过式(10.49)计算每一时步的 $\boldsymbol{U}^{n+1}$值，写成下式：

$$\boldsymbol{U}^{n+1}=\boldsymbol{U}^{n}+\Delta \boldsymbol{U}^{n} \tag{10.51}$$

此过程的最后一步是把式(10.50)写成：

$$\left[I+\frac{\Delta t}{2}\frac{\partial}{\partial x}(\boldsymbol{A}^{n})\right]\overline{\Delta \boldsymbol{U}}=-\Delta t\left(\frac{\partial \boldsymbol{E}}{\partial x}+\frac{\partial \boldsymbol{G}}{\partial y}\right)^{n} \tag{10.52}$$

其中

$$\left[I+\frac{\Delta t}{2}\frac{\partial}{\partial y}(\boldsymbol{B}^{n})\right]\Delta \boldsymbol{U}^{n}=\overline{\Delta \boldsymbol{U}} \tag{10.53}$$

(需要指出还有其他可能的因式分解形式；上面仅仅是一个例子。)式(10.52)和式(10.53)表示了式(10.50)的两步求解过程，如下：

(1) 从式(10.52)中求得$\overline{\Delta \boldsymbol{U}}$。由于式(10.52)的空间算子仅仅含有关于 x 的空间导数，因此如果用中心差分离散 x 方向的导数，就可以得到关于$\overline{\Delta \boldsymbol{U}}$的三对角方程组，很容易对其求解得到$\overline{\Delta \boldsymbol{U}}$。

(2) 把上面所得到的$\overline{\Delta \boldsymbol{U}}$代入式(10.53)中。由于式(10.53)中仅仅含有关于 y 的导数，如果用中心差分对其进行空间离散，则可以得到关于 $\Delta\boldsymbol{U}^{n}$ 的三对角方程组，很容易对其求解得到 $\Delta\boldsymbol{U}^{n}$。因此，式(10.52)和式(10.53)代表了先求解 $\Delta\boldsymbol{U}^{n}$，然后由式(10.51)求解 $\boldsymbol{U}^{n+1}$的两步过程。此过程的潜在优点是在每一步仅仅遇到一个三对角形式，因此可以得到关于多维流动的相对直观的求解。

10.3.3 块三对角矩阵

在前面几节中所提到的三对角形式的概念需要进一步的扩展。一方面，如果式(10.42)仅仅是带有一个未知量的单一方程，那么由隐式格式可以得到一个纯三对角矩阵，就如在第 8 章中 Couette 流动的计算那样。另一方面，如果式(10.42)代表一个方程组，比如流体流动的连续方程、三个动量方程和能量方程，则 $\boldsymbol{U}$ 是式(2.94)给出的具有 5 个元素的解矢量。其中的每个方程都对应特定的解元素，形成了一个三对角矩阵，因此整个方程组构成了一个大的三对角矩阵，其三对角中每个元素都是 $\boldsymbol{U}$ 中特定的元素所对应的三对角矩阵中的元素，这样的矩阵被称作块三对角矩阵。这种类型的矩阵可以通过标准模式进行求解，虽然其算法和计算量要比附录 A 中所推的 Thomas 的算法要冗繁得多。在以后 CFD 的进一步学习和工作之中，读者很有可能要遇到处理块三对角矩阵的情况。在参考文献[13]的附录 B 中给出了求解块三对角矩阵的一个 FORTRAN 子程序。

10.3.4 小结

本节讨论了两个尝试用隐式的有限差分方法求解流动控制方程所引发的问题。第一个问题是如何处理非线性差分方程,例如可以用 10.3.1 节中所讨论的 Beam 和 Warming 方法使其局部线化。第二个问题是如何处理多维流动问题,对于多维流动问题已经不再是易解的三对角结构。使用 10.3.2 节中讨论的近似因式分解方法对其进行处理,重新得到了三对角形式的矩阵,这种方法需要在对空间算子的进行分裂,并且在每个时间步需要两个过程来实现,首先在 x 方向进行计算,然后在 y 方向进行计算。此外,重要的是式(10.52)和式(10.53)是通用形式,x 和 y 方向的导数不必写成特定的差分形式——可以选择某种希望的差分形式:如中心差分,单边差分,迎风差分(10.4 节中将要进一步的讨论)等。

10.4 迎风格式

在第 3 章讨论过关于特征线的定义,并且 10.2 节中强调了流场的信息沿着特征线传播。此外,雅可比矩阵的特征值给出了特征线的斜率,对于非定常流动,这些特征值给出流场信息传播的方向和速度。读者很自然就会想到求解流动方程的数值格式应该和流动信息在整个流场传播的速度和方向一致。实际上,这么做仅仅是遵循流动的物理规律。

严格地说,本书通篇强调的中心差分格式并不完全符合信息在整个流场的传递。在许多情况下,引入了一个给定网格点依赖区域之外的数值信息;如 4.5 节末所讨论的那样,就会牺牲解的精度。对于光滑、连续变化的流场变量,这么做不会产生严重的问题。有许多例子说明中心差分格式的模拟结果很好:第 7 章中的不含激波的喷管流动和第 8 章中平稳变化的 Couette 流动等。对于所有的这些例子,中心差分(例如第 7 章中的 MacCormack 格式)都得到很好的结果。实际上,之所以有这样的结果,是有其数学原因的。因为中心差分是建立在 Taylor 级数展开式的基础上,而 Taylor 展开对于具有解析连续性质的光滑函数来说是非常有效的。

另外,当流动中存在着间断时,例如借助于激波捕捉方法计算激波时,中心差分方法的计算结果并不好,如图 7.23 所示,使用没有明显人工黏性的中心差分格式来捕捉激波,可见在激波附近有不希望的严重振荡。即使加入了人工黏性,如图 7.24 至图 7.26 所示,仍然具有某些振荡,虽然比图 7.23 中小很多。

这个问题加速了迎风差分格式在现代 CFD 中的发展。迎风格式(或者简单的迎风)就是要在数值上更加准确地模拟流动信息在流场中沿着特征线传播的方向。因此如果采用适当的迎风格式,那么强间断(仅仅跨越两个网格)的计算是可能不出现振荡的。

可能对迎风差分格式原理最简单的讲解,是结合一维波动方程(4.78)来进行,式(4.78)重述如下:

$$\frac{\partial u}{\partial t}+c\,\frac{\partial u}{\partial x}=0 \tag{4.78}$$

当 c 是正值时,方程所描述的是波沿着 x 轴的正方向传播,如图 10.3 所示,穿过波 u 有间断。在物理上,图 10.3 中 i 点的性质仅仅依赖于流动的上游,例如 $i-1$ 点的性质。网格点 $i-1$ 在 i 点的依赖域以内。在物理上,$i+1$ 点的性质并不影响 i 点的性质,因此一个合理的数值格式应当符合这个物理事实。但是,如果 $\partial u/\partial x$ 用中心差分离散,那么 $i+1$ 点的性质通过数值影响到了 i 点的物理性质,如式(4.80)所示的中心差分格式。但是,正如式(4.80)上下文所描述的那样,式(4.80)所给出的差分方程会导致不稳定解的产生。此处,中心差分所迫使的流场信息不合理的传播导致解的崩溃。相反,如果式(4.78)使用单边差分,例如,

$$\frac{\partial u}{\partial x}=\frac{u_i-u_{i-1}}{\Delta x} \tag{10.54}$$

则可以得到如下差分方程:

$$\frac{u_i^{n+1}-u_i^n}{\Delta t}=-c\,\frac{u_i^n-u_{i-1}^n}{\Delta x} \tag{10.55}$$

式(10.54)所得到的单边差分是一种迎风格式——它仅仅包含网格点 i 依赖区内的点,因此式(10.55)对于原始的一阶波动方程(4.78)是稳定的差分方程。

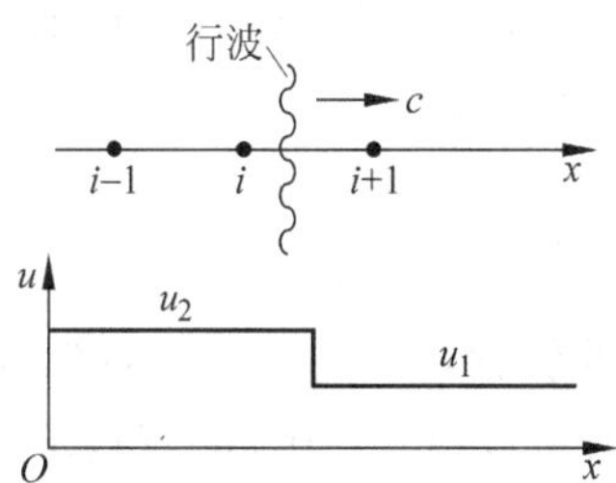

图 10.3 瞬时流场中波沿着 x 轴的正方向传播

使用式(10.55)所得到的数值计算不会在间断处产生振荡,但是这种差分格式也有某些不足之处,它只有一阶精度,具有较高的耗散性。这意味着随着时间的变化,原来在 $t=0$ 处的间断会扩散开,如图 10.4 所示。尽管数值结果表明物理量单调的变化(没有振荡),但是耗散性也是不希望的。

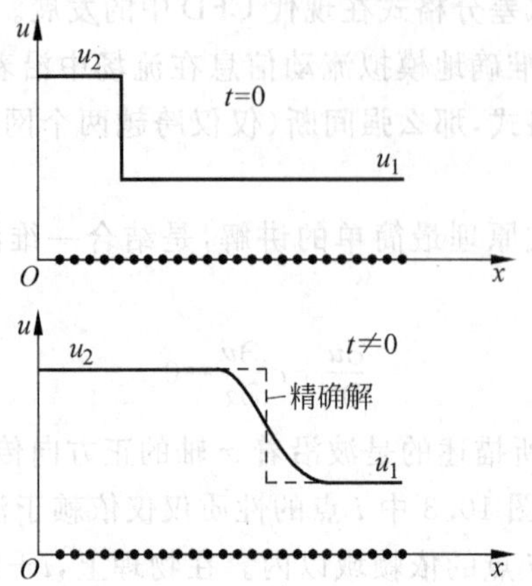

图 10.4 由方程(10.55)给出的差分格式的耗散性

为了减少或者消除这种不理想的耗散性，与此同时保留迎风格式的固有优点，在过去的几十年发展了许多相当优美的数学算法。这些现代的算法引入了如总变差减少(TVD)格式、通量分裂、通量限制器、Godunov 格式、近似黎曼求解器等术语。这些格式广义上都可以归为迎风格式，因为它们都试图适当地反映信息在整个流场中的传播。实际上，这些格式背后的数学原理超出了本书的范围——这些留给读者将来对 CFD 进一步的学习。因此，在下面的小节中，仅仅是讨论这些思想的基本性质，从而使读者熟悉每个格式的本质。这些讨论的目的就是要使读者容易进入更加深入的学习。

10.4.1 矢通量分裂

为了引入矢通量分裂的思想，需要从线性代数中研究矩阵的另外几个性质。式(10.32)给出了矩阵 $\boldsymbol{A}$ 的特征值 λ_j 的定义，下面进一步定义与特征值 λ_j 相关的特征矢量 $\boldsymbol{L}^j$，它是式(10.56)的一个列矢量解。

$$[\boldsymbol{L}^j]^{\mathrm{T}}[\boldsymbol{A}-\lambda_j\boldsymbol{I}]=0 \tag{10.56}$$

此处 $[\boldsymbol{L}^j]^{\mathrm{T}}$ 为列矢量 $\boldsymbol{L}^j$ 的转置，因此 $[\boldsymbol{L}^j]^{\mathrm{T}}$ 是行矢量。由于在式(10.56)中 $\boldsymbol{A}$ 和 λ_j 是已知的，因此 $\boldsymbol{L}^j$ 中的元素可以由式(10.56)直接求解得到。对于矩阵 $\boldsymbol{A}$ 的每个不同的特征值都对应不同的特征矢量 $\boldsymbol{L}^j$。更加具体的是，由于 $[\boldsymbol{L}^j]^{\mathrm{T}}$ 出现在式(10.56)的左端，因此 $\boldsymbol{L}^j$ 称作矩阵 $\boldsymbol{A}$ 的左特征矢量。式(10.56)定义的特征矢量数目与特征值一样多。现定义一个矩阵 $\boldsymbol{T}$，它的逆矩阵 $\boldsymbol{T}^{-1}$ 的元素包含所有的特征矢量。具体来说，矢量 $\boldsymbol{T}^{-1}$ 第 j 行元素由 λ_j 对应的左特征矢量的所有元素组成。矩阵 $\boldsymbol{T}$ 通过式(10.57)使矩阵 $\boldsymbol{A}$ 对角化，如下：

$$\boldsymbol{T}^{-1}\boldsymbol{A}\boldsymbol{T}=[\lambda] \tag{10.57}$$

此处$[\lambda]$是以 $\boldsymbol{A}$ 的特征值为对角项的对角矩阵。例如，如果矩阵 $\boldsymbol{A}$ 含有三个特征值，则有：

$$[\lambda]=\begin{bmatrix}\lambda_1 & 0 & 0\\ 0 & \lambda_2 & 0\\ 0 & 0 & \lambda_3\end{bmatrix} \tag{10.58}$$

此处不对式(10.57)加以证明，在此只须认为其成立或者用线性代数的知识加以证明即可。首先在式(10.57)两端左乘矩阵 $\boldsymbol{T}$，再在两端右乘矩阵 $\boldsymbol{T}^{-1}$，可得：

$$\boldsymbol{A}=\boldsymbol{T}[\lambda]\boldsymbol{T}^{-1} \tag{10.59}$$

因此，矩阵 $\boldsymbol{A}$ 可以通过在特征值矩阵左右两端分别左乘和右乘矩阵 $\boldsymbol{T}$ 和 $\boldsymbol{T}^{-1}$ 得到。

不依赖上面的形式，注意到欧拉方程的雅可比矩阵具有一个有趣的性质，一维的非定常流动的欧拉方程(10.7)，重述如下：

$$\frac{\partial \boldsymbol{U}}{\partial t}+\frac{\partial \boldsymbol{F}}{\partial x}=0 \tag{10.7}$$

如方程(10.18)所描述的那样，$\boldsymbol{A}$ 是 $\boldsymbol{F}$ 的雅可比矩阵；其中 $\boldsymbol{A}=\partial \boldsymbol{F}/\partial \boldsymbol{U}$。对无黏流动，矢通量 $\boldsymbol{F}$ 可以直接由其雅可比表示出来：

$$\boldsymbol{F}=\boldsymbol{A}\boldsymbol{U} \tag{10.60}$$

上面的关系可以直接由将 $\boldsymbol{A}$ 的表达式(10.24)以及 $\boldsymbol{U}$ 的表达式(10.8)代入式(10.60)，由式(10.60)得到的 $\boldsymbol{F}$ 与方程(10.9)给出的 $\boldsymbol{F}$ 一致，而得到证明(这留给读者作为习题 10.2)。

上面两段所表达的思想可以归结如下：定义两个由分别由 $\boldsymbol{A}$ 的正负特征值所组成的矩阵$[\lambda^+]$和$[\lambda^-]$。例如对于一个亚声速流动，由式(10.34a)～(10.34c)，可两个正特征值 $\lambda_1=u$ 和 $\lambda_2=u+c$ 及一个负特征值 $\lambda_3=u-c$ 是负值。因此，在此情况下由定义有：

$$[\lambda^+]=\begin{bmatrix}u & 0 & 0\\ 0 & u+c & 0\\ 0 & 0 & 0\end{bmatrix}$$

和

$$[\lambda^-]=\begin{bmatrix}0 & 0 & 0\\ 0 & 0 & 0\\ 0 & 0 & u-c\end{bmatrix}$$

根据式(10.59)，定义 $\boldsymbol{A}^+$ 和 $\boldsymbol{A}^-$ 如下：

$$\boldsymbol{A}^+=\boldsymbol{T}[\lambda^+]\boldsymbol{T}^{-1} \tag{10.61}$$

和

$$\boldsymbol{A}^-=\boldsymbol{T}[\lambda^-]\boldsymbol{T}^{-1} \tag{10.62}$$

借此，可以将矢通量 $\boldsymbol{F}$ 分成两部分，$\boldsymbol{F}^+$ 和 $\boldsymbol{F}^-$：

$$\boldsymbol{F}=\boldsymbol{F}^{+}+\boldsymbol{F}^{-} \tag{10.63}$$

此处 $\boldsymbol{F}^{+}$ 和 $\boldsymbol{F}^{-}$ 由式(10.60)定义，如下：

$$\boldsymbol{F}^{+}=\boldsymbol{A}^{+}\boldsymbol{U} \tag{10.64}$$

$$\boldsymbol{F}^{-}=\boldsymbol{A}^{-}\boldsymbol{U} \tag{10.65}$$

因此，式(10.7)可以写成下式：

$$\frac{\partial \boldsymbol{U}}{\partial t}+\frac{\partial \boldsymbol{F}^{+}}{\partial x}+\frac{\partial \boldsymbol{F}^{-}}{\partial x}=0 \tag{10.66}$$

这里 $\boldsymbol{F}^{+}$ 和 $\boldsymbol{F}^{-}$ 分别由式(10.64)和式(10.65)定义。式(10.66)是矢通量分解的一个例子。

在式(10.66)中，$\boldsymbol{F}^{+}$ 对应 x 正方向的通量，它的信息通过正的特征值 $\lambda_1=u$ 和 $\lambda_2=u+a$从左向右传递。因此当 $\partial \boldsymbol{F}^{+}/\partial x$ 由差分表达式代替时，应当选择后差分，因为 $\boldsymbol{F}^{+}$ 仅仅和网格点(i,j)上游的流动信息相关。类似地，$\boldsymbol{F}^{-}$ 对应于 x 轴负方向的通量，其流动信息，由特征值 $\lambda_3=u-a$ 从右向左传播。因此，当 $\partial \boldsymbol{F}^{-}/\partial x$ 用差分表达式代替时，应当选择前差分，因为 $\boldsymbol{F}^{-}$ 的流动信息仅仅和网格点(i,j)下游的点相关，这就是为什么式(10.66)所述的矢通量分裂格式是一种迎风格式的原因。矢通量分裂是一种尝试考虑流动信息在整个流场进行物理上合理传播的数值算法。

在现代 CFD 的文献中有许多不同形式的关于矢通量分裂的方法。其中一个例子就是 Van Leer 的矢通量分裂方法，其对通量 $\boldsymbol{F}^{+}$ 和 $\boldsymbol{F}^{-}$ 加上某种条件，从而改进了马赫数为 1 附近时数值格式的特性。具体的细节内容，已经超出了本书的范围，可以参见参考文献[17]。

10.4.2 Godunov 方法

在 1959 年，S. K. Godunov 提出了一种流体流动的数值求解方法[81]。它的基本思想不同于到目前为止本书所讨论过的任何有限差分解法。对整个流场求解，Godunov 方法不是对偏微分方程形式的欧拉方程采用有限差分方法离散直接数值求解，而是提出了在流动的局部区域得到欧拉方程的精确解，然后将其拼凑成整个流场。读者可以假想自己进入了流场的某个局部点，瞭望这个点的四周的狭小区域内，将看到流动的局部化的精确解，它仅仅在这个局部成立。如果读者将流场内所有的局部化精确解都拼接起来，那么将得到整个流场的完整求解图像。此处有效的概念就是以局部流场的欧拉方程精确解为元素构建整个流场。为了构建整个流场，需要的是拼接较小范围的局部解，而不是如本书其他部分所考虑的那样，求解整个流场的偏微分和积分控制方程的整体解。

问题是流动局部区域的精确解是什么？巧合的是这个问题和激波管问题相关。因此，在进一步讨论这个问题前，先考查一下激波管问题。

1. 激波管问题

激波管中的流动过程通常是可压缩流动的高级课程中的一个专题。在本书中，假定大多数读者并不熟悉激波管问题以及其流动过程。因此，本小节的目的就是要对激波管流动的重要特征进行简单的描述。关于激波管问题及其流动性质的进一步讨论，可从参考文献[21]中第7章中所给出的第一原理开始。

激波管是一个封闭的管，它由一个分成高压和低压两部分的固定的膜片构成(驱动部分的压力为 p_4，被驱动部分的压力为 p_1)，如图 10.5(a)所示。在这种情况下，激波管中的压力分布如图 10.5(b)所示。此时，激波管中的任意位置都没有流动，也就是高压和低压部分开始时的速度为 $u=0$。$t=0$ 时的初始条件，如图 10.5(a)和图 10.5(b)所示。

假想膜片瞬间被移除，初始的压力间断以非定常的正激波的形式以波速 W 向右

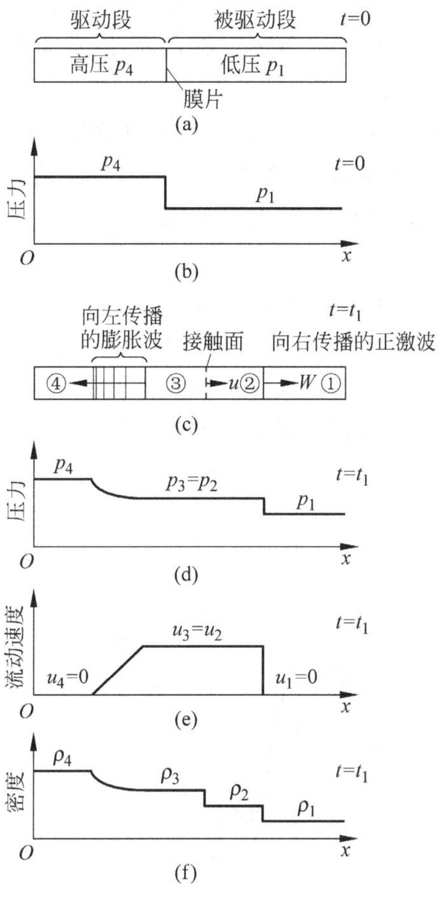

图 10.5 激波管中的流动示意图

传播，如图 10.5(c)所示。与此同时，一个非定常的等熵膨胀波向左传播，亦如图 10.5(c)所示。在图 10.5(c)中可见，激波管内的气体目前已经被分成四个区域：区域 1 为没有受到扰动的压力为 p_1 的被驱动部分；区域 2 为激波已经传播过的区域，其压力为 p_2，与正激波后的压力相同；区域 3 为膨胀波传播经过的区域，其目前的压力为 p_3，且因为区域 2 和区域 3 的压力不能存在着间断，则有 $p_3=p_2$；区域 4 为未受扰动的驱动部分，压力为 p_4。区域 2 和区域 3 具有相同的压力和速度，但是因为区域 2 经过一个激波，区域 3 经过一个膨胀波，因此区域 2 和区域 3 内的密度、温度和熵不同，从而区域 2 和区域 3 被一个接触面分开，如图 10.5(c)所示。图 10.5(c)～图 10.5(f)是某一时刻 $t=t_1$ 时的图像，此处 $t_1>0$。相应的压力分布如图 10.5(d)所示。波通过初始滞止气体所诱导的流动速度如图 10.5(e)所示。值得注意的是 p 和 u 经过激波时发生间断性的变化，但是在经过膨胀波时的变化却是有限和连续的。当激波向右传播时，其保持着间断；当膨胀波向左传播时，其变宽，因为膨胀波随着时间逐渐膨胀。在激波后面和膨胀波后面的中间区域(区域 2 和区域 3)，气体借助波的通过以诱导速度 $u_2=u_3$ 向右移动。速度经过激波，出现间断；但经过膨胀波连续增加，实际上是线性的。值得注意的是经过接触面密度发生了变化，即 $\rho_3>\rho_2$，如图 10.5(f)所示。

图 10.5(c)给出了在 $t=t_1$ 时刻激波、接触面和膨胀波的瞬间位置。这些波系和接触面所通过的路径是时间的函数，如图 10.6 所示，它被称为波图，有时也称作 xt 图。图 10.6(a)给出了激波管在 $t=0$ 时刻的图像，图 10.6(b)给出了 $t>0$ 时的波系和接触面的路径。

图 10.5 和图 10.6 所描绘的激波管中流场的求解常被称作黎曼问题，是以德国数学家 G. F. Bernhard Riemann 的名字命名的，因为他首先在 1858 年尝试求解这个问题。黎曼问题有助于一维非定常欧拉方程的解析求解，许多可压缩流动的文献中都给出了其细节，如文献[21]，精确解的许多细节方面的知识留给读者将来学习。

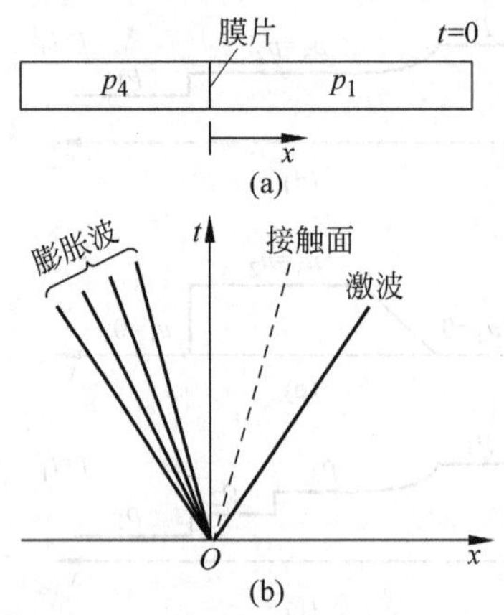

图 10.6 波图

2. 激波管问题和 Godunov 方法之间的关系

回想一下本书通篇所讨论的数值离散求解的特点，利用有限差分方法，计算了在空间离散点上的流场性质。数值解在空间上基本按分段常值分布；例如流场的变量从一个网格点到另一个网格点呈台阶变化，如图 10.7 所示。此处列出了速度在某任意流场中的沿着 x 方向的分段分布，这就是前面讨论过的有限差分和有限体积数值解法的基本性质。图 10.7 描述的是，在时间推进求解流场的过程中的某时步 n 时，变量在空间的变化。

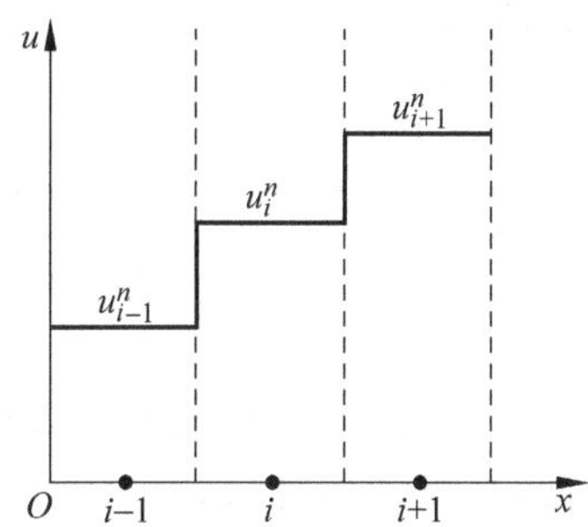

图 10.7　时间推进解法中 n 时步的分段常值变化

进一步考查图 10.7。如果此处 u 的分布在现实确实存在，将会产生一系列小的激波管流动，每个激波管流动的性质已经在前面的激波管问题中加以论述了。图 10.8 给出了在分段变化的 u 上叠加一些微小波的示意图，例如，一个弱的激波穿过界面 a 向右传播到以点 i 为中心的区域，而一个膨胀波穿过界面 b 向左传播进入相同的区域。因此，$n+1$ 时步，网格 i 点处的 u_i^{n+1} 可以通过对来自左右两个方向波

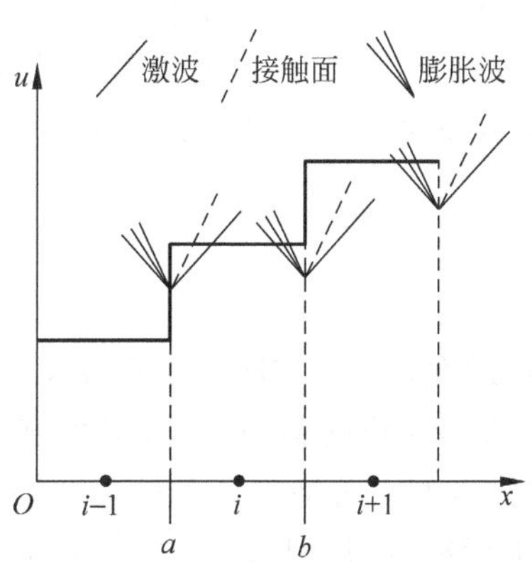

图 10.8　每个界面处存在的黎曼问题

所产生的性质加以平均得到。在图 10.9 中，把 $n+1$ 时步的 u_{i-1}^{n+1}，u_i^{n+1} 和 u_{i+1}^{n+1}（实线所示）与时间步 n 时的值（虚线所示）进行了比较。

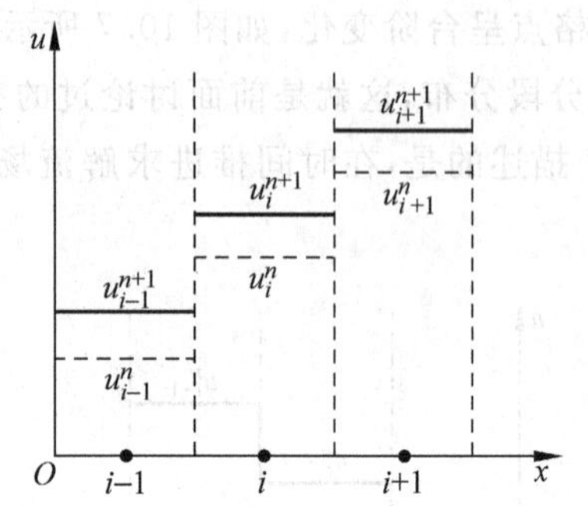

图 10.9 时间步 $n+1$ 时的分段常值变化

此处会出现什么情况呢？整个流场的数值解由黎曼问题（激波管问题）的精确解的局部应用构成，此处黎曼问题是流动局部区域的一维非定常欧拉方程的精确解。这就是本节开始时所描述的 Godunov 格式的基本思想。现在本节前面所提出问题的答案已经清楚了，流动的局部区域的精确解就是局部化的黎曼问题的解。

小结：在实际应用 Godunov 方法时需要了解更多的细节内容，这已经超出了本书的范围，此处仅仅讨论一般的思想，更加具体的内容请参见文献[17]。但是，非常值得注意的是 Godunov 方法是典型的迎风格式。通过把黎曼问题的解应用到整个流场的局部区域，在数值解中就考虑了流动信息在整个流场中物理上合理的传播。

要提及的是欧拉方程解得黎曼问题的局部解是非线性的。求解这样的问题需要大量的计算时间。在努力减少计算时间的过程中，许多研究者提出在 Godunov 方法中使用黎曼问题的近似解，这些近似解可以使计算更为有效。特别值得关注的是 1980 年 Stanley Osher 发明的黎曼求解器以及 Philip Roe 1980 年发明的求解器[17]。

10.4.3 总结

本节中所讨论的迎风格式都是一阶方法。一阶格式的好处是，在间断点附近（激波和接触面）可以得到数值流场性质的单调变化；即数值解在间断附近没有振荡出现。这是可喜的事情！但是，这些一阶格式具有耗散性，使流场变量趋于光滑，尤其是在接触间断附近。这是很糟糕的事情！Hirsch 在文献[17]中给出了某些关于耗散结果的很好的例子。一种减少耗散影响的方法就是使用二阶迎风格式，这将在下节中讨论。

10.5 二阶迎风格式

在 10.4 节中讨论的迎风格式中，一阶精度的出现是由于在矢通量分裂的方法中使用一阶单边差分，或在 Godunov 方法中，假定流动性质在一个网格单元内是常值所造成的。这些局限可以通过下面的方法加以消除。

在单边差分中，可以利用二阶单边差分。例如，式(4.28)是二阶精度的单边差分。因此 x 方向的单边差分可写成：

$$\left(\frac{\partial u}{\partial x}\right)_i=\frac{-3u_i+4u_{i+1}-u_{i+2}^n}{2\Delta x} \tag{10.67}$$

它对于流场信息从右向左传至 i 点是适当的，类似地：

$$\left(\frac{\partial u}{\partial x}\right)_i=\frac{3u_i-4u_{i-1}+u_{i-2}}{2\Delta x} \tag{10.68}$$

它对流场从左向右传播到点 i 是适当的。例如，波动方程的一阶有限差分式(10.55)可以替换成下式：

$$\frac{u_i^{n+1}-u_i^n}{\Delta t}=-c\,\frac{3u_i^n-4u_{i-1}^n+u_{i-1}^n}{2\Delta x} \tag{10.69}$$

式(10.69)是二阶迎风差分格式的一个例子。

对于 Godunov 格式，二阶精度可以通过假定流动性质在一个给定网格单元内线性变化得到。如图 10.7 中所示，原始变化可以由图 10.10 中所示的分段线性变化所代替。然后，将局部的黎曼求解器以适当的形式应用到这些变化中。

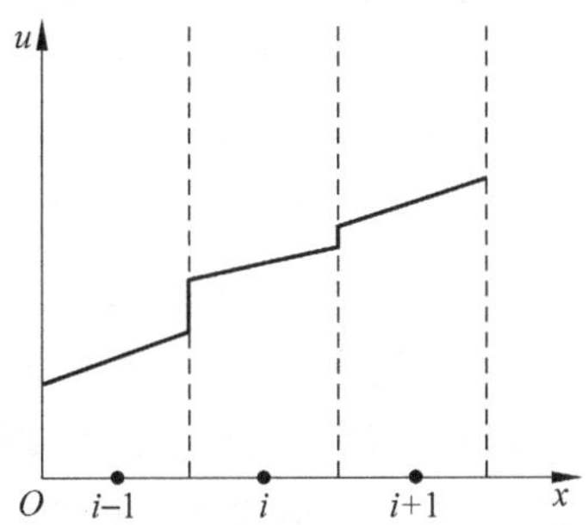

图 10.10 n 时步的分段线性变化(二阶精度的 Godunov 方法)

对于二阶迎风格式存在一个问题。数值结果表明使用这些格式得到的计算结果，与二阶中心差分格式遇到的问题相仿，都是间断附近出现振荡现象。因此，当使用 10.4 节中所讨论的一阶迎风格式计算时，振荡的消失更多的是因为一阶的精度，而不是迎风的原理。当使用二阶差分来消除解的耗散性时,振荡又出现了。(这又应验了生活中一句古老的格言:世界上没有简单的事情。)但是,绝不能放弃。事实上也如此,在 CFD 界,每当面对这样的情形时,从没有放弃。相反,分辨率的问题导致了一系列新的称为高分辨率格式的产生。有关这些格式的思想将在下节讨论。

10.6 高分辨格式:TVD 和通量限制器

为了问题的简化,考虑一个与守恒型欧拉方程有某些类似的模型方程,即:

$$\frac{\partial u}{\partial t}+\frac{\partial f}{\partial x}=0 \tag{10.70}$$

此处 $f=f(u)$。审视 u 在某一给定 n 时步,随着 x 的变化。对于 x 轴上任一给定点,在 n 时步 u 及其导数 $\partial u/\partial x$ 都是已知的。式(10.70)所控制的物理解具有一个重要且很有意思的性质:$|\partial u/\partial x|$ 沿着整个 x 轴区域内积分与时间无关。这个积分量称作总变差,用 TV 表示,即:

$$\mathrm{TV}=\int\left|\frac{\partial u}{\partial x}\right|\mathrm{d}x \tag{10.71}$$

因此,对于一个物理上合理的解,TV 不随时间增加。根据式(10.70)的数值解,此处 $\partial u/\partial x$ 由 $(u_{i+1}-u_i)/\Delta x$ 离散,式(10.71)可以写成下式:

$$\mathrm{TV}(u)\equiv\sum_i|\, u_{i+1}-u_i\,| \tag{10.72}$$

实际上,式(10.72)定义为一个离散数值解在 x 上的总变差。如果 $\mathrm{TV}(u^{n+1})$ 和 $\mathrm{TV}(u^n)$ 分别代表式(10.72)在时间步 $n+1$ 和 n 步时值的总变差,并且如果:

$$\mathrm{TV}(u^{n+1})\leqslant\mathrm{TV}(u^n) \tag{10.73}$$

则此数值算法称作总变差减少(TVD)。从上面的讨论中可知,如果一个数值解遵循给定流场的合理物理特性,那么这个求解格式应该是 TVD 格式。

对于流场有间断的物理流动,一方面,如存在激波,在间断附近不存在着振荡。另一方面,许多数值格式用于求解这类流场时,却呈现出振荡现象。这些振荡完全是因为数值的原因。根据以上的讨论,任何引起这些振荡的数值格式都不满足 TVD 条件。例如,前面几章所强调的中心差分格式就不是 TVD 格式,10.5 节中所提到的二阶迎风格式也不是 TVD 格式。另外,很容易看出,10.4 节中所讨论的在间断附近不产生振荡的一阶迎风格式满足 TVD 条件。

为了享有二阶精度优点的同时,又不产生非物理振荡,需要改进二阶格式,以使其满足 TVD 条件。这就是过去十多年以来,许多 CFD 研究者的目标。他们的努力产生了几种二阶精度的现代 TVD 格式(并且在一些情况下,高于二阶精度)。这些格式构成当今CFD算法的前沿。尽管这些高级格式的许多细节在本书的范围之外，但是它们等待着读者在未来的CFD学习中更进一步的学习。

关于TVD格式的原理，需要注意的是它们与6.6节中所讨论的人工黏性的作用不同。当一个格式具有TVD特性时，即可阻止数值振荡的发生。这是由于基本的差分程序具有TVD特性的自然体现。这与6.6节中所讨论的人工黏性的作用不同，例如，中心差分格式不具有TVD特性，会导致振荡的产生，但是无论加上什么样或多少人工黏性只会抑制这些振荡而不是使其消失。在这种意义上，对由基本数值格式产生的振荡，人工黏性类似起着"过滤器"的作用。

最后，值得注意的是，构造具有TVD性质的二阶格式的一种简单方法，即需要在差分方程的某些选定元素上乘以一个非线性函数，这些元素是关于通量项的，然后再通过使差分方程满足TVD条件来寻找这些函数的合适形式。这些非线性函数的目的就是要限制出现在原有的二阶差分方程中梯度幅度，确保其满足TVD条件。由于这些函数的目的就是要通过乘以通量项来限制梯度，因此它们很自然地被称为通量限制器。在现代CFD算法中使用通量限制器是相当广泛的了，读者在以后的CFD学习中将会遇到很多。

10.7 结论

回到激波管中的流动过程，如图10.5所示。假定是一维流动，流场可以通过使用激波捕捉原理数值求解一维不稳定的欧拉方程得到。(对于完全气体，有封闭形式的解析解，关于精确解析解的推导请参见文献[21]中的第7章)。仔细推敲图10.5，可见流动中含有一个激波、一个接触面以及膨胀波；因此，推出它是一个非常典型的可以考查各种格式对欧拉方程求解能力的问题。

借助目前讨论的一阶和二阶迎风格式，求解激波管问题，以此评估这些格式的不同性质。这些求解是来自Hirsch的计算结果[17]。10.4.1节中所讨论的一阶迎风矢通量分裂格式的结果如图10.11(a)～(d)所示。图中给出了激波管中的膜片移开6.2ms时，数值计算得到的以x为函数的压力、密度、速度和马赫数分布(如离散点所示)与精确解所得结果(如实线所示)的比较，这些数值结果体现了如下的特点：

(1) 数值结果中没有出现振荡；尤其是，在两个间断附近流场性质的变化——激波和接触面——是单调的，没有振荡出现。(需要注意的是激波对于所有的流场性质都是间断的，接触间断仅仅是对密度和马赫数而言的，对于压力和速度还是连续的。)如前面所述，数值解中不含有振荡是一阶迎风格式的一个特点。

(2) 穿过激波的数值结果被轻微地抹平，而穿过接触面的数值结果却被明显地抹平。这种抹平是因为一阶求解的耗散特性引起的，并不是格式所希望的品质。

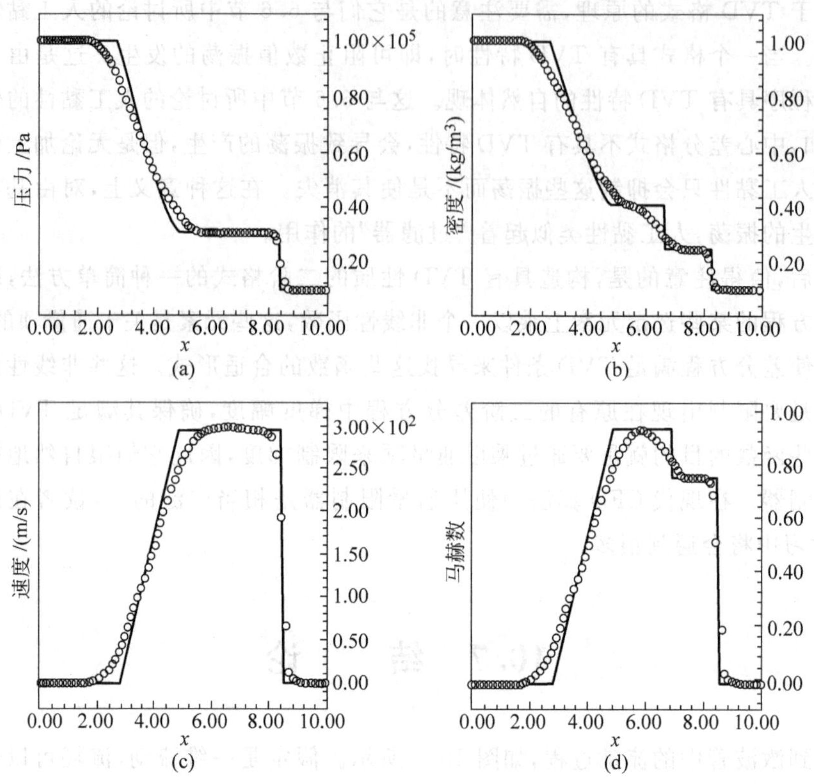

图 10.11 $t=6.2\text{ms}$ 时使用矢通量分裂得到激波管问题的解[17]

与之相对，图 10.12(a)～(d)给出了使用通量限制器所得到的具有 TVD 性质的二阶迎风格式得到的计算结果。图中为 $t=6.1\text{ms}$ 时，数值计算得到的以 x 为函数的压力、密度、速度和马赫数分布(离散点所示)与精确解所得到的结果(实线所示)的比较。此处时间 $t=6.1\text{ms}$ 与图 10.11 中的 $t=6.2\text{ms}$ 差别很小，并不影响两种情况下进行的比较。这些数值结果体现了如下的数值特点：

(1) 数值结果没有振荡；原来二阶求解中所产生的振荡完全被通量限制器抑制了。

(2) 与此同时，二阶格式没有出现如图 10.11 中所出现的大量耗散现象。因此，数值解和精确的解析解吻合得很好，在图 10.12 中可以很清楚看到这点。

通过比较图 10.11 和图 10.12 的数值结果，可见图 10.12 中的二阶 TVD 格式的结果好很多，特别是在接触面附近。实际上，图 10.12 的结果是高分辨格式的典型结果，它代表着目前 CFD 的前沿研究，这些结果预示着 CFD 的发展方向。

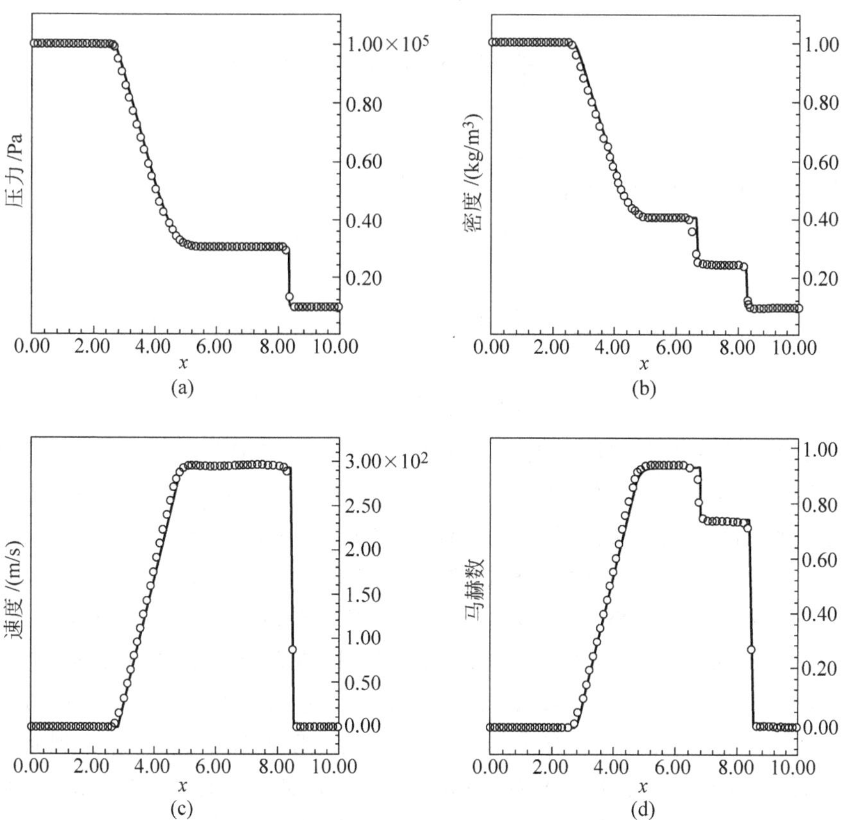

图 10.12 $t=6.1$ms 时使用 TVD 格式得到的激波管问题的解[17]

10.8 NND 格式

张涵信[85]提出了一种基于矢通量分裂方法的无波动、无自由参数的耗散格式，简称 NND(Non-oscillatory, Non-free-parameters, Dissipative)格式。现以一维线性波动方程为例来说明之，线性波动方程：

$$\frac{\partial u}{\partial t}+\frac{\partial f}{\partial x}=0 \tag{10.74}$$

其中：

$$f=au$$

当 $a>0$ 时，NND 格式为：

$$u_j^{n+1}=u_j^n-\lambda(\hat{f}_{j+1/2}^n-\hat{f}_{j-1/2}^n) \tag{10.75}$$

其中：

$$\hat{f}^n_{j+1/2}=au^n_j+\frac{a}{2}\min\bmod\,(u^n_{j+1}-u^n_j,u^n_j-u^n_{j-1})$$

$$\hat{f}^n_{j-1/2}=au^n_{j-1}+\frac{a}{2}\min\bmod\,(u^n_j-u^n_{j-1},u^n_{j-1}-u^n_{j-2})$$

当 $a<0$ 时，NND 格式为：

$$u^{n+1}_j=u^n_j-\lambda(\hat{f}^n_{j+1/2}-\hat{f}^n_{j-1/2}) \tag{10.76}$$

其中：

$$\hat{f}^n_{j+1/2}=au^n_{j+1}-\frac{a}{2}\min\bmod\,(u^n_{j+2}-u^n_{j+1},u^n_{j+1}-u^n_j)$$

$$\hat{f}^n_{j-1/2}=au^n_j-\frac{a}{2}\min\bmod\,(u^n_{j+1}-u^n_j,u^n_j-u^n_{j-1})$$

可以看出：NND 格式可以看做二阶中心格式和二阶迎风格式构成的混合格式[86]：当 $a>0$ 时，在间断的左侧 $(u^n_{j+1}-u^n_j)/(u^n_j-u^n_{j-1})>1$，有 $\hat{f}^n_{j+1/2}=a(1.5u^n_j-0.5u^n_{j-1})$，为二阶迎风格式；在间断的右侧 $0<(u^n_{j+1}-u^n_j)/(u^n_j-u^n_{j-1})<1$，有 $\hat{f}^n_{j+1/2}=a(0.5u^n_j+0.5u^n_{j+1})$，为二阶中心格式；在极值点附近 $(u^n_{j+1}-u^n_j)/(u^n_j-u^n_{j-1})<0$，有 $\hat{f}^n_{j+1/2}=au^n_j$，为一阶迎风格式；当 $a<0$ 时，在间断的左侧 $(u^n_{j+2}-u^n_{j+1})/(u^n_{j+1}-u^n_j)>1$，有 $\hat{f}^n_{j+1/2}=a(0.5u^n_j+0.5u^n_{j+1})$，为二阶中心格式；在间断的右侧 $0<(u^n_{j+2}-u^n_{j+1})/(u^n_{j+1}-u^n_j)<1$，有 $\hat{f}^n_{j+1/2}=a(1.5u^n_{j+1}-0.5u^n_{j+2})$，为二阶迎风格式；在极值点附近 $(u^n_{j+2}-u^n_{j+1})/(u^n_{j+1}-u^n_j)<0$，有 $\hat{f}^n_{j+1/2}=au^n_{j+1}$，为一阶迎风格式；根据迎风格式和中心格式的修正方程，我们知道，NND 格式在间断的左侧有正色散；在间断的右侧有负色散。具有这种特征的差分格式可以有效地抑制间断附近的振荡，可以证明格式是一种 TVD 格式。

若将 NND 格式推广到求解一维欧拉方程，具体计算格式为：

$$\frac{U^{n+1}_j-U^n_j}{\Delta t}+\frac{\hat{F}^n_{j+1/2}-\hat{F}^n_{j-1/2}}{\Delta x}=0 \tag{10.77}$$

其中：

$$\hat{F}^n_{j+1/2}=\hat{F}^+_{j+1/2}-\hat{F}^-_{j+1/2}$$

$$\hat{F}^+_{j+1/2}=F^{+n}_j+\frac{1}{2}\min\bmod\,(F^{+n}_{j+1}-F^{+n}_j,F^{+n}_j-F^{+n}_{j-1})$$

$$\hat{F}^-_{j+1/2}=F^{-n}_{j+1}-\frac{1}{2}\min\bmod\,(F^{-n}_{j+2}-F^{-n}_{j+1},F^{-n}_{j+1}-F^{-n}_j)$$

$$\hat{F}^n_{j-1/2}=\hat{F}^+_{j-1/2}-\hat{F}^-_{j-1/2}$$

$$\hat{F}^+_{j-1/2}=F^{+n}_{j-1}+\frac{1}{2}\min\bmod\,(F^{+n}_j-F^{+n}_{j-1},F^{+n}_{j-1}-F^{+n}_{j-2})$$

$$\hat{F}^-_{j-1/2}=F^{-n}_j-\frac{1}{2}\min\bmod\,(F^{-n}_{j+1}-F^{-n}_j,F^{-n}_j-F^{-n}_{j-1})$$

NND 格式已经得到比较广泛的应用。

10.9 紧致格式

高精度计算格式的研究与应用，在当今流体力学计算中已占有不容忽视的地位，并越来越多地被工程应用计算所采用。尽管高精度计算格式的研究与应用取得了巨大的进展，但还存在某些不足。例如，对于大多数高精度格式而言，随着格式精度阶数的提高，格式点数将增加，导致边界条件处理困难，在毗邻边界的内点处不得不降低格式的精度；又例如，相当多的高精度格式难以同时满足稳定性和无振荡条件。

以均匀网格上的有限差分问题为例，在求某一点上物理量的导数（为简单起见，仅考虑一阶导数的情况）时，一般是利用该点附近的有限个网格点上的函数值构造导数的差分近似，即：

$$u_i'=L(u_{i-n},\cdots,u_i,\cdots,u_{i+m}) \tag{10.78}$$

其中 u_i'表示对 $x=x_i$ 处导数$\frac{\partial u}{\partial x}$的差分近似。一般来说，差分算子 L 是线性的。此时如果：

$$u_i'=\left(\frac{\partial u}{\partial x}\right)_i+o(\Delta x^{\xi}) \tag{10.79}$$

则：

$$m+n\geqslant\xi \tag{10.80}$$

也就是说，要构造 ξ 阶精度的差分近似，至少需要 $\xi+1$ 个模板点。因此如果用常规的方法构造高阶格式，需要的模板点数也相应增加，这给边界附近数值方法的实施和边界处理带来了困难。紧致格式（Compact scheme）是一种可以用较少模板点逼近导数到高阶精度的差分格式，它除了具有边界处理相对简单的优点外，更重要的是具有类似谱方法的高分辨率，这一点对于计算具有复杂多长度性质的流场（如湍流和声场）具有重要的意义。

所谓紧致格式是一种隐式的数值微分计算格式。即：

$$Q(u_{i-l}',\cdots,u_i',\cdots,u_{i+k}')=L(u_{i-n},\cdots,u_i,\cdots,u_{i+m}) \tag{10.81}$$

一般情况下，Q 也是线性算子。因此，i 点上物理量的导数值 u_i'不再能单独求出，而需要同网格线上的其他点（在附加的边界条件下）一起求解。线性紧致格式可以写为：

$$\alpha_{-l}u_{i-l}'+\cdots+\alpha_0u_i'+\cdots+\alpha_ku_{i+k}'=\frac{1}{\Delta x}(\beta_{-n}u_{i-n}+\cdots+\beta_0u_i+\cdots+\beta_mu_{i+m}) \tag{10.82}$$

文献[87]详细介绍了如何通过 Taylor 展开的方法确定上式中的系数，使得 u_i'逼近$\frac{\partial u}{\partial x}$到指定的阶数，这里不再赘述。

例如左侧 3 点、右侧 5 点的中心型紧致格式：

$$\alpha u'_{i-1}+u'_{i-1}+\alpha u'_{i-1}=a\frac{u_{i+1}-u_{i-1}}{2\Delta x}+b\frac{u_{i+2}-u_{i-2}}{4\Delta x} \tag{10.83}$$

文献[87]证明了当 $\alpha=\frac{1}{3}, a=\frac{2}{3}(\alpha+2), b=\frac{1}{3}(4\alpha-1)$ 时，上述 5 点中心型紧致格式具有 6 阶精度。而在同样模板点下，常规的差分方法最高具有四阶精度。

紧致格式的深入研究与应用是当前高精度格式研究的主要方向之一。它因精度高且格式点数少的特点而受到重视。早在 20 世纪 60 年代末 Kreiss 就已提出四阶紧致差分格式的雏形，但由于当时计算条件的限制和人们认识的局限性未能得到很好的发展。20 世纪 90 年代以来，紧致格式有了新进展，Lele[88]给出了不限于三点的对称型紧致格式，如五点的六阶精度格式、七点的十阶精度格式等；并且给出了高阶导数的紧致逼近公式，同时对中心逼近所能正确模拟的波数范围作了近似分析。这些紧致格式的不足之处有：①格式点数过多，导致边界及毗邻边界内点处理困难；②不满足“抑制波动原则”，因此单独使用这些格式，数值解在激波附近将产生非物理振荡。Halt[89]认为紧致格式的进一步发展在于对无波动的激波捕捉技术的研究。为了改善数值解在激波附近的非物理的高频振荡，傅德薰和马延文(1992)提出了迎风紧致格式[90]。为了不增加格式点数而进一步提高格式精度，马延文和傅德薰又提出了超紧致格式[91]，但这两类格式都不满足“抑制波动原则”，1996 年沈孟育等提出了广义紧致格式，在广义紧致格式的构造中不仅用到了函数点值和一阶导数值，还用到了二阶导数[92]，在此基础上沈孟育等利用广义紧致格式结合待定系数法，提出了构造高精度、高分辨率格式的一条新途径，它能从事先规定的保证格式具有所希望性能的一些原则和要求(例如“抑制波动原则”、“稳定性原则”、“熵增原则”、精度阶数、格式点数等)出发，用一种普遍性的方法构造出所需的高精度、高分辨率格式[93]。

10.10　多重网格

大量的 CFD 技术主要利用迭代和时间步方法，这要求对流场的多次扫描。6.2 节和 6.3 节所描述的并且应用到第 7 章的时间推进方法就是这样一个例子。6.5 节中所描述的松弛方法是另外一个例子。这些技术的收敛性可以通过使用多重网格的技术加以提高。多重网格方法已经应用到大量流场求解当中；它已经成为现代 CFD 在许多领域的重要工具，特别是对跨声速流场的求解。

多重网格方法的基本原理就是先在细网格上进行迭代，然后逐渐把这些结果传递到一系列粗网格上，由于粗网格含有比较少的网格点，每次扫描给定的流场需要较少的计算量，因此可以节省计算机时间。再将粗网格上的计算结果传回到细网格上。这个过程反复进行，直到满足细网格的收敛条件。

从数学本质看，多重网格的优点与提高整个流场中数值误差的阻尼有关。在4.5节开始时讨论了数值误差，这些误差的全谱特征是通过流场的数值解进行传播的。考虑 x 方向的一维问题，误差的波长可以从最小值 $\lambda_{min}=2\Delta x$ 变化到最大值 $\lambda_{max}=L$，此处 Δx 为 x 方向上两个网格点之间的增量，而 L 是整个区域沿 x 方向的长度。与 λ_{min} 相近波长相关的误差称为高频误差，与 λ_{max} 相近波长相关的误差称为低频误差。对于一个稳定的解，所有频率的误差——无论高低都介于两者之间——在迭代或者步进的过程都要受到抑制。但是，大多数情况下，高频误差要比低频误差减少得快。因此如果能做某些工作增加低频误差的耗散就可以提高收敛速度。现在设想在细网格上做一些迭代之后，把中间结果传到粗网格上，在粗网格中，高频误差基本上消失了，或者隐藏了；低频误差由于较大的 Δx，因此有较大的 $\lambda_{min}=2\Delta x$，开始以比在细网格下较快的速度衰减。因此，通过逐渐的进入粗网格，低频误差更容易衰减。那么在大网格下得到的中间结果传回到细网格的时候，低频误差要比在细网格情况下经过同样数量的运算小得多。

如何在细网格和粗网格之间合理的传递数据已经超出了本书的范围。其中具体的细节请参见文献[16]。

10.11 总　　结

本章的目的就是介绍一些与现代 CFD 相关的概念和术语。本书讨论了如下问题：

局部线化

雅可比矩阵以及它们的特征值

近似因式分解

迎风格式

矢通量分解

基于波传播的通量方法：黎曼方法

总变差减少（TVD）格式

通量限制器

NND 格式

紧致格式

多重网格方法

如果读者对上面列出的每项的基本思想没有深刻印象的话，那么请回到相应的章节重新回顾本书所讨论的内容。

本书前面 9 章的内容由 CFD 的基本概念组成，这些概念是构建现代 CFD 的基础。本章是面向现代 CFD 学习的窗口。本章的目的并非为读者提供每个问题的细节；事实上，本书并不期望读者马上会运用建立在本章所提供信息的基础上的现代算法。而是，希望为读者提供一些在日后进行更加高级的 CFD 学习和阅读时的线索。本章基本上只是一些讨论，试图以最少的细节内容来介绍一些现代的 CFD 概念。希望读者以满腔的热情进行更加高级概念的学习。

习题

10.1 从方程(10.26)的形式出发，推导方程(10.28)的形式。

10.2 利用方程(10.8)、(10.9)和方程(10.24)，证明方程(10.60)。

第 11 章 CFD 的未来

我们必须关注未来,因为我们的余生要在未来中度过

Charles F. Kettering, 1949

希望在未来十年可以见证 CFD 对空气动力学设计有着至关重要的作用。将来 CFD 设计过程会发生巨大的变化,并且过程被大大地缩短。这会提高工程协作能力,并能根据总体的经济性能来优化空气飞行器系统。这需要对 CFD 算法的研究和程序的发展方面取得巨大进步。

来自《21 世纪航空技术》,美国国家研究协会,1992

11.1 再论 CFD 的重要性

在读者对 CFD 的了解和理解达到了一定的高度的前提下,在此需要重申一下在本书开始时(即 1.1 节中)所讨论的原理。(实际上,希望读者可以在此重新阅读一下第 1 章的所有内容,因为现在阅读要比起初阅读时,体会到其中更多的内涵。)尤其是本书所强调 CFD,无疑已经成为流体力学“三元”中新的一元,和另外两元——纯理论和纯实验,分享着流体力学的舞台。流体力学计算伴随着我们,并且随着时间的增加它会越发重要。读者对于 CFD 的理解达到本书介绍的水平,就算具有较好的基础了,无论读者将来从事哪方面的工作,无论读者最终成为一名实验科学家、理论家、管理人员或教师,都会受到 CFD 的影响。若想进一步学习 CFD,并成为一名 CFD 专家,本书的内容仅仅是一个垫脚石。无论如何,作者强烈地感觉到通过对本书 CFD

的学习，一定会使读者在现在或者未来的职业生涯中获益匪浅。CFD 的重要性及其不断壮大的事实使人更加确信这一点。

本章的其余部分，将要思索 CFD 的未来。从某种意义上讲，这章是第 1 章的延续，仅仅是由两章之间的章节内容充实了。

11.2 CFD 中的计算机绘图

本节加入某些附加说明的思想，这无疑是重要的。从第 7 章到第 9 章所计算和讨论的流场都是一维或者二维的流动。因此，计算所得到的流场数据的数量不是很大，因此相对来说绘图或者列表表示这些数据是简单的。但是，对于三维流动来说，情况却发生了很大变化。由于第三维的出现使得计算所得的流场数据的总量，成量级的增加。合理的绘图表示这些数据需要更多的智慧和努力，列表表示三维流场的数据已经完全不实际了。这一问题驱动着计算机制图学这门学科的研究和发展。计算机制图学就是一门将定量数据清晰而有意义地展现在二维平面上的艺术。计算机制图学已经成为一门独立的学科；有整本书介绍它。这个课题在 6.9 节中已经讨论过。但是，需要提醒读者的是计算机制图对于 CFD 的有效实践有着重要的作用。在进一步的 CFD 学习和工作中，读者会感受到好的绘图包(或者软件)对研究 CFD 数据是多么有价值。阅读本章其他内容时，需要注意的是有不同类型的表示数据的图像，尤其要注意的是等值线图，它在目前的 CFD 结果中常常用到。等值线图是画在二维或者三维空间内的物理量数量值相同的线；压力等值线图是由等压线组成，密度等值线图是由等密度线组成等。等值线紧贴在一起的区域，是流场变量变化比较大的区域；例如，等值线图中的黑色区域是流动中高梯度的区域。因此，除了定量的显示数据，等值线图也是很好的流场可视化图像。在本章中，读者可以见到大量不同的等值线图。

最后，需要注意的是现代 CFD 大量使用彩色图像，用不同的颜色表示流场变量的不同大小。在彩色等值线图中，等值线被颜色连续变化的彩色图案所代替，以至于整个流场成为一个连续的“油画”。其中某些彩色图形结果非常优美——如艺术作品一样。

11.3 CFD 的未来：增强设计过程

计算流体力学已经对飞机设计产生了很大的影响，并且美国国家研究协会宣称 CFD 在未来十年会成为气动设计的关键技术(见本章开始时的第二个引言)。无疑

CFD 的一个主要焦点就是增强流体流动机械的设计过程。1.3 节已经讨论了 CFD 在设计中所起的作用，在进一步阅读之前，读者应当回顾一下相关的内容。本节就是要更加详细地阐述 1.3 节中所搁置的有关设计的问题。

当今，CFD 已经用于计算实际飞机的全三维流场。图 1.6 和图 1.7 给出了很好的例子，此处对 Northrop F－20 的绕流流场计算，是利用显式有限体积方法求解三维非定常欧拉方程来进行。对整个飞机外形的全流场计算，是提高整个飞机设计过程的一个主要步骤。在这种方式下，新型飞机的研制所要进行的风洞实验的次数大大减少了，"测试"各种设计方案和优化参数就由 CFD 一起承担了。

图 1.6 和图 1.7 的相关计算结果，虽然是对全机的计算，但是是按照无黏流动处理的(因为它们是欧拉方程的求解结果)。下一目标就是使用纳维-斯托克斯方程对整机进行全流场的求解，即完全黏性流动求解。这样的解已经得到，Shang 和 Scherr 在 1986 年首次得到了整机外形的全流场的纳维-斯托克斯解[47]。所计算的飞机是 X－24C 高超声速试验机，如图 11.1 所示。作为计算结果中的一个样本，计算得到的飞机表面的流线如图 11.2 所示。此处，因为对称性，仅仅给出了半个飞机的计算结果。计算所用的是时间推进的 MacCormack 有限差分方法，该方法在 6.3 节中描述过，并且在整个第 7 章中加以使用。使用的网格是 5.7 节中描述过的椭圆形网格；在计算中大约使用了超过 500000 个网格点。特别值得强调的是这个计算的首创性：它达到了 CFD 界所追求的主要目标——整机流场的全纳维-斯托克斯解。目前，虽然有许多这样的结果存在，但是 Shang 和 Scherr 的结果却是第一个。(值得自豪的是作者与 Joe Shang 是俄亥俄州立大学的研究生同学。)

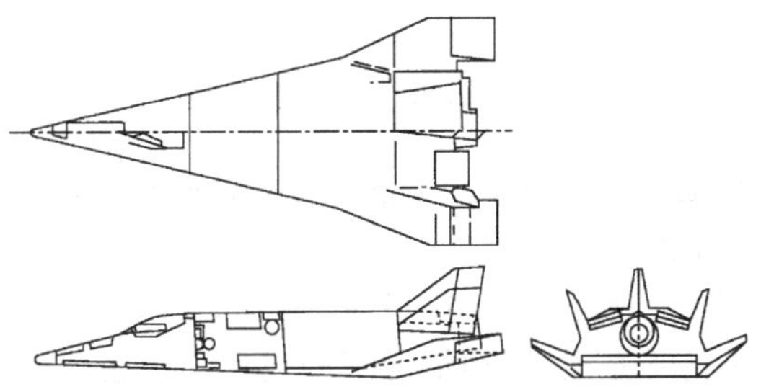

图 11.1　X—24C 高超声速试验机的三维视图

最近求解全机纳维-斯托克斯方程的例子是由德国 Messerschmett-Bolkow-Blohm 的 Schroder 和 Mergler 得到的。[48]。这实际上是"双机计算"，是某种意义上建立在德国 Sanger 概念上的多飞行器外形。一般称为空间运输系统(STS)，一个这种结构的三维外形图。如图 11.3 所示，此处可见一个大的一级运载飞行器携带着一个二级飞行器，二级飞行器安装在一级飞行器上，它是要进入地球轨道的飞行器。两级轨道空气升力飞行器的概念由 Eugen Sanger 在 1929 年首先提出。他是一名澳大

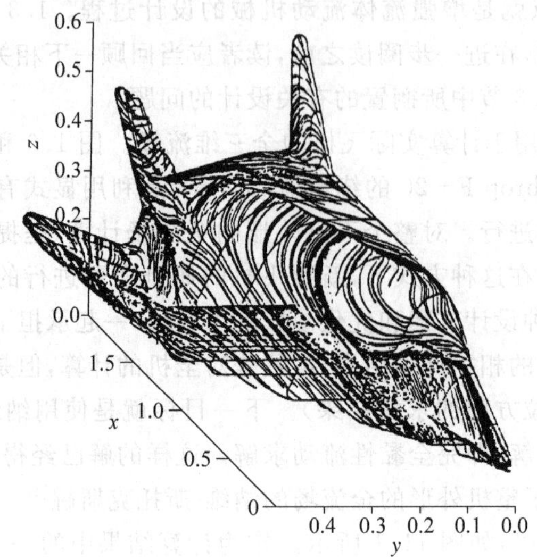

图 11.2 绕 X—24C 的表面流线[47]

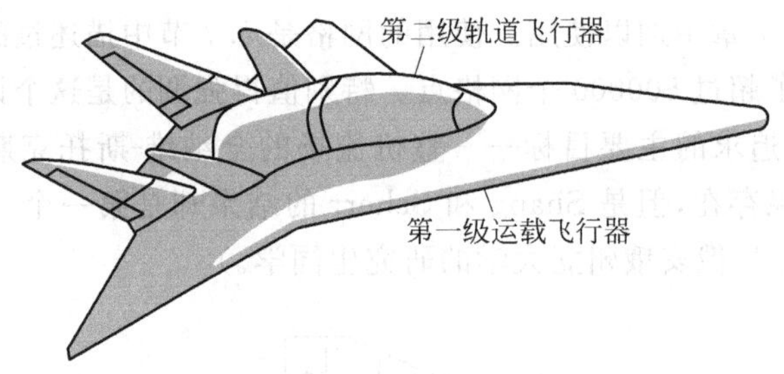

图 11.3 通用二级空间运输系统

利亚工程师，十多年来他一直从事这一概念研究，直到第二次世界大战爆发。最近几年这种思想在德国又被人们再次提起。绕如图 11.3 所示结构的高超声速流场的 CFD 近似计算，如图 11.4 所示[48]。图 11.4 中，比较了流马赫数为 6，无黏（欧拉方程）和有黏（纳维-斯托克斯方程）两种情况下的流场。这些计算使用的是 10.6 节所讨论的 Roe 平均二阶精度高分辨率 TVD 格式。图 11.4 的左方是 STS 的侧视图，此处上面一级相对下面一级有三个不同的角度，从上到下分别为 $\Delta\alpha=0°$、$2°$、$4°$，下面一级相对于来流的攻角为 0°。图 11.4 给出了流场的密度等值线图。图 11.4(a) 中的侧视图显示了两级上的激波形状，以及图示了在 $\Delta\alpha=2°$、$4°$时，下一级上的激波如何反射到上一级机头上的，在 $\Delta\alpha=0°$时，却掠过上一级。此外，在两级之间间隙处的激波的反射和干扰是相当明显的。图 11.4(a) 中的结果是无黏的结果；文献[48]中所给出的有黏结果中的激波结构与图 11.4(a) 中的结果区别很小。这是因为这些计算的雷诺数都很高，即 $Re=2.98\times10^7$（以飞行器的全长 71.1m 为特征长度）。现在设想使用一个垂直于图 11.4(a)的平面，在距下面机头下游 $x=68.42\text{m}$ 处的切割流场，则在垂直平面上得到的密度等值线图称为横流平面，如图 11.4(b)所示。图中给出了 $\Delta\alpha=0°$、$2°$、$4°$三种情况，同样，图 11.4(b)也对有黏(右边部分的)和无黏结果(左边部分的)进行了比较。有黏和无黏结果的主要区别就在于机体表面黏性边界层的出现，如图像的右半部分所示(与机体表面毗邻的黑色区域)。图 11.4 中的 CFD 结果对两级连接的合理设计非常重要，这又是另外一个 CFD 在整个设计过程中起作用的例子。

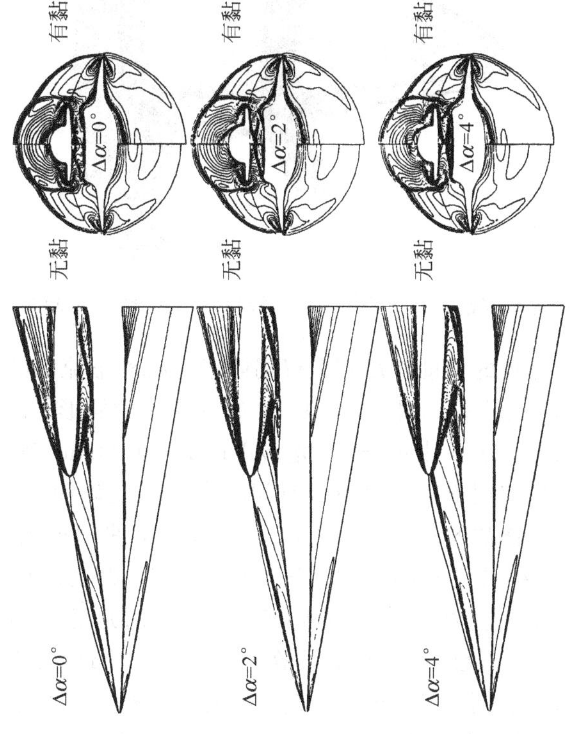

图 11.4 二级 STS 周围流场解的密度等值线图(来流马赫数为 6)

(a)侧视图，流动从左到右；(b)横截面流动图，无黏和有黏流动结果的比较[48]

另外一个三维流场计算的例子是由 Turkel 等给出的[49]。使用显式的 Runge-Kutta 格式结合多重网格技术(10.8 节中所讨论的)求解三维纳维-斯托克斯方程，得到了某个攻角下的钝头双圆锥外形的流场，如图 11.5 所示。来流马赫数为 6，以底部直径为特征长度的雷诺数为 2.89×10^5。以图 11.5 为例，是因为它是计算图形学(见 11.2 节)应用于 CFD 结果的一个很好范例。图 11.5 给出了叠加流场等压线的机型三维透视图，在此透视图中，垂直于机体轴线的两个平面上绘有等压线。在这种形式下，尽管这些图像是画在纸面二维空间内的，但是压强在三维空间内的变化一目了然。尤其是，弧形激波的三维形状很清晰。此外，图 11.5 仅仅是文献[49]中的一个计算结果——是现代 CFD 应用纳维-斯托克斯方程求解三维实体的另外一个例子。

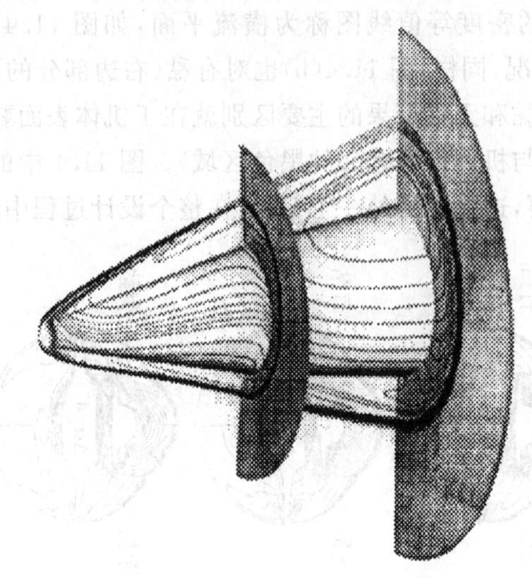

图 11.5 钝头双锥体外形的等压线三维视图(马赫数为 6,攻角为 5°)[49]

CFD 飞机设计过程的辅助作用不仅仅局限于全机外形流场的计算,而且还关注飞机上较小元件的流场计算。例如,考虑一个带有襟翼的翼形上的二维可压缩流动,如图 11.6 所示[50]。图 11.6 中的结果,是 Vilsmeier 和 Hanel 利用非结构网格(如 5.10 节中所讨论的),使用 Runge-Kutta 时间推进的有限体积方法得到的。来流马赫数为 0.3,非结构网格如图 11.6(a)所示,马赫数等值线图如图 11.6(b)所示。值得注意的是在主翼和襟翼之间的间隙处气流向上运动,以及襟翼后缘处形成的涡。间隙处附近的网格和马赫数等值线图的局部放大图分别见图 11.6(c)和图 11.6(d)。这些计算都是针对低雷诺数 10^4 进行的计算,它们被 Kothari 和 Anderson 归为低雷诺数翼型的纳维-斯托克斯计算,如 1.2 节所描述的那样。CFD 应用到飞机的某个单元(如图 11.6 中的带有襟翼翼型)的好处就是它显示出流动在局部区域的不完美,这常常可以通过合理修改设计来加以改进。例如图 11.6(b)清楚地显示出在翼型半弦长前,流动在上、下表面均发生分离,此外,Vilsmeier 和 Hanel 探讨了"近似稳定流动的建立",从而暗示计算中存在一定程度的流动不稳定性。这些现象与翼型上低雷诺数层流流动的物理方面有关——它们和 Kothari 和 Anderson 在 1.2 节中得到的结果类似,具体的细节内容见文献[6]。

CFD 在飞机局部单元上的另外一个应用如图 11.7 所示,图中给出了 McDonnell Douglas 三引擎喷气运输机的引擎-塔门-机翼附近区域的压力等值线图,来自 Vassberg 和 Dailey 的计算[51],计算中使用了非结构网格。引擎舱、机翼上的塔门和机翼的相互作用是飞机设计中一个重要考虑因素,在图 11.7 所示的引擎舱-塔门-机翼外形的设计过程中,将 CFD 应用其中具有不可估量的帮助。

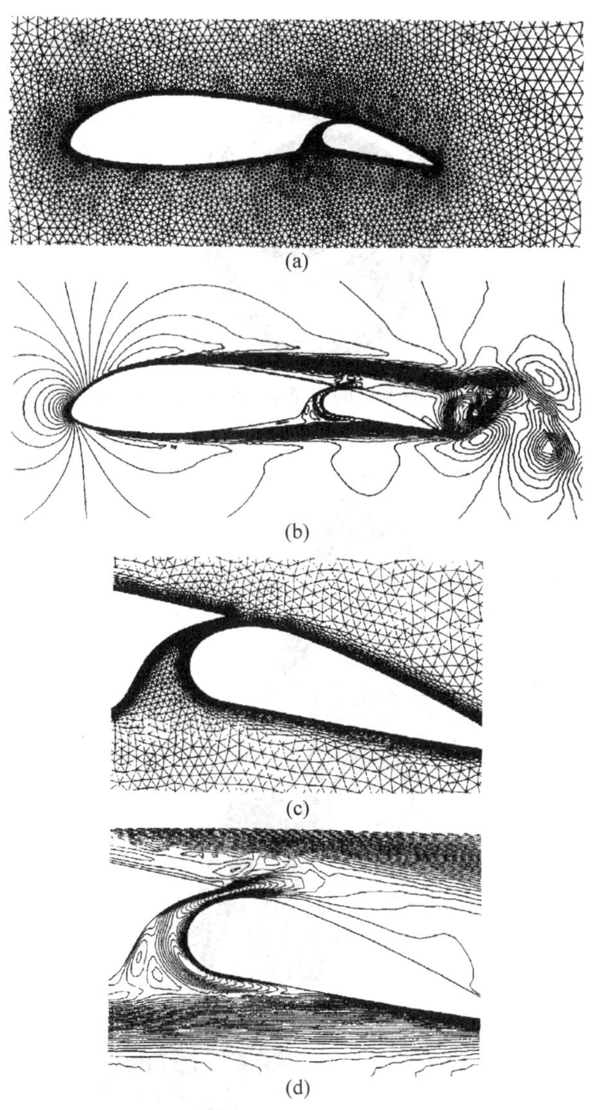

图 11.6 纳维-斯托克斯求解带有襟翼的翼型上的流动($Re=10^4$;$Ma_\infty=0.3$)

(a) 非结构网格;(b) 马赫数等值线图;(c) 襟翼-翼型结合处附近的网格;

(d) 襟翼-翼型结合处所对应的马赫数等值线图[50]

图 11.7 展示了 CFD 应用到喷气式发动机外面流场的计算。相反,图 11.8 是 CFD 应用到喷气式发动机内流场的计算。实际上,CFD 在通过压缩机、燃烧室、透平叶片的内流场方面计算还不如绕飞机部件的外流场计算成熟,这一点正受到世界上的飞机发动机制造商的注意。在这方面已经大步伐前进,三个最大的发动机制造商

图 11.7 MDC 三引擎喷气机的引擎舱-塔门-机翼区域的压力等值线图

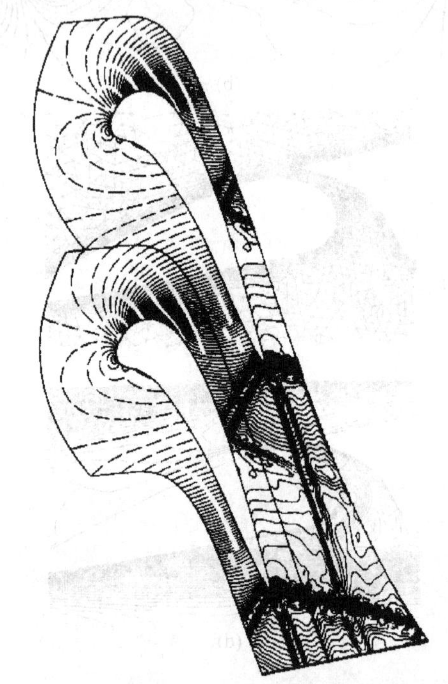

图 11.8 轴流式喷气发动机的两个相邻透平叶栅间的马赫数等值线图[52]

(Pratt and Whitney ,General Electric，和 Rolls-Royce)已经拥有非常活跃的 CFD 组。CFD 在透平机械流动上的应用是特别有挑战性的，这些流动固有的非定常和黏性作用特别重要。图 11.8 作为透平机械内的流动示例，给出了两个透平叶栅周围的马赫数等值线图。这些计算是 Petot 和 Fourmaux 使用有限体积格式和显式的 Lax-Wendroff 时间推进(有关 Lax-Wendroff 方法的描述见 6.2 节)求解欧拉方程得到的[52]。图 11.8 中，在每个叶片的尾缘的鱼尾激波流型，是这类流动的标准特征，并且很容易通过数值技术得到。

考虑 CFD 的另一个设计应用,即实验和实验设备的设计。例如,图 11.9 中的结构为超声速发动机模型的入口和超声速风洞喷管连接示意图,在图中流动是从左到右。图 11.9 的结果是 Enomoto 和 Arakawa[53] 使用隐式的近似因式分解(见 10.3 节)的 Beam-Warming 格式求解三维纳维-斯托克斯方程得到的。图 11.9 中的断面 A,B,C,D 和 E 分别与图中上面所描绘的侧面相对应。这五个平面上的密度等值线图是不同的,因此显示了流动在沿着测试装置的不同侧面上的三维效应。在测试段入口(A~E 的最左端)的主流马赫数是 1.85。图 11.9 中没有显示风洞喷管,仅仅展示了有超声速入流模型的测试段。这类 CFD 结果可以帮助物理测试装置的设计,可以帮助测试装置建立合理的运行条件,可以帮助解释实验运行时所得数据。

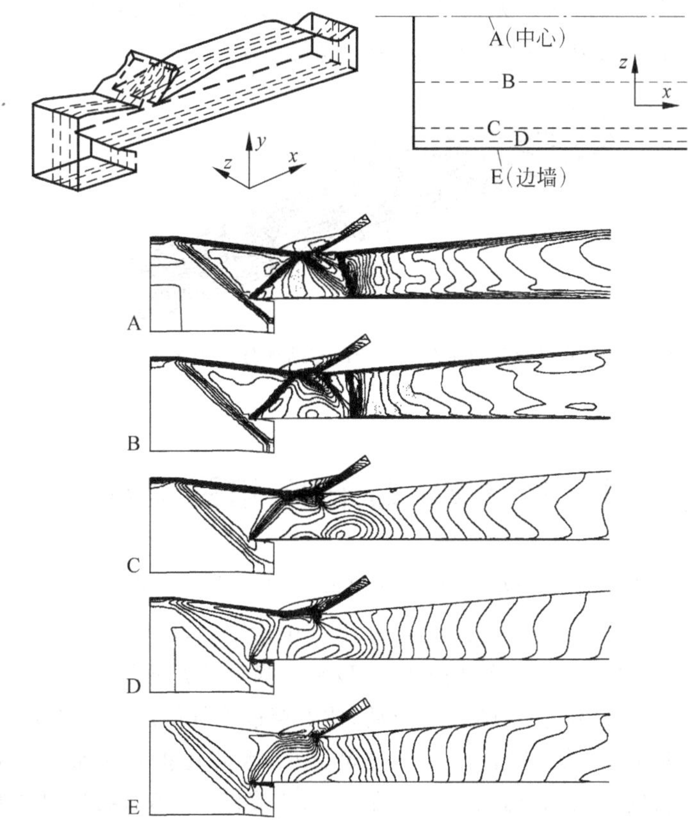

图 11.9 一个超声速发动机模型的入口和超声速风洞喷管连接的密度等值线图(喷管在左边看不见)[53]

将通过一个 CFD 如何与其他学科结合,在更加宽广的基础上提高设计过程的例子来结束本节。机翼的实际设计不止是预测机翼上的压力和剪切力分布 ,由此预测机翼上的气动载荷。机翼的物理结构在空气载荷作用下是可以弯曲和前后拍动的，如果机翼的形状发生扭曲，那么空气流动也会受到影响，相应的气动载荷也会发生变化。因此，机翼的结构和气动行为之间存在着耦合和反馈机制——这就是气弹学的实质。现代 CFD 的一个方面应用就是与其他学科耦合，例如，多学科应用。图 11.10 是上面描述的气弹性机翼问题其中的一个例子[54]，图 11.10 中的一个机翼的双影显示了机翼在承受气动负载时，其位置与未承受负载的位置相比发生了偏转。图 11.10 的图像在现实中仅仅是迭代求解过程中的一个中间结果。它涉及先应用 CFD 计算，随之应用结构分析，然后重复 CFD 计算，再重复应用结构分析等，直到得到收敛的解；整个设计过程集成在一起就成为了计算机辅助设计(CAD)软件包。

总之，本节的目的就是要举例说明现代 CFD 在设计过程中的作用，借此说明 CFD 在设计中的广阔未来。无论 CFD 技术变得多么成熟，未来的发展和 CFD 应用的挑战都是无限的，显然应用 CFD 是一蓬勃发展的产业。

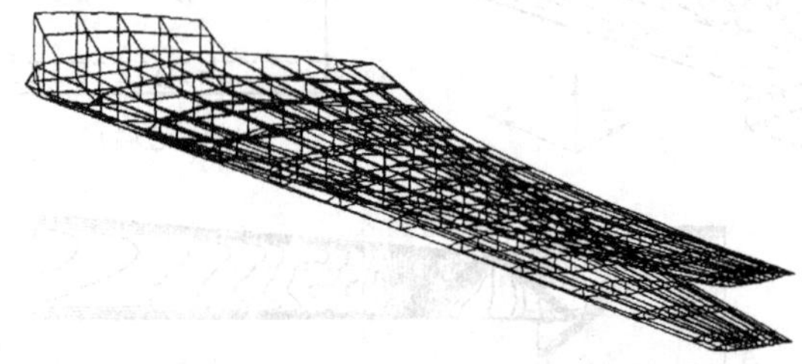

图 11.10 由气动载荷引起的翼形偏转(CFD 与结构分析程序耦合的多学科计算)[54]

11.4 CFD 的未来：增强理解

CFD 的一个主要作用就是作为一种研究工具——一门提高人们对流体力学基本物理性质理解的工具。这种观点曾在 1.2 节中讨论过，那里强调了 CFD 在进行数值实验中的作用。在本节，将详细描述 CFD 在增强理解方面的作用。

例如，考虑通过收缩-扩张喷管的流动，此处穿过喷管的压比足够大，以致在喉部下游产生超声速流动区域，但背压又不是足够小，因此在扩张段某处出现激波——7.6 节描述的过膨胀喷管流动工况。实际上，7.6 节作了计算，结果显示扩张段存在固定的正激波。图 7.21 中给出了流场的定性描述，图中展示了一个直的正激波从上到下贯穿喷管。但是，此图仅仅是和无黏的准一维流动(第 7 章所处理的例子)的假设一致。

事实上，穿过收缩-扩张喷嘴的真实流动是多维的，对于过膨胀工况，黏性的作用是相当重要的。再次使用 CFD 来扩展我们对这类喷管流动的理解，但这次假定喷管内的流动是二维有黏流动。这类计算的例子如图 11.11 所示[55]。图 11.11 中可见，使用二阶迎风(在激波附近降为一阶迎风格式)的有限体积格式求解纳维-斯托克斯方程的得到的马赫数等值线图。图 11.11 中给出了其中的两个解；图 11.11(a)的结果是固定网格下得到的结果，而图 11.11(b)是自适应网格下得到的结果(自适应网格在 5.8 节中已经描述过了)。考查图 11.11，很明显自适应网格下得到的流场结构计算结果更加清晰。从这点上看，图 11.11 加强了 5.8 节中所讨论的内容。但是，对于本节来说，更令人感兴趣的是图 11.11 中的物理流动结构。它完全不同于图 7.21 所展示的简单的准一维流动的结果。图 11.11 所给出的流动是图标中所列工况下自然真实存在的情况。流动的特征为流动从喷管壁面分离，弯曲的斜激波在流动的中间区域(称为马赫盘的区域)转成正激波，只有在马赫盘后面存在局部亚声速流动区域，离开喷管出口的流动是充满波结构的超声速流动，此处的射流直径要比喷嘴出口直径小得多，这是一个相当复杂的流动。当问题由层流转变为湍流时，问题的复杂性会大大增加。(如图 11.11 所示的计算结果是使用二方程湍流模式得到的。)图 11.11 是一个用以增强人们对流场的基本性质理解使用 CFD 进行数值实验的例子。

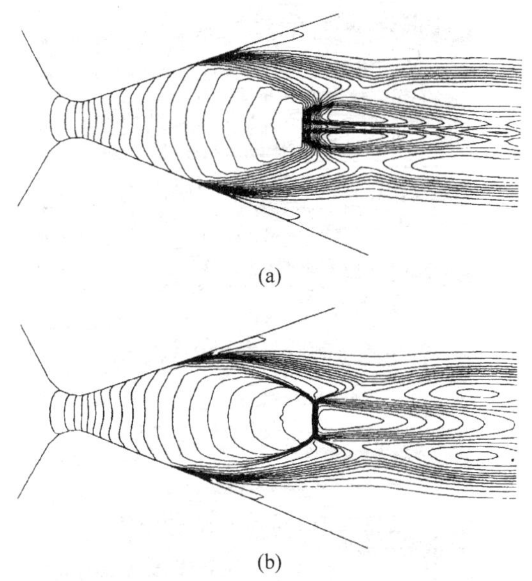

图 11.11 过膨胀超声速喷管中二维黏性流动的马赫数等值线图

(流动工况：$p_0/p_e=50$，$A_e/A^*=7$，$\gamma=1.2$，$T_0=1800\text{K}$[55])

另外一个有趣的流动现象是涡穿过激波，存在的问题是激波是否会引起激波下游涡的破碎。此类流场的一些 CFD 计算结果，如图 11.12 所示[56]。图 11.12 中展示了从左到右流过圆柱形管道的流线，流动在垂直纸面的平面内有旋转的分量。因此，这种旋转的圆柱形的流场模拟了一个涡。在刚接触管道口处有一激波，该激波贯

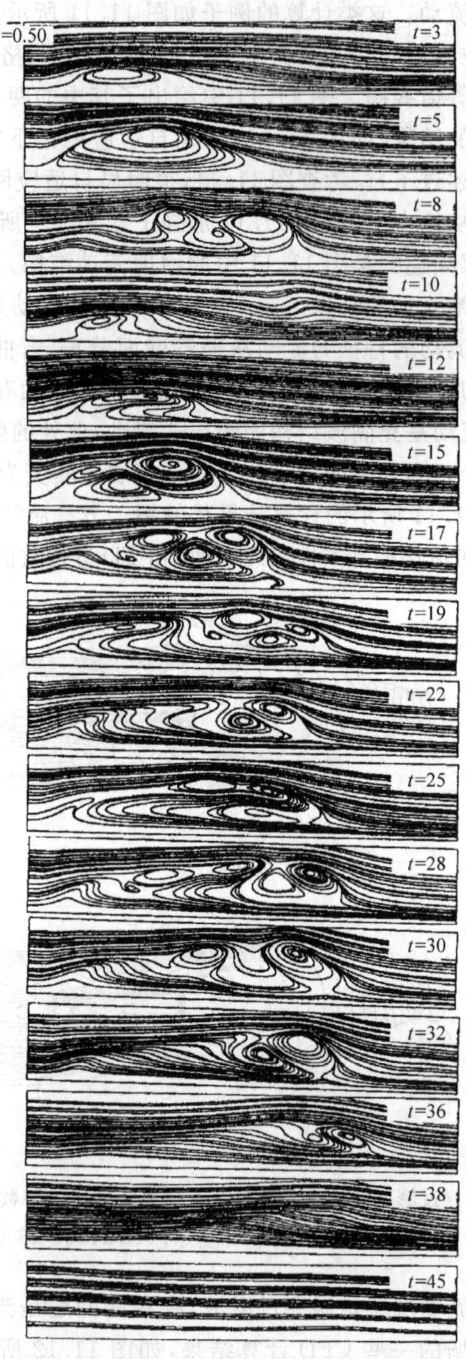

图 11.12 穿过激波的旋转流动流线(激波在左边,看不见)

流动从左到右。结果表明多泡的破碎(涡破碎)[56]

穿整个管道入口,这一激波在图 11.12 中不可见,激波随时间弯曲和脉动,图 11.12 中的每个图框都是流动在不同时刻的"快照",从上到下是随着时间增加的。这些计算是由 Kandil,Kandil 和 Liu[56]使用基于 Roe 的近似黎曼求解器(见 10.4.2 节中的小结)的隐式迎风有限体积方法得到的。在 $t=3$ 的快照中,可以见到在入口处激波与旋转流动(涡)的相互作用,形成涡破碎泡。当向下游运动时,这个破碎泡随后又分裂成多个破碎泡(见 $t=8$ 的快照)。在激波后又有新的泡生成,这些泡在向下游运动时又会出现上面类似现象(见快照 $t=10\sim36$),最后入口处的激波变得稳定,不再形成新的泡(见快照 $t=45$),这些结果再次展示了 CFD 可以用来提高人们对流动物理性质的基本理解。关于这个有趣问题的更多细节内容请参见参考文献[56]。

流体力学中的一个非常大的未解决的问题(实际上也是所有经典物理中没有解决的问题)就是有关湍流的认识和预测问题。未来,CFD 可能是人们对流体力学方面的理解做出最大贡献,这是因为拥有各种复杂的大尺度和小尺度结构的湍流也无非是每处都满足纳维-斯托克斯方程的黏性流动,那么当使用足够细的网格时,湍流的所有尺度结构都可以直接通过求解纳维-斯托克斯方程得到,而不需要利用湍流模式来模拟湍流影响。这类 CFD 计算称为湍流的直接数值模拟(DNS)。最近的 DNS 计算的一个很好的例子可在参考文献[57]中看到,此处 Rai 和 Moin 使用倾斜迎风有限差分格式求解三维纳维-斯托克斯方程得到平板上的流动。计算中需要使用特别细的网格来分辨湍流结构的最小尺度。所得的一些结果,如图 11.13 所示。此图中,所见的是平板侧视图,平板所在的平面为每幅图中的下底水平线。流动从左向右,来流马赫数为 0.1。沿着平板的轴向位置不是由距离 x 给出,而是由当地雷诺数 $Re_x=\rho_\infty V_\infty x/\mu_\infty$ 给出,图 11.13 给出了当地涡量等值线图。(回忆当地涡量的定义为 $\boldsymbol{\nabla}\times\mathbf{V}$,图 11.13 给出的是垂直于纸面的涡分量等值线图。)图 11.13 的每个图片((a)~(d))都对应后面的一个时刻。此处雷诺数的范围对应于平板上层流到湍流的转捩区域。这些图片阐明了流动过程非常具有随机性和瞬时性。图 11.14 是该流动的另一个视图,此图是俯视图,流动仍然是从左向右的。图中描绘了涡量分量相同的等值线图,只是视角是从上向下看的。实际上,图 11.14 中的图像是平行于平板和平板有很小一段距离的平面上的图像。因此,图 11.14 的等值线图不是正好在平板上,而是在流动中。此外,图 11.14 所展示的数据是同一时刻的数据,它们所描绘的是同一时刻平板上逐渐下游位置的流动。例如,图 11.14(a)中的等值线图显示流动的性质仍然主要是层流流动,仅仅有一些孤立的局部的涡;再往下游,图 11.14(b)展示了转捩过程,此处的流动(图 11.14(b)的右侧或者下游)基本上都是湍流;最后图 11.14(c)展示更远的下游区域,此处的流动很明显全部是湍流。值得注意的是图 11.14 表明了湍流的一个非常重要的物理性质;尽管平板上层流黏性流动理论上是二维的(流动性质仅仅沿着流动方向和垂直平板上的方向变化),而湍流明显是三维的,不管物体的外形还有外部的流动是什么样的,特别值得注意的是图 11.14(a)和图 11.14(b)展示了涡量在展向发生变化,尽管平板的表面是平面,平板上的来流是均匀的。

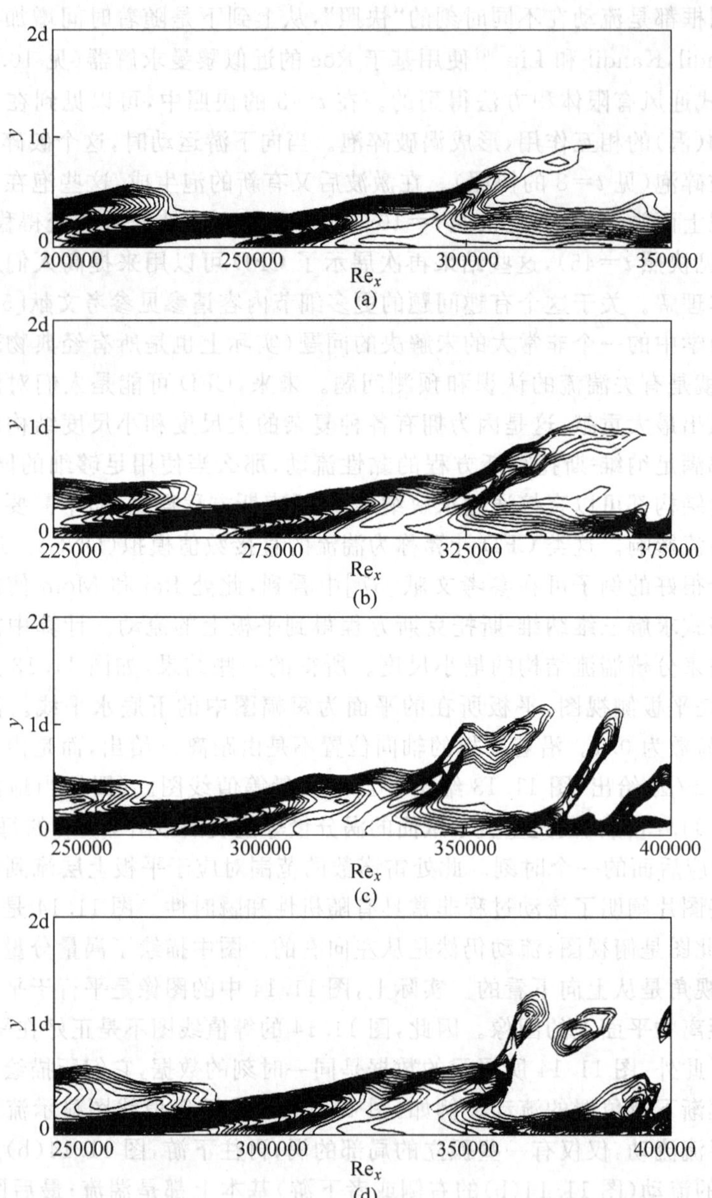

图 11.13 湍流的直接数值模拟(DNS)

平板上流动计算的四个不同时刻的涡量图:(a)$t=20.5$;(b)$t=41$;(c)$t=51.25$;(d)$t=61.5$。时间由 δ^*/V_∞ 无量纲化,其中 δ^* 是边界层的位移厚度,平板流动侧视图[57]

上面的结果(平板上的层流到湍流的转捩)是直接求解纳维-斯托克斯方程得到的,看起来是令人鼓舞的。但问题是:Rai 和 Moin 使用的网格点数为 16975196,使用 CRAY-YMP 的运算时间为 400 小时。显然这些天文数字的计算需求,使得在目前 DNS 难以成为计算实际外形的实用技术。很明显,在未来等待 CFD 突破这些问题。

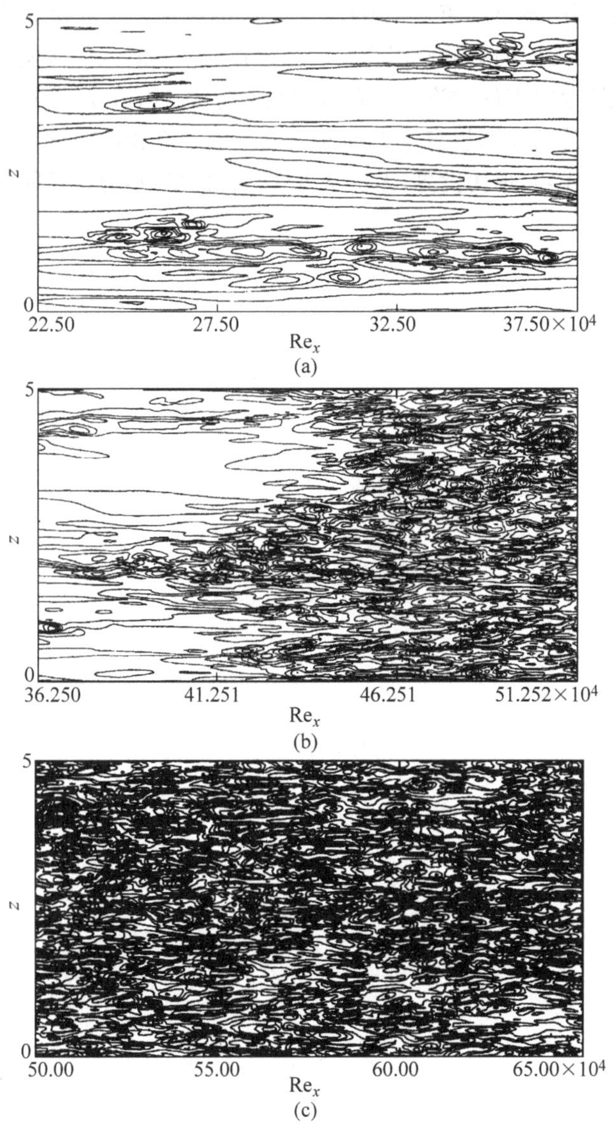

图 11.14 湍流的直接数值模拟(DNS)。视角从上到下的涡量图

(a)~(c)三图片分为同一时刻平板上逐渐向下游的图像

(a)大部分为层流流动;(b)从层流到湍流的转捩(转捩区域);(c)湍流流动[57]

11.5 总 结

借助以上的注释，本章结束对 CFD 未来发展的讨论。在此笔者再次重复 CFD 是一门成长着的学科，无限的新的应用和新的思想在未来等着人们去实践。

同样也借此结束本书的讨论。笔者希望此书为读者打开了 CFD 的视野，希望读者现在要比开始时对其基本思想有了更加深入的理解。笔者希望读者在未来与 CFD 打交道时获得最大的成功，现代世界，无论从事什么样的事业，都很可能与 CFD 打交道。

附录 A
三对角方程组的 Thomas 算法

考察 M 个线性联立代数方程，有 M 个未知数 $u_1, u_2, u_3, \cdots, u_M$，表达形式如下：

$$d_1 u_1 + a_1 u_2 = c_1 \tag{A.1}$$

$$b_2 u_1 + d_2 u_2 + a_2 u_3 = c_2 \tag{A.2}$$

$$b_3 u_2 + d_3 u_3 + a_3 u_4 = c_3 \tag{A.3}$$

$$\ddots$$

$$\ddots$$

$$\ddots$$

$$b_{M-1} u_{M-2} + d_{M-1} u_{M-1} + a_{M-1} u_M = c_{M-1} \tag{A.4}$$

$$b_M u_{M-1} + d_M u_M = c_M \tag{A.5}$$

这是一个三对角方程组，只有主对角线(d_i)、下对角线(b_i)和上对角线(a_i)上有值。

对于线性代数方程组，其标准解法是高斯消去法，Thomas 算法基本上是高斯消去法应用于三对角方程组的结果。例如用下面的方法可以消去下对角线上的值(b_i)，用 b_2 乘以方程(A.1)，得：

$$b_2 d_1 u_1 + b_2 a_1 u_2 = c_1 b_2 \tag{A.6}$$

用 d_1 乘以方程(A.2)，得：

$$d_1 b_2 u_1 + d_1 d_2 u_2 + d_1 a_2 u_3 = c_2 d_1 \tag{A.7}$$

方程(A.7)减去方程(A.6)，可得：

$$(d_1 d_2 - b_2 a_1) u_2 + d_1 a_2 u_3 = c_2 d_1 - c_1 b_2 \tag{A.8}$$

用 d_1 除以方程(A.8)，得：

$$\left(d_2 - \frac{b_2 a_1}{d_1}\right) u_2 + a_2 u_3 = c_2 - \frac{c_1 b_2}{d_1} \tag{A.9}$$

注意到通过上述的乘法和减法过程，方程(A.9)不再有下对角线项，下面定义方程(A.9)中的几个系数：

$$d_2' = d_2 - \frac{b_2 a_1}{d_1} \tag{A.10}$$

和

$$c_2' = c_2 - \frac{c_1 b_2}{d_1} \tag{A.11}$$

这样方程(A.9)可以写成下面的简写形式：

$$d_2' u_2 + a_2 u_3 = c_2' \tag{A.12}$$

继续消去过程，将方程(A.12)乘以 b_3，得：

$$b_3 d_2' u_2 + b_3 a_2 u_3 = b_3 c_2' \tag{A.13}$$

将方程(A.3)乘以 d_2'，得：

$$d_2' b_3 u_2 + d_2' d_3 u_3 + d_2' a_3 u_4 = d_2' c_3 \tag{A.14}$$

方程(A.14)减去方程(A.13)，可得：

$$(d_2' d_3 - b_3 a_2) u_3 + d_2' a_3 u_4 = d_2' c_3 - b_3 c_2' \tag{A.15}$$

将方程(A.15)除以 d_2'，得：

$$\left(d_3 - \frac{b_3 a_2}{d_2'}\right) u_3 + a_3 u_4 = c_3 - \frac{b_3 c_2'}{d_2'} \tag{A.16}$$

注意到方程(A.16)与方程(A.9)采用了相同的消去方法，不再有下对角线项。

在继续向下进行之前，观察其规律性，注意到方程(A.9)可看成由方程(A.2)去掉第一项(涉及 u_1 的项)，将其主对角系数 d_2 用下式替换：

$$d_2 - \frac{b_2 a_1}{d_1} \tag{A.17}$$

保持第三项不变($a_2 u_3$)，将方程右端的 c_2 用下式替换而得：

$$c_2 - \frac{c_1 b_2}{d_1} \tag{A.18}$$

对比方程(A.16)和方程(A.3)，我们可以看到同样的形式，将方程(A.3)的第一项($b_3 u_2$)去掉，对角系数由下式替换：

$$d_3 - \frac{b_3 a_2}{d_2'} \tag{A.19}$$

第三项($a_3 u_4$)保持不变，方程右端由下式替换：

$$c_3 - \frac{c_2' b_3}{d_2'} \tag{A.20}$$

现在规律清楚了，由方程(A.17)和方程(A.19)给出的形式是相同的，由方程

(A. 18)和方程(A. 20)给出的形式也是相同的，对于由方程(A. 1)到方程(A. 5)给出的方程组，保持方程(A. 1)不变，将以下的方程去掉第一项，将主对角项用下式替换

$$d_i' = d_i - \frac{b_i a_{i-1}}{d_{i-1}'} \qquad i = 2, 3, \cdots, M \tag{A. 21}$$

各方程的右端用下式替换：

$$c_i' = c_i - \frac{c_{i-1}' b_i}{d_{i-1}'} \qquad i = 2, 3, \cdots, M \tag{A. 22}$$

将得到上双对角形式的方程组如下：

$$\begin{aligned}
d_1 u_1 + a_1 u_2 \qquad\qquad\qquad\qquad &= c_1 \\
d_2' u_2 + a_2 u_3 \qquad\qquad\quad &= c_2{}' \\
d_3' u_3 + a_3 u_4 \qquad &= c_3{}' \\
\ddots \qquad\qquad & \\
\ddots \qquad & \\
d_{M-1}' u_{M-1} + a_{M-1} u_M &= c_{M-1}' && \text{(A. 23)} \\
d_M' u_M &= c_M' && \text{(A. 24)}
\end{aligned}$$

分析上面的方程组，注意到最后一个方程(A. 24)仅包含一个未知数，即 u_M，因此：

$$u_M = \frac{c_M'}{d_M'} \tag{A. 25}$$

方程组中的其他未知数的求解可以由上行得到，例如由方程(A. 25)得到 u_M，u_{M-1} 的值可由方程(A. 23)得到：

$$u_{M-1} = \frac{c_{M-1}' - a_{M-1} u_M}{d_{M-1}'} \tag{A. 26}$$

事实上通过分析可见方程(A. 26)可以由下面的递归形式替代：

$$u_i = \frac{c_i' - a_i u_{i+1}}{d_i'} \tag{A. 27}$$

在 u_i 的计算中，u_{i+1} 已经由前一轮应用方程(A. 27)得到。

Thomas 算法可以总结如下：对于一个形如方程(A. 1)～(A. 5)的三对角线性联立代数方程组，首先通过去掉每个方程的第一项(涉及 bi 的项)，将主对角项系数用式(A. 21)替换，将方程的右端项用式(A. 22)替换，使得三对角形式方程组变成上双对角形式方程组，这将导致方程组中的最后一个方程只有一个未知数，即 u_M，由方程(A. 25)求解 u_M，然后由方程(A. 27)依次求解其他未知数，先从 $u_i = u_{M-1}$ 开始，到 $u_i = u_1$ 结束。

为了便于参考，现列出 8. 3 节所述的 Couette 流动的求解计算程序，该程序采用 Thomas 算法，可以为编制 Thomas 算法计算程序提供指导。

用 Thomas 算法求解 Couette 流动的 FORTRAN 计算程序如下：

```
      REAL U(41),A(41),B(41), D(41), Y(41), C(41)
      N=2Ø
      NN=N+1
      Y(1)=Ø.Ø
      DEL=1.Ø/FLOAT(N)
      RE=5.ØE+03
      EE=1.Ø
      TIME=Ø.Ø
      DELTIM=EE*RE*DEL**2
C     BOUNDARY CONDITIONS
      U(1)=Ø.Ø
      U(NN)=1.Ø
      AA=-Ø.5*EE
      BB=1.Ø+EE
      KKEND=2
      KKMOD=1
C     INITIAL CONDITIONS
      DO1 J=2,N
      U(J)=Ø.Ø
1     CONTINUE
      A(1)=1.Ø
      B(1)=1.Ø
      C(1)=1.Ø
      D(1)=1.Ø
      DO5 KK=1,KKEND
C     SET ORIGINAL COEFFICIENTS
      DO2 J=2,N
      Y(J)=Y(J-1)+DEL
      A(J)=AA
      IF(J.EQ.N) A(J)=Ø.Ø
      D(J)=BB
      B(J)=AA
      IF(J.EQ.2) B(J)=Ø.Ø
      C(J)=(1.Ø-EE)*U(J)+Ø.5*EE*(U(J+1)+U(J-1))
      IF(J.EQ.N) C(J)=C(J)-AA*U(NN)
2     CONTINUE
C     UPPER BIDIAGONAL FORM
      DO3 J=3,N
      D(J)=D(J)-B(J)*A(J-1)/D(J-1)
      C(J)=C(J)-C(J-1)*B(J)/D(J-1)
3     CONTINUE
C     CALCULATION OF U(J)
      DO4 K=2,N
      M=N-(K-2)
      U(M)=(C(M)-A(M)*U(M+1))/D(M)
4     CONTINUE
      Y=(1)=Ø.Ø
      Y(NN)=Y(N)+DEL
      TIME=TIME+DELTIM
      TEST=MOD(KK,KKMOD)
      IF(TEST.GT.Ø.Ø1) GO TO 5
      WRITE(6,1ØØ) KK, TIME,DELTIM
      WRITE(*,1ØØ) KK,TIME,DELTIM
      WRITE(6,1Ø1)
      WRITE(*,1Ø1)
      WRITE(6,1Ø2) (J,Y(J),U(J),B(J),D(J),A(J),C(J),J=1,NN)
      WRITE(*,1Ø2) (J,Y(J),U(J),B(J),D(J),A(J),C(J),J=1,NN)
5     CONTINUE
1ØØ   FORMAT(5X//5X, 'SOLUTION AT',5X,'KK=',I3,5X, 'TIME=',E1Ø.3,5X
     + 'DELTIM=',E1Ø.3//)
1Ø1   FORMAT(3X, 'J',6X,'Y',9X,'U',9X,'B',9X,'D',9X, 'A',9X,'C')
1Ø2   FORMAT(2X,I3,6E1Ø.3)
      END``Ñ
```

参考文献

[1] Anderson, John D. , Jr. : *Introduction to Flight*, 3d ed. , McGraw-Hill, New Yrork, 1989.

[2] Anderson, John D. , Jr. : *Hypersonic and High Temperature Gas Dynamics*, McGraw-Hill, New York. 1989.

[3] Rouse, Hunter, and Simon Ince: *History of Hydraulics*, Iowa Institute of Hydraulic Research, Ames, Iowa 1957.

[4] Tokaty, G. A. : *A History and Philosophy of Fluid Mechanics*, G. T. Foulis, Henly-on-Thames, England, 1971.

[5] Anderson, John D. , Jr. : *The History of Aerodynamics, and Its Impact on Flying Machines*, Cambridge University Press, New York (in preparation).

[6] Kothari, A. P, and J. D. Anderson, Jr. :"Flows Over Low Reynolds Number Airfoils—Compressible Navier-Stokes Numerical Solutions,"AIAA paper 85-0107, presented at AIAA 23rd Aerospace Sciences Meeting, Reno, Nev. , Jan. 14-17, 1985.

[7] Pohlen, L. J. , and T. J. Mueller: "Boundary Layer Characteristics of the Miley Airfoil at Low Reynolds Numbers,"*J. Aircr.* , vol. 21, no. 9, pp. 658-664, September 1984.

[8] Anderson, John D. , Jr. : *Fundamentals of Aerodynamics*, 2d ed. , McGraw-Hill, New York, 1991.

[9] Bush, Richard J. , Jr. , Merle Jager, and Brad Bergman: "The Application of Computational Fluid Dynamics to Aircraft Design,"AIAA paper 86-2651, 1986.

[10] Jameson, A. , W. Schmidt, and E. Turkel:"Numerical Solutions of the Euler Equations by Finite Volume Methods Using Runge-Kutta Time Stepping Schemes,"AIAA paper 81-1259, 1981.

[11] Chapman, Dean R. :"Computational Aerodynamics Development and Outlook,"*AIAA J.*, vol. 17, no. 12, pp. 1293-1313, December 1979.

[12] Moretti, G. , and M. Abbett:"A Time-Dependent Computational Method for Blunt Body Flows,"*AIAA J.* , vol. 4, no. 12, pp. 2136-2141, December 1966.

[13] Anderson, Dale A. , John C. Tannehill, and Richard H. Pletcher: *Computational Fluid Mechanics and Heat Transfer*, McGraw-Hill, New York, 1984.

[14] Fletcher, C. A. : *Computational, Techniques for Fluid Dynamics*, vol. Ⅰ: *Fundamental and General Techniques*, Springer-Verlag, Berlin, 1988.

[15] Fletcher, C. A. : *Computational Techniques for Fluid Dynamics*, vol. Ⅱ: *Specific Techniques for Different Flow Categories*, Springer-Verlag Berlin, 1988.

[16] Hirsch, Charles: *Numerical Computation of Internal and External Flows*, vol. Ⅰ: *Fundamentals of Numerical Discretization*, Wiley, New York, 1988.

[17] Hirsch, Charles: *Numerical Computation of Internal, and External Flows*, vol. Ⅱ:

Computational, Methods for Inviscid and Viscous Flows. Wiley, New York, 1990.

[18] Hoffmann, K. A.: *Computational Fluid Dynamics for Engineers*, Engineering Education System, Austin, Tex., 1989.

[19] Hildebrand, Francis B.: *Advanced Calculus for Applications*, 2d ed., Prentice-Hall, Englewood Cliffs, N. J., 1976.

[20] Schlichting, H.: *Boundary Layer Theory*, 7th ed., McGraw-Hill, New York, 1979.

[21] Anderson, John D., Jr.: *Modern Compressible Flow: With Historical Perspective*, 2d ed., McGraw-Hill, New York, 1990.

[22] Kreyszig, E.: *Advanced Egineering Mathematics*, Wiley, New York, 1962.

[23] Whitham, G. B.: *Linear and Nonlinear Waves*, Wiley, New York, 1974.

[24] Ames, W. F.: *Nonlinear Partial Differential Equations in Engineering*, Academic, New York, 1965.

[25] Courant, R., K. O. Friedrichs, and H. Lewy: "Uber die Differenzengleichungen der Mathematischen Physik," *Math. Ann*, vol. 100, p. 32, 1928.

[26] Thompson, Joe F. (ed.): *Numerical Grid Generation*, North-Holland, New York, 1982.

[27] Thompson, Joe F., Z. V. A. Warsi, and C. Wayne Mastin: *Numerical Grid Generation: Foundations and Applications*, North-Holland, New York, 1985.

[28] Viviand, H.: "Conservative Forms of Gas Dynamic Equations," *Rech. Aerosp.*, no. 1971-1, pp. 65-68, 1974.

[29] Vinokur, M.: "Conservation Equations of Gas Dynamics in Curvilinear Coordinate Systems," *J. Comput. Phys.*, vol. 14, pp. 105-125, 1974.

[30] Sullins, G. A., J. D. Anderson, Jr., and J. P Drummond: "Numerical Investigation of Supersonic Base Flow with Parallel Injection," AIAA paper 82-1002, 1982.

[31] Sullins, G. A.: "*Numerical Investigation of Supersonic Base Flow with Tangential Injection*," M. S. thesis, Department of Aerospace Engineering, University of Maryland, College Park, 1981.

[32] Holst, T. L.: "Numerical Solution of Axisymmetric Boattail Fields with Plume Simulators," AIAA paper 77-224, 1977.

[33] Roberts, B. O.: "Computational Meshes for Boundary Layer Problems," *Lecture Notes in Physics*, Springer-Verlag, New York, pp. 171-177, 1971.

[34] Thompson, J. F, F. C. Thames, and C. W. Mastin: "Automatic Numerical Generation of Body-Fitted Curvilinear Coordinate Systems for Fields Containing Any Number of Arbitrary Two-Dimensional Bodies," *J. Comput. phys.*, vol. 15, pp. 299-319, 1974.

[35] Corda, Stephen: "*Numerical Investigation of the Laminar, Supersonic Flow over a Rearward-Facing Step Using an Adaptive Grid Scheme*," M. S. thesis, Department of Aerospace Engineering, University of Maryland, College Park, 1982.

[36] Dwyer, H. A., R. J. Kee, and B. R. Sanders: "An Adaptive Grid Method for Problems in Fluid Mechanics and Heat Transfer," AIAA paper 79-1464, 1979.

[37] Steinbrenner, John P., and Dale A. Anderson: "Grid-Generation Methodology in Applied Aerodynamics," in P. A. Henne (ed.), *Applied Computational Aerodynamics*, Progress in Astronautics and Aeronautics Series, vol. 125, AIAA, Washington, D. C., chap. 4, pp. 91-130, 1990.

[38] Karman, S. L., Jr., J. P. Steinbrenner, and K. M. Kisielewski: "Analysis of the F-16 Flow Field by a Block Grid Euler Approach," *AGARD Conf. Proc.* 412, 1986.

[39] Venkatakrishnan, V, and D. J. Mavriplis: "Implicit Solvers for Unstructured Meshes," AIAA paper 91-1537-CP, *Proc. AIAA 10th Comput. Fluid Dyn. Conf.*, pp. 115-124, June 24-27, 1991.

[40] Hassan, O., K. Morgan, J. Peraire, E. J. Probert, and R. R. Thareja: "Adaptive Unstructured Mesh Methods for Steady Viscous Flow," AIAA paper 91-1538-CP, *Proc. AIAA 10th Comput. Fluid Dyn. Conf.*, pp. 125-133, June 24-27, 1991.

[41] DeZeeuw, Darren, and Kenneth G. Powell: "An Adaptively-Refined Cartesian Mesh Solver for the Euler Equations," AIAA paper 91-1542-CP, *Proc. AIAA 10th Comput. Fluid Dyn. Conf.*, pp. 166-180, June 24-27, 1991.

[42] Rubbert, Paul, and Dockan Kwak (eds): *AIAA 10th Computational Fluid Dynamics Conference*, June 24-27, 1991.

[43] MacCormack, R. W: "The Effect of Viscosity in Hypervelocity Impact Cratering," AIAA paper 69-354, 1969.

[44] Kuruvila, G., and J. D. Anderson, Jr.: "A Study of the Effects of Numerical Dissipation on the Calculation of Supersonic Separated Flows," AIAA paper 85-0301, 1985.

[45] Ames Research Staff: "Equations, Tables, and Charts for Compressible Flow," *NACA Rep.* 1135, 1953.

[46] Abbett, M. J.: "Boundary Condition Calculation Procedures for Inviscid Supersonic Flow Fields," *Proc. 1st AIAA Comput. Fluid Dyn. Conf.*, pp. 153-172, 1973.

[47] Shang, J. S., and S. J. Scherr: "Navier-Stokes Solutions for a Complete Re-Entry Configuration," *J. Aircr.*, vol. 23, no. 12, pp. 881-888, December 1986.

[48] Schroder, W, and F. Mergler: "Comparative Study of Inviscid and Viscous Flows Over an STS," in C. Hirsch, J. Periaux, and W. Kordulla (eds.), *Computational Fluid Dynamics '92*, vol. 1, Elsevier, Amsterdam, 1992, pp. 323-330.

[49] Turkel, E., R. C. Swanson, V. N. Vatsa, and J. A. White: "Multigrid for Hypersonic Viscous Two- and Three-Dimensional Flows," AIAA Paper 91-1572-CP, *Proc. AIAA 10th Comput. Fluid Dyn. Conf.*, 1991.

[50] Vilsmeier, R., and D. Hanel: "Adaptive Solutions for Compressible Flows on Unstructured, Strongly Anisotropic Grids," in C. Hirsch, J. Periaux, and W. Kordulla (eds.), *Computational Fluid Dynamics '92*, vol. 2, Elsevier, Amsterdam, 1992, pp. 945-951.

[51] Vassberg, J. C., and K. R. Dailey: "AIRPLANE: Experiences, Benchmarks and

Improvements." AIAA paper 90-2998, 1990.

[52] Petot, B., and A. Fourmaux: "Validation of Viscous and Inviscid Computational Methods Around Axial Flow Turbine Blades," in C. Hirsch, J. Periaux, and W. Kordulla (eds.), *Computational Fluid Dynamics '92*, vol. 2, Elsevier, Amsterdam, 1992, pp. 611-618.

[53] Enomoto, S., and C. Arakawa: "2-D and 3-D Numerical Simulation of a Supersonic Inlet Flowfield," in C. Hirsch, J. Periaux, and W. Kordulla (eds.), *Computational Fluid Dynamics '92*, vol. 2, Elsevier, Amsterdam, 1992, pp. 781-788.

[54] Borland, C. J.: "A Multidisciplinary Approach to Aeroelastic Analysis," in A. K. Noor and S. L. Venneri (eds.), *Computing Systems in Engineering*, vol. 1, Pergamon, New York, 1990, pp. 197-209.

[55] Vandromme, D., and A. Saouab: "Implicit Solution of Reynolds-Averaged Navier-Stokes Equations for Supersonic Jets on Adaptive Mesh," in C. Hirsch, J. Periaux, and W. Kordulla (eds.), *Computational Fluid Dynamics '92*, vol. 2, Elsevier, New York, 1992. pp. 727-731.

[56] Kandil, O. A., H. A. Kandil, and C. H. Liu: "Supersonic Quasi-Axisymmetric Vortex Breakdown," AIAA paper 91-3311-CP, *Proc. AIAA 9th Appl. Aerodyn. Conf.*, pp. 851-863. 1991.

[57] Rai, M. M., and P Moin: "Direct Numerical Simulation of Transition and Turbulence in a Spatially Evolving Boundary Layer," AIAA paper 91-1607-CP, *Proc. AIAA 10th Comput. Fluid Dyn. Conf.*, pp. 890-914, 1991.

[58] Shaw, C. T: "Predicting Vehicle Aerodynamics Using Computational Fluid Dynamics—A User's Perspective," *Research in Automotive Aerodynamics*, SAE Special Publication 747, pp. 119-132, February 1988.

[59] Matsunaga, K., H. Mijata, K. Aoki, and M. Zhu: "Finite-Difference Simulation of 3D Vortical Flows Past Road Vehicles," *Vehicle Aerodynamics*, SAE Special Publication 908, pp. 65-84, February 1992.

[60] Griffin, M. E., R. Diwaker, J. D. Anderson, and E. Jones: "Computational Fluid Dynamics Applied to Flows in an Internal Combustion Engine," AIAA paper 78-57, presented at AIAA 16th Aerospace Sciences Meeting, January 1978.

[61] Mampaey, F., and Z. A. Xu: "An Experimental and Simulation Study of a Mould Filling Combined with Heat Transfer," in C. Hirsch, J. Periaux, and W. Kordulla (eds.), *Computational Fluid Dynamics '92*, vol. 1, Elsevier, Amsterdam, 1992, pp. 421-428.

[62] Steijsiger, C., A. M. Lankhorst, and Y. R. Roman: "Influence of Gas Phase Reactions on the Deposition Rate of Silicon Carbide from the Precursors Methyltrichlorosilane and Hydrogen," in C. Hirsch, O. C. Zienkiewicz, and E. Onate (eds.), *Numerical Methods in Engineering '92*, Elsevier, Amsterdam, 1992, pp. 857-864.

[63] Toorman, E. A., and J. E. Berlamont: "Free Surface Flow of a Dense, Nanwal Cohesive Sediment Suspension," in C. Hirsch, J. Periaux, and W. Kordulla (eds.), *Computational*

Fluid Dynamics '92, vol. 2, Elsevier, Amsterdam, pp. 1005-1011, 1992.

[64] Bai, X. S., and L. Fuchs: "Numerical Model for Turbulent Diffusion Flames with Applications," in C. Hirsch, J. Periaux and W. Kordulla (eds.), *Computational Fluid Dynamics* '92, vol. 1, Elsevier, Amsterdam, 1992, pp. 169-176.

[65] McGuirk, J. J., and G. E. Whittle: "Calculation of Buoyant Air Movement in Buildings—Proposals for a Numerical Benchmark Test Case," *Computational Fluid Dynamics for the Environmental and Building Services Engineer-Tool or Toy*? The Institution of Mechanical Engineers, London, pp. 13-32, November 1991.

[66] Alamdari, F., S. C. Edwards, and S. P Hammond: "Microclimate Performance of an Open Atrium Office Building: A Case Study in Thermo-Fluid Modeling." *Computational Fluid Dynamics for the Environmental and Building Services Engineer—Tool or Toy*? The Institution of Mechanical Engineers, London, pp. 81-92, November 1991.

[67] Patankar, S. V, and D. B. Spalding: "A Calculation Procedure for Heat, Mass and Momentum Transfer in Three-Dimensional Parabolic Flows," *Int. J. Heat Mass Transfer*, vol. 15, pp. 1787-1806, 1972.

[68] Patankar, S. V.: *Numerical Heat Transfer and Fluid Flow*, Hemisphere, New York, 1980.

[69] Oran, Elaine S., and Jay P. Bonris: *Numerical Simulation of Reactive Flow*, Elsevier, New York, 1987.

[70] Jacquotte, O. P., and G. Coussement: "Structural Grid Variation Adaption: Reaching the Limit?" in C. Hirsch, J. Periaux, and W. Kordulla (eds.), *Computational Fluid Dynamics* '92, vol. 2, Elsevier, Amsterdam, 1992, pp. 1077-1087.

[71] Degani, D. and Y. Levy: "Asymmetric Turbulent Vortical Flows over Slender Bodies," *Proc. AIAA 9th Appl. Aerodyn. Conf.*, pp. 756-765, September 1991.

[72] *TECPLOT Users Manual*, version 5, Amtec Engineering, Inc., Bellevue, Wash., 1992.

[73] Selmin, V., E. Hettena, and L. Formaggia: "An Unstructured Node Centered Scheme for the Simulation of 3-D Inviscid Flows," in C. Hirsch, J. Periaux, and W. Kordulla (eds.), *Computational Fluid Dynamics* '92, vol. 2, Elsevier, Amsterdam, 1992, pp. 823-828.

[74] MacCormack, R. W: "Current Status of Numerical Solutions of the Navier-Stokes Equations," AIAA paper 88-0513, 1988.

[75] Van Driest, E. R.: "Investigation of Laminar Boundary Layer in Compressible Fluids Using the Crocco Methock," *NACA Tech. Note* 2579, January, 1952.

[76] Stollery, J. L.: "Viscous Interaction Effects and Re-entry Aerothermodynamics: Theory and Experimental Results," *Aerodynamic Problems of Hypersonic Vehicles*, vol. 1, AGARD Lecture Series 42, pp. 10-1—10-28, July 1972.

[77] Beam, R. M., and R. E Warming: "An Implicit Finite Difference Algorithm for Hyperbolic Systems in Conservation Law Form," *J. Comput. Phys.*, vol. 22, pp. 87-110, 1976.

[78] Briley, W. R., and H. McDonald: "Solution of the Three-Dimensional Navier-Stokes

Equation by an Implicit Technique," *Proceedings of the Fourth International Conference on Numerical Methods in Fluid Dynamics*, *Lecture Notes in Physics*, vol. 35, Springer-Verlag, Berlin, 1975.

[79] Peaceman, D. W, and H. H. Rackford: "The Numerical Solution of Parabolic and Elliptic Differential Equations," *J. Soc. Ind. Appl. Math.*, vol. 3, pp. 28-41, 1955.

[80] Douglas, J., and H. H. Rackford: "On the Numerical Solution of Heat Conduction Problems in Two and Three Space Variables," *Trans. Am. Math. Soc.*, vol. 82, pp. 4231-4239, 1956.

[81] Godunov, S. K.: "A Difference Scheme for Numerical Computation of Discontinuous Solution of Hydrodynamic Equations," *Math. Sb.*, vol. 47, pp. 271-306, 1959, in Russian: translated U. S. Joint Publications Research Service, JPRS 7226, 1969.

[82] 帕坦卡，S. V. 著，张政译，传热与流体流动的数值计算，北京：科学出版社，1984.

[83] Issa, R. I., "Solution of the implicity discretised fluid flow equations by operator-splitting," J. Comp. Phys., vol. 62, pp. 40-65, 1985.

[84] Jang, D. S., Jetli, R. and Acharya, S., "Comparision of PISO, SIMPLER and SIMPLEC algorithms for the treatment of the pressure-velocity coupling in steady flow problems", Numer. Heat Transfer, vol. 10, pp. 209-228, 1986.

[85] 张涵信."无波动、无自由参数的耗散差分格式"，空气动力学报，vol. 6, no. 2, pp. 143-165, 1988.

[86] 任玉新，陈海昕. 计算流体力学基础，北京：清华大学出版社，2006.

[87] 任玉新. 高等计算流体力学讲义.

[88] Lele, S. K. "Compact finite difference schemes with spectral-like resolution", J. Comp. Phys., vol. 103, pp. 16-42, 1992.

[89] Halt, D. W., Agarwal R. K., "Compact higher order characteristics-based Euler soler for unstructured grid", AIAA J., vol. 30, pp. 1993-1999, 1992.

[90] 傅德薰，马延文."迎风紧致格式及多尺度物理问题的直接数值模拟"，北京计算流体力学讨论会论文集，pp. 43-48, 1992.

[91] Ma Yanwen, Fu Dexun. "Super compact finite difference method with uniform and nonuniform grid system", Proc. Sixth Intern. Symp. On CFD, Lake Tahoe, Nevada, pp. 1435-1439, 1995.

[92] 刘秋生，沈孟育，刘晔."求解常微分方程边值问题新的数值方法"，清华大学学报，vol. 36, no. 4, pp. 7-12, 1996.

[93] 张涵信，沈孟育. 计算流体力学——差分方法的原理和应用. 北京：国防工业出版社，2003.